武夷山研究
Wuyi Shan Research Series

武夷山国家公园钩蛾科尺蛾科昆虫志

Drepanidae and Geometridae Fauna of Wuyi Shan National Park in China

韩红香　汪家社　姜 楠　编著
Hongxiang Han　Jiashe Wang　Nan Jiang

世界图书出版公司
西安　北京　上海　广州

图书在版编目（CIP）数据

武夷山国家公园钩蛾科尺蛾科昆虫志/韩红香，汪家社，姜楠编著．—西安：世界图书出版西安有限公司，2021.1
（武夷山研究）
ISBN 978－7－5192－8081－9

Ⅰ．①武… Ⅱ．①韩…②汪…③姜… Ⅲ．①武夷山－尺蛾科－昆虫志 Ⅳ．①Q969.433.208

中国版本图书馆 CIP 数据核字（2020）第 240409 号

武夷山国家公园钩蛾科尺蛾科昆虫志
WUYI SHAN GUOJIA GONGYUAN GOU'E KE CHI'E KE KUNCHONG ZHI

编 著 者	韩红香　汪家社　姜　楠
策划编辑	冀彩霞
责任编辑	冀彩霞
出版发行	世界图书出版西安有限公司
地　　址	西安市锦业路 1 号都市之门 C 座
邮　　编	710065
电　　话	029－87233647（市场部）　029－87234767（总编室）
网　　址	http://www.wpcxa.com
经　　销	全国各地新华书店
印　　刷	陕西龙山海天艺术印务有限公司
开　　本	787mm×1092mm　1/16
印　　张	33
图　　版	60
字　　数	685 千字
版　　次	2021 年 1 月第 1 版
印　　次	2021 年 1 月第 1 次印刷
国际书号	ISBN 978－7－5192－8081－9
定　　价	360.00 元

《武夷山国家公园钩蛾科尺蛾科昆虫志》编委会

韩红香（中国科学院动物研究所）

汪家社（原福建武夷山国家级自然保护区管理局）

姜　楠（中国科学院动物研究所）

程　瑞（中国科学院动物研究所）

李　静（中国科学院动物研究所）

杨　超（中国科学院动物研究所）

宋文惠（中国科学院动物研究所）

薛大勇（中国科学院动物研究所）

张惠光（武夷山国家公园科研监测中心）

内容简介

本志是武夷山国家公园钩蛾科和尺蛾科区系的全面总结，包括总论和各论两大部分。总论部分详细介绍了武夷山国家公园的概况、考察历史、钩蛾科与尺蛾科的最新分类系统和形态特征，并对武夷山国家公园的钩蛾科和尺蛾科的区系成分进行了初步的探讨。各论部分记述了武夷山国家公园钩蛾科 4 亚科 35 属 71 种，尺蛾科 5 亚科 196 属 357 种，其中发现 1 个中国新记录属，3 个中国新记录种，1 个新组合和新地位，9 个新异名。详细记述了物种特征、历史沿革（引证）及分布情况，另外给出各级检索表、505 张特征图和 23 个成虫彩色图版。

本志可为昆虫学、生物多样性保护、生物地理学研究等提供研究资料，可供从事昆虫学科研、生物多样性保护、农林生产的工作者及高等院校有关专业的师生参考。

前　言

武夷山国家公园地处特殊的地理位置，具有复杂的地貌和非常丰富的生物资源。位于国家公园腹地的挂墩、大竹岚更是备受全球生物界瞩目的“生物模式标本产地”。无论是从物种多样性、遗传多样性，还是从生态系统多样性来说，武夷山国家公园在中国和全球生物多样性保护中都具有关键意义。

为了进一步揭示本地区生物多样性形成的机理和更好地保护其生物资源，从2005年开始，中国科学院动物研究所与原武夷山国家级自然保护区管理局开始合作研究武夷山国家公园的蛾类区系。动物研究所鳞翅目系统学研究组分别于2005年10月、2006年7月、2009年8月和2013年7月先后四次到三港、挂墩、大竹岚和黄溪洲采集，得到大量钩蛾和尺蛾标本。研究组还于1999年至2018年间先后9人次考察了德国波恩考内希动物学博物馆中保藏的中国蛾类标本，检视了其中大部分产自挂墩的尺蛾种类。在上述采集考察的基础上，结合中国科学院动物研究所动物标本馆多年积累的标本，我们编写了《武夷山国家公园钩蛾科尺蛾科昆虫志》一书。本志共包括钩蛾科4亚科35属71种，尺蛾科5亚科196属357种，其中发现1中国新记录属，3中国新记录种，1新组合和新地位，9 新异名，并对武夷山国家公园的钩蛾科和尺蛾科的区系成分进行了初步的探讨。关于中文名称，本志中除保留部分习惯沿用的名称外，多数种类尽力根据其分类系统给予统一的名称。为了便于识别，大多数种类均附有成虫和外生殖器特征图。德国波恩考内希动物学博物馆 D. Stüning 博士、英国伦敦自然历史博物馆 A. C. Galsworthy 爵士、M. Scoble 博士、俄罗斯圣彼得堡科学院动物研究所 V. Mironov 博士在本志编纂过程中给予了多次帮助，包括协助检视标本和提供武夷山早期科学考察的相关信息，Mironov 博士还惠赠 4 种武夷山小花尺蛾的外生殖器手绘图。感谢 Gy. M. Laszlo 博士、G. Ronkay 博士、L. Ronkay 博士、Th. Witt 博士和 H. H. Hermann 博士提供的帮助（波纹蛾亚科 14 张图片）。华南农业大学王敏教授、中山大学庞虹教授、福建农林大学林乃铨教授协助检视了部分武夷山产的标本。

本书的出版得到武夷山国家公园科研监测中心和中国科学院动物研究所的大力支持，在此，一并致以衷心的感谢！

韩红香　汪家社　姜楠

2020 年 5 月于北京

目　录

总　论

第一章　武夷山国家公园概况 …… 1
一、地理位置 …… 1
二、自然环境条件 …… 1
（一）地质地貌 …… 1
（二）气候 …… 2
（三）水文 …… 2
（四）土壤 …… 3
三、植被 …… 3
四、生物多样性 …… 4
五、武夷山国家公园的建立 …… 6
六、武夷山国家公园科学考察简史 …… 6
（一）早期科学考察 …… 6
（二）建国初期的科学考察 …… 7
（三）近期科学考察和研究 …… 8
第二章　钩蛾科与尺蛾科概述 …… 11
一、钩蛾科分类地位和分类系统 …… 11
二、尺蛾科分类地位和分类系统 …… 12
三、主要形态特征 …… 13
（一）卵 …… 13
（二）幼虫 …… 14
（三）蛹 …… 16
（四）成虫 …… 16
1. 头胸腹部 …… 18
2. 翅型和翅脉 …… 20
3. 雄性外生殖器 …… 21
4. 雌性外生殖器 …… 23

第三章　武夷山国家公园钩蛾科与尺蛾科区系分析 …… 25
一、区系构成 …… 25
二、采集地分析 …… 26
三、属的地理分布分析 …… 27
四、武夷山国家公园钩蛾科与尺蛾科物种分布特征 …… 36
第四章　材料与方法 …… 38
一、材料 …… 38
二、方法 …… 38
（一）蛾类标本的野外采集 …… 38
1. 采集工具和药品 …… 38
2. 采集方法 …… 38
（1）网捕 …… 38
（2）灯诱 …… 38
3. 采集标本的野外整理 …… 39
（1）三角袋包装 …… 39
（2）乙醇浸泡 …… 39
（3）及时制作 …… 39
4. 入馆前处理 …… 39
（二）蛾类标本的制作 …… 40
1. 还软 …… 40
2. 针插展翅 …… 40
3. 干燥 …… 40
4. 加标签 …… 40

各　论

一、钩蛾科 Drepanidae …… 41
（一）圆钩蛾亚科 Cyclidiinae …… 41
1. 圆钩蛾属 *Cyclidia* Guenée, 1858 …… 42
(1) 洋麻圆钩蛾 *Cyclidia substigmaria substigmaria* (Hübner, 1831) …… 42
(2) 赭圆钩蛾 *Cyclidia orciferaria* Walker, 1860 …… 43
（二）波纹蛾亚科 Thyatirinae …… 43
2. 波纹蛾属 *Thyatira* Ochsenheimer, 1816 …… 44
(3) 红波纹蛾 *Thyatira batis rubrescens* Werny, 1966 …… 45

3. 大波纹蛾属 *Macrothyatira* Marumo, 1916 …… 46
(4) 大波纹蛾 *Macrothyatira flavida tapaischana* (Sick, 1941) …… 46
(5) 瑞大波纹蛾 *Macrothyatira conspicua* (Leech, 1900) …… 47
4. 华波纹蛾属 *Habrosyne* Hübner, 1821 …… 48
(6) 岩华波纹蛾 *Habrosyne pterographa* (Poujade, 1887) …… 49
(7) 印华波纹蛾 *Habrosyne indica indica* (Moore, 1867) …… 49
(8) 白华波纹蛾 *Habrosyne albipuncta angulifera* (Gaede, 1930) …… 50
(9) 银华波纹蛾 *Habrosyne violacea* (Fixsen, 1887) …… 51
5. 太波纹蛾属 *Tethea* Ochsenheimer, 1816 …… 52
(10) 藕太波纹蛾 *Tethea oberthueri oberthueri* (Houlbert, 1921) …… 52
(11) 粉太波纹蛾 *Tethea consimilis consimilis* (Warren, 1912) …… 53
6. 影波纹蛾属 *Euparyphasma* Fletcher, 1979 …… 54
(12) 影波纹蛾 *Euparyphasma albibasis guankaiyuni* Laszlo, Ronkay, Ronkay & Witt, 2007 …… 55
7. 点波纹蛾属 *Horipsestis* Matsumura, 1933 …… 55
(13) 点波纹蛾 *Horipsestis aenea minor* (Sick, 1941) …… 56
(14) 伞点波纹蛾 *Horipsestis mushana mushana* (Matsumura, 1931) …… 56
8. 异波纹蛾属 *Parapsestis* Warren, 1912 …… 57
(15) 华异波纹蛾 *Parapsestis lichenea tsinlinga* Laszlo, Ronkay, Ronkay & Witt, 2007 …… 57
9. 线波纹蛾属 *Wernya* Yoshimoto, 1987 …… 58
(16) 曲线波纹蛾 *Wernya cyrtoma* Xue, Yang & Han, 2012 …… 58
10. 驼波纹蛾属 *Toelgyfaloca* Laszlo, Ronkay, Ronkay & Witt, 2007 …… 59
(17) 灰白驼波纹蛾 *Toelgyfaloca albogrisea* (Mell, 1942) …… 59
（三）钩蛾亚科 Drepaninae …… 60
11. 紫线钩蛾属 *Albara* Walker, 1866 …… 62
(18) 中国紫线钩蛾 *Albara reversaria opalescens* Warren, 1897 …… 62
12. 赭钩蛾属 *Paralbara* Watson, 1968 …… 62
(19) 净赭钩蛾 *Paralbara spicula* Watson, 1968 …… 63
13. 晶钩蛾属 *Deroca* Walker, 1855 …… 63
(20) 广东晶钩蛾 *Deroca hyalina latizona* Watson, 1957 …… 64
14. 三线钩蛾属 *Pseudalbara* Inoue, 1962 …… 64
(21) 三线钩蛾 *Pseudalbara parvula* (Leech, 1890) …… 65
15. 距钩蛾属 *Agnidra* Moore, 1868 …… 65

(22) 栎距钩蛾 *Agnidra scabiosa fixseni* (Bryk, 1948) ······ 66
(23) 花距钩蛾 *Agnidra specularia* (Walker, 1866) ······ 66
(24) 棕褐距钩蛾 *Agnidra brunnea* Chou & Xiang, 1982 ······ 67
16. 黄钩蛾属 *Tridrepana* Swinhoe, 1895 ······ 68
(25) 短瓣二叉黄钩蛾 *Tridrepana fulvata brevis* Watson, 1957 ······ 68
(26) 肾斑黄钩蛾 *Tridrepana rubromarginata* (Leech, 1898) ······ 69
(27) 仲黑缘黄钩蛾 *Tridrepana crocea* (Leech, 1888) ······ 69
(28) 伯黑缘黄钩蛾 *Tridrepana unispina* Watson, 1957 ······ 70
(29) 双斜线黄钩蛾 *Tridrepana flava* (Moore, 1879) ······ 70
17. 线钩蛾属 *Nordstromia* Bryk, 1943 ······ 71
(30) 双线钩蛾 *Nordstromia grisearia* (Staudinger, 1892) ······ 72
(31) 星线钩蛾 *Nordstromia vira* (Moore, 1866) ······ 72
(32) 曲缘线钩蛾 *Nordstromia recava* Watson, 1968 ······ 73
18. 豆斑钩蛾属 *Auzata* Walker, 1863 ······ 73
(33) 半豆斑钩蛾 *Auzata semipavonaria* Walker, 1863 ······ 74
(34) 浙江中华豆斑钩蛾 *Auzata chinensis prolixa* Watson, 1959 ······ 75
(35) 单眼豆斑钩蛾 *Auzata ocellata* (Warren, 1896) ······ 75
19. 铃钩蛾属 *Macrocilix* Butler, 1886 ······ 75
(36) 丁铃钩蛾 *Macrocilix mysticata* (Walker, 1863) ······ 76
20. 带铃钩蛾属 *Sewa* Swinhoe, 1900 ······ 76
(37) 圆带铃钩蛾 *Sewa orbiferata* (Walker, 1862) ······ 77
21. 卑钩蛾属 *Betalbara* Matsumura, 1927 ······ 77
(38) 直缘卑钩蛾 *Betalbara violacea* (Butler, 1889) ······ 78
(39) 栎卑钩蛾 *Betalbara robusta* (Oberthür, 1916) ······ 79
(40) 折线卑钩蛾 *Betalbara prunicolor* (Moore, 1888) ······ 79
(41) 灰褐卑钩蛾 *Betalbara rectilinea* Watson, 1968 ······ 80
22. 钩蛾属 *Drepana* Schrank, 1802 ······ 81
(42) 湖北一点钩蛾 *Drepana pallida flexuosa* Watson, 1968 ······ 81
23. 枯叶钩蛾属 *Canucha* Walker, 1866 ······ 82
(43) 后窗枯叶钩蛾 *Canucha specularis* (Moore, 1879) ······ 82
24. 丽钩蛾属 *Callidrepana* Felder, 1861 ······ 83
(44) 肾点丽钩蛾 *Callidrepana patrana* (Moore, 1866) ······ 83
(45) 广东豆点丽钩蛾 *Callidrepana gemina curta* Watson, 1968 ······ 84
(46) 方点丽钩蛾 *Callidrepana forcipulata* Watson, 1968 ······ 84

25. 麝钩蛾属 *Thymistadopsis* Warren, 1922 …… 85
(47) 白麝钩蛾 *Thymistadopsis albidescens* (Hampson, 1895) …… 85
26. 古钩蛾属 *Sabra* Bode, 1907 …… 86
(48) 尖翅古钩蛾 *Sabra harpagula emarginata* (Watson, 1968) …… 86
27. 大窗钩蛾属 *Macrauzata* Butler, 1889 …… 87
(49) 中华大窗钩蛾 *Macrauzata maxima chinensis* Inoue, 1960 …… 87
28. 钳钩蛾属 *Didymana* Bryk, 1943 …… 88
(50) 钳钩蛾 *Didymana bidens* (Leech, 1890) …… 88
29. 锯线钩蛾属 *Strepsigonia* Warren, 1897 …… 88
(51) 锯线钩蛾 *Strepsigonia diluta* (Warren, 1897) …… 89
30. 白钩蛾属 *Ditrigona* Moore, 1888 …… 90
(52) 三角白钩蛾 *Ditrigona triangularia* (Moore, 1868) …… 90
(53) 单叉白钩蛾 *Ditrigona uniuncusa* Chu & Wang, 1988 …… 91
(54) 银条白钩蛾 *Ditrigona pomenaria* (Oberthür, 1923) …… 91
31. 四点白钩蛾属 *Dipriodonta* Warren, 1897 …… 92
(55) 四点白钩蛾 *Dipriodonta sericea* Warren, 1897 …… 92
32. 带钩蛾属 *Leucoblepsis* Warren, 1922 …… 93
(56) 万木窗带钩蛾 *Leucoblepsis fenestraria wanmu* (Shen & Chen, 1990) comb. nov., stat. nov. …… 93
(57) 台湾带钩蛾 *Leucoblepsis taiwanensis* Buchsbaum & Miller, 2002 …… 94
33. 绮钩蛾属 *Cilix* Leech, 1815 …… 94
(58) 银绮钩蛾 *Cilix argenta* Chu & Wang, 1987 …… 95
（四）山钩蛾亚科 Oretinae …… 95
34. 窗山钩蛾属 *Spectroreta* Warren, 1903 …… 95
(59) 窗山钩蛾 *Spectroreta hyalodisca* (Hampson, 1896) …… 96
35. 山钩蛾属 *Oreta* Walker, 1855 …… 96
(60) 荚蒾山钩蛾 *Oreta eminens* Bryk, 1943 …… 98
(61) 紫山钩蛾 *Oreta fuscopurpurea* Inoue, 1956 …… 98
(62) 交让木山钩蛾 *Oreta insignis* (Butlur, 1877) …… 99
(63) 角山钩蛾 *Oreta angularis* Watson, 1967 …… 99
(64) 美丽山钩蛾 *Oreta speciosa* (Bryk, 1943) …… 100
(65) 沙山钩蛾 *Oreta shania* Watson, 1967 …… 100
(66) 天目接骨木山钩蛾 *Oreta loochooana timutia* Watson, 1967 …… 101

(67) 深黄山钩蛾 *Oreta flavobrunnea* Watson, 1967 ······ 101
(68) 华夏孔雀山钩蛾 *Oreta pavaca sinensis* Watson, 1967 ······ 102
(69) 三刺山钩蛾 *Oreta trispinuligera* Chen, 1985 ······ 103
(70) 林山钩蛾 *Oreta liensis* Watson, 1967 ······ 103
(71) 浙江宏山钩蛾 *Oreta hoenei tienia* Watson, 1967 ······ 104
二、尺蛾科 Geometridae ······ 104
(一) 星尺蛾亚科 Oenochrominae ······ 105
1. 沙尺蛾属 *Sarcinodes* Guenée, 1858 ······ 105
(1) 颜氏沙尺蛾 *Sarcinodes yeni* Sommerer, 1996 ······ 106
(2) 八重山沙尺蛾 *Sarcinodes yaeyamana* Inoue, 1976 ······ 106
(3) 金沙尺蛾 *Sarcinodes mongaku* Marumo, 1920 ······ 106
(二) 姬尺蛾亚科 Sterrhinae ······ 107
2. 眼尺蛾属 *Problepsis* Lederer, 1853 ······ 107
(4) 白眼尺蛾 *Problepsis albidior* Warren, 1899 ······ 109
(5) 佳眼尺蛾 *Problepsis eucircota* Prout, 1913 ······ 109
(6) 斯氏眼尺蛾 *Problepsis stueningi* Xue, Cui & Jiang, 2018 ······ 110
(7) 邻眼尺蛾 *Problepsis paredra* Prout, 1917 ······ 111
(8) 接眼尺蛾 *Problepsis conjunctiva* Warren, 1893 ······ 111
(9) 指眼尺蛾 *Problepsis crassinotata* Prout, 1917 ······ 112
(10) 黑条眼尺蛾 *Problepsis diazoma* Prout, 1938 ······ 112
(11) 猫眼尺蛾 *Problepsis superans* (Butler, 1885) ······ 113
3. 泥岩尺蛾属 *Aquilargilla* Cui, Xue & Jiang, 2018 ······ 114
(12) 微刺泥岩尺蛾 *Aquilargilla ceratophora* Cui, Xue & Jiang, 2018 ······ 114
4. 岩尺蛾属 *Scopula* Schrank, 1802 ······ 115
(13) 忍冬尺蛾 *Scopula indicataria* (Walker, 1861) ······ 116
(14) 褐斑岩尺蛾 *Scopula propinquaria* (Leech, 1897) ······ 117
(15) 卡岩尺蛾 *Scopula kagiata* (Bastelberger, 1909) ······ 117
5. 丽姬尺蛾属 *Chrysocraspeda* Swinhoe, 1893 ······ 117
(16) 粉红丽姬尺蛾 *Chrysocraspeda faganaria* (Guenée, 1858) ······ 118
(17) 黄点丽姬尺蛾 *Chrysocraspeda flavipuncta* (Warren, 1899) ······ 119
6. 姬尺蛾属 *Idaea* Treitschke, 1825 ······ 119
(18) 小红姬尺蛾 *Idaea muricata minor* (Sterneck, 1927) ······ 120
(19) 朱姬尺蛾 *Idaea sinicata* (Walker, 1861) ······ 121

(20) 三线姬尺蛾 *Idaea costiguttata* (Warren, 1896) …… 121
(21) 黄带姬尺蛾 *Idaea impexa* (Butler, 1879) …… 122
(22) 褐姬尺蛾 *Idaea salutaria* (Christoph, 1881) …… 122
(23) 玛莉姬尺蛾 *Idaea proximaria* (Leech, 1897) …… 123
7. 瑕边尺蛾属 *Craspediopsis* Warren, 1895 …… 123
(24) 尖尾瑕边尺蛾 *Craspediopsis acutaria* (Leech, 1897) …… 123
8. 严尺蛾属 *Pylargosceles* Prout, 1930 …… 124
(25) 双珠严尺蛾 *Pylargosceles steganioides* (Butler, 1878) …… 124
9. 紫线尺蛾属 *Timandra* Duponchel, 1829 …… 125
(26) 曲紫线尺蛾 *Timandra comptaria* Walker, 1863 …… 125
(27) 玫尖紫线尺蛾 *Timandra apicirosea* (Prout, 1935) …… 126
(28) 分紫线尺蛾 *Timandra dichela* (Prout, 1935) …… 126
(29) 极紫线尺蛾 *Timandra extremaria* Walker, 1861 …… 127
10. 须姬尺蛾属 *Organopoda* Hampson, 1893 …… 127
(30) 深须姬尺蛾 *Organopoda atrisparsaria* Wehrli, 1924 …… 128
11. 烤焦尺蛾属 *Zythos* Fletcher, 1979 …… 129
(31) 烤焦尺蛾 *Zythos avellanea* (Prout, 1932) …… 129
（三）花尺蛾亚科 Larentiinae …… 130
12. 掷尺蛾属 *Scotopteryx* Hübner, 1825 …… 132
(32) 阔掷尺蛾 *Scotopteryx eurypeda* (Prout, 1937) …… 133
13. 双角尺蛾属 *Carige* Walker, 1863 …… 133
(33) 连斑双角尺蛾 *Carige cruciplaga debrunneata* Prout, 1929 …… 134
14. 角叶尺蛾属 *Lobogonia* Warren, 1893 …… 134
(34) 显角叶尺蛾 *Lobogonia conspicuaria* Leech, 1897 …… 135
15. 异翅尺蛾属 *Heterophleps* Herrich-Schäffer, 1854 …… 135
(35) 灰褐异翅尺蛾 *Heterophleps sinuosaria* (Leech, 1897) …… 136
16. 洁尺蛾属 *Tyloptera* Christoph, 1881 …… 136
(36) 缅甸洁尺蛾 *Tyloptera bella diecena* (Prout, 1926) …… 137
17. 妒尺蛾属 *Phthonoloba* Warren, 1893 …… 137
(37) 台湾华丽妒尺蛾 *Phthonoloba decussata moltrechti* Prout, 1958 …… 138
18. 绿花尺蛾属 *Pseudeuchlora* Hampson, 1895 …… 138
(38) 绿花尺蛾 *Pseudeuchlora kafebera* (Swinhoe, 1894) …… 139
19. 潢尺蛾属 *Xanthorhoe* Hübner, 1825 …… 139

(39) 盈潢尺蛾 *Xanthorhoe saturata* (Guenée, 1858) …………………… 140

20. 汝尺蛾属 *Rheumaptera* Hübner, 1822 ………………………………… 141

(40) 金星汝尺蛾 *Rheumaptera abraxidia* (Hampson, 1895) ………… 141

21. 光尺蛾属 *Triphosa* Stephens, 1829 ……………………………………… 142

(41) 长须光尺蛾 *Triphosa umbraria* (Leech, 1891) …………………… 143

22. 扇尺蛾属 *Telenomeuta* Warren, 1903 ………………………………… 143

(42) 星缘扇尺蛾 *Telenomeuta punctimarginaria* (Leech, 1891) …… 144

23. 洄纹尺蛾属 *Chartographa* Gumppenberg, 1887 …………………… 144

(43) 常春藤洄纹尺蛾 *Chartographa compositata compositata* (Guenée, 1858) …………………………………………………………………… 145

(44) 多线洄纹尺蛾 *Chartographa plurilineata* (Walker, 1862) ……… 145

24. 枯叶尺蛾属 *Gandaritis* Moore, 1868 ………………………………… 146

(45) 中国枯叶尺蛾 *Gandaritis sinicaria sinicaria* Leech, 1897 ……… 147

25. 褥尺蛾属 *Eustroma* Hübner, 1825 …………………………………… 147

(46) 黑斑褥尺蛾 *Eustroma aerosa* (Butler, 1878) …………………… 148

26. 祉尺蛾属 *Eucosmabraxas* Prout, 1937 ……………………………… 148

(47) 绣球祉尺蛾 *Eucosmabraxas evanescens* (Butler, 1881) ………… 149

27. 折线尺蛾属 *Ecliptopera* Warren, 1894 ……………………………… 149

(48) 乌苏里绣纹折线尺蛾 *Ecliptopera umbrosaria phaedropa*(Prout, 1938) …………………………………………………………………… 150

(49) 隐折线尺蛾 *Ecliptopera haplocrossa* (Prout, 1938) …………… 150

28. 夕尺蛾属 *Sibatania* Inoue, 1944 ……………………………………… 151

(50) 宁波阿里山夕尺蛾 *Sibatania arizana placata* (Prout, 1929) … 151

29. 汇纹尺蛾属 *Evecliptopera* Inoue, 1982 ……………………………… 152

(51) 汇纹尺蛾 *Evecliptopera decurrens decurrens* (Moore, 1888) …… 152

30. 焰尺蛾属 *Electrophaes* Prout, 1923 ………………………………… 153

(52) 中齿焰尺蛾 *Electrophaes zaphenges* Prout, 1940 ……………… 153

31. 丽翅尺蛾属 *Lampropteryx* Stephens, 1831 ………………………… 154

(53) 犀丽翅尺蛾 *Lampropteryx chalybearia* (Moore, 1868) ………… 154

32. 涤尺蛾属 *Dysstroma* Hübner, 1825 ………………………………… 155

(54) 齿纹涤尺蛾 *Dysstroma dentifera* (Warren, 1896) ……………… 156

33. 奇带尺蛾属 *Heterothera* Inoue, 1943 ……………………………… 156

(55) 奇带尺蛾 *Heterothera postalbida* (Wileman, 1911) …………… 157

(56) 台湾奇带尺蛾 *Heterothera sororcula* (Bastelberger, 1909) ……… 157

34. 网尺蛾属 *Laciniodes* Warren, 1894 …… 157
(57) 匀网尺蛾 *Laciniodes stenorhabda* Wehrli, 1931 …… 158
(58) 网尺蛾 *Laciniodes plurilinearia* (Moore, 1868) …… 159
(59) 单网尺蛾 *Laciniodes unistirpis* (Butler, 1878) …… 159
35. 大历尺蛾属 *Macrohastina* Inoue, 1982 …… 160
(60) 红带大历尺蛾 *Macrohastina gemmifera* (Moore, 1868) …… 160
36. 白尺蛾属 *Asthena* Hübner, 1825 …… 160
(61) 对白尺蛾 *Asthena undulata* (Wileman, 1915) …… 161
37. 维尺蛾属 *Venusia* Curtis, 1839 …… 161
(62) 拉维尺蛾 *Venusia laria* Oberthür, 1894 …… 162
38. 虹尺蛾属 *Acolutha* Warren, 1894 …… 162
(63) 虹尺蛾 *Acolutha pictaria imbecilla* Warren, 1905 …… 163
(64) 金带霓虹尺蛾 *Acolutha pulchella semifulva* Warren, 1905 …… 163
39. 周尺蛾属 *Perizoma* Hübner, 1825 …… 164
(65) 愚周尺蛾 *Perizoma fatuaria* (Leech, 1897) …… 165
(66) 枯斑周尺蛾 *Perizoma fulvimacula promiscuaria* (Leech, 1897) …… 165
40. 池尺蛾属 *Chaetolopha* Warren, 1899 …… 166
(67) 弯池尺蛾 *Chaetolopha incurvata* (Moore, 1888) …… 166
41. 小花尺蛾属 *Eupithecia* Curtis, 1825 …… 166
(68) 吉米小花尺蛾 *Eupithecia jermyi* Vojnits, 1976 …… 167
(69) 窄小花尺蛾 *Eupithecia tenuisquama* (Warren, 1896) …… 168
(70) 光泽小花尺蛾 *Eupithecia luctuosa* Mironov & Galsworthy, 2004 …… 168
(71) 盖小花尺蛾 *Eupithecia tectaria* Mironov & Galsworthy, 2011 …… 169
42. 小波尺蛾属 *Pasiphila* Meyrick, 1883 …… 169
(72) 绿带小波尺蛾 *Pasiphila palpata* (Walker, 1862) …… 170
43. 考尺蛾属 *Collix* Guenée, 1858 …… 170
(73) 星缘考尺蛾 *Collix stellata* Warren, 1894 …… 171
44. 假考尺蛾属 *Pseudocollix* Warren, 1895 …… 171
(74) 假考尺蛾 *Pseudocollix hyperythra* (Hampson, 1895) …… 172
45. 黑岛尺蛾属 *Melanthia* Duponchel, 1829 …… 172
(75) 链黑岛尺蛾 *Melanthia catenaria mesozona* Prout, 1939 …… 173
(四) 尺蛾亚科 Geometrinae …… 173

46. 峰尺蛾属 *Dindica* Moore, 1888 …… 174
(76) 赭点峰尺蛾 *Dindica parapara* Swinhoe, 1891 …… 175
(77) 宽带峰尺蛾 *Dindica polyphaenaria* (Guenée, 1858) …… 176
(78) 天目峰尺蛾 *Dindica tienmuensis* Chu, 1981 …… 177
47. 涡尺蛾属 *Dindicodes* Prout, 1912 …… 177
(79) 滨石涡尺蛾 *Dindicodes crocina* (Butler, 1880) …… 178
48. 始青尺蛾属 *Herochroma* Swinhoe, 1893 …… 178
(80) 赭点始青尺蛾 *Herochroma ochreipicta* (Swinhoe, 1905) …… 179
(81) 淡色始青尺蛾 *Herochroma pallensia* Han & Xue, 2003 …… 180
(82) 超暗始青尺蛾 *Herochroma supraviridaria* Inoue, 1999 …… 181
(83) 马来绿始青尺蛾 *Herochroma viridaria peperata* (Herbulot, 1989) …… 181
49. 豆纹尺蛾属 *Metallolophia* Warren, 1895 …… 182
(84) 豆纹尺蛾 *Metallolophia arenaria* (Leech, 1889) …… 182
(85) 黄斑豆纹尺蛾 *Metallolophia flavomaculata* Han & Xue, 2005 …… 183
50. 冠尺蛾属 *Lophophelma* Prout, 1912 …… 184
(86) 江浙冠尺蛾 *Lophophelma iterans iterans* (Prout, 1926) …… 184
51. 巨青尺蛾属 *Limbatochlamys* Rothschild, 1894 …… 185
(87) 中国巨青尺蛾 *Limbatochlamys rosthorni* Rothschild, 1894 …… 185
52. 垂耳尺蛾属 *Pachyodes* Guenée, 1858 …… 186
(88) 金星垂耳尺蛾 *Pachyodes amplificata* (Walker, 1862) …… 186
(89) 新粉垂耳尺蛾 *Pachyodes novata* Han & Xue, 2008 …… 187
53. 粉尺蛾属 *Pingasa* Moore, 1887 …… 188
(90) 小灰粉尺蛾 *Pingasa pseudoterpnaria pseudoterpnaria*(Guenée, 1858) …… 189
(91) 日本粉尺蛾 *Pingasa alba brunnescens* Prout, 1913 …… 189
(92) 红带粉尺蛾 *Pingasa rufofasciata* Moore, 1888 …… 190
54. 岔绿尺蛾属 *Mixochlora* Warren, 1897 …… 190
(93) 三岔绿尺蛾 *Mixochlora vittata* (Moore, 1868) …… 191
55. 镰翅绿尺蛾属 *Tanaorhinus* Butler, 1879 …… 191
(94) 镰翅绿尺蛾 *Tanaorhinus reciprocata confuciaria* (Walker, 1861) …… 192
(95) 影镰翅绿尺蛾 *Tanaorhinus viridiluteata* (Walker, 1861) …… 193

56. 缺口青尺蛾属 *Timandromorpha* Inoue, 1944 ………………………… 193
(96) 缺口青尺蛾 *Timandromorpha discolor* (Warren, 1896) ………… 194
(97) 小缺口青尺蛾 *Timandromorpha enervata* Inoue, 1944 ………… 194
57. 四眼绿尺蛾属 *Chlorodontopera* Warren, 1893 ………………………… 195
(98) 四眼绿尺蛾 *Chlorodontopera discospilata* (Moore, 1868) ……… 196
58. 绿尺蛾属 *Comibaena* Hübner, 1823 ……………………………………… 196
(99) 顶绿尺蛾 *Comibaena apicipicta* Prout, 1912 …………………… 198
(100) 长纹绿尺蛾 *Comibaena argentataria* (Leech, 1897) ………… 198
(101) 亚长纹绿尺蛾 *Comibaena signifera subargentaria* (Oberthür, 1916) …………………………………………………………………… 199
(102) 黑角绿尺蛾 *Comibaena subdelicata* Inoue, 1986 ……………… 199
(103) 紫斑绿尺蛾 *Comibaena nigromacularia* (Leech, 1897) ……… 200
(104) 肾纹绿尺蛾 *Comibaena procumbaria* (Pryer, 1877) …………… 200
(105) 亚肾纹绿尺蛾 *Comibaena subprocumbaria* (Oberthür, 1916) …………………………………………………………………… 201
(106) 平纹绿尺蛾 *Comibaena tenuisaria* (Graeser, 1889) …………… 201
59. 亚四目绿尺蛾属 *Comostola* Meyrick, 1888 ……………………………… 202
(107) 亚四目绿尺蛾 *Comostola subtiliaria* (Bremer, 1864) ………… 202
60. 无缰青尺蛾属 *Hemistola* Warren, 1893 ………………………………… 203
(108) 粉无缰青尺蛾 *Hemistola dijuncta* (Walker, 1861) …………… 204
61. 尖尾尺蛾属 *Maxates* Moore, 1887 ………………………………………… 204
(109) 线尖尾尺蛾 *Maxates protrusa* (Butler, 1878) ………………… 205
(110) 青尖尾尺蛾 *Maxates illiturata* (Walker, 1863) ……………… 206
(111) 斜尖尾尺蛾 *Maxates dysgenes* (Prout, 1916) ………………… 207
62. 海绿尺蛾属 *Pelagodes* Holloway, 1996 …………………………………… 207
(112) 海绿尺蛾 *Pelagodes antiquadraria* (Inoue, 1976) …………… 207
63. 彩青尺蛾属 *Eucyclodes* Warren, 1894 …………………………………… 208
(113) 枯斑翠尺蛾 *Eucyclodes difficta* (Walker, 1861) ……………… 209
(114) 金银彩青尺蛾 *Eucyclodes augustaria* (Oberthür, 1916) ……… 210
(115) 弯彩青尺蛾 *Eucyclodes infracta* (Wileman, 1911) …………… 210
64. 艳青尺蛾属 *Agathia* Guenée, 1858 ……………………………………… 211
(116) 半焦艳青尺蛾 *Agathia hemithearia* Guenée, 1858 …………… 211
65. 辐射尺蛾属 *Iotaphora* Warren, 1894 …………………………………… 212
(117) 青辐射尺蛾 *Iotaphora admirabilis* (Oberthür, 1883) ………… 213

（五）灰尺蛾亚科 Ennominae ………………………………………………………… 213
66. 金星尺蛾属 *Abraxas* Leach 1815 ………………………………………… 222
(118) 华金星尺蛾 *Abraxas sinicaria* Leech, 1897 ……………………… 223
(119) 明金星尺蛾 *Abraxas flavisinuata* Warren, 1894 ………………… 223
(120) 素金星尺蛾 *Abraxas tortuosaria* Leech, 1897 …………………… 224
(121) 丝棉木金星尺蛾 *Abraxas suspecta* Warren, 1894 ……………… 224
(122) 铅灰金星尺蛾 *Abraxas plumbeata* Cockerell, 1906 …………… 225
67. 晶尺蛾属 *Peratophyga* Warren, 1894 ……………………………………… 225
(123) 江西长晶尺蛾 *Peratophyga grata totifasciata* Wehrli, 1923 … 226
68. 泼墨尺蛾属 *Ninodes* Warren, 1894 ………………………………………… 226
(124) 泼墨尺蛾 *Ninodes splendens* (Butler, 1878) ……………………… 227
69. 锦尺蛾属 *Heterostegane* Hampson, 1893 ……………………………… 227
(125) 光边锦尺蛾 *Heterostegane hyriaria* Warren, 1894 ……………… 228
(126) 灰锦尺蛾 *Heterostegane hoenei* (Wehrli, 1925) ………………… 228
70. 琼尺蛾属 *Orthocabera* Butler, 1879 ……………………………………… 229
(127) 聚线琼尺蛾 *Orthocabera sericea sericea* (Butler, 1879) ……… 229
(128) 清波琼尺蛾 *Orthocabera tinagmaria* (Guenée, 1858) ………… 230
71. 墟尺蛾属 *Peratostega* Warren, 1897 ……………………………………… 230
(129) 雀斑墟尺蛾 *Peratostega deletaria* (Moore, 1888) ……………… 231
72. 斑尾尺蛾属 *Micronidia* Moore, 1888 …………………………………… 231
(130) 二点斑尾尺蛾 *Micronidia intermedia* Yazaki, 1992 …………… 232
73. 尖缘尺蛾属 *Danala* Walker, 1860 ……………………………………… 232
(131) 褐尖缘尺蛾 *Danala lilacina* (Wileman, 1915) ………………… 232
74. 封尺蛾属 *Hydatocapnia* Warren, 1895 ………………………………… 233
(132) 双封尺蛾 *Hydatocapnia gemina* Yazaki, 1990 ………………… 233
75. 银瞳尺蛾属 *Tasta* Walker, 1863 ………………………………………… 234
(133) 宽带银瞳尺蛾 *Tasta* epargyra Wehrli, 1936 ……………………… 234
76. 褶尺蛾属 *Lomographa* Hübner, 1825 ………………………………… 235
(134) 虚褶尺蛾 *Lomographa inamata* (Walker, 1861) ………………… 236
(135) 淡灰褶尺蛾 *Lomographa margarita* (Moore, 1868) …………… 236
(136) 四点褶尺蛾 *Lomographa chekiangensis* (Wehrli, 1936) ……… 237
(137) 黑尖褶尺蛾 *Lomographa percnosticta* Yazaki, 1994 …………… 237
(138) 云褶尺蛾 *Lomographa eximiaria* (Oberthür, 1923) …………… 237
(139) 台湾双带褶尺蛾 *Lomographa platyleucata marginata* (Wileman,

1914) ………………………………………………………… 238
(140) 离褶尺蛾 *Lomographa distans* (Warren, 1894) ……………… 238
(141) 克拉褶尺蛾 *Lomographa claripennis* Inoue, 1977 …………… 239
(142) 安褶尺蛾 *Lomographa anoxys* (Wehrli, 1936) ………………… 239
77. 霞尺蛾属 *Nothomiza* Warren, 1894 ……………………………… 239
(143) 黄缘霞尺蛾 *Nothomiza flavicosta* Prout, 1914 ………………… 240
(144) 紫带霞尺蛾 *Nothomiza oxygoniodes* Wehrli, 1939 …………… 240
(145) 叉线霞尺蛾 *Nothomiza perichora* Wehrli, 1940 ……………… 241
78. 平沙尺蛾属 *Parabapta* Warren, 1895 …………………………… 241
(146) 斜平沙尺蛾 *Parabapta obliqua* Yazaki, 1989 ………………… 241
79. 玛边尺蛾属 *Swannia* Prout, 1926 ……………………………… 242
(147) 玛边尺蛾 *Swannia marmarea* Prout, 1926 …………………… 242
80. 印尺蛾属 *Rhynchobapta* Hampson, 1895 ………………………… 242
(148) 线角印尺蛾 *Rhynchobapta eburnivena* Warren, 1896 ………… 243
81. 紫沙尺蛾属 *Plesiomorpha* Warren, 1898 ………………………… 243
(149) 金头紫沙尺蛾 *Plesiomorpha flaviceps* (Butler, 1881) ………… 244
82. 鲨尺蛾属 *Euchristophia* Fletcher, 1979 ………………………… 244
(150) 金鲨尺蛾 *Euchristophia cumulata sinobia* (Wehrli, 1939) …… 245
83. 灰尖尺蛾属 *Astygisa* Walker, 1864 ……………………………… 245
(151) 大灰尖尺蛾 *Astygisa chlororphnodes* (Wehrli, 1936) ………… 245
84. 紫云尺蛾属 *Hypephyra* Butler, 1889 …………………………… 246
(152) 紫云尺蛾 *Hypephyra terrosa* Butler, 1889 …………………… 246
85. 庶尺蛾属 *Macaria* Curtis, 1826 ………………………………… 247
(153) 光连庶尺蛾 *Macaria continuaria mesembrina* (Wehrli, 1940)
………………………………………………………… 248
86. 云庶尺蛾属 *Oxymacaria* Warren, 1894 ………………………… 248
(154) 云庶尺蛾 *Oxymacaria temeraria* (Swinhoe, 1891) …………… 249
(155) 衡山云庶尺蛾 *Oxymacaria normata hoengshanica* (Wehrli, 1940)
………………………………………………………… 249
87. 奇尺蛾属 *Chiasmia* Hübner, 1823 ……………………………… 250
(156) 合欢奇尺蛾 *Chiasmia defixaria* (Walker, 1861) ……………… 250
(157) 格奇尺蛾 *Chiasmia hebesata* (Walker, 1861) ………………… 251
(158) 雨尺蛾 *Chiasmia pluviata* (Fabricius, 1798) ………………… 252
(159) 污带奇尺蛾 *Chiasmia epicharis* (Wehrli, 1932) ……………… 252

(160) 坡奇尺蛾 *Chiasmia clivicola* (Prout, 1926) ······················ 253
88. 图尺蛾属 *Orthobrachia* Warren, 1895 ································ 253
(161) 黄图尺蛾 *Orthobrachia flavidior* (Hampson, 1898) ·············· 254
(162) 猫儿山图尺蛾 *Orthobrachia maoershanensis* Huang, Wang & Xin, 2003 ·· 254
89. 辉尺蛾属 *Luxiaria* Walker, 1860 ······································ 254
(163) 云辉尺蛾 *Luxiaria amasa* (Butler, 1878) ························· 255
(164) 辉尺蛾 *Luxiaria mitorrhaphes* Prout, 1925 ······················ 256
90. 双线尺蛾属 *Calletaera* Warren, 1895 ································ 256
(165) 斜双线尺蛾 *Calletaera obliquata* (Moore, 1888) ················ 256
91. 虎尺蛾属 *Xanthabraxas* Warren, 1894 ································ 257
(166) 中国虎尺蛾 *Xanthabraxas hemionata* (Guenée, 1858) ········ 257
92. 蜻蜓尺蛾属 *Cystidia* Hübner, 1819 ··································· 258
(167) 小蜻蜓尺蛾 *Cystidia couaggaria* (Guenée, 1858) ·············· 258
(168) 蜻蜓尺蛾 *Cystidia stratonice* (Stoll, 1782) ······················ 259
93. 长翅尺蛾属 *Obeidia* Walker, 1862 ···································· 259
(169) 豹长翅尺蛾 *Obeidia vagipardata vagipardata* Walker, 1862 ··· 260
94. 狭长翅尺蛾属 *Parobeidia* Wehrli, 1939 ······························ 260
(170) 狭长翅尺蛾 *Parobeidia gigantearia* (Leech, 1897) ·············· 260
95. 拟长翅尺蛾属 *Epobeidia* Wehrli, 1939 ································ 261
(171) 猛拟长翅尺蛾 *Epobeidia tigrata leopardaria* (Oberthür, 1881) ·· 261
(172) 散长翅尺蛾 *Epobeidia lucifera conspurcata* (Leech, 1897) ······ 262
96. 紊长翅尺蛾属 *Controbeidia* Inoue, 2003 ······························ 262
(173) 紊长翅尺蛾 *Controbeidia irregularis* (Wehrli, 1933) ··········· 263
97. 丰翅尺蛾属 *Euryobeidia* Fletcher, 1979 ······························ 263
(174) 金丰翅尺蛾 *Euryobeidia largeteaui* (Oberthür, 1884) ··········· 264
(175) 银丰翅尺蛾 *Euryobeidia languidata* (Walker, 1862) ············ 264
98. 斑点尺蛾属 *Percnia* Guenée, 1858 ···································· 265
(176) 散斑点尺蛾 *Percnia luridaria* (Leech, 1897) ····················· 265
(177) 褐斑点尺蛾 *Percnia fumidaria* Leech, 1897 ······················ 266
99. 柿星尺蛾属 *Parapercnia* Wehrli, 1939 ································ 266
(178) 柿星尺蛾 *Parapercnia giraffata* (Guenée, 1858) ················ 267
100. 匀点尺蛾属 *Antipercnia* Inoue, 1992 ································ 267

(179) 拟柿星尺蛾 *Antipercnia albinigrata* (Warren, 1896) ………… 268
(180) 匀点尺蛾 *Antipercnia belluaria* (Guenée, 1858) ……………… 268
101. 斑星尺蛾属 *Xenoplia* Warren, 1894 ……………………………… 269
(181) 细斑星尺蛾 *Xenoplia foraria foraria* (Guenée, 1858) ……… 269
102. 后星尺蛾属 *Metabraxas* Butler, 1881 …………………………… 270
(182) 中国后星尺蛾 *Metabraxas inconfusa* Warren, 1894 ………… 270
(183) 小后星尺蛾 *Metabraxas parvula* Wehrli, 1934 ……………… 271
103. 八角尺蛾属 *Pogonopygia* Warren, 1894 ………………………… 271
(184) 八角尺蛾 *Pogonopygia nigralbata* Warren, 1894 …………… 272
(185) 三排尺蛾 *Pogonopygia pavida* (Bastelberger, 1911) ………… 272
104. 双冠尺蛾属 *Dilophodes* Warren, 1894 ………………………… 273
(186) 双冠尺蛾 *Dilophodes elegans* (Butler, 1878) ………………… 273
105. 弥尺蛾属 *Arichanna* Moore, 1868 ……………………………… 274
(187) 刺弥尺蛾 *Arichanna picaria* Wileman, 1910 ………………… 275
(188) 梫星尺蛾 *Arichanna jaguararia jaguararia* (Guenée, 1858) ……………………………………………………………… 275
(189) 黄星尺蛾 *Arichanna melanaria* (Linnaeus, 1758) …………… 276
(190) 边弥尺蛾 *Arichanna marginata* Warren, 1893 ……………… 276
(191) 滇沙弥尺蛾 *Arichanna furcifera epiphanes* (Wehrli, 1933) … 276
(192) 间弥尺蛾 *Arichanna interruptaria* Leech, 1897 ……………… 277
106. 璃尺蛾属 *Krananda* Moore, 1868 ……………………………… 277
(193) 三角璃尺蛾 *Krananda latimarginaria* Leech, 1891 ………… 278
(194) 暗色璃尺蛾 *Krananda postexcisa* (Wehrli, 1924) …………… 279
(195) 橄璃尺蛾 *Krananda oliveomarginata* Swinhoe, 1894 ………… 279
(196) 玻璃尺蛾 *Krananda semihyalina* Moore, 1868 ……………… 280
(197) 蒿杆三角尺蛾 *Krananda straminearia* (Leech, 1897) ……… 281
107. 达尺蛾属 *Dalima* Moore, 1868 ………………………………… 281
(198) 圆翅达尺蛾 *Dalima patularia* (Walker, 1860) ……………… 282
(199) 洪达尺蛾 *Dalima hoenei* Wehrli, 1923 ……………………… 283
(200) 易达尺蛾 *Dalima variaria* Leech, 1897 ……………………… 283
(201) 达尺蛾 *Dalima apicata eoa* Wehrli, 1940 …………………… 284
108. 钩翅尺蛾属 *Hyposidra* Guenée, 1858 ………………………… 284
(202) 钩翅尺蛾 *Hyposidra aquilaria* (Walker, 1862) ……………… 285
109. 歹尺蛾属 *Deileptenia* Hübner, 1825 …………………………… 286

(203) 满洲里歹尺蛾 *Deileptenia mandshuriaria* (Bremer, 1864) … 286
(204) 何歹尺蛾 *Deileptenia hoenei* Sato & Wang, 2005 …………… 287
110. 矶尺蛾属 *Abaciscus* Butler, 1889 ………………………………………… 287
(205) 浙江矶尺蛾 *Abaciscus tristis tschekianga* (Wehrli, 1943) …… 288
(206) 拟星矶尺蛾 *Abaciscus ferruginis* Sato & Wang, 2004 ……… 288
(207) 桔斑矶尺蛾 *Abaciscus costimacula* (Wileman, 1912) ………… 289
111. 用克尺蛾属 *Jankowskia* Oberthür, 1884 ……………………………… 289
(208) 小用克尺蛾 *Jankowskia fuscaria fuscaria* (Leech, 1891) …… 290
(209) 台湾用克尺蛾 *Jankowskia taiwanensis* Sato, 1980 …………… 291
112. 冥尺蛾属 *Heterarmia* Warren, 1895 ………………………………… 291
(210) 査冥尺蛾 *Heterarmia charon eucosma* (Wehrli, 1941) ……… 292
(211) 石冥尺蛾 *Heterarmia conjunctaria* (Leech, 1897) …………… 292
113. 霜尺蛾属 *Cleora* Curtis, 1825 ………………………………………… 293
(212) 襟霜尺蛾 *Cleora fraterna* (Moore, 1888) …………………… 293
114. 鹿尺蛾属 *Alcis* Curtis, 1826 ………………………………………… 294
(213) 白鹿尺蛾 *Alcis diprosopa* (Wehrli, 1943) …………………… 295
(214) 鲜鹿尺蛾 *Alcis perfurcana* (Wehrli, 1943) ………………… 295
(215) 马鹿尺蛾 *Alcis postcandida* (Wehrli, 1924) ………………… 296
(216) 革鹿尺蛾 *Alcis scortea* (Bastelberger, 1909) ………………… 296
(217) 薛鹿尺蛾 *Alcis xuei* Sato & Wang, 2005 …………………… 297
(218) 啄鹿尺蛾 *Alcis perspicuata* (Moore, 1868) ………………… 298
115. 皮鹿尺蛾属 *Psilalcis* Warren, 1893 ………………………………… 298
(219) 茶担皮鹿尺蛾 *Psilalcis diorthogonia* (Wehrli, 1925) ……… 299
(220) 淡灰皮鹿尺蛾 *Psilalcis dierli* Sato, 1995 中国新记录 ……… 300
(221) 天目皮鹿尺蛾 *Psilalcis menoides* (Wehrli, 1943) …………… 300
(222) 金星皮鹿尺蛾 *Psilalcis abraxidia* Sato & Wang, 2006 ……… 301
(223) 皮鹿尺蛾 *Psilalcis inceptaria* (Walker, 1866) ……………… 301
(224) 袍皮鹿尺蛾 *Psilalcis polioleuca* Wehrli, 1943 ……………… 302
(225) 弥皮鹿尺蛾 *Psilalcis indistincta* (Hampson, 1891) 中国新记录 ………………………………………………………………………… 302
116. 美鹿尺蛾属 *Aethalura* McDunnough, 1920 ………………………… 303
(226) 中国美鹿尺蛾 *Aethalura chinensis* Sato & Wang, 2004 ……… 303
117. 佐尺蛾属 *Rikiosatoa* Inoue, 1982 …………………………………… 303
(227) 紫带佐尺蛾 *Rikiosatoa mavi* (Prout, 1915) ………………… 304

(228) 灰佐尺蛾 *Rikiosatoa grisea* Butler, 1878 ······ 305
(229) 中国佐尺蛾 *Rikiosatoa vandervoordeni* (Prout, 1923) ······ 305
118. 尘尺蛾属 *Hypomecis* Hübner, 1821 ······ 306
(230) 尘尺蛾 *Hypomecis punctinalis* (Scopoli, 1763) ······ 307
(231) 假尘尺蛾 *Hypomecis pseudopunctinalis* (Wehrli, 1923) ······ 308
(232) 黑尘尺蛾 *Hypomecis catharma* (Wehrli, 1943) ······ 308
(233) 青灰尘尺蛾 *Hypomecis cineracea* (Moore, 1888) ······ 309
(234) 怒尘尺蛾 *Hypomecis phantomaria* (Graeser, 1890) ······ 309
119. 宙尺蛾属 *Coremecis* Holloway, 1994 ······ 310
(235) 黑斑宙尺蛾 *Coremecis nigrovittata* (Moore, 1868) ······ 311
(236) 蕾宙尺蛾 *Coremecis leukohyperythra* (Wehrli, 1925) ······ 311
120. 小盅尺蛾属 *Microcalicha* Sato, 1981 ······ 312
(237) 凸翅小盅尺蛾 *Microcalicha melanosticta* (Hampson, 1895) ······ 312
(238) 锈小盅尺蛾 *Microcalicha ferruginaria* Sato & Wang, 2007 ··· 313
121. 盅尺蛾属 *Calicha* Moore, 1888 ······ 313
(239) 金盅尺蛾 *Calicha nooraria* (Bremer, 1864) ······ 314
(240) 拟金盅尺蛾 *Calicha subnooraria* Sato & Wang, 2004 ······ 315
122. 四星尺蛾属 *Ophthalmitis* Fletcher, 1979 ······ 315
(241) 核桃四星尺蛾 *Ophthalmitis albosignaria albosignaria* (Bremer & Grey, 1853) ······ 316
(242) 四星尺蛾 *Ophthalmitis irrorataria* (Bremer & Grey, 1853) ··· 317
(243) 宽四星尺蛾 *Ophthalmitis tumefacta* Jiang, Xue & Han, 2011 ······ 318
(244) 钻四星尺蛾 *Ophthalmitis pertusaria* (Felder & Rogenhofer, 1875) ······ 318
(245) 拟锯纹四星尺蛾 *Ophthalmitis siniherbida* (Wehrli, 1943) ··· 319
123. 造桥虫属 *Ascotis* Hübner, 1825 ······ 319
(246) 大造桥虫 *Ascotis selenaria* (Denis & Schiffermüller, 1775) ··· 320
124. 拟毛腹尺蛾属 *Paradarisa* Warren, 1894 ······ 321
(247) 灰绿拟毛腹尺蛾 *Paradarisa chloauges chloauges* Prout, 1927 ······ 321
125. 原雕尺蛾属 *Protoboarmia* McDunnough, 1920 ······ 322
(248) 原雕尺蛾 *Protoboarmia amabilis* Inoue, 1983 ······ 322

126. 烟尺蛾属 *Phthonosema* Warren, 1894 …… 322
(249) 锯线烟尺蛾 *Phthonosema serratilinearia* (Leech, 1897) …… 323
127. 埃尺蛾属 *Ectropis* Hübner, 1825 …… 323
(250) 埃尺蛾 *Ectropis crepuscularia* (Denis & Schiffermüller, 1775) …… 324
(251) 小茶尺蛾 *Ectropis obliqua* (Prout, 1915) …… 325
128. 毛腹尺蛾属 *Gasterocome* Warren, 1894 …… 325
(252) 齿带毛腹尺蛾 *Gasterocome pannosaria* (Moore, 1868) …… 326
129. 阈尺蛾属 *Phanerothyris* Warren, 1895 …… 326
(253) 中阈尺蛾 *Phanerothyris sinearia* (Guenée, 1858) …… 327
130. 鑫尺蛾属 *Chrysoblephara* Holloway, 1994 …… 327
(254) 榄绿鑫尺蛾 *Chrysoblephara olivacea* Sato & Wang, 2005 …… 328
131. 拉克尺蛾属 *Racotis* Moore, 1887 …… 328
(255) 拉克尺蛾 *Racotis boarmiaria* (Guenée, 1858) …… 329
132. 猗尺蛾属 *Anectropis* Sato, 1991 …… 329
(256) 宁波猗尺蛾 *Anectropis ningpoaria* (Leech, 1891) …… 330
133. 皿尺蛾属 *Calichodes* Warren, 1897 …… 330
(257) 棕带皿尺蛾 *Calichodes ochrifasciata* (Moore, 1888) …… 331
134. 藓尺蛾属 *Ecodonia* Wehrli, 1951 …… 331
(258) 绿星藓尺蛾 *Ecodonia ephyrinaria* (Oberthür, 1913) …… 331
135. 绶尺蛾属 *Xerodes* Guenée, 1858 …… 332
(259) 沙弥绶尺蛾 *Xerodes inaccepta* (Prout, 1910) …… 332
(260) 白珠绶尺蛾 *Xerodes contiguaria* (Leech, 1897) …… 333
136. 阢尺蛾属 *Uliura* Warren, 1904 …… 333
(261) 斑阢尺蛾 *Uliura albidentata* (Moore, 1868) …… 334
(262) 点阢尺蛾 *Uliura infausta* (Prout, 1914) …… 334
137. 苔尺蛾属 *Hirasa* Moore, 1888 …… 335
(263) 天目书苔尺蛾 *Hirasa scripturaria eugrapha* Wehrli, 1953 …… 335
(264) 暗绿苔尺蛾 *Hirasa muscosaria* (Walker, 1866) …… 336
138. 鲁尺蛾属 *Amblychia* Guenée, 1858 …… 336
(265) 白珠鲁尺蛾 *Amblychia angeronaria* Guenée, 1858 …… 337
(266) 兀尺蛾 *Amblychia insueta* (Butler, 1878) …… 338
139. 玉臂尺蛾属 *Xandrames* Moore, 1868 …… 338
(267) 黑玉臂尺蛾 *Xandrames dholaria* Moore, 1868 …… 339

(268) 折玉臂尺蛾 *Xandrames latiferaria* (Walker, 1860) ………… 339
140. 杜尺蛾属 *Duliophyle* Warren, 1894 …………………………………… 340
(269) 四川杜尺蛾 *Duliophyle agitata angustaria* (Leech, 1897) …… 340
(270) 大杜尺蛾 *Duliophyle majuscularia* (Leech, 1897) …………… 341
141. 树尺蛾属 *Mesastrape* Warren, 1894 ………………………………… 341
(271) 细枝树尺蛾 *Mesastrape fulguraria* (Walker, 1860) ………… 342
142. 蛮尺蛾属 *Darisa* Moore, 1888 ………………………………………… 342
(272) 拟固线蛮尺蛾 *Darisa missionaria* (Wehrli, 1941) …………… 343
143. 白蛮尺蛾属 *Lassaba* Moore, 1888 ………………………………… 344
(273) 白蛮尺蛾 *Lassaba albidaria* (Walker, 1866) …………………… 344
144. 方尺蛾属 *Chorodna* Walker, 1860 ………………………………… 345
(274) 黄斑方尺蛾 *Chorodna ochreimacula* Prout, 1914 …………… 345
(275) 默方尺蛾 *Chorodna corticaria* (Leech, 1897) ………………… 346
(276) 宏方尺蛾 *Chorodna creataria* (Guenée, 1858) ……………… 346
145. 蜡尺蛾属 *Monocerotesa* Wehrli, 1937 …………………………… 347
(277) 豹斑蜡尺蛾 *Monocerotesa abraxides* (Prout, 1914) ………… 348
(278) 三色蜡尺蛾 *Monocerotesa bifurca* Sato & Wang, 2007 ……… 348
(279) 青蜡尺蛾 *Monocerotesa trichroma* Wehrli, 1937 …………… 348
(280) 碎纹蜡尺蛾 *Monocerotesa virgata* (Wileman, 1912) ………… 349
146. 统尺蛾属 *Sysstema* Warren, 1899 ………………………………… 349
(281) 半环统尺蛾 *Sysstema semicirculata* (Moore, 1868) ………… 350
147. 鹰尺蛾属 *Biston* Leach, 1815 ……………………………………… 350
(282) 花鹰尺蛾 *Biston melacron* Wehrli, 1941 ……………………… 351
(283) 桦尺蛾 *Biston betularia parva* Leech, 1897 ………………… 352
(284) 油桐尺蛾 *Biston suppressaria* (Guenée, 1858) ……………… 352
(285) 圆突鹰尺蛾 *Biston mediolata* Jiang, Xue & Han, 2011 ……… 353
(286) 双云尺蛾 *Biston regalis* (Moore, 1888) ……………………… 354
(287) 油茶尺蛾 *Biston marginata* Shiraki, 1913 …………………… 355
(288) 木橑尺蛾 *Biston panterinaria* (Bremer & Grey, 1853) ……… 355
(289) 云尺蛾 *Biston thibetaria* (Oberthür, 1886) …………………… 356
148. 掌尺蛾属 *Amraica* Moore, 1888 …………………………………… 356
(290) 拟大斑掌尺蛾 *Amraica prolata* Jiang, Sato & Han, 2012 …… 357
(291) 掌尺蛾 *Amraica superans superans* (Butler, 1878) …………… 358
149. 展尺蛾属 *Menophra* Moore, 1887 ………………………………… 358

(292) 华展尺蛾 *Menophra sinoplagiata* Sato & Wang, 2006 ········ 359
150. 角顶尺蛾属 *Phthonandria* Warren, 1894 ······························· 359
(293) 角顶尺蛾 *Phthonandria emaria* (Bremer, 1864) ·············· 360
151. 焦边尺蛾属 *Bizia* Walker, 1860 ·· 360
(294) 焦边尺蛾 *Bizia aexaria* Walker, 1860 ························· 361
152. 碴尺蛾属 *Psyra* Walker, 1860 ·· 361
(295) 小斑碴尺蛾 *Psyra falcipennis* Yazaki, 1994 ··················· 362
153. 免尺蛾属 *Hyperythra* Guenée, 1858 ···································· 362
(296) 红双线免尺蛾 *Hyperythra obliqua* (Warren, 1894) ············ 363
154. 银线尺蛾属 *Scardamia* Guenée, 1858 ·································· 363
(297) 橘红银线尺蛾 *Scardamia aurantiacaria* Bremer, 1864 ········ 364
155. 丸尺蛾属 *Plutodes* Guenée, 1858 ······································· 364
(298) 墨丸尺蛾 *Plutodes warreni* Prout, 1923 ························· 365
(299) 带丸尺蛾 *Plutodes exquisita* Butler, 1880 ······················· 365
156. 叉线青尺蛾属 *Tanaoctenia* Warren, 1894 ···························· 365
(300) 焦斑叉线青尺蛾 *Tanaoctenia haliaria* (Walker, 1861) ········ 366
157. 巫尺蛾属 *Agaraeus* Kuznetzov & Stekolnikov, 1982 ················ 366
(301) 异色巫尺蛾 *Agaraeus discolor* (Warren, 1893) ················· 367
158. 妖尺蛾属 *Apeira* Gistl, 1848 ·· 367
(302) 南方波缘妖尺蛾 *Apeira crenularia meridionalis* (Wehrli, 1940) ··· 368
159. 魈尺蛾 *Prionodonta* Warren, 1893 ····································· 368
(303) 魈尺蛾 *Prionodonta amethystina* Warren, 1893 ················· 369
160. 腹尺蛾属 *Ocoelophora* Warren, 1895 ·································· 369
(304) 粉红腹尺蛾 *Ocoelophora crenularia* (Leech, 1897) ············ 370
(305) 台湾腹尺蛾 *Ocoelophora lentiginosaria festa* (Bastelberger, 1911) ··· 370
161. 芽尺蛾属 *Scionomia* Warren, 1901 ···································· 371
(306) 长突芽尺蛾 *Scionomia anomala* (Butler, 1881) ·············· 371
162. 西尺蛾属 *Ectephrina* Wehrli, 1937 ···································· 371
(307) 东亚半西尺蛾 *Ectephrina semilutata pruinosaria* Bremer, 1864 ··· 372
163. 堂尺蛾属 *Seleniopsis* Warren, 1894 ··································· 372
(308) 褐堂尺蛾 *Seleniopsis francki* Prout, 1931 ························ 373

164. 边尺蛾属 *Leptomiza* Warren, 1893 …… 373
(309) 紫边尺蛾 *Leptomiza calcearia* (Walker, 1860) …… 374
(310) 双线边尺蛾 *Leptomiza bilinearia* (Leech, 1897) …… 374
165. 白尖尺蛾属 *Pseudomiza* Butler, 1889 …… 375
(311) 紫白尖尺蛾 *Pseudomiza obliquaria* (Leech, 1897) …… 375
(312) 束白尖尺蛾 *Pseudomiza argentilinea* (Moore, 1868) …… 376
166. 拟尖尺蛾属 *Mimomiza* Warren, 1894 …… 376
(313) 白拟尖尺蛾 *Mimomiza cruentaria* (Moore, 1868) …… 376
167. 普尺蛾属 *Dissoplaga* Warren, 1894 …… 377
(314) 粉红普尺蛾 *Dissoplag flava* (Moore, 1888) …… 377
168. 都尺蛾属 *Polyscia* Warren, 1896 …… 378
(315) 奥都尺蛾 *Polyscia ochrilinea* Warren, 1896 …… 378
169. 木尺蛾属 *Xyloscia* Warren, 1894 …… 379
(316) 双角木尺蛾 *Xyloscia biangularia* Leech, 1897 …… 379
170. 俭尺蛾属 *Trotocraspeda* Warren, 1899 …… 380
(317) 金叉俭尺蛾 *Trotocraspeda divaricata* (Moore, 1888) …… 380
171. 惑尺蛾属 *Epholca* Fletcher, 1979 …… 381
(318) 桔黄惑尺蛾 *Epholca auratilis* Prout, 1934 …… 381
(319) 胡桃尺蛾 *Epholca arenosa* (Butler, 1878) …… 382
172. 蟠尺蛾属 *Eilicrinia* Hübner, 1823 …… 382
(320) 黄蟠尺蛾 *Eilicrinia flava* (Moore, 1888) …… 383
173. 卡尺蛾属 *Entomopteryx* Guenée, 1858 …… 383
(321) 斜卡尺蛾 *Entomopteryx obliquilinea* (Moore, 1888) …… 384
174. 夹尺蛾属 *Pareclipsis* Warren, 1894 …… 384
(322) 双波夹尺蛾 *Pareclipsis serrulata* (Wehrli, 1937) …… 385
175. 莹尺蛾属 *Hyalinetta* Swinhoe, 1894 …… 385
(323) 斑弓莹尺蛾 *Hyalinetta circumflexa* (Kollar, 1844) …… 386
176. 娴尺蛾属 *Auaxa* Walker, 1860 …… 386
(324) 娴尺蛾 *Auaxa cesadaria* Walker, 1860 …… 387
177. 津尺蛾属 *Astegania* Djakonov, 1936 …… 387
(325) 榆津尺蛾 *Astegania honesta* (Prout, 1908) …… 388
178. 贡尺蛾属 *Odontopera* Stephens, 1831 …… 388
(326) 贡尺蛾 *Odontopera bilinearia* (Swinhoe, 1889) …… 389
(327) 秃贡尺蛾 *Odontopera insulata* Bastelberger, 1909 …… 390

179. 斜灰尺蛾属 *Loxotephria* Warren, 1905 …… 390
(328) 橄榄斜灰尺蛾 *Loxotephria olivacea* Warren, 1905 …… 391
(329) 红褐斜灰尺蛾 *Loxotephria elaiodes* Wehrli, 1937 …… 391
180. 魑尺蛾属 *Garaeus* Moore, 1868 …… 391
(330) 焦斑魑尺蛾 *Garaeus apicata* (Moore, 1868) …… 392
(331) 无常魑尺蛾 *Garaeus subsparsus* Wehrli, 1936 …… 393
(332) 洞魑尺蛾 *Garaeus specularis* Moore, 1868 …… 393
(333) 平魑尺蛾 *Garaeus karykina* (Wehrli, 1924) …… 394
181. 蚀尺蛾属 *Hypochrosis* Guenée, 1858 …… 394
(334) 四点蚀尺蛾 *Hypochrosis rufescens* (Butler, 1880) …… 395
(335) 黑红蚀尺蛾 *Hypochrosis baenzigeri* Inoue, 1982 …… 395
182. 片尺蛾属 *Fascellina* Walker, 1860 …… 395
(336) 紫片尺蛾 *Fascellina chromataria* Walker, 1860 …… 396
(337) 灰绿片尺蛾 *Fascellina plagiata* (Walker, 1866) …… 397
183. 龟尺蛾属 *Celenna* Walker, 1861 …… 397
(338) 绿龟尺蛾 *Celenna festivaria* (Fabricius, 1794) …… 398
184. 彩尺蛾属 *Achrosis* Guenée, 1858 …… 398
(339) 华南玫彩尺蛾 *Achrosis rosearia compsa* (Wehrli, 1939) …… 399
185. 木纹尺蛾属 *Plagodis* Hübner, 1823 …… 400
(340) 纤木纹尺蛾 *Plagodis reticulata* Warren, 1893 …… 400
186. 隐尺蛾属 *Heterolocha* Lederer, 1853 …… 401
(341) 黄玫隐尺蛾 *Heterolocha subroseata* Warren, 1894 …… 401
(342) 淡色隐尺蛾 *Heterolocha coccinea* Inoue, 1976 …… 402
(343) 玲隐尺蛾 *Heterolocha aristonaria* (Walker, 1860) …… 402
187. 穿孔尺蛾属 *Corymica* Walker, 1860 …… 403
(344) 满月穿孔尺蛾 *Corymica pryeri pryeri* (Butler, 1878) …… 403
(345) 褐带穿孔尺蛾 *Corymica deducta* (Walker, 1866) …… 404
188. 黄尺蛾属 *Opisthograptis* Hübner, 1823 …… 405
(346) 骐黄尺蛾 *Opisthograptis moelleri* Warren, 1893 …… 405
189. 锯纹尺蛾属 *Heterostegania* Warren, 1893 …… 406
(347) 锯纹尺蛾 *Heterostegania lunulosa* (Moore, 1888) …… 406
190. 慧尺蛾属 *Platycerota* Hampson, 1893 …… 406
(348) 同慧尺蛾 *Platycerota homoema* (Prout, 1926) …… 407
191. 涂尺蛾属 *Xenographia* Warren, 1893 中国新记录 …… 407

(349) 半明涂尺蛾 *Xenographia semifusca* Hampson, 1895 中国新记录 …… 408
192. 联尺蛾属 *Polymixinia* Wehrli, 1943 …… 408
(350) 双联尺蛾 *Polymixinia appositaria* (Leech, 1891) …… 408
193. 赭尾尺蛾属 *Exurapteryx* Wehrli, 1937 …… 409
(351) 赭尾尺蛾 *Exurapteryx aristidaria* (Oberthür, 1911) …… 409
194. 黄蝶尺蛾属 *Thinopteryx* Butler, 1883 …… 410
(352) 灰沙黄蝶尺蛾 *Thinopteryx delectans* (Butler, 1878) …… 410
(353) 黄蝶尺蛾 *Thinopteryx crocoptera* (Kollar, 1844) …… 411
195. 扭尾尺蛾属 *Tristrophis* Butler, 1883 …… 411
(354) 华扭尾尺蛾 *Tristrophis rectifascia opisthommata* Wehrli, 1923 …… 412
196. 尾尺蛾属 *Ourapteryx* Leach, 1814 …… 412
(355) 同尾尺蛾 *Ourapteryx similaria* (Leech, 1897) …… 413
(356) 长尾尺蛾 *Ourapteryx clara* Butler, 1880 …… 414
(357) 点尾尺蛾 *Ourapteryx nigrociliaris* (Leech, 1891) …… 414
参考文献 …… 415
中名索引 …… 441
拉丁名索引 …… 453
图版目录 …… 465
图版

总　论

第一章　武夷山国家公园概况

一、地理位置

武夷山国家公园位于福建省北部，北与江西省交界，南至建阳区黄坑镇，西至光泽县崇仁乡，东至武夷山市武夷街道，规划总面积 1001. 41 平方公里。地理坐标为东经 117°24′13″～117°59′19″，北纬 27°31′20″～27°55′49″。

二、自然环境条件

（一）地质地貌

武夷山地区主要分布了前震旦系和震旦系的变质岩系，中生代的火山岩、花岗岩和碎屑岩。该地区经历了漫长的地质演变过程，在中生代晚期，发生了强烈的火山喷发活动，继而又有大规模的花岗岩侵入，为典型的亚洲东部环太平洋带的构造特征。其后，武夷山地区发育了一套河湖相沉积，产有丰富的动植物化石，成为研究我国东部侏罗系、白垩系地层及时代划分的典型剖面。白垩纪晚期的红色砂砾岩是形成丹霞地貌的主体。

中生代的地壳运动奠定了武夷山地貌的基本骨架。第四纪以来，武夷山西部的黄岗山上升了 1000 m，而东部崇安—武夷宫盆地上升幅度缓慢，使武夷山地区在 30 km的范围内高度相差近 2000 m，平均坡降 6. 5%，发育了从中山到丘陵盆地的系列地貌类型和从西到东的 2100～2200 m、1800～1900 m、1100～1200 m、700～800 m、500～550 m 和 400 m 左右等六级夷平面。武夷山国家公园中北部的黄岗山海拔 2160. 8 m，是国家公园最高处，也是我国大陆东南第一峰，素有“华东屋脊”之称，海拔 1800 m 以上的山峰有 34 座；国家公园最低处位于东南部的崇阳溪，海拔仅 176.1 m。

受地质构造的严格控制，武夷山国家公园西部发育了长达几十公里岩壁陡峭的深大断裂谷和断块山脊，如黄岗山—大竹岚的断层深谷，NW 和 EW 向断裂谷与 NNE、NW 断裂构成了典型的格子状构造地貌。东部地区因受 NNE、NW 和 EW 断裂构造的控制，发育了曲折多弯的溪流和柱状、锥状、悬崖等丹霞地貌，形成山水相融的九曲溪风光。EW 和 SN 向断裂构造产生了风景似画的章堂涧、倒水坑至牛栏坑、九龙窠和流香涧的“王”字形断裂谷系。岩性对武夷山地貌发育也很明显，西部海拔 1500 m 以上的山峰基本上由坚硬的凝灰熔岩和流纹岩等构成，东部红色砂页岩地区则往往发育有较宽的谷地和盆地。

（二）气候

武夷山国家公园属中亚热带季风气候型，西北部的高大山体构成了一道天然屏障，冬季阻拦、削弱了北方冷空气的入侵，夏季抬升、截留了东南海洋季风，形成了武夷山地区中亚热带温暖湿润的季风气候，具有气候垂直变化显著、温暖湿润、四季分明、降水丰富等特点。

武夷山国家公园总体年均气温 17℃ ~19℃，最高气温为 7 月份，月平均气温在 28℃ ~29℃之间，极端高温 41.4℃；最低气温为 1 月份，月平均气温 6℃ ~9℃，极端低温 -9℃；年均总积温 6633℃；年均降水量 1684 ~1780 mm，主峰黄岗山年均降水量高达 3400 余毫米。雨季分明，3 ~4 月份为春雨季，约占全年降水量的 23% ~24%；5 ~6 月份为梅雨季节，约占全年降水量的 36% ~37%；7 ~9 月份为雷雨季节，约占全年降水量的 20%；10 月至翌年 2 月为秋冬少雨季节，两季仅占全年降水量的 20%。全年降雨日数一般在 150 天以上，最长达 199 天。武夷山国家公园植被茂密，雨量充沛，年均相对湿度为 78%，一年内各月平均相对湿度有较明显的变化，其中 3 ~6 月份一般都在 80% 以上，以 6 月最高，达到 83%，10 月和 1 月最低，约在 75% 左右。多年平均陆地面蒸发量约为 720 mm，水面蒸发量为 1000 mm 左右。

（三）水文

武夷山脉是闽、赣两省的天然界线，是闽江、长江水系的分水岭，在福建一侧为闽江和汀江水系的主要发源地。山脉北段水系主要河流有闽江及其干支流建溪、富屯溪、沙溪，三大主干支流共有集雨面积在 50 km^2 以上的支流 176 条，形成树枝状分布、径流量大、流域面积广的自然水系。

武夷山国家公园位于闽江流域上游主要支流——建溪水系的上游区域，国家公园区域的主要河流有桐木溪、黄柏溪、麻阳溪、崇阳溪、清溪河等，呈树枝状，属山地河流，其中桐木溪、黄柏溪、麻阳溪及崇阳溪上游的主要支流均发源于国家公园西部，形成了丰富的天然河流湿地资源。

桐木溪发源于桐木关西北，自西向东贯穿武夷山国家公园，于武夷宫注入崇阳溪，全长62.5 km，在武夷山国家公园内的长度约为50 km。黄柏溪发源于国家武夷山公园北部的麻粟坑，自西向东在溪源村流出武夷山国家公园，之后流经武夷山国家公园以北的浆溪村、上村、柘洋村、黄柏村，在武夷山国家公园以东的赤石下林洲注入崇阳溪，在武夷山国家公园内的长度约为5 km。麻阳溪发源于武夷山国家公园中南部，向南经大坡村流出武夷山国家公园，在建阳区与崇阳溪交汇而成建溪，全长130 km，在武夷山国家公园内的长度约为18 km。崇阳溪为武夷山国家公园的东部边界，流经武夷山国家公园的河段约7 km，其上源汇集有北溪、西溪、梅溪三条支干和20多条支流，其中西溪发源于武夷山国家公园北部的洋庄乡大安村黄连木山南麓，在城关北门注入崇阳溪。清溪河发源于武夷山国家公园西北部的岱坪村，自东北向西南经西口村、清溪村、大洲村，于百石村流出武夷山国家公园，在光泽县城与北溪、砂坪溪交汇而成富屯溪，全长285 km，在武夷山国家公园内的长度约为29 km。

（四）土壤

武夷山国家公园自西向东分别属于中山、中低山和丘陵地貌区，其土壤类型亦有所不同。

武夷山国家公园西部自最高峰黄岗山山顶向下至1900 m为山地草甸土，海拔1050～1900 m为黄壤，海拔700～1050 m为黄红壤，海拔700 m以下为红壤。山地草甸土母质以火山岩为主，可分为山地草甸土、泥炭质草甸土和黄壤性草甸土3个亚类。黄壤成土母质以火山岩为主，黄红壤成土母质以粗晶花岗岩为主，红壤成土母质以粗晶花岗岩为主。

武夷山国家公园中部土壤主要为花岗岩和砂岩所发育而成的土壤，以山地红壤为主，少数为粗骨性红壤，山洼及山坡下有少量暗红壤，多为中厚土层，腐殖质含量均在中等以上，此种土壤为林木的生长和植物的繁衍提供了良好的条件。武夷山国家公园东部自然土壤的母质主要为本区红层，其次为第四纪松散堆积物，主要土壤类型为红壤和红黄壤、酸性紫色壤。

三、植被

依据《中国植被》的植被分类原则、系统和单位，并参考《福建植被》，武夷山国家公园除典型的地带性植被——常绿阔叶林外，还有温性针叶林、暖性针叶林、温性针叶阔叶混交林、常绿落叶阔叶混交林、竹林、常绿阔叶灌丛、落叶阔叶林、落叶阔叶灌丛、灌草丛、草甸等10个植被型，这11个植被型共包含15个植被亚型、25个群系组、56个群系、170多个群丛组，囊括了中国中亚热带地区所有植被类型。

武夷山国家公园具有世界同纬度带现存最典型、面积最大、保存最完整的中亚热带原生性森林生态系统，随着海拔的递增，气温的递减和降水量的增多，依次分布有常绿阔叶林带、针阔叶混交林带、温性针叶林带、中山苔藓矮曲林带和中山草甸带5个垂直带谱，植被垂直带谱明显。国家公园内还分布有210.7 km^2 的原生性森林植被未受到人为破坏，是我国亚热带东部地区森林植被保存最完好的区域。

常绿阔叶林带，海拔300～1500 m，常绿阔叶林是武夷山国家公园的代表性群落，分布面积最为广阔，占国家公园森林现存面积的四分之一。由于气候温和湿润，林下为发育较好的酸性的亚热带山地红壤和黄红壤。植被繁茂，树冠呈伞状，以中小型革质叶组成的林冠为特征。群落结构比较简单，乔木层通常只有两层，林中藤本植物比较少。

针阔叶混交林带，海拔1100～1600 m，土质为黄红壤至黄壤，在黄岗山分布面积较大，多为次生针阔混交林。针叶树主要有黄山松、南方铁杉、杉木、马尾松、柳杉、粗榧等。阔叶树主要有木荷、甜槠、缺萼枫香、浙闽樱、青冈、丝栗栲、米槠、大叶野樱、东方古柯、多脉青冈、石栎等。在群落覆盖度大、林内阴湿之处，附生喜温湿的热带和亚热带苔藓植物种类丰富。在一些松树干基部还经常附生有灰藓、平藓和叶状地衣。草本层中含有较多的蕨类和苔藓植物，成为针阔混交林的特色之一。

温性针叶林带，海拔1500～1800 m，土质仍以山地黄壤为主，土层厚。树种为马尾松、杉木、柳杉等亚热带暖性树种和黄山松、南方铁杉等亚热带温性树种，杂生阔叶树，林下阴湿，灌木层发育良好。

山地苔藓矮曲林带，海拔1700～1900 m，土质为黄壤，腐殖质增厚。这一林带的树种以落叶树为主，常绿树为辅，因山高风大、气温低、雨量多、潮湿等影响，林内阴湿，树木生长低矮，树干弯曲且多分枝，树干上附生大量苔藓植物，形成特殊的群落变形。林冠致密，通常可分为乔木、灌木、草本三层。

中山草甸带，海拔1800～2158 m，土质属山地草甸土，土层厚达50 mm，生境极为特殊，温度低、湿度大、风大、雾日长、雨量充沛。群落总覆盖率为80%～95%，草丛不高，主要由疏散禾本科、莎草科草本植物组成，并散有矮化黄山松及少量灌木。植物群落的外观低矮平整，季节变化明显。

四、生物多样性

武夷山国家公园特殊的地理位置和复杂的地貌使其生物多样性非常丰富。区内保存了世界同纬度带最完整、最典型、面积最大的中亚热带原生性森林生态系统，发育有明显的植被垂直带谱：随海拔递增，依次分布着常绿阔叶林带、针阔叶混交林带、温性针叶林带、中山苔藓矮曲林带和中山草甸带等5个植被带，分布着南方铁杉、小叶黄杨、武夷玉山竹等珍稀植物群落，几乎囊括了中国亚热带所有的原生性常绿阔叶林和岩生性植被群落。

位于武夷山国家公园腹地的挂墩、大竹岚更是备受全球生物界瞩目的“生物模式标本产地”。据科学资料记载，一百多年来中外生物学家在此发现的模式标本达1000多种，尤其以种类众多的动物模式标本而闻名于世。无论是从物种多样性、遗传多样性，还是从生态系统多样性来说，武夷山国家公园在中国和全球生物多样性保护中都具有关键意义。

已知定名的植物有2799种，分属于269科。包括苔藓植物70科345种、蕨类植物40科314种、裸子植物7科26种和被子植物152科2114种（包括亚种和变种）。此外，还记录藻类73科191属239种、真菌38科83属503种、地衣13科35属100种。这些物种既有大量亚热带的物种，也有从北方温带分布到这里的种类和从南方热带延伸到这里的种类，具有很高的植物物种丰富度。

野生动物种类繁多，共记录野生脊椎动物5纲35目125科332属558种，包括哺乳类8目23科56属79种、鸟类18目59科167属302种、爬行类2目17科52属80种、两栖类2目10科26属35种、鱼类5目16科41属62种，占福建省野生脊椎动物的33.27%，此外区内还记载贝类4目16科27种，寄生蠕虫43科112种，螨类15科140种。模式产地为武夷山的野生脊椎动物57种，其中以当地地名命名的10种。

昆虫区系始终是武夷山研究的热点。据专家估计，武夷山国家公园的昆虫可达2万种以上，是我国昆虫区系较为丰富的地区之一。在全国昆虫纲33个目中，除缺翅目、蛩蠊目外，其余31个目在武夷山国家公园内都有。目前已经整理鉴定并在各种文献中发表的达400余科6849种。据不完全统计，其中以武夷山为模式产地的新种1000多种、中国新记录20余种、福建省新记录225种。

各种动物资源中，属国家重点保护的有57种，其中黑麂、黄腹角雉、金斑喙凤蝶等9种为国家一级保护动物，短尾猴、白鹇、詹彩臂金龟等48种为国家二级保护动物。

钩蛾科和尺蛾科是鳞翅目中的重要类群，其中尺蛾科是鳞翅目昆虫中最大的科之一，全世界已描述的种类约24000种以上，中国有3000种以上。薛大勇（2001）《福建昆虫志》（黄邦侃主编）曾经对福建省的尺蛾科昆虫种类做过调查，文中记载了尺蛾科昆虫137种，仅武夷山国家公园就有99种，占当时福建省已知种类的72%。钩蛾科（含圆钩蛾科和波纹蛾科）（王林瑶，2001；赵仲苓和罗肖南，2001）福建记载75种，其中73种在武夷山有分布，占97%以上。

五、武夷山国家公园的建立

武夷山的大竹岚、挂墩一带闻名全世界，已有100年以上的历史，有着“昆虫的世界”“鸟的天堂”“蛇的王国”“研究亚洲两栖和爬行动物的钥匙”等美誉，是世界公认的“生物之窗”。

1978年金秋，在福建省召开的科学大会上，我国著名昆虫学家、福建农学院教授赵修复呼吁有关部门采取紧急措施，把福建省建阳县（今建阳市）的大竹岚和崇安县（今武夷山市）的挂墩一带作为国家公园封禁起来，保护动植物，为后代保留一块极为难得的生物资源调查研究基地。赵教授从动物地理分布、气候、地势和原始森林状态等方面详细论述了大竹岚、挂墩在世界生物学界的重要地位，指出目前这一带森林砍伐得十分严重，这种状况如果继续发展下去，过不了几年，这个闻名于世的生物模式标本产地就有濒临毁灭的危险。

赵教授的呼吁在科学界、学术界引起极大反响，同时也引起了国家和福建省各级领导机关的高度重视。1978年11月，邓小平同志亲笔批示，要求福建省委采取有力措施，保护好名闻世界的崇安县生物资源。1979年4月16日，福建省革委会批准建立武夷山自然保护区。同年7月3日，国务院批准将武夷山自然保护区列为国家重点自然保护区。1987年，联合国教科文组织“人与生物圈计划”国际协调理事会将武夷山保护区纳入世界生物圈保护区。1992年，武夷山自然保护区被确认为具有全球保护意义的A级保护区。1999年，武夷山自然保护区与武夷山风景区联合申报世界自然和文化遗产，成功被接纳为世界“文化和自然”遗产保留地，成为我国仅有的一个既是世界生物圈保护区又是上了世界双遗产名录的保护区。世界遗产专家在考察并经过比较论证后认为：“武夷山的物种资源超过了中国已批的遗产地”，“武夷山是全球生物多样性保护的关键地区”。2016年6月，国家批准《武夷山国家公园体制试点区试点实施方案》，武夷山国家公园成为中国首批10个国家公园体制试点之一，以“保护自然生态系统的原真性、完整性”为使命。

六、武夷山国家公园科学考察简史

（一）早期科学考察

早在17世纪末（1698~1699年），就有英国人詹姆斯·卡宁汉姆（James Cunningham）进入武夷山桐木关一带采集植物标本，他受英国东印度公司派遣于1698年以外科医生的身份到达厦门，1701年去舟山两年。在这期间，他在武夷山及周边地区采集超过600号植物标本，并因此成为第一个在中国大陆采集生物标本的欧洲人。

19 世纪中叶开始，外国生物学家纷纷到武夷山采集生物标本。英国人 R. Forune (1845 年)、S. A. Bourne(1883 年)、奥地利人 H. H. Mazz 和美国人 F. P. Metcalf (1923 年) 等先后进入武夷山采集植物标本。1872 年 10 月，法国生物学家、天主教神甫大卫 (Armand David) 到挂墩采集动物标本，他曾因在四川首次发现大熊猫而闻名于世。1895 ~ 1897 年，英国人 J. D. La Touche 多次到大竹岚、挂墩采集大量兽类和鸟类标本。

由于早期采集发现众多新种，挂墩、大竹岚一带因成为生物标本采集胜地而闻名于世。1925 年 6 月，美国博物馆亚洲远征采集团团员 C. H. Pope 慕名到挂墩，采集哺乳动物以及昆虫，搜罗回国。1926 年 4 月至 9 月，Pope 再次到挂墩采集，收获更丰。据 Pope 在 1931 年发表的论文统计，在挂墩发现的脊椎动物新种达 62 种之多，其中哺乳新种 15 种，鸟类新种 27 种，爬行类新种 14 种，两栖类新种 6 种。

1918 ~ 1946 年，德国人 Dr. H. Höne 在中国各地采集蛾类标本达 50 余万号，其中武夷山蛾类占很大一部分。1937 年 4 月至 1938 年 7 月，德国人 J. F. Klapperich 在大竹岚及相邻的邵武、光泽县境内采集昆虫和小型脊椎动物标本 16 万号。这些标本目前大部分保存在德国波恩考内希动物学博物馆 (the Zoologisches Forschungsmuseum Alexander Koenig, Bonn, Germany)。

1939 ~ 1945 年，中国生物学家马骏超在大竹岚采集昆虫标本长达五六年，约采集标本 60 万号。解放前夕，这些标本被运往台湾，后来除膜翅目标本保藏在台中县台湾省农业实验所外，其余大部分标本都赠送给美国夏威夷比绍普博物馆 (Bernice Pauahi Bishop Museum)，时至今日仍有人根据上述历次采集的标本发表研究文章。

著名的鸟类学教授郑作新在福州协和大学迁往邵武的 8 年里，带领福州动物标本世家的第三代人唐瑞干多次进入挂墩、大竹岚一带采集鸟类标本，并依此发表国人第一篇关于中国鸟类的论文。抗日战争胜利后，植物学家何景、周贞英、刘团举、吴光先、林来官等也曾多次到武夷山采集，进行植物调查。

（二）建国初期的科学考察

新中国成立后，生物资源调查工作受到国家和福建省政府的高度重视，有关高等院校和科研机构在武夷山开展多次资源调查工作，为科研和教学积累了大量宝贵的标本资源。福建农学院、福建师范大学、厦门大学和福建林学院等高等院校有关科系师生，多次到三港、桐木、挂墩、大竹岚一带进行采集和教学实习。福建省卫生防疫站、医科大学、博物馆、中国科学院动物研究所、上海昆虫研究所和成都生物研究所等单位人员曾到武夷山采集动物标本，增加不少新种和新记录，并对有经济价值或珍稀脊椎动物生态和生活史做了较为详细的观察研究。从 20 世纪 50 年代初到武夷山国家公园建立之前，全国数十家大专院校和生物类研究机构派人到武夷山地区采集考察，共采集标本达百万号以上。但是由于多是各单位自发组织，很难完整统计，有些采集历史及相关标本已无法追溯。

1955 年，陈邦杰教授带领苔藓植物进修班学员，经江西进入武夷山，在三港、赤石、黄竹凹一带采集苔藓植物标本近千号，采得疣黑藓和中华小烛藓、福建脉鳞苔、福建淡叶苔等新种，以及喜马拉雅鳞苔武夷变种。

1958 年，贯彻国务院关于利用和收集野生植物原料的指示精神，在副省长许亚的领导下，福建省山区资源植物调查组对武夷山区植物资源进行调查，摸清植物形态、生态习性和利用价值。

1960 年 3 月底至 8 月初，中国科学院动物研究所昆虫分类室科研人员 5 人在黄坑、坳头、大竹岚、挂墩、三港等地进行昆虫调查和采集，其中张毅然采集了千余号大蛾类标本，这是动物研究所标本馆馆藏中最早的一批武夷山大蛾类标本。象虫专家赵养昌和李鸿兴曾进山 3 次，专门收集象虫标本。1964 年，中国科学院植物研究所简卓坡教授和福建师范大学的黄龙儒等人在黄岗山北坡、西坡采集 1800 余号标本。1973 年 5 月 26 日至 6 月 16 日，中国科学院动物研究所昆虫分类室的陈泰鲁等人到武夷山区进行昆虫标本采集，在坳头、大竹岚、三港、黄坑、挂墩等地主要采小蜂及叶甲标本，共收集小蜂约 150 号，叶甲 873 号，其他目科标本 990 号。1975 年，上海自然博物馆李登科在三港和挂墩一带采集苔藓植物标本 300 多号。

（三）近期科学考察和研究

在保护好自然资源和生态环境的同时，福建省和武夷山自然保护区积极组织开展科学研究，科学研究水平持续提高。1979 年 7 月，根据国务院将武夷山自然保护区列为国家重点自然保护区的批复精神，在省政府领导下，福建省科学委员会拨专款 100 多万元并牵头组织省内外 43 个科研、教学单位近千人的专家团队，组成动物、植物、苔藓地衣、微生物、植被生态和昆虫等 6 个专业学科组的武夷山自然保护区综合科学考察队，参加了历时 10 年的综合科学考察活动，查清了保护区的资源家底，出版了《武夷山自然保护区科学考察报告集》和《武夷科学》学报多卷。此后又进行了多次补充调查。参加综合科学考察的单位主要有福建农学院、福建林学院、福建师范大学、厦门大学、福建医学院、福建林校、福建省博物馆、福建省气象局、福建省农科院植保所、福建省林科所、福建省卫生防疫站及流行病研究所、福建省热带植物研究所、福建省环保局、福建省林业厅、福州市农科所、福建标本公司和保护区管理处等单位；省外有中国科学院动物研究所、植物研究所、上海昆虫研究所、中国农科院植保所、中国林科院林科所、北京大学、北京农业大学、南开大学、山西农业大学、华南农业大学、广东昆虫研究所、华南植物研究所、上海自然博物馆等单位。武夷山科学考察队学术委员会由陆维特、赵修复、林来官、丁汉波、张永田、黄年来、林鹏、赵昭、李登科、孔繁升等人组成。1979 年进山考察队员有 106 人，1981 年达 1800 人次。1981～1984 年，分别在厦门、泉州、福州、南平召开武夷山科考学术年会。1990 年在福州召开武夷山科考总结学术会议。武夷山自然保护区综合科学考察长达 10 年之久，参加人数之多、规模范围之大、考察时间之长、考察内容之详细、发现生物资源种类之多均为国内保护区科考工作所少见，引起世界上许多国家重视，由此建立了广泛的国际学术交流与合作关系。

福建省科委为保护区综合科学考察的研究成果提供发表园地，于 1981 年创办《武夷科学》，已出版 26 卷及 3 卷增刊，内容涉及植物、动物、昆虫、植被、生态、土壤、地质等方面的研究成果。1993 年 8 月，省科委和保护区综合考察队将考察成果汇编成《武夷山自然保护区科学考察报告集》，其主要内容包括保护区自然环境、植被类型、放线菌与真菌、苔藓地衣、维管束植物、野生动物、昆虫考察报告等。

在考察中，获取大量的标本和第一手资料，对武夷山生物资源、地理地像、土壤、历史生境及物种的形成变迁等方面进行研究，并取得重大进展。10 年中，共采集到各类标本 110 余万号，鉴定出新科 2 个，新属 16 个，新种 322 个，国内与省内新记录 1000 多个。

1979 年开始的综合科学考察，昆虫专业组是其中拥有人数最多的一个组，成员邀自省内外的有关院校和科学研究部门。至 1990 年，前后参加昆虫科考的单位，省内有福建农学院、福建林学院、福建医学院、福建师范大学、福建林校、福建省农科院植保所、福建省林科所、福建省卫生防疫站及流行病研究所、福建省林业厅、福州市农科所、福建标本公司等 13 个单位，参加人数共 55 人；省外有中国科学院动物研究所、上海昆虫研究所、中国农科院植保所、中国林科院林科所、北京农业大学、南开大学、山西农业大学、广东昆虫研究所、华南农业大学等 15 个单位，参加人员达 73 人。同时，福建林学院常年有数十名学生进山实习、采集；福建农学院植保系与生防所也多次结合教学实习、生产实习组织学生进山参加专项采集。

昆虫考察采集活动，无论省内外科考人员均自行组织 3 ~5 人的小组前往，随季节进出。多数年份都有保护区管理处和科考站的人员常驻山上采集。有的年份（如 1980 ~1981 年）还由省内主要参加单位派人上山轮流值班全年采集。昆虫组较大批次的考察活动始于 1979 年，一直延续至 1984 年，历时 6 年。1979 年六七月间、1980 年秋及随后的几次武夷山考察，中科院动物研究所黄复生采得小蠹、白蚁、跳虫等近万号昆虫标本。1985 年后，每年仍有小批次采集。其中福建农学院生防所组织采集寄生蜂者尤多。1988 ~1989 年间，福建农学院和西北农业大学的小蜂采集者和中科院动物研究所的小蛾、土壤螨类、蓟马等采集组都曾到武夷山进行专门类群的考察采集。武夷山昆虫科考标本均由参加科考的单位各自保藏管理。

自 1978 年上半年开始，武夷山昆虫科考标本研究鉴定中心与中国科学院动物研究所、上海昆虫研究所、浙江农业大学、南京农业大学等建立标本委托研究鉴定关系。1979 年综合科学考察开始后，为进一步加强科考标本的保藏和鉴定工作，

1983 ~ 1984 年、1986 年、1989 年曾多次寄送标本到上述及其他协作单位进行鉴定。10 年中，协作鉴定科考昆虫标本的单位除以上 4 个外，尚有北京农业大学、中国农科院植保所、南开大学、西北农业大学、安徽农学院、江西农业大学、中山大学、华南农业大学、广东昆虫研究所及其他院校和研究部门。

自福建武夷山自然保护区建区以来，一直与国内外有关高校和科研机构合作，特别是武夷山国家公园体制试点以来，进一步加强与国内外有关高校和科研机构合作，开展了多项课题研究，先后出版了《武夷山保护区叶甲科昆虫志》《武夷山保护区螟蛾科昆虫志》等 5 本专著，发表了近 200 多篇研究论文，都在国内外引起广泛反响。1990 年落成武夷山自然博物馆，全馆陈列面积 1300 平方米。内分自然环境厅、生态景观厅、物种宝库厅。我国唯一的一座中亚热带常绿阔叶林森林生态系统定位观测研究站也已在区内建成。2009 年“福建武夷山生物多样性研究信息平台”系统正式开通，并向社会开放，为广大公众提供武夷山各生物类群的信息检索、查询等服务。

鳞翅目始终是昆虫采集关注的热点。1979 年至 1983 年，中国科学院动物研究所昆虫分类室派宋士美、王林瑶、张宝林 3 位同志连续 4 年赴武夷山采集蛾类标本。同期，原武夷山国家级自然保护区管理局汪家社和江夷在武夷山内常年设灯采集蛾类标本。从 2005 年开始，中国科学院动物研究所与原武夷山国家级自然保护区管理局开始合作研究武夷山的尺蛾，动物研究所鳞翅目系统学研究组先后于 2005 年 10 月、2006 年 7 月、2009 年 8 月和 2013 年 7 月四次到三港、挂墩、大竹岚和黄溪洲采集，采得各科蛾类标本约 4000 号。研究组还于 1999 年至 2018 年间先后 9 人次考察了德国波恩考内希动物学博物馆中保藏的中国蛾类标本，检视了其中大部分产自挂墩的尺蛾种类。在上述各种采集考察的基础上，经鉴定整理发现目前武夷山国家公园共有钩蛾科 4 亚科 35 属 71 种，尺蛾科 5 亚科 196 属 357 种。

第二章　钩蛾科与尺蛾科概述

一、钩蛾科分类地位和分类系统

钩蛾科属于鳞翅目 Lepidoptera、有喙亚目 Glossata、异脉次亚目 Heteroneura、钩蛾总科 Drepanoidea。本总科的共同特征在于：1. 幼虫下颚的刚毛着生于一宽大平面，其边缘在腹面具明显的界线；2. 至少一根次生刚毛与 L_3 联合着生于幼虫 1 ~ 8 腹节；3. 蛹前足具隐藏的股节或仅稍暴露；4. 成虫腹部侧面具 1 完整的前气门片，其连接第 1 腹板前角与第 1 背板的棒带（这种背—腹板骨片存在于风蛾科所有属中，在钩蛾科中此结构变为腹听器）(Minet, 1991)。

钩蛾科的分类地位曾有许多变化，Linnaeus(1758) 最初将钩蛾归入 *Phalaena* 属，与尺蛾同属一科，甚至与个别尺蛾同处一属内并未分开，Schrank (1802) 建立 *Drepana* 属，其与上述两属及夜蛾属（*Hypena*）等几个属共同被纳入 Platyptericidae 科 (Stephens, 1834)。Warren 和 Hampson 在 1890 至 1900 年间使用 Drepanulidae 指代钩蛾科 Drepanidae。Strand(1911) 记述钩蛾科多属并使用 Drepanidae 作为钩蛾科名称。Imms(1934) 首先明确提出尺蛾总科 Geometroidea，包括五个科：钩蛾科 Drepanidae、波纹蛾科 Thyatiridae、尺蛾科 Geometridae、燕蛾科 Uraniidae、蛱蛾科 Epiplemidae。至此钩蛾科开始独立但仍属尺蛾总科。本科在 20 世纪至今一直以 Drepanidae 冠名 (Fletcher, 1979)。1954 年，Inoue 主要依据 McDunnough (1938) 提出钩蛾总科 Drepanoidea = 钩蛾科 Drepanidae(钩蛾亚科 Drepaninae，圆钩蛾亚科 Cyclidiinae) + 波纹蛾科 Thyatiridae + 锚纹蛾科 Callidulidae。Gruchy(1973) 曾指出 Drepanidae 在鱼类中也有相同科名，但即经国际动物学命名法规公布在动物科名正式名单中，所以此科名只应用于昆虫纲。Minet(1983, 1991) 对钩蛾进行连续深入研究后，认为钩蛾总科 Drepanoidea 包括钩蛾科 Drepanidae 和风蛾科 Epicopeiidae 两个科。但根据最新的分子系统学研究结果（Wu *et al.*, 2010)，风蛾科 Epicopeiidae 并不属于钩蛾总科，而应成为独立的总科。该项研究还证明波纹蛾科 Thyatiridae 属于钩蛾科的一个亚科，至此，钩蛾总科仅包括钩蛾科 1 科，其中包括圆钩蛾亚科 Cyclidiinae、波纹蛾亚科 Thyatirinae、钩蛾亚科 Drepaninae 和山钩蛾亚科 Oretinae。钩蛾亚科和山钩蛾亚科互为姐妹群关系，并与波纹蛾有较近的亲缘关系，而与圆钩蛾亚科的亲缘关系较远。

钩蛾总科是鳞翅目中较小的总科之一，全世界已描述的种类约 120 属 650 种，其中中国约 320 种。

二、尺蛾科分类地位和分类系统

尺蛾科属于鳞翅目 Lepidoptera、有喙亚目 Glossata、异脉次亚目 Heteroneura、尺蛾总科 Geometroidea。本总科的特征是下颚须只留痕迹或完全退化，头部常有毛隆，腹部具发达鼓膜听器，位于腹基部，前翅 M_2 基部近 M_1 或居中，1A + 2A 基部呈叉状，后翅无 1A.

Linnaeus (1758) 命名的 *Phalaena* 属包括除天蛾科之外的所有大鳞翅类。属下分八个亚属（*Alucita*、*Attacus*、*Bombyx*、*Geometra*、*Noctua*、*Pyralis*、*Tinea*、*Tortrix*），尺蛾 (*Geometra*) 仅是其中一个亚属。Fabricius (1775) 将尺蛾亚属提升为属，属名用 *Phalaena*。Denis & Schiffermüller (1775) 同意将尺蛾作为一个独立的属，但他开始使用 *Geometra* 作属名。Leach (1814) 第一次将尺蛾提升到科级，在他的系统中，尺蛾为一个亚科〔根据 Prout (1910a)，当时 Leach 所用的阶元名称"tribe"，等于现代的科 (Family)；Leach 的"families"，等于现代的亚科（Subfamilies）〕.

尺蛾科的分类地位曾有许多变化，被先后放在不同的总科中。Imms (1934) 首先明确提出尺蛾总科（Geometroidea）的五科系统：钩蛾科、波纹蛾科、尺蛾科、燕蛾科、蛱蛾科。除 Imms 之外，有人将新大蚕蛾亚科（Lonomiidae = Hemileucinae）(Brues & Melander, 1932)、锤角蛾科（Sematuridae）和南欧蛾科（Axiidae）(Bourgogne, 1951) 也列入尺蛾总科中，但未得到广泛接受。影响较大的是 Imms (1957) 的系统，尺蛾总科包括尺蛾科等六个科。国内主要文献（如《中国动物志》）目前仍沿用这个系统。Minet (1983) 详细研究了听器结构，仅保留尺蛾总科中的尺蛾科，而把别的科移出；他于 1991 年又将燕蛾科、锤角蛾科重组入尺蛾总科。现在用的较多的是 3 科系统（Holloway, 1998; Minet & Scoble, 1999），即尺蛾总科 Geometroidea = 尺蛾科 Geometridae + 锤角蛾科 Sematuridae + 燕蛾科 Uraniidae。武春光（2009）和 Wu *et al.*（2010）基于 COI、EF1α 和 18S 基因联合分析，认为燕蛾科应为独立的燕蛾总科，与尺蛾总科构成姐妹群。尺蛾总科包括尺蛾科、锤角蛾科和凤蛾科三科。

Haworth (1802) 最早尝试将尺蛾做进一步的划分，他将尺蛾分成两个属：*Geometra*、*Phalaena*. Lederer（1853）以翅脉为主要依据，将尺蛾科分为 4 个群 (groups)。之后，多位学者尝试划分尺蛾科的亚单元，形成多个分类系统（Guenée, 1858; Meyrick, 1892; Warren, 1893—1909; Hampson, 1895）。Prout（1910a）在 Meyrick-Hampson 系统的基础上加以改造，提出一个新的 6 亚科系统。这一系统已经被广泛接受，近几十年来仅仅亚科的命名有一些变化。多数亚科地位稳定，如灰尺蛾亚科

Ennominae、花尺蛾亚科 Larentiinae、尺蛾亚科 Geometrinae、姬尺蛾亚科 Sterrhinae 和原尺蛾亚科 Archiearinae，只有星尺蛾亚科 Oenochrominae 比较复杂。有人倾向于将星尺蛾亚科分为几个亚科，即狭义的星尺蛾亚科 Oenochrominae（Scoble & Edwards，1989）+ 德尺蛾亚科 Desmobathrinae + 黎尺蛾亚科 Orthostixinae + 沙尺蛾亚科 Alsophilinae（Holloway，1993；Minet & Scoble，1999）。武春光（2009）的研究证明沙尺蛾亚科是灰尺蛾亚科的一部分，不能独立成亚科，因此提出尺蛾科 8 亚科系统。即原尺蛾亚科、德尺蛾亚科、星尺蛾亚科、黎尺蛾亚科、灰尺蛾亚科、尺蛾亚科、姬尺蛾亚科和花尺蛾亚科。姬尺蛾亚科为尺蛾科内的最原始类群；花尺蛾亚科与尺蛾科内除姬尺蛾亚科外的所有类群形成姐妹群；灰尺蛾亚科与尺蛾亚科互为姐妹群关系；原尺蛾亚科、德尺蛾亚科与星尺蛾亚科的亲缘关系较近，共同组成一个单系；黎尺蛾亚科介于（灰尺蛾亚科 + 尺蛾亚科）+（原尺蛾亚科 + 德尺蛾亚科 + 星尺蛾亚科）与花尺蛾亚科和姬尺蛾亚科之间。Murillo-Ramos *et al.*（2019）在对尺蛾科进行分子系统发育研究中建立了一个新亚科 Epidesmiinae。

尺蛾科是鳞翅目中最大的科之一，据 Parsons *et al.*（1999）统计，全世界已描述的种类有 21,000 余种。多数尺蛾科物种分布在热带，其中 6500 余种分布在中美和南美（新热带界 Neotropical region），4300 余种分布在南亚和东南亚（Indo-Pacific 和 Oriental region），3200 余种分布在中非和南非（Afrotropical or Ethiopian region）；其他种类分布在古北界（Palaearctic region）和新北界（Nearctic region）（Hausmann，2001）。Scoble & Hausmann（2007）进一步统计全世界尺蛾接近 23,000 种，目前已大大超过此数。中国尺蛾科昆虫种类十分丰富，据不完全统计，中国已记载种类在 3800 种以上（Hua，2005）。

三、主要形态特征

钩蛾科和尺蛾科大多数特征是一致或相似的，在此一并叙述。

（一）卵

卵的分类主要依据其自然形态（横卧式或竖立式），卵的大小，长、宽、高的比例，卵壳表面的纹饰，精孔的形态以及卵的颜色等特征。卵一般为黄白色至深绿色，随着孵化过程深入，颜色逐渐加深。卵壳表面的纹饰常较微弱，变化比较少。

卵的形状一般为椭圆形或球形、扁圆形，表面光滑，有时有网状结构；花冠区构造比较简单，中央精孔部位稍下陷。

椭圆形卵（图 1a） 这个类型的卵，长轴与水平面平行，精孔位于水平轴一端稍凹入的部位，中央略下陷，其周围有隆起的白色圈，外围还有一灰白色套环，然后便是放射状的线纹。卵的横轴长度为 0.50 ~ 0.55 mm，纵轴长度为 0.43 ~

0.45 mm。

球形卵（图1b） 这个类型的卵，精孔居于顶部中央，略下陷，周围有两圈，再外便是小弧形纹，散布在卵顶周围，下达腰部，顶部弧纹较密，逐渐稀散，中下部则光滑。卵的直径为0.46～0.53 mm。

扁圆形卵（图1c） 这个类型的卵圆而略扁，如馒头状。精孔位于顶部中央，下陷，周围有两道白圈，然后是放射形的稍带弯曲的辐射状线纹，射向四方，线纹中间有许多小弧形纹，弧纹可连卵壳中部。卵的横轴长度为0.46～0.50 mm，纵轴为横轴长度的2/3。

不同物种雌蛾产卵习性不同，一般将卵散产在寄主植物的叶片正面、背面或小枝上。绝大多数为每雌50～100粒。卵期通常为1～2个星期，视温度变化及地域而异。

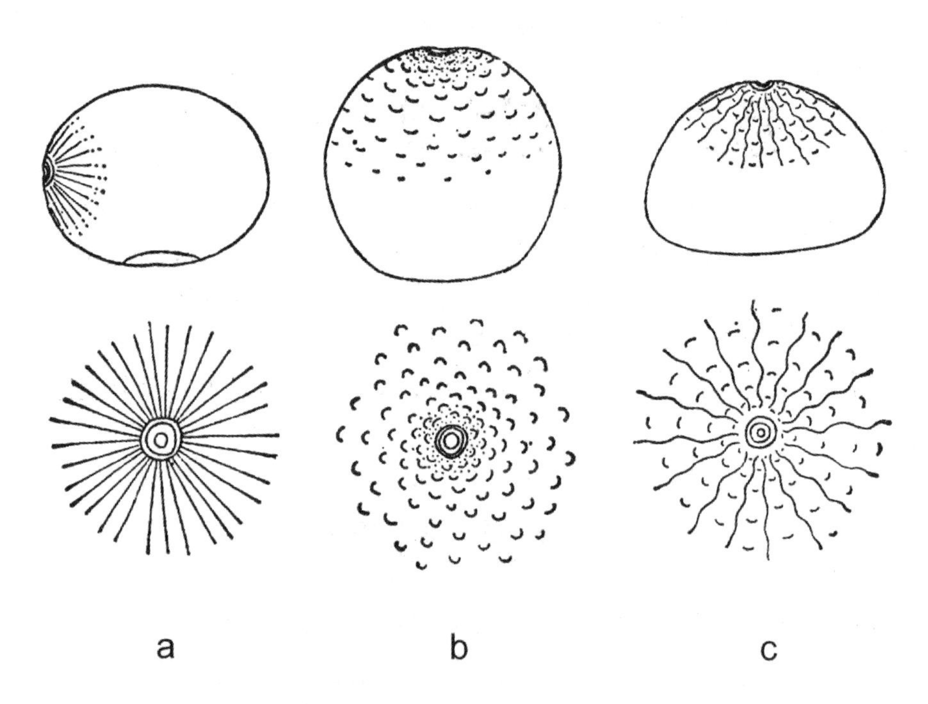

图1 卵的基本形态啊（仿朱弘复和王林瑶，1991）

a. 椭圆形卵；b. 球形卵；c. 扁圆形卵

（二）幼虫

小至大型幼虫（图2）。体为圆筒形，称为蠋式幼虫。体表光滑，刚毛少而短；少数种类体表覆有瘤状突。

头部 幼虫头部近球形，表皮光滑，或具网状纹饰，或具微刺。头型可分为两类：头部宽度大于高度，头顶两侧圆；头部宽度与高度约相等，头部两侧隆起。前者的幼虫头部表面光滑，冠缝与额高约相等，毛显著稀少，尺蛾和大部分钩蛾幼虫的头型属于此类；后者的幼虫头部变异较多，表面粗糙，毛长而密，有深浅不同的色泽及斑纹，尤其头部两侧的隆起部分有形状不同的骨化较强的角状突起，头部两侧边缘不整齐，部分钩蛾为这类头型。唇基三角形，高大于头高之半，下缘弧形，两角下垂。额狭长，位于唇基两侧。蜕裂线为倒"Y"形，中干在头顶，两臂位于额的外侧，幼虫蜕皮时头壳由此线裂开。上唇由膜与唇基下缘相连，其形状在各属之间有差异。上唇下缘中部的缺刻呈"U"形、"V"形或浅弧形。头每侧有单眼6只，呈半环形分布。单眼自上而下编号为1~6号。触角着生在上颚关节突附近，分4节；第1节比第2节短，宽大于长；第2节扁而宽，或长与宽约相等；第3节长大于宽；第4节比第2节小得多，其端部有3个或4个感觉突。

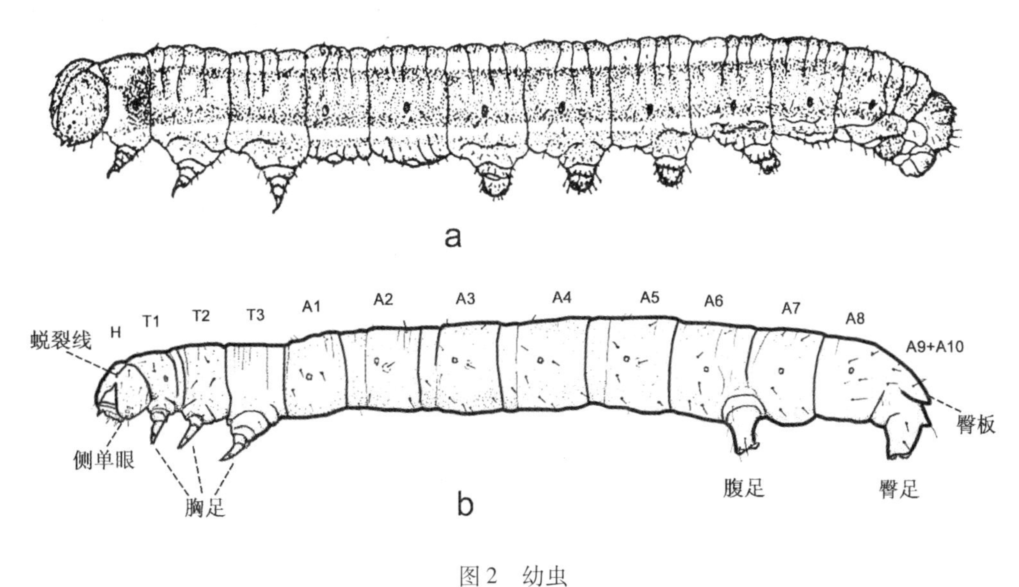

图2 幼虫

a. 钩蛾科（仿朱弘复和王林瑶，1991）；b. 尺蛾科（仿 Hausmann，2001）

上颚粗壮，呈三角形。上颚外面可分为基区和端区两部分，基区着生2支毛，端区具齿；内面一般有两条脊。下颚由1个轴节和1个茎节组成，茎节上着生1个端叶，端叶上具2个乳状突、3根毛和分2节的下颚须。下颚、下唇和舌联合。下唇的亚颏区膜质，其两侧与下颚的茎节边缘的脊联合，其端部是前颏，前颏的前面支撑着舌。舌的末端是吐丝器和分2节的下唇须。吐丝器的类型有细而长、粗而长、粗而短及各种中间类型。

胸部 胸部表皮光滑或略粗糙，每一胸节的表皮都褶皱成若干小环节，小环节的数目在前胸为2~4个，中、后胸为3~7个。前胸盾发达。胸足3对，着生于各胸节的侧腹缘。胸足的分节结构基本与成虫相同。

腹部 分10节。腹部细长或较粗壮。每一节表皮又褶皱成许多小节，或腹部各节不分小节。钩蛾科腹足 4 对，臀足 1 对，通常均发达。部分类群臀足退化，第 10 节向后上方延伸，呈锥状肉质尾角，上有小刺及刚毛。尺蛾科腹足 1 对，着生在第 6 腹节；臀足 1 对，着生在第 10 腹节。腹足和臀足均为圆筒状，趾钩双序中带式或单序全环，中带连续或间断。臀板发达，形状有三角形、半球形和钟形等。

尺蛾科幼虫细长，通常似植物枝条。幼虫前 3 对腹足消失，前进时后 1 对腹足和臀足向前移动至胸足后方，使腹部向上弯曲呈弓状，然后举起头胸向前移动，如此一曲一伸，步步前进。所以中国北方称其为“步曲”，长江流域则称其为“造桥虫”，古书上记载为“尺蠖”。尺蛾因此而得名。

毛序 鳞翅目幼虫体表的刚毛可以分为三类：原生刚毛（第 1 龄已出现，位置与数目固定）、亚原生刚毛（第 2 龄以后出现，位置与数目也固定）、次生刚毛（数目多、无定位）。原生刚毛与亚原生刚毛的排列与命名称为毛序。

色型 钩蛾科和尺蛾科幼虫的颜色及斑纹形式多样。幼虫在幼龄时体色都比较深，头大身细。3 ~5 龄幼虫以绿色和褐色居多，常与寄主植物的叶片和枝条颜色相近，具有一定的保护色作用。有的幼虫颜色鲜艳，如灰色具鲜明的黄色或红色条纹，或有色泽艳丽的斑块，能起到警戒色的作用。在尺蛾亚科中还记载了有些种类幼虫携带植物碎屑以便伪装。

（三）蛹

蛹为被蛹（图 3）。圆锥形，多为红褐色。复眼位于头部中间。下唇须短小，常呈三角形，有时不可见；下颚长，几乎到达翅的末端。下颚两侧为前足腿节、前足、中足和后足端部。触角较粗，尖端渐细，到达翅端部。翅到达第 5 腹节前缘附近。腹部常具小刻点，其末端腹面可见生殖孔与肛门。气门 8 对，位于第 1 ~8 腹节侧背面。第 10 腹节侧背面具 3 对刚毛，端部具 1 ~ 4 对臀棘，呈叉状，尖端直或弯成钩状。

当幼虫发育成熟后，通常在寄主植物上、地面上松软的碎屑中结薄茧化蛹，或在浅土层中吐丝缀土结成薄茧，也有在卷叶中化蛹的。

（四）成虫

钩蛾和尺蛾大多为中小型蛾类（图 4），体长在 11 ~24 mm 之间，前翅长 10 ~ 25 mm，但圆钩蛾属 *Cyclidia*、杜尺蛾属 *Duliophyle*、玉臂尺蛾属 *Xandrames*、鲁尺蛾属 *Amblychia* 和尾尺蛾属 *Ourapteryx* 等属中的蛾类体型较大，前翅长可达 35 mm 以上。其中最大的鲁尺蛾属种类前翅长可达 50 mm。体细，翅薄而宽大，静止时平铺，飞翔力弱。

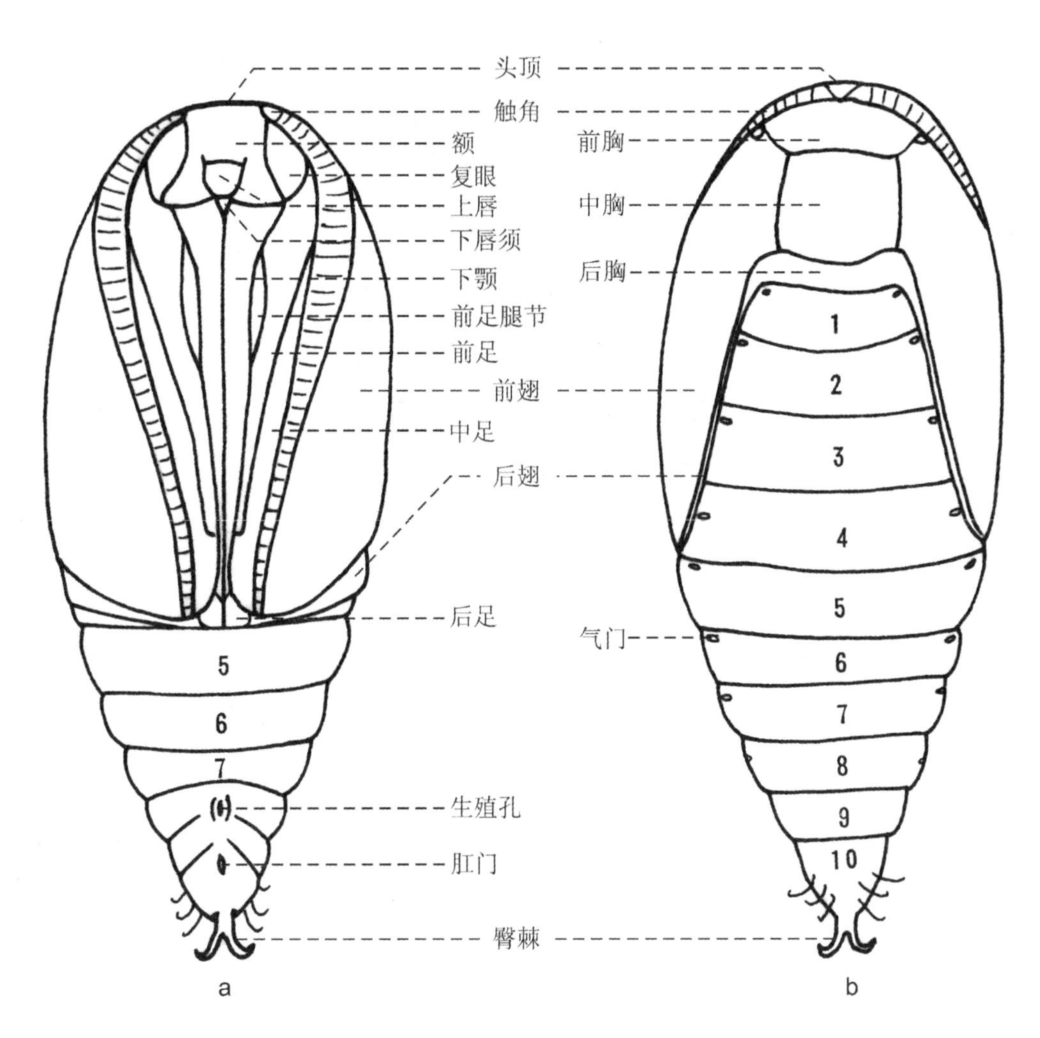

图3 蛹

a. 腹面观；b. 背面观

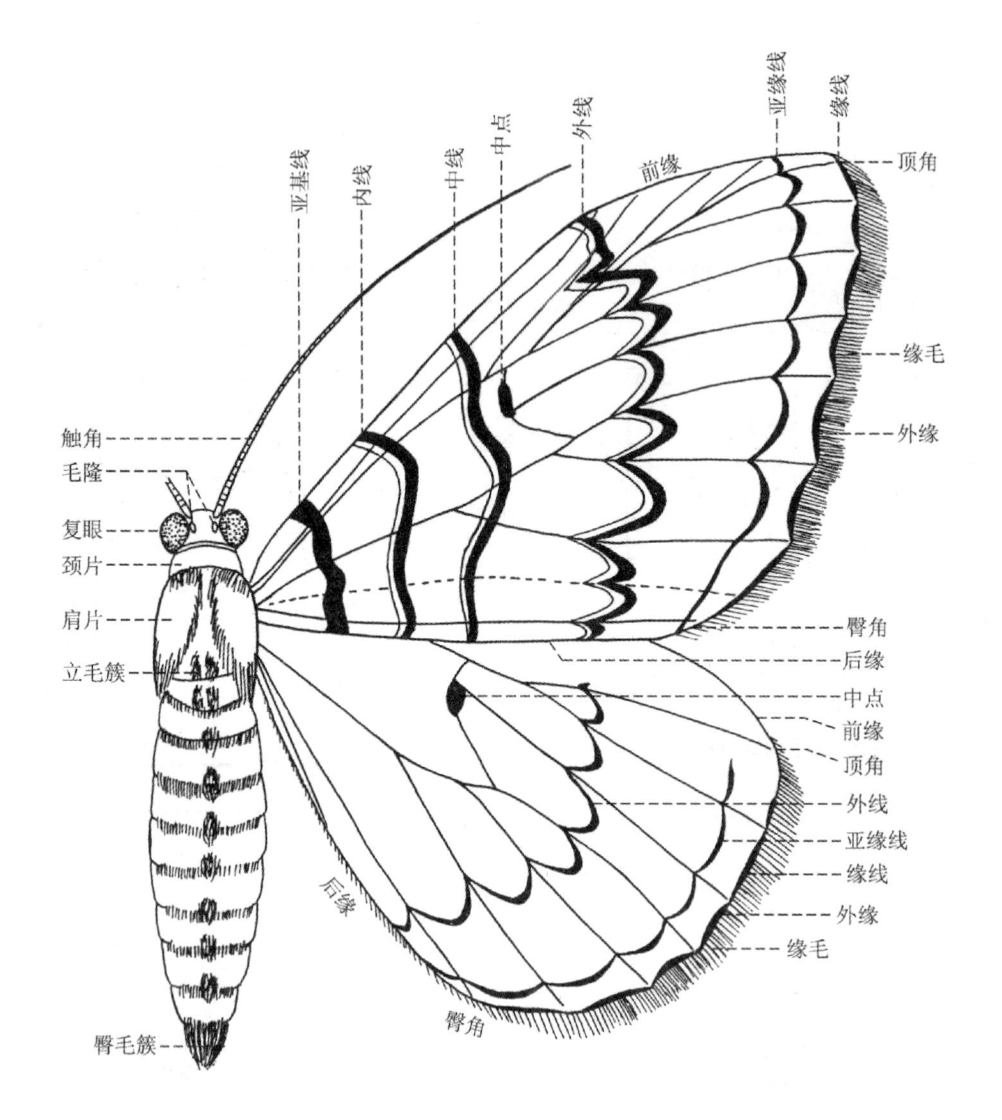

图4 尺蛾科成虫外部形态

1. 头胸腹部

头部（图5） 额光滑，极少数种类具额突；常具额毛簇。喙发达或退化。下唇须3节，向前平伸或向上弯曲，长度在不同属种中的变化是重要分类特征；雄性与雌性下唇须大致相同，部分种类雌性第3节延长。复眼大，表面光滑，通常为圆形，少数种类椭圆形。无单眼。钩蛾科无毛隆；尺蛾科在触角后方沿复眼的背缘处，有1对毛隆。

触角多为线形，雄性触角常具纤毛；有的属为齿形触角，各节凸起一短齿，短齿上具纤毛簇；部分属雄性触角双栉形或雄性与雌性触角均为双栉形，雄性栉齿长于雌性；少数属雄性触角单栉形。

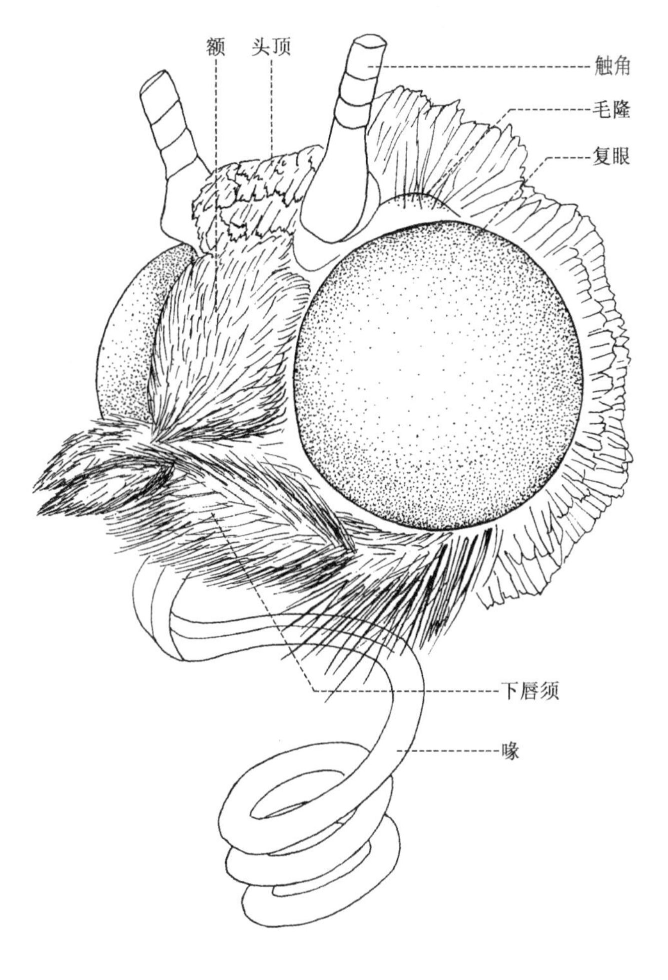

图5　尺蛾成虫头部

胸部　胸部鳞毛略粗糙，但较夜蛾科稀疏得多。前胸小，由背面仅可见颈片。中胸大，略隆起，偶有中胸前端极度隆起呈驼峰状（见于驼尺蛾属 *Pelurga*）；肩片发达，其侧后缘的鳞毛特别长大。后胸小，呈狭条状。中胸后缘附近和后胸有时在背中线两侧有立毛簇，少数属中立毛簇十分发达（如涤尺蛾属 *Dysstroma*、峰尺蛾属 *Dindica* 等）。

前足胫节具净角器，偶有骨化的爪样结构。中足胫节细长，通常具 1 对端距，偶有缺失。后足胫节大多具 2 对距，有时仅 1 对端距。在岩尺蛾属 *Scopula* 中雄性后足胫节常膨大，无距。妒尺蛾属 *Phthonoloba* 等洱尺蛾族 Trichopterygini 雄性后足胫节基部有 1 个长毛束。尺蛾亚科雄性后足胫节端部常具 1 个延长的端突。

腹部　腹部分为 10 节，腹部最后 2 节（♂）或 3 节（♀）合并特化成为外生殖器的一部分，故外观仅见 7 ~ 8 节。部分属在各腹节后缘的背中线上具立毛簇。钩蛾科雄性第 2 节侧板上有 1 对发达的味刷。尺蛾科的味刷一般在腹部末端，1 ~ 4 对。雄性第 8 腹节腹板常骨化成各种形状，对分类鉴定有一定的参考价值。

钩蛾科和尺蛾科均具有腹听器。钩蛾科听器位于第 1 腹节的气门上方，呈耳状，外有隆起的盖，边缘有 1 个筛状构造，从背面清楚可见。尺蛾科的听器位于腹基部前侧下方，由鼓膜腔、鼓膜、副鼓膜和听骨组成。副鼓膜位于后胸，是个膜质结构，尺蛾科中仅原尺蛾亚科无。听骨是尺蛾科的共有特征。

2. 翅型和翅脉

翅型 翅型较宽大，钩蛾科前翅顶角一般向外凸出呈钩状，但也有顶角圆而不外凸。尺蛾科前翅顶角圆或尖，偶有凸出呈钩状。前翅外缘平直或中部凸出呈圆弧形，有时形成1个尖角。后翅宽大呈扇形，外缘圆或中部凸出呈尖角状，偶有凸出成带状尾角，如尾尺蛾属 *Ourapteryx*; 部分钩蛾和尺蛾亚科种类后翅后缘延长，使后翅呈下垂状。翅缰有或无，如有，雄性为1支，雌性为2至多支。

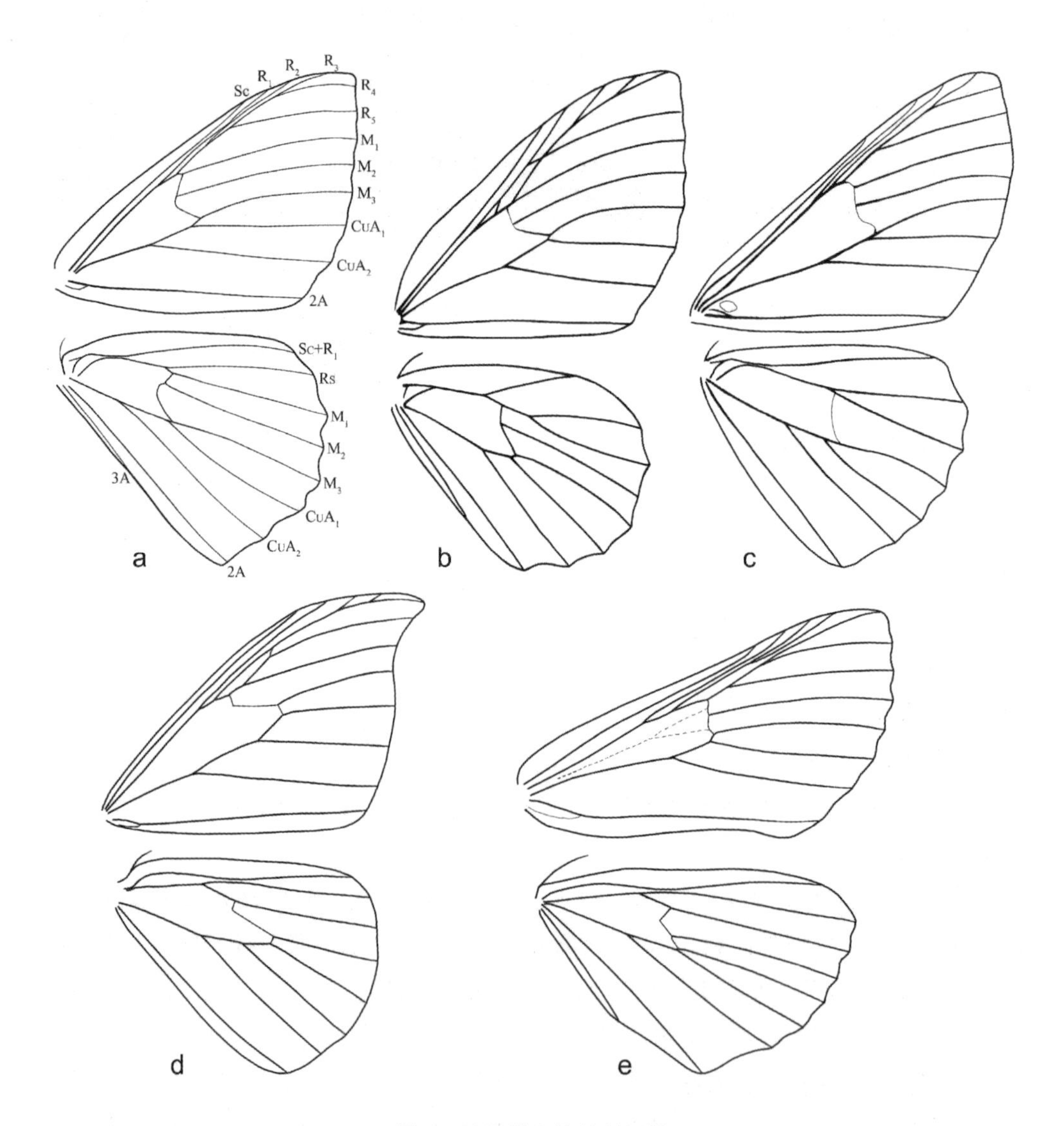

图6 尺蛾科和钩蛾科翅脉

a. 尺蛾亚科；b. 花尺蛾亚科；c. 灰尺蛾亚科；d. 钩蛾亚科；e. 波纹蛾亚科

翅脉（图6） 前翅共有12条脉；Sc通常自由；中室宽大，长度大多接近或大于前翅长的1/2；R脉分为5支，通常R_1自由，出自中室，有时与Sc接近或融合；在花尺蛾亚科、姬尺蛾亚科和部分钩蛾亚科中R_{2-5}常在中室上角处形成1～2个径副室；M脉3支，M_1出自中室上角或与R_5共柄；M_2出自中室端脉中部或中部以上（尺蛾科），或出自中室下角附近，接近M_3（钩蛾科）；M_3出自中室下角；CuA脉2支，CuA_1出自中室下缘近端部处或中室下角，有时与M_3共柄；CuA_2出自中室下缘中部附近；A脉1支，由2A和3A合并而成，基部分叉。后翅有8～9条脉；为$Sc+R_1$、Rs（由R_2～R_5合并而成）、M_1～M_3、CuA_1、CuA_2、2A和3A，其中3A常消失，在有的种类中，雄3A消失，雌正常；M_1～CuA_2各脉与前翅大致相同，但在花尺蛾亚科中如果中室端脉为双折角，则M_2基部略近M_3；在灰尺蛾亚科中后翅M_2消失；尺蛾科中$Sc+R_1$基部分叉，$Sc+R_1$与中室前缘合并、接近或有横脉相连，在中室之外远离；钩蛾科中$Sc+R_1$基部不分叉，与中室前缘距离较远，在中室上角之外与Rs接近。

3. **雄性外生殖器**

雄性外生殖器（图7）由腹部第9和第10两节及其附肢特化而来。第9腹节背板和第10腹节背板的一部分形成背兜，通常大而强骨化，呈屋脊状或帽盖状。第9腹节腹板形成基腹弧。基腹弧与背兜连接成一骨环，形成支撑外生殖器其他部分的支架。第10腹节末端延伸形成一个略向下弯曲的钩形突。基腹弧的腹面中央膨大形成一个向头端伸出的囊形突。第10腹节附肢特化成颚形突和背兜侧突。肛管由背兜中下部的膜中伸出，其腹面的下匙形片常发达（为第10腹节遗迹）；肛管背面如骨化则为匙形片。腹部末端有一膜质的隔膜，由背兜、肛管到基腹弧把腹部末端封闭起来。阳茎由隔膜中央伸出。隔膜在阳茎周围形成双褶，里面一层为阳茎鞘，一般简单；外面一层为阳茎基环，常具骨化区域和突起。位于腹面的骨化区称为阳端基环，支持阳茎并与抱器腹相支接，其中央有时发生各种形状的突起或缺刻。阳茎基环背面的骨化带为横带片，两端与抱器背相支接；横带片中部常消失。阳茎基环侧面常具侧突，一般由阳端基环发出，中部与抱器背基部和横带片端部联合，端部头状或杆状，多生细毛，有时两侧突在阳茎基环背面中央联合。阳茎发达，长短、粗细不一。在雄性外生殖器两侧，是一对由第9腹节生殖肢演化形成的抱器瓣。抱器瓣基部背腹角分别与背兜和基腹弧相连接，有时与横带片和阳端基环相连接。抱器瓣为一扁平的囊，基部开口，有肌肉操纵其做对应的钳状活动。其基本形态为长圆形，骨化弱。抱器瓣基部有时有味刷。

雄性外生殖器的变化主要有以下一些情况。

钩形突 位于第10腹节的背面，一般呈单突状，或二叉或三叉状，有少数呈膜质突起，或退化，钩形突在属间变化很大。（1）端部单突型，尖端渐细或略膨大，无分叉。（2）端部二分裂型，端部凹陷或分裂呈两部分。（3）异型，钩形突扁宽，且端部凹陷，或端部蛇头状。（4）退化：钩形突退化（无钩形突，或仅为弱膜状突）。

背兜侧突 通常骨化，粗短或细长，圆突状、指状或板状。

颚形突 从钩形突基部伸出，是一个环形构造，围绕于肛门周围，可以有一中部的弯曲唇状构造。有时除弯曲的唇状构造外，全部与背兜愈合。通常发达，有中突（腹面通常具小刺，很少光滑）。中突通常为简单突起，指形、锥形、半圆形、宽板形或退化；有时颚形突腹面有骨化很强的蝶形骨片。花尺蛾亚科中的蛾类绝大多数属颚形突退化。

横带片 通常为1对弱骨化或几乎膜质的突。很多属为膜质、窄带状；或为1对发达骨化突，圆钝，或尖锯齿形，或为不规则突。有些种横带片为2对细长尖齿。部分种类颚形突中突和横带片接合在一起，呈方形片状。横带片有时为1对向后方凸伸的弱骨化突。

阳端基环 位于阳茎腹面。通常膜质或为骨化强的骨片或小突。通常为各种形状的骨板，边缘常不整齐。部分属其上缘具指状或叉状中突。有的属阳端基环腹面中央形成纵褶或具肥大瓣状突，是阳端基环特化的极端类型。

阳茎基环侧突 在具阳茎基环侧突的类群中，其形态十分复杂多样。常见的为指状、杆状、钩状或小头状，端部具微毛或长毛束。侧突常见以下几种类型的变化：（1）端部特别膨大；（2）侧突由阳端基环侧面发出，上端仅达抱器背基部并与之愈合，有时向两侧扩展呈扇形；（3）侧突特别延长并在阳茎背面互相联合；（4）复式结构，侧突端部分叉，主支上有数支大毛（或细刺），侧支上为一束细毛；或侧突端部侧面有一短刺；或侧突棒槌状，端部着生一扇形构造；（5）毛刺的变异，包括侧突端部长毛束的毛端膨大；有时除具细长毛束外，还有一支大刺；有时侧突端部仅具一支钩状大刺，无毛束。

囊形突 通常由基腹弧末端膨大形成。近三角形或半圆形、宽大的板状、较细的柄状或退化。有时囊形突极度延长或中部深凹陷呈二叉状。

味刷 部分属的雄性成虫有味刷，是一种发香器，用来吸引雌虫。有时发达、呈刚毛状，有时极弱，呈絮状，在同一属内不同种间有变化，所以不是个稳定的特征。

抱器瓣 抱器瓣通常是雄外生殖器中最复杂、变化最多的部分，在多数属中有各种各样的特化结构，一般可分为抱器背、抱器小瓣和抱器腹3个部分。主要有以下几种变化情况：（1）抱器背骨化、扩展或具端突；（2）抱器腹骨化、膨大、折叠、具基突或端突；（3）抱器端通常为简单的圆形，有时具刺状延伸或在臀角处扩展形成囊泡状抱器瓣片；（4）抱器瓣中部可具不同形状的抱器内突或抱器。

阳茎 细长柱状，或粗短圆筒状，端部骨化，或有骨化区、带。包括阳茎体、阳茎鞘、阳茎端膜、射精管等几部分。阳茎体在射精管以下的部分称为阳茎盲囊；阳茎端部如有骨化的部分称为阳茎脊。阳茎盲囊通常膨大。阳茎端膜简单或具发达的角状器（刺），有时则散布小片骨化区。

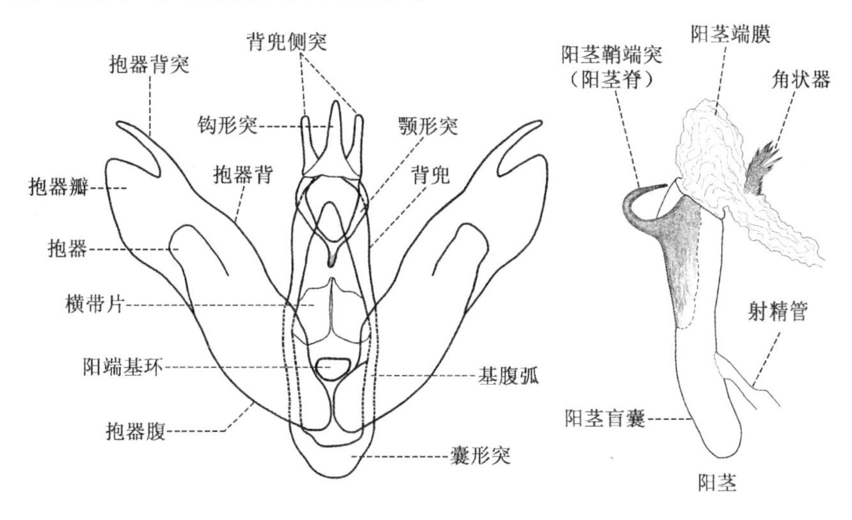

图 7　雄性外生殖器

4. **雌性外生殖器**

腹部末端为一对囊状构造，称为肛瓣，由第 9 和第 10 两腹节形成，表面多毛，产卵孔和肛门开口于其间。第 8 腹节背板（有时包括侧板）骨化较强，其前侧缘生一对前表皮突，肛瓣前侧缘生一对后表皮突。表皮突为两对头向伸出的内骨，用以附着肌肉。第 8 腹节腹板前半部形成前阴片，后半部形成后阴片。交配孔位于两阴片之间，由交配囊导管连通到交配囊（囊体），二者交接处称为囊颈，常有不同程度特化。大多数种属在囊体内具各种形状的囊片。导精管膜质，由囊导管上或囊体上部（囊导管旁边）伸出，少数由囊体底部伸出。

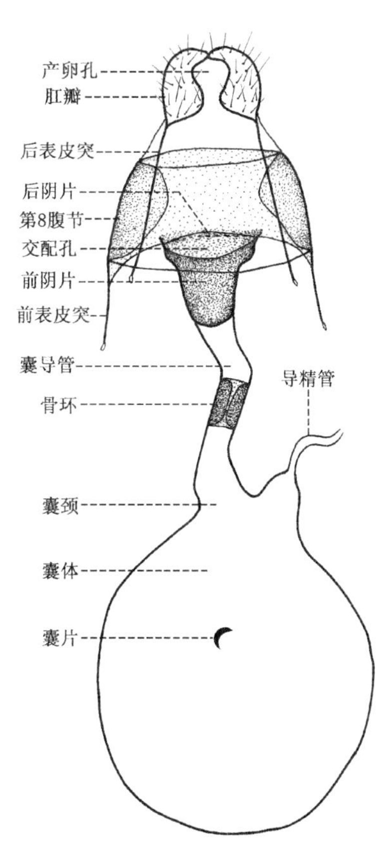

图 8　雌性外生殖器

雌性外生殖器（图 8）的变化主要有以下一些情况。

肛瓣　通常为圆钝突，腹面具 2 个乳状突，且多刚毛。有的属中肛瓣特别肥厚，或强骨化呈锥状，且几乎无毛。

表皮突　后表皮突在大多数类群中长于前表

皮突，少数前表皮突较长，山钩蛾亚科和波纹蛾亚科则多为前表皮突长于后表皮突。

交配孔和前后阴片 交配孔开口于第 7 腹节与第 8 腹节之间，偶尔于第 7 腹节中上部。有时有发达的前后阴片，前阴片位于交配孔腹面，后阴片位于交配孔背面。前后阴片形状变化很大，通常为骨化片。

囊导管 囊导管多为膜质，少数骨化，长短粗细变化很大，直或扭曲，少数非常短，几乎退化。其中部（有时在近两端处）常有一个骨环。

交配囊 一般为球形、椭圆形或长袋状，大小不一，形状各异，在属内变化较大。有时内表面有成片的骨化区或密布微刺，有时囊体末端和囊导管相连处（囊颈）骨化、褶皱。囊上有导精管。有时具副囊。

囊片 形状和数量的变化较大。表面粗糙，多为单片、二裂片或边缘具刺的圆盘状。有时无囊片。

第三章 武夷山国家公园钩蛾科与尺蛾科区系分析

一、区系构成

武夷山国家公园钩蛾科与尺蛾科区系十分丰富，迄今为止共记载钩蛾科 4 亚科 35 属 71 种，尺蛾科 5 亚科 196 属 357 种（表 1）。

表 1 武夷山国家公园钩蛾科和尺蛾科属种的区系构成

科	亚科	属		种	
		属数	%	种数	%
钩蛾科	圆钩蛾亚科	1	2.86	2	2.82
	波纹蛾亚科	9	25.71	15	21.13
	钩蛾亚科	23	65.71	41	57.75
	山钩蛾亚科	2	5.71	13	18.31
尺蛾科	星尺蛾亚科	1	0.51	3	0.84
	姬尺蛾亚科	10	5.10	28	7.84
	花尺蛾亚科	34	17.35	44	12.32
	尺蛾亚科	20	10.20	42	11.76
	灰尺蛾亚科	131	66.84	240	67.23

表 1 显示，武夷山国家公园区系中各亚科所占比例与其在全国区系中所占比例大致相当，钩蛾亚科和灰尺蛾亚科分别在钩蛾科和尺蛾科中占绝对优势。仅花尺蛾亚科比例偏低、种类偏少，这与该亚科在中国西部，特别是横断山地区异常丰富，导致其在全国区系中的比例大大高于除灰尺蛾亚科以外的其他亚科有关。

钩蛾科的 4 个亚科在武夷山国家公园均有分布，而且大多数中国有分布的属在武夷山国家公园均有记录。在尺蛾科 8 亚科中有 5 亚科记录分布在武夷山国家公园。各亚科中属数所占中国属数的比例均较低，除灰尺蛾亚科属数接近中国属的一半以外，其他各亚科均不及 1/3。灰尺蛾亚科属种的比例均超过武夷山国家公园 2 科全部属种的 55%，成为武夷山国家公园的优势类群。尺蛾科另外 3 个亚科目前在武夷山国家公园没有发现，其中原尺蛾亚科为欧亚大陆北方类群，在中国仅分布在东北；黎尺蛾亚科分布在亚洲东北部至印度和东南亚，少数种类分布于巴布亚新几内亚，德尺蛾亚科则主要分布于东南亚地区，这两个亚科将来在武夷山国家公园被发现的可能性很大。

二、采集地分析

全部标本和文献记录涉及武夷山国家公园 4 县（市）18 个采集点。另外，有部分标本仅记录“武夷山”，这些标本实际上大部分采自三港，只是当时没有详细记录。武夷山国家公园钩蛾科和尺蛾科采集地点及物种数量见表 2。表中显示，大多数物种产自三港和挂墩，此表只列举了采集的数据，并不能真实反映物种的实际分布情况。桃源峪和黄岗山等地点是白天采集其他类群昆虫时偶然采到蛾类，并未灯诱。其他物种记录较少的地点多为灯诱时间很短，或仅仅 1 ~2 次。

表 2　武夷山国家公园钩蛾科与尺蛾科采集地点及物种数

采集地点	物种记录(种)	
	钩蛾科	尺蛾科
三港	43	231
桐木	1	7
挂墩	12	149
黄溪洲	10	51
大竹岚	3	44
崇安城关	–	4
崇安黄柏溪	–	2
桃源峪	–	1
崇安星村七里桥	–	4
崇安星村曹墩	–	1
黄岗山	1	3
皮坑	–	1
建阳城关	1	4
黄坑	4	19
坳头	2	25
桂林	–	1
光泽	–	3
邵武	–	16
仅记录“武夷山”	23	22

三、属的地理分布分析

武夷山国家公园的钩蛾科35属和尺蛾科196属在世界6大动物地理界的分布如表3。

表3　武夷山国家公园钩蛾科与尺蛾科各属在动物地理界的分布

属	古北	新北	东洋	澳大利亚	非洲	新热带
圆钩蛾属 *Cyclidia*			+			
波纹蛾属 *Thyatira*	+	+	+			
大波纹蛾属 *Macrothyatira*	+		+	+		
华波纹蛾属 *Habrosyne*	+	+	+	+		
太波纹蛾属 *Tethea*	+		+	+		
影波纹蛾属 *Euparyphasma*			+			
点波纹蛾属 *Horipsestis*			+			
异波纹蛾属 *Parapsestis*	+		+			
线波纹蛾属 *Wernya*			+			
驼波纹蛾属 *Toelgyfaloca*[*]			+			
紫线钩蛾属 *Albara*			+			
赭钩蛾属 *Paralbara*			+			
晶钩蛾属 *Deroca*	+		+			
三线钩蛾属 *Pseudalbara*	+		+			
距钩蛾属 *Agnidra*	+		+			
黄钩蛾属 *Tridrepana*			+	+		
线钩蛾属 *Nordstromia*	+		+			
豆斑钩蛾属 *Auzata*	+		+			
铃钩蛾属 *Macrocilix*	+		+			
带铃钩蛾属 *Sewa*	+		+			
卑钩蛾属 *Betalbara*	+		+			
钩蛾属 *Drepana*	+		+		+	
枯叶钩蛾属 *Canucha*			+			
丽钩蛾属 *Callidrepana*			+	+	+	
麝钩蛾属 *Thymistadopsis*			+			

续表

属	古北	新北	东洋	澳大利亚	非洲	新热带
古钩蛾属 *Sabra*	+		+			
大窗钩蛾属 *Macrauzata*			+			
钳钩蛾属 *Didymana*			+			
锯线钩蛾属 *Strepsigonia*			+			
白钩蛾属 *Ditrigona*	+		+			
四点白钩蛾属 *Dipriodonta*			+			
带钩蛾属 *Leucoblepsis*			+			
绮钩蛾属 *Cilix*	+		+		+	
窗山钩蛾属 *Spectroreta*			+			
山钩蛾属 *Oreta*	+	+	+	+		
沙尺蛾属 *Sarcinodes*			+			
眼尺蛾属 *Problepsis*	+		+	+	+	
泥岩尺蛾属 *Aquilargilla*			+			
岩尺蛾属 *Scopula*	+	+	+	+	+	+
丽姬尺蛾属 *Chrysocraspeda*			+		+	
姬尺蛾属 *Idaea*	+	+	+	+	+	+
瑕边尺蛾属 *Craspediopsis*			+			
严尺蛾属 *Pylargosceles*	+		+			
紫线尺蛾属 *Timandra*	+	+	+	+	+	+
须姬尺蛾属 *Organopoda*			+	+		
烤焦尺蛾属 *Zythos*	+		+	+		
掷尺蛾属 *Scotopteryx*	+		+		+	
双角尺蛾属 *Carige*	+		+			
角叶尺蛾属 *Lobogonia*			+			
异翅尺蛾属 *Heterophleps*	+	+	+			
洁尺蛾属 *Tyloptera*	+		+			
妒尺蛾属 *Phthonoloba*			+	+		
绿花尺蛾属 *Pseudeuchlora*			+			
潢尺蛾属 *Xanthorhoe*	+	+	+	+	+	+
汝尺蛾属 *Rheumaptera*	+	+	+		+	+
光尺蛾属 *Triphosa*	+	+	+		+	+

续表

属	古北	新北	东洋	澳大利亚	非洲	新热带
扇尺蛾属 *Telenomeuta*	+		+			
洄纹尺蛾属 *Chartographa*	+		+			
枯叶尺蛾属 *Gandaritis*	+		+			
褥尺蛾属 *Eustroma*	+	+	+			
祉尺蛾属 *Eucosmabraxas*	+		+			
折线尺蛾属 *Ecliptopera*	+		+	+		
夕尺蛾属 *Sibatania*	+		+			
汇纹尺蛾属 *Evecliptopera*	+		+			
焰尺蛾属 *Electrophaes*	+		+			
丽翅尺蛾属 *Lampropteryx*	+		+			
涤尺蛾属 *Dysstroma*	+	+	+			
奇带尺蛾属 *Heterothera*	+		+			
网尺蛾属 *Laciniodes*	+		+			
大历尺蛾属 *Macrohastina*	+		+			
白尺蛾属 *Asthena*	+	+	+			
维尺蛾属 *Venusia*	+	+	+			
虹尺蛾属 *Acolutha*	+		+			
周尺蛾属 *Perizoma*	+	+	+		+	+
池尺蛾属 *Chaetolopha*			+	+		
小花尺蛾属 *Eupithecia*	+	+	+	+	+	+
小波尺蛾属 *Pasiphila*	+		+	+		
考尺蛾属 *Collix*	+		+	+	+	+
假考尺蛾属 *Pseudocollix*			+			
黑岛尺蛾属 *Melanthia*	+		+		+	
峰尺蛾属 *Dindica*	+		+			
涡尺蛾属 *Dindicodes*			+			
始青尺蛾属 *Herochroma*	+		+			
豆纹尺蛾属 *Metallolophia*			+			
冠尺蛾属 *Lophophelma*	+		+			
巨青尺蛾属 *Limbatochlamys* *			+			
垂耳尺蛾属 *Pachyodes*			+			

续表

属	古北	新北	东洋	澳大利亚	非洲	新热带
粉尺蛾属 *Pingasa*	+		+	+	+	
岔绿尺蛾属 *Mixochlora*			+	+		
镰翅绿尺蛾属 *Tanaorhinus*	+		+	+		
缺口青尺蛾属 *Timandromorpha*	+		+			
四眼绿尺蛾属 *Chlorodontopera*			+			
绿尺蛾属 *Comibaena*	+		+	+	+	
亚四目绿尺蛾属 *Comostola*	+		+	+		
无缰青尺蛾属 *Hemistola*	+	+	+		+	
尖尾尺蛾属 *Maxates*	+		+	+	+	
海绿尺蛾属 *Pelagodes*	+		+	+		
彩青尺蛾属 *Eucyclodes*	+		+	+		
艳青尺蛾属 *Agathia*	+		+	+	+	
辐射尺蛾属 *Iotaphora*	+		+			
金星尺蛾属 *Abraxas*	+		+	+		
晶尺蛾属 *Peratophyga*	+		+			
泼墨尺蛾属 *Ninodes*	+		+	+		
锦尺蛾属 *Heterostegane*	+		+		+	
琼尺蛾属 *Orthocabera*			+			
墟尺蛾属 *Peratostega*	+		+			
斑尾尺蛾属 *Micronidia*	+	+	+			
尖缘尺蛾属 *Danala*			+			
封尺蛾属 *Hydatocapnia*			+			
银瞳尺蛾属 *Tasta*			+			
褶尺蛾属 *Lomographa*	+	+	+	+	+	+
霞尺蛾属 *Nothomiza*	+		+			
平沙尺蛾属 *Parabapta*	+		+			
玛边尺蛾属 *Swannia*			+			
印尺蛾属 *Rhynchobapta*	+		+			
紫沙尺蛾属 *Plesiomorpha*	+		+			
鲨尺蛾属 *Euchristophia*	+		+			
灰尖尺蛾属 *Astygisa*			+			

续表

属	古北	新北	东洋	澳大利亚	非洲	新热带
紫云尺蛾属 *Hypephyra*			+			
庶尺蛾属 *Macaria*	+	+	+			+
云庶尺蛾属 *Oxymacaria*	+		+	+		
奇尺蛾属 *Chiasmia*	+	+	+	+	+	+
图尺蛾属 *Orthobrachia*			+			
辉尺蛾属 *Luxiaria*	+		+	+		
双线尺蛾属 *Calletaera*	+		+	+		
虎尺蛾属 *Xanthabraxas* *			+			
蜻蜓尺蛾属 *Cystidia*	+		+			
长翅尺蛾属 *Obeidia* *			+			
狭长翅尺蛾属 *Parobeidia* *			+			
拟长翅尺蛾属 *Epobeidia*			+			
紊长翅尺蛾属 *Controbeidia* *			+			
丰翅尺蛾属 *Euryobeidia*			+			
斑点尺蛾属 *Percnia*			+			
柿星尺蛾属 *Parapercnia*	+		+			
匀点尺蛾属 *Antipercnia*	+		+			
斑星尺蛾属 *Xenoplia*			+			
后星尺蛾属 *Metabraxas*			+			
八角尺蛾属 *Pogonopygia*	+		+			
双冠尺蛾属 *Dilophodes*			+			
弥尺蛾属 *Arichanna*	+		+			
璃尺蛾属 *Krananda*	+		+			
达尺蛾属 *Dalima*			+			
钩翅尺蛾属 *Hyposidra*			+	+	+	
歹尺蛾属 *Deileptenia*	+		+			
矶尺蛾属 *Abaciscus*			+			
用克尺蛾属 *Jankowskia*	+		+			
冥尺蛾属 *Heterarmia*	+		+			
霜尺蛾属 *Cleora*	+	+	+	+	+	
鹿尺蛾属 *Alcis*	+		+			+

续表

属	古北	新北	东洋	澳大利亚	非洲	新热带
皮鹿尺蛾属 *Psilalcis*			+	+		
美鹿尺蛾属 *Aethalura*	+	+	+			
佐尺蛾属 *Rikiosatoa*	+		+			
尘尺蛾属 *Hypomecis*	+	+	+	+	+	+
宙尺蛾属 *Coremecis*			+			
小盅尺蛾属 *Microcalicha*	+		+			
盅尺蛾属 *Calicha*	+		+			
四星尺蛾属 *Ophthalmitis*	+		+			
造桥虫属 *Ascotis*	+		+		+	
拟毛腹尺蛾属 *Paradarisa*			+			
原雕尺蛾属 *Protoboarmia*	+	+	+			
烟尺蛾属 *Phthonosema*	+		+			
埃尺蛾属 *Ectropis*	+	+	+	+	+	+
毛腹尺蛾属 *Gasterocome*			+			
阈尺蛾属 *Phanerothyris*	+		+			
鑫尺蛾属 *Chrysoblephara*			+			
拉克尺蛾属 *Racotis*	+		+	+	+	
猗尺蛾属 *Anectropis*[*]			+			
皿尺蛾属 *Calichodes*			+			
藓尺蛾属 *Ecodonia*[*]			+			
绶尺蛾属 *Xerodes*	+		+	+		
阢尺蛾属 *Uliura*			+			
苔尺蛾属 *Hirasa*	+		+			
鲁尺蛾属 *Amblychia*			+	+		
玉臂尺蛾属 *Xandrames*	+		+			
杜尺蛾属 *Duliophyle*	+		+			
树尺蛾属 *Mesastrape*			+			
蛮尺蛾属 *Darisa*			+			
白蛮尺蛾属 *Lassaba*			+			
方尺蛾属 *Chorodna*			+			
蜡尺蛾属 *Monocerotesa*	+		+	+		

续表

属	古北	新北	东洋	澳大利亚	非洲	新热带
统尺蛾属 *Sysstema*			+			
鹰尺蛾属 *Biston*	+	+	+		+	
掌尺蛾属 *Amraica*	+		+	+		
展尺蛾属 *Menophra*	+		+		+	+
角顶尺蛾属 *Phthonandria*	+		+		+	
焦边尺蛾属 *Bizia*	+		+			
碴尺蛾属 *Psyra*	+		+			
免尺蛾属 *Hyperythra*	+		+	+		
银线尺蛾属 *Scardamia*	+		+	+	+	
丸尺蛾属 *Plutodes*			+	+		
叉线青尺蛾属 *Tanaoctenia*			+			
巫尺蛾属 *Agaraeus*	+		+			
妖尺蛾属 *Apeira*	+		+			
魈尺蛾 *Prionodonta*			+			
腹尺蛾属 *Ocoelophora*	+		+			
芽尺蛾属 *Scionomia*	+		+			
酉尺蛾属 *Ectephrina*	+		+			
堂尺蛾属 *Seleniopsis*			+			
边尺蛾属 *Leptomiza*	+		+			
白尖尺蛾属 *Pseudomiza*			+			
拟尖尺蛾属 *Mimomiza*	+		+			
普尺蛾属 *Dissoplaga*			+			
都尺蛾属 *Polyscia*			+			
木尺蛾属 *Xyloscia*			+			
俭尺蛾属 *Trotocraspeda*			+			
惑尺蛾属 *Epholca*	+		+			
蟠尺蛾属 *Eilicrinia*	+		+			
卡尺蛾属 *Entomopteryx*			+			
夹尺蛾属 *Pareclipsis*			+		+	
莹尺蛾属 *Hyalinetta*			+			
娴尺蛾属 *Auaxa*	+		+			

续表

属	古北	新北	东洋	澳大利亚	非洲	新热带
津尺蛾属 *Astegania* *	+		+			
贡尺蛾属 *Odontopera*	+		+		+	
斜灰尺蛾属 *Loxotephria*			+			
魑尺蛾属 *Garaeus*	+		+	+		
蚀尺蛾属 *Hypochrosis*			+	+	+	
片尺蛾属 *Fascellina*	+		+	+		
龟尺蛾属 *Celenna*			+			
彩尺蛾属 *Achrosis*			+	+		
木纹尺蛾属 *Plagodis*	+	+	+			
隐尺蛾属 *Heterolocha*	+		+			
穿孔尺蛾属 *Corymica*	+		+	+		
黄尺蛾属 *Opisthograptis*	+		+			
锯纹尺蛾属 *Heterostegania*			+			
慧尺蛾属 *Platycerota*			+			
涂尺蛾属 *Xenographia*			+			
联尺蛾属 *Polymixinia*	+		+			
赭尾尺蛾属 *Exurapteryx*			+			
黄蝶尺蛾属 *Thinopteryx*	+		+			
扭尾尺蛾属 *Tristrophis*			+			
尾尺蛾属 *Ourapteryx*	+		+			

注：标记“*”的属为中国特有属。

将表3的结果按照属的分布范围进行统计，得到表4。

表4 武夷山国家公园钩蛾科与尺蛾科属在各动物地理界分布统计

动物地理界	钩蛾科属数	占全部武夷山属的比例(%)	尺蛾科属数	占全部武夷山属的比例(%)
东洋	15	42.86	61	31.12
东洋+古北	11	31.43	63	32.14
东洋+澳大利亚	1	2.86	9	4.60
东洋+非洲			2	1.02
东洋+古北+新北	1	2.86	9	4.60

续表

动物地理界	钩蛾科属数	占全部武夷山属的比例(%)	尺蛾科属数	占全部武夷山属的比例(%)
东洋+古北+澳大利亚	2	5.71	18	9.18
东洋+古北+非洲	2	5.71	6	3.06
东洋+古北+新热带			1	0.51
东洋+澳大利亚+非洲	1	2.86	2	1.02
东洋+古北+新北+澳大利亚	2	5.71		
东洋+古北+澳大利亚+非洲			7	3.57
东洋+古北+非洲+新热带			1	0.51
东洋+古北+新北+非洲			2	1.02
东洋+古北+新北+新热带			1	0.51
东洋+古北+澳大利亚+非洲+新热带			1	0.51
东洋+古北+新北+非洲+新热带			3	1.53
全世界			10	5.10
共计	35		196	

武夷山国家公园地处东洋界北部，表4显示在该地的钩蛾和尺蛾区系中，东洋界特有属和东洋+古北分布的属在2科中均占绝对优势，其中在尺蛾科中达63%以上，钩蛾科中更是高达74%。钩蛾科中广布的属很少，仅有2属（华波纹蛾属 *Habrosyne* 和山钩蛾属 *Oreta*）分布到4个动物地理界。尺蛾科中广布属相对丰富，分布到4个以上动物地理界的有25属，占全部武夷山尺蛾属的12.76%，其中有10属为全世界分布的大属。与古北界共有属大多为亚洲东部特有属，分布范围较窄。很多仅仅出现在古北界东南部边缘，包括中国东北、华北、朝鲜半岛和俄罗斯东南部，而它们在东洋界或其他热带界分布较广，仍为热带的区系成分。而武夷山国家公园全部231属与各个热带界的共有属则分布范围广大，远达澳大利亚界（53属）、非洲界（37属）和新热带界（16属）。

在武夷山国家公园钩蛾科和尺蛾科的属中有中国特有属10属，其中波纹蛾亚科1属，姬尺蛾亚科1属，尺蛾亚科1属，灰尺蛾亚科7属。10属中除津尺蛾属分布以东北和华北为主之外，其余仅分布于东洋界。

四、武夷山国家公园钩蛾科与尺蛾科物种分布特征

表5统计了武夷山国家公园钩蛾科与尺蛾科物种在中国各动物地理亚区的分布情况。在武夷山物种中，尚未发现与南海诸岛亚区（VIIE）和羌塘高原亚区（IVA）的共有种，而其他各亚区均有共同分布物种。由表中可以看出，除武夷山所在的东南丘陵平原亚区（VIA）之外，大部分武夷山物种均同时分布于同属于华中区的西部山地高原亚区（VIB），表明华中区这2个亚区区系的高度相似性。在钩蛾科中，分布于VIB的种类占全部种类的70%；而在尺蛾科中，这一数字高达73.7%。与武夷山共有物种数量占第二位的是闽广沿海亚区（VIIA），其中包括30种钩蛾（42.3%）和177种尺蛾（49.6%）。中国东洋界其他亚区与武夷山共有物种数在2科各亚科间长消互现，可能受到区域范围、人类活动影响和采集强度等多种因素影响。古北界各亚区与武夷山共有物种相对较少。钩蛾科中仅有12种，占全部种类的16.9%；尺蛾科中有103种，占全部种类的28.9%。圆钩蛾亚科和沙尺蛾亚科各自仅包括1个东洋界特有属中的2~3种，没有与古北界各亚区共有种；其他各亚科均有东洋与古北界共有种。在这些亚区中，与华中区毗邻的华北区黄淮平原亚区（IIA）和黄土高原亚区（IIB）共有物种数量最多，这也进一步说明了在中国东部东洋界与古北界由于缺乏有效的地理阻障，物种交流扩散比较频繁。

表5　武夷山国家公园钩蛾科与尺蛾科物种在中国动物地理亚区的分布情况

界	区	亚区	物种数量											
			钩蛾科	圆钩蛾亚科	波纹蛾亚科	钩蛾亚科	山钩蛾亚科	**尺蛾科**	沙尺蛾亚科	姬尺蛾亚科	花尺蛾亚科	尺蛾亚科	灰尺蛾亚科	**合计**
古北界	东北区(I)	大兴安岭亚区(IA)						**3**					3	**3**
古北界	东北区(I)	长白山地亚区(IB)	**7**		3	3	1	**44**		3	3	5	33	**51**
古北界	东北区(I)	松辽平原亚区(IC)	**2**		1	1		**14**		2		2	10	**16**
古北界	华北区(II)	黄淮平原亚区(IIA)	**6**		1	5		**49**		5	5	7	32	**55**
古北界	华北区(II)	黄土高原亚区(IIB)	**3**		2	1		**74**		7	6	8	53	**77**
古北界	蒙新区(III)	东部草原亚区(IIIA)	**1**		1			**9**		2		1	6	**10**
古北界	蒙新区(III)	西部荒漠亚区(IIIB)						**1**					1	**1**
古北界	蒙新区(III)	天山山地亚区(IIIC)						**2**					2	**2**
古北界	青藏区(IV)	羌塘高原亚区(IVA)												
古北界	青藏区(IV)	青海藏南亚区(IVB)						**3**			1		2	**3**

续表

界	区	亚区	物种数量											
			钩蛾科	圆钩蛾亚科	波纹蛾亚科	钩蛾亚科	山钩蛾亚科	**尺蛾科**	沙尺蛾亚科	姬尺蛾亚科	花尺蛾亚科	尺蛾亚科	灰尺蛾亚科	**合计**
东洋界	西南区（V）	西南山地亚区（VA）	**32**	1	10	13	8	**150**		11	16	18	105	**182**
		喜马拉雅亚区（VB）	**12**		4	6	2	**69**		4	7	8	50	**81**
	华中区（VI）	东南丘陵平原亚区（VIA）	**71**	2	15	41	13	**357**	3	28	44	42	240	**428**
		西部山地高原亚区（VIB）	**50**	2	14	24	10	**263**	2	22	27	30	182	**313**
	华南区（VII）	闽广沿海亚区（VIIA）	**30**	2	5	16	7	**177**	2	14	11	27	123	**207**
		滇南山地亚区（VIIB）	**23**	2	4	14	3	**86**	1	8	14	12	51	**109**
		海南岛亚区（VIIC）	**19**	2	3	11	3	**96**	1	7	5	15	68	**115**
		台湾亚区（VIID）	**19**	1	5	11	2	**140**	3	13	16	19	89	**159**
		南海诸岛亚区（VIIE）												

根据武夷山物种分布范围不同，可将其划分为跨界广布种、东洋界广布种、华中区特有种和东南丘陵平原亚区特有种4种类型（表6）。表6显示，在上述4种分布类型中，东洋界广布种占大多数，钩蛾科为47种（66.2%），尺蛾科为209种（58.5%）。跨界广布种绝大多数为亚洲东部东洋界与古北界共有种，在北方的分布多数限制在中国华北、东北，朝鲜半岛，日本北部和俄罗斯东南部。跨界广布种中仅有3种为东洋界与澳大利亚界共有种，即白珠鲁尺蛾 *Amblychia angeronaria*、满月穿孔尺蛾 *Corymica pryeri pryeri* 和拉克尺蛾 *Racotis boarmiaria*，他们分别分布于东洋界的广大地区并扩展至巴布亚新几内亚。1种为东洋界与非洲界共有种，即大造桥虫 *Ascotis selenaria*；1种为东洋界与新北界共有种，即埃尺蛾 *Ectropis crepuscularia*。这2种均广泛分布于古北界。由于缺乏有效的地理隔离，加之蛾类迁移扩散能力相对较强，华中区特有种和东南丘陵平原亚区特有种均比较少。

表6 武夷山国家公园钩蛾科与尺蛾科物种分布类型

分布类型	物种数量											
	钩蛾科	圆钩蛾亚科	波纹蛾亚科	钩蛾亚科	山钩蛾亚科	**尺蛾科**	沙尺蛾亚科	姬尺蛾亚科	花尺蛾亚科	尺蛾亚科	灰尺蛾亚科	**合计**
跨界广布种	**15**		4	9	2	**109**		12	10	16	71	**109**
东洋界广布种	**47**	2	9	26	10	**209**	3	13	27	24	142	**256**
华中区特有种	**4**		1	2	1	**25**			5	1	19	**29**
VIA 亚区特有种	**5**		1	4		**14**		3	2	1	8	**19**
合 计	**71**	2	15	41	13	**357**	3	28	44	42	240	

第四章　材料与方法

一、材料

本志研究中的标本材料主要来源于中国科学院动物研究所昆虫标本馆（IZCAS）的馆藏，研究材料中还包括部分2005年至2009年在福建武夷山国家公园采集的标本。

研究过程中还检视了部分英国伦敦自然历史博物馆（BMNH）、德国波恩考内希动物学博物馆（ZFMK）、中国农业大学（CAU）、华南农业大学（SCAU）、中山大学（SYS）和福建农林大学（FAFU）收藏的武夷山产标本。

二、方法

标本的采集、保藏等依照薛大勇（2010）标准，野外标本采集采用黑光灯诱集，标本按鳞翅目标准展翅方法展翅。

（一）蛾类标本的野外采集

1. 采集工具和药品

工具：采集网、毒瓶、三角袋、棉层、镊子、标本盒、黑光灯、幕布、采集管、采集袋、注射器、小型离心管。

药品：乙酸乙酯、无水乙醇。

2. 采集方法

（1）网捕：白天用采集网扫网、扣网等方法，兜捕到停落静止的蛾类；在花丛间、小溪旁及适宜寄主上捕捉有白天活动习性的取食、交配、产卵的蛾类。用网兜捕采不能连续进行，最好是看准目标后一次兜捕，蛾即入网，应迅速翻转网袋，防止逃脱。大型蛾类防止逃脱应隔网用拇指和食指轻捏胸部腹面的翅基部，使翅合在背上，然后增加压力，使飞行肌肉受损，失去挣扎能力后，立即用镊子从网中取出，放入毒瓶中。

（2）灯诱：蛾类采集主要是依靠灯光诱集。在野外点灯，首先要选择好场地，一般来说要有一定范围的平坦空地，既不影响光源、尽量照射远些，也要选择四周植物丛生、种类复杂或靠近沼泽、溪流、湖泊、森林边缘及面临山谷等处。采集蛾类标本时，只要在灯的一面挂起一块白色幕布，幕布宜选择有反光性及透光性的面料。当各种蛾类停息在幕布上后，便可根据不同大小的种类，用不同大小的毒瓶、毒管扣装，瓶口直径一般与蛾类翅展大小相似。毒瓶应经常轮换，否则药品挥发会导致昆虫不易被毒杀。应避免一瓶内昆虫堆积数量过多，否则彼此互相摩擦会损坏标本，更要注意瓶内清洁。大型的蛾类也可直接往体内注射无水乙醇。灯诱采蛾一般是在22:00左右，凌晨1:00左右最多。无大风、无月光、炎热阴沉的夜晚效果最好，薄雾、小雨并不影响蛾类活动。黑光灯瓦数越大，照射距离越远，采集效果相对就越好，一般采用250 W，个别环境可以使用400 W。

3. 采集标本的野外整理

为保证野外采集标本的完整，具有最大科学研究价值，免受腐烂、霉变和机械损毁，采集后的标本在野外要及时做一些初步处理。在蛾类的野外初步处理中，主要有以下几种方法。

（1）三角袋包装

三角袋是用透明的油光纸、玻璃纸或硫酸纸做成的三角形纸袋。透明光滑的三角纸袋适宜放置体内含水分少的鳞翅目标本，既防潮又可从外面看到蛾子，方便后期整理。每个三角袋内放置的最好是同种或相近种类的标本，袋内标本个体数不宜过多，且必须是同时同地采集的标本才能放在一起。袋外必须写明采集地、采集时间和采集人等信息。蛾子用三角袋包装好后要在阴凉干燥的地方晾干，防止霉变。初步晾干的标本可以装盒运输，需要注意的是盒子不能太深，最好以 5 cm 深度为限，防止三角袋中的蛾类标本翅受挤压而变形。在南方潮湿多雨的季节采集时，可用电吹风初步吹干，转点时及时寄回标本馆做进一步处理。

（2）乙醇浸泡

外出采集之前可根据需要和采集预期准备好一批 2 ml 的小离心管，装好纯度为100% 的乙醇。一些为分子生物学或其他实验准备的研究材料，可以直接用 100% 的乙醇浸泡。也可将蛾子一侧的足取下浸泡。浸泡标本的采集信息要用铅笔在较硬的白纸上写明，并与标本一同放入浸泡液中；仅取部分（足）的标本要与浸泡部分对应编号。

（3）及时制作

对于一些较珍稀或小型的蛾类，采到后应及时制作成易于长久保存的针插展翅标本。用毒瓶或麻醉剂处理后，虫体在干燥之前还较有弹性，灯诱的第二天上午及时做展翅处理，能减少鳞片、斑纹、触角和足等的残损，使标本保持颜色鲜艳、肢体完整。

4. 入馆前处理

野外采集来的标本如果不能及时制作展翅，应进行初步检查和分类。对没有完全干透的标本要晾干；大型蛾类有时有出油现象，应将其拣出单独晾干和存放，避免污染其他标本。存放前应对标本进行杀虫处理，可用冰柜冷冻或使用药剂杀虫。有条件的也可在冰柜中长期存放未制作的标本。

（二）蛾类标本的制作

1. 还软

干燥的蛾类标本在制作前必须先进行还软，触角及其他附肢才不致折断。软化的方法是把标本放在盛有水的回软缸内，软化的时间要看气温、蛾类的大小及吸湿程度而定，一般需 3 ~7 天。

2. 针插展翅

准备好适合蛾子大小的展翅板，在展翅板的空槽两侧固定好约 0.5 cm 宽的纸条，其外侧再视翅的长短固定宽纸条。经还软后的蛾类标本先选用适宜型号的昆虫针，自中胸正中央穿插，昆虫针要与展翅平面垂直。为使标本在针上的高度一致，可用三级台度量，标本背上露出的昆虫针高度与三级台第一级的高度相等即可。针插好后的标本，先插入展翅板上的空槽内，使翅基腹面与空槽两侧板面平齐。大蛾类可用镊子或昆虫针将翅分开压平，用昆虫针与内侧纸条配合，将前翅拉到左右翅后缘成一直线为准，再将后翅前缘约 2/3 部分压在前翅后缘下面，然后用内侧纸条在翅基部压好，用昆虫针钉上，再调整对称，外侧用宽纸条压好钉住。小蛾类展翅时，要用小毛笔轻轻拨动翅的反面，将翅完全展开后，用纸条压平，两端用针固定。也可先把小蛾翅吹开，用针插的硬三角纸片压平固定。展好翅后，要用镊子将头、触角、足等部位进行整理，使其尽量伸展，如需要也可用昆虫针固定。较大蛾类的腹部，要用昆虫针交叉支起来，防止干燥后呈下垂状。

3. 干燥

制作好的标本需要经过干燥过程使其完全定型。在北方可以自然干燥，一般需要 1 个星期以上。南方雨季需要烘箱等辅助干燥手段。干透的标本从展翅板上拆卸下来的时候要特别注意避免碰到触角等易损部位，以保持标本完整。

4. 加标签

每只标本下面要有两个标签：靠近虫体下面的第一个标签记载采集信息，如时间、地点、海拔、经纬度、采集人及保存地等；第二个标签一般为该种的鉴定标签（中名及学名）。模式标本的鉴定标签须以颜色来区分，正模为红色，副模为黄色。

各　论

一、钩蛾科 Drepanidae

钩蛾科属于鳞翅目、有喙亚目、异脉次亚目、钩蛾总科。多为中型蛾类。头部无毛隆，无单眼。翅宽大，前翅顶角一般向外凸出呈钩状。后翅 $Sc + R_1$ 沿中室与 Rs 分离，但在中室末端或稍外与 Rs 接近，甚至愈合。第 1 腹节背面具听器。第 2 腹节侧板上有一发达的感毛丛，在雄性中更明显。

亚科检索表

1. 前翅 M_2 出自中室端脉中部，顶角圆或仅微凸出 ………… 2
   前翅 M_2 出自中室下角附近，近 M_3，顶角大多凸出呈钩状或镰状 ………… 3
2. 前翅宽阔，外缘长接近后缘；如前翅狭长，则顶角凸出 1 个钝突，且雄性背兜侧突不发达 ………… **圆钩蛾亚科 Cyclidiinae**
   前翅狭长，外缘远短于后缘，顶角圆；雄性背兜侧突发达 ………… **波纹蛾亚科 Thyatirinae**
3. 有翅缰；有喙；如无喙则体色及翅色均为白色 ………… **钩蛾亚科 Drepaninae**
   无翅缰；无喙；体色及翅色均非白色 ………… **山钩蛾亚科 Oretinae**

（一）圆钩蛾亚科 Cyclidiinae

中至大型蛾类。雄性与雌性触角均呈锯齿状。前翅顶角有时圆，不凸出成钩状。前后翅 M_2 由中室端脉中部伸出。第 2 腹节感毛丛为平展的长毛形成的圆朵。雄性外生殖器：钩形突指状或三角形；背兜侧突有或无；颚形突中突发达，具中突；抱器瓣大多简单。

1. 圆钩蛾属 *Cyclidia* Guenée, 1858

Cyclidia Guenée, 1858, *in* Boisduval & Guenée, *Hist. nat. Insectes* (Spec. gén. Lépid.), 9: 62.
Type species: *Cyclidia substigmaria* (Hübner, 1831). (China)

属征： 雄性与雌性触角均呈锯齿状。额不凸出。下唇须发达，向前上方翘起。后足胫节具2对距。前翅顶角常圆，有时尖锐并突出。前翅 R_1 自由，R_{2-4}与 R_5 共柄，R_2 与 R_{3+4}共柄。雄性外生殖器：钩形突呈指状；背兜侧突发达指状；颚形突中突为1个小突；抱器瓣宽大；阳端基环为1具钳状分叉的突；囊形突短宽；阳茎长而粗；阳茎端膜常不具角状器。雌性外生殖器：肛瓣宽而圆；后阴片常发达；囊导管细长，具骨环；囊体椭圆形，囊片为2条具微刺的骨化带。

分布： 中国，日本；朝鲜半岛；南亚，东南亚。

种检索表

翅面白色 ·· 洋麻圆钩蛾 *C. substigmaria substigmaria*
翅面黑褐色 ·· 赭圆钩蛾 *C. orciferaria*

(1) 洋麻圆钩蛾 *Cyclidia substigmaria substigmaria* (Hübner, 1831) (图版1：1)

Euchera substigmaria Hübner, [1831] 1825, *Zuträge Samml. Exot. Schmett.*, 3: 29. pl. 90, f. 519 – 520. (China)
Abraxas capitata Walker, 1862, *List Specimens lepid. Insects Colln Brit. Mus.*, 24: 1121. (China: Hong Kong)
Euchera capitata: Strand, 1911, *in* Seitz, *Macrolepid. World*, 2: 196.
Cyclidia substigmaria: Warren, 1922, *in* Seitz, *Macrolepid. World*, 10: 445.

前翅长：26 ~ 41 mm。前翅宽大，顶角尖，略凸出，外缘浅弧形。前后翅面均为白色至灰白色，上有灰至灰褐色斑纹。翅基部散布灰色；内线灰褐色波状，弧形弯曲；中带宽阔云状，内有大而圆的深灰褐色中点；顶角内侧散布黑灰色，接近中带处逐渐变浅消失，其下方边缘斜行清晰，与中带下半段外侧边缘构成1条直线；中带下半段外侧另有1块深灰褐色斑，长三角形；亚缘线不均匀，点状；缘线和缘毛在顶角下方至 CuA_1 处为黑灰色。后翅具深灰褐色中带和外带；中点黑灰色，较前翅的大；亚缘线的点较前翅的小，有时连成细线。雄性外生殖器（图版24：1）：钩形突指状，基部较宽，背兜侧突略细，短于钩形突；抱器瓣腹缘圆，抱器背浅弯，略上翘，端部稍凸；阳茎端部骨化。雌性外生殖器（图版 47：1）：肛瓣小，前表皮突短于后表皮突；囊导管细长；囊体椭圆形。

采集记录：武夷山（三港、挂墩、黄坑）。

分布：福建、河南、陕西、甘肃、江苏、安徽、浙江、湖北、江西、湖南、台湾、广东、海南、香港、广西、四川、贵州、云南；日本，越南。

(2) 赭圆钩蛾 *Cyclidia orciferaria* Walker, 1860 （图版 1：2）

Cyclidia orciferaria Walker, 1860, *List Specimens lepid. Insects Colln Brit. Mus.*, 20: 56. (China: North China)

前翅长：32 ~ 41 mm。前翅顶角稍尖，向外伸出，外缘直。翅面黑褐色。前翅内线深赭黑色波状，其内为 1 条浅蓝灰色粉被组成的微波状线，其外为较宽的浅蓝灰色粉被条带；中点黄色，近方形，中间具黑色纹；外线深赭黑色波状，其内为较宽的浅蓝灰色粉被条带，其外侧区域多具蓝灰色粉被；亚缘线与缘线均为赭黑色细线纹；缘毛赭黑色。后翅斑纹与前翅斑纹相似，无中点。雄性外生殖器（图版 24：2）：钩形突粗大；背兜侧突细小；颚形突中突为 1 个弹头状小尖突；抱器瓣端部渐狭，抱器背直，抱器腹圆；阳端基环短宽，钳状分叉。雌性外生殖器（图版 47：2）：前表皮突与后表皮突约等长；囊体圆形。

采集记录：武夷山（三港）。

分布：福建、江苏、浙江、江西、湖南、广东、海南、广西、四川、云南；马来西亚，越南，缅甸。

（二）波纹蛾亚科 Thyatirinae

中型蛾类。复眼发达；触角线状、栉齿状或短双栉形；头顶和额部常被浓密的毛或鳞毛；喙发达；下唇须向前平伸，或向上翘，或第 3 节向下微垂。腿节和胫节通常被长毛；后足胫节有 2 对距，外距明显短于内距；爪光滑或有齿，爪间有中叶。腹部背面通常具竖起的毛束，有些种类腹部末端形成毛簇。前翅通常较狭长；顶角或圆，或尖，或向外凸出，形成圆形或稍锐的突起；臀角圆形，或钝角形，或呈叶形突起，并有毛缨；翅外缘呈波浪样弧形或呈波浪样稍平直。后翅较宽。前翅 Sc 沿翅前缘向外平伸，止于翅前缘；径脉 5 条，或彼此分离，不形成径副室，或并接形成径副室；M_2 由中室端脉中部发出。后翅 $Sc + R_1$ 沿翅前缘伸出，在近中室末端向 Rs 方向弯曲。雄性外生殖器：背兜通常较大并强烈骨化，有的种类具背兜侧突；囊形突种间变异较小；钩形突有2种类型，一种为简单的叉形、二叉形或三叉形，另一种为不规则形；无颚形突。

属检索表

1\. 前翅臀角凸出……………………………………………………………… **华波纹蛾属 *Habrosyne***
　前翅臀角不凸出 …………………………………………………………………………………… 2
2\. 前翅 M_1 出自中室上角 ……………………………………………………………………………… 3
　前翅 M_1 与径副室下缘共柄 ………………………………………………………………………… 6
3\. 翅基部具勺形鳞片 ……………………………………………………………… **线波纹蛾属 *Wernya***
　翅基部不具勺形鳞片 ………………………………………………………………………………… 4
4\. 腹部背面具立毛簇 …………………………………………………………………………………… 5
　腹部背面不具立毛簇 ……………………………………………………………… **驼波纹蛾属 *Toelgyfaloca***
5\. 前翅具大小不等的白斑 ……………………………………………………………… **波纹蛾属 *Thyatira***
　前翅不具大小不等的白斑 ………………………………………………………… **异波纹蛾属 *Parapsestis***
6\. 前翅 R_5 与 R_{3+4} 共柄 ……………………………………………………………………………… 7
　前翅 R_5 不与 R_{3+4} 共柄 ………………………………………………………… **太波纹蛾属 *Tethea***
7\. 前翅前缘基部隆起 ……………………………………………………… **影波纹蛾属 *Euparyphasma***
　前翅前缘基部不隆起 ………………………………………………………………………………… 8
8\. 腹部背面具立毛簇 ………………………………………………………… **大波纹蛾属 *Macrothyatira***
　腹部背面不具立毛簇 ……………………………………………………………… **点波纹蛾属 *Horipsestis***

2. 波纹蛾属 *Thyatira* Ochsenheimer, 1816

Thyatira Ochsenheimer, 1816, *Schmett. Ent.*, 4: 77. Type species: *Phalaena batis* Linnaeus, 1758. (Sweden)

Strophia Meigen, 1832, *Syst. Beschreibung eur. Schmett.*, 3: 173. Type species: *Phalaena batis* Linnaeus, 1758. (Sweden)

Calleida Sodoffsky, 1837, *Bull. Soc. Imp. Nat. Moscou*, (6): 87.

Thyathira Bruand, 1845, *Mem. Soc. Emul. Douds*, 2 (2): 89. Type species: *Phalaena batis* Linnaeus, 1758. (Sweden)

属征：触角线形，雄性较粗，略呈锯齿形。额光滑。下唇须中等长，第1、2节粗壮，第3节光滑短小。第3腹节背面具立毛簇。前翅底色为深浅不同的褐色至红褐色，并具大小不等的白斑，斑上涂有粉色或褐色；翅面的斑可分为5组，即内斑、后缘斑、前缘斑、顶斑和臀斑。后翅为深浅不同的单一的灰褐色。前翅具1个狭长径副室；R_4 与 R_5 在径副室之外短共柄；后翅 M_2 略近 M_3。雄性外生殖器：钩形突细长；背兜侧突发达；抱器瓣宽大，腹缘中部常具 1 个小突。雌性外生殖器：前后表皮突细长；前阴片无明显骨化；囊导管细长，上端具细小的骨环，导精管位于骨环下方；囊体圆形，囊片为 1 条纵向具微刺的骨化带，两端尖，长度通常不超过囊体直径的 1/3。

分布：全北界；东南亚；巴布亚新几内亚。

(3) 红波纹蛾 *Thyatira batis rubrescens* Werny, 1966 （图版 1：3）

Thyatira batis rubrescens Werny, 1966, *Untersuchungen über die Systematik der Tribus Thyatirini, Macrothyatirini, Habrosynini und Tetheini (Lepidoptera: Thyatiridae)*: 36. (China: Yunnan: Li-Kiang)

Thyatira rubrescens nepalensis Werny, 1966, *Untersuchungen über die Systematik der Tribus Thyatirini, Macrothyatirini, Habrosynini und Tetheini (Lepidoptera: Thyatiridae)*: 38, fig. 45.

Thyatira rubrescens obscura Werny, 1966, *Untersuchungen über die Systematik der Tribus Thyatirini, Macrothyatirini, Habrosynini und Tetheini (Lepidoptera: Thyatiridae)*: 39.

Thyatira rubrescens assamensis Werny, 1966, *Untersuchungen über die Systematik der Tribus Thyatirini, Macrothyatirini, Habrosynini und Tetheini (Lepidoptera: Thyatiridae)*: 41, figs 41, 43.

Thyatira rubrescens szechwana Werny, 1966, *Untersuchungen über die Systematik der Tribus Thyatirini, Macrothyatirini, Habrosynini und Tetheini (Lepidoptera: Thyatiridae)*: 42, fig. 35.

Thyatira rubrescens orientalis Werny, 1966, *Untersuchungen über die Systematik der Tribus Thyatirini, Macrothyatirini, Habrosynini und Tetheini (Lepidoptera: Thyatiridae)*: 42, fig. 40.

Thyatira rubrescens kwangtungensis Werny, 1966, *Untersuchungen über die Systematik der Tribus Thyatirini, Macrothyatirini, Habrosynini und Tetheini (Lepidoptera: Thyatiridae)*: 43, fig. 36.

Thyatira rubrescens tienmushana Werny, 1966, *Untersuchungen über die Systematik der Tribus Thyatirini, Macrothyatirini, Habrosynini und Tetheini (Lepidoptera: Thyatiridae)*: 44, fig. 39.

Thyatira rubrescens vietnamensis Werny, 1966, *Untersuchungen über die Systematik der Tribus Thyatirini, Macrothyatirini, Habrosynini und Tetheini (Lepidoptera: Thyatiridae)*: 46, fig. 48.

前翅长：16 ~ 19 mm。前翅狭长，顶角钝圆，外缘浅弧形；深褐色，有 5 个浅粉红色大斑，具光泽。内斑大，其内有 2 个褐斑；后缘斑半圆形；前缘斑近圆形；顶斑较大，狭长，下缘稍平；臀斑椭圆形，内有 2 个褐斑，上方有 2 个白点；内线黑褐色，外线灰白色，均纤细，呈波状；亚缘线在顶斑下方可见灰白色细线，与外线较近；缘线由 1 列半月形的黑色细线组成。缘毛黄褐色与黑褐色相间，在大斑外黄白色。后翅深灰褐色，基半部色略浅；缘毛黄白色掺杂灰褐色。雄性外生殖器（图版 24：3）：钩形突长于背兜侧突；抱器瓣基部宽，末端较圆；阳端基环宽阔，其裂片端半部具颗粒状结构；基腹弧宽带形；囊形突宽，端部中央略凹入；阳茎基半部变粗，端半部渐细，阳茎鞘端突镰刀形；阳茎端膜粗糙。

采集记录：武夷山（三港）。

分布：福建、河南、陕西、甘肃、安徽、浙江、湖北、江西、湖南、广东、广西、海南、四川、云南、西藏；印度，尼泊尔，越南。

3. 大波纹蛾属 *Macrothyatira* Marumo, 1916

Macrothyatira Marumo, 1916, *Insect World*, 20: 48. Type species: *Thyatira flavida* Butler, 1885. (Japan)

Haplothyatira Houlbert, 1921: 46 (key), 114. Type species: *Haplothyatira transitans* Houlbert, 1921. (China: Yunnan: Tsekou)

Melanocraspes Houlbert, 1921, *in* Oberthür, *Études Lépid. comp.*, 18: 116. Type species: *Thyatira stramineata* Warren, 1921. (India)

Exothyatira Matsumura, 1933, *Insecta matsum.*, 7: 192. Type species: *Thyatira flavida* Butler, 1885. (Japan)

属征：触角线形，雄性触角略扁宽。体型较大。额光滑。下唇须较短，第3节短小。后胸、腹基部和第3腹节背面有强壮的毛束。前翅狭长，顶角略尖，后缘近基部处略隆起；深褐色、深灰褐色至黑褐色；基部有1个浅色的指突形斑，指向外缘；前缘中部、顶角和臀角通常各有1个浅色斑。后翅深褐色、黄褐色或黄色，浅色种类通常有1条深褐色端带。前翅具1个狭长径副室，R_2出自径副室顶端，R_5与R_{3+4}短共柄，出自径副室顶端，M_1与径副室下缘短共柄；后翅M_2近M_3。雄性外生殖器：钩形突粗壮，呈锥形；背兜侧突细小，短于钩形突的1/2，且远离钩形突；抱器瓣宽大，无突。雌性外生殖器：前表皮突中等长，后表皮突细长；交配孔骨化；囊导管长；囊体椭圆形、梨形，囊导管位于交配囊一侧，呈不对称形，常具1个长形并具齿的囊片；第8腹节较窄，被有细毛。

分布：古北界，东洋界，澳大利亚界。

种检索表

后翅浅黄褐色，有时带明显灰褐色…………………………… **大波纹蛾 *M. flavida tapaischana***

后翅浅黄色 ………………………………………………………… **瑞大波纹蛾 *M. conspicua***

(4) 大波纹蛾 *Macrothyatira flavida tapaischana* (Sick, 1941) （图版1：4）

Thyatira tapaischana Sick, 1941, *Dt. ent. Z. Iris*, 1941: 2. (China: Shaanxi)

Macrothyatira flavida tapaischana: Werny, 1966, *Untersuchungen über die Systematik der Tribus Thyatirini, Macrothyatirini, Habrosynini und Tetheini (Lepidoptera: Thyatiridae)*: 213.

前翅长：雄性 18 ~ 23 mm，雌性 22 mm。前翅深褐至黑褐色；基部指状突长约 5 mm，端部较窄，圆；前缘中部斑圆形，后缘中部具 1 个不规则的斑，顶斑逗号形，臀斑椭圆形；各斑均带淡黄褐色，其中前缘斑、顶斑和臀斑略带粉红色；缘线为 1 列半月形的黑色细线；缘毛深浅相间，在顶角处有 2 个白点。后翅浅黄褐色，有时带明显灰褐色；端带深灰褐色，比较模糊；缘毛黄色，在翅脉端为深灰褐色。雄性外生殖器（图版 24：4）：背兜侧突比钩形突明显短且细；抱器瓣端部圆；抱器背基突隆起较小，其上被极小的刚毛；抱器腹强骨化，明显向腹面扩展，在近边缘有骨质化折痕，其上具纤细刚毛；阳端基环宽，在中部有中等宽度的切口，阳端基环裂片宽；阳茎鞘端突弯曲成指状，端部钝圆；阳茎端膜无角状器。雌性外生殖器（图版 47：3）：后表皮突末端接近第 8 腹节中部；前表皮突细长，在基部略加宽；囊导管粗；交配孔周围强烈骨化；囊体椭圆形；囊片长条形；第 8 腹节窄。

采集记录：武夷山。

分布：福建、河南、陕西、宁夏、甘肃、浙江、湖北、湖南、四川，云南；日本，越南。

(5) 瑞大波纹蛾 *Macrothyatira conspicua* (Leech, 1900)　(图版 1：5)

Thyatira conspicua Leech, 1900, *Trans. Ent. Soc. Lond.*, 1900: 12. (China: Sichuan)

Macrothyatira conspicua: Werny, 1966, *Untersuchungen über die Systematik der Tribus Thyatirini, Macrothyatirini, Habrosynini und Tetheini (Lepidoptera: Thyatiridae)*: 219.

前翅长：23 ~ 25 mm。前翅浅褐色，有光泽；具细弱波状黑线；基斑形状不规则，灰白色，具黑边，斑内有 3 个黑点；前缘中部有 1 列大白斑，斑内有黑色的短横线；环斑小，圆形，白色，具黑边；中点狭长，弯月形，白色，具黑边；顶斑大，灰白色，黑边不完整，其内侧前缘有 2 个白点；顶斑下方为 1 片灰白色区域，其外缘为锯齿形亚缘线；臀斑半圆形，中央有 1 个黑点；臀斑内侧有 1 个浅“U”形白斑；缘线为 1 列新月形黑纹；缘毛深浅相间。后翅浅黄色，外缘附近有 1 条深灰褐色带；缘毛浅黄色，在顶角有 2 个深灰褐色点。雄性外生殖器（图版 24：5）：钩形突基部宽；背兜侧突较钩形突细且短；抱器瓣端部渐细，末端圆；抱器背基突隆起不明显；抱器腹向腹面扩展，端部具 1 个近三角形的横褶；阳端基环宽，中央切口宽；囊形突呈“凹”字形；阳茎鞘端突弯曲指状，弯曲且浅，其基部粗，端部渐细，顶端圆钝；阳茎端膜不具角状器。雌性外生殖器（图版 47：4）：后表皮突末端接近第 8 腹节前缘；前表皮突细长；交配孔周围骨化；囊导管粗，囊颈位于交配囊的一侧；囊体长圆形；囊片长条形；第 8 腹节狭窄。

采集记录：武夷山。

分布：福建、陕西、甘肃、浙江、湖南、台湾、四川、云南。

4. 华波纹蛾属 *Habrosyne* Hübner, 1821

Habrosyne Hübner, 1821, *Verz. bekannter Schmett.*: 236. Type species: *Phalaena derasa* Linnaeus, 1767, by monotypy. (Europe)

Gonophora Bruand, 1845, *Mem. Soc. Emul. Douds*, 2 (2): 89. Type species: *Phalaena derasa* Linnaeus, 1767, by monotypy. (Europe)

Cymatochrocis Houlbert, 1921, *in* Oberthür, *Études Lépid. comp.*, 18: 45 (key), 88. Type species: *Gonophora dieckmanni* Graeser, 1888, by original designation.

Hannya Matsumura, 1927, *J. Coll. Agric. Hokkoaido Imp. Univ.*, 19: 15. Type species: *Thyatira violacea* Fixsen, 1887. (Korea)

Miothyatira Matsumura, 1933, *Insecta matsum.*, 7: 194. Type species: *Gonophora aurorina* Butler, 1881. (Japan)

Habrosynula Bryk, 1943a, *Arkiv Zool.*, 34A (11): 6. Type species: *Habrosyne argenteipunctai* Hampson, 1893. (India)

属征：中型蛾类。触角线形，雄性触角略扁宽。额光滑。下唇须略长。胸部背面被浓密的鳞毛；足腿节和胫节被长毛。腹部具强壮的立毛簇和侧毛束。前翅前缘基部微隆；顶角不凸出；外缘浅弧形；臀角隆出下垂，有 1 束向外延伸的鳞毛。后翅宽大，外缘浅弧形。前翅径副室较宽大；R_2 和 R_3 分别出自径副室前缘近顶角处，不共柄，R_4 和 R_5 出自径副室顶角或有一小段共柄，M_1 与径副室下缘共柄；后翅 M_2 较近 R_3。雄性外生殖器：钩形突和背兜侧突均细长，基部膨大并联合成一体；抱器瓣宽大，端半部较基半部宽阔，腹缘端部下垂；除前缘外，其余部分骨化很弱，具纵褶。雌性外生殖器：肛瓣肥厚；囊导管在交配孔处强骨化；囊体具长条形带齿囊片。

分布：古北界，东洋界，新北界，澳大利亚界。

种检索表

1. 前翅内线由翅前缘倾斜至后缘 …… 2
   前翅内线非上述 …… 3

2. 前翅内线在近 2A 脉处折角 ………………………………………………… **岩华波纹蛾 *H. pterographa***
   前翅内线非上述 ……………………………………………………………… **印华波纹蛾 *H. indica indica***
3. 前翅外线外侧具灰绿色雾状斑 ……………………………………………… **银华波纹蛾 *H. violacea***
   前翅外线外侧不具灰绿色雾状斑………………………………… **白华波纹蛾 *H. albipuncta angulifera***

(6) 岩华波纹蛾 *Habrosyne pterographa* (Poujade, 1887)　(图版 1: 6)

Thyatira pterographa Poujada, 1887, *Bull. Soc. Ent. France*, (6) 7: 135. (China: Sichuan: Moupin)

Gonophora thibetana Houlbert, 1921, *in* Oberthür, *Études Lépid. comp.*, 18: 81.

Habrosyne pterographa: Staudinger, 1901, *in* Staudinger & Rebel, *Cat. Lepid. palaearct. Faunengeb.*, 1: 259.

Habrosyne pterographa tapaischana Werny, 1966, *Untersuchungen über die Systematik der Tribus Thuatirini, Macrothyatirini, Habrosynini und Tetheini* (Lepidoptera: Thyatiridae): 271, fig. 159. (China: Shaanxi)

前翅长：18 ~ 21 mm。前翅暗褐色，带红褐色调；斑纹近似印华波纹蛾；主要鉴别特征是内线较细，折曲较弱，各个折角较尖；内线和前缘中部的浅色斑内带明显的粉红色；环纹仅为 1 个椭圆形小黑点，无白圈，肾纹的白圈不明显，内部的白条狭窄，带粉红色；亚缘线上半段略模糊，似向内散开样。后翅深灰褐色至黑褐色；缘毛灰褐色。雄性外生殖器（图版 24：6）：钩形突基部宽；背兜侧突较钩形突细且短；抱器瓣端部宽；抱器背平直，基突为三角形；抱器瓣腹缘略向外凸出；阳端基环杯状；阳茎背面具 1 个长而宽的骨片，阳茎鞘端突短钝钩状；角状器为 1 片长圆形密集短刺。雌性外生殖器（图版 47：5）：肛瓣和后表皮突小；前表皮突与后表皮突约等长；囊导管中部强骨化并加粗，具纵纹；囊体圆形；囊片长条形。

采集记录：武夷山（三港）。

分布：福建、河北、河南、陕西、甘肃、湖北、江西、湖南、台湾、四川、云南。

(7) 印华波纹蛾 *Habrosyne indica indica* (Moore, 1867)　(图版 1: 7)

Gonophora indica Moore, 1867, *Proc. zool. Soc. Lond.*, 1867 (1): 44. (India)

Habrosyne fraterna malaisei Bryk, 1943a, *Arkiv Zool.*, 34A (11): 6. (Burma)

Habrosyne fraterna chekiangensis Werny, 1966, *Untersuchungen über die Systematik der Tribus Thuatirini, Macrothyatirini, Habrosynini und Tetheini* (Lepidoptera: Thyatiridae): 275, fig. 152.

(China, Chekiang, Tien-mu-shan).

Habrosyne fraterna japonica Werny, 1966, *Untersuchungen über die Systematik der Tribus Thuatirini, Macrothyatirini, Habrosynini und Tetheini* (Lepidoptera: Thyatiridae): 276, fig. 149. (Japan)

Habrosyne indica grisea Werny, 1966, *Untersuchungen über die Systematik der Tribus Thuatirini, Macrothyatirini, Habrosynini und Tetheini* (Lepidoptera: Thyatiridae): 279, fig. 147. (Burma)

Habrosyne indica aurata Werny, 1966, *Untersuchungen über die Systematik der Tribus Thuatirini, Macrothyatirini, Habrosynini und Tetheini* (Lepidoptera: Thyatiridae): 280, fig. 145. (China, Sichuan, Wa-ssu-kou)

Habrosyne indica flavescens Werny, 1966, *Untersuchungen über die Systematik der Tribus Thuatirini, Macrothyatirini, Habrosynini und Tetheini* (Lepidoptera: Thyatiridae): 282, fig. 141. (Japan)

前翅长：20～22 mm。前翅亚基线直且细，伸达斜行的内线，二者不联合成拱形，亦不形成白斑，内线细；内线内下方深灰色，外侧带黄褐色，由内向外逐渐变为灰褐色；前缘的白色部分下方为边界模糊的深褐至黑褐色带；环纹和肾纹的白圈不明显；白色亚缘线较直。后翅深灰褐色。雄性外生殖器（图版24：7）：钩形突较背兜侧突粗且长；囊形突近梯形；抱器瓣叶片状，端部宽且圆；抱器背平直，基部内面有1个小三角形突；抱器瓣腹缘弧形；阳端基环杯状，端半部强烈骨化；阳茎端部细，阳茎鞘端突尖刺状，其对面具1个半月形骨片，边缘齿状；角状器为1个圆形刺状斑。雌性外生殖器（图版47：6）：前表皮突与后表皮突几乎等长；囊导管长而粗，上端骨化膨大；囊体长圆形；囊片狭长。

采集记录：武夷山（三港）。

分布：福建、黑龙江、吉林、北京、河北、河南、陕西、浙江、湖北、江西、湖南、广东、广西、四川、云南、西藏；日本，越南，尼泊尔，缅甸，印度，泰国。

(8) 白华波纹蛾 *Habrosyne albipuncta angulifera* (Gaede, 1930)（图版1：8）

Thyatira angulifera Gaede, 1930, *in* Seitz, *Macrolepid. World*, 10: 659, pl. 85: b. (Myanmar)

Habrosyne albipuncta szechwanensis Werny, 1966, *Untersuchungen über die Systematik der Tribus Thyatirini, Macrothyatirini, Habrosynini und Tetheini* (Lepidoptera: Thyatiridae): 290, fig. 142. (China: Sichuan: Omei-shan)

Habrosyne albipuncta angulifera: Laszlo, Ronkay, Ronkay & Witt, 2007, *Esperiana*, 13: 201.

前翅长：17～20 mm。前翅深褐色；基部臀褶处具1条白色短斜纹；亚基线深褐色；内线内侧前缘处具1个灰白色横斑；翅中部颜色稍浅；内线深褐色，略向外呈弓形弯曲；环纹褐色；中点具深褐色边，清晰；外线走向与内线略同，为深褐色细线；在翅前缘外线外侧有 1 个黄白色斑和 1 条白色短线；亚缘线为 1 条深褐色线，其通过的区域色浅；缘线为深褐色细线，其上具 1 列三角形斑；缘毛深褐色，翅脉端浅褐色。后翅深褐色。雄性外生殖器（图版 24：8）：背兜侧突短于钩形突；抱器瓣宽阔；抱器背基半部略呈弧形弯曲，抱器瓣腹缘外弯；囊形突末端平；阳端基环中央具 1 条深而宽的切口；阳茎鞘端突为 1 个指状端突；角状器为椭圆形刺状斑。雌性外生殖器（图版 47：7）：后表皮突细小；前表皮突基半部加宽，端半部较纤细；囊导管长，中部膨大加粗，骨化强；囊体圆形，囊片窄条状。

采集记录：武夷山（三港）。

分布：福建、四川、云南；缅甸，越南，泰国。

(9) 银华波纹蛾 *Habrosyne violacea* (Fixsen, 1887) （图版 1：9）

Thyatira violacea Fixsen, 1887, *in* Romanoff, *Mem. Lepid.*, 3: 352, pl. 15, fig. 11. (Korea)

Habrosyne argenteipuncta chinensisi Werny, 1966, *Untersuchungen über die Systematik der Tribus Thyatirini, Macrothyatirini, Habrosynini und Tetheini* (Lepidoptera: Thyatiridae): 293, fig. 128. (China: Chekiang)

Habrosyne argenteipuncta szechwana Werny, 1966, *Untersuchungen über die Systematik der Tribus Thyatirini, Macrothyatirini, Habrosynini und Tetheini* (Lepidoptera: Thyatiridae): 298, fig. 133. (China: Sichuan: Wa-ssu-kow)

Habrosyne argenteipuncta pallescens Werny, 1966, *Untersuchungen über die Systematik der Tribus Thyatirini, Macrothyatirini, Habrosynini und Tetheini* (Lepidoptera: Thyatiridae): 299, fig. 129. (China: Shaanxi)

Habrosyne violacea: Yoshimoto, 1993, *Moths of Nepal*, 2: 122.

前翅长：16 ~ 20 mm。前翅灰绿色至黑灰色，带橄榄绿色调；亚基线黑色，其外侧至内线由黑灰色逐渐过渡到灰绿色；亚基线外侧在臀褶处有 1 簇翘起的白鳞；内线黑色，双线双折曲，在中室前缘之下几乎融合为带状，其外侧散布不均匀黑灰色；环纹和肾纹小黑圈，后者中部有细白纹；外线黑色波状双线，中部外凸，外侧在 M_3 以下有白边；外线外侧在 M_3 以上和臀角处有 2 块灰绿色雾状斑；亚缘线银白色，仅在前缘附近可见；新鲜标本灰绿色部分常呈银灰色，陈旧标本则变为黄褐色。后翅深灰褐色；缘毛深灰褐色掺杂黄白色。雄性外生殖器（图版 24：9）：钩形突较背兜侧突粗且长；抱器瓣叶片状；抱器背近乎平直；抱器瓣腹缘呈弓形扩展；阳端基环宽；阳茎圆筒状，末端变窄，阳茎鞘端突弯曲指状；角状器的密刺片狭长。雌性外生殖器（图版 47：8）：前后表皮突均较粗壮，前表皮突长于后表皮突；囊导管中上部骨化，加粗；囊体圆形，囊片长条形，细小。

采集记录：武夷山。

分布：福建、吉林、陕西、甘肃、浙江、湖北、湖南、四川、云南、西藏；俄罗斯，越南，缅甸，印度，尼泊尔，泰国，马来西亚；朝鲜半岛。

5. 太波纹蛾属 *Tethea* Ochsenheimer, 1816

Tethea Ochsenheimer, 1816, *Schmett. Eur.*, 4: 64 (non Donati). Type species: *Noctua* or Denis & Schiffermüller, 1775. (Austria)

Palimpsestis Hübner, 1821, *Verz. bekannter Schmett.*: 237 (as 279). Type species: *Phalaena octogesimea* Hübner, 1786. (Germany)

Bombycia Hübner, 1822, *Syst.-alphab. Verz.*: 22, 25, 26, 31, 34, 37, 38. Type species: *Noctua* or Denis & Schiffermüller, 1775. (Austria)

Ceropacha Stephens, 1829, *Nom. Brit. Insects*: 42. Type species: *Noctua* or Denis & Schiffermüller, 1775. (Austria)

属征：触角线形，雄性触角略扁宽。额光滑。下唇须较短，第3节短小。腹部背面无立毛簇，侧面有毛丛。前翅狭长，前缘平直，顶角略尖，外缘浅弧形；后翅宽大，顶角略凸，其下方浅凹。前翅以灰褐色为主，横线通常清晰，中域常有不规则形浅色斑；后翅灰褐色，常具深色端带。前翅具径副室，R_2、R_{3+4}和R_5出自径副室顶端，M_1与径副室下缘长共柄；后翅M_2近M_3。雄性外生殖器：钩形突细长；背兜侧突细长或呈刺状，远离钩形突并常向两侧岔开；抱器瓣狭长，端部宽度与基部相仿，腹缘或腹基部常有突。雌性外生殖器：肛瓣宽，被有粗壮而短的刚毛；囊导管在交配孔处强骨化；囊体为圆形或长椭圆形，近囊颈处具1~3个囊片。

分布：古北界，东洋界，澳大利亚界。

种检索表

前翅前缘至中室下缘和M_3散布鲜黄绿色和粉红色……… **粉太波纹蛾 *T. consimilis consimilis***

前翅斑纹不如上述 ……………………………………………… **藕太波纹蛾 *T. oberthueri oberthueri***

(10) 藕太波纹蛾 *Tethea oberthueri oberthueri* (Houlbert, 1921) (图版1: 10)

Saronaga oberthueri Houlbert, 1921, *in* Oberthür, *Études Lépid. comp.*, 18: 194. (China: Yunnan)

Saronaga oberthueri monticola Bryk, 1943a, *Arkiv Zool.*, 34A (11): 3. (*Myanmar*)

Tethea oberthueri: Werny, 1966, *Untersuchungen über die Systematik der Tribus Thyatirini,*

Macrothyatirini, Habrosynini und Tetheini (Lepidoptera: Thyatiridae): 380.

Tethea oberthueri occidentalis Werny, 1966, *Untersuchungen über die Systematik der Tribus Thyatirini, Macrothyatirini, Habrosynini und Tetheini* (Lepidoptera: Thyatiridae): 386, fig. 233. (Sikkim)

Tethea oberthueri chekiangensis Werny, 1966, *Untersuchungen über die Systematik der Tribus Thyatirini, Macrothyatirini, Habrosynini und Tetheini* (Lepidoptera: Thyatiridae): 387, fig. 232. (China: Chekiang)

Tethea oberthueri fukienensis Werny, 1966, *Untersuchungen über die Systematik der Tribus Thyatirini, Macrothyatirini, Habrosynini und Tetheini* (Lepidoptera: Thyatiridae): 388, fig. 234. (China: Fukien)

Tethea (Saronaga) oberthueri oberthueri: Laszlo, Ronkay, Ronkay & Witt, 2007, *Esperiana*, 13: 115.

前翅长：25～28 mm。前翅深褐色；前缘具白色鳞片；亚基线深褐色，在中室端脉上形成 1 个深褐色斑点；内线由 2 条深褐色线组成；环斑圆形，白色，具深褐色边，下面具 1 个深褐色小点；中点椭圆形，中央收缩，具深褐色细边，斑前面白色，后面深褐色；外线由 2 条相互平行的深褐色线组成；亚缘线由浅灰色和深褐色线组成；在外线和亚缘线之间具 1 条深褐色的锯齿线；缘线深褐色，新月形。后翅浅褐色，外线褐色，细带状，翅端具 1 条褐色宽带。雄性外生殖器（图版 24：10）：背兜侧突基部粗，略短于钩形突；抱器背延伸至抱器瓣的端部；抱器腹狭长，顶端略凸出，不形成齿；阳端基环中央切口深，两侧裂片大而宽；囊形突短宽；阳茎约与抱器瓣等长，阳茎鞘端突长且弯曲，端部钝圆；阳茎端膜粗糙。雌性外生殖器（图版 47：9）：后表皮突短于前表皮突；囊导管宽且长；交配孔骨化；囊体大，呈椭圆形；囊片 3 个，中央的长形带齿，前端钝，末端尖，两侧的囊片较小。

采集记录：武夷山（挂墩）。

分布：福建、陕西、浙江、湖北、湖南、海南、广西、四川、云南、西藏；印度，缅甸，尼泊尔，马来西亚。

(11) 粉太波纹蛾 *Tethea consimilis consimilis* (Warren, 1912)　(图版 1：11)

Saronaga consimilis Warren, 1912, *in* Seitz, *Macrolepid. World*, 2: 321, t. 49f. (Japan)

Tethea consimilis: Werny, 1966, *Untersuchungen über die Systematik der Tribus Thyatirini, Macrothyatirini, Habrosynini und Tetheini* (Lepidoptera: Thyatiridae): 395.

Tethea consimilis birohoensis Werny, 1966. *Untersuchungen über die Systematik der Tribus Thyatirini, Macrothyatirini, Habrosynini und Tetheini* (Lepidoptera: Thyatiridae): 399, fig. 235. (Korea:

Biroho)

Tethea consimilis hoenei Werny, 1966. *Untersuchungen über die Systematik der Tribus Thyatirini, Macrothyatirini, Habrosynini und Tetheini* (Lepidoptera: Thyatiridae): 405. (China: Chekiang)

Tethea consimilis flavescens Werny, 1966. *Untersuchungen über die Systematik der Tribus Thyatirini, Macrothyatirini, Habrosynini und Tetheini* (Lepidoptera: Thyatiridae): 406, fig. 220. (China: Fukien)

Tethea (*Saronaga*) *consimilis consimilis*: Laszlo, Ronkay, Ronkay & Witt, 2007, *Esperiana*, 13: 118.

前翅长：雄性22～25 mm，雌性28 mm。前翅深褐色，前缘至中室下缘和M_3散布鲜黄绿色和粉红色，色彩斑斓；中域有数块鲜黄绿色的斑和线，形状不规则；亚缘线黄绿色，锯齿形，在M_3以下消失；缘毛黄白色与深灰褐色相间。后翅灰褐色至深灰褐色，隐约可见浅色外带；缘毛黄白色，在翅脉端呈深灰褐色。雄性外生殖器（图版25：1）：背兜侧突较钩形突短粗；抱器瓣端半部狭窄，向上翘；抱器腹骨化弱，其内侧在中部之外有1个小突，端部略凸出；阳端基环中部切口宽，两侧裂片略窄，其上被有细毛；囊形突短宽；阳茎细长，阳茎鞘端突短而弯曲；阳茎端膜粗糙。雌性外生殖器（图版47：10）：肛瓣狭长；后表皮突长，延伸至第8腹节前缘的边缘；前表皮突长于后表皮突，在基部1/3处微加宽；交配孔强骨化；囊导管细长；囊体圆形；囊片3个，中间的囊片为长条形，其上具小齿，前端钝，末端尖锐，另外2个近圆形小囊片在其两侧对称排列。

采集记录：武夷山（黄溪洲）。

分布：福建、吉林、河南、陕西、浙江、湖北、湖南、广东、广西；俄罗斯，日本；朝鲜半岛。

6. 影波纹蛾属 *Euparyphasma* Fletcher, 1979

Euparyphasma Fletcher, 1979, *in* Nye, *Generic Names Moths World*, 3: 83. Type species: *Polyploca albibasis* Hampson, 1893. (India)

Lithocharis Warren, 1912, *in* Seitz, *Macrolepid. World*, 2: 321. Type species: *Polyploca albibasis* Hampson, 1893. (India) [Junior homonym of *Lithocharis* Dejean, 1833 (Coleoptera)]

属征：为波纹蛾亚科中体型较大的类群之一。触角线形，雄性触角略扁宽。额光滑。下唇须中等长，第3节短小光滑。胸部被浓密鳞毛。腹部光滑。前翅狭长，长约为宽的2倍，前缘基部隆起，其后平直；顶角尖锐，略凸出；外缘平直，中部以下强烈向下呈弧形弯曲至后缘，无明显臀角。后翅宽阔。前翅具狭长径副室，R_2

出自径副室近端部处，R_5 与 R_{3+4} 短共柄，出自径副室顶端，M_1 与径副室下缘长共柄；后翅 M_2 略近 M_3。雄性外生殖器：钩形突较短；背兜宽阔，背兜侧突短于并远离钩形突；抱器瓣宽大，端半部斜切，近三角形。雌性外生殖器：肛瓣较小；后表皮突长于前表皮突；囊导管细长；交配孔周围强骨化；囊体椭圆形，囊片长形带小齿。

分布：中国，日本，印度，越南。

(12) 影波纹蛾 *Euparyphasma albibasis guankaiyuni* Laszlo, Ronkay, Ronkay & Witt, 2007 (图版 1：12)

Euparyphasma albibasis guankaiyuni Laszlo, Ronkay, Ronkay & Witt, 2007, *Esperiana*, 13: 141. (China: Shaanxi)

前翅长：30 mm。前翅深灰绿色，基部具黄白色横带；前缘自基部 1/5 处至顶角有 1 条黄白色带；内线和外线黑色，仅为翅脉上不明显的黑点；亚缘线为 1 列白点，其外侧衬黑点；缘毛淡黄褐色。后翅黄白色，带淡灰褐色调，端部深灰褐色。雄性外生殖器（图版 25：2）：钩形突粗壮；背兜侧突较钩形突短且细，末端尖锐；抱器瓣长叶状，内面在端部 2/3 处有细纹；抱器腹近端部展宽；阳端基环中央切口深，两侧裂片末端钩状弯曲；阳茎粗壮，阳茎鞘端部不规则形骨化，无钩；角状器为 1 条小刺带。雌性外生殖器（图版 47：11）：肛瓣小；后表皮突长于前表皮突；囊导管细长；交配孔周围强骨化；囊体椭圆形，囊片长形带小齿。

采集记录：武夷山。

分布：福建、陕西、甘肃、浙江、湖北、江西、湖南、广东、广西。

7. 点波纹蛾属 *Horipsestis* Matsumura, 1933

Horipsestis Matsumura, 1933, *Insecta matsum.*, 7: 193. Type species: *Horipsestis teikichana* Matsumura, 1933 (= *Polyploca aenea* Wilelman, 1911). (China: Formosa [Taiwan]: Horisha)

Neochropacha Inoue, 1982c, *in* Inoue *et al.*, *Moths of Japan*, 1: 422. Type species: *Polyploca aenea* Wileman, 1911. (China: Formosa [Taiwan])

属征：体型较小。触角线形，雄性触角略扁宽。额光滑。下唇须短，第 3 节细小。胸部多毛。腹部光滑。前翅前缘端半部浅弧形，顶角钝，不凸出；外缘浅弧形；臀角圆。后翅宽大。前翅具径副室；R_2 与 R_{3-5} 同出自径副室顶端，R_5 与 R_{3+4} 共柄较长，M_1 与径副室下缘长共柄；后翅 M_2 接近 M_3。雄性外生殖器：钩形突细长；背兜侧突短于钩形突，与钩形突共同着生于背兜顶端1个凸出构造上；抱器瓣特别狭长，无突。雌性外生殖器：后表皮突短于前表皮突；交配孔强骨化；导精管起于囊导管上端；囊体大，具纵向长条形囊片。

分布：中国，日本；东南亚。

种检索表

前翅基部具黄褐色鳞片 …………………………………………………… **点波纹蛾 *H. aenea minor***

前翅基部不具黄褐色鳞片 ………………………………… **伞点波纹蛾 *H. mushana mushana***

(13) 点波纹蛾 *Horipsestis aenea minor* (Sick, 1941) (图版1：13)

Spilobasis minor Sick, 1941, *Dt. ent. Z. Iris*, 1941: 9. (China: Zhejiang: West-Tien-mu-shan)

Horipsestis aenea minor: Laszlo, Ronkay, Ronkay & Witt, 2007, *Esperiana*, 13: 161.

前翅长：16 mm。前翅灰褐至深灰褐色；内线黑褐色双线，浅弧形；其余斑纹均不清晰；环纹和肾纹隐约可见深色圈；外线双线，大部分消失，仅在翅脉上留下小黑点；顶角处有1条黑色斜纹；缘线黑褐色；缘毛深灰褐色。后翅深灰褐色，基半部色略浅；浅色外带通常不可见；缘毛灰褐色。雄性外生殖器（图版25：3）：背兜侧突与钩形突平行；抱器背中部略加宽；囊形突宽阔，中部内凹；阳端基环中央深裂，形成2个大而长的骨片；阳茎端部略粗壮，阳茎鞘端突棒状；角状器为密集的、排列规则的微型小刺。雌性外生殖器（图版47：12）：肛瓣小；前表皮突长于后表皮突；交配孔深杯状；囊导管长，近囊颈处增粗；囊体椭圆形，囊片细长，由囊颈伸达囊体中部。

采集记录：武夷山。

分布：福建、河南、陕西、浙江、湖北、江西、湖南、海南、广西、四川、云南。

(14) 伞点波纹蛾 *Horipsestis mushana mushana* (Matsumura, 1931) (图版1：14)

Palimpsestis mushana Matsumura, 1931, 6000 *illust. Insects Japan-Empire*: 674, No. 321 (figs). (China: Formosa [Taiwan])

Hotipsestis mushana: Yoshimoto, 1984, *Tyô to Ga*, 35 (1): 15.

前翅长：17～20 mm。此种与点波纹蛾非常相似，但可以利用以下特征来区别：

前翅内线较平直；基部不具黄褐色鳞片。最明显的区别在雄性外生殖器（图版25：4）：钩形突和背兜侧突的基部较宽；背兜侧突不与钩形突平行。雌性外生殖器（图版47：13）：交配孔和囊导管上端骨化较弱。

采集记录：武夷山。

分布：福建、陕西、湖北、湖南、台湾、四川；日本。

8. 异波纹蛾属 *Parapsestis* Warren, 1912

Parapsestis Warren, 1912, *in* Seitz, *Macrolepid. World*, 2: 329. Type species: *Parapsestis argenteopicta* Oberthür, 1897. (Russia)

Baipsestis Matsumura, 1933, *Insecta matsum.*, 7: 190. Type species: *Parapsestis baibarana* Matsumrua, 1931. (China: Formosa [Taiwan]: Hori)

Suzupsestis Matsumura, 1933, *Insecta matsum.*, 7: 199. Type species: *Parapsestie albida* Suzuki, 1916. (Japan)

属征：触角线形，雄性触角较扁宽。额光滑。下唇须短。腹部第3节背面有毛簇。前翅较短宽，前缘基部隆起；顶角近直角；外缘浅弧形。后翅宽大。前翅径副室较宽大；R_2 出自径副室顶端前方，R_3 与 R_{4+5} 短共柄，共同出自径副室顶端，R_4 和 R_5 在 R_3 分离后随即分离，M_1 出自中室上角，不与径副室下缘共柄；后翅 M_2 近 M_3。雄性外生殖器：钩形突特别短小，呈三角锥状；背兜侧突粗大，呈叉状向外上方斜伸；抱器瓣较狭长，端部渐窄；抱器腹狭条形骨化，端部具1束小刺。雌性外生殖器：肛瓣宽阔，强骨化，被有粗壮而短硬的鬃毛；囊导管细长；囊体大，具1个纵向长条形囊片。

分布：中国，俄罗斯，日本，印度，尼泊尔，缅甸，越南；朝鲜半岛。

(15) 华异波纹蛾 *Parapsestis lichenea tsinlinga* Laszlo, Ronkay, Ronkay & Witt, 2007 (图版1: 15)

Parapsestis lichenea tsinlinga Laszlo, Ronkay, Ronkay & Witt, 2007, *Esperiana*, 13: 244. (China: Shaanxi)

前翅长：雄性 17 ~ 19 mm，雌性 19 ~ 20 mm。前翅铁灰色，翅脉上排布密集白点；亚基线黑色；内线4条，黑色，在中室下缘之上形成黑斑，外侧1条内线直，在臀褶处几乎呈直角内折，然后弧形弯曲至后缘，内侧3条内线在黑斑下细弱或部分消失；环纹为1个带黑边的小白点；肾纹分裂为2个白点，围以黑边；外线黑色，在前缘形成1个大黑斑，其下大部分消失；外线外侧为1条隐约可辨的浅色带；亚缘线为1列白点，点外有黑色尖齿；顶角下方有1条黑色双弧形纹，其上方为1个灰白色斑；缘线为1列黑色半弧形纹；缘毛灰白色，在翅脉端呈黑褐色。后翅基半部为浅灰褐色；灰白色外带清晰，其外侧至外缘为深灰褐色，明显较内侧色深；缘线为深灰褐色；缘毛同前翅。雄性外生殖器（图版25：5）：钩形突很短，小丘状；背兜侧突长，末端尖锐；钩形突与背兜侧突间距小；抱器瓣宽，沿抱器背缘有折痕，其中部内侧有2个小突起；抱器腹平直，端突膨大并略下垂；囊形突末端中部凸出；阳茎粗壮，阳茎鞘端突为钩状；角状器有1片排列整齐的刺。雌性外生殖器（图版47：14）：肛瓣长；后表皮突纤细；前表皮突基半部呈宽片状，端半部细，长于后表皮突；囊导管长且弯曲；囊体圆形；囊片长条形，扭曲，其上具小齿。

采集记录：武夷山。

分布：福建、河南、陕西、甘肃、浙江、湖北、四川。

9. 线波纹蛾属 *Wernya* Yoshimoto, 1987

Wernya Yoshimoto, 1987, *Tyô to Ga*, 38 (1): 39. Type species: *Palimpsestis lineofracta* Houlbert, 1921. (China: Sichuan)

属征：触角线形，具短纤毛。下唇须略向上翘，第2节末端和第3节伸出额外。后足胫节具2对距。前后翅外缘微波曲。翅基部具勺形鳞片。前翅 R_3 不与 R_4、R_5 共柄，M_1 出中室上角。雄性外生殖器：钩形突短宽，骨化，端部常凹入，有时形成1对末端钝圆的长突；背兜侧突发达指状或叉状；抱器瓣短，骨化；抱器腹短小，具端突；常具发达横带片；阳端基环骨化，片状；囊形突中央凹入；阳茎鞘端突钩状或指状；阳茎端膜具1片由密刺构成的角状器，有时缺失。雌性外生殖器：肛瓣大，强骨化；第7和第8腹节强骨化并愈合成环状；前后表皮突均短小；囊导管膜质细长；囊体圆形或椭圆形，通常具由微刺组成的狭长囊片。

分布：中国，印度，泰国，越南，马来西亚。

(16) 曲线波纹蛾 *Wernya cyrtoma* Xue, Yang & Han, 2012 （图版1：16）

Wernya cyrtoma Xue, Yang & Han, 2012, *Acta Zootaxonomica Sinica*, 37 (2): 355. (China: Fujian: Mt. Wuyi)

前翅长：雄性21 mm，雌性23～24 mm。前翅灰褐色，散布白色鳞片；亚基线由前缘至中室黑色粗壮，在中室上下方各具 1 段向外延伸的黑色纹；内线由 2 组双线组成，黑色，锯齿状，向外倾斜，各组内灰白色；中线模糊；中点灰白色，短条状；外线黑色双线，在前缘处较粗，中部呈弧形外凸；前缘近顶角处有 1 个灰白色椭圆形斑；亚缘线白色锯齿状；缘线黑色。后翅灰褐色，向端部逐渐加深；隐约可见浅色弧形外线。雄性外生殖器（图版 25：6）：钩形突端部分裂为 2 个丘形突；背兜侧突端部大钩状，分叉，前缘基部具 1 个三角形小突；横带片为 1 片扁三角形骨片，中间具 1 片垂直条状骨片，延伸至背兜中部，端部稍尖；阳端基环为椭圆骨片，中部分为 2 叉，端部骨化较强而尖；囊形突稍宽，中部深凹陷，两侧有 2 个短粗圆突；抱器瓣小，近椭圆形；抱器腹端略凸；阳茎细长，阳茎鞘端突钩状短小；阳茎鞘端部具 2 片骨片，具微刺；阳茎端膜较小，具 1 片微刺组成的角状器。雌性外生殖器（图版 47：15）：肛瓣与第 8 腹节愈合成 1 个宽大肥厚的结构；第 7 腹节骨化成环状；囊导管细长；囊体圆形；囊片由微刺组成带状，较粗大。

采集记录：武夷山（三港、挂墩）。

分布：福建。

10. 驼波纹蛾属 *Toelgyfaloca* Laszlo, Ronkay, Ronkay & Witt, 2007

Toelgyfaloca Laszlo, Ronkay, Ronkay & Witt, 2007, *Esperiana*, 13: 211. Type species: *Spilobasis circumdata* Herbulot, 1921. (China: Yunnan)

属征：雄性与雌性触角均为线形。下唇须短，前伸，第 2 节略弯曲，第 3 节短棒状。前翅狭长，顶角尖；后翅宽而圆。前翅 R_3 不与 R_4、R_5 共柄，M_1 出自中室上角。雄性外生殖器：钩形突特别短小，三角锥状；背兜侧突粗大，长约为钩形突的 3 倍，呈叉状并向外上方斜伸；抱器瓣短，基部宽，端半部呈三角形，抱器腹特别宽大并骨化，具端突；抱器瓣无其他突。雌性外生殖器：肛瓣短小狭窄；第 8 腹节腹板细带状，具平行且凹入的边缘；囊导管长，中部弱骨化并增粗；囊体椭圆形，具长条形囊片。

分布：中国。

(17) 灰白驼波纹蛾 *Toelgyfaloca albogrisea* (Mell, 1942)　(图版 2: 1)

Spilobasis albogrisea Mell, 1942, *Archiv für Naturgeschichte* (N. F.), 11: 301, fig. 6. (China: Kuangtung [Guangdong])

Toelgyfaloca albogrisea: Laszlo, Ronkay, Ronkay & Witt, 2007, *Esperiana*, 13: 213.

前翅长：雄性 25 mm，雌性 27 mm。前翅褐色至深褐色；中线黑色，中线至翅基部为深褐色，中线至翅端部为浅褐色；中点黑色，蝌蚪状；前缘基半部平直，中部至顶角略呈浅弧形；外线和亚缘线模糊；缘线黑色，较均匀；顶角具灰褐色鳞片。后翅为白色，斑纹模糊，外缘附近呈深灰褐色。雄性外生殖器（图版 25：7）：钩形突呈锥状，长略大于基部宽；背兜侧突下方具 1 个三角形小突起；横带片为 1 片宽带形骨片，下端向两侧呈“人”字形凸伸，延伸至抱器瓣基部；阳端基环为 1 对卵圆形骨片；抱器瓣基部至端部逐渐变窄，端部较尖，前缘平直；抱器腹骨化较强，内缘中部之外具 1 个三角形小突，端突指状；囊形突扁宽，中部弧形；阳茎鞘端突钩状，内侧具小齿。雌性外生殖器（图版 48：1）：前表皮突和后表皮突基本等长；囊导管长，中部稍膨大，囊颈较细；囊体圆形；囊片短小带状。

采集记录：武夷山（挂墩）。

分布：福建、江西、湖南、广东、四川。

（三）钩蛾亚科 Drepaninae

触角类型多样。前翅顶角多向外凸出，呈钩状。身体一般狭长，无密毛。足狭长。下唇须细长，第 3 节可见。前后翅 M_2 不由中室中部伸出。雄性外生殖器：钩形突常呈叉状，有时退化；背兜侧突和颚形突中突通常发达；抱器瓣小，通常简单；囊形突多延长或宽阔；阳茎细小。雌性外生殖器：后表皮突等于或略长于前表皮突；肛瓣及交配孔和前后阴片不同形式特化；囊导管和囊体膜质，一般不骨化，有时具囊片。

属检索表

1. 前翅外线在 M_2 处特化为褐色至灰褐色近长椭圆形斑块 ……………………… **豆斑钩蛾属 *Auzata***
   前翅外线在 M_2 处不特化为近长椭圆形斑块 ……………………………………………………… 2
2. 前翅具黄褐色略带绿色的近椭圆或圆形斑，向下延伸呈条带状达后翅，在后翅臀角形成灰褐色区域…………………………………………………………………… **铃钩蛾属 *Macrocilix***
   翅面斑纹不如上述 ……………………………………………………………………………… 3
3. 翅透明 ………………………………………………………………………… **晶钩蛾属 *Deroca***
   翅不透明 ………………………………………………………………………………………… 4
4. 雄性钩形突细长，端部分叉；抱器瓣由 2 个指状突组成 ……………………… **带铃钩蛾属 *Sewa***
   雄性外生殖器不如上述 …………………………………………………………………………… 5
5. 雄性钩形突宽大，中部凹陷形成 2 个圆突；第 8 腹节腹板后缘中部深度凹陷形成蝶翼状的突 ……………………………………………………………… **麝钩蛾属 *Thymistadopsis***

雄性外生殖器不如上述 …… 6

6. 前翅顶角不呈钩状 …… 7

前翅顶角呈钩状 …… 9

7. 喙发达 …… 8

喙退化 …… 绮钩蛾属 *Cilix*

8. 前后翅外线为双线，中点清楚 …… 四点白钩蛾属 *Dipriodonta*

前后翅外线和中点不如上述 …… 白钩蛾属 *Ditrigona*

9. 前翅中线和外线间具半透明的带状斑块 …… 带钩蛾属 *Leucoblepsis*

前翅中线和外线间不具半透明的带状斑块 …… 10

10. 翅面具闪光鳞片 …… 丽钩蛾属 *Callidrepana*

翅面不具闪光鳞片 …… 11

11. 前后翅中部具大面积近圆形透明斑；雄性钩形突存在；雌性触角双栉形 …… 大窗钩蛾属 *Macrauzata*

前后翅中部不如上述；如具大面积透明斑，则雄性钩形突消失，雌性触角线形 …… 12

12. 后翅斑纹模糊，仅翅缘处具浅黄色宽条带 …… 钳钩蛾属 *Didymana*

后翅斑纹不如上述 …… 13

13. 雄性钩形突细长；抱器瓣叶状，基部伸出 1 近“T”形突 …… 线钩蛾属 *Nordstromia*

雄性外生殖器不如上述 …… 14

14. 翅面中部具 1 个中部半透明的边缘不规则的黄褐色大斑 …… 古钩蛾属 *Sabra*

翅面中部不具上述斑块 …… 15

15. 雄性钩形突长且宽大，端部分叉；雌性囊片为 1 对卵形骨片 …… 钩蛾属 *Drepana*

雄性与雌性外生殖器不如上述 …… 16

16. 前翅顶角下方常具新月形斑 …… 黄钩蛾属 *Tridrepana*

前翅顶角下方不具新月形斑 …… 17

17. 后翅无明显斑纹 …… 三线钩蛾属 *Pseudalbara*

后翅具明显斑纹 …… 18

18. 自前翅顶角具 1 条向内倾斜的斜线横穿整个翅面 …… 19

翅面斑纹不如上述 …… 21

19. 雌性触角双栉形 …… 枯叶钩蛾属 *Canucha*

雌性触角线形 …… 20

20. 雄性第 8 腹节背板后缘凸出 …… 紫线钩蛾属 *Albara*

雄性第 8 腹节背板后缘平截或凹陷 …… 卑钩蛾属 *Betalbara*

21. 后足胫节具 1 对距 …… 锯线钩蛾属 *Strepsigonia*

后足胫节具 2 对距 …… 22

22. 雄性钩形突在基部形成距离较远且粗壮发达的 2 支 …… 赭钩蛾属 *Paralbara*

雄性钩形突不如上述 …… 距钩蛾属 *Agnidra*

11. 紫线钩蛾属 *Albara* Walker, 1866

Albara Walker, 1866, *List Specimens lepid. Insects Colln Brit. Mus.*, 35: 1566. Type species: *Albara reversaria* Walker, 1866. (Indonesia)

属征：雄性触角双栉形，雌性触角线形。下唇须伸达上唇下方。后足胫节具2对距。前翅顶角尖锐，呈钩状；前后翅外缘平滑。自前翅顶角1条黑褐色斜线贯穿翅面达后翅。雄性外生殖器：钩形突基部分成距离较远且宽大的2支，端部圆且被有密长毛；背兜侧突细小，基部宽，腹面具1个瓣状突；无颚形突中突；背兜短宽；横带片具1个细长刺状突；阳端基环半环形；抱器瓣叶状，短宽，具指状抱器；囊形突发达宽大；阳茎弯曲；阳茎端膜上角状器弱；第8腹节背板近梯形，前缘两侧伸出2个长突，后缘凸出；第7腹节腹板不对称，后缘右侧凸出并被有长毛；第8腹节腹板较小，前缘凸出，后缘凹陷。雌性外生殖器：肛瓣宽大，腹面具2个宽而圆的突；囊导管短，略粗；囊体长椭圆形，无囊片。

分布：中国，印度，马来西亚，印度尼西亚；喜马拉雅山地区。

(18) 中国紫线钩蛾 *Albara reversaria opalescens* Warren, 1897 (图版2：2)

Albara opalescens Warren, 1897a, *Novit. zool.*, 4: 12. (India: Khasis)

Albara griseolincta Wileman, 1914b, *Entomologist*, 47: 268. (China: Formosa: Kanshirei)

Albara horishana Matsumura, 1921, *Thousand Insects Japan* (Additam.), 4: 948.

Albara reversaria opalescens: Watson, 1968, *Bull. Brit. Mus. nat. Hist.* (Ent.), 12 (Suppl.): 17, figs 5 – 7, pl. 1: 296, 297.

Albara violinea Chu & Wang, 1987d, *Sinozoologia*, 5: 106, fig. 2, pl. 1: 2. (China: Guangxi: Longsheng) **Syn. nov.**

前翅长：14 ~ 16 mm。翅面浅褐色至褐色，自前翅顶角有1条黑褐色斜线贯穿翅面达后翅。前、后翅亚缘线为深褐色，波曲断续状。前翅中点为深褐色；后翅中点不可见。雄性外生殖器（图版25：8）和雌性外生殖器（图版48：2）：见属征。

采集记录：武夷山（黄坑）。

分布：福建、浙江、江西、台湾、广东、海南、广西、云南；印度。

12. 赭钩蛾属 *Paralbara* Watson, 1968

Paralbara Watson, 1968, *Bull. Brit. Mus. nat. Hist.* (Ent.), 12 (Suppl.): 19. Type species:

Fascellina muscularia Walker, 1866. (India: North Hindostan)

属征： 雄性触角双栉形，雌性触角线形。下唇须略大于1/3伸出额外。后足胫节具2对距。前翅顶角尖锐，略呈钩形；前后翅外缘平滑。雄性外生殖器：钩形突在基部形成距离较远且粗壮发达的2支；背兜侧突细；颚形突中突和横带片发达；抱器瓣狭小，常分裂为2片；囊形突宽大；阳茎细长，骨化强；第8腹节背板有时近三角形，不对称，端部圆，有时宽大，后缘平或稍凸出，中央凹陷；第7腹节腹板不对称，左侧突起较细且短，右侧突起宽大且长；第8腹节腹板近卵形，不对称，后缘具密长毛。雌性外生殖器：肛瓣宽大，腹面具2个宽而圆的突；囊导管细；囊体椭圆形；第8腹节腹板骨化强。

分布： 中国，印度，尼泊尔，缅甸，马来西亚，印度尼西亚。

(19) 净赭钩蛾 *Paralbara spicula* Watson, 1968 (图版2：3)

Paralbara spicula Watson, 1968, *Bull. Brit. Mus. nat. Hist.* (Ent.), 12 (Suppl.): 22, figs. 16–19, pl. 1: 298. (China: Kwangtung: Linping)

前翅长：14~16 mm。翅面黑褐色。前后翅中点为黑色圆点；中部具2条黑色波浪状线纹，外侧区域略带黄褐色，2条线纹间距离较宽；中室下角具半透明小圆斑；缘毛颜色与翅面相同；其余斑纹模糊。雄性外生殖器（图版25：9）：钩形突在基部分成2个端部圆钝且粗壮的突，其中部背面隆起1个横褶；背兜侧突细长而弯，中部外缘具小齿；颚形突中突基部三角形，端部伸长呈柱状；横带片为1对粗壮且端部尖锐的长突；抱器瓣短小，呈叶状，端部圆钝；抱器腹伸出1个宽且端部平截的小瓣；阳茎细长弯曲。雌性外生殖器（图版48：3）：囊导管细长；囊体不具囊片。

采集记录： 武夷山（三港、挂墩、黄坑）。

分布： 福建、湖北、江西、广东、广西、四川；印度尼西亚。

13. 晶钩蛾属 *Deroca* Walker, 1855

Deroca Walker, 1855. *List Specimens lepid. Insects Colln Brit. Mus.*, 4: 822. Type species: *Deroca hyalina* Walker, 1855. (Mt. Himalaya)

属征： 雄性与雌性触角均为双栉形。下唇须较细，尖端至1/3伸出额外。后足胫节具2对距。前翅顶角圆，不呈钩状。翅透明。雄性外生殖器：钩形突退化，呈宽且端部圆的突，或呈分叉的铗状突；背兜侧突为粗壮的柱状突；横带片发达；阳端基环基部内侧隆起或具小突，端部指状；抱器瓣退化为耳状；囊形突长，端部圆；阳茎细长，端部近长舌形；第8腹节腹板的前缘具2个小突，后缘具或深或浅的凹陷。雌性外生殖器：肛瓣宽且粗壮；囊体椭圆形，端部具1个小的副囊；囊片呈长梭形。

分布：中国，日本，印度，缅甸；朝鲜半岛。

(20) 广东晶钩蛾 *Deroca hyalina latizona* Watson, 1957 （图版2：4）

Deroca hyalina latizona Watson, 1957b, *Ann. Mag. nat. Hist.*, (12) 10: 134. (China: Kwangtung [Guangdong])

前翅长：14～20 mm。翅有蓝绿色光泽，斑纹不明显；翅脉为浅灰色，清晰可见。前翅宽大，外缘浅弧形；前缘和外缘略带浅褐色；外线和亚缘线为白色，呈波状；中线和内线隐约可见。后翅外线和亚缘线同前翅。雄性外生殖器（图版25：10）：钩形突两侧隆起呈钝角；横带片为1对大骨片，内侧具齿，上面具1个弯曲并向下垂的钩状片；阳端基环基部卷曲，两侧具细而弯曲的指状突；阳茎弯曲，中间细，两端粗，端半部具2个小刺突。雌性外生殖器（图版48：4）：交配孔细；囊导管粗大，强骨化。

采集记录：武夷山。

分布：福建、甘肃、浙江、江西、湖南、台湾、广东、四川。

14. 三线钩蛾属 *Pseudalbara* Inoue, 1962

Pseudalbara Inoue, 1962, *Insecta Japonica*, 2 (1): 25. Type species: *Drepana parvula* Leech, 1890. (China: Hubei: Chang Yang; Zhejiang: Ningpoo)

属征：雄性触角锯齿形，雌性触角线形。前翅顶角尖锐，呈钩状；前后翅外缘平滑。后翅无明显斑纹。雄性外生殖器：钩形突宽，端部分叉；背兜侧突细长；颚形突中突骨化较弱；横带片不发达；阳端基环呈半环形，具发达侧突；抱器瓣短小简单；囊形突长且宽大；阳茎短粗；阳茎端膜粗糙，具微刺。雌性外生殖器：肛瓣短而狭，腹面具2个圆突；前表皮突长于后表皮突。

分布：中国，俄罗斯，日本。

(21) 三线钩蛾 *Pseudalbara parvula* (Leech, 1890) (图版 2: 5)

Drepana parvula Leech, 1890, *Entomologist*, 23: 112. (China: Hubei: Chang Yang; Zhejiang: Ningpoo)

Drepana muscular Staudinger, 1892a, *in* Romanoff, *Mem. Lepid.*, 6: 335. (China: Sichuan)

Drepana griseola Matsumura, 1908, *Illustrated Thousand Insects Japan* (Suppl.), 1: 135. (Japan)

Albara parvula: Nagano, 1917, *Bull. Nawa. ent. Lab.*, 2: 121.

Betalbara parvula: Matsumura, 1927, *J. Coll. Agric. Hokkoaido Imp. Univ.*, 19: 47.

Pseudalbara parvula: Inoue, 1962, *Insecta Japonica*, 2 (1): 25.

前翅长：10～14 mm。前翅前缘基半部隆起，顶角尖锐凸出，外缘略呈浅弧形；翅面为浅褐至深褐色，通常带明显灰色调；顶角内侧具 1 个灰白色眼状斑；线纹为深褐至黑褐色；内线“ > ”形，折角之上十分模糊；外线自顶角伸达后缘外 1/3 处略呈弓形弯曲；亚缘线较外线细弱，微波曲；中点白色微小。后翅颜色较浅，无横线；中室端脉和下角各有 1 个小黑点。雄性外生殖器（图版 25：11）：钩形突宽大分叉；抱器瓣宽短，抱器腹短小，具膜质端突。雌性外生殖器（图版 48：5）：囊导管长而略粗；囊体袋状；囊片为中部凹陷的椭圆形。

采集记录：武夷山（三港）。

分布：福建、黑龙江、北京、河北、陕西、甘肃、浙江、湖北、江西、湖南、广西、四川；俄罗斯，日本。

15. 距钩蛾属 *Agnidra* Moore, 1868

Agnidra Moore, 1868, *Proc. zool. Soc. Lond.*, 1867 (3): 618. Type species: *Fascellina specularia* Walker, 1866. (India)

Zanclabara Inoue, 1962, *Insecta Japonica*, 2 (1): 27. Type species: *Drepana scabiosa* Butler, 1877. (Japan)

属征：雄性触角双栉形，雌性触角双栉形或线形。下唇须刚超过额外缘。后足胫节具 2 对距。前翅顶角尖锐且明显呈钩状，顶角下方翅外缘和后翅外缘平滑。雄性外生殖器：钩形突常分叉，有时退化；背兜侧突多细长，少数较宽；颚形突中突常不发达；抱器瓣狭长；囊形突宽大；阳茎细小。雌性外生殖器：肛瓣腹面具 2 个短小突起；囊导管往端部逐渐变粗形成长形囊体；囊片近卵形或长带状。

分布：中国，日本，韩国，印度，不丹，缅甸，越南，泰国，斯里兰卡，印度尼西亚，马来西亚。

种检索表

1. 前后翅中部具大面积透明斑 ………………………………………………… **花距钩蛾 *A. specularia***
   前后翅中部不具透明斑 ………………………………………………………………………………… 2
2. 自前翅顶角具1条斜线横穿整个翅面 ……………………………… **棕褐距钩蛾 *A. brunnea***
   前翅无横穿整个翅面的斜线 ………………………………………… **栎距钩蛾 *A. scabiosa fixseni***

(22) 栎距钩蛾 *Agnidra scabiosa fixseni* (Bryk, 1948) (图版2: 6)

Albara scabiosa fixseni Bryk, 1948, *Arkiv Zool.*, 41A (1): 27. (Korea: Kariuzawa)

Agnidra scabiosa fixseni: Watson, 1968, *Bull. Brit. Mus. nat. Hist.* (Ent.), 12 (Suppl.): 42, figs 60 – 63, pl. 1: 302.

Nordstroemia fusca Chu & Wang, 1988b, *Acta Entom. Sinica*, 31 (3): 311, fig. 2, pl. 1: 6. (China: Hubei: Shennongjia) **Syn. nov.**

前翅长：14 ~ 18 mm。雌性触角线形。前翅宽阔，顶角钩状凸出，外缘光滑，较直立，臀角明显，后缘平直；灰褐色至灰红褐色；内线、中线和外线均不明显；中室上缘至翅后部有1列不规则淡色椭圆斑；中室内有1个白点；亚缘线深灰褐色，波状；亚缘线内侧 M_2 与 CuA_1 间有明显的黑褐色斑块。后翅内线、中线和外线深褐色波状，均不明显；中室部位有较前翅小的浅色散斑。雄性外生殖器（图版26：1）：钩形突大而粗壮，在基部分叉；背兜侧突端部呈三角形膨大；抱器瓣基部伸出的突较长而粗壮；第8腹节背板倒梯形，第8腹节腹板小，基部突长且向外弯出，两侧弯的骨片较大；阳茎细小。雌性外生殖器（图版48：6）：肛瓣短；交配孔附近骨化；囊导管短且细；囊体长，前端略细；囊片长带状。

采集记录：武夷山（三港）。

分布：福建、辽宁、吉林、北京、河南、陕西、甘肃、江苏、浙江、湖北、江西、湖南、台湾、广西、四川、云南；日本；朝鲜半岛。

(23) 花距钩蛾 *Agnidra specularia* (Walker, 1866) (图版2: 7)

Fascellina specularia Walker, 1866, *List Specimens lepid. Insects Colln Brit. Mus.*, 35: 1553. (India)

Agnidra specularia: Moore, 1868, *Proc. zool. Soc. Lond.*, 1867 (3): 618.

Drepana specularia: Butler, 1886b, *Illust. typical Specimens Lepid. Heterocera Colln Brit. Mus.*, 6: 17.

Albara specularia: Hampson, 1893, *Fauna Brit. India* (Moths), 1: 335.

前翅长：18 ~ 22 mm。雌性触角线形。翅面为暗黄褐色。前后翅中部具大面积透明斑，透明斑外侧区域颜色较深，接近褐色；内线褐色且模糊；外线为深褐色双线，波状，内侧线仅在透明斑下方可见，外侧线紧贴透明斑外缘；亚缘线深褐色，外线和亚缘线间具 1 条褐色宽条带。前翅外线和宽条带自 M_2 起，后翅外线和宽条带自翅前缘起。雄性外生殖器（图版 26：2）：钩形突退化；背兜侧突细长指状；抱器瓣狭长，抱器背和抱器腹在基部 1/4 处分离，抱器背膜质，抱器腹骨化强且端部略膨大；抱器背基部伸出 1 个宽而尖的小突，小突下方伸出 1 个细长柱状突，其端部具 2 根长刺；囊形突长而宽，近三角形，端部圆；阳茎细长；角状器较弱、棘状；第 8 腹节背板为长三角形，前缘中部略凸出，后缘端部圆；第 7 腹节腹板盾状，前缘中部伸出宽而尖锐的突，后缘中部凸出；第 8 腹节腹板前缘中部和两侧分别伸出 3 个尖锐的突，后缘圆。雌性外生殖器（图版 48：7）：肛瓣长而宽；前阴片较狭；囊体椭圆形；囊片细长，表面粗糙。

采集记录：武夷山（三港）。

分布：福建、浙江、广西、云南；印度，不丹，斯里兰卡，越南。

(24) 棕褐距钩蛾 *Agnidra brunnea* Chou & Xiang, 1982　(图版 2: 8)

Agnidra brunnea Chou & Xiang, 1982, *Entomotaxonomia*, 4(4): 260, fig. 1, pl. 1: 1 - 2. (China: Shaanxi: Taibaishan)

Betalbara safra Chu & Wang, 1987b, *Sinozoologia*, 5: 76, fig. 5, pl. 1. 5. (China: Hubei: Shennongjia) **Syn. nov.**

前翅长：16 ~ 18 mm。翅深褐至黑褐色；胸部两侧有灰褐色长毛。前翅前缘具黄褐色长毛；顶角尖锐凸出，外缘在顶角下，呈弧形；内线灰色，在中室下向内折；前缘中部至顶角微呈黄色，有 1 条暗黄色纹由前向后外方斜伸与外线在顶角下方相接；外线为黄褐色，由顶角斜伸至后缘外 2/3 处，中部稍向内弯曲；亚缘线灰色波状，在顶角下与外线相接。后翅近前缘黄色；中线黄褐色，宽而弯曲；亚缘线弯曲。雄性外生殖器（图版 26：3）：钩形突端半部分叉，2 支端部分别具 1 ~ 2 根长毛；背兜侧突长且宽，端部具 1 排小刺；颚形突中突两臂向前，在中部愈合，后缘成尖锐的突状，中突隆起 1 脊，上被密毛，端部呈尖锐的角状；抱器瓣狭长，端部圆，基部具 1 个“Y”形突，内侧支上具 1 个弯钩状长突；囊形突宽，端部稍内凹。雌性外生殖器（图版 48：8）：交配孔周围骨化；囊导管后端两侧骨化；囊体大，呈袋状；囊片细长。

采集记录：武夷山（三港）。

分布：福建、河南、陕西、甘肃、湖北、广西。

16. 黄钩蛾属 *Tridrepana* Swinhoe, 1895

Tridrepana Swinhoe, 1895, *Trans. ent. Soc. Lond.*, 1895: 3. Type species: *Drepana albonotata* Moore, 1879. (India)

Iridrepana Warren, 1922, *in* Seitz, *Macrolepid. World*, 10: 464 (an err. spelling of *Tridrepana*).

Konjikia Nagano, 1917, *Bull. Nawa ent. Lab.*, 2: 39. Type species: *Drepana crocea* Leech, 1888. (Japan)

属征：雄性与雌性触角均为双栉形，雄性触角栉齿较长。喙发达。下唇须大多稍伸出额缘。后足胫节通常具1对距，如具2对距，则端距短小且被鳞片覆盖。前翅顶角常呈钩状，外缘平滑，在顶角下方凹陷而后直或略凸出；后翅顶角圆，外缘平滑。翅面为黄色。前翅顶角下方常具新月形斑。雄性外生殖器：钩形突分叉；抱器瓣有时退化；背兜侧突通常可见；颚形突中突常密布小刺；囊形突大多较狭；阳茎细长或短粗，端部骨化强；角状器为成束的粗刺、多刺的带状或二者兼具。雌性外生殖器：肛瓣短；交配孔附近具2个圆突；囊导管骨化，平滑；囊体膜质，具2个骨化且形状多变的囊片或无囊片；受精囊近圆形，具短线或放射状长线。

分布：东洋界和澳大利亚界北部。

种检索表

1. 雄性后足胫节具2对距……………………………………………… **双斜线黄钩蛾 *T. flava***
   雄性后足胫节具1对距 ……………………………………………………………………… 2
2. 前翅顶角至后缘中部具1片褐色区域 ……………………………… **肾斑黄钩蛾 *T. rubromarginata***
   前翅不如上述 ………………………………………………………………………………… 3
3. 雄性钩形突深度分叉，每支再次分叉 …………………………… **短瓣二叉黄钩蛾 *T. fulvata brevis***
   雄性钩形突基部分为2支 ……………………………………………………………………… 5
4. 雄性颚形突中突下端分叉 ………………………………………………… **仲黑缘黄钩蛾 *T. crocea***
   雄性颚形突中突下端不分叉 ……………………………………………… **伯黑缘黄钩蛾 *T. unispina***

(25) 短瓣二叉黄钩蛾 *Tridrepana fulvata brevis* Watson, 1957 （图版2：9）

Tridrepana fulvata brevis Watson, 1957a, *Bull. Brit. Mus. nat. Hist.* (Ent.), 4: 423, figs 4–6,

9. (India)

Tridrepana emina Chu & Wang, 1988a, *Acta Entom. Sinica*, 31 (2): 205. (part)

前翅长：19～23 mm。前翅顶角下方常具新月形斑，其中2个斑内缘具黑褐色卵圆形点；内线模糊；外线和亚缘线可见；中点褐色，近椭圆形。后翅中点较前翅小，中央色浅；其余斑纹与前翅相似。雄性外生殖器（图版26：4）：钩形突深度分叉，每支再次分叉，内支与外支等宽，均向外弯曲；抱器瓣较短，不达钩形突顶端；囊形突狭长；阳端基环端部具1个急尖，后缘具2个小侧突；第8腹节腹板后缘凹陷浅。雌性外生殖器（图版48：9）：肛瓣较宽；交配孔呈杯状骨化；囊导管长；囊体呈圆形，具2片由微刺组成的椭圆形囊片。

采集记录：武夷山。

分布：福建、上海、广东、海南、香港、云南；印度，缅甸。

(26) 肾斑黄钩蛾 *Tridrepana rubromarginata* (Leech, 1898)　(图版2：10)

Drepana rubromarginata Leech, 1898, *Trans. ent. Soc. Lond.*, 1898: 365. (China)

Iridrepana rubromarginata: Warren, 1922, *in* Seitz, *Macrolepid. World*, 10: 465, pl. 49: c.

Tridrepana rubromarginata: Watson, 1957a, *Bull. Brit. Mus. nat. Hist.* (Ent.), 4: 484, figs 131–133.

前翅长：13～16 mm。翅黄色，带橘红色调。前翅顶角凸出较强，尖锐，外缘略呈浅弧形；线纹深褐色至黑褐色；内线呈波状，在中室下方强外凸；中室内和中室端各有1个褐色点；外线锯齿形，其中部内侧有1个较大的肾形斑，中空；翅端部散布大片红褐色，并扩展至外线内侧和肾形斑下方；亚缘线呈浅色锯齿形。后翅内线与前翅连续；褐色中点略小；中线、外线和亚缘线为3列褐点。雄性外生殖器（图版26：5）：钩形突特别宽大，2支近椭圆形，端部外角钝圆，周围及内侧具排状毛；背兜侧突细小指状；抱器瓣似2个向内折的大型乳突；囊形突短，圆；阳茎短粗。雌性外生殖器（图版48：10）：囊体不具囊片。

采集记录：武夷山（三港）。

分布：福建、甘肃、四川、云南、西藏；印度，不丹，尼泊尔。

(27) 仲黑缘黄钩蛾 *Tridrepana crocea* (Leech, 1888)　(图版2：11)

Drepana crocea Leech, 1888, *Proc. zool. Soc. Lond.*, 1888: 649. (Japan)

Albara crocea: Kirby, 1892, *Syn. Cat. Lepid. Het.*: 734.

Konjikia crocea: Nagano, 1917, *Bull. Nawa ent. Lab.*, 2: 39.

Tridrepana crocea: Inoue, 1956a, *Check List Lepid. Japan*, 4: 369.

Tridrepana leva Chu & Wang, 1988a, *Acta Entom. Sinica*, 31 (2): 204, fig. 2, pl. 1: 5. (China: Zhejiang)

前翅长：13～18 mm。前翅翅面为黄色；顶角下方外缘具褐色月牙形纹，内侧具黑褐色斑；中点白色，边缘褐色，近方形，其内侧具2个相似的小点；亚缘线由1列小黑点组成。后翅颜色较浅；中点为2个并列的白点，边缘为褐色；亚缘线与前翅相似。雄性外生殖器（图版26：6）：钩形突基部分叉；背兜侧突短；颚形突中突背面部分呈半圆形，腹面部分近蝶形；阳端基环宽大，基部具2个骨化强且尖锐的突；第8腹节背板后缘凸出不明显；第8腹节腹板近钟形，后缘凹陷，不圆。雌性外生殖器（图版48：11）：囊导管较囊体略长；囊体为圆形，具2个短条状囊片。

采集记录：武夷山（三港、黄溪洲）。

分布：福建、浙江、湖北、江西、湖南、广西、四川、云南；日本；朝鲜半岛。

(28) 伯黑缘黄钩蛾 *Tridrepana unispina* Watson, 1957 （图版2：12）

Tridrepana unispina Watson, 1957a, *Bull. Brit. Mus. nat. Hist.* (Ent.), 4: 458, figs 78－81. (China: Sichuan)

前翅长：14～17 mm。翅面为黄色。前翅顶角下方具云斑状褐色区；内线、中线和外线均为褐色，弯曲；中点白色，边缘为褐色，其内侧具3个褐点；亚缘线由褐点组成，上部位于 M_1 至 M_3 之间，具2个黑褐色斑，斑外侧与顶角下方的点相接。后翅色较浅；中室具并列的2个小白点，白点周围为红褐色；缘线为1列灰褐色点。雄性外生殖器（图版26：7）：钩形突基部分叉，端部尖；抱器瓣为叶片形，端部尖，内侧具1个小突；囊形突细，端部圆；阳茎呈圆柱形。雌性外生殖器（图版48：12）：囊导管略长于囊体；囊体为圆形，具2个短带状囊片。

采集记录：武夷山（三港）。

分布：福建、台湾、广东、四川、重庆、云南；日本。

(29) 双斜线黄钩蛾 *Tridrepana flava* (Moore, 1879) （图版2：13）

Drepana flava Moore, 1879a, *in* Hewitson & Moore, *Descr. New Indian lepid. Insects Colln late Mr W. S. Atkinson*, 1: 84. (India: West Bengal: Darjeeling)

Albara flava: Kirby, 1892, *Syn. Cat. Lepid. Het.*: 734.

Callidrepana flava: Swinhoe, 1895, *Trans. ent. Soc. Lond.*, 1895: 3.

Iridrepana flava: Warren, 1922, *in* Seitz, *Macrolepid. World*, 10: 466, pl. 49: c.

Tridrepana flava: Gaede, 1931, *in* Strand, *Lepid. Cat.*, 49: 29.

Tridrepana flava sinica Chu & Wang, 1988a, *Acta Entom. Sinica*, 31 (2): 204, fig. 1, pl. 1: 1. (China: Hainan)

前翅长：19 ~ 23 mm。雄性后足胫节具 2 对距。翅面为深黄色。前翅中点黑褐色，中室外侧具 1 个深褐色花环状斑块；外线为深褐色双线，波状；亚缘线由灰黑色新月斑组成；翅反面由顶角至后缘附近为 1 条黑色宽带，在翅正面隐约可见。后翅中室外侧具 1 个深褐色圆点；各线由新月形斑组成，中间由脉纹隔开。雄性外生殖器（图版 26：8）：钩形突分成 2 叶，每叶具 1 个指状长突和 2 个宽的侧突；背兜侧突短粗；阳端基环不发达；抱器瓣长，弓形且逐渐变细，多毛，抱器瓣基部和中部分别具 1 个突；阳茎细长，角状器为具刺的带状。雌性外生殖器（图版 49：1）：肛瓣短而狭；在交配孔附近具 1 对小圆突；无囊片。

采集记录：武夷山（黄溪洲）。

分布：福建、江西、台湾、广东、海南、广西、云南；印度，马来西亚，印度尼西亚；喜马拉雅山东北部。

17. 线钩蛾属 *Nordstromia* Bryk, 1943

Nordstromia Bryk, 1943b, *Arkiv Zool.*, 34A (13): 12. Type species: *Nordstroemia amabilis* Bryk, 1943. (Myanmar)

Allodrepana Roepke, 1948, *Tijdschr. Ent.*, 89: 214. Type species: *Allodrepana siccifolia* Roepke, 1948. (Indonesia)

属征：雄性触角双栉形，雌性触角线形。下唇须约 1/2 或仅尖端伸达额外。后足胫节具 2 对距。前翅顶角多尖锐，呈明显的钩状，顶角下方略凹；后翅外缘平滑。雄性外生殖器：钩形突多细长，端部凹陷或分叉；背兜侧突发达且狭长，端部多具钩状突；颚形突中突骨化弱；抱器瓣叶状，基部伸出 1 个近"T"形突；阳端基环为 2 个短突或长刺状突；阳茎发达；阳茎端膜上角状器小棘或刺状。雌性外生殖器：肛瓣短小，腹面具 2 个小圆突；前表皮突多长于后表皮突；囊导管细长。

分布：中国，俄罗斯，日本，印度，尼泊尔，缅甸，菲律宾，印度尼西亚。

种检索表

1. 前翅外缘中部凸出 ………………………………………………………………………… 2

前翅外缘中部不凸出 ………………………………………………………………………… 3
2. 前翅中部具 1 个半透明的边缘不规则的黄褐色狭斑块 …………………… **突缘线钩蛾 *N. angula***
前翅中部不如上述 ……………………………………………………………… **曲缘线钩蛾 *N. recava***
3. 前后翅亚缘线清楚且平直 ……………………………………………………… **星线钩蛾 *N. vira***
前后翅亚缘线模糊，有时呈点状 ……………………………………………………………… 4
4. 前后翅中线清楚 ………………………………………………………………… **双线钩蛾 *N. grisearia***
前后翅中线模糊 ………………………………………………………………… **单线钩蛾 *N. unilinea***

(30) 双线钩蛾 *Nordstromia grisearia* (Staudinger, 1892) （图版 2: 14）

Drepana grisearia Staudinger, 1892a, *in* Romanoff, *Mem. Lepid.*, 6: 335. (Russia: Amur)

Nordstromia grisearia: Watson, 1968, *Bull. Brit. Mus. nat. Hist.* (Ent.), 12 (Suppl.): 84.

前翅长：17 ~ 19 mm。翅面为深灰褐色。前翅中点为灰褐色“M”形细纹；中线和外线为黑褐色斜线，平直，外线较内线倾斜；亚缘线为黑褐色呈点状分布于翅脉间；缘毛为黑灰色。雄性外生殖器（图版 26：9）：钩形突长而直；背兜侧突宽大，近端部具 1 个弯钩状细突；颚形突中突退化；抱器瓣端部较狭，基部伸出 1 个顶端具密长毛的扭曲的近“T”形突；阳端基环为 2 个小长突，端部不尖锐；囊形突近三角形，端部狭。雌性外生殖器（图版 49：2）：前阴片小，后缘尖锐；囊导管后端弱骨化；囊体长椭圆形；囊片圆形。

采集记录：武夷山（三港）。

分布：福建、广西、四川；俄罗斯，日本。

(31) 星线钩蛾 *Nordstromia vira* (Moore, 1866) （图版 2: 15, 16）

Drepana vira Moore, 1866, *Proc. Zool. Soc. Lond.*, 1865: 817. (India)

Albara erpina Swinhoe, 1894c, *Ann. Mag. nat. Hist.*, 6 (14): 433. (India)

Drepana ocellata Oberthür, 1916b, *Études Lépid. comp.*, 12: 375. (China: Sichuan)

Albara vira: Warren, 1922, *in* Seitz, *Macrolepid. World*, 10: 470.

Albara minetica Warren, 1922, *in* Seitz, *Macrolepid. World*, 10: 470. (India)

Nordstraemia amabilis Bryk, 1943b, *Arkiv Zool.*, 34A (13): 13. (Myanmar)

Nordstraemia minetica pallidina Bryk, 1943b, *Arkiv Zool.*, 34A (13): 14. (Myanmar)

Nordstraemia vira: Watson, 1968, *Bull. Brit. Mus. nat. Hist.* (Ent.), 12 (Suppl.): 73.

前翅长：17 ~ 19 mm。前翅顶角凸出，较尖锐，外缘平直，中部不凸出；翅面颜色较浅，前翅端部和后翅臀角附近颜色较深；前后翅内线和外线为深褐色至深灰褐色细线，直行，无伴线；前翅外线上端内折，其上方至内线内侧在前缘上有 3 块模糊的黑斑；亚缘线为黄白色，在前翅上端向顶角方向弯曲，其下至后翅直行；缘毛为黑灰色至深灰褐色，前翅臀角和后翅顶角色浅。雄性外生殖器（图版 26：10）：钩形突细长且不分叉；背兜侧突长，端部膨大并被有密毛，无钩状突；颚形突中突尖锐，呈长刺状；抱器瓣宽大、叶状、双层，上层中央具 1 个小圆突，中下部伸出 1 个端部被有长毛的板状突；阳茎骨化较弱，阳茎端膜上具密集的长刺状角状器。雌性外生殖器（图版 49：3）：交配孔周围骨化；囊体呈长圆形，具 1 个近圆形囊片。

采集记录：武夷山（三港）。

分布：福建、甘肃、浙江、湖北、四川、西藏；印度，尼泊尔，缅甸。

(32) 曲缘线钩蛾 *Nordstromia recava* Watson, 1968 （图版 2：17）

Nordstromia recava Watson, 1968, *Bull. Brit. Mus. nat. Hist.* (Ent.), 12 (Suppl.): 84, figs 153 – 157, pl. 4: 327. (China: Chekiang: E. Tien-mu-shan)

前翅长：16 ~ 20 mm。前翅顶角狭，但不尖锐，伸出较长，弯成钩形，顶角下方凹陷深，凹陷处翅颜色略深；后翅外缘在 M_3 与 CuA_1 间略凸出。翅为灰褐色，略带灰红色调。前后翅内线和外线均深褐色，直，内线内侧和外线外侧具浅黄色伴线；亚缘线为黑褐色，呈点状分布于翅脉间；前翅前缘在内线端部和外线端部内侧共有 3 个黑斑。雄性外生殖器（图版 26：11）：钩形突长而直，基部狭于端部，端部分叉，形成 2 个瓣状小突，小突端部具尖锐的刺；背兜侧突短于钩形突，端部 1/3 处左右突然变成细的弯钩状；抱器瓣端部窄，基部伸出 1 个顶端具密长毛的扭曲的近“T”形突，端部横臂较宽；阳端基环为 2 个小长突，端部不尖锐；囊形突近三角形，端部狭；第 8 腹节背板略狭长，第 8 腹节腹板后缘为前缘长的 2/3。雌性外生殖器（图版 49：4）：前阴片为 1 对近三角形的小骨片；交配孔周围骨化；囊体大，椭圆形；囊片为圆形。

采集记录：武夷山。

分布：福建、河南、陕西、甘肃、江苏、浙江、湖北、云南。

18. 豆斑钩蛾属 *Auzata* Walker, 1863

Auzata Walker, 1863, *List Specimens lepid. Insects Colln Brit. Mus.*, 26: 1620. Type species:

Auzata semipavonaria Walker, 1863. (India)

Gonocilix Warren, 1896d, *Novit. zool.*, 3: 337. Type species: *Gonocilix ocellata* Warren, 1896. (India)

属征：雄性触角单栉形，雌性触角锯齿状。前翅顶角略尖，前后翅外缘中部凸出。下唇须大多长于1/2超出额外。后足胫节具2对距。前翅顶角钝圆，略凸出但不呈钩状，前后翅外缘中部隆起或呈尖锐的凸出。前翅外线在 M_2 处特化为褐色至深灰褐色近长椭圆形豆状斑块。雄性外生殖器：钩形突分叉或呈分离较远的2支；背兜侧突发达；抱器瓣较小；囊形突长或短；阳茎短粗或细长，无角状器。雌性外生殖器：肛瓣通常短宽；前阴片骨化；囊导管短，部分骨化；囊体大，具2~3个由微刺组成的囊片。

分布：中国，俄罗斯，日本，印度，缅甸，越南；朝鲜半岛。

种检索表

1. 前翅内线1条 ………………………… **单眼豆斑钩蛾 *A. ocellata***
   前翅内线2条 ………………………… 2
2. 后翅外线外侧不具黄褐色斑 ………………………… **半豆斑钩蛾 *A. semipavonaria***
   后翅外线外侧具黄褐色斑 ………………………… **浙江中华豆斑钩蛾 *A. chinensis prolixa***

(33) 半豆斑钩蛾 *Auzata semipavonaria* Walker, 1863 （图版2：18）

Auzata semipavonaria Walker, 1863, *List Specimens lepid. Insects Colln Brit. Mus.*, 26: 1620. (India)

前翅长：20~25 mm。雄性触角单栉形，雌性触角锯齿形。前翅顶角尖，略凸出但不呈钩状，前后翅外缘中部隆起或呈尖锐的凸出。翅底色白，内线及外线灰色双行；前翅外线在 M_2 处特化为褐色至深灰褐色近长椭圆形豆状斑块，该斑块内缘浅凹，外缘圆形，内部浅紫红色，下端有1个圆球形黑斑；亚缘线和缘线各有1列灰斑。雄性外生殖器（图版26：12）：钩形突呈分离较远的2支；背兜侧突细长；颚形突中突2臂分开，呈长突状；抱器瓣呈小指状；抱器腹发达，向腹侧卷兜；囊形突长；阳茎弯曲。雌性外生殖器（图版49：5）：肛瓣短宽；囊导管长约为囊体的2/5；囊体长圆形，具2个长带状囊片。

采集记录：武夷山（三港）。

分布：福建、甘肃、浙江、江西、四川、云南、西藏；印度。

(34)浙江中华豆斑钩蛾 *Auzata chinensis prolixa* Watson, 1959　(图版2: 19)

Auzata chinensis prolixa Watson, 1959, *Bonn. Zool. Beitr.*, 9: 238. (China: Chekiang)

前翅长：14 ~16 mm。前翅顶角略凸出。翅面斑纹与半豆斑钩蛾相似，但斑纹颜色较浅；前翅外线外侧黄褐色斑内 M_2、M_3 和 CuA_1 白色，脉端部各具1个黑点；后翅外线外侧具1个黄褐色斑，斑内具黑点。雄性外生殖器（图版26：13）：钩形突端部分叉，各叉端部钝圆；背兜侧突短于钩形突，不规则片状，端部具3个齿状突；抱器瓣短小，呈三角形；囊形突长，端部钝；阳茎细长。雌性外生殖器（图版49：6）：肛瓣瓢形，后表皮突扁宽；囊导管短；囊体圆，具3个囊片。

采集记录：武夷山。

分布：福建、上海、浙江。

(35)单眼豆斑钩蛾 *Auzata ocellata* (Warren, 1896)　(图版2: 20)

Gonocilix ocellata Warren, 1896d, *Novit. zool.*, 3: 337. (India)

Auzata ocellata: Hampson, 1897, *J. Bombay nat. Hist. Soc.*, 11: 287.

前翅长：18 ~20 mm。前翅顶角略凸出，前后翅外缘中部凸出较尖锐。翅面白色，斑纹深灰褐色。前翅内线1条，波状，常间断；外线为双线，外侧中部具1个长卵形的深褐色斑，不延伸到翅后缘，其中部具白色树枝状细线；亚缘线宽，波曲；缘线与亚缘线相似，但略细。后翅中线为双线；其余斑纹与前翅相似。雄性外生殖器（图版26：14）：钩形突长，在中部分叉；背兜侧突宽大而发达，端部尖向内弯；抱器瓣小，骨化弱；囊形突宽大三角形；阳茎短粗；第8腹节背板后缘圆而凸出，两侧伸出指状突，指状突端部向外弯曲，前缘两侧各伸出1个长突；第8腹节腹板不对称，左侧短小，右侧大而凸出，端部变狭变尖。雌性外生殖器（图版49：7）：肛瓣短小；交配孔周围强骨化；囊导管不明显；囊体小，近长圆形，不具囊片。

采集记录：武夷山（三港、黄坑、坳头）。

分布：福建、北京、河北、浙江、江西、广东、海南、广西；印度，缅甸，越南。

19. 铃钩蛾属 *Macrocilix* Butler, 1886

Macrocilix Butler, 1886b, *Illust. typical Specimens Lepid. Heterocera Colln Brit. Mus.*, 6: 18. Type species: *Argyris mysticata* Walker, 1863. (India)

属征：雄性与雌性触角均为双栉形，雄性栉齿明显长于雌性栉齿。下唇须刚超过额缘至1/2超过额缘。后足胫节具2对距。前翅顶角圆，不呈钩状，前后翅外缘平滑。前翅具黄褐色略带绿色的近椭圆或圆形斑向下延伸，呈条带状达后翅，在后翅臀角形成灰褐色区域。雄性外生殖器：钩形突宽大，中部凹陷形成2个宽突；背兜侧突短粗，背侧有时具尖锐小突；颚形突中突不发达；抱器瓣短，叶状，局部具短突；囊形突柄状，粗壮且端部圆，基部与端部几乎等宽；阳茎粗壮，角状器小刺状。雌性外生殖器：肛瓣短宽，腹面2个突宽而圆；囊导管长，中上部扭曲，逐渐变粗；囊体近球形，具1个囊片。

分布：中国，日本，印度，缅甸，马来西亚，印度尼西亚；朝鲜半岛。

(36) 丁铃钩蛾 *Macrocilix mysticata* (Walker, 1863) （图版2：21）

Argyris mysticata Walker, 1863, *List Specimens lepid. Insects Colln Brit. Mus.*, 26: 1617. (North Hindostan)

Macrocilix mysticata: Butler, 1886b, *Illust. typical Specimens Lepid. Heterocera Colln Brit. Mus.*, 6: 19.

前翅长：16～19 mm。翅面乳白色。前翅外线在中室端脉处有1个椭圆形黄褐色斑，向下变细成灰色条带达后缘，圆斑内中室端脉被银白色鳞片；外缘内侧近 M_3 处具1个灰色斑。后翅外线宽带状，灰色，在臀角附近逐渐变为黄褐色；臀角至后缘有1片较狭的褐色带状区域；亚缘线为灰色至黑褐色点状，分布在翅脉间。雄性外生殖器（图版27：1）：钩形突两瓣宽大，端部略尖；背兜侧突耳状，基部具尖刺状突；阳端基环中部凹陷，两侧凸起端部圆；抱器瓣内侧基部具小突；囊形突粗且宽；第8腹节背板前缘宽且凸出较短。雌性外生殖器（图版49：8）：囊导管后端骨化；囊体袋状；囊片深凹陷，近唇形，周围弱骨化。

采集记录：武夷山（三港、大竹岚）。

分布：福建、浙江、湖北、台湾、广东、广西、四川、云南；日本，印度，缅甸。

20. 带铃钩蛾属 *Sewa* Swinhoe, 1900

Sewa Swinhoe, 1900a, *Cat. east. and Aust. Lepid. Heterocera Colln Oxf. Univ. Mus.*, 2: 591. Type species: *Abraxas orbiferata* Walker, 1862. (Malaysia)

属征：前翅顶角圆或略尖，不凸出或呈微弱的钩状，外缘在顶角下方稍凸出或平滑。雄性外生殖器：钩形突指状，端部分叉；背兜侧突和颚形突中突发达；抱器瓣退化，小；阳茎细小；第8腹节腹板退化，呈“H”形。雌性外生殖器：肛瓣小；囊导管短；囊体圆形，有时具囊片。

分布：中国，印度，缅甸，马来西亚，印度尼西亚。

(37) 圆带铃钩蛾 *Sewa orbiferata* (Walker, 1862) (图版 2: 22)

Abraxas orbiferata Walker, 1862, *List Specimens lepid. Insects Colln Brit. Mus.*, 24: 1126. (Malaysia)

Argyris insignata Moore, 1868, *Proc. zool. Soc. Lond.*, 1867 (3): 645. (India)

Platypteryx cilicoides Snellen, 1889, *Tijdschr. Ent.*, 32: 9. (Indonesia)

Macrocilix orbiferata: Hampson, 1893, *Fauna Brit. India* (Moths), 1: 330.

Sewa orbiferata: Swinhoe, 1900a, *Cat. east. and Aust. Lepid. Heterocera Colln Oxf. Univ. Mus.*, 2: 591.

Sewa orbiferata: Holloway, 1998, *Malay. Nat. J.*, 52: 26, fig. 31, pl. 6.

前翅长：18~20 mm。前翅顶角稍尖，微呈钩状，外缘在顶角下方略凸出。翅面乳白色。前翅前缘排列6枚褐色斑块；外线灰褐色，由3条近似波浪状的线纹组成宽条带，贯穿整个翅面，内侧2条线纹较细，外侧1条宽且边缘模糊；亚缘线粗，浅灰色；缘线细，褐色至深褐色。后翅外线和亚缘线均自 M_1 起延伸至臀角。雄性外生殖器（图版27：2）：钩形突细长，端部分叉；背兜侧突粗大角状，端部尖锐；颚形突中突中部至两侧具刺；抱器瓣由2个指状突组成，内侧突短宽，外侧突细而略长。雌性外生殖器（图版49：9）：后阴片弱骨化，近圆形；囊导管短，后端骨化且细；囊体圆形，无囊片。

采集记录：武夷山（三港）。

分布：福建、北京、浙江、江西、湖南、四川、重庆；印度，缅甸，马来西亚，印度尼西亚。

21. 卑钩蛾属 *Betalbara* Matsumura, 1927

Betalbara Matsumura, 1927, *J. Coll. Agric. Hokkoaido Imp. Univ.*, 19: 47. Type species: *Drepana manleyi* Leech, 1898. (Japan: Yokohama)

属征：雄性触角多为双栉形，雌性触角线形。下唇须达额前缘。后足胫节具1

或2对距。前翅顶角狭而尖锐，凸出呈钩状，顶角下方翅外缘多平滑；后翅外缘平滑。雄性外生殖器：钩形突多为二裂状；背兜侧突分叉或不分叉；颚形突中突骨化强；抱器瓣叶状，基部具突；囊形突近三角形；阳茎细长或短粗；第8腹节背板后缘平截或凹陷；第8腹节腹板较小。雌性外生殖器：肛瓣短粗；表皮突多发达；囊导管长短变化明显；囊片有时缺失。

分布：中国，印度，缅甸，马来西亚，印度尼西亚。

种检索表

1. 前翅前缘具3条黑褐色斑纹 ………………………… **栎卑钩蛾 *B. robusta***
   前翅前缘不如上述 ………………………… 2
2. 后足胫节具1对距 ………………………… **直缘卑钩蛾 *B. violacea***
   后足胫节具2对距 ………………………… 3
3. 前翅具1条斜线 ………………………… **灰褐卑钩蛾 *B. rectilinea***
   前翅具2条斜线 ………………………… **折线卑钩蛾 *B. prunicolor***

(38) 直缘卑钩蛾 *Betalbara violacea* (Butler, 1889) (图版3: 1)

Agnidra violacea Butler, 1889, *Illust. typical Specimens Lepid. Heterocera Colln Brit. Mus.*, 7: 42. (India: Dharmsala)

Drepana violacea: Strand, 1911, *in* Seitz, *Macrolepid. World*, 2: 203, pl. 48: d.

Albara violacea: Warren, 1922, *in* Seitz, *Macrolepid. World*, 10: 469.

Albara takasago Okano, 1959, *Ann. Rep. Gakugei. Fac. Iwate. Univ.*, 14 (2): 38. (China: Cenral Formosa [Taiwan]: Puli-Washe)

Betalbara violacea: Watson, 1968, *Bull. Brit. Mus. nat. Hist.* (Ent.), 12 (Suppl.): 62, figs 105–108, 112, pl. 3: 318.

Albara soluma Chu & Wang, 1987d, *Sinozoologia*, 5: 107, fig. 3, pl. 1: 3. (China: Fujian: Chong' an: Tongmu) **Syn. nov.**

前翅长：14～16 mm。雄性触角双栉形，栉齿长，端部1/3无栉齿；雌性触角线形。前翅顶角凸出尖锐，下方外缘直。前后翅翅面紫褐色，前翅顶角具1条浅褐色斜线横跨翅面达后翅后缘，在后翅略呈浅弧形；前翅前缘黄褐至红褐色；中点黑色，微小；后翅中点模糊；两翅缘毛与翅面同色。雄性外生殖器（图版27：3）：钩形突退化；背兜侧突细长，端部尖锐；颚形突中突呈1个后缘中部凹陷的椭圆形骨片；抱器瓣瘦长；抱器背基部伸出1个粗壮的长突，长突端部圆并密被长毛；抱器腹中部伸出1个细长突，端部不尖锐；囊形突宽大，端部圆钝；阳茎细长；第8腹节背板瘦长近梯形，后缘略凹陷，前缘两侧分别具 1 个长突；第 8 腹节腹板短宽，后缘中部凹陷，两侧凸出呈角状，略向后弯。雌性外生殖器（图版 49：10）：肛瓣腹面具 2 对圆突；囊导管极短，不明显；囊体大，椭圆形，具 1 个卵圆形囊片。

采集记录：武夷山（崇安桐木、三港）。

分布：福建、吉林、陕西、甘肃、浙江、湖北、湖南、台湾、广东、海南、广西、四川、云南；印度。

(39) 栎卑钩蛾 *Betalbara robusta* (Oberthür, 1916)　(图版 3：2)

Drepana robusta Oberthür, 1916b, *Études Lépid. comp.*, 12: 372. (China: Sichuan: Ta-tsien-Lou)

Albara robusta: Gaede, 1933, *in* Seitz, *Macrolepid. World*, 2 (Suppl.): 168, pl. 10: g.

Betalbara robusta: Watson, 1968, *Bull. Brit. Mus. nat. Hist.* (Ent.), 12 (Suppl.): 65, figs 113–117, pl. 3: 319.

前翅长：16～20 mm。雄性触角双栉形，栉齿很短；雌性触角线形。前翅顶角尖端钝圆，其下方翅外缘弧形弯曲。翅面斑纹黑褐色。前翅深褐色，略带紫色光泽；前缘具 3 条黑褐色斑纹；内线弧形；外线自顶角斜向后缘中部；中室端具 1 个灰色肾形斑，中间具 1 条肾形细黑纹；臀角内侧具黑色网纹；缘毛黑褐色。后翅色浅；外线黑褐色，上端弧形，M_3 以下直；缘毛灰褐色。雄性外生殖器（图版 27：4）：钩形突宽大而粗壮，在端部 2/5 处分叉，末端平；背兜侧突细长，末端向内侧弯曲；抱器瓣基部伸出的突长大而粗壮，上面被有长毛；囊形突三角形；阳茎短小。雌性外生殖器（图版 49：11）：肛瓣腹面不具突起；前后表皮突均细长；囊导管较囊体长，前端渐粗；囊体椭圆形，具 1 个细长条形囊片，略弯曲。

采集记录：武夷山（三港）。

分布：福建、陕西、甘肃、湖北、四川、云南。

(40) 折线卑钩蛾 *Betalbara prunicolor* (Moore, 1888)　(图版 3：3)

Drepana prunicolor Moore, 1888a, *in* Hewitson & Moore, *Descr. new Indian lepid. Insects Colln late Mr W. S. Atkinson*, 3: 288. (India: Darjeeling)

Albara prunicolor: Warren, 1922, *in* Seitz, *Macrolepid. World*, 10: 468, pl. 49: g.

Nordstroemia prunicolor: Bryk, 1943, *Ark. Zool.*, 34A (13): 14.

Nordstroemia prunicolor warreni Bryk, 1943, *Ark. Zool.*, 34A (13): 14. (Burma: Kambaiti)

Betalbara prunicolor: Watson, 1968, *Bull. Brit. Mus. nat. Hist.* (Ent.), 12 (Suppl.): 53, figs 81–84, pl. 2: 312.

Betalbara dilinea Chu & Wang, 1987b, *Sinozoologia*, 5: 77, fig. 8, pl. 1: 8. (China: Fujian Huangcaoba) **Syn. nov.**

前翅长：12～20 mm。翅面黑褐色，斑纹浅黄褐色，前翅顶角有1条斜线贯穿整个翅面。前翅内线中部向外凸出1个尖角；外线分别在 CuA_1 和顶角内侧附近具折角。后翅中线和外线平直且相互平行。雄性外生殖器（图版27：5）：钩形突基部分叉，端部略膨大；背兜侧突粗壮，端部勺形并有1个侧突；抱器瓣叶状，长而宽，端部圆；抱器背基部伸出的突端部尖锐；囊形突三角形；阳茎细小，中部弯曲。雌性外生殖器（图版49：12）：前表皮突长约为后表皮突长的2倍；囊导管极长；囊体小，囊颈处具1个小半圆形囊片；第8腹节背板简单，两侧凸起并略骨化。

采集记录：武夷山。

分布：福建、海南、四川、云南、西藏；印度，尼泊尔，缅甸。

(41) 灰褐卑钩蛾 *Betalbara rectilinea* Watson, 1968 （图版3：4）

Betalbara rectilinea Watson, 1968, *Bull. Brit. Mus. nat. Hist.* (Ent.), 12 (Suppl.): 61, figs 101－104. (China: Sichuan: Kwanhsien)

Betalbara furca Chu & Wang, 1987b, *Sinozoologia*, 5: 77, fig. 7, pl. 1: 7. (China: Fujian: Mt. Wuyi) **Syn. nov.**

Nordstroemia unilinea Chu & Wang, 1988b, *Acta Entom. Sinica*, 31 (3): 313, fig. 7, pl. 1: 11. (China: Fujian: Mt. Wuyi) **Syn. nov.**

前翅长：16～18 mm。翅面斑纹与折线卑钩蛾相似，但颜色略浅。雄性外生殖器（图版27：6）：钩形突的2支短而略向内弯，端部内侧无向内的尖锐突；背兜侧突呈几乎直角形折曲，端部尖锐；抱器瓣短而狭，端部圆钝；抱器背中部伸出1个端部膨大的突；阳端基环具1对长刺和1对钳状突，钳状突端部尖锐；第8腹节背板前缘较平，两侧伸出2个尖锐长突，后缘向外凸出，中部凹陷，两侧伸出2个小刺状突。雌性外生殖器（图版49：13）：肛瓣腹面为2个小的卵形瓣状突，背面中部凸出，两侧具2个小指状突；交配孔向后缘凸出；前表皮突长超过后表皮突长的2倍；前阴片骨化强，基部狭于端部；囊导管非常细长；囊体圆形，囊片卵形，位于囊颈处，布有小刺。

采集记录：武夷山。

分布：福建、湖北、广西、四川。

22. 钩蛾属 *Drepana* Schrank, 1802

Drepana Schrank, 1802, *Fauna Boica.*, (2) 2: 155. Type species: *Phalaena falcataria* Linnaeus, 1758. (Europe)

Platypteryx Laspeyres, 1803, N. *Schrift. Ges. Naturf. Frd. Berlin.*, 4: 29. Type species: *Phalaena falcataria* Linnaeus, 1758. (Europe)

Falcaria Haworth, 1809, *Lepid. Brit.*, 1803 – 1828: 152. Type species: *Phalaena lacertinaria* Linnaeus, 1758. (Europe)

Syssaura Hübner, 1819, *Verz. bekannter Schmett.*: 150, Type species: *Phalaena falcataria* Linnaeus, 1758. (Europe)

属征：雄性与雌性触角均为双栉形，雌性栉齿较短。下唇须短，刚超过额外缘。后足胫节具2对距（少数种具1对距）。前翅顶角尖锐，明显呈钩状，顶角下方翅外缘和后翅外缘多平滑，少数呈锯齿状。雄性外生殖器：钩形突宽大板状，端部分叉；背兜侧突指状；颚形突中突发达，密布小棘或长刺；抱器瓣小，叶状，端部狭；阳茎变化较大，阳茎端膜上角状器小棘至发达的刺状。雌性外生殖器：肛瓣宽大，腹面具2个较小的圆突；囊导管短粗；囊体近圆形，囊片为1对卵形骨片。

分布：中国，俄罗斯，日本，欧洲，印度，缅甸，越南；朝鲜半岛，非洲东南部地区。

(42) 湖北一点钩蛾 *Drepana pallida flexuosa* Watson, 1968 （图版3：5）

Drepana pallida flexuosa Watson, 1968, *Bull. Brit. Mus. nat. Hist.* (Ent.), 12 (Suppl.): 107, figs. 210 – 212, pl. 11: 361. (China: Fukien: Kuatun)

前翅长：20 ~ 23 mm。翅面浅黄褐色。前翅内线为褐色双线，锯齿状；中室上角翅脉黑色，中室下角具大黑斑；外线褐色波状，外线外侧自前翅顶角至翅后缘具1条褐色斜线；亚缘线浅褐色，在翅脉上呈黑褐色点状。后翅中室上角和下角具黑点；中线为褐色双线；外线较粗，褐色波浪状；缘线与前翅相似。雄性外生殖器（图版27：7）：钩形突长宽相近；背兜侧突乳突状；颚形突中突狭；囊形突宽大；阳茎中等大，角状器为1片小刺；第8腹节背板后缘平滑；第8腹节腹板后缘平或尖锐。雌性外生殖器（图版49：14）：肛瓣肥大，周围骨化愈合成盾状；囊体长，椭圆形，中部具1个形状不规则的囊片。

采集记录：武夷山（三港、挂墩、黄溪洲）。

分布：福建、河南、陕西、甘肃、浙江、湖北、湖南。

23. 枯叶钩蛾属 *Canucha* Walker, 1866

Canucha Walker, 1866. *List Specimens lepid. Insects Colln Brit. Mus.*, 35: 1574. Type species: *Canucha curvaria* Walker, 1866. (Moluccas)

Campylopteryx Warren, 1902a, *Novit. zool.*, 9: 340. Type species: *Campylopteryx sublignata* Warren, 1902. (Indonesia)

属征：雄性与雌性触角均为双栉形。喙不发达。后足胫节具1对距。前翅顶角呈钩状。前翅顶角具1条向内倾斜的斜线横穿整个翅面。雄性外生殖器：钩形突中部凹陷形成2个端部尖锐的宽突，2个宽突间具长或短的刺状小突；背兜侧突宽大，背侧具小突；颚形突中突宽大，密布小刺；抱器瓣短宽；囊形突柄状，较短，端部圆；阳茎短粗；阳茎端膜上角状器不明显。雌性外生殖器：肛瓣短宽，腹面具2个宽突；前阴片强骨化；囊导管短，囊体长椭圆形，二者均膜质，无囊片。

分布：中国，印度，缅甸，斯里兰卡，印度尼西亚。

(43) 后窗枯叶钩蛾 *Canucha specularis* (Moore, 1879) (图版3: 6)

Drepana specularis Moore, 1879a, *in* Hewitson & Moore, *Descr. new Indian lepid. Insects Colln late Mr W. S. Atkinson*, 1: 407. (Sri Lanka)

Platypteryx obtruncata Warren, 1900b, *Novit. zool.*, 7: 117. (Sri Lanka)

Canucha specularis: Warren, 1923, *in* Seitz, *Macrolepid. World*, 10: 475.

前翅长：21~31 mm。前翅顶角强烈突出，端部略钝。前翅顶角有1条浅黄色细斜线跨整个翅面达后翅后缘，斜线内侧各翅脉浅黄色且非常明显，斜线外侧翅脉均不明显；后翅细斜线外 M_1 至 M_3 间具2个透明斑；翅中部具1条暗的灰绿色斜向宽条带穿过翅面；前翅亚缘线由翅脉间小黑斑组成。雄性外生殖器（图版27：8）：钩形突几乎退化；背兜侧突发达，为宽大板状且端部圆的长突；颚形突中突为强骨化的板状，中部向下延伸与横带片相连；抱器背具1个小圆突；抱器腹为1个长且向内弯曲的突；阳端基环为1对粗壮指状突。雌性外生殖器（图版50：1）：肛瓣近三角形；前表皮突呈较尖的锥形，后表皮突圆；囊导管细；囊体椭圆形。

采集记录：武夷山。

分布：福建、云南；印度，斯里兰卡，印度尼西亚。

24. 丽钩蛾属 *Callidrepana* Felder, 1861

Callidrepana Felder, 1861, *Sber. Akad. Wiss. Wien.*, 43 (1): 30. Type species: *Callidrepana saucia* Felder, 1861. (Indonesia)

Damna Walker, 1863, *List Specimens lepid. Insects Colln Brit. Mus.*, 26: 1570. Type species: *Damna gelidata* Walker, 1863. (Indonesia)

Ausaris Walker, 1863, *List Specimens lepid. Insects Colln Brit. Mus.*, 26: 1632. Type species: *Ausaris scintillata* Walker, 1863. (Indonesia)

Ticilia Walker, 1865, *List Specimens lepid. Insects Colln Brit. Mus.*, 32: 394. Type species: *Ticilia argentilinea* Walker, 1865. (Singapore)

Drepanulides Motschulsky, 1866, *Bull. soc. nat. Moscou.*, 39: 193. Type species: *Drepanulides palleolus* Motschulsky, 1866. (Japan)

属征： 雄性与雌性触角均为双栉形，雄性栉齿较长。喙发达。下唇须侧面观尖端至1/3伸出额缘。后足胫节具2对距。前翅顶角不尖锐，弯成钩状。翅面具闪光鳞片。雄性外生殖器：钩形突分叉，常退化；背兜侧突有时缺失；抱器瓣宽大或近三角形，有时分叉；囊形突宽大；阳茎粗壮。雌性外生殖器：肛瓣短小，稍分裂；表皮突退化；囊导管长；囊片为凹陷的片状。

分布： 中国，日本，印度，缅甸，老挝，马来半岛，印度尼西亚，巴布亚新几内亚；所罗门群岛，非洲。

种检索表

1. 中室端脉具1个由散点组成的长方形大斑 ………………………… **方点丽钩蛾 *C. forcipulata***
   中室端脉具肾形或椭圆形斑 …………………………………………………………………… 2
2. 雄性抱器瓣外缘基部凸出 ………………………………………………… **肾点丽钩蛾 *C. patrana***
   雄性抱器瓣外缘平滑 ……………………………………………… **广东豆点丽钩蛾 *C. gemina curta***

(44) 肾点丽钩蛾 *Callidrepana patrana* (Moore, 1866) （图版3：7）

Drepana patrana Moore, 1866, *Proc. zool. Soc. Lond.*, 1865: 816. (India)

Drepana argenteola var. *patrana*: Strand, 1911, *in* Seitz, *Macrolepid. World*, 2: 202, pl. 30: f.

Callidrepana patrana: Warren, 1922, *in* Seitz, *Macrolepid. World*, 10: 471, pl. 49: k.

Callidrepana argenteola ab. *formosana* Matsumura, 1921, *Thousand Insects Japan* (Additam.), 4: 945. (China: Taiwan)

Callidrepana patrana subbasblis Bryk, 1943b, *Arkiv Zool.*, 34A (13): 21. (Myanmar)

前翅长：13～18 mm。翅面浅黄褐色至黄褐色，后翅前半部分偏黄。自前翅顶角2条褐色斜线横穿整个翅面，外侧斜线粗而清晰，内侧斜线细且隐约可见，两线之间黄褐色；前翅内线褐色，波曲；中点为褐色肾形斑；亚缘线由分布于翅脉上的黑褐色点组成。后翅前半部分斑纹模糊，无中点。雄性外生殖器（图版27：9）：钩形突退化；背兜侧突细指状，端部弯成钩状；抱器瓣外缘基部凸出，端部的指状突较短；抱器背基部具毛簇，端部分出1个宽阔长方形板状突和1个指状突；囊形突宽大，端部圆；阳茎较小，阳茎盲囊细，无角状器；第8腹节背板短宽，前缘两侧具2个小突，后缘凸出，中部凹陷；第8腹节腹板短宽，前缘和后缘两侧分别伸出2个细突。雌性外生殖器（图版50：2）：肛瓣腹面具2个小圆突；囊导管细长。

采集记录：武夷山（三港、挂墩、大竹岚）。

分布：福建、甘肃、浙江、湖北、湖南、台湾、广东、海南、广西、四川、云南、西藏；日本，印度，缅甸，老挝。

(45) 广东豆点丽钩蛾 *Callidrepana gemina curta* Watson, 1968 （图版3：8）

Callidrepana gemina curta Watson, 1968, *Bull. Brit. Mus. nat. Hist.* (Ent.), 12 (Suppl.): 121. (China: Fukien: Kuatun)

前翅长：11～16 mm。本种翅面斑纹与肾点丽钩蛾相似，但前翅顶角内侧近前缘具1个黄褐色斑；前翅内线模糊；后翅前半部分颜色与其他区域一致，具深褐色微小中点。雄性外生殖器（图版27：10）：钩形突退化；背兜侧突呈粗壮且尖锐的钩状；抱器瓣外缘平滑，内缘呈不规则的连续突起，抱器瓣端部具1个尖锐且细的长突和1个宽突；囊形突几乎短宽；阳茎粗壮，中部具3个强骨化刺突；第8腹节背板宽，后缘中部具2个突，两侧凸出向后弯曲；第8腹节腹板后缘中部具2个突，前后缘两侧分别伸出长突。雌性外生殖器（图50：3）：肛瓣腹面具2个小圆突；囊导管极细长；囊体近圆形；囊片形状不规则，表面粗糙。

采集记录：武夷山（三港、黄溪洲、挂墩）。

分布：福建、浙江、江西、湖南、广东、海南。

(46) 方点丽钩蛾 *Callidrepana forcipulata* Watson, 1968 （图版3：9）

Callidrepana hirayamai forcipulata Watson, 1968, *Bull. Brit. Mus. nat. Hist.* (Ent.), 12

(Suppl.): 124, figs 242 - 245, pl. 12: 372. (China: Hunan: Hoeng-Shan)

Callidrepana forcipulata: Chu & Wang, 1987c, *Sinozoologia*, 5: 92.

前翅长：14 ~ 17 mm。前翅翅面灰黄色；内线褐色，波曲，模糊；中点由黑褐色散点组成1个长方形斑块；自顶角至后缘偏外侧具褐色双斜线，外侧线较内侧的粗；亚缘线由1列小黑点组成。后翅翅面颜色较前翅浅，前半部分斑纹模糊。雄性外生殖器（图版27：11）：钩形突圆锥形，不分叉；背兜侧突宽大；抱器瓣基部宽，端部窄，顶端圆，中部内侧具1个锥形突；囊形突长，端部圆；阳茎短粗。雌性外生殖器（图版50：4）：肛瓣腹面具2个圆突；囊导管极细长，膜质；囊体椭圆形；囊片小，圆形。

采集记录：武夷山（挂墩）。

分布：福建、浙江、湖北、湖南、广西、四川。

25. 麝钩蛾属 *Thymistadopsis* Warren, 1922

Thymistadopsis Warren, 1922, *in* Seitz, *Macrolepid. World*, 10: 461. Type species: *Problepsidis albidescens* Hampson, 1895. (India: Sikkim)

属征：雄性与雌性触角均为双栉形，雄性栉齿长为雌性的3倍左右。下唇须尖端超过额缘。后足胫节具2对距。本属外部形态特征差异很大，具体特征见各种。雄性外生殖器特征：钩形突宽大，中部凹陷形成2个圆突；背兜侧突细长，与钩形突几乎等长，向内弯曲；颚形突中突近三角形，密布粗壮的小刺；抱器瓣叶状；囊形突短粗；阳茎短粗；阳茎端膜上角状器较弱；第8腹节背板宽大，后缘平或略凸出；第8腹节腹板后缘中部深度凹陷形成蝶翼状的突。雌性外生殖器：肛瓣短小，腹面具2个小圆突；囊导管变化较大；囊体长椭圆形；囊片圆形。

分布：中国，印度，尼泊尔。

(47) 白麝钩蛾 *Thymistadopsis albidescens* (Hampson, 1895)　(图版3: 10)

Problepsidis albidescens Hampson, 1895, *Trans. ent. Soc. Lond.*, 1895 (2): 288, fig (wing pattern and antenna). (India: Sikkim: Dudgeon)

Thymistadopsis trilinearia Warren, 1922, *in* Seitz, *Macrolepid. World*, 10: 461, pl. 48: k.

Didymana ancepsa Chu & Wang, 1987c, *Sinozoologia*, 5: 101, fig. 13. (China: Fujian: Chong'an) **Syn. nov.**

前翅长：13 mm。翅面乳白至浅黄色。前翅内线和外线褐色，很细，波浪状；中点黑褐色，微小，中室后端点黑褐色；外线外侧 M_1 与 M_2 间具 1 个小黑褐色半月形斑；亚缘线褐色，粗壮；缘线深褐色。后翅斑纹在前缘处模糊；中线深褐色，微波状；外线黑褐色，较直；亚缘线灰褐色，带状；中点和缘线与前翅相似。雌性外生殖器（图版 50：5）：肛瓣较长；前后表皮突均短小；前阴片骨化不强；囊导管细长；囊片形状不规则，其上布有小刺。

采集记录：武夷山（崇安三港）。

分布：福建、海南；印度。

26. 古钩蛾属 *Sabra* Bode, 1907

Sabra Bode, 1907, *Mitt. Roemermus. Hildesh.*, 22: 22. Type species: *Bombyx harpagula* Esper, 1786. (Germany: Uffenheim)

Palaeodrepana Inoue, 1962, *Insecta Japonica*, 2 (1): 6 (key), 21 (Japanese), 45 (key), 48 (English summary). Type species: *Bombyx harpagula* Esper, 1786. (Germany: Uffenheim)

属征：雄性触角双栉形，雌性触角线形。下唇须不超过额外缘。后足胫节具 2 对距。前翅顶角尖锐，明显弯成钩状，顶角下方翅外缘凹陷，然后凸出呈角状。翅面中部具 1 个中部半透明的边缘不规则的黄褐色大斑。雄性外生殖器：钩形突长，端部分叉；背兜侧突短于钩形突，端部尖锐，向内弯曲；颚形突中突两臂端部较尖锐；抱器瓣宽，端部圆钝，抱器腹凸出形成圆突；囊形突长，端部圆；阳茎中等大，具角状器。雌性外生殖器：肛瓣短；表皮突发达；前阴片骨化；囊导管与囊体约等长，后者椭圆形，具 1 个细长带状囊片。

分布：中国，日本，印度，缅甸，越南；朝鲜半岛，欧洲。

(48) 尖翅古钩蛾 *Sabra harpagula emarginata* (Watson, 1968)　(图版 3：11)

Palaeodrepana harpagula emarginata Watson, 1968, *Bull. Brit. Mus. nat. Hist.* (Ent.), 12 (Suppl.): 94, figs 179–182, pl. 4: 332. (China: Chekiang)

Nordstromia angula Chu & Wang, 1988b, *Acta Entom. Sinica*, 31 (3): 313, fig. 6, pl. 1: 10. (China: Fujian: Chong'an: Guadun) **Syn. nov.**

前翅长：14 ~ 18 mm。前翅顶角尖锐，明显弯成钩状，顶角下方翅外缘凹陷，然后凸出呈角状。翅面褐色。前翅内线深褐色，不规则弯曲；翅中部具 1 个半透明的边缘不规则的黄褐色狭长斑块，斑块外侧为深褐色波浪状的外线；外线外侧 M_2

至 CuA_1 间具黑色斑块；翅缘 R_5 至 2A 间具边缘为波浪状的灰褐色区域。后翅线纹斑块同前翅线纹斑块，但翅缘内侧区域为浅褐色。雄性外生殖器（图版 27：12）：见属征；第 8 腹节腹板后缘端部分叉，形成 2 个尖突。雌性外生殖器（图版 50：6）：前阴片宽，后缘平滑。

采集记录： 武夷山（三港）。

分布： 福建、北京、河北、浙江。

27. 大窗钩蛾属 *Macrauzata* Butler, 1889

Macrauzata Butler, 1889. *Illust. typical Specimens Lepid. Heterocera Colln Brit. Mus.* 7: 43. Type species: *Comibaena fenestraria* Moore, 1868. (India)

属征： 雄性与雌性触角均为双栉形，雄性栉齿较长。下唇须短，尖端仅达额缘。后足胫节具 2 对距。前翅顶角明显呈钩状，外缘在顶角下方直或明显凸出，但不呈尖锐地凸出；后翅外缘平滑。前后翅中部具大面积近圆形透明斑。雄性外生殖器：钩形突略长，多在端部分叉，少数不分叉；背兜侧突较粗，分叉，长约为钩形突的 1/2 至2/3；颚形突中突骨化强，形状多变；抱器瓣长且宽大，端部较平，端部两侧多具指状突；囊形突短；阳茎变化较大；第 8 腹节腹板后缘中部凹陷。雌性外生殖器：肛瓣粗壮；囊导管细而短；囊体圆形。

分布： 中国，日本，印度，尼泊尔，泰国，菲律宾，马来西亚，印度尼西亚。

(49) 中华大窗钩蛾 *Macrauzata maxima chinensis* Inoue, 1960 （图版 3：12）

Macrauzata maxima chinensis Inoue, 1960, *Tinea*, 5 (2): 314. (China)

前翅长：23 ~ 26 mm。前翅外缘在顶角下方直。翅面浅黄色。前后翅中部具大面积近圆形透明斑，斑外具 2 条褐色边和 1 条白色细边，镶边外侧多具白色云状区域；中点黑色，微小；亚缘线为白色波状细线。后翅在中室上方 M_1 与 M_2 间具褐色弧形纹。雄性外生殖器（图版 27：13）：钩形突端部膨大呈棒状，端部分叉，形成 2 个乳头状突起；颚形突中突宽大，顶端圆，内侧中部具 1 角状刺；抱器瓣端部形成 1 个上翘的突，其顶部中央分为 2 个小乳突；抱器腹中部具 1 个三角形突；囊形突短小，端部圆；阳茎中部粗壮，两端各具刺 1 枚；角状器小。雌性外生殖器（图版 50：7）：囊体不具囊片。

采集记录： 武夷山。

分布：福建、陕西、甘肃、浙江、湖北、四川。

28. 钳钩蛾属 *Didymana* Bryk, 1943

Didymana Bryk, 1943b, *Arkiv Zool.*, 34A (13): 10. Type species: *Didymana renei* Bryk, 1943. (Myanmar)

属征：雄性与雌性触角均为线形。下唇须1/3伸出额外。后足胫节具2对距。前翅顶角呈钩状，顶角下方翅外缘在 M_3 和 CuA_1 间凸出；后翅外缘平滑。后翅斑纹模糊，仅翅缘处具浅黄色宽条带。雄性外生殖器：钩形突分叉；背兜侧突细长；颚形突中突近三角形；抱器瓣短，端部展宽，抱器背骨化较强，端部凸伸1个指状端突；囊形突长三角形；阳茎较细小，无角状器；第8腹节腹板近椭圆形，前缘具1个柄状突。雌性外生殖器：肛瓣短，腹面具2个较小的圆突；表皮突发达；前阴片骨化成半圆形；囊导管细；囊体长椭圆形，囊片细长。

分布：中国，缅甸。

(50) 钳钩蛾 *Didymana bidens* (Leech, 1890) （图版3：13）

Drepana bidens Leech, 1890, *Entomologist*, 23: 113. (China: Hubei)

Didymana renei Bryk, 1943b, *Arkiv Zool.*, 34A (13): 10. (Berma)

Didymana bidens: Watson, 1968, *Bull. Brit. Mus. nat. Hist.* (Ent.), 12 (Suppl.): 92.

前翅长：12～14 mm。前翅黑褐色，翅脉白色；无内线、中线和外线；中点白色细条状；翅端部具1条浅黄色带，带上有灰褐色细线，其外侧至翅缘为黑褐色；顶角内侧黄色。后翅大部灰褐色，隐约可见白色细带状外线；翅端部具浅黄色宽条带。雄性外生殖器（图版27：14）：钩形突在基部分叉形成2个细长支；背兜侧突略短于钩形突；颚形突中突端部圆；抱器瓣短宽，端部平；抱器背隆起，内外两侧形成2个长突；囊形突长，端部圆；阳茎略弯曲。雌性外生殖器（图版50：8）：前表皮突长于后表皮突；囊片细长条状，位于囊颈处，一侧具密集角状刺。

采集记录：武夷山。

分布：福建、陕西、甘肃、宁夏、湖北、广西、四川、云南；缅甸。

29. 锯线钩蛾属 *Strepsigonia* Warren, 1897

Strepsigonia Warren, 1897a, *Novit. zool.*, 4: 17. Type species: *Strepsigonia nigrimaculata* Warren,

1897. (Malaysia)

Monurodes Warren, 1923. *in* Seitz, *Macrolepid. World*, 10: 475. Type species: *Monurodes trigonoptera* Warren, 1923. (Myanmar)

属征：雄性与雌性触角均为双栉形。雄性与雌性后足胫节均有1对距。前翅顶角呈钩状，前后翅外缘有时凸出。雄性外生殖器：钩形突常分叉且2个叉间距离很大，分叉多为细长的支，其内侧具1个短支或小突；背兜侧突细；颚形突中突不发达；抱器瓣狭小且端部圆，与钩形突长支等长或长于钩形突长支，但不超过其长度的2倍；囊形突宽大，端部平、圆或凹陷；阳茎粗大，阳茎端膜具小棘状或小刺状角状器。雌性外生殖器：肛瓣短宽；表皮突发达；囊导管中等长；囊体大而圆，囊颈附近具1个由微刺组成的囊片。

分布：中国，菲律宾，马来西亚，印度尼西亚；喜马拉雅山脉。

(51) 锯线钩蛾 *Strepsigonia diluta* (Warren, 1897)　(图版3: 14)

Tridrepana diluta Warren, 1897a, *Novit. zool.*, 4: 18. (India: Khasia)

Tridrepana subobliqua Warren, 1897a, *Novit. zool.*, 4: 18. (Indonesia: Java)

Callidrepana takumukui Matsumura, 1927, *J. Coll. Agric. Hokkoaido Imp. Univ.*, 19: 45, pl. 4: 8. (China: Formosa [Taiwan]: Horisha)

Strepsigonia diluta: Watson, 1957a, *Bull. Brit. Mus. nat. Hist.* (Ent.), 4: 411.

Strepsigonia diluta fujiena Chu & Wang, 1987d, *Sinozoologia*, 5: 113, pl. 1: 10, fig. 10. (China: Fujian: Mt. Wuyi)

Strepsigonia diluta takamukui: Inoue, 1988, *Tinea*, 12 (15): 126, figs. 4-5.

前翅长：15~18 mm。前后翅外缘不凸出。翅面浅黄褐色，前翅顶角有1条波浪状深褐色斜线贯穿整个翅面。前翅内线浅褐色，波状；中点和中室端脉后端点黑色，微小；亚缘线波状，模糊。后翅中点模糊，后端点黑色；其余斑纹与前翅相似。前后翅隐约可见波浪状亚缘线。雄性外生殖器（图版27：15）：钩形突在基部分叉成2支，每支具1个小而尖的内突和1个较细长的外突；抱器瓣宽厚，端部略膨大；囊形突为宽大三角形；阳茎粗壮。雌性外生殖器（图版50：9）：肛瓣短小，腹面具1对圆突；囊导管细，略短于囊体；囊体大，球状，具1个长条形囊片。

采集记录：武夷山（三港）。

分布：福建、台湾、广东、海南、云南、西藏；印度，马来西亚，印度尼西亚。

30. 白钩蛾属 *Ditrigona* Moore, 1888

Ditrigona Moore, 1888a, *in* Hewitson & Moore, *Descr. new Indian lepid. Insects Colln late Mr W. S. Atkinson*, 3: 258. Type species: *Urapteryx triangularia* Moore, 1868. (India)

Peridrepana Butler, 1889, *Illust. typical Specimens Lepid. Heterocera Colln Brit. Mus.*, 7: 43. Type species: *Drepana hyaline* Moore, 1888. (India)

Leucodrepana Hampson, 1893, *Fauna Brit. India* (Moths), 1: 333. Type species: *Leucodrepana drepana idaeoides* Hampson, 1893. (India)

Leucodrepanilla Strand, 1911, *in* Seitz, *Macrolepid. World*, 2: 198. Type species: *Corycia sacra* Butler, 1878. (Japan)

Auzatella Strand, 1917, *Arch. Naturgesch.*, 82A (3): 149. Type species: *Auzata micronioides* Strand, 1916. (Formosa)

属征：雄性与雌性触角线形、单栉形或双栉形。后足胫节具 2 对距。前翅顶角较尖锐或圆，不呈钩状，顶角下方翅外缘及后翅外缘不凸出。翅底为白色至浅黄色。本属种类较多，翅面斑纹及外生殖器差异较大。

分布：中国，俄罗斯，日本，印度，不丹，尼泊尔，缅甸，斯里兰卡，马来西亚，印度尼西亚；朝鲜半岛。

种检索表

1. 后翅臀角凸出呈尾状 ······························ 2
   后翅臀角不凸出呈尾状 ······························ **银条白钩蛾 *D. pomenaria***
2. 前翅前缘褐色 ······························ **三角白钩蛾 *D. triangularia***
   前翅前缘白色 ······························ **单叉白钩蛾 *D. uniuncusa***

(52) 三角白钩蛾 *Ditrigona triangularia* (Moore, 1868) （图版 3: 15）

Urapteryx triangularia Moore, 1868, *Proc. zool. Soc. Lond.*, 1867 (3): 612. (Bengal)

前翅长：15 ~ 22 mm。雄性与雌性触角均为双栉形。前翅顶角较尖，前后翅外缘平直；后翅后缘伸长呈尾状。翅面白色，斑纹灰色。前翅前缘黄褐至深褐色；内线为双线，外侧线略波曲；外线平直，粗壮，略向外倾斜；亚缘线为双线，外侧线微波曲，内侧线平直；缘毛基部灰黄色，端部颜色较浅。后翅中线和外线平直；亚缘线为双线，微波曲；尾突处具 1 个黑斑。雄性外生殖器（图版 27：16）：钩形突分叉；背兜侧突宽而粗壮，端部较圆；抱器瓣短，裂为两半；囊形突较长，末端略微变细；阳茎短、直，角状器为1束浓密细刺。

采集记录：武夷山。

分布：福建、台湾、云南、四川；印度，缅甸。

(53) 单叉白钩蛾 *Ditrigona uniuncusa* Chu & Wang, 1988 （图版3：16）

Ditrigona uniuncusa Chu & Wang, 1988c, *Sinozoologia*, 6: 202, fig. 1. (China: Fujian: Mt. Wuyi)

前翅长：15～19 mm。雄性与雌性触角均为双栉形，雌性栉齿短。前翅顶角较尖，前后翅外缘平直；后翅臀角凸出呈尾状。翅面白色。前翅前缘黄棕色，正面横线灰棕色，亚基线、内线和外线直；亚缘线双行，内侧线较直，外侧线小月牙状。后翅正面亚基线几乎不见，外线和亚缘线在 CuA_1 处折回3～4次，形成锯齿状，在末端尾角处有1个黑棕色小点；缘毛基部灰黄色，端部颜色较浅，但后翅 CuA_2 和2A之间缘毛颜色更深，呈深棕色。雄性外生殖器（图版28：1）：钩形突二分叉，较为粗短，裂口较深，直至钩形突最底端；背兜侧突半圆形，其上密集泡状结构；抱器瓣裂为两半，上下分开，上半部分形成1个圆形小凸起，下半部分较大，宽而短，呈垂耳状；囊形突短小，向末端逐渐变小，呈倒三角形；阳端基环较大，呈半圆形；阳茎短、直且小，顶部钝圆；角状器大，呈刷状。雌性外生殖器（图版50：10）：肛瓣短小，稍分裂；有1对前表皮突，较小；交配孔大；囊导管几乎不见；交配囊有附囊，囊片细长，除此之外，囊上有1大片椭圆形骨化区，位于囊一侧。

采集记录：武夷山（三港）。

分布：福建、四川。

(54) 银条白钩蛾 *Ditrigona pomenaria* (Oberthür, 1923) （图版3：17）

Corycia (Bapta) pomenaria Oberthür, 1923, *Études Lépid. comp.*, 20: 238. (China: Sichuan)

Ditrigona pomenaria: Wikinson, 1968, *Trans. zool. Soc. Lond.*, 31: 454.

前翅长：21 mm。雄性与雌性触角均为双栉形。前翅顶角尖，外缘弧形；后翅外缘弧形，臀角不凸出。翅面白色，斑纹银灰色。前翅内线、中线、外线和亚缘线向内倾斜；外线为双线，内侧线较粗壮；亚缘线微波曲，纤细；缘毛白色。雄性外生殖器：钩形突细弱，二分叉；背兜侧突宽阔，向上延伸和钩形突平齐；抱器瓣小，有两叶，内侧一叶仅有一条形凸起，上有刚毛，外侧一叶较内侧大，外缘弧形；阳端基环环形；囊形突较大，指形；阳茎弯曲。雌性外生殖器（图版 50：11）：肛瓣短；无前后表皮突；囊导管短，但明显可见，其上有 1 处椭圆形骨化区域；交配囊无附囊；囊片细而长。

采集记录：武夷山（三港）。

分布：福建、四川。

31. 四点白钩蛾属 *Dipriodonta* Warren, 1897

Dipriodonta Warren, 1897a, *Novit. zool.*, 4: 14. Type species: *Dipriodonta sericea* Warren, 1897. (India: Assam)

属征：雄性与雌性触角线形、单栉形或双栉形。下唇须长度变化很大。后足胫节具 2 对距。前翅顶角圆，不凸出呈钩状，外缘在顶角下方稍凸出。前后翅外线为双线，中点清楚。雄性外生殖器：钩形突不分叉，为细而直的长突；抱器瓣由 2 层部分重叠的半圆形突组成；囊形突宽而长；第 8 腹节腹板前缘伸出 2 个小突，后缘中部凹陷很深，形成 2 个距离较宽的细长突。雌性外生殖器：肛瓣长；交配孔宽；囊导管短。

分布：中国，印度。

(55) 四点白钩蛾 *Dipriodonta sericea* Warren, 1897 （图版 3：18）

Dipriodonta sericea Warren, 1897a, *Novit. zool.*, 4: 14. (India: Assam: Khasia Hills)

Macrocilix sericea: Gaede, 1931, *in* Strand, *Lepid. Cat.*, 49: 5.

Dipriodonta sericea: Wilkinson, 1970, *Proc. ent. Soc. Lond.*, (B) 39: 89, figs. 1 – 9, pl. 1.

前翅长：11 ~ 13 mm。翅面白色。前翅内线褐色，模糊；中点褐色，微小；外线为褐色双线，模糊，在 M_2 至 CuA_1 间具 1 个黑褐色半月形斑；内线和外线间具半透明斑；亚缘线浅褐色。后翅中线模糊；外线为双线，内侧线浅褐色波浪状，外侧由分布在翅脉上的褐色点状斑组成；中点和亚缘线同前翅。雄性外生殖器：钩形突指状，相对较粗；背兜侧突为短粗的小突；抱器瓣宽。雌性外生殖器（图版 50：12）：肛瓣长而粗；囊导管短而粗；囊体椭圆形，无囊片。

采集记录：武夷山（三港）。

分布：福建；印度。

32. 带钩蛾属 *Leucoblepsis* Warren, 1922

Leucoblepsis Warren, 1922, *in* Seitz, *Macrolepid. World*, 10: 462. Type species: *Problepsidis carneotincta* Warren, 1901. (Indonesia)

属征：雄性与雌性触角均为双栉形，雌性栉齿仅为雄性的1/2。下唇须短，尖端超过额缘。后足胫节具1对距。前翅顶角呈钩状，前后翅外缘在 M_3 处常呈尖锐的凸出。前翅中线和外线间具半透明的带状斑块。雄性外生殖器大体分为两型。一型：钩形突宽大，中部凹陷形成2个圆突；背兜侧突较短；抱器瓣短而狭，端部圆；抱器腹具短而粗的指状突；囊形突狭而长；阳茎基部较粗；角状器粗壮。另一型：钩形突略细且长；背兜侧突细小指状；抱器瓣宽，瓣状；抱器腹无指状突；囊形突短或退化；阳茎端膜无角状器。雌性外生殖器：肛瓣短宽，腹面具1对圆突；囊导管细，中等长；囊体圆形或袋状，无囊片。

分布：中国，印度，马来西亚，新加坡，印度尼西亚；喜马拉雅山东北部地区。

种检索表

前后翅外缘在 M_3 处不凸出成尖角；前翅中线和外线在 M_2 至 M_3 间具白色半透明窗 ……………………………………………………………… **万木窗带钩蛾 *L. fenestraria wanmu***

前后翅外缘在 M_3 各凸出1尖角；前翅中线和外线在 M_2 至 M_3 间不具白色半透明窗 ………………………………………………………………………… **台湾带钩蛾 *L. taiwanensis***

(56) 万木窗带钩蛾 *Leucoblepsis fenestraria wanmu* (Shen & Chen, 1990) comb. nov., stat. nov. (图版3: 19)

Drepana wanmu Shen & Chen, 1990, *Contr. Shanghai Insr. Entomol.*, 9: 167, fig. 2 (adult only), figs 1: a-d (venation and genitalia). (China: Fujian)

前翅长：12 mm。前翅浅褐色至褐色；中线褐色，细，自中室下角直达翅后缘；外线褐色，细，自顶角内侧 R_5 开始直达翅后缘；中线和外线在 M_2 至 CuA_2 间具白色半透明窗；亚缘线米色，波状；缘线深褐色。后翅基半部米色，端半部褐色；中线和外线褐色，细；亚缘线较宽，白色波浪状，外侧具1条深褐色伴线；缘线同前翅。雄性外生殖器（图版28：2）：钩形突元宝形；背兜侧突细，与钩形突几乎等长，端部尖；颚形突中突宽大；抱器瓣骨化弱；抱器腹基部具突；囊形突细长；阳茎短小，阳茎盲囊膨大球状。雌性外生殖器（图版50：13）：肛瓣短指状，腹面具

1 对圆突；囊导管细，长度约为囊体的一半；囊体近椭圆形，前端略细，不具囊片。

采集记录：武夷山（三港、黄溪洲）。

分布：福建。

(57) 台湾带钩蛾 *Leucoblepsis taiwanensis* Buchsbaum & Miller, 2002 （图版 3：20）

Leucoblepsis taiwanensis Buchsbaum & Miller, 2002, *Formosan Entomol.*, 22: 102, figs 1–4. (China: S. Taiwan)

前翅长：10～11 mm。本种外形与万木窗带钩蛾相似，区别如下：前后翅外缘在 M_3 各凸出 1 个尖角；翅面颜色较深；外线外侧具米色宽条带；前翅外线内侧的半透明斑位于 M_3 至 CuA_2 间。雄性外生殖器（图版 38：3）：钩形突近三角形，端部舌状；背兜侧突短小，指状；抱器瓣短宽，抱器背端部尖锐；囊形突短而宽；阳端基环具 1 对粗而尖锐的突；阳茎盲囊分叉；第 8 腹节背板后缘两侧 2 个角凸出，中部凸出但中央凹陷；第 8 腹节腹板短而宽，前缘两侧具 2 个长突，后缘两侧也具 2 个长突，中部和端部分别具 2 个宽而圆的突。雌性外生殖器（图版 50：14）：肛瓣小，腹面具 1 对短指状突起；交配孔周围骨化；囊导管短且细；囊体大，前端略细，不具囊片。

采集记录：武夷山（黄溪洲）。

分布：福建、台湾、广东、海南、广西。

33. 绮钩蛾属 *Cilix* Leech, 1815

Cilix Leach, 1815, *in* Brewster, *Edinburgh Encycl.*, 9: 134. Type species: *Bombyx compressa* Fabricius, 1777. (Germany)

属征：雄性触角双栉形，雌性触角常线形。喙退化。下唇须侧面观达到额。后足胫节具 2 对距。前翅顶角圆，前后翅外缘平滑，稍凸出。雄性外生殖器：钩形突分叉，2 个突较长，距离较远，指状或柱状；背兜侧突细长或短粗的指状；颚形突中突端部圆；抱器瓣较狭；囊形突较长；阳茎细长。雌性外生殖器：肛瓣短小，腹面具 2 个小突；囊导管在基部 1/3 处旋转扭曲，端部突然膨大形成椭圆形囊体；囊片 2 枚，呈较宽而长的梭形。

分布：中国，俄罗斯，日本，印度，阿富汗；朝鲜半岛，中东，欧洲，非洲。

(58) 银绮钩蛾 *Cilix argenta* Chu & Wang, 1987 （图版 3：21）

Cilix argenta Chu & Wang, 1987d, *Sinozoologia*, 5: 119, fig. 18, pl. 1: 18. (China: Fujian: Mt. Wuyi)

前翅长：14 mm。雄性与雌性触角均为双栉形，雄性栉齿较长。翅面白色，斑纹银灰色。前翅内线为平直双线；外线为波状双线，内侧线宽约为外侧线宽的 3 倍；亚缘线波曲；缘线纤细。后翅斑纹与前翅相似。雌性外生殖器（图版 51：1）：肛瓣短小，稍分裂；囊导管短；囊片很长，梭形，中间具 1 个脊。

采集记录：武夷山。

分布：福建。

（四）山钩蛾亚科 Oretinae

雄性与雌性触角双栉形或单栉形。喙不发达。前翅顶角外凸。雄性翅缰退化。后翅 M_2 与 M_3 接近，或与 M_3 共柄。后足胫节具 1 或 2 对距。第 2 腹节感毛丛不发达，只留 1 个半月形的感器孔。雄性外生殖器：钩形突呈龟头状；抱器上具不同形状的抱器突。雌性外生殖器：前表皮突多长于后表皮突；囊导管通常短粗；囊体肥大，囊片多为长圆形，具刺。

属检索表

前后翅具透明斑 …………………………………………………………… 窗山钩蛾属 *Spectroreta*
前后翅不具透明斑 …………………………………………………………… 山钩蛾属 *Oreta*

34. 窗山钩蛾属 *Spectroreta* Warren, 1903

Spectroreta Warren, 1903, *Novit. zool.*, 10: 255. Type species: *Oreta hyalodisca* Hampson, 1896. (India)

属征：雄性与雌性触角均为双栉形。前翅顶角尖锐且凸出，前后翅外缘在 M_3 与 CuA_1 间凸出。前后翅具透明斑。雄性外生殖器：钩形突近三角形，端部圆；背兜侧突长耳状；颚形突中突向下，较小，端部略分叉；抱器瓣短而宽，端部平，两侧具 2 个突，内侧突细长且向外弯，端部尖锐，外侧突短宽且较直，端部圆；阳茎盲囊较细，其余部分较粗，中部具 1 对骨化的小突，小突端部圆，1 个小突短宽，1

个小突细长，阳茎鞘端部向射精管一侧凸出；阳茎端膜上无角状器。雌性外生殖器：肛瓣宽大，骨化很强；前后表皮突几乎等长；囊片2个，凹陷。

分布：中国，印度，缅甸，斯里兰卡，马来西亚，印度尼西亚；喜马拉雅山脉。

(59) 窗山钩蛾 *Spectroreta hyalodisca* (Hampson, 1896) （图版 3：22）

Oreta hyalodisca Hampson, 1896, *Fauna Brit. India* (Moths), 4: 479. (India)

Spectoreta hyalodisca: Warren, 1903, *Novit. zool.*, 10: 255.

Spectroreta fenestra Chu & Wang, 1987a, *Acta Entom. Sinica*, 30 (3): 291, fig. 1, pl. 1: 2. (China: Jiangxi)

前翅长：12 ~ 16 mm。翅面红褐色至褐色，被银色鳞片，1条黑褐色斜线贯穿整个翅面，斜线在前翅顶角内侧形成1个折角，黑色线外侧有明显的银色伴线。翅面布满黑褐色的扩散状散斑。前翅中室端部附近具有许多透明斑组成的大片斑块，中室中部也具1个透明圆斑，翅端部各翅脉间均有椭圆斑，M_3 以上的斑黄色透明，M_3 以下的斑为黑色。后翅中室下角外侧具1个有金黄色边的黑色圆斑，其外侧另具3个大小不一的透明圆斑。雄性外生殖器（图版28：4）：见属征。

采集记录：武夷山（三港、黄坑）。

分布：福建、浙江、江西、广东、广西；印度，缅甸，斯里兰卡，马来西亚，印度尼西亚；喜马拉雅山脉。

35. 山钩蛾属 *Oreta* Walker, 1855

Oreta Walker, 1855, *List Specimens lepid. Insects Colln Brit. Mus.*, 5: 1166. Type species: *Oreta extensa* Walker, 1855. (East Indies)

Dryopteris Grote, 1862, *Proc. Acad. Sc. nat. philad.*, 1862: 360. Type species: *Drepana rosea* Walker, 1855. (Canada)

Hypsomadius Butler, 1877, *Ann. Mag. nat. Hist.*, (4) 20: 478. Type species: *Hypsomadius insignis* Butler, 1877. (Japan)

Holoreta Warren, 1902a, *Novit. zool.*, 9: 340. Type species: *Cobanilla jaspidea* Warren, 1896. (Australia)

Oretella Strand, 1916, *Arch. Naturgesch.*, 81A (12): 164. Type species: *Oreta (Oretella) squamulata* Strand, 1916 (= *Oreta loochooana* Swinhoe, 1902). (China: Taiwan)

Psiloreta Warren, 1923, *in* Seitz, *Macrolepid. World*, 10: 485. Type species: *Oreta sanguinea* Moore, 1879. (India)

Mimoreta Matsumura, 1927, *J. Coll. Agric. Hokkoaido Imp. Univ.*, 19: 46. Type species: *Mimoreta horishana* Matsumura, 1927 (= *Oreta griseotincta* Hampson, 1893). (China: Formosa [Taiwan])

Rhamphoreta Bryk, 1943b, *Arkiv Zool.*, 34A (13): 25. Type species: *Oreta (Rhamphoreta) eminens* Bryk, 1943. (Myanmar)

属征：雄性与雌性触角均为单栉形，少数双栉形；雌性栉齿通常很短，且十分致密。后足胫节具1对端距。前翅顶角凸出，呈钩状，顶角下方翅外缘平滑或凸出；后翅外缘平滑或凸出。翅面红褐色，散布黄色或深褐色鳞片；前翅外线由顶角向内伸至后缘中部附近。雄性外生殖器：钩形突粗壮，端部常浅分叉，有时完全分叉；背兜侧突退化；颚形突中突杆状；抱器腹常具不同形状的突起；囊形突舌状或扁平；阳茎端部膨大，角状器有或无；第8腹节腹板常具侧突。雌性外生殖器：肛瓣圆，周围具宽大骨片；表皮突发达；囊导管短而粗；囊体大，囊片圆形或长圆形，具刺。

分布：古北界，新北界，东洋界，澳大利亚界。

种检索表

1. 后翅顶角处缺刻 ······ **角山钩蛾 *O. angularis***
   后翅顶角处不缺刻 ······ 2
2. 后翅外缘在顶角下方凹入 ······ 3
   后翅外缘在顶角下方不凹入 ······ 4
3. 雄性囊形突舌状 ······ **三刺山钩蛾 *O. trispinuligera***
   雄性囊形突扁平 ······ **浙江宏山钩蛾 *O. hoenei tienia***
4. 雄性翅面不具黄色鳞片 ······ 5
   雄性翅面具黄色鳞片 ······ 7
5. 前翅顶角端部圆 ······ **深黄山钩蛾 *O. flavobrunnea***
   前翅顶角尖 ······ 6
6. 前翅外线外侧具银色闪光鳞片 ······ **华夏孔雀山钩蛾 *O. pavaca sinensis***
   前翅外线外侧不具银色闪光鳞片 ······ **交让木山钩蛾 *O. insignis***
7. 前翅外线下半部波曲 ······ 8
   前翅外线近平直 ······ 9
8. 前翅内线清楚 ······ **荚蒾山钩蛾 *O. eminens***
   前翅内线模糊 ······ **林山钩蛾 *O. liensis***
9. 前翅近臀角处具浅粉色鳞片 ······ **紫山钩蛾 *O. fuscopurpurea***
   前翅近臀角处不具浅粉色鳞片 ······ 10
10. 前翅臀角处具黑斑 ······ 11
    前翅臀角处不具黑斑 ······ **美丽山钩蛾 *O. speciosa***

11. 后翅顶角处具 1 个红褐色斑块 ………………………… **天目接骨木山钩蛾 *O. loochooana timutia***
后翅顶角处无斑块 …………………………………………………………… **沙山钩蛾 *O. shania***

(60) 荚蒾山钩蛾 *Oreta eminens* Bryk, 1943 (图版 4: 1)

Oreta (Rhamphoreta) eminens Bryk, 1943b, *Arkiv Zool.*, 34A (13): 25. (Myanmar)

Oreta eminens: Watson, 1967, *Bull. Brit. Mus. nat. Hist.* (Ent.), 19 (3): 184.

前翅长：18 ~ 23 mm。前后翅外缘平滑。翅面红褐色，基部黄色，斑纹黄色。前翅前缘在内线内侧黄色；内线粗壮，波曲；外线由顶角向内伸至后缘中部附近，下半部波曲；外线外侧具大量黄色鳞片并散布深褐色小点，未达外缘。后翅内线近弧形；外线圆齿状，外侧具黄色宽带，其上散布深褐色小点。雄性外生殖器（图版 28：5）钩形突半圆形；颚形突中突棒状；抱器瓣长圆形，抱器腹基部略隆起；抱器瓣端部中央的突起和抱器腹末端的突起较尖锐，前者较长；囊形突近方形。雌性外生殖器（图版 51：2）：前表皮突长约为后表皮突的 2 倍；囊体粗大，不具囊片。

采集记录：武夷山（三港）。

分布：福建、浙江、江西、湖南、广西、四川、重庆、云南；日本，缅甸，朝鲜半岛。

(61) 紫山钩蛾 *Oreta fuscopurpurea* Inoue, 1956 (图版 4: 2, 3)

Oreta extensa ab. *fusco-purpurea* Matsumura, 1927, *J. Coll. Agric. Hokkoaido Imp. Univ.*, 19: 45.

Oreta extensa fuscopurpurea Inoue, 1956a, *Check List Lepid. Japan*, 4: 370. (China: Taiwan, Honsha)

Oreta purpurea Inoue, 1961b, *Trans. lepid. Soc. Japan*, 12 (1): 10, figs 3, 5. (Japan: Mt. Yokokura)

Oreta fuscopurpurea: Watson, 1967, *Bull. Brit. Mus. nat. Hist.* (Ent.), 19 (3): 201, pl. 8: 116 – 118, pl. 9: 120.

前翅长：20 ~ 25 mm。本种外形与荚蒾山钩蛾相似，但前翅顶角凸出较荚蒾山钩蛾短钝；外线较纤细、平直。雄性外生殖器（图版 28：6）：抱器瓣狭长；抱器腹非常发达，具 2 个尖锐突起，其中 1 个长刺状，左右不对称；囊形突短小，呈三角形状；阳茎细长，端部膨大。雌性外生殖器（图版 51：3）：肛瓣周围骨化强；表皮突退化；囊导管较细长。

采集记录：武夷山（三港、黄溪洲）。

分布：福建、浙江、湖北、江西、湖南、台湾、广东、海南、广西、四川、重庆；日本。

(62) 交让木山钩蛾 *Oreta insignis* (Butler, 1877)　(图版 4：4)

Hypsomadius insignis Butler, 1877, *Ann. Mag. nat. Hist.*, (4) 20: 479. (Japan: Yokohama)

Hypsomadius insignis v. (? ab.) *formosana* Strand, 1916, *Arch. Naturgesch.*, 81A (12): 163. (China: Taiwan: Shisa)

Oreta insignis: Watson, 1967, *Bull. Brit. Mus. nat. Hist.* (Ent.), 19 (3): 196, pl. 6: 110 – 112.

前翅长：20 ~ 23 mm。前翅顶角尖锐外凸；前后翅外缘平滑。翅面深褐色，散布黑褐色小点。前翅内线模糊；外线深红褐色，由顶角向内伸至后缘中部附近。后翅中线和外线红褐色，中线平直，外线锯齿状。雄性外生殖器（图版 28：7）：钩形突短，顶部中央微凹；颚形突中突长；抱器瓣长，端部突锯齿状，基部突起为大三角形；囊形突短小；阳茎较粗壮。雌性外生殖器（图版 51：4）：前表皮突细长，后表皮突短小；囊导管短粗；囊体具 1 个近圆形囊片。

采集记录：武夷山（三港、黄溪洲）。

分布：福建、湖北、江西、湖南、台湾、广东、海南、广西、四川、重庆、贵州、云南、西藏；日本。

(63) 角山钩蛾 *Oreta angularis* Watson, 1967　(图版 4：5，6)

Oreta angularis Watson, 1967, *Bull. Brit. Mus. nat. Hist.* (Ent.), 19 (3): 187, figs 107 – 108, pl. 4: 104 – 106. (China: Fujian: Guadun)

前翅长：19 ~ 22 mm。前翅外缘在 M_3 处凸出；后翅顶角处缺刻。翅面深褐色，散布黑色小点。前翅外线黄褐色，由顶角向内伸至后缘中部外侧；中室端部具银色“>”形纹。后翅斑纹模糊。雄性外生殖器（图版 28：8）：钩形突龟头形；颚形突中突指状；抱器瓣宽；抱器腹端部具 1 个细长刺状突，其内侧具 1 个短粗指状突；抱器腹基部具钩状突；囊形突短宽，近梯形；阳茎末端具 1 个横排刺、1 个大刺状斑和 1 个后突。雌性外生殖器（图版 51：5）：交配孔周围骨化，呈圆柱形，腹缘较背缘短；背面另具 1 根小管；前表皮突长，后表皮突短；囊导管细而短；囊体大，不具囊片。

采集记录：武夷山（三港、挂墩）。

分布：福建、浙江、江西、广东、海南。

(64) 美丽山钩蛾 *Oreta speciosa* (Bryk, 1943) (图版 4: 7, 8)

Psiloreta speciosa Bryk, 1943b, *Arkiv Zool.*, 34A (13): 26. (N. E. Myanmar: Kambaiti.)

Psiloreta obtusa speciosa: Watson, 1961, *Bull. Brit. Mus. nat. Hist.* (Ent.), 10: 345.

Oreta obtusa speciosa: Watson, 1967, *Bull. Brit. Mus. nat. Hist.* (Ent.), 19 (3): 193.

Oreta hyalina Chu & Wang, 1987a, *Acta Entom. Sinica*, 30 (3): 293, fig. 4, pl. 1: 7. (China: Sichuan)

Oreta speciosa: Song, Xue & Han, 2012, *Zootaxa*, 3445: 7.

前翅长：21 ~ 24 mm。前翅顶角圆钝，向外伸出呈钩状，前翅外缘稍向外呈弧形，后翅外缘光滑。翅底色黄，散布有褐色至黑褐色扩散状线纹。前翅顶角至翅后缘中部具 1 条赭红色至黑褐色斜线，斜线内侧为 1 处宽阔的褐色带状区域，褐色带状区域内侧至翅基黄色，内有不规则褐色斑块；斜线外侧大部分为褐色，斜线与 M_2 相交处至翅后缘黄色；中室端脉具白色线纹，中室下角及中室内部各具 1 个白色斑点。后翅大部黄色，基部具红褐色至褐色细条带；翅中部具 1 条边缘不规则、自 M_1 脉变宽的褐色条带；顶角具 1 个淡褐色斑块，斑块下方具 1 个褐色圆斑，中室内角及中室下角分别具 1 个白色斑点。前翅外缘和后翅顶角附近缘毛黑褐色，后翅 M_1 以下缘毛黄色。雄性外生殖器（图版 28：9）：钩形突短宽，端部凸出；颚形突中突粗壮，弹头形；抱器瓣短宽三角形；抱器腹发达，基部具 2 个几乎等长的突起；囊形突短而宽；阳茎长而粗，端部膨大；阳茎端膜上密布刺状角状器。雌性外生殖器（图版 51：6）：前阴片宽大、骨化较强；前表皮突细长，后表皮突短小；囊导管短粗、稍扭曲；囊体近梨形，囊颈附近褶皱；囊片为 2 个近圆形上部略相连的骨片。

采集记录：武夷山（三港、大竹岚）。

分布：福建、河南、甘肃、湖北、四川、西藏；缅甸。

(65) 沙山钩蛾 *Oreta shania* Watson, 1967 (图版 4: 9)

Oreta shania Watson, 1967, *Bull. Brit. Mus. nat. Hist.* (Ent.), 19 (3): 175, figs 32 – 35, pl. 2: 97. (China: Chekiang)

Oreta bimaculata Chu & Wang, 1987a, *Acta Entom. Sinica*, 30 (3): 293, fig. 3, pl. 1: 6. (China: Fujian)

Oreta cera Chu & Wang, 1987a, *Acta Entom. Sinica*, 30 (3): 295, fig. 5, pl. 1: 13. (China: Fujian)

前翅长：25 mm。前后翅外缘平滑。翅面黄色。前翅前缘近顶角处具 2 个黑斑；

外线黄色，由顶角向内伸至后缘中部，其内侧具红褐色模糊带；外线外侧在 M_3 下方为近三角形黄色区域，其余区域褐色；臀角具 1 个圆形黑斑；近外缘处具红褐色宽带。后翅端半部散布黑色小点；中线为浅红褐色宽带，模糊，平直。前后翅中室内角和中室下角具白点。雄性外生殖器（图版 28：10）：钩形突基部宽，在中部突然变细，端部尖锐；颚形突中突细长；抱器瓣宽大；抱器腹形成边缘带齿的强骨化板；囊形突扁平；阳茎由射精管向端部逐渐骨化，无角状器。

采集记录：武夷山（三港、黄坑、坳头）。

分布：福建、浙江、四川。

(66) 天目接骨木山钩蛾 *Oreta loochooana timutia* Watson, 1967 （图版 4：10）

Oreta loochooana timutia, Watson, 1967, *Bull. Brit. Mus. nat. Hist.* (Ent.), 19 (3): 168, figs 10 – 11. (China: Hunan: Hoeng-shan)

前翅长：16 ~ 17 mm。前翅外缘浅弧形隆起；后翅外缘平滑。翅面红褐色。前翅基半部散布黄色鳞片；外线黄色，自顶角向内伸至后缘中部附近，其内侧为褐色区域；外线外侧在 M_2 下方变宽形成近三角形黄色区域，其余区域褐色；臀角处具黑色圆斑。后翅中线为褐色宽带，外缘波曲；顶角处具 1 个红褐色斑块。前后翅中室内角和下角均具白斑。雄性外生殖器（图版 28：11）：钩形突基部宽大，端部狭窄，微凹；颚形突中突细长条带状，端部平；抱器瓣耳状；抱器腹具细且直的长突，仅端部向外弯成钩状；囊形突退化；阳茎盲囊细小，端部具双排螺旋状小齿环绕，阳茎端膜无角状器。雌性外生殖器（图版 51：7）：前表皮突粗大，后表皮突短小；囊导管极短；囊体近椭圆形，具 1 个长圆形囊片，囊片具小刺，中央略向内凹入。

采集记录：武夷山（三港、挂墩、黄溪洲）。

分布：福建、浙江、湖北、江西、湖南、广东、广西、四川、重庆、云南。

(67) 深黄山钩蛾 *Oreta flavobrunnea* Watson, 1967 （图版 4：11，12）

Oreta flavobrunnea Watson, 1967, *Bull. Brit. Mus. nat. Hist.* (Ent.), 19 (3): 186, figs 58 – 60, pl. 3: 103. (China: Yunnan)

Oreta dalia Chu & Wang, 1987a, *Acta Entom. Sinica*, 30 (3): 296, fig. 6, pl. 1: 14. (China: Yunnan)

前翅长：19 ~ 20 mm。前翅顶角端部钝圆，伸出较长，外缘平滑，中部略隆起。后翅外缘平滑。翅面深褐色，斑纹土黄色。前翅基半部土黄色；外线由顶角向内伸至后缘外 1/3 处；顶角黑褐色；臀角处色略深，有时具 1 个黑斑。后翅中部具不规则的宽条带，外线灰黄色波曲；雌性外线外侧大部分为黄色，顶角处具 1 个红褐色大斑。前后翅中室端脉和中室下缘端部白色。雄性外生殖器（图版 28：12）：钩形突膨大扇形；颚形突中突细长指状；抱器瓣长且宽，端部圆，具 2 枚小刺；抱器腹具分叉的骨化突，其上具成列的刺；囊形突铲状，端部平；阳茎端部具 1 个尖锐的刺突和 1 个端部较圆的骨片。

采集记录：武夷山。

分布：福建、云南。

(68) 华夏孔雀山钩蛾 *Oreta pavaca sinensis* Watson, 1967 （图版 4：13，14）

Oreta pavaca sinensis Watson, 1967, *Bull. Brit. Mus. nat. Hist.* (Ent.), 19 (3): 184, figs 51–54, pl. 3: 101. (China: Fukien: Kuatun)

Oreta fusca Chu & Wang, 1987a, *Acta Entom. Sinica*, 30 (3): 298, fig 9, pl. 1: 19. (China: Sichuan)

Oreta unichroma Chu & Wang, 1987a, *Acta Entom. Sinica*, 30 (3): 299, fig 11, pl. 1: 22. (China: Fujian)

Oreta lushansis Fang, 2003, *Butterfly and Moth Fauna of Lushan*: 210, fig. 179. (China: Jiangxi)

前翅长：22～25 mm。前翅顶角圆，弯成钩状，顶角下方翅外缘中部稍突出；翅底色褐色；雄性自前翅顶角至翅后缘有 1 处倾斜的淡褐色区域，被有银色闪光粉被，此区域内侧为 1 条无闪光粉被的条带，条带内侧具扩散状的银色闪光线纹；淡褐色区域外侧有呈扩散状的银色闪光线纹；亚缘线和缘线均为银色线纹。后翅中部被有呈扩散状的银色闪光线纹；雌性前翅顶角相对尖锐；前翅倾斜的淡褐色区域内缘多呈黑褐色斜线延伸至后翅后缘，翅面闪光粉被相对较淡。雄性外生殖器（图版 28：13）：钩形突宽大，中部凹陷形成 2 个椭圆形的瓣状结构；颚形突中突细而直；抱器瓣短宽，端部圆；抱器腹具 2 个粗壮的刺状突；阳茎骨化强，阳茎端部螺旋状结构具小齿；角状器为阳茎端膜上 1 片布满小刺的区域；第 8 腹节腹板后缘两端的小刺突短而直。雌性外生殖器（图版 51：8）：肛瓣腹面具 1 对圆突；交配孔周围骨化；囊导管和囊体共同形成宽大袋状，中上部具骨化纵纹；囊片长圆形，具小刺。

采集记录：武夷山（挂墩、三港、建阳）。

分布：福建、甘肃、浙江、湖北、江西、湖南、广东、广西、四川、重庆、贵州。

(69) 三刺山钩蛾 *Oreta trispinuligera* Chen, 1985　(图版 4: 15)

Oreta trispinuligera Chen, 1985, *Entomotaxonomia*, 7 (4): 278, fig. 2, pl. 1: 3. (China: Hubei)

Oreta ancora Chu & Wang, 1987a, *Acta Entom. Sinica*, 30 (3): 300, fig. 12, pl. 1: 25. (China: Hubei) [Junior homonym of *Oreta ancora* Wilkinson, 1972]

Oreta ankyra Chu & Wang, 1991, *Fauna Sinica*, 3: 246, fig. 203, pl. 10: 16. (replacement name for *Oreta ancora* Chu & Wang, 1987)

前翅长：18～20 mm。前翅顶角细长并凸出，端部钝；外缘中部凸出；前翅外缘臀褶处和后翅外缘顶角下方凹陷。翅面黄褐色，散布黑褐色斑点。前翅外线深灰色，由顶角内侧伸至后缘外 1/4 处，内侧具黑色伴线，外侧顶角至 M_2 具黑色伴线。后翅无线纹。雄性外生殖器（图版 28：14）：钩形突屋脊状，2 个外角近直角；颚形突中突细长刺状；抱器瓣近椭圆形，中部不凹陷，端部具 3 个刺突，上部和中部刺较长，略弯，下部的刺较短而直；囊形突舌状；阳茎端部延伸成 1 勺形长突，端部圆。雌性外生殖器（图版 51：9）：前后表皮突均较短粗；囊导管骨化，短粗；囊体椭圆形，囊片近圆形，具小刺。

采集记录：武夷山（三港）。

分布：福建、河南、陕西、甘肃、湖北、广西、四川、重庆、云南。

(70) 林山钩蛾 *Oreta liensis* Watson, 1967　(图版 4: 16, 17)

Oreta liensis Watson, 1967, *Bull. Brit. Mus. nat. Hist.* (Ent.), 19 (3): 179, figs 40–42, pl. 2: 100. (China: Yunnan)

前翅长：17～20 mm。前翅顶角凸出短钝，外缘中部略凸出；后翅外缘平滑。翅面红褐色，散布黑褐色斑点。前翅基半部具少量黄色鳞片；外线黄色，由顶角向内伸至后缘中后部，后半段波曲；外线外侧在 M_1 下方具 1 处近三角形黄色区域；顶角下方具黑斑。后翅中线褐色；外线褐色，在中部外凸；外线外侧至外缘区域除顶角外为黄色。雄性外生殖器（图版 28：15）：钩形突圆而宽；颚形突中突细长；抱器瓣圆而宽，端部具 1 个刺突；抱器腹具 1 个长刺，伸达抱器瓣端部；囊形突长，端部平；阳茎端部具延长的勺形骨片；第 8 腹节腹板后缘中部凹陷。雌性外生殖器（图版 52：1）：前后表皮突短粗；囊导管极短；囊体不具囊片。

采集记录：武夷山（三港）。

分布：福建、黑龙江、湖北、四川、云南。

(71) 浙江宏山钩蛾 *Oreta hoenei tienia* Watson, 1967 (图版 4: 18)

Oreta hoenei tienia Watson, 1967, *Bull. Brit. Mus. nat. Hist.* (Ent.), 19 (3): 175, figs 29 – 31, pl. 1: 96. (China: Zhejiang)

前翅长：15 ~ 20 mm。前翅顶角弯曲大，下方凹陷深，前后翅外缘中部凸出；后翅外缘在顶角下方凹入。翅面黄褐色，斑纹深褐色。前翅顶角附近颜色较深；中点为 1 个大褐斑；外线自顶角伸至后缘中后部；臀角处具 1 个圆斑。后翅中线和外线波曲，模糊。雄性外生殖器（图版 29：1）：钩形突锥状，端部圆；颚形突中突细长，端部钝圆；抱器瓣短宽耳状；抱器腹基部具 1 个宽阔叶状突，其中下部具 1 个小刺突；囊形突退化；阳茎端部为 1 圈成螺旋状的小齿，并在端部形成骨化的指状突。雌性外生殖器（图版 52：2）：肛瓣腹面具 1 对圆突；囊导管粗，极短，骨化；囊体近圆形，囊颈附近骨化；囊片近圆形，具小刺。

采集记录： 武夷山（三港）。

分布： 福建、浙江、湖北、江西、湖南。

二、尺蛾科 Geometridae

尺蛾科属于鳞翅目、有喙亚目、异脉次亚目、尺蛾总科。多为中小型蛾类，体形细弱，鳞毛较少。头部有 1 对毛隆，无单眼。足细长，具毛和鳞。翅大而薄，静止时四翅平铺。雌性有时无翅或翅退化。前翅 M_2 基部居中，偶有近 M_1 或与 M_1 共柄；后翅 $Sc+R_1$ 在基部弯曲。腹部细长，基部具听器。

亚科检索表

1. 后翅 M_2 不发达或完全消失……………………………… **灰尺蛾亚科 Ennominae**
   后翅 M_2 正常 ……………………………………………………… 2
2. 后翅 M_2 基部接近 M_1，远离 M_3；多为绿色蛾类 ………………… **尺蛾亚科 Geometrinae**
   后翅 M_2 基部位于 M_1 和 M_3 之间，有时略接近 M_3；很少为绿色蛾类 ……………… 3
3. 后翅 $Sc+R_1$ 与 Rs 有一段合并，或在中室端半部有横脉相连；后足胫距发达或胫节退化 …… 4
   后翅 $Sc+R_1$ 与 Rs 分离，或在中室基半部有横脉相连；后足胫节正常，但胫距常退化
   ……………………………………………………… **星尺蛾亚科 Oenochrominae**

4. 后翅 $Sc+R_1$ 与 Rs 在中室基半部有很短一段合并，随即分离；雄性颚形突中突存在 ………… **姬尺蛾亚科 Sterrhinae**

后翅 $Sc+R_1$ 与 Rs 合并至中室中部之外后分离，或在中室中部之外有 1 横脉相连；雄性颚形突中突常退化 ………… **花尺蛾亚科 Larentiinae**

（一）星尺蛾亚科 Oenochrominae

中型蛾类。成虫身体常粗壮。触角类型多样。后足胫节正常，但距常退化。后翅 $Sc+R_1$ 与 Rs 分离，或在中室基半部有横脉相连。雄性外生殖器阳茎端环的骨化膜与抱器背基部连接形成坚硬的骨板。雌性外生殖器囊片常为 1 个圆形骨化斑。

1. 沙尺蛾属 *Sarcinodes* Guenée, 1858

Sarcinodes Guenée, 1858, *in* Boisduval & Guenée, *Hist. nat. Insectes* (Spec. gén. Lépid.), 9: 188. Type species: *Sarcinodes carnearia* Guenée, 1858. (India)

Mergana Walker, 1860, *List Specimens lepid. Insects Colln Brit. Mus.*, 21: 278, 292. Type species: *Mergana aequilinearia* Walker, 1860. (Bangladesh)

Auxima Walker, 1863, *List Specimens lepid. Insects Colln Brit. Mus.*, 26: 1526. Type species: *Auxima restitutaria* Walker, 1863. (India: Darjeeling)

属征：雄性触角单栉形，雌性触角单栉形或线形。额凸出，额毛簇发达。下唇须粗壮，第 3 节伸出额外。后足胫节具 2 对距。前翅顶角尖锐，略呈钩状，外缘凸出；后翅圆。后翅 M_2 与 M_1 合并或共柄。雄性外生殖器：钩形突近三角形；抱器瓣宽大，常具各种修饰性结构；颚形突中突有时退化；基腹弧延长，两侧具味刷；囊形突不明显；阳茎圆柱形，有时端部具钩或刺；阳茎端膜有时具角状器；第 8 腹节腹板常骨化。雌性外生殖器：肛瓣短小，卵圆形；交配孔周围骨化；囊体有时长，不具囊片。

分布：中国，日本，印度，孟加拉国，泰国，菲律宾，马来西亚，印度尼西亚，巴布亚新几内亚。

种检索表

1. 前翅内线、中线和外线为 3 条平行直线 ………… **颜氏沙尺蛾 *S. yeni***

前翅斑纹不如上述 ………… 2

2. 前后翅中点模糊；外线为黑色平直双线，两线之间白色 ………… **八重山沙尺蛾 *S. yaeyamana***

前后翅中点清楚；外线内侧灰黑色，外侧白色 ………… **金沙尺蛾 *S. mongaku***

(1) 颜氏沙尺蛾 *Sarcinodes yeni* Sommerer, 1996 (图版5: 1)

Sarcinodes yeni Sommerer, 1996, *Spixiana, Suppl.* 22: 24, fig. B; figs 1 –3, 6. (China: Taiwan)

前翅长：雄性25 ~28 mm，雌性27 ~30 mm。翅面浅紫灰色。前翅前缘附近深红褐色并掺杂灰黑色细纹；内线、中线和外线为3条向内倾斜的平行直线；内线和中线红褐色；外线内半灰黄色，外半灰黑色，内侧有灰白镶边，由顶角伸达后缘近1/4处；亚缘线为1列模糊黑点；缘毛暗黄褐至深红褐色。后翅中线和外线为2条红褐色至灰黑色平行直线；其余斑纹与前翅的相似。

采集记录：武夷山（三港）。

分布：福建、江西、湖南、台湾、广东、海南、广西、四川、云南。

(2) 八重山沙尺蛾 *Sarcinodes yaeyamana* Inoue, 1976 (图版5: 2)

Sarcinodes yaeyamana Inoue, 1976, *Tinea*, 10 (2): 7. (Japan: Ryukyu)

前翅长：25 ~29 mm。翅面颜色较颜氏沙尺蛾深，散布深灰色斑点。前翅顶角内侧和后翅基部灰白色；外线为黑色平直双线，两线之间为白色，由顶角向内倾斜至后缘中部附近，内侧紧邻1条暗灰紫色晕影状带；亚缘线为1列模糊白点；翅端部及缘毛色略深，暗黄褐色。后翅中线黑色，平直，较前翅清楚；其余斑纹与前翅相似。雄性外生殖器（图版29：2）：钩形突端半部略细；颚形突中突小，端部圆，骨化强；抱器瓣末端略向内凹入；抱器背近平直；抱器瓣中部具3个大小不等的指状突起，近腹缘的突起最长且弯曲，近背缘的突起中部弯折，中间的突起最短；抱器腹强骨化，且具长刚毛；阳端基环前端较后端窄，后端两侧具细长突；阳茎细长，骨化，末端渐细，具小刺；阳茎端膜不具角状器。

采集记录：武夷山（三港、黄坑、黄溪洲）。

分布：福建、江西、湖南、台湾、广西、贵州；日本。

(3) 金沙尺蛾 *Sarcinodes mongaku* Marumo, 1920 (图版5: 4)

Sarcinodes mongaku Marumo, 1920, *J. Coll. Agric., imp. Univ. Tokyo*, 6: 263. (Japan: Honshu, Nachi, Kii)

前翅长：雄性22 mm。翅面金黄至黄褐色，散布大量黑鳞，尤其以翅端部更为显著；后翅基半部颜色较浅。前翅内线灰黑色，弧形，仅前缘处清楚；中线黑色，波状，细弱；中点为黑色圆点；外线内侧灰黑色，外侧白色，由顶角内侧向内倾斜至后缘外 1/3 处；内线与外线之间和翅端部散布浅紫灰色鳞片；缘毛深褐色。后翅中线较前翅平直且清楚；其余斑纹与前翅相似。

采集记录：武夷山（黄溪洲）。

分布：福建、湖南、台湾、广西；日本。

（二）姬尺蛾亚科 Sterrhinae

中小型蛾类。触角类型多样。下唇须纤细。后足胫距发达或胫节退化。前翅 Sc 与 R 脉分离，中室上角具 1 或 2 个径副室。后翅 $Sc+R_1$ 与 Rs 在中室基半部有很短一段合并，随即分离，M_2 基部常位于 M_1 与 M_3 中间。

属检索表

1. 前后翅中室端各具 1 个大眼斑 ········ 眼尺蛾属 *Problepsis*
   前后翅中室端不具大眼斑 ········ 2
2. 前翅外线为斜线，由顶角或顶角下方发出至后缘中部附近 ········ 紫线尺蛾属 *Timandra*
   前翅外线不如上述 ········ 3
3. 前翅前缘具灰黄色宽带 ········ 烤焦尺蛾属 *Zythos*
   前翅前缘不具灰黄色宽带 ········ 4
4. 雄性后足第 1 跗节极膨大，勺状 ········ 须姬尺蛾属 *Organopoda*
   雄性后足第 1 跗节不如上述 ········ 5
5. 雄性阳端基环方形，腹面具 1 对骨片 ········ 泥岩尺蛾属 *Aquilargilla*
   雄性阳端基环不如上述 ········ 6
6. 雄性后足胫节短缩 ········ 瑕边尺蛾属 *Craspediopsis*
   雄性后足胫节不短缩 ········ 6
7. 雄性后足胫节无距 ········ 7
   雄性后足胫节具 1 对或 2 对距 ········ 8
8. 雄性钩形突和颚形突中突退化 ········ 岩尺蛾属 *Scopula*
   雄性钩形突和颚形突中突发达 ········ 姬尺蛾属 *Idaea*
9. 前后翅缘毛较短 ········ 严尺蛾属 *Pylargosceles*
   前后翅缘毛较长 ········ 丽姬尺蛾属 *Chrysocraspeda*

2. 眼尺蛾属 *Problepsis* Lederer, 1853

Problepsis Lederer, 1853. *Verh. zool. -bot. Ges. Wien*, 2 (Abh.): 74. Type species: *Caloptera ocellata* Frivaldszky, 1845. (Turkey) [Replacement name for *Caloptera* Frivaldszky, 1845.]

Caloptera Frivaldszky, 1845, *Evk. Királ. Magy. Term. Társ.*, 1: 185. Type species: *Caloptera ocellata* Frivaldszky, 1845. [Junior homonym of *Caloptera* Gistl, 1834 (Coleoptera)]

Argyris Guenée, 1858, *in* Boisduval & Guenée, *Hist. nat. Insectes* (Spec. gén. Lépid.), 10: 12. Type species: *Argyris ommatophoraria* Guenée, 1858. (Lebanon)

Euephyra Gumppenberg, 1887, *Nova Acta Acad. Caesar. Leop. Carol.*, 49: 328, 342. (No type species is given)

Problepsiodes Warren, 1899b, *Novit. zool.*, 6: 336. Type species: *Problepsis conjunctiva* Warren, 1893. (India)

属征：雄性触角双栉形或锯齿形，具纤毛簇；雌性触角线形，偶有锯齿形。额不凸出。下唇须尖端伸达额外。雄性后足胫节膨大，具发达毛束，无距；跗节短缩；雌性后足胫节正常，2 对距。胸部腹面和前足腿节披长毛。前翅顶角略方，外缘弧形；后翅顶角圆，外缘微波曲。前翅常具 1 个径副室；R_5 与 R_{2-4}长共柄，偶有较短；后翅 Rs 不与 M_1 共柄，M_3 不与 CuA_1 共柄。翅面白至灰白色；前后翅中室端各具 1 个大眼斑，其内通常具小黑斑和银灰色鳞，后者通常翘起；眼斑内具白色条状中点。后翅中室之下由基部至眼斑外侧及后翅反面基部有稀疏长毛。雄性外生殖器：无钩形突；背兜侧突为 1 对合并在一起的突起，具刚毛，有时有小侧叶；背兜内侧腹面边缘常具刺；阳端基环与抱器腹基部愈合，形成 1 个倒三角形或舌状骨片；囊形突宽大；抱器瓣二分叉，形成抱器背和抱器腹两部分，均为细长骨化突；阳茎骨化强；阳茎端膜具不规则形角状器；第 8 腹节腹板小且狭窄，骨化较弱，基部展宽，呈二分叉状，中间常有 1 个小突，端部呈头状膨大；无味刷。雌性外生殖器：肛瓣短粗；前后表皮突均细长；囊导管常骨化，宽大；囊体大，圆形或椭圆形；囊片为成列排布的小刺，刺列的中部常沿囊体纵轴方向合并成骨化带。

分布：古北界，东洋界，澳大利亚界，非洲界。

种检索表

1. 雄性触角双栉形 ………… 2
   雄性触角锯齿形 ………… 5
2. 前翅眼斑圆形或接近圆形 ………… **邻眼尺蛾 *P. paredra***
   前翅眼斑倒置的梨形或长圆形，上大下小 ………… 3
3. 雄性触角栉齿长约为触角干直径的 3 倍 ………… **白眼尺蛾 *P. albidior***
   雄性触角栉齿长略大于触角干直径 ………… 4
4. 翅反面眼斑或多或少带灰褐色；雌性触角锯齿形 ………… **佳眼尺蛾 *P. eucircota***
   翅反面眼斑无灰褐色；雌性触角线形 ………… **斯氏眼尺蛾 *P. stueningi***

5. 头顶黑色 …………………………………………………………………………………… 6
头顶白色 …………………………………………………………………………………… 7
6. 前后翅眼斑之间及后翅眼斑以下为 1 条连续的灰色带，不形成斑块；后翅眼斑近水滴形
…………………………………………………………………… **接眼尺蛾 *P. conjunctiva***
前后翅眼斑之间及后翅眼斑以下不为连续的灰色带，眼斑下方通常形成小斑；后翅眼斑上端窄且方，如指状向前缘凸伸，下端宽且圆 ……………………… **指眼尺蛾 *P. crassinotata***
7. 前后翅外线特别强壮 ……………………………………………… **黑条眼尺蛾 *P. diazoma***
前翅外线细 ………………………………………………………………… **猫眼尺蛾 *P. superans***

(4) 白眼尺蛾 *Problepsis albidior* Warren, 1899　(图版 5: 5)

Problepsis albidior Warren, 1899, *Novit. zool.*, 6: 33. (India: Kulu)

前翅长：雄性 15 ~ 19 mm，雌性 16 ~ 21 mm。雄性触角双栉形，栉齿长约为触角干直径的 3 倍，末端约 1/4 无栉齿；雌性触角线形。额和头顶黑色，额下端白色；下唇须短小，背面黑色，腹面白色。体及翅白色；领片白色，腹部第 3 ~ 7 节背板带浅灰色。雄性后足跗节长度约为胫节的 1/3 至 2/5。前后翅外缘圆；前后翅中室端各具 1 个大眼斑。前翅前缘基部至外线灰黄褐色至黑灰色；眼斑圆形，大多较小，偶有大型（直径 3.5 ~ 5.0 mm），黄褐色，斑上有 1 个银圈和 2 条短银线，斑内在 CuA_1 基部两侧有小黑斑；大斑下在后缘处有 1 个小褐斑，周围有银圈；后翅眼斑肾形，中央白色，周围灰黄褐色有银圈；斑下在后缘散布银色鳞片；外线灰黄褐色，前翅弧形，后翅浅弧形，均远离眼斑，前翅外线中部与眼斑和外缘距离相仿，后翅略近眼斑；亚缘线为 2 列云纹样灰斑，外侧 1 列较小，较模糊；缘线纤细灰色；缘毛白色，端部略灰。翅反面白色，隐约可见正面的眼斑、外线和亚缘线；前翅前缘颜色较正面浅。

采集记录：武夷山（三港、桐木）。

分布：福建、山西、甘肃、安徽、浙江、湖北、湖南、台湾、广东、海南、广西、四川、云南、西藏；日本，印度，印度尼西亚。

(5) 佳眼尺蛾 *Problepsis eucircota* Prout, 1913　(图版 5: 3)

Problepsis eucircota Prout, 1913, *in* Seitz, *Macrolepid. World*, 4: 50. (China: Shanghai; Ningpo; Chia-ting-fu)

前翅长：雄性 14 ~ 21 mm，雌性 14 ~ 19 mm。雄性触角双栉形，栉齿长略大于

触角干直径，末端约1/5无栉齿；雌性触角锯齿形，每节具2对纤毛簇。额和头顶黑色，额下端略带白色；下唇须黑褐色，腹面黄白色；领片白色；胸部和腹部第1、2节背面白色，其余腹节背面灰色。雄性后足跗节长约为胫节的1/4至1/3。翅白色；前翅前缘基部至外线深灰色；前翅眼斑圆形，有时略呈卵圆形，平均略大于前种，眼斑内的银色圈通常比较完整，CuA_1两侧具鲜明黑斑，M_3以上无黑色；眼斑下方具1个小黄褐色斑，未达后缘，其上有银鳞；后翅眼斑肾形，具银圈，在M_3与CuA_1基部附近常有少量黑色；眼斑下的小斑较前翅的大，有时与眼斑相连，下端到达后缘，大部覆盖银鳞；外线黄褐色至深灰色，细带状，前翅弧形，中部略凹，后翅浅弧形，前后翅外线均与眼斑和外缘的距离相仿；亚缘线为2列云纹样灰斑，部分消失；缘线灰色；缘毛白色，端半部略带灰色。翅反面眼斑深灰褐色，中心灰白色；前翅前缘深灰褐色，有时向下扩散至中室下缘；前翅外线由前缘至CuA_2深灰褐色，有时消失；后翅外线及两翅亚缘线消失。

采集记录：武夷山（三港、桐木）。

分布：福建、山西、河南、陕西、甘肃、上海、浙江、湖北、江西、湖南、广西、四川、贵州、云南；日本；朝鲜半岛。

(6)斯氏眼尺蛾 *Problepsis stueningi* Xue, Cui & Jiang, 2018（图版5：6）

Problepsis stueningi Xue, Cui & Jiang, 2018, *Zootaxa*, 4392 (1): 106, figs 4, 5, 33, 54, 75, 94. (China: Gansu)

前翅长：雄性15～18 mm，雌性16～17 mm。雄性触角结构、头胸腹颜色同佳眼尺蛾，但雌性触角为线形，无锯齿；雄性后足跗节长度约为胫节的1/3。翅面斑纹与佳眼尺蛾极为相近，仅有几处微小的区别：翅面略带污白色，平均不如佳眼尺蛾洁白；前翅眼斑略呈椭圆形，不如该种圆；外线颜色较浅淡，淡黄褐色（该种多为灰色），较细但粗细较均匀，前翅外线的弧形较圆润，中部不内凹（佳眼尺蛾大多在M脉间有明显内凹，且该处较细）；后翅眼斑无黑色；前后翅后缘的小斑平均较该种小。翅反面颜色浅淡；前翅前缘黄褐至深灰褐色，不向下扩展；两翅眼斑为正面斑纹透映到反面，无任何灰褐色，该处鳞片全为半透明的白色，有时有少量浅灰色，正面CuA_1基部的2个小黑斑在反面清晰可辨；外线完全消失。

采集记录：武夷山（三港、崇安星村曹墩）。

分布：福建、山西、河南、陕西、甘肃、浙江、湖北、江西、湖南、广东、广西、四川、重庆、贵州。

(7) 邻眼尺蛾 *Problepsis paredra* Prout, 1917 （图版 5: 7）

Problepsis paredra Prout, 1917, *Novit. zool.*, 24: 312. (China: Sichuan)

前翅长：雄性 14 ~ 18 mm，雌性 15 ~ 18 mm。雄性触角双栉形，栉齿长略大于触角干直径，末端约 1/4 无栉齿；雌性触角线形。头黑色；额下端和下唇须腹面白色；领片、胸部和第 1 腹节背面白色，第 2 腹节背面有时可见小灰斑，其余各腹节背面大部分为灰色。雄性后足跗节长度约为胫节的 1/3 或更短。前翅前缘基部至外线灰褐至深灰褐色；前翅眼斑倒梨形，上大下小，内缘凹，大部有黑边，外缘中部凸出，在 M 脉间和 CuA_2 处凹，边缘掺杂少量黑鳞，斑内银圈较完整，中部以下有黑斑，中部之上有时有黑斑；后翅眼斑较狭小，大多呈条形，斑内有小黑斑或散碎黑鳞，下端不与后缘小斑接触；前后翅外线淡灰黄色或淡灰色，较弱，较前种略远离眼斑，中部凹入较浅；亚缘线的 2 列灰点色较浅，有时部分消失；缘线灰色纤细，在前翅极少带黑灰色或在翅脉间形成小黑点；缘毛端半部仅略带淡灰色。翅反面眼斑深灰色至深灰褐色，模糊；其余斑纹极模糊或消失；前翅反面前缘颜色较正面的浅。

采集记录：武夷山（三港、大竹岚、黄柏溪）。

分布：福建、陕西、甘肃、湖北、江西、湖南、广东、广西、四川、云南。

(8) 接眼尺蛾 *Problepsis conjunctiva* Warren, 1893 （图版 5: 10）

Problepsis conjunctiva Warren, 1893, *Proc. zool. Soc. Lond.*, 1893 (2): 358. (India: Sikkim)

Problepsis conjunctiva subjunctiva Prout, 1917, *Novit. zool.*, 24: 309. (China: Hainan).

前翅长：雄性 14 ~ 17 mm，雌性 17 ~ 18 mm。雄性触角锯齿形，具纤毛簇；雌性触角线形。头顶、额和下唇须黑色，额下端和下唇须腹面有白色；领片黑灰色；胸部背面白色。腹部背面灰至深灰色。雄性后足跗节长度约为胫节长的 1/2。翅灰白色，或多或少带浅灰褐色；前翅前缘基部至眼斑上方灰褐色；前翅眼斑近圆形，下端稍尖，中部色淡，银圈不完整，有时银鳞稀少，CuA_1 基部两侧黑斑发达，其上方无黑色；后翅眼斑近水滴形，银圈不完整，斑内在 CuA_1 下方有 1 个深褐点；前后翅眼斑之间及后翅眼斑以下为 1 条连续的灰色带，边缘模糊，不形成斑块；前翅后缘中部至近基部处及后翅后缘中部附近散布银白色鳞；前后翅外线较粗但较模糊，深灰色；亚缘线通常消失，在颜色较深的个体中或多或少有一些散碎灰斑点；缘线淡灰色，细弱；缘毛白色至淡灰色。翅反面白色，散布较多灰褐色，眼斑及其灰带和外线均深灰褐色，前翅眼斑内的黑斑隐约可见。

采集记录：武夷山（挂墩、大竹岚、黄溪洲、坳头、黄坑）。

分布：福建、甘肃、湖北、湖南、台湾、广东、海南、云南、西藏；印度，缅甸。

(9) 指眼尺蛾 *Problepsis crassinotata* Prout, 1917 （图版 5：11）

Problepsis crassinotata Prout, 1917, *Novit. zool.*, 24: 310. (India: Khasi Hills)

前翅长：雄性 16～22 mm，雌性 19～25 mm。雄性触角锯齿形具纤毛簇，雌性触角线形。头顶、额和下唇须黑色，额下端和下唇须腹面为白色；领片浅灰褐色至黑色，个体间变化明显，但不为白色；胸部背面白色。腹部背面灰色，第 1 腹节背面有时白色。雄性后足跗节长约为胫节长的 2/5。前翅前缘基部至外线深灰色；前翅眼斑圆形，深褐色，具 1 片不完整的黑圈和稀疏的银灰色鳞片；眼斑下方在后缘处具小褐斑；后翅眼斑色深，上端窄且方，如指状向前缘凸伸，下端宽且圆，眼斑大小及上半部的宽窄变化非常大；眼斑内有少量黑色，上半部有少量银灰色鳞片，下半部有 1 个暗银灰色圈；后缘小斑与眼斑接触或十分接近，具银色鳞片；前后翅外线浅灰色，有时略带灰黄色调，弧形，在 M 脉间和臀褶处明显凹入；亚缘线为 1 列云纹样深灰色斑，其外侧隐约可见另 1 列较小且模糊的灰斑；缘线深灰色，纤细；缘毛灰色掺杂白色。翅反面前翅前缘和两翅眼斑深灰褐色，十分鲜明；外线和亚缘线极弱或消失。雄性外生殖器（图版 29：3）：背兜狭长，顶端略尖，内缘无刺；合并的背兜侧突长且粗大，中下部有 1 对侧叶；阳端基环近三角形；囊形突扁宽；抱器背突中下部隆起，端半部渐细，略弯曲，末端尖锐；抱器腹突基部膨大，末端尖锐；两突均较长，超出背兜顶端；阳茎较粗壮，不分叉，末端具 1 个刺突；阳茎盲囊较大，长度占阳茎全长的 2/5 以上；角状器为 2 条细长弯曲骨化条和 1 个微小骨片；第 8 腹节腹板狭长，端部膨大，基部渐宽，两侧突圆钝，不外展，中突短小。

采集记录：武夷山（三港、挂墩）。

分布：福建、河南、陕西、甘肃、浙江、湖北、江西、湖南、台湾、广西、四川、重庆、贵州、云南、西藏；印度。

(10) 黑条眼尺蛾 *Problepsis diazoma* Prout, 1938 （图版 5：8）

Problepsis diazoma Prout, 1938, *in* Seitz, *Macrolepid. World*, 4 (Suppl.): 222. (Japan: Takao-San)

前翅长：雄性 18 ~ 23 mm，雌性 20 ~ 24 mm。雄性触角锯齿形，具纤毛簇；雌性触角线形；触角背面灰褐色至黑褐色，基部白色。头顶白色；额和下唇须黑色，额下端和下唇须腹面白色。领片灰白与灰褐色掺杂至黑褐色，个体差异很大；胸部背面白色，腹部背面灰色。雄性后足跗节长为胫节长的 2/5 至 1/2。翅面污白色，略显青灰色，斑纹浓重；前翅前缘的灰色带较宽；眼斑圆形，银圈在 M_3 脉以上较完整，CuA_1 基部两侧黑斑发达；斑内有白色条形中点；斑下为 1 条模糊灰影状带，有银鳞；后翅眼斑椭圆形，有时两侧缘略凹，银圈较完整，上端开口，斑内无黑色；其下方小斑色深但边缘模糊，有少量银鳞；前后翅外线和其外侧灰色云纹特别强壮，深灰色；缘线深灰色；缘毛灰色，在翅脉端颜色稍浅。翅反面斑纹强壮，前翅眼斑内侧在中室下缘以上几乎全部为深灰褐色；前后翅眼斑、外线和云状纹均为深灰褐色，前翅眼斑带灰黑色；外线较正面粗壮，部分与第 1 列亚缘线的斑点融合。

采集记录：武夷山（三港）。

分布：福建、浙江、湖北、湖南、海南、重庆；日本；朝鲜半岛。

(11) 猫眼尺蛾 *Problepsis superans* (Butler, 1885)　(图版 5: 9)

Argyris superans Butler, 1885, *Cistula ent.*, 3: 122. (Japan: Yezo)

Problepsis superans: Strand, 1911, *Ent. Rdsch.*, 28: 122.

Problepsis (Problepsiodes) superans: Prout, 1913, *in* Seitz, *Macrolepid. World*, 4: 50, pl. 5: a.

前翅长：雄性 24 ~ 30 mm，雌性 26 ~ 31 mm。雄性触角锯齿形，具纤毛簇，纤毛长度与触角干直径相仿；雌性触角线形。头顶白色；额和下唇须黑色，下唇须腹面黄白色；领片黑灰色；胸部背面和第 1 和第 2 腹节背面白色，其余各腹节背面黑灰色至黑褐色。雄性后足跗节长等于或略大于胫节的 1/2。前翅前缘灰色狭窄，到达眼斑上方；眼斑大而圆，具黑圈，其上端开口，黑圈内为 1 个不完整的银圈，CuA_1 两侧有小黑斑；眼斑内有白色条状中点；眼斑下方的小斑近乎消失；后翅眼斑色深，有时近黑灰色，近椭圆形，较宽阔，斑内散布银鳞，外上角带少量黑色；后缘的小斑与眼斑接触甚至融合，中心有银鳞；外线纤细，前翅外线色浅淡，在前缘附近消失；后翅外线深灰色，较直，中部紧邻眼斑；翅端部云状纹发达，深灰色；缘线纤细深灰色；缘毛基半部灰白色，端半部在翅脉端为白色，在翅脉间为深灰色。翅反面斑纹较弱，前翅前缘基半部附近深灰褐色，有时向下扩展至中室下缘；眼斑较正面小，深灰褐色，前后翅均有白色条状中点；翅端部灰纹隐约可见。

采集记录：武夷山（三港、黄溪洲、黄坑）。

分布：福建、黑龙江、吉林、辽宁、北京、河北、河南、陕西、甘肃、浙江、湖北、江西、湖南、台湾、广西、四川、贵州、云南；俄罗斯（东南部），日本；朝鲜半岛。

3. 泥岩尺蛾属 *Aquilargilla* Cui, Xue & Jiang, 2018

Aquilargilla Cui, Xue & Jiang, 2018. *Zootaxa*, 4514 (3): 432. Type species: *Aquilargilla aculeatus* Cui, Xue & Jiang, 2018.

属征： 雄性触角双栉形，雌性触角线形。成虫体型中型。额黑色，稍凸出。头顶纯白。下唇须稍伸出额外。领片灰色；肩片浅，末端鳞片伸长。雄性后足胫节无距，不膨大，无毛束。两性翅缰均发达。前翅顶角尖锐；后翅顶角钝圆。翅灰色。两翅翅面斑纹几乎不可见。前、后翅中点黑色，模糊。缘毛灰黑色。前翅具 1 个或 2 个径副室。R_{2-4}脉通常起始于径副室前角，但 R_1 和 R_5 脉或起始于径副室前角远端或直接起始于前角；有些标本中 R_5 与 R_{2-4}短共柄。M_2 靠近 M_1；M_3 与 CuA_1 不共柄。后翅 Rs 与 M_1 脉短共柄，有时起始于中室前角；M_3 与 CuA_1 脉分离。雄性外生殖器：钩形突和颚形突缺失；背兜通常具刺或突；抱器瓣分为 2 个不同的部分；阳端基环方形，腹面具 1 对骨片；基腹弧发达且膨大；阳茎弯曲，具角状器；第 8 腹板前缘深凹呈“U”形，后缘具 1 对突起。雌性外生殖器：肛瓣钝圆；前表皮突短于后表皮突；前阴片发达；交配孔周围骨化；囊导管细；囊体大而圆；囊片宽，表面具鳞片状刺。

分布： 中国。

(12) 微刺泥岩尺蛾 *Aquilargilla ceratophora* Cui, Xue & Jiang, 2018 （图版 5：12）

Aquilargilla ceratophora Cui, Xue & Jiang, 2018, *Zootaxa*, 4514 (3): 433, figs 1–2, 4–6, 10, 12. (China: Fujian)

Epicosymbia albivertex Xue, 1992, *in* Liu, *Icon. Forest Insects Hunan China*: 826. (nec Swinhoe, 1892)

前翅长：雄性 12 ~ 15 mm，雌性 13 ~ 15 mm。雄性触角栉齿具长感觉毛，前排感觉毛起始于由栉齿底部伸出的“V”形突。雄性后足跗节约为胫节的 3/4。翅黑灰色或灰褐色，具窄横纹，黑色波浪状，不清晰。前翅前缘脉区域颜色加深；顶角尖锐，稍钩状，后翅顶角钝圆；外缘直；外线在 M_2 处形成 1 个尖锐小突；两翅中点黑色短杆状，不清晰。缘毛灰黑色。雄性外生殖器：背兜端部平；背兜侧突窄且短，端部尖锐；1 对长且粗壮的刺状突起始于背兜侧边；抱器瓣分为瓣膜和抱器腹；

瓣膜基部宽，端部窄，指状；抱器腹端半部指状，较瓣膜弱，急剧变窄，基部外缘伸出 1 个短突；阳茎中央强弯曲且骨化，基部稍宽；角状器为 1 个微刺斑。雌性外生殖器：骨环发达。囊导管长，弱骨化，后部窄，并向囊体方向逐渐变宽。囊片为 1 个由小叶组成的水滴状斑，小叶沿中轴线对称排列，每个小叶端部均具 1 根微刺。

采集记录：武夷山（三港、挂墩）。

分布：福建、湖北、湖南、广东。

4. 岩尺蛾属 *Scopula* Schrank, 1802

Scopula Schrank, 1802, *Fauna Boica.*, (2) 2: 162. Type species: *Phalaena paludata* Linnaeus, 1767. (Portugal)

Craspedia Hübner, [1825] 1816, *Verz. bekannter Schmett.*: 312. Type species: *Phalaena ornata* Scopoli, 1763. (Italy)

Leptomeris Hübner, [1825] 1816, *Verz. bekannter Schmett.*: 310. Type species: *Geometra umbelaria* Hübner, 1813. (Europe)

Calothysanis Hübner, 1823, *Verz. bekannter Schmett.*: 301. Type species: *Geometra imitaria* Hübner, 1799. (Europe)

Acidalia Treitschke, 1825, *in* Ochsenheimer, *Schmett. Eur.*, 5 (2): 438. Type species: *Geometra strigaria* Hübner, 1799. (Europe) [Junior homonym of *Acidalia* Hübner, 1819 (Lepidoptera: Nymphalidae).]

Pylarge Herrich-Schäffer, 1855, *Syst. Bearbeitung Schmett. Eur.*, 6: 105, 116. Type species: *Idaea commutata* Freyer, 1832. (Germany)

Lycauges Butler, 1879a, *Ann. Mag. nat. Hist.*, (5) 4: 373. Type species: *Lycauges lactea* Butler, 1879. (Japan)

Runeca Moore, 1888a, *in* Hewitson & Moore, *Descr. new Indian lepid. Insects Colln late Mr W. S. Atkinson*, 3: 252. Type species: *Runeca ferrilineata* Moore, 1888. (India)

Triorisma Warren, 1897b, *Novit. zool.*, 4: 226. Type species: *Triorisma violacea* Warren, 1897. (India)

Eucidalia Sterneck, 1941, *Z. wien Ent. Ver.*, 26: 27, 42. Type species: *Phalaena immorata* Linnaeus, 1758. (Europe)

属征：雄性触角常线形并具短纤毛，有时为短双栉形；雌性触角线形。额不凸出。下唇须纤细，尖端伸达额外。雄性后足胫节膨大，无距，具毛束，跗节常短缩。前翅外缘近弧形；后翅圆。雄性外生殖器：钩形突和颚形突中突退化；背兜侧突发达，有时具长刚毛；抱器瓣分叉，形成抱器背和抱器腹两部分；囊形突宽；阳端基环常具 1 对突起；第 8 腹节腹板常具 1 对骨化突。雌性外生殖器：肛瓣常圆形；前阴片发达，近半圆形；后阴片骨化弱；交配孔常骨化，具侧突；囊导管膜质；囊体长，有时褶皱，囊片由纵向排列的小刺组成。

分布：全世界。

种检索表

1. 前翅中点短条状……………………………………………………………… **忍冬尺蛾 *S. indicataria***
   前翅中点小点状 ……………………………………………………………………………………… 4
2. 翅面灰褐色……………………………………………………………………… **卡岩尺蛾 *S. kagiata***
   翅面白色 ………………………………………………………………………… **褐斑岩尺蛾 *S. propinguaria***

(13) 忍冬尺蛾 *Scopula indicataria* (Walker, 1861) (图版 5: 13)

Argyris indicataria Walker, 1861, *List Specimens lepid. Insects Colln Brit. Mus.*, 23: 809. (China: North)

Somatina indicataria: Prout, 1913, *in* Seitz, *Macrolepid. World*, 4: 44, pl. 5: a.

Scopula indicataria: Sihvonen, 2005, *Zool. J. Linn. Soc.*, 143 (4): 522.

前翅长：雄性 13 ~ 17 mm，雌性 14 ~ 17 mm。雄性触角纤毛形，雌性触角线形。额黑褐色；头顶和胸部背面白色。腹部背面灰黑色，各腹节后缘白色。雄性后足胫节具毛束，跗节长约为胫节之半或 2/5。翅面白色，翅端部斑纹灰色。前翅内线非常细弱，锯齿形，黄褐色；中线起始于中点外侧，弯曲细带状；外线近外缘，非常细弱，在前缘处扩展成 1 个小斑，外侧为 2 列半月形小灰斑；缘线黑色，在翅脉间形成半月状；缘毛灰色，在翅脉端白色；中点黑色短条，有 2 个向外凸的小齿，其周围是 1 个灰褐色圆环，与中点间有空隙，与中线接触处加深形成黑斑。后翅中线波浪状模糊带，未达前缘，中点较小，黑色短条形；外线锯齿形，远离外缘且较完整，其尖齿在翅脉上形成小黑点，外侧的 2 列灰斑，内侧 1 列较大而圆，常互相接触；缘线和缘毛同前翅。翅反面白色，隐见正面斑纹。雄性外生殖器（图版 29: 4）：背兜侧突为 1 对短指状突起；抱器背棒状，端部具 1 个细指状突起；抱器腹端部渐细，末端尖锐；阳端基环环状，基部两侧具 1 对内卷的片状突起；阳茎近前端具 1 个圆突，后端弯曲，具 1 个细长刺突；阳茎端膜不具角状器；第 8 腹节腹板前端两侧具 1 对细长突起，其端部尖锐具小刺。

采集记录：武夷山（崇安城关、三港）。

分布：福建、黑龙江、吉林、辽宁、北京、河北、山东、河南、陕西、甘肃、宁夏、上海、湖北、江西、湖南、贵州、四川；俄罗斯，日本；朝鲜半岛。

(14) 褐斑岩尺蛾 *Scopula propinquaria* (Leech, 1897)　(图版 5: 14)

Acidalia propinquaria Leech, 1897, *Ann. Mag. nat. Hist.*, (6) 20: 91. (China: Hubei, Sichuan, Guizhou, Zhejiang; Korea: Gensan)

Craspedia propinquaria: Longstaff, 1912, *Butt. Hunting*: 129.

Scopula propinquaria: Prout, 1934a, *in Strand, Lepid. Cat.*, 63 (2): 220.

前翅长：雄性 11 mm，雌性 10 ~ 12 mm。雄性触角纤毛长约为触角干直径的 1.5 ~2 倍。雄性后足胫节无距，具毛束；跗节长约为胫节的 3/5。额黑色。体污白色。翅面白色。前翅内线和中线黄褐色，波曲，模糊；中点黑色，微小；外线灰褐色，微波状，接近外缘，其外侧为 1 列浓重云纹状斑块；亚缘线白色波状，其外侧为 1 条黄褐色带；缘线黑灰色，在翅脉端断离；缘毛灰黄色。后翅中线平直；其余斑纹与前翅相似。雄性外生殖器（图版 29：5）：背兜侧突细长，端部弯钩状；抱器背膜质，指状；抱器腹骨化，端部略细且尖锐；阳端基环环状，基部两侧具 1 对卵圆形骨片；阳茎近后端部略粗，末端尖锐；阳茎端膜不具角状器；第 8 腹节腹板两侧具 1 对细长突起，略弯曲，端部尖锐。

采集记录：武夷山（三港、黄溪洲、大竹岚、黄坑）。

分布：福建、甘肃、浙江、湖北、江西、湖南、台湾、广东、广西、四川、贵州；越南；朝鲜半岛。

(15) 卡岩尺蛾 *Scopula kagiata* (Bastelberger, 1909)　(图版 5: 15)

Emmiltis kagiata Bastelberger, 1909a, *Dt. ent. Z. Iris*, 22 (2/3): 172. (China: Taiwan: Arizan)

Scopula kagiata: Prout, 1934a, *in* Strand, *Lepid. Cat.*, 63 (2): 272.

前翅长：12 ~ 15 mm。翅面浅黄褐色，散布黑色小点，斑纹灰褐色。前翅内线向内倾斜，纤细，模糊；中线灰褐色，粗壮，与内线平行，伸至后缘中部附近；中点黑点状；外线锯齿状；亚缘线微波状；缘线在各脉间呈黑色小点状；缘毛浅黄褐色。后翅斑纹与前翅相似。

采集记录：武夷山（三港）。

分布：福建、台湾。

5. 丽姬尺蛾属 *Chrysocraspeda* Swinhoe, 1893

Chrysocraspeda Swinhoe, 1893. *Ann. Mag. nat. Hist.*, (6) 12: 157. Type species: *Ephyra abhadraca* Walker, 1861. (Sri Lanka)

Ptochophyle Warren, 1896b, *Novit. zool.*, 3: 293. Type species: *Ptochophyle notata* Warren, 1896. (Papua New Guinea)

Chrysolene Warren, 1897a, *Novit. zool.*, 4: 49. Type species: *Hyria deviaria* Walker, 1861. (India)

Heteroctenis Meyrick, 1897, *Trans. ent. Soc. Lond.*, 1897: 71. Type species: *Heteroctenis dracontias* Meyrick, 1897. (Borneo)

属征：雄性触角常双栉形，雌性触角双栉形，有时线形。额不凸出。下唇须纤细，端部伸达额外。后足胫节具2对距。前后翅外缘平滑，有时在中部略凸出。雄性外生殖器：钩形突短舌状，端部常具1对突起；颚形突中突退化；抱器瓣分叉，形成抱器背和抱器腹两部分；阳茎圆柱形；阳茎端膜有时具角状器；第8腹节腹板中央常具三角形骨片。雌性外生殖器：肛瓣短粗，略弯曲，基部由1个骨片连接在一起；交配孔附近略骨化；囊导管粗；囊体椭圆形，膜质，通常不具囊片。

分布：东洋界，非洲界。

种检索表

雄性前翅中央具白色粗“十”字纹 ………………………………… **粉红丽姬尺蛾 *Ch. faganaria***

雄性前翅中央不具白色粗“十”字纹 ……………………………… **黄点丽姬尺蛾 *Ch. flavipuncta***

(16) 粉红丽姬尺蛾 *Chrysocraspeda faganaria* (Guenée, 1858) (图版5: 16)

Hyria faganaria Guenée, 1858, *in* Boisduval & Guenée, *Hist. nat. Insectes* (Spec. gén. Lépid.), 9: 430. (Brazil? incorrect locality)

Phalaena togata Fabricius, 1798, *Ent. Syst.*, (Suppl.): 454. (India) [Junior homonym of *togata* Esper, 1788.]

Hyria deviaria Walker, 1861, *List Specimens lepid. Insects Colln Brit. Mus.*, 22: 664. (India: Hindostan)

Hyria? rhodinaria Walker, 1861, *List Specimens lepid. Insects Colln Brit. Mus.*, 22: 666. (Sri Lanka)

Acidalia amoenaria Snellen, 1890, *Tijdschr. Ent.*, 33 (3): 222. (Sumatra; Java)

Hyria auricincta Hampson, 1893, *Illust. typical Specimens Lepid. Heterocera Colln Brit. Mus.*, 9: 39, 149, pl. 170, fig. 1. (Sri Lanka)

Ptochophyle togata: Prout, 1938, *in* Seitz, *Macrolepid. World*, 12: 157.

Chrysocraspeda faganaria: Parsons *et al.*, 1999, *in* Scoble, *Geometrid Moths of the World, a Catalogue*, 1: 155.

前翅长：9~11 mm。翅面红褐色。雄雌异型。前后翅外缘中部略凸出。雄性：前翅内线黄色波曲，翅中央具白色“十”字形斑块，中点深红色，短条状；后翅中央具形状不规则的浅黄色斑块，中点深红色，较前翅明显；前后翅亚缘线和缘线为2列浅黄色斑块，缘毛浅黄色掺杂红褐色。雌性：前后翅面斑纹模糊，翅端部除 M_3 附近具浅黄色带。雄性外生殖器（图版29：6）：钩形突膜质，端部为1对短指状突起，具刚毛；抱器背简单，平直，膜质；抱器腹骨化，长刺状，端半部略弯曲，具1个长针状突，末端具1个短刺；囊形突端部略尖；阳端基环细长；阳茎端膜不具角状器。

采集记录：武夷山（三港）。

分布：福建、海南、广西；印度，新加坡，斯里兰卡，印度尼西亚。

(17) 黄点丽姬尺蛾 *Chrysocraspeda flavipuncta* (Warren, 1899)　(图版5：17)

Chrysolene flavipuncta Warren, 1899b, *Novit. zool.*, 6: 331. (Philippines)

Ptochophyle flavipuncta: Prout, 1938, *in* Seitz, *Macrolepid. World*, 12: 157.

Ptochophyle flavipuncta westi Prout, 1938, *in* Seitz, *Macrolepid. World*, 12: 157. (Philippines)

Chrysocraspeda flavipuncta: Parsons *et al.*, 1999, *in* Scoble, *Geometrid Moths of the World, a Catalogue*, 1: 155.

前翅长：雄性13mm。翅红褐色，斑纹模糊。前翅顶角略凸出，前后翅外缘中部不凸出。前翅中点黑褐色，短条状，清楚；后翅中点白色，近椭圆形，较前翅小，其内侧翅面颜色较浅；前后翅缘线和缘毛黄色。

采集记录：武夷山（三港）。

分布：福建；菲律宾。

6. 姬尺蛾属 *Idaea* Treitschke, 1825

Idaea Treitschke, 1825, *in* Ochsenheimer, *Schmett. Eur.*, 5 (2): 446. Type species: *Phalaena aversata* Linnaeus, 1758. (Finland)

Pyctis Hübner, [1825] 1816, *Verz. bekannter Schmett.*: 309. Type species: *Geometra aureolaria* Denis & Schiffermüller, 1775. (Austria: Vienna district)

Strrha Hübner, [1825] 1816, *Verz. bekannter Schmett.*: 309. Type species: *Geometra sericeata* Hübner, [1813] 1796. (Europe)

Arrhostia Hübner, [1825] 1816, *Verz. bekannter Schmett.*: 311. Type species: *Phalaena aversata* Linnaeus, 1758. (Japan: Hokkaido, Kushiro, Kawaya)

Ptychopoda Curtis, 1826, *Brit. Ent.*, 3: 132. Type species: *Phalaena biselata* Hufnagel, 1767. (Germany: Berlin region)

Ania Stephens, 1831, *Illust. Brit. Ent.*, 3: 321. Type species: *Phalaena emarginata* Linnaeus, 1758. (Europe)

Janarda Moore, 1888a, *in* Hewitson & Moore, *Descr. new Indian lepid. Insects Colln late Mr W. S. Atkinson*, 3: 265. Type species: *Janarda acuminata* Moore, 1888. (India: Darjeeling)

Aphrogeneia Gumppenberg, 1890, *Nova Acta Acad. Caesar. Leop. Carol.*, 54: 483. Type species: *Geometra nexata* Hübner, 1813. (Europe)

Andragrupos Hampson, 1891, *Illust. typical Specimens Lepid. Heterocera Colln Brit. Mus.*, 8: 31, 119. Type species: *Andragrupos violacea* Hampson, 1891. (India)

Anteois Warren, 1900b, *Novit. zool.*, 7: 146. Type species: *Phalaena muricata* Hufnagel, 1767. (Germany)

属征： 雄性触角双栉形或线形，雌性触角线形。额不凸出。下唇须细弱，仅尖端伸达额外。雄性后足胫节无距。前翅顶角圆，前后翅外缘中部有时凸出。雄性外生殖器：钩形突三角形；颚形突中突发达；抱器瓣简单，宽大，端部具刚毛或刺；味刷有或无；阳茎端膜常具角状器。雌性外生殖器：肛瓣为 1 对乳头状突起；囊导管通常短，骨化或膜质；囊体形状多样；囊片常为密集的微刺群。

分布： 全世界。

种检索表

1. 后翅中部具 1 个黄斑 …… 小红姬尺蛾 ***I. muricata minor***
   后翅中部不具黄斑 …… 2
2. 前后翅缘线为黑色宽带 …… 玛莉姬尺蛾 ***I. proximaria***
   前后翅缘线不为黑色宽带 …… 3
3. 前后翅缘毛黄色 …… 朱姬尺蛾 ***I. sinicata***
   前后翅缘毛不为黄色 …… 4
4. 翅面灰绿色 …… 三线姬尺蛾 ***I. costiguttata***
   翅面不为灰绿色 …… 5
5. 前后翅亚缘线粗壮 …… 黄带姬尺蛾 ***I. impexa***
   前后翅亚缘线不可见 …… 褐姬尺蛾 ***I. salutaria***

(18) 小红姬尺蛾 *Idaea muricata minor* (Sterneck, 1927) (图版 5: 18)

Ptychopoda muricata var. minor Sterneck, 1927, *Dt. ent. Z. Iris*, 41: 167. (China: Beijing; Sichuan: Guanxian)

Sterrha muricata minor: Prout, 1935, *in* Seitz, *Macrolepid. World*, 4 (Suppl.): 54.

Idaea muricata minor: Inoue, 1977, *Bull. Fac. domestic Sci.*, *Otsuma Woman's Univ.*, 13: 247.

前翅长：雄性 7 mm，雌性 7 ~ 8 mm。雄性触角线形，具长纤毛，雌性触角线形。下唇须短小细弱；额黑褐色；头顶白色；胸部前端和腹部背面粉红色，中后胸大部和臀簇黄色。雄性后足细，胫节和跗节均不膨大，胫节无距。前后翅外缘浅弧形。翅为粉红色；前翅前缘下有 1 条灰黑色带；基部有 1 块黄斑，中部有 2 块黄斑，后翅中部有 1 块黄斑，上述黄斑范围常有变化；前后翅外线黑色，较接近外缘；翅端部有 1 条狭窄黄带，其内缘不整齐；缘毛为黄色。翅反面红色减少，但有时加深，黄斑扩大；前翅中室内有褐色斑。

采集记录：武夷山（三港、邵武）。

分布：福建、黑龙江、吉林、辽宁、内蒙古、北京、河北、山西、山东、河南、陕西、宁夏、青海、湖北、江西、湖南、广西、四川、贵州、云南；俄罗斯，蒙古，日本；朝鲜半岛。

(19) 朱姬尺蛾 *Idaea sinicata* (Walker, 1861)（图版 5: 19）

Hyria sinicata Walker, 1861, *List Specimens lepid. Insects Colln Brit. Mus.*, 22: 668. (China: Southeast)

Sterrha sinicata: Prout, 1934a, *in* Strand, *Lepid. Cat.*, 63 (2): 335.

Idaea sinicata: Inoue, 1992a, *in* Heppner & Inoue, *Lepid. Taiwan*, 1 (2): 124.

前翅长：7 mm。翅面为橘黄色，斑纹为红褐色。前翅中线近平直；中点微小，点状；外线和亚缘线波曲，近平行；翅端部具暗红色宽带；缘毛为黄色，非常长。后翅斑纹与前翅斑纹相似。

采集记录：武夷山（黄坑）。

分布：福建、台湾。

(20) 三线姬尺蛾 *Idaea costiguttata* (Warren, 1896)（图版 5: 20）

Eois costiguttata Warren, 1896c, *Novit. zool.*, 3: 311. (India: Khasi Hills)

Sterrha costiguttata: Prout, 1934a, *in* Strand, *Lepid. Cat.*, 63 (2): 381.

Idaea costiguttata: Inoue, 1992a, *in* Heppner & Inoue, *Lepid. Taiwan*, 1 (2): 124.

前翅长：7 ~ 8 mm。翅面灰绿色。前翅内线、中线和外线均为黄褐色，不规则波曲，在近前缘处较粗；缘线为1列黄褐色小点；缘毛灰绿色掺杂黄褐色，非常长。后翅斑纹与前翅斑纹相似，但中线、外线和亚缘线在近前缘处不加粗。雄性外生殖器（图版29：7）：钩形突端部略细，末端圆；颚形突中突宽舌状；抱器瓣端半部宽；抱器背平直，中部具1根短刺；抱器瓣端部和腹缘具长刚毛；囊形突宽，端部圆；阳端基环基部窄；阳茎粗壮；角状器由大量骨化刺组成。

采集记录：武夷山（三港）。

分布：福建、河南、台湾；印度。

(21) 黄带姬尺蛾 *Idaea impexa* (Butler, 1879)　(图版5：21)

Acidalia impexa Butler, 1879a, *Ann. Mag. nat. Hist.*, (5) 4: 438. (Japan)

Sterrha impexa: Prout, 1934a, *in* Strand, *Lepid. Cat.*, 63 (2): 337.

Idaea impexa: Inoue, 1977, *Bull. Fac. domestic Sci.*, *Otsuma Woman's Univ.*, 13: 247.

前翅长：9～10 mm。翅面黄白色，斑纹红褐色。前翅前缘具宽带；内线模糊；中点小，紧贴中线内侧；中线在前缘与 CuA_1 之间平直，在 CuA_1 之后向内弯曲；外线细弱；亚缘线色较深且粗壮，在 M_3 之后向外凸出，近外缘；缘毛长，黄白色掺杂红褐色。后翅中点位于中线外侧；中线波曲；亚缘线波曲，接近外缘；缘线连续，在 M_1 之前与亚缘线融合；外线和缘毛与前翅相似。

采集记录：武夷山（邵武）。

分布：福建、江苏、浙江；日本。

(22) 褐姬尺蛾 *Idaea salutaria* (Christoph, 1881)　(图版5：22)

Acidalia salutaria Christoph, 1881, *Bull. Soc. imp. Nat. Moscou*, 55 (3): 51. (Russia: Amur, Raddefka)

Idaea salutaria: Inoue, 1977, *Bull. Fac. domestic Sci.*, *Otsuma Woman's Univ.*, 13: 247.

前翅长：10～11 mm。翅面枯黄色，斑纹黑色。前翅内线波曲；中点短条状，位于中线内侧；中线波曲，有时模糊；外线近弧形，在近后缘处向内弯曲；外线外侧至外缘翅面色较深；缘线连续。后翅中点位于中线外侧，较前翅细长；中线和外线波曲；其余斑纹与前翅斑纹相似。

采集记录：武夷山（邵武）。

分布：福建、黑龙江、上海、江苏、浙江；俄罗斯（远东地区），日本；朝鲜半岛。

(23) 玛莉姬尺蛾 *Idaea proximaria* (Leech, 1897) (图版 5: 23)

Chrysocraspeda proximaria Leech, 1897, *Ann. Mag. nat. Hist.*, (6) 20: 106. (China: Moupin)

Ptychopoda proximaria: Prout, 1913, *in* Seitz, *Macrolepid. World*, 4: 101, pl. 7: c.

Sterrha proximaria: Prout, 1934, *in* Strand, *Lepid. Cat.*, 63: 414.

Idaea proximaria: Parsons *et al.*, 1999, *in* Scoble, *Geometrid Moths of the World, a Catalogue*, 2: 504.

前翅长：雄性 9～11 mm，雌性 9～12 mm。翅面灰黄色。前翅内线、中线和外线在前缘上形成 3 个黑色斑点；内线黑色，微波曲，细弱；中线灰褐色模糊带状，在近后缘处颜色加深；中点为黑色小圆点；外线黑色，在各脉上呈点状，近弧形；缘线为 1 条明显的黑色宽带；缘毛黑色掺杂灰黄色。后翅中点较前翅小；其余斑纹与前翅相似。

采集记录：武夷山（大竹岚、挂墩）。

分布：福建、陕西、浙江、湖北、湖南、广东、海南、广西、四川。

7. 瑕边尺蛾属 *Craspediopsis* Warren, 1895

Craspediopsis Warren, 1895, *Novit. zool.*, 2: 93. Type species: *Anisodes pallivittata* Moore, 1868. (India: Bengal)

属征：雄性触角双栉形，雌性触角线形。额不凸出。下唇须短小，尖端不伸达额外。雄性后足胫节短缩，略膨大，具毛束，无距；跗节短小。前翅顶角尖，略凸出；后翅外缘中部凸出成尖角。雄性外生殖器：钩形突发达；颚形突中突不发达；抱器瓣简单，短粗；囊形突短宽，端部圆；第 8 腹节腹板常具修饰性结构；阳茎端膜不具角状器。

分布：中国，印度。

(24) 尖尾瑕边尺蛾 *Craspediopsis acutaria* (Leech, 1897) (图版 5: 24)

Acidalia acutaria Leech, 1897, *Ann. Mag. nat. Hist.*, (6) 20: 91. (China: Hubei: Chang-yang, Ichang; Kwei-chow; Sichuan: Omei-shan)

Craspediopsis acutaria: Prout, 1913, *in* Seitz, *Macrolepid. World*, 4: 45, pl. 5: e.

前翅长：雄性 13～15 mm，雌性 15 mm。翅浅灰黄色，斑纹黑灰色。前翅中线模糊，在前翅前缘下方外凸 1 个尖角，然后内倾并微波曲至后翅后缘中部；中点微小；外线模糊，有时呈点状，波曲；外线外侧 M_3 上方和 CuA_2 至后缘处具2块小褐斑；外缘顶角下方有1块小褐斑，斑下至后缘有波状亚缘线；缘毛浅灰黄至黄白色，在翅脉端有小黑点。后翅中线平直，外线外侧不具褐斑；其余斑纹与前翅相似。雄性外生殖器（图版29：8）：钩形突中部膨大，端部细且尖锐；抱器瓣短小，基部宽，端半部狭窄，指状；阳端基环短宽；囊形突宽大；第8腹节腹板两侧各具1个细骨化突；阳茎短粗且弯曲，无角状器。

采集记录：武夷山（三港）。

分布：福建、湖北、湖南、贵州、四川。

8. 严尺蛾属 *Pylargosceles* Prout, 1930

Pylargosceles Prout, 1930b, *Novit. zool.*, 35: 296. Type species: *Acidalia steganioides* Butler, 1878. (Japan: Yokohama)

属征：雄性触角双栉形，雌性触角线形。额不凸出。下唇须仅尖端伸达额外。后足胫节具1对距。前翅外缘平直；后翅圆，外缘平滑，后缘直。

分布：中国，日本。

(25) 双珠严尺蛾 *Pylargosceles steganioides* (Butler, 1878) （图版5：25）

Acidalia steganioides Butler, 1878b, *Illust. typical Specimens Lepid. Heterocera Colln Brit. Mus.*, 2: ix, 51, pl. 37, fig. 8. (Japan: Yokohama)

Scopula steganioides Marumo, 1927, *J. Coll. Agric., imp. Univ. Tokyo*, 8 (2): 157.

Pylargosceles steganioides: Prout, 1930b, *Novit. zool.*, 35: 296.

前翅长：春季雄性12～13 mm，春季雌性12～13 mm；夏季雄性9～11 mm，夏季雌性10～12 mm。雄性触角双栉形，雌性触角线形。头紫褐色；下唇须短小；胸腹部背面黄褐色，胸部前端有1条紫褐色横带。翅黄褐色，斑纹红褐至紫褐色。前翅前缘深褐色；基部散布黑褐色小点；内线波状；中线较直；中点为深褐色小点，位于中线内侧；外线深褐色，波状并较近外缘，在 M_1、M_2 至 CuA_2 上有褐线与缘线相连接；缘线深褐色；缘毛基半部深灰褐色，端半部色较浅。后翅基部散布黑褐色小点；中线平直；中点极微小，位于中线上；外线纤细波状，有时模糊；缘线和缘毛与前翅相似。

采集记录：武夷山。

分布：福建、北京、河北、山东、河南、陕西、上海、浙江、湖北、湖南、台湾、广东、广西、四川；日本；朝鲜半岛。

备考：本种有两个型。春季型体型较大、颜色较浅、斑纹清晰；夏季型个体较小、颜色较暗、斑纹不清晰。

9. 紫线尺蛾属 *Timandra* Duponchel, 1829

Timandra Duponchel, 1829 [April], *in* Godart & Duponchel, *Hist. nat. Lépid. Papillons Fr.*, 7 (2): 105. Type species: *Timandra griseata* Petersen, 1902. (Estonia)

Bradyepetes Stephens, 1829 [June], *Nom. Brit. Insects*: 44. Type species: *Timandra griseata* Petersen, 1902.

Bradypetes Agassiz, 1847, *Nomencl. zool.*, (Index univl.): 52. [Emendation of *Bradyepetes* Stephens.]

属征：雄性触角双栉形，雌性触角线形。下唇须第3节细。雄性后足胫节具2对距，不膨大。前翅顶角尖，有时凸出；后翅外缘在 M_3 具1个小突，后翅 M_3 与 CuA_1 分离。前翅具1个径副室；前翅外线平直，由顶角或顶角下方发出；亚缘线细，常在近顶角处与外线重合。雄性外生殖器：钩形突常短指状、锥形或端部膨大；背兜侧突常发达，有时缺失；抱器瓣具骨化结构，常二分叉；抱器背常骨化并具突起；抱器瓣基部常具1个小突；分叉形成的抱器背和抱器腹之间常具1个指状突；阳端基环基部宽；囊形突常宽。雌性外生殖器：肛瓣短粗；囊导管具骨环，后端常骨化；囊体长圆形，具囊片。

分布：全世界。

种检索表

1. 前后翅亚缘线在翅脉上呈点状 ······ 极紫线尺蛾 *T. extremaria*
   前后翅亚缘线为细线状 ······ 2
2. 前后翅缘毛玫红色 ······ 曲紫线尺蛾 *T. comptaria*
   前后翅缘毛不为玫红色 ······ 3
3. 后翅亚缘线中部向外凸出较明显 ······ 玫尖紫线尺蛾 *T. apicirosea*
   前翅亚缘线向外凸出较不明显 ······ 分紫线尺蛾 *T. dichela*

(26) 曲紫线尺蛾 *Timandra comptaria* Walker, 1863 (图版5: 26)

Timandra comptaria Walker, 1863, *List Specimens lepid. Insects Colln Brit. Mus.*, 26: 1615. (China; India)

Timandra amata comptaria: Prout, 1913, *in* Seitz, *Macrolepid. World*, 4: 48.

Calothysanis comptaria: Prout, 1934a, *in* Strand, *Lepid. Cat.*, 61 (1): 55.

前翅长：11～14 mm。额黄褐色；凸出。下唇须黄褐色。头顶褐色。肩片浅黄褐色。领片深黄褐色。前翅顶角尖并外凸，后翅外缘中部凸出 1 个尖角。翅面灰黄色，散布深灰色微点。前翅顶角至后缘中部为 1 条倾斜紫色斜线，和后翅中线连成 1 条直线；亚缘线为灰黑色细线，呈"S"形；前翅中点为深灰褐色小点，不清晰；后翅无中点；亚缘线中部外凸；前后翅缘线红褐色；缘毛玫红色。翅反面斑纹同正面。

采集记录：武夷山（三港、坳头、挂墩、黄坑、邵武）。

分布：福建、黑龙江、吉林、北京、河北、陕西、甘肃、上海、江苏、浙江、湖北、江西、湖南、台湾、广东、四川、重庆、云南；俄罗斯，日本，印度；朝鲜半岛。

(27) 玫尖紫线尺蛾 *Timandra apicirosea* (Prout, 1935) （图版 5：27）

Calothysanis apicirosea Prout, 1935, *in* Seitz, *Macrolepid. World*, 4 (Suppl.): 28. (Japan: Takao-San)

Timandra apicirosea: Inoue, 1977, *Bull. Fac. domestic Sci., Otsuma Woman's Univ.*, 13: 240.

前翅长：雄性 11～14 mm，雌性 12 mm。额深褐色，有时浅黄褐色；凸出。下唇须短小细弱。头顶和胸腹部背面黄白至灰黄色。前翅顶角尖并外凸，后翅外缘中部凸出 1 个尖角。翅灰黄色，密布灰色碎纹；前翅有时可见细弱内线；中点弱小；外线粗壮，由前翅顶角直达后翅后缘中部，黑灰色掺杂黄褐或红褐色。在顶角处略加粗并有红鳞；前翅亚缘线灰色，在 M_1 处与外线分离，浅弯；后翅外线灰色，中部略外凸；缘线黑灰色与粉红色掺杂，十分纤细；缘毛灰黄色，略带粉红色。翅反面碎纹深灰褐色，较正面密集；外线和亚缘线均为深灰褐色，较正面粗壮；缘线黑色。

采集记录：武夷山（三港）。

分布：福建、湖北、广西、四川、云南；日本，俄罗斯。

(28) 分紫线尺蛾 *Timandra dichela* (Prout, 1935) （图版 5：28）

Calothysanis dichela Prout, 1935, *in* Seitz, *Macrolepid. World*, 4 (Suppl.): 29, pl. 4: d. (Russia: Ussuri, Narva)

Timandra dichela: Inoue, 1977, *Bull. Fac. domestic Sci., Otsuma Woman's Univ.*, 13: 240.

前翅长：雄性 12 ~ 14 mm，雌性 12 ~ 15 mm。额深褐至黑褐色，下方黄白色；圆钝状凸出，无尖角或略呈尖角。头顶和肩片均为浅黄褐色。领片褐色。翅面颜色较黄，线纹色较浅，外线与缘线常为黄褐色或红褐色，较细弱；后翅亚缘线略近外缘，中部凸出。缘毛浅黄褐色，顶角处红褐色。

采集记录： 武夷山（三港、建阳城关）。

分布： 福建、河南、陕西、浙江、湖北、江西、湖南、台湾、广东、海南、四川、云南；俄罗斯（东南部），日本，印度；朝鲜半岛。

(29) 极紫线尺蛾 *Timandra extremaria* Walker, 1861 （图版 5：29）

Timandra extremaria Walker, 1861, *List Specimens lepid. Insects Colln Brit. Mus.*, 23: 801. (China: North)

Timandra sordidaria Walker, 1863, *List Specimens lepid. Insects Colln Brit. Mus.*, 26: 1615, (China: North)

Calothysanis extremaria: Prout, 1934a, *in* Strand, *Lepid. Cat.*, 61 (1): 57.

Calothysanis extremaria f. xenophyes Prout, 1935, *in* Seitz, *Macrolepid. World*, 4 (Suppl.): 29, pl. 4: c.

前翅长：16 ~ 19 mm。额圆盾状凸出，黑红褐色，下端颜色渐浅，带少量灰白色。下唇须黄白色，外侧和背面带灰褐色，尖端略伸出额外。头顶黄白色。前翅顶角极凸出，近钩状，外缘较直；后翅外缘凸角较前两种尖而长。翅面浅灰红色，散布黑色鳞片和灰色碎纹。前后翅外线深黄褐色，带红褐色调，粗壮，在前翅顶角处变为黑色；亚缘线在翅脉上呈黑点状；无缘线；缘毛灰黄色。翅反面与正面同色，散布粗大深灰褐色碎纹；外线深灰褐色，不带红褐色和黄褐色调；可见灰褐色至深灰褐色缘线。雄性外生殖器（图版 29：9）：钩形突端部近方形；颚形突中突小；抱器瓣端部展宽，钝圆；抱器瓣基部具 1 个椭圆形毛瘤；抱器瓣中部具 1 个三角形突；抱器腹端部尖锐；抱器瓣腹缘具 2 个刺突；阳茎略弯曲；阳茎端膜不具角状器。

采集记录： 武夷山。

分布： 福建、陕西、甘肃、上海、安徽、浙江、湖北、湖南、台湾、广西、四川、贵州。

10. 须姬尺蛾属 *Organopoda* Hampson, 1893

Organopoda Hampson, 1893, *Illust. typical Specimens Lepid. Heterocera Colln Br. Mus.*, 9: 38, 147. Type species: *Anisodes carnearia* Walker, 1861. (Sri Lanka)

属征：雄性触角弱锯齿状，雌性触角线状；触角干具短纤毛，雄性更长。额不凸出。下唇须通常伸长。雄性后足胫节前部具 1 簇毛束和 1 对距（其中一支细长，另一支黑色，具黄色短毛，膨大勺状）；第 1 跗节极膨大，勺状，具短毛。雌性跗节具 2 对距。前翅顶角尖；外缘稍弯曲；后翅顶角钝圆。前翅具 2 个径副室；R_1 和 R_5 起源于第 2 径副室顶角之前；R_{2-4}起始于顶角；后翅 Rs 和 M_1 短共柄；M_3 和 CuA_1 分离。翅面斑纹通常锯齿状，有时模糊，脉上具黑点；中点圆，有时中央具浅色鳞片。雄性外生殖器：钩形突细长，端半部通常膨大，腹面具 2 个小突并具长鬃毛，端部钝圆；背兜侧突缺失；颚形突非常发达；抱器瓣宽，具骨化结构；囊形突小，通常凸出；阳茎通常粗，末端尖锐，有时近端部具 1 个小刺；阳茎端膜无角状器；第 8 腹板后缘通常稍凹陷。雌性外生殖器：肛瓣短粗；后表皮突发达，与前表皮突相连；囊导管细长，与交配孔相接处具 1 个钩状结构；交配孔小，强骨化；导精管通常起始于囊导管后部；囊体大，伸长，膜质，有时后部表面粗糙，具小刺；囊片为两相接的凹陷部分，表面具刺；第 7 腹板常骨化。

分布：东洋界，澳大利亚界。

(30) 深须姬尺蛾 *Organopoda atrisparsaria* Wehrli, 1924 (图版 5: 30)

Organopoda atrisparsaria Wehrli, 1924, *Dt. ent. Z. Iris*, 37: 62, pl. 1, fig. 10, 21. (China: East China, Shanghai, Kiangsi, Nanking, Mokanschan)

Organopoda atrisparsaria: Prout, 1934, *in* Strand, *Lepid. Cat.*, 61: 23.

Discoglypha atrisparsaria: Prout, 1935, *in* Seitz, *Macrolepid. World* 4 (suppl.): 26.

前翅长：雄性 11 ~ 15 mm，雌性 12 ~ 15 mm。下唇须短小且细弱，第 3 节略延长。额宽阔，略凸，红褐色。胸腹部背面黄色，间杂灰红色。前后翅外缘浅弧形；翅面黄色，散布不均匀红色。前翅前缘下方为 1 条灰褐色纵带；中线灰褐色掺杂红色，带状，边缘稍模糊，微波曲；中点呈黑点状；外线红色，纤细波状，接近外缘；亚缘线在前缘、M_2 处和臀角处各有 1 个灰褐斑，后者较大；缘线为翅脉间 1 列深红褐色点；缘毛灰黄色掺杂红色。后翅斑纹同前翅斑纹，中带在前缘处展宽；中点较前翅大。雄性外生殖器（图版 29：10）：钩形突极长，端部膨大，具长刚毛；颚形突中突略长，端部圆；抱器瓣短宽，端部方，略向腹侧弯曲；抱器背中部具 1 个弯钩状小突；抱器瓣腹缘近平直；囊形突近长方形；阳端基环由 1 对短骨片组成，其后端相互接近，前端具 1 个强骨化小突；阳茎细，强骨化。

采集记录：武夷山（三港、大竹岚）。

分布：福建、河南、陕西、甘肃、江苏、上海、浙江、湖北、江西、湖南、广西、四川、重庆、贵州、云南。

11. 烤焦尺蛾属 *Zythos* Fletcher, 1979

Zythos Fletcher, 1979, *in* Nye, *Generic Names Moths World*, 3: 218. Type species: *Nobilia turbata* Walker, 1862. (Borneo)

Nobilia Walker, 1861, *List Specimens lepid. Insects Colln Brit. Mus.*, 23: 950 (key). Type species: *Nobilia turbata* Walker, 1862. [Junior homonym of Nobilia Gray, 1855 (Mollusca).]

属征：雄性触角锯齿形，具长纤毛簇；雌性触角线形。额略凸出。下唇须第3节明显，端部伸达额外。雄性后足腿节多毛；胫节短，具长毛束，无距；跗节不缩短，多毛。前翅顶角略呈钩状凸出，外缘浅弧形；后翅外缘浅波曲，中部略凸出。雄性外生殖器：钩形突和颚形突中突退化；背兜侧突发达；抱器瓣分叉，形成抱器背和抱器腹两部分；囊形突延长，端部圆；阳茎细长，常骨化，后端有时具刺；阳茎端膜不具角状器；第8腹节腹板强骨化。雌性外生殖器：肛瓣卵圆形；前后阴片发达；囊导管短；囊体长圆形，膜质，囊片长带状，由纵向排列的小刺组成。

分布：古北界，东洋界，澳大利亚界。

(31) 烤焦尺蛾 *Zythos avellanea* (Prout, 1932) （图版5: 31）

Nobilia avellanea Prout, 1932b, *Novit. zool.*, 38: 3. (Inida: Cherrapunji)

Zythos avellanea: Fletcher, 1979, *in* Nye, *Generic Names Moths World*, 3: 218.

前翅长：19~20 mm。头焦褐色，下唇须腹面黄色；胸腹部背面灰黄色。翅面焦褐色，密布浅色碎纹。前翅前缘有1条灰黄色宽带，在翅基部和中部扩展至后缘；中点黑色短条形；外线深褐色，并沿 CuA_2 向外凸出1个细长尖齿；亚缘线在 M_2 以上模糊，M_2 以下灰白色，在 CuA_1 附近与缘线接触；缘线黑褐色；缘毛灰褐色。后翅基部色较浅；外线深褐色，锯齿形；亚缘线深褐色，在 M_3 与 CuA_1 之间与缘线接触；缘线和缘毛与前翅相似。雄性外生殖器（图版29：11）：背兜侧突为1对细长的指状突，端部略尖；抱器背较抱器腹长且粗壮，端部略细且弯曲；抱器腹细刺状，弯曲；阳茎骨化强，略弯曲；第8腹节背板弱骨化，端部渐细，末端圆；第8腹节腹板端部具1片基部宽且端部渐细的骨片，其端部一侧具1个粗壮长刺突，另一侧呈锯齿形。

采集记录：武夷山（三港）。

分布：福建、甘肃、浙江、湖北、江西、湖南、台湾、广东、海南、广西、四川、云南；印度，缅甸，越南，马来西亚，印度尼西亚。

（三）花尺蛾亚科 Larentiinae

小至中型蛾类，少数种类大型。触角多为线形。后足胫节一般具 2 对距。前翅宽大，后翅多三角形。前翅中室上角具 1 或 2 个径副室。后翅 Sc 和 Rs 有一段合并至中室中部之外后分离，或在中室中部之外有 1 条横脉相连；M_2 发达，基部位于中室端脉中部，如中室端脉双折角，则 M_2 略近 M_3。雄性外生殖器的颚形突中突常退化。

属检索表

1. 前翅径副室消失或近于消失 …………………………………………………………… **虹尺蛾属 *Acolutha***
   前翅具 1 ~ 2 个发达径副室 ……………………………………………………………………………… 2
2. 后足胫节具 1 对距 …………………………………………………………………… **妒尺蛾属 *Phthonoloba***
   后足胫节具 2 对距 ……………………………………………………………………………………… 3
3. 前翅外缘极度倾斜，后缘短于外缘；雄性横带片腹面具 1 对突起……… **小花尺蛾属 *Eupithecia***
   前翅翅型不如上述；雄性横带片腹面不具突起 ……………………………………………………… 4
4. 雄性后翅 CuA 脉和 2A 不同程度退化消失 ………………………………………………………… 5
   雄性后翅 CuA 脉和 2A 正常 ………………………………………………………………………… 9
5. 雄性后翅 $Sc+R_1$ 与 Rs 在中室前缘合并 ……………………………………… **洁尺蛾属 *Tyloptera***
   雄性后翅 $Sc+R_1$ 与 Rs 分离，在中室中部之外具横脉相连 ……………………………………… 6
6. 前翅具 1 个径副室 …………………………………………………………………………………… 7
   前翅具 2 个径副室……………………………………………………………… **异翅尺蛾属 *Heterophleps***
7. 雄性与雌性后翅中室端脉均为双折角，如雌性不为双折角，则雄性与雌性触角均为双栉形 …
   …… 8
   雄性与雌性后翅中室端脉均不为双折角，雄性触角双栉形，雌性触角线形 ………………………
   …………………………………………………………………………………… **角叶尺蛾属 *Lobogonia***
8. 前后翅外缘浅弧形，无凸角；雄性与雌性触角均线形 ………………… **绿花尺蛾属 *Pseudeuchlora***
   前后翅外缘中部凸出；后翅外缘凸出 2 个尖齿；雄性与雌性触角均为双栉形 …………………
   ………………………………………………………………………………………… **双角尺蛾属 *Carige***
9. 雄性前翅反面在 CuA_2 下方或 2A 两侧具毛束 ……………………………………………………… 10
   雄性前翅反面在 CuA_2 下方或 2A 两侧不具毛束 …………………………………………………… 11
10. 后翅中室端脉为双折角 …………………………………………………… **洄纹尺蛾属 *Chartographa***
    后翅中室端脉不为双折角………………………………………………………… **褥尺蛾属 *Eustroma***
11. 前翅具 1 个径副室；后翅外缘浅弧形至深锯齿状；雄性抱器瓣不特别宽大 ………………… 12
    前翅具 2 个径副室，如为 1 个，则后翅外缘深锯齿状，且雄性抱器瓣极宽大，凸伸于腹部

末端之外 …………………………………………………………………………………… 19

12. 雄性后翅反面在 CuA_2 处具毛束；雄性背兜侧突发达，阳端基环常具 1 对带刚毛的突起 ……………………………………………………………………… **池尺蛾属 *Chaetolopha***

雄性特征不如上述 ……………………………………………………………………… 13

13. 后翅中室端脉为双折角 ………………………………………………………………… 14

后翅中室端脉不为双折角 ……………………………………………………………… 16

14. 下唇须仅尖端伸达额外或更短 ……………………………………… **维尺蛾属 *Venusia***

下唇须 1/4 以上伸出额外 ……………………………………………………………… 15

15. 后翅外缘浅弧形；雄性钩形突细长 ……………………………… **小波尺蛾属 *Pasiphila***

后翅外缘浅波曲；雄性钩形突宽板状 …………… **汝尺蛾属 *Rheumaptera*(*Rheumaptera* 亚属)**

16. 额凸出；雄性钩形突退化并与肛管愈合 ……………………… **大历尺蛾属 *Macrohastina***

额不凸出；雄性钩形突发达，不与肛管愈合 …………………………………………… 17

17. 雄性触角双栉形或双列纤毛形 ……………………… **潢尺蛾属 *Xanthorhoe*(*Loxofidonia* 亚属)**

雄性触角线形 …………………………………………………………………………… 18

18. 后翅中室端脉弱至中等强度双折角 ………………………… **祉尺蛾属 *Eucosmabraxas***

后翅中室端脉不为双折角 …………………………………………… **扇尺蛾属 *Telenomeuta***

19. 雄性腹部末端常具 4 对发达味刷；如无味刷或味刷不发达，则雄性触角双栉形，雄性阳茎基环侧突端部着生 1 根大刺 ………………………………………… **丽翅尺蛾属 *Lampropteryx***

雄性腹部末端不具味刷或仅具 1 至 3 对味刷；雄性触角不为双栉形，或虽为双栉形但雄性阳茎基环侧突端部不具大刺 …………………………………………………………………… 20

20. 体型大（前翅长大于 20 mm，常可达 30 mm）；后翅前缘隆起，外缘圆；雄性阳茎基环侧突端部毛束的毛端膨大 ……………………………………………… **枯叶尺蛾属 *Gandaritis***

体型较小（前翅长常小于 20 mm），如较大，则后翅和雄性特征不如上述 …………………… 21

21. 后翅中室端脉弯曲或为 1 个折角，如为弱双折角，则其中段长度小于下段，M_2 基部居中或略近 M_1 ……………………………………………………………………………… 22

后翅中室端脉中等强度或强烈双折角，其中段长度大于或等于下段，M_2 基部略近 M_3 …… 32

22. 雄性触角双栉形 ………………………………………………………………………… 23

雄性触角线形 …………………………………………………………………………… 24

23. 雄性钩形突短小，阳端基环腹面平坦光滑无突 ……………………… **掷尺蛾属 *Scotopteryx***

雄性钩形突细长，阳端基环腹面多具突或隆起……… **潢尺蛾属 *Xanthorhoe*(*Xanthorhoe* 亚属)**

24. 前翅中点黑色巨大，鳞片翘起；雄中足胫节膨大 ………………………… **考尺蛾属 *Collix***

前翅中点和雄中足胫节不如上述 ………………………………………………………… 25

25. 后翅外缘中部明显凸出呈尖角；下唇须短小，仅尖端伸达额外或更短 ………………… 26

后翅外缘浅弧形或浅波状，中部无明显凸出；下唇须短小至 1/2 伸出额外 ……………… 27

26. 后翅外缘在 M_1 和 M_3 处各凸出 1 个尖角；翅以浅黄色调为主，斑纹多为网状 ………………………………………………………………………… **网尺蛾属 *Laciniodes***

后翅外缘仅在 M_3 处凸出 1 尖角；翅白色，斑纹波状，通常弱……………… **白尺蛾属 *Asthena***

27. 雄性腹部末端具 1 至 3 对味刷 …………………………………………………………… 28
   雄性腹部末端不具味刷 ………………………………………………………………………… 29
28. 后翅 $Sc+R_1$ 与 Rs 合并至中室中部分离 ……………………………… **折线尺蛾属 *Ecliptopera***
   后翅 $Sc+R_1$ 与 Rs 合并至中室近端部分离 …………………………… **焰尺蛾属 *Electrophaes***
29. 下唇须仅尖端伸达额外或更短 ………………………………………… **黑岛尺蛾属 *Melanthia***
   下唇须 1/4 以上伸出额外 ………………………………………………………………………… 30
30. 体型大，前翅长 19~23 mm；雄性囊形突宽大舌状，抱器背具发达角状基突
   ……………………………………………………………………………………… **夕尺蛾属 *Sibatania***
   体型较小；前翅长很少达到 19 mm；雄性外生殖器不如上述 ……………………………… 31
31. 下唇须约 1/2 伸出额外；雄性阳茎基环侧突端部侧面具 1 角状突起 ……………………
   ………………………………………………………………………………… **汇纹尺蛾属 *Evecliptopera***
   下唇须 1/4 至 1/3 伸出额外；雄性外生殖器特征不如上述 ………… **假考尺蛾属 *Pseudocollix***
32. 后翅外缘锯齿状或中部明显凸出 ……………………………………………………………… 33
   后翅外缘浅弧形或浅波状，中部无明显凸出 …………………………………………………… 34
33. 雄性后翅反面在 2A 中部附近具 1 个大毛簇，如该毛簇缺失，则雄性钩形突扩展成宽板状
   ……………………………………………………………… **汝尺蛾属 *Rheumaptera*(*Hydria* 亚属)**
   雄性后翅反面无上述毛簇；雄性钩形突钩状或刺状 ……………………… **光尺蛾属 *Triphosa***
34. 各腹节后缘在背中线上具小毛簇 ……………………………………………… **周尺蛾属 *Perizoma***
   各腹节后缘在背中线上不具小毛簇 ……………………………………………………………… 35
35. 雄性具抱器腹端突 ……………………………………………………………… **奇带尺蛾属 *Heterothera***
   雄性不具抱器腹端突 ……………………………………………………………… **涤尺蛾属 *Dysstroma***

12. 掷尺蛾属 *Scotopteryx* Hübner, 1825

Scotopteryx Hübner, [1825] 1816, *Verz. bekannter Schmett.*: 338. Type species: *Geometra tenebraria* Hübner, 1809. (Europe)

Onychia Hübner, [1825] 1816, *Verz. bekannter Schmett.*: 334. Type species: *Geometra peribolata* Hübner, 1817. (Europe)

Phasiane Duponchel, 1829, *in* Godart & Duponchel, *Hist. nat. Lépid. Papillons Fr.*, 7 (2): 109. Type species: *Geometra palumbaria* Denis & Schiffermüller, 1775. (Austria)

Eubolia Duponchel, 1829, *in* Godart & Duponchel, *Hist. nat. Lépid. Papillons Fr.*, 7 (2): 109. Type species: *Phalaena chenopodiata* Linnaeus, 1758. (No type locality is given)

Eusebia Duponchel, 1845, *Cat. méth. Lépid. Eur.*: 249. Type species: *Geometra bipunctaria* Denis & Schiffermüller, 1775. (Austria)

Limonophila Gumppenberg, 1887, *Nova Acta Acad. Caesar. Leop. Carol.*, 49: 330 (key). Type species: *Phalaena plumbaria* Fabricius, 1775. (England)

Forbachia Albrecht, 1920, *Ent. Z.*, 34: 73. Type species: *Forbachia solitaria* Albrecht, 1920.

(Germany)

属征：雄性触角双栉形，具短纤毛；雌性触角线形。额具1束锥形毛簇。下唇须中等长度，约1/4至1/3伸出额外。后足胫节具2对距。前翅顶角钝，外缘浅弧形；后翅外缘微波曲。前翅具2个径副室；后翅 $Sc + R_1$ 与 Rs 合并至近中室端部，中室端脉1个折角或中部弯曲，M_2 基部略近 M_1，具3A。雄性外生殖器：钩形突锥形；抱器背和抱器腹均强骨化，常具各种突起；囊形突短宽；阳端基环近长方形，具1对侧突；第7和第8腹节间常具发达味刷；第8腹节腹板2个下角向外伸展。雌性外生殖器：前表皮突中等长或极短；后表皮突细长；前阴片、囊导管和囊颈常不同程度骨化，特化呈各种形状；囊体膜质，偶有部分区域骨化，一般具1片由微刺组成的囊片，近圆形。

分布：古北界，东洋界，非洲界。

(32) 阔掷尺蛾 *Scotopteryx eurypeda* (Prout, 1937)　(图版6：1)

Ortholitha eurypeda Prout, 1937, *in* Seitz, *Macrolepid. World*, 4 (Suppl.): 76, pl. 7: g. (China: Sichuan: Tchang-kou, Tachien-lu, Hou-kow)

Scotopteryx eurypeda: Xue, 1993, *Sinozoologia*, 10: 391.

前翅长：雄性17～20 mm，雌性18～21 mm。前翅黑褐色；前缘有1条由翅基直达顶角的污白色纵带，其下缘达中室前缘脉下方；前缘至Sc之间散布灰褐色；内线、中线、外线各为1条污白色带，其中内线和外线各由4条白线组成，前者上端向顶角方向倾斜，后者接近外缘，呈弧形弯曲；中线与后缘近乎垂直；亚缘线污白色纤细。后翅白色，灰色中点极微小。雄性外生殖器（图版29：12）：抱器背短小，具1对小突；抱器腹极发达，端部延伸并包在抱器瓣端部之外，呈矛状；囊形突宽度大于背兜；阳端基环侧突棒状；阳茎粗大；阳茎端膜不具角状器。雌性外生殖器（图版52：3）：前表皮突短小；前阴片骨化宽大；囊导管短粗，骨化；囊颈骨化并膨大，扭曲；囊体膜质。

采集记录：武夷山。

分布：福建、甘肃、四川、云南、西藏。

13. 双角尺蛾属 *Carige* Walker, 1863

Carige Walker, 1863, *List Specimens lepid. Insects Colln Brit. Mus.*, 26 : 1631. Type species:

Carige duplicaria Walker, 1863 = *Macaria cruciplaga* Walker, 1861. (China: North)

Epimacaria Staudinger, 1897, *Dt. ent. Z. Iris*, 10: 42. Type species: *Macaria nigronotaria* Bremer, 1864. (Russia: East Siberia, Ema estuary)

属征： 雄性与雌性触角均为双栉形，雄性触角栉齿较长。额光滑。下唇须长，端半部伸出额外，第3节较长。后足胫节具2对距。前翅顶角凸出，外缘在 M_3 处凸出1个尖角；后翅长，外缘在 M_1 和 M_3 处各凸出1个尖角。雄性后翅后缘基部具1个小叶瓣。前翅具1个径副室，R_2 与 R_{3+4}共柄；后翅 $Sc+R_1$ 与 Rs 分离，在中室前缘内1/3处具1条横脉相连，雄中室端脉为双折角，2A消失；雌中室端脉略弯曲，具2A。雄性外生殖器：钩形突退化；抱器瓣宽，端部常伸出1条膜质小瓣；抱器背中部具膜与背兜上端相连，端部延长，常向抱器腹方向弯曲并具密刺；阳端基环为1对粗壮突起；阳茎弯曲。雌性外生殖器：前表皮突短小；后表皮突细长；前阴片窄条状；囊导管膜质，在交配孔附近略骨化；囊体膜质，长圆形，中部数个囊片围绕组成1条环带。

分布： 亚洲东部至东南部。

(33) 连斑双角尺蛾 *Carige cruciplaga debrunneata* Prout, 1929 （图版6：2）

Carige cruciplaga debrunneata Prout, 1929, *Novit. zool.*, 35: 143. (China: Sichuan: Pu-tsu-fong)

前翅长：雄性15～16 mm，雌性14～16 mm。翅面灰黄色。前翅内线和外线黄色，两侧在翅脉间各有1列黑斑，全部或部分连接成线，不被翅脉切断，外线两侧 M_3 上下方和2A上下方的4对黑斑大而清晰，其余黑斑弱小；中点黑褐色，短条状；翅端部由顶角下方至 M_2 和 CuA_1 以下各翅脉间有黑褐斑，浅色亚缘线由斑块之间穿过。后翅中点和外线同前翅，外线两侧黑斑在各翅脉间大小相仿。雄性外生殖器（图版29：13）：抱器腹平直，其基部与阳端基环联合形成的大突短粗。雌性外生殖器（图版52：4）：囊片粗大，12～14枚。

采集记录： 武夷山（三港）。

分布： 福建、湖北、江西、湖南、四川、云南。

14. 角叶尺蛾属 *Lobogonia* Warren, 1893

Lobogonia Warren, 1893, *Proc. zool. Soc. Lond.*, 1893: 345. Type species: *Lobogonia ambusta* Warren, 1893. (India: Khasi Hills)

属征：与双角尺蛾属相似，但雌性触角线形；雄性与雌性后翅中室端脉均不为双折角。前后翅外缘中部具发达凸角，但后翅 M_1 处无凸角。

分布：中国，印度。

(34) 显角叶尺蛾 *Lobogonia conspicuaria* Leech, 1897 (图版6: 3)

Lobogonia conspicuaria Leech, 1897, *Ann. Mag. nat. Hist.*, (6) 19: 551. (China: Sichuan: Pu-tsu-fong)

前翅长：雌性 12 ~ 13 mm。翅黄绿色，散布深灰色碎斑。前翅内线和外线黄褐色，波曲，细带状，在前缘处加粗；内线内侧和外线外侧各具 1 条灰绿色细带，其中外线外侧灰绿带在 M_3 处形成 1 个清晰的大黑斑；中点黑色，微小；近顶角处具 2 个黑点，外缘内侧在 M_1 下方具 1 个小黑色斑；缘毛黑褐色掺杂黄绿色。后翅外线为深灰色双线。

采集记录：武夷山（挂墩）。

分布：福建、湖北、湖南。

15. 异翅尺蛾属 *Heterophleps* Herrich-Schäffer, 1854

Heterophleps Herrich-Schäffer, 1854, *Samml. aussereurop. Schmett.*, (1) 1: wrapper, pl. 41: 202. Type species: *Heterophleps triguttaria* Herrich-Schäffer, 1854. (America)

Lygranoa Butler, 1878a, *Ann. Mag. nat. Hist.*, (5) 1: 447. Type species: *Lygranoa fusca* Butler, 1878. (Japan: Yokohama; Hakodaté)

Dysethia Warren, 1893, *Proc. zool. Soc. Lond.*, 1893: 347. Type species: *Dysethia bicommata* Warren, 1893. (India: Sikkim)

Dysethiodes Warren, 1895, *Novit. zool.*, 2: 106. Type species: *Coremia ocyptaria* Swinhoe, 1893. (India: Khasi Hills; Kurseyong)

Ortholithoidia Wehrli, 1932a, *Ent. Rdsch.*, 49: 221. Type species: *Heterophleps euthygramma* Wehrli, 1932. (China: Sichuan: Kunkalaschan)

属征：雄性触角双栉形或双列纤毛状，雌性触角线形。额圆，微凸出，光滑。下唇须短，仅尖端伸达额外或略长。后足胫节具 2 对距，雄胫节具毛束。前翅顶角略凸出或近直角，外缘浅波曲；后翅小，顶角和臀角圆，外缘波曲，雄性后翅后缘极窄缩，常由 2A 上方向上折叠，折边宽窄常有变化，翅反面沿折痕有 1 列细毛。前翅具 2 个宽大径副室，R_{2-4} 与 R_5 共柄；后翅 $Sc+R_1$ 与 Rs 分离，在中室中部附近由 1 条横脉相连，中室端脉在雄中为双折角，第 2 个折角微弱，在雌中为 1 个折角。雄性外生殖器：囊形突短；阳端基环宽大；抱器瓣多窄，简单；阳茎基环侧突宽大，近半圆形；第 8 腹节腹板上窄下宽，上缘中部凹，下缘中部稍凸，骨化较弱。雌性外生殖器：前后表皮突均细长；前阴片向两侧延伸；囊颈前端或囊体中后端内具数片窄条形囊片。

分布： 全北界，东洋界（北部）。

(35) 灰褐异翅尺蛾 *Heterophleps sinuosaria* (Leech, 1897) （图版 6：4）

Lygranoa sinuosaria Leech, 1897, *Ann. Mag. nat. Hist.*, (6) 19: 548. (China: Sichuan: Tachien-lu)

Heterophleps sinuosaria: Prout, 1914, *in* Seitz, *Macrolepid. World*, 4: 188, pl. 11: c.

前翅长：雄性 16 ~ 18 mm，雌性 18 mm。前翅灰褐色；内线黑色，在中室下缘处加粗，其下外倾至 2A 上方，然后加粗并折回至后缘；前缘第 1 个黑斑倾斜伸达中室内；中点黑色，大；前缘第 2 个黑斑下端向外弯曲延伸，外线由其尖端向下至后缘，深褐色，在翅脉上形成清晰的黑点；前缘 2 个斑的周围、中点周围和外线外侧均有浅色轮廓线；前缘在外线上方有 1 块模糊黑褐色斑。后翅灰褐色，中点深灰色微小；外线深灰褐色细带状，中部外凸。雄性外生殖器（图版 29：14）：钩形突细长刺状；阳端基环上端平；抱器瓣狭长，背缘中部凹，端部仅略窄于基部；阳茎细小，阳茎盲囊较阳茎体细，阳茎端膜具角状器，微刺状。雌性外生殖器（图版 52：5）：囊导管细长，下半部略粗，并有 4 条纵向骨化带；囊体圆球形。

采集记录： 武夷山。

分布： 福建、四川、云南、西藏。

16. 洁尺蛾属 *Tyloptera* Christoph, 1881

Tyloptera Christoph, 1881, *Bull. Soc. imp. Nat. Moscou*, 55 (3): 114. Type species: *Tyloptera eburneata* Christoph, 1881. (Russia: Vladivostok)

Microloba Hampson, 1895, *Fauna Brit. India* (Moths), 3: 333 (key), 405. [Unnecessary replacement name for *Tyloptera* Christoph.]

属征： 雄性与雌性触角均为双栉形，雄性栉齿略长于雌性栉齿。额宽阔，略凸出。下唇须弯曲，尖端伸达额前。后足胫节具 2 对距。前翅宽大，前缘近端部处微弯曲，顶角钝圆，外缘浅弧形；后翅窄小，外缘弧形。前翅具 1 个小径副室，R_{1-5}

共柄；后翅 $Sc+R_1$ 与 Rs 合并至近中室端部，雄性中室端脉为双折角，CuA 脉和 2A 退化，雌性中室端脉具 1 个折角，CuA 脉和 2A 正常。雄性外生殖器：钩形突锥形；具颚形突中突，并具发达中突；囊形突短平；抱器瓣细长，简单，背缘直，腹缘近浅弧形；阳茎粗壮；阳茎端膜不具角状器。雌性外生殖器：前后表皮突均细长；前阴片两侧骨化；囊导管与囊体共同形成 1 个细长袋，膜质，无囊片。

分布：亚洲东部。

(36) 缅甸洁尺蛾 *Tyloptera bella diecena* (Prout, 1926)　(图版 6: 5)

Microloba bella diecena Prout, 1926, *J. Bombay nat. Hist. Soc.*, 31: 321. (Myanmar)

Tyloptera bella diecena: Sato, 1986, *Japan Heterocerists' J.*, 134: 131.

前翅长：雄性 12 ~ 17 mm，雌性 16 ~ 19 mm。前翅白色；前缘有 1 列黄褐至褐色斑，其中中斑宽大，下缘邻近黑色圆形中点，其外侧可见模糊灰黄色影带；亚缘线白色深波状，其内侧为 1 列深灰褐色斑，由前缘排列至 M_3，再由 CuA_2 至后缘近臀角处，在 M_2 处消失，亚缘线外侧至外缘为 1 条绿褐带，在 M_3 与 CuA_1 之间消失。后翅白色，具灰褐色亚基线、中线和外线，中线较宽，带状，由外侧绕过圆形黑色中点；翅端部斑纹与前翅相近。雄性外生殖器（图版 30：1）：同属征描述。雌性外生殖器（图版 52：6）：同属征描述。

采集记录：武夷山（三港、大竹岚）。

分布：福建、陕西、甘肃、浙江、湖北、江西、湖南、江西、广西、四川、云南；缅甸。

17. 妒尺蛾属 *Phthonoloba* Warren, 1893

Phthonoloba Warren, 1893, *Proc. zool. Soc. Lond.*, 1893: 363. Type species: *Phthonoloba olivacea* Warren, 1893. (India: Darjeeling)

Steirophora Warren, 1897a, *Novit. zool.*, 4: 67. Type species: *Steirophora punctatissima* Warren, 1897. (Indonesia: Sulawesi)

Synneurodes Warren, 1899a, *Novit. zool.*, 6: 37. Type species: *Synneurodes brevipalpis* Warren, 1899. (Lesser Sunda Islands)

属征：雄性与雌性触角均为线形。额光滑。下唇须约 1/2 至 2/3 伸出额外。后足胫节具 1 对距，雄性后足胫节具毛束。前翅外缘浅弧形；后翅宽大，前缘略长，外缘浅弧形。前翅具 1 个或 2 个径副室，R_1 自由，R_{2-4} 与 R_5 共柄；后翅 $Sc+R_1$ 与

Rs 合并至中室外 1/4 处，中室端脉弧形弯曲。雄性外生殖器：钩形突短粗，有时分叉；抱器瓣略宽大，背缘简单，略向上翘；抱器腹发达，有时具指状端突；囊形突半圆形；阳茎短粗，无角状器。雌性外生殖器：前后表皮突均极长；囊导管与囊体无明显界限，均粗，总体呈袋状，内具微刺。

分布：中国，日本，印度，印度尼西亚，巴布亚新几内亚。

(37) 台湾华丽妒尺蛾 *Phthonoloba decussata moltrechti* Prout, 1958 （图版 6：6）

Phthonoloba decussata moltrechti Prout, 1958, *Bull. Brit. Mus. nat. Hist.* (Ent.), 6: 455. (China: Taiwan: Arizan)

前翅长：16 ~ 17 mm。前翅翠绿色，斑纹黑褐色；径副室 2 个；亚基线至外线共 4 条波状细带，带间散布少量灰褐色；中点小而圆，黑色；亚缘线浅色波状，其内侧有 2 条纤细波线，在前缘、M 脉之间和 CuA_2 以下常扩展成深色斑块；亚缘线外侧在翅脉间有 1 列黑褐色点；缘线在翅脉端有 1 列黑褐点；缘毛浅黄绿与黑褐色相间。后翅灰褐色；中点深灰色；外线模糊带状。雄性外生殖器（图版 30：2）：钩形突基部宽阔，端部分为 3 叉；抱器瓣宽且长，抱器腹简单，无端突；囊形突短；阳茎特别短粗。雌性外生殖器（图版 52：7）：囊导管与囊体细，微刺散布范围大。

采集记录：武夷山（三港）。

分布：福建、台湾、四川。

18. 绿花尺蛾属 *Pseudeuchlora* Hampson, 1895

Pseudeuchlora Hampson, 1895, *Fauna Brit. India* (Moths), 3: 329 (key), 333. Type species: *Eucrostes kafebera* Swinhoe, 1894. (India: Khasi Hills, Cherrapunji)

属征：雄性与雌性触角均为线形，雄性触角略加粗，具短纤毛。额光滑，中下部略凸出。下唇须非常细小，尖端伸达额外。后足胫节具 2 对距，雄性后足胫节具毛束。前翅顶角略凸出，外缘浅弧形；后翅顶角圆，外缘在 M_3 以下直。前翅具 1 个径副室，R_1 自由或与 R_{2-5} 短共柄；后翅 Sc + R_1 与 Rs 分离，在中室外 1/3 处之外有横脉相连，中室端脉为双折角，第一个折角不明显。雄性外生殖器：钩形突基部宽，两侧各具 1 个刺状突起，中央平；背兜宽大门状；横带片中部着生 2 枚大刺；抱器瓣狭小；抱器背平直；抱器腹具 1 个大基突和 1 大 1 小 2 个刺状端突；囊形突扁平。雌性外生殖器：第 8 腹节背板特别宽大，前表皮突消失；后表皮突细长；交配孔周围骨化；前阴片膨大形成1对宽大矩形骨片；囊导管骨化，短小；囊体极小，膜质，无囊片。

分布： 中国，印度。

(38) 绿花尺蛾 *Pseudeuchlora kafebera* (Swinhoe, 1894)　(图版6：7)

Eucrostes kafebera Swinhoe, 1894a, *Trans. ent. Soc. Lond.*, 1894: 177. (India: Khasi Hills, Cherrapunji)

Pseudeuchlora kafebera: Hampson, 1895, *Fauna Brit. India* (Moths), 3: 333.

前翅长：雄性12～14 mm，雌性14～17 mm。翅灰绿色，半透明，斑纹白色。前翅翅脉除M_2和CuA_2基半部之外，其余为白色；内线在翅脉上向外凸出尖角，其内侧散布白色；中室端脉白色；外线较近外缘，上半部浅弧形，下半部较直，内倾，在M_2以下为双线；亚缘线波状，其外侧在顶角处白色，并向下扩散；缘线暗绿色；缘毛灰绿色，在翅脉端均为白色。后翅内线直，其内侧灰白色，外线为浅弧形双线；亚缘线、缘线和缘毛同前翅。雄性外生殖器（图版30：3）：同属征描述。雌性外生殖器（图版52：8）：同属征描述。

采集记录： 武夷山（三港、黄坑）。

分布： 福建、江西、湖南、海南、广西；印度。

19. 潢尺蛾属 *Xanthorhoe* Hübner, 1825

Xanthorhoe Hübner, [1825] 1816, *Verz. bekannter Schmett.*: 327. Type species: *Geometra montanata* Denis & Schiffermüller, 1775. (Austria)

Malenydris Hübner, [1825] 1816, *Verz. bekannter Schmett.*: 329. Type species: *Geometra incursata* Hübner, 1813. (Europe)

Ochyrla Hübner, [1825] 1816, *Verz. bekannter Schmett.*: 334. Type species: *Phalaena quadrifasiata* Clerck, 1759. (Europe)

Odontorhoe Aubert, 1962, *Z. wien. ent. Ges.*, 47: 33, 35. Type species: *Cidaria tianschanica* Alphéraky, 1882. (China: Xinjiang: Tianshan)

Parodontorhoe Aubert, 1962, *Z. wien. ent. Ges.*, 47: 33, 51. Type species: *Cidaria altitudinum* Staudinger, 1882. (China: Xinjiang: Tianshan)

属征： 雄性触角双栉形，双列纤毛簇状；雌性触角线形，短纤毛。额毛簇发达。下唇须中等长，约1/3伸出额外，粗壮，第3节微小。后足胫节具2对距。前翅顶角钝圆，外缘浅弧形，微波曲；后翅前缘端半部略隆起，外缘浅弧形微波曲。前翅具1～2个径副室，较小，第1径副室一般小于第2径副室，R_5 常与 R_{2-4} 短共柄；后翅 $Sc+R_1$ 与 Rs 合并至近中室端部，中室端脉倾斜，微弯曲，M_2 略近 M_1，具3A。雄性外生殖器：钩形突多细长；背兜多宽大；抱器瓣狭小；抱器背具端突；抱器腹简单；抱器端有时略骨化或具突；阳端基环腹面常具突起；具味刷；第8腹节腹板退化，仅存1个窄横条。雌性外生殖器：前表皮突短小；后表皮突细长；囊片纵带状具细长刺或由细弱微刺组成不规则状。

分布： 全世界。

(39) 盈潢尺蛾 *Xanthorhoe saturata* (Guenée, 1858) （图版6：8）

Larentia saturata Guenée, 1858, *in* Boisduval & Guenée, *Hist. nat. Insectes* (Spec. gén. Lépid.), 10: 269. (India: Pondichéry)

Larentia exliturata Walker, 1862, *List Specimens lepid. Insects Colln Brit. Mus.*, 24: 1105. (India: South Hindostan)

Coremia livida Butler, 1878a, *Ann. Mag. nat. Hist.*, (5) 1: 449. (Japan)

Larentia inamoena Butler, 1879a, *Ann. Mag. nat. Hist.*, (5) 4: 444. (Japan)

Cidaria saturata: Hampson, 1895, *Fauna Brit. India* (Moths), 3: 362.

Cidaria (Xanthorhoe) saturata: Prout, 1914, *in* Seitz, *Macrolepid. World*, 4: 227, pl. 7: f.

Xanthorhoe saturata: Prout, 1939, *in* Seitz, *Macrolepid. World*, 12: 260.

前翅长：雄性10～12 mm，雌性11～14 mm。翅灰褐色。前翅亚基线和内线深褐色，模糊带状；中线与外线间形成宽阔暗褐色中带；中线在中室内向外凸出；外线波状，上中部外凸，中带两侧各有1条纤细伴线；中点微小黑色；翅端部色较深，亚缘线灰白色波状，其内侧在前缘和 M_2 两侧有黑褐色斑块；顶角至外线有1条灰白色斜线。后翅中点深色模糊；中域隐约可见数条深色线纹；外线轮廓清晰，其外侧为1条灰白色细带，带上具外线的伴线。雄性外生殖器（图版30：4）：囊形突端半部呈指状延长；阳端基环钟罩形，两上角具棒槌状侧突，其端部膨大且具毛，中突较长，端部稍膨大；抱器瓣端半部急剧窄缩，末端略宽，形成扁平叉状；阳茎特别粗大；角状器为两簇纤细毛刺。雌性外生殖器（图版52：9）：囊导管粗且长，弱骨化；囊体两侧面有大片弱骨化区，囊片为1列纤细毛刺，在囊颈附近横置。

采集记录： 武夷山（三港）。

分布： 福建、河南、甘肃、浙江、湖南、台湾、广东、海南、广西、四川、云南、西藏；日本，印度，越南。

20. 汝尺蛾属 *Rheumaptera* Hübner, 1822

Rheumaptera Hübner, 1822, *Syst.-alphab. Verz.*: 38-41, 43-47, 49-51. Type species: *Phalaena hastata* Linnaeus, 1758. (Sweden)

Hydria Hübner, 1822, *Syst.-alphab. Verz.*: 38-45, 49, 51, 52. Type species: *Phalaena undulata* Linnaeus, 1758. (Finland)

Calocalep Hübner, [1825] 1816, *Verz. bekannter Schmett.*: 330. Type species: *Phalaena undulata* Linnaeus, 1758. (Finland)

Eulype Hübner, [1825] 1816, *Verz. bekannter Schmett.*: 328. Type species: *Phalaena hastata* Linnaeus, 1758. (Sweden)

Melanippe Duponchel, 1829, *in* Godart & Duponchel, *Hist. nat. Lépid. Papillons Fr.*, 7 (2): 111. Type species: *Phalaena hastata* Linnaeus, 1758. (Sweden)

Eutriphosa Gumppenberg, 1887, *Nova Acta Acad. Caesar. Leop. Carol.*, 49: 328 (key). Type species: *Eucosmia veternata* Christoph, 1881. (Russia)

Rheumatoptera Gumppenberg, 1887, *Nova Acta Acad. Caesar. Leop. Carol.*, 49: 326 (key). Type species: *Phalaena hastata* Linnaeus, 1758. (Sweden)

Xenospora Warren, 1903, *Novit. zool.*, 10: 265. Type species: *Melanthia latifasciaria* Leech, 1891. (Japan)

属征：雄性与雌性触角均为线形，雄性触角具极短纤毛。额微凸出，额毛簇发达。下唇须约1/4至1/2伸出额外。后足胫节具2对距。前翅顶角钝圆，外缘浅弧形；后翅略狭长，顶角和臀角圆，外缘浅波曲。前翅具1~2个径副室；后翅 $Sc+R_1$ 与 Rs 合并至中室前缘外1/3处之外，中室端脉强烈双折角，M_2 近 M_3，具3A。雄性外生殖器：钩形突常三角形或板状；背兜宽阔，侧缘直立；抱器瓣宽大，端部圆；抱器背简单；抱器腹膨大，端部延伸成1~2支端突；囊形突微小；阳端基环板状，后端中央具叉状突起；阳茎基环侧突发达，特别长，在阳茎背面中央联合成一体，端部具毛；下匙形片不发达；阳茎短粗；阳茎端膜具数枚发达大刺状角状器；第8腹节腹板长条形，下缘骨化强，中部凹。雌性外生殖器：前表皮突中等长；后表皮突细长；囊导管常很短；囊颈特化成各种形状；囊体膜质，形状不规则。

分布：全北界，东洋界（北部），新热带界，非洲界。

(40) 金星汝尺蛾 *Rheumaptera abraxidia* (Hampson, 1895)　(图版6: 9)

Larentia abraxidia Hampson, 1895, *Fauna Brit. India* (Moths), 3: 372. (India)

Calocalpe abraxidia: Prout, 1941, *in* Seitz, *Macrolepid. World*, 12: 329, pl. 34: c.

Rheumaptera abraxidia: Inoue, 1982b, *Bull. Fac. domestic Sci.*, *Otsuma Woman's Univ.*, 18: 143.

前翅长：雌性 20 mm。翅白色，斑纹灰褐色。前翅亚基线为白色波状细带；内线以外各线深灰褐色，均呈不规则波曲；各线两侧排布大小不等、形状不规则的灰褐色斑块；前后翅均有黑褐色中点，前翅中点大而模糊；后翅中点较小，清晰。雌性外生殖器（图版52：10）：前阴片两侧狭条形骨化。囊导管细长，上端具细小骨环，其下弱骨化并褶皱。囊体小球状，近囊颈处有 1 片骨化带状囊片，其上具细刺。

采集记录：武夷山（三港）。

分布：福建、台湾；印度，尼泊尔。

21. 光尺蛾属 *Triphosa* Stephens, 1829

Triphosa Stephens, 1829, *Nom. Brit. Insects*: 44. Type species: *Phalaena dubitata* Linnaeus, 1758. (Europe)

Speluncaris Bruand, 1847, *Mém. Soc. Emul. Doubs.*, (1) 2 (3, livr. 5, 6): 105. Type species: *Larentia sabaudiata* Duponchel, 1830. (France)

Umbrosina Bruand, 1847, *Mém. Soc. Emul. Doubs.*, (1) 2 (3, livr. 5, 6): 105. Type species: *Phalaena dubitata* Linnaeus, 1758. (Europe)

Strepsizuga Warren, 1908, *Proc. U. S. natn. Mus.*, 34: 101. Type species: *Strepsizuga aberrans* Warren, 1908. (Jamaica)

属征：雄性与雌性触角均为线形，雄性触角具短纤毛。额略凸出，额毛簇较小。下唇须中等长或略短，偶有极长。后足胫节具 2 对距。前翅顶角尖，外缘浅波曲；后翅外缘锯齿状。翅面常具明显的油样光泽。前翅具 2 个径副室；后翅 $Sc+R_1$ 与 Rs 合并至近中室端部，中室端脉强烈双折角，M_2 近 M_3，具 3A。雄性外生殖器：钩形突刺状；抱器瓣宽大，端部圆；抱器背具粗大圆钝端突，不伸达抱器端；抱器腹弱骨化，狭窄，具端突；囊形突近半圆形；阳端基环中部向上延长并逐渐变宽，后缘凹；前端向两侧延伸；阳茎基环侧突指状、三角形或两侧相向伸长并联合成 1 个大突；阳茎短；阳茎端膜通常无刺；第 8 腹节腹板常呈倒扣的漏斗形，中等强度骨化。雌性外生殖器：后表皮突细长；囊导管粗，弱骨化，无骨环；囊体中等大，形状常不规则，无囊片。

分布：全北界，东洋界（北部），南美洲，非洲。

(41) 长须光尺蛾 *Triphosa umbraria* (Leech, 1891)　(图版 6: 10)

Scotosia umbraria Leech, 1891b, *Entomologist*, 24 (Suppl.): 53. (Japan: Nagahama)

Phibalapteryx umbraria: Leech, 1897, *Ann. Mag. nat. Hist.*, (6) 19: 561.

Philereme umbraria: Prout, 1914, *in* Seitz, *Macrolepid. World*, 4: 205, pl. 11: h.

Triphosa umbraria: Inoue, 1995, *Yugato*, 139: 40, figs 3, 6, 11.

前翅长：雌性 22 mm。翅灰黄褐色。前翅中点黑色微小；中带近外线处颜色逐渐加深；外线黑褐色，在前缘下极度外凸，伸达亚缘线处后与黑褐色顶角斜线连接形成伸达后缘基部附近的 1 条斜带，斜带在 M_2 和 M_3 处各向外凸出 1 个小齿，M_3 以下较模糊；斜带外下方密布数条与斜带大致平行的灰黄色线。后翅由基部至端部密布灰黄色线和深褐色线，其中亚基线黑色并向外扩散；外线黑色；中点极微小。雄性外生殖器：钩形突短粗；抱器瓣狭小；抱器腹端突刺状；阳茎角状器为 1 束微刺。雌性外生殖器（图版 52：11）：囊导管上中部以下弱骨化；前阴片杯状骨化；囊体上半部侧面外凸，近囊颈处有 1 片由微刺组成的囊片。

采集记录：武夷山。

分布：福建；日本。

22. 扇尺蛾属 *Telenomeuta* Warren, 1903

Telenomeuta Warren, 1903, *Novit. zool.*, 10 : 264. Type species: *Scotosia punctimarginaria* Leech, 1891. (Japan: Yesso)

属征：雄性与雌性触角均为线形，雄性触角具短纤毛。额略凸出，额毛簇弱小。下唇须短，约 1/4 伸出额外，第 2 节短小。后足胫节具 2 对距。前翅顶角微凸，外缘中部略凸；后翅外缘浅锯齿状。前翅具 1 个狭长的径副室；后翅 $Sc+R_1$ 与 Rs 合并至近中室端部，中室端脉具 1 个折角，M_2 基部略近 M_1，具 3A。雄性外生殖器：钩形突短小，三角形，基部具微小侧叶；背兜狭长；抱器瓣中等宽度，端部窄并向抱器背弯曲；抱器背具短粗端突；囊形突延长，舌状；阳端基环后端平，前缘浅弧形，侧缘凹；阳茎基环侧突粗大，2 节，端部 1 节呈扇形，上面着生波曲的毛刺；阳茎长，中等粗；阳茎端膜具 1 束细小毛刺；第 8 腹节腹板宽大，近梯形，两侧略延伸并略向上翘。雌性外生殖器：前后表皮突均细长；前阴片骨化，狭条形；囊导管高度骨化；囊体长圆形，膜质，具 2 条由微刺组成的纵带状囊片，分别位于囊体背腹两面。

分布：中国，日本。

(42) 星缘扇尺蛾 *Telenomeuta punctimarginaria* (Leech, 1891) (图版 6: 11)

Scotosia punctimarginaria Leech, 1891b, *Entomologist*, 24 (Suppl.): 53. (Japan: Yesso)

Phibalapteryx punctimarginaria: Leech, 1897, *Ann. Mag. nat. Hist.*, (6) 19: 562.

Telenomeuta punctimarginaria: Warren, 1903, *Novit. zool.*, 10: 264.

Triphosa inconsicua Bastelberger, 1909b, *Ent. Z.*, 23: 77.

Telenomeuta punctimarginaria inconspicua: Inoue, 1965, *Spec. Bull. lepid. Soc. Japan*, 1: 30.

前翅长：雄性 25～26 mm，雌性 26～28 mm。前翅深灰褐色，翅基部至端部排列多条波状线；亚基线和内线黑色，仅在中室上缘之上清楚；中线 2 条，黑色；中点黑色；中线之外有 3 条深褐色细线；外线 2 条，深褐色有黑边，在 Rs 和 M_3 下方各有 1 个凸齿；外线外侧为 1 条黄褐色带和 1 条纤细黑色伴线；翅端部深灰褐色，亚缘线为翅脉上的 1 列白点；缘线黑褐色；缘毛深褐至黑褐色。后翅颜色同前翅，斑纹与前翅连续，外线无大凸齿。雄性外生殖器（图版 30：5）：同属征描述。雌性外生殖器（图版 53：1）：同属征描述。

采集记录：武夷山。

分布：福建、甘肃、浙江、湖北、台湾、四川；日本。

23. 洄纹尺蛾属 *Chartographa* Gumppenberg, 1887

Chartographa Gumppenberg, 1887, *Nova Acta Acad. Caesar. Leop. Carol.*, 49: 325 (key). Type species: *Lygris tigrinata* Christoph, 1881. (Russia: Vladivostok; Askold)

属征：雄性与雌性触角均为线形，雄性触角具短纤毛。额毛簇发达。下唇须约 1/3 伸出额外或略短。后足胫节具 2 对距。前翅顶角钝圆，外缘浅弧形，雄性前翅反面基部附近在中室下缘与 2A 之间具毛束；后翅外缘浅弧形。前翅具 2 个径副室，约等大（个别种内有变异，有时仅 1 个径副室，如常春藤洄纹尺蛾）；后翅 $Sc+R_1$ 与 Rs 合并至中室前缘中部迅速分离；中室端脉双折角，M_2 基部略近 M_3，具 3A。雄性外生殖器：钩形突细长刺状，背兜小，抱器瓣狭长，背缘平直。抱器腹和抱器端可分两种：一种抱器腹平直无突，几乎与抱器背平行，抱器端平，顶角略尖；另一种抱器腹浅弧形，中部之外具 1～2 个突，抱器端圆形。阳茎端膜具 1～2 束细刺。雌性外生殖器：前后表皮突均细长；前阴片两侧骨化；囊导管和囊颈短小；囊体袋状；囊片由微刺组成短带状或不规则形状。

分布：中国，俄罗斯，日本，印度，尼泊尔，缅甸；朝鲜半岛。

种检索表

前翅线条分布均匀 ………………………………………………… **多线洄纹尺蛾 *Ch. plurilineata***
前翅线条分布不均匀 …………………………… **常春藤洄纹尺蛾 *Ch. compositata compositata***

(43) 常春藤洄纹尺蛾 *Chartographa compositata compositata* (Guenée, 1858) (图版6: 12)

Abraxas compositata Guenée, 1858, *in* Boisduval & Guenée, *Hist. nat. Insectes* (Spec. gén. Lépid.), 10: 207. (China: North)

Abraxas junctilineata Walker, 1862, *List Specimens lepid. Insects Colln Brit. Mus.*, 24: 1123. (China: North)

Lygris compositata: Thierry-Mieg, 1899, *Ann. Soc. ent. Belgique*, 1899: 21.

Callygris compositata: Thierry-Mieg, 1904, *Naturaliste*, 18: 141.

Calleulype compositata: Prout, 1914, *in* Seitz, *Macrolepid. World*, 4: 210.

Chartographa compositata: Xue, 1992, *in* Liu, *Icon. Forest Insects Hunan China*: 839, fig. 2724.

前翅长：雄性 22 ~ 24 mm，雌性 23 ~ 25 mm。翅面白色，斑纹褐色。前翅亚基线 3 条，内线 2 条，中线和外线各 3 条，亚缘线 4 条；各线均向外倾斜；其中中线和外线之间的白色翅面近花瓶状；亚缘线内侧的 2 条线在 M_3 下方合并，外侧的 2 条线在 M_3 下方消失；外线外侧近臀角处有 1 个褐斑。后翅基部有 1 小斑；中点大而圆；外线由 M_2 至后缘为 3 条波状细线，仅在 M_2 处清楚，M_3 以下常合并；外线外侧与 1 块大黄斑接触，该斑由 M_3 至臀角，外侧到外缘，斑内有 4 个小褐斑；由前缘至大斑上端为 1 条褐色带，在 M 脉之间常断裂为褐点。雄性外生殖器（图版 30：6）：阳茎基环侧突较细；抱器瓣端部稍尖；阳茎端膜的 2 束刺约等大。雌性外生殖器（图版 53：2）：囊片下端略粗，其两侧囊体略有骨化。

采集记录： 武夷山（三港）。

分布： 福建、山东、浙江、湖北、江西、湖南；日本；朝鲜半岛。

(44) 多线洄纹尺蛾 *Chartographa plurilineata* (Walker, 1862)　(图版6: 13)

Abraxas plurilineata Walker, 1862, *List Specimens lepid. Insects Colln Brit. Mus.*, 24: 1123. (China: North)

Eustroma plurilineata: Leech, 1897, *Ann. Mag. nat. Hist.*, (6) 19: 567.

Lygris plurilineata: Prout, 1914, *in* Seitz, *Macrolepid. World*, 4: 211, pl. 11: i.

Chartographa plurilineata: Prout, 1941, *in* Seitz, *Macrolepid. World*, 12: 317.

前翅长：雌性 15 mm。前翅污白色，线纹深灰褐色，共 15 条，直，均向臀角内侧倾斜，其中第 5、6 条和第 11、12 条距离稍远；第 8、9 条在 CuA_1 附近接合后消失，第 14 条在 M_3 处并入第 13 条；臀角处有 1 块模糊的小黄斑。后翅污白色，端半部由黄白色逐渐过渡为翅端部黄色大斑；中点巨大，灰褐色，其外侧为 3 条浅弧形线，由前缘中部至后缘外 1/3 处，但在 CuA_1 至 2A 间减弱；顶角内侧为 1 块大褐斑，其下方在大黄斑内有 1 列细小褐点。雌性外生殖器（图版 53：3）：前表皮突特别短小。骨环巨大，长度几乎 3 倍于前表皮突。囊片形状不规则。

采集记录：武夷山（坳头）。

分布：福建、上海、浙江。

24. 枯叶尺蛾属 *Gandaritis* Moore, 1868

Gandaritis Moore, 1868, *Proc. zool. Soc. Lond.*, 1867 (3): 660. Type species: *Gandaritis flavata* Moore, 1868. (India: Bengal)

Christophia Staudinger, 1897, *Dt. ent. Z. Iris*, 10: 25. Type species: *Abraxas festinaria* Christoph, 1881. (Russia: Vladivostok) [Junior homonym of *Christophia* Ragonot, 1887 (Lepidoptera: Pyralidae).]

Christophiella Berg, 1898, *Comun. Mus. nac. B. Aires*, 1: 17. Type species: *Abraxas festinaria* Christoph, 1881. [Unnecessary replacement name for *Christophia* Staudinger, 1897.]

属征：雄性与雌性触角均为线形，雄性触角具短纤毛。额微凸出，额毛簇中度发达。下唇须约 1/3 伸出额外。后足胫节具 2 对距。前翅前缘端半部浅弧形；后翅顶角圆，外缘弧形。前翅具 2 个径副室；后翅 $Sc + R_1$ 与 Rs 合并至中室前缘外 1/3 处，中室端脉为极弱或强烈双折角或为 1 个折角，具 3A。雄性外生殖器：背兜狭小；钩形突长刺状；抱器瓣宽大，一般简单无突，端部宽且平；囊形突短宽，基部两侧扩展成耳状；阳茎基环侧突发达，十分粗壮，端部密生长毛，毛端膨大；阳茎中等大；阳茎端膜无刺；第 8 腹节腹板骨化弱，多长方形，上缘中部微凹，两侧中下部常缢缩。雌性外生殖器：前后表皮突细长；前阴片两侧骨化；囊导管中等长，骨环发达；囊颈不明显；囊体椭圆形，具 1 个囊片，位于腹面，由微刺组成，近圆形或不规则形。

分布：古北界，东洋界。

(45)中国枯叶尺蛾 *Gandaritis sinicaria sinicaria* Leech, 1897　(图版6: 14)

Gandaritis flavata var. sinicaria Leech, 1897, *Ann. Mag. nat. Hist.*, (6) 19: 677. (China: Hubei: Chang-yang; Sichuan: Moupin, Omei-shan, Wa-shan, Chia-ting-fu)

Gandaritis reduplicata Warren, 1897b, *Novit. zool.*, 4: 235. (China: Sichuan: Omei-Shan)

Gandaritis flavata sinicaria: Prout, 1914, *in* Seitz, *Macrolepid. World*, 4: 214, pl. 11: e.

Gandaritis sinicaria: Prout, 1941, *in* Seitz, *Macrolepid. World*, 12: 317, pl. 32: e.

前翅长：雄性30～35 mm，雌性33～35 mm。前翅枯黄色；亚基线、内线和中线呈波状，内线和中线间黄色，有枯黄和灰褐色晕影；中线外侧有2条细纹，中点黑色短条状，外线“〉”形，其外侧在 M_1 以上至顶角有1块黄色大斑，略带橘黄色。后翅基半部白色，端半部黄色；中带“〉”形，外带和亚缘带锯齿形，后者较宽，其外侧边缘模糊，上端未达前缘。雄性外生殖器（图版30：7）：抱器瓣宽大；阳茎基环侧突较细。雌性外生殖器（图版53：4）：骨环细长；囊片近水滴形。

采集记录：武夷山（三港）。

分布：福建、山西、陕西、甘肃、安徽、浙江、湖北、江西、湖南、广西、四川、云南；印度。

25. 褥尺蛾属 *Eustroma* Hübner, 1825

Eustroma Hübner, [1825] 1816, *Verz. bekannter Schmett.*: 335. Type species: *Geometra reticulata* Denis & Schiffermüller, 1775. (Austria)

Antepirrhoe Warren, 1905b, *Novit. zool.*, 12: 327. Type species: *Epirrhoe delimitata* Warren, 1895. (North America)

Paralygris Warren, 1900a, *Novit. zool.*, 7: 110. Type species: *Paralygris contorta* Warren, 1900. (China)

属征：雄性与雌性触角均为线形，雄性触角具短纤毛。额微凸出。下唇须中等长度，约1/3伸出额外。后足胫节具2对距。前翅外缘浅弧形；后翅圆，前缘扩展。雄性前翅反面后缘基部具毛束。前翅具2个径副室，约等大，R_2 与 R_{3+4} 共柄；后翅 $Sc+R_1$ 与 Rs 合并至中室之外立即分离，中室端脉具1个折角，M_2 略近 M_1，具3A。雄性外生殖器：钩形突刺状；抱器瓣多狭长；抱器背无突；抱器背和抱器腹均无明显骨化；囊形突略延长，三角形或半圆形；阳端基环板状；阳茎基环侧突发达，密生细毛；阳茎一般粗大。雌性外生殖器：囊导管短，骨环发达；囊体肥大，袋状或近球形；具1个由微刺组成的囊片。

分布：全北界，东洋界（北部）。

(46) 黑斑褥尺蛾 *Eustroma aerosa* (Butler, 1878) (图版 6：15)

Cidaria aerosa Butler, 1878a, *Ann. Mag. nat. Hist.*, (5) 1: 451. (Japan: Hakodaté)

前翅长：雄性 16 ~ 18 mm，雌性 18 ~ 19 mm。前翅深褐色，斑纹黄白色；亚基线直或略波曲；第 3 条中线和第 1 条外线纤细，后者在前缘至 M_3 处倾斜较少，在 CuA_1、CuA_2 处被第 2 条外线向内凸出的齿所切断；第 1、2 条中线之间和臀角附近散布着大量黄褐色，并略带黄绿色。后翅灰褐色；外线和亚缘线均波状，灰黄色。雄性后翅正面的橘黄色斑消失，在中室上角处有 1 个巨大的黑红色斑。雄性前翅反面毛束发达，黑色，CuA_2 基部下方的橘黄色斑消失。雄性外生殖器（图版 30：8）：抱器瓣端部圆；抱器腹具 1 个不骨化的锥形端突；背兜狭小三角形；阳茎基环侧突细长杆状，着生短毛刺，上端未伸达背兜中部；囊形突小三角形；阳茎端膜光滑。雌性外生殖器（图版 53：5）：肛瓣肥大；前后表皮突均短小；前阴片宽大杯状；骨环发达；囊体袋状；囊片上尖下宽，边缘常不规整。

采集记录：武夷山（三港）。

分布：福建、吉林、北京、河北、陕西、甘肃、湖北、湖南、四川、云南；俄罗斯，日本；朝鲜半岛。

26. 祉尺蛾属 *Eucosmabraxas* Prout, 1937

Eucosmabraxas Prout, 1937, *in* Seitz, *Macrolepid. World*, 4 (Suppl.): 107. Type species: *Abraxas placida* Butler, 1878. (Japan: Hakodaté)

属征：雄性与雌性触角均线形，雄性触角具短纤毛。额平坦，额毛簇微小。下唇须约 1/3 伸出额外或更长。后足胫节具 2 对距。前翅顶角钝圆，外缘浅弧形；后翅圆。前翅具 1 个宽大径副室；后翅 $Sc + R_1$ 与 Rs 合并至中室前缘外 1/3 处，中室端脉为较弱的双折角，M_2 基部略近 M_1，具 3A。雄性外生殖器：钩形突细长刺状；背兜狭小；抱器瓣宽圆，简单；阳茎基环侧突短粗，端部具毛束，毛端膨大；囊形突短小；第 8 腹节腹板狭长杯状，上端缢缩，两下角外展。雌性外生殖器：前后表皮突细长；前阴片两侧骨化；囊导管细长，具 1 个短宽骨环；囊体较小，具 1 个由微刺组成的囊片。

分布：中国，日本；朝鲜半岛。

(47) 绣球祉尺蛾 *Eucosmabraxas evanescens* (Butler, 1881) (图版 6: 16)

Callabraxas evanescens Butler, 1881, *Trans. ent. Soc. Lond.*, 1881 (3): 420. (Japan: Tokyo)

Cidaria placida ab. *evanescens*: Prout, 1914, *in* Seitz, *Macrolepid. World*, 4: 258.

Eucosmabraxas evanescens: Prout, 1937, *in* Seitz, *Macrolepid. World*, 4 (Suppl.): 107, pl. 10: g.

Calleulype evanescens: Inoue, 1944, *Trans. Kansai ent. Soc.*, 14 (1): 70.

前翅长：21 ~ 22 mm。翅白色，斑纹黑色，斑点大而圆。前翅亚基线、内线各为 1 列斑点；中线在中室内断裂成上下 2 块斑，其外侧与中点接触；中点上端有 1 个短柄与外线连接；外线在中点外侧强烈弯曲成钩状，与中点之间留出白色空间，在 M_3 以下呈点状，外侧有 1 列斑点相伴；中线下半段与外线及其外侧的斑点有时在 M_3 以下互相融合成 1 块大斑；翅端部 2 列斑点大小变化很大。后翅中点与外线之间无细线。雄性外生殖器（图版 30：9）：囊形突宽大；抱器瓣略短钝；阳茎粗大。雌性外生殖器（图版 53：6）：囊片大，形状不规则。

采集记录：武夷山（三港、桐木、挂墩）。

分布：福建、江西、广西、四川；日本。

27. 折线尺蛾属 *Ecliptopera* Warren, 1894

Ecliptopera Warren, 1894b, *Novit. zool.*, 1: 679. Type species: *Eustroma triangulifera* Moore, 1888. (India: Darjeeling)

Diactinia Warren, 1898, *Novit. zool.*, 5: 27. Type species: *Geometra silaceata* Denis & Schiffermüller, 1775. (Austria)

Urolophia Swinhoe, 1900a, *Cat. east. and Aust. Lepid. Heterocera Colln Oxf. Univ. Mus.*, 2: 337. Type species: *Cidaria furva* Swinhoe, 1891. (India: Khasi Hills)

属征：雄性与雌性触角线形，雄性触角具短纤毛。额明显凸出，下端具 1 个锥形额毛簇。下唇须约 1/4 至 1/3 伸出额外，少数种类较长。后足胫节具 2 对距。前翅顶角略凸出，外缘在 M_1、M_2 处微凹，其下浅弧形；后翅圆而宽阔。前翅具 2 个径副室；后翅 $Sc+R_1$ 与 Rs 合并过中室前缘中部后分离，中室端脉弯曲或为 1 个折角，M_2 基部略近 M_1，具 3A。雄性腹部有时具味刷。雄性外生殖器：钩形突刺状；背兜中等大；抱器瓣宽大，端部尖，无突起；囊形突不同程度延长；阳端基环短宽；阳茎基环侧突发达，端部膨大呈头状，具毛簇；阳茎端膜具 1 ~ 2 束毛刺；第 8 腹节腹板多为杯状，两下角向外凸伸。雌性外生殖器：表皮突中等长；囊导管短，中部具 1 个发达的骨环；囊体圆形或袋状，囊片纵带状，由微刺组成，边缘不规则。

分布：古北界，东洋界，澳大利亚界。

种检索表

前翅中线中部向外凸出 ………………………… **乌苏里绣纹折线尺蛾** ***E. umbrosaria phaedropa***
前翅中线中部不向外凸出 ……………………………………………… **隐折线尺蛾** ***E. haplocrossa***

(48) 乌苏里绣纹折线尺蛾 *Ecliptopera umbrosaria phaedropa* (Prout, 1938)（图版 6：17）

Cidaria (Ecliptopera) umbrosaria phaedropa Prout, 1938, *in* Seitz, *Macrolepid. World*, 4 (Suppl.): 154, pl. 15: f. (Russia: Ussuri, Narva)

Diactinia umbrosaria phaedropa: Viddalepp, 1977, *Ent. Obozr.*, 56: 574.

Ecliptopera umbrosaria phaedropa: Xue, 1992, *in* Liu, *Icon. Forest Insects Hunan China*: 842, fig. 2738.

前翅长：雄性 14 mm，雌性 14～15 mm。前翅翅面黑褐色；内线白色，近平直；中线白色，近内线，中部凸出；中点黑色，条状；外线黑褐色，下半段波曲；其内侧具白色细线，在 CuA_2 处向内凸出呈尖角状，之后波曲；亚缘线白色，模糊；顶角发出 1 条斜线，伸达 M_2 并接近亚缘线后折向外缘中部，然后再次向内下方延伸，接近亚缘线并与之并行，下端向外弯伸达臀角。后翅灰褐色；中点较大；外线白色，在近后缘处弯曲。雄性外生殖器（图版 30：10）：阳茎基环侧突细长，端部向外弯曲；囊形突基半部三角形，端部狭窄并略凸伸；抱器瓣背缘端部向下弯曲较多；阳茎粗大，阳茎端膜具 2 束纤弱毛刺。雌性外生殖器（图版 53：7）：骨环小；囊体肥大，囊片特别细长。

采集记录：武夷山（三港）。

分布：福建、黑龙江、吉林、北京、河北、河南、湖南、四川；俄罗斯，蒙古国；朝鲜半岛。

(49) 隐折线尺蛾 *Ecliptopera haplocrossa* (Prout, 1938)（图版 6：18）

Cidaria (Ecliptopera) haplocrossa Prout, 1938, *in* Seitz, *Macrolepid. World*, 4 (Suppl.): 155, pl. 15: f. (China: Sichuan: Kwanhsien)

Ecliptopera haplocrossa: Xue, 1992, *in Liu, Icon. Forest Insects Hunan China*: 842, fig. 2736.

前翅长：雄性 16～17 mm，雌性 17～18 mm。前翅基部黑褐色，有 2 条波状黑线；内线为 1 条灰黄至灰绿色带，两侧波曲，中域为宽阔黑褐色带，有微小黑色中点和 2 条波状黑色中线；外线波状，中部稍外凸，其外侧灰黄绿色，有 1 条纤细深色伴线；浅色波状亚缘线内侧有深灰褐色云状纹；顶角下有 1 个狭窄三角形黑斑，并沿外缘内侧延伸 1 条细线至臀角。后翅灰褐色，有微小中点和暗色波状外线。雄性外生殖器（图版 30：11）：钩形突较短；抱器瓣较狭长，端部圆；阳茎基环侧突杆状，端部膨大较少；囊形突短小；阳茎端膜具 1 束浓密但细小的毛刺。雌性外生殖器（图版 53：8）：囊导管较细，骨环微小；囊体中等大，囊片长带状，边缘极不整齐。

采集记录：武夷山（大竹岚）。

分布：福建、湖南、四川。

28. 夕尺蛾属 *Sibatania* Inoue, 1944

Sibatania Inoue, 1944, *Trans. Kansai ent. Soc.*, 14 (1): 66. Type species: *Cidaria mactata* Felder & Rogenhofer, 1875. (Japan)

属征：雄性与雌性触角均为线形，雄性触角具短纤毛。额毛簇发达。下唇须略长，约 1/3 伸出额外。后足胫节具 2 对距。翅宽阔，外缘微波曲，前翅顶角尖。前翅具 2 个径副室；后翅 $Sc+R_1$ 与 Rs 合并至近中室端部，M_2 基部略近 M_1，具 3A。雄性外生殖器：钩形突刺状；抱器瓣狭长；抱器背具 1 个发达基突和 1 个刺状端突；囊形突特别发达，宽大并呈舌状延长。雌性外生殖器：前阴片骨化为 1 条狭长横带；囊导管短粗，具 1 个发达骨环；囊体袋状，具 1 个倒三角形和 1 个圆形囊片。

分布：中国，日本。

(50) 宁波阿里山夕尺蛾 *Sibatania arizana placata* (Prout, 1929) （图版 6: 19）

Ecliptopera mactata placata Prout, 1929, *Novit. zool.*, 35: 142. (China: Zhejiang: Ningpo)

Cidaria (*Ecliptopera*) *mactata placata*: Prout, 1938, *in* Seitz, *Macrolepid. World*, 4 (Suppl.): 155, pl. 15: f.

Sibatania mactata placata: Hiramatsu, 1978, *Tinea*, 10 (14): 137.

Sibatania arizana placata: Inoue, 1982c, *in* Inoue *et al.*, *Moths of Japan*, 1: 486.

前翅长：雄性 19 ~ 21 mm，雌性 23 mm。前翅黑褐色，斑纹白色；亚基线斜行；内线不规则波曲，中线直立；内线与中线之间弥漫灰黄色；外线在 M_2 与 M_3 之间向外凸出并接近亚缘线，在 CuA_1、CuA_2 和 2A 脉处各向内凸出 1 个齿，其中 CuA_2 的齿特别细长；外线外侧为1条灰黄至灰褐色带，其上端分叉，在亚缘线内外两侧各留下1个黑斑，在 M_2 以下该灰褐色带充满外线与缘线之间，偶有在外缘内侧留下数个大小不一的黑点，带中可见白色点状亚缘线。后翅灰褐色，外线白色，浅波状；亚缘线由1列鲜明的白点组成。雄性外生殖器（图版31：1）：同属征描述。雌性外生殖器（图版53：9）：同属征描述。

采集记录：武夷山（三港、坳头）。

分布：福建、浙江、湖北、江西、湖南、广西、四川、云南。

29. 汇纹尺蛾属 *Evecliptopera* Inoue, 1982

Evecliptopera Inoue, 1982c, *in* Inoue *et al.*, *Moths of Japan*, 1: 484. Type species: *Cidaria decurrens* Moore, 1888. (India: North Hindostan)

属征：与折线尺蛾属相似，但下唇须长且粗壮，端半部伸出额外。额毛簇发达。翅较狭窄；前翅顶角钝圆，臀角圆；后翅前缘扩展较少。后翅 $Sc+R_1$ 与 Rs 合并至近中室端部。雄性外生殖器：阳茎基环侧突细长，端部侧面具1个角状突起。雌性外生殖器：囊片不像折线尺蛾属那样呈带状，而是1对发达的角状骨片。

分布：中国，日本，印度，不丹；朝鲜半岛。

(51) 汇纹尺蛾 *Evecliptopera decurrens decurrens* (Moore, 1888) （图版6：20）

Cidaria decurrens Moore, 1888a, *in* Hewitson & Moore, *Descr. new Indian lepid. Insects Colln late Mr W. S. Atkinson*, 3: 276. (India: North Hindostan)

Cidaria (Euphyia) decurrens: Prout, 1914, *in* Seitz, *Macrolepid. World*, 4: 250.

Cidaria (Ecliptopera) decurrens: Prout, 1938, *in* Seitz, *Macrolepid. World*, 4 (Suppl.): 152, pl. 15: d.

Ecliptopera decurrens: Prout, 1940, *in* Seitz, *Macrolepid. World*, 12: 303.

Evecliptopera decurrens: Inoue, 1982c, *in* Inoue *et al.*, *Moths of Japan*, 1: 484; 2: 281.

前翅长：雄性13～15 mm，雌性16 mm。前翅黑褐色，线条黄白色；亚基线斜行，细弱；内线1条，极度外倾；中线3条，外倾；外线4条，第2条细弱，起自 R_5，第3条粗壮，第4条起自 R_{2-4}；亚缘线1条，直；外线与亚缘线之间的 R_5、M_1、M_2 白色，由顶角发出的1条白线在 M_1 处与亚缘线交叉，然后在 M_2 下方与第4条外线汇合；除亚缘线外，上述所有线纹均汇入臀角处的1个浅色大斑中；内线下方另有2条白线起自后缘内1/3处，上行并外倾，在2A上方汇入大斑；大斑黄白色，在臀角处有黄褐色斑纹，上面有 2～3 个白点。后翅灰褐色；缘线深褐色。雄性外生殖器（图版 31：2）：钩形突细刺状；抱器瓣基部宽，端半部梭形，在外 1/3 处略展宽，末端尖；阳茎基环侧突细长棒状，端部侧面凸出 1 个尖齿，形如鸟喙；阳茎粗大；阳茎端膜具 2 束小刺。雌性外生殖器（图版 53：10）：肛瓣肥大；前后表皮突短；囊导管短，具发达骨环；囊片为 1 对高度骨化的牛角状骨片。

采集记录：武夷山（三港）。

分布：福建、陕西、湖北、江西、四川；印度，不丹。

30. 焰尺蛾属 *Electrophaes* Prout, 1923

Electrophaes Prout, 1923a, *Novit. zool.*, 30: 197. Type species: *Phalaena corylata* Thunberg, 1792. (Europe)

Electra Curtis, 1836, *Brit. Ent.*, 13: 603. Type species: *Geometra ruptata* Hübner, 1799. [Junior homonym of *Electra* Lamouroux, 1816 (Bryozoa).] (Europe)

属征：雄性与雌性触角均为线形，雄性触角具短纤毛。额微凸出，额毛簇明显。下唇须长，约 1/3 至 1/2 伸出额外。后足胫节具 2 对距。前翅前缘近平直；后翅略狭长。前翅具 2 个径副室；后翅 $Sc+R_1$ 与 Rs 合并至近中室端部，M_2 略近 M_1，具 3A。雄性腹部第 5、6、7 节腹侧面各具 1 对味刷。雄性外生殖器：钩形突刺状；背兜钟罩形；抱器瓣狭长，略弯曲；抱器背端部常凸伸于抱器端之外；抱器腹简单；囊形突宽大；阳端基环板状，多短宽；阳茎基环侧突棒槌状，端部略膨大，密生细毛；阳茎粗大；第 8 腹节腹板上窄下宽，下角向两侧延伸。雌性外生殖器：表皮突中等长至细长；前阴片常发达；囊导管短，具 1 个骨环，有时极发达；囊体膜质袋状。

分布：古北界，东洋界。

(52) 中齿焰尺蛾 *Electrophaes zaphenges* Prout, 1940　（图版 6：21）

Electrophaes zaphenges Prout, 1940, *in* Seitz, *Macrolepid. World*, 12: 297, pl. 29: f. (India: Khasi Hills; Sikkim)

前翅长：雄性 13～15 mm，雌性 17 mm。前翅内线锯齿较浅，内线与中线之间略带红褐色；外线锯齿状，外侧黄色，向外逐渐变为红褐色，亚缘线白色，波状；顶角处的三角形斑大，黄白色，其下方是 1 个深褐色三角形斑，亚缘线至缘线之间

在 M_3 附近有 1 个较大的黄白色斑；缘线白色波状，在翅脉端断离。后翅灰黄褐色，无中点；外线灰色，缘线深灰褐色。前后翅缘毛黄色与黑褐色相间。雄性外生殖器（图版 31：3）：钩形突较细小；抱器瓣中部之外略展宽，向上弯曲；端部具 1 处带状区域，密生长毛；抱器背高度骨化，端部延伸并略宽；阳茎基环侧突粗壮，毛束较细长；囊形突特别延长；阳茎端膜的 1 个带状区域上密布小刺状凸起。雌性外生殖器（图版 53：11）：骨环极粗大；囊体上半部弱骨化，囊片短粗纵带状，上端为 1 个微小横褶，其下的纵带由密集微刺组成。

采集记录：武夷山（三港）。

分布：福建、江西、湖南、台湾、广西、四川、云南、西藏；印度。

31. 丽翅尺蛾属 *Lampropteryx* Stephens, 1831

Lampropteryx Stephens, 1831, *Illust. Brit. Ent.*, 3: 233. Type species: *Geometra suffumata* Denis & Schiffermüller, 1775. (Austria)

Paralophia Warren, 1893, *Proc. zool. Soc. Lond.*, 1893: 371. Type species: *Paralophia pustulata* Warren, 1893. (India: Sikkim)

Anisobole Warren, 1902b, *Novit. zool.*, 9: 514. Type species: *Geometra suffumata* Denis & Schiffermüller, 1775. (Austria)

Paracomucha Warren, 1904b, *Novit. zool.*, 11: 488. Type species: *Cidaria chalybearia* Moore, 1868. (India: Darjeeling; Cherra Poonjee)

属征：雄性触角锯齿状，具纤毛，或为双栉形。额略凸出，下端具 1 个弱小额毛簇。下唇须短小。后足胫节具 2 对距。前翅顶角尖，外缘浅弧形；后翅狭长，外缘浅弧形倾斜。前翅具 2 个径副室；后翅 $Sc + R_1$ 与 Rs 合并至近中室端部，中室端脉为强烈双折角，M_2 基部略近 M_3。雄性外生殖器：钩形突基部及背兜端部宽阔；阳茎基环侧突较长，其端部大刺特别发达，尖端具 1 根细毛；阳茎细小，有时细长，端膜具 1 ~ 2 条细长的骨刺。雌性外生殖器：表皮突短至中等长；前阴片骨化；囊导管特别细长，向囊体逐渐加粗，上端有 1 个很短小的骨环；囊体袋状，膜质，略小，无囊片。

分布：古北界，东洋界。

(53) 犀丽翅尺蛾 *Lampropteryx chalybearia* (Moore, 1868) (图版 6: 22)

Cidaria chalybearia Moore, 1868, *Proc. zool. Soc. Lond.*, 1867 (3): 663. (India: Darjeeling; Cherra Poonjee)

Scotosia incola Bastelberger, 1911b, *Ent. Rdsch.*, 28: 22. (China: Formosa [Taiwan]: Arisan)

Lampropteryx chalybearia: Prout, 1940, *in* Seitz, *Macrolepid. World*, 12: 296, pl. 29: e.

Calocalpe (?) chalybearia: Inoue, 1978, *Bull. Fac. domestic Sci.*, *Otsuma Woman's Univ.*, 14: 222.

前翅长：雄性 18～20 mm。前翅黑褐色，翅基部至外线黑褐色，有灰褐色至深灰褐色波纹交替排列，中域色较深，中点黑色短条状；外线波状，在 M 脉之间凹，中部凸出；外线外侧排列 2～3 条浅色波纹；亚缘线浅色细锯齿状，细弱模糊，有时在翅脉间形成小白点。后翅灰褐至深灰褐色，隐约可见深色中点。前后翅缘毛深浅相间。雄性外生殖器（图版 31：4）：钩形突短粗，末端钝圆；抱器瓣短宽，端部略向抱器背方向凸伸；阳茎基环侧突端部膨大，大刺弱小，端半部特别纤细，末端纤毛短小；囊形突半圆形；阳茎远较本属其他种类长，角状器 1 根极细长，第 2 根近乎退化。

采集记录：武夷山（三港）。

分布：福建、台湾、广西、四川、云南、西藏；印度。

32. 涤尺蛾属 *Dysstroma* Hübner, 1825

Dysstroma Hübner, [1825] 1816, *Verz. bekannter Schmett.*: 333. Type species: *Geometra russata* Denis & Schiffermüller, 1775. (Austria: Vienna district)

Polyphasia Stephens, 1831, *Illust. Brit. Ent.*, 3: 227. Type species: *Phalaena centumnotata* Schultze, 1775. (Germany)

属征：雄性与雌性触角均为线形，雄性触角具短纤毛。额略凸出，额毛簇明显。下唇须约 1/3 伸出额外。后足胫节具 2 对距。前翅狭长，外缘弧形；后翅前缘浅弧形，端部圆。前翅具 2 个径副室，R_5 与 R_{2-4}短共柄；后翅 Sc + R_1 与 Rs 合并至近中室端部，中室端脉双折角，M_2 略近 M_3，具 3A。雄性外生殖器：背兜上端一般宽阔；钩形突刺状，长度与背兜相仿或略短，端部有 1 个急尖；抱器瓣简单，长圆形；阳端基环简单；囊形突扁平，宽阔；阳茎基环侧突棒槌状，端部略膨大，伸达抱器瓣与背兜基部，端部着生浓密细毛；阳茎中等大；阳茎端膜上具 1 束刺状角状器，常十分发达。雌性外生殖器：前表皮突短小或中等长，后表皮突细长；前阴片无特化；囊导管短粗，具发达骨环；囊颈膨大，弱骨化，并常向侧面隆起；囊体膜质，具 1 条由微刺组成的纵带状囊片。

分布：全北界，东洋界。

(54) 齿纹涤尺蛾 *Dysstroma dentifera* (Warren, 1896)　(图版 6: 23)

Polyphasia dentifera Warren, 1896d, *Novit. zool.*, 3: 387. (India: Darjeeling)

Dysstroma dentifera: Heydemann, 1929, *Mitt. münchen ent. Ges.*, 19: 273, pl. 6: 74; pl. 8: 74; pl. 9: 81a; pl. 13: 65.

Cidaria (Dysstroma) dentifera: Prout, 1938, *in* Seitz, *Macrolepid. World*, 4 (Suppl.): 122, pl. 11: g.

前翅长：雄性 17~18 mm，雌性 16~19 mm。前翅基部和中带两侧深褐色；亚基线带状，外侧边缘在中室内和臀褶处凸出大齿；中点黑点，短条状；外线锯齿状，中部极凸出，上下凸齿大小不均；外线外侧为鲜明的黄褐色带；翅端部黑灰色；缘线黑色连续。后翅颜色深灰色；中点较前翅小；缘线同前翅。雄性外生殖器（图版 31：5）：钩形突长于背兜；抱器瓣略狭长；阳茎粗壮，长度与抱器瓣相仿，阳茎盲囊弯曲，角状器为 1 束浓密但大小差异明显的刺，最长的刺的长度等于或略大于阳茎直径。雌性外生殖器（图版 53：12）：表皮突中等长；骨环粗大，长宽相近；囊颈处有 1 个特殊的楔形骨片，其侧面中度隆起；囊体中等大，囊片粗大，中下部略宽，中空，长度约等于囊体直径的 2/3。

采集记录：武夷山（三港）。

分布：福建、北京、四川、云南、西藏；印度，尼泊尔，缅甸。

33. 奇带尺蛾属 *Heterothera* Inoue, 1943

Heterothera Inoue, 1943, *Trans. Kansai ent. Soc.*, 12(2): 12. Type species: *Cidaria postalbida* Wileman, 1911. (Japan: Tokyo)

Viidaleppia Inoue, 1982c, *in* Inoue *et al.*, *Moths of Japan*, 1: 489. Type species: *Cidaria quadrifulta* Prout, 1938. (Japan: Shinano)

属征：特征极近似涤尺蛾属。但雄性外生殖器的阳茎基环侧突较短；抱器腹具 2 个端突；囊形突特别扁宽，两下角凸；阳茎端膜具 1 束细刺。

分布：亚洲东部。

种检索表

前翅灰红褐色，亚基线消失，内线为浅弧形细线 …………………… **奇带尺蛾 *H. postalbida***

前翅灰黄褐色，亚基线和内线共同形成 1 条宽 1 mm 以上的弧形带

…………………………………………………………………… **台湾奇带尺蛾 *H. sororcula***

(55) 奇带尺蛾 *Heterothera postalbida* (Wileman, 1911) (图版 6: 24)

Cidaria postalbida Wileman, 1911c, *Trans. ent. Soc. Lond.*, 1911: 325. (Japan: Tokyo)

Cidaria (Thera) postalbida: Prout, 1914, *in* Seitz, *Macrolepid. World*, 4: 217.

Thera postalbida: Prout, 1941, *in* Seitz, *Macrolepid. World*, 12: 323.

Heterothera postalbida: Inoue, 1943, *Trans. Kansai ent. Soc.*, 12 (2): 12.

前翅长：雄性 14 ~ 16 mm，雌性 16 ~ 17 mm。前翅灰黄褐至灰红褐色；内线浅弧形；中线波状；外线中部极凸出；中线与外线之间散布黑色，在翅脉上尤为明显；亚缘线黑色锯齿状，其凸齿外侧在翅脉间常有 1 个小白斑，周围黑色，R_5 至 CuA_1 之间为黑色，并呈尖齿状延伸至近缘线处；缘线深灰褐色，不完整；缘毛黄白至浅灰褐色。后翅灰白色，中点弱小；缘线和缘毛色较前翅浅。雄性外生殖器（图版 31：6）：刺状钩形突略长于背兜，后者较短宽；抱器瓣狭长，端部圆；抱器腹端突角状；阳茎基环侧突短，端部丘状，具 1 束细毛；囊形突略延长，宽阔，底缘浅凹；阳茎细长；角状器为 1 束微小毛刺。雌性外生殖器（图版 53：13）：肛瓣肥大；前表皮突短小；后表皮突中等长；囊导管和囊体均膜质，无骨环；囊片为 1 个狭长三角形骨片。

采集记录：武夷山（三港）。

分布：福建、陕西、甘肃、上海、浙江、湖南、四川、云南；俄罗斯，日本；朝鲜半岛。

(56) 台湾奇带尺蛾 *Heterothera sororcula* (Bastelberger, 1909) (图版 6: 25)

Thera sororcula Bastelberger, 1909b, *Ent. Z.*, 23: 34. (China: Taiwan)

前翅长：17 mm。前翅宽阔，灰黄褐色；亚基线和内线形成 1 条浅弧形灰黑色带；中带灰黑色，形状与奇带尺蛾相似，但较狭窄，外线中上部凸出较少。后翅浅灰褐色。

采集记录：武夷山。

分布：福建、台湾。

34. 网尺蛾属 *Laciniodes* Warren, 1894

Laciniodes Warren, 1894a, *Novit. zool.*, 1: 393. Type species: *Somatina plurilinearia* Moore, 1868. (India: Darjeeling)

Laciniodes Swinhoe, 1894a (May 11), *Trans. ent. Soc. Lond.*, 1894: 188. Type species: *Somatina plurilinearia* Moore, 1868. [Junior homonym and junior objective synonym of *Laciniodes* Warren. 1894 (April 16).]

属征： 雄性与雌性触角均为线形，具极短纤毛。额略凸出，粗糙，常具微小额毛簇。下唇须短粗，末端伸达额外。后足胫节具2对距。前翅顶角尖，略凸出，外缘浅弧形；后翅顶角圆，外缘锯齿状，在 M_1 和 M_3 处凸出成尖角。前翅具2个径副室；后翅 $Sc+R_1$ 与 Rs 合并至中室前缘外1/5处，中室端脉1个折角，M_2 基部略近 M_1，不具3A。雄性外生殖器：钩形突短小锥状，基部具宽大侧叶；背兜门状；抱器瓣极狭长，中部略窄缩，端部圆，无突，背缘下方外1/3处有1个浅凹洼；囊形突短宽；阳端基环不发达；阳茎基环侧突长杆状，端部膨大呈肾形或锤状，密生短毛刺；阳茎短粗。雌性外生殖器：表皮突细长；囊导管短粗，骨环短宽，有时仅为1条狭窄横带；囊体膜质袋状，有时具弱骨化区；囊片由微刺组成，形状各异。

分布： 亚洲东部。

种检索表

1. 前翅外线在前缘至 M_3 之间向外凸出 ·········· **匀网尺蛾 *L. stenorhabda***
   前翅外线在前缘至 M_3 之间平直 ·········· 2
2. 雄性阳茎基环侧突端部锤状 ·········· **网尺蛾 *L. plurilinearia***
   雄性阳茎基环侧突端部肾形 ·········· **单网尺蛾 *L. unistirpis***

(57) 匀网尺蛾 *Laciniodes stenorhabda* Wehrli, 1931 （图版6：26）

Laciniodes stenorhabda Wehrli, 1931, *N. Beitr. syst. Insektenk.*, 5: 27. (China: Sichuan: Tachien-lu)

前翅长：雄性14～16 mm，雌性14～17 mm。翅白色，斑纹浅黄褐色，无任何褐斑，翅面斑纹为典型的网状，较细密；各线条颜色均匀，均无明显加深。前翅中点黑色，极小；外线波曲；顶角处无深色斜线。雄性外生殖器（图版31：7）：钩形突细小；抱器瓣狭长，中部附近明显窄缩；阳茎基环侧突细长，端部不规则形膨大；角状器为1束浓密细刺。雌性外生殖器（图版53：14）：骨环发达，宽大于长；囊体肾形，上侧面弱骨化；囊片微小，形状不规则，位于囊体底部。

采集记录： 武夷山（三港）。

分布： 福建、黑龙江、四川、云南、西藏。

(58) 网尺蛾 *Laciniodes plurilinearia* (Moore, 1868) (图版7: 1)

Somatina plurilinearia Moore, 1868, *Proc. zool. Soc. Lond.*, 1867 (3): 645. (India: Darjeeling)

Hydriomena plurilinearia: Meyrick, 1892, *Trans. ent. Soc. Lond.*, 1892: 73.

Asthena plurilinearia: Hampson, 1895, *Fauna Brit. India* (Moths), 3: 417.

Laciniodes plurilinearia: Warren, 1894a, *Novit. zool.*, 1: 393.

前翅长：雄性 13 ~ 16 mm，雌性 15 ~ 18 mm。翅浅黄色，斑纹褐色。前翅亚基线和内线弧形；中线在中室前缘有 1 个尖锐折角；中点黑色圆形；外线粗壮，在 M_3 处向外凸出 1 枚齿；外线两侧有数条细弱波线在翅脉上相连，呈网状；亚缘线为 1 列白色圆点，周围有深色圈；顶角深色斜线在 R_5 下方到达亚缘线，伸达 M_3。后翅斑纹与前翅斑纹相似。雄性外生殖器（图版 31：8）：阳茎基环侧突较粗壮，端部膨大部分呈头状；阳茎端膜不具角状器。雌性外生殖器（图版 53：15）：前阴片呈狭条形骨化；骨环为 1 条狭窄骨化横带；囊体肥大，有两片由微刺组成的囊片，囊颈附近的近圆形，下方的短条状。

采集记录：武夷山（桐木）。

分布：福建、甘肃、湖北、湖南、广西、四川、云南、西藏；印度，尼泊尔，缅甸；喜马拉雅山西北部。

(59) 单网尺蛾 *Laciniodes unistirpis* (Butler, 1878) (图版7: 2)

Acidalia unistirpis Butler, 1878b, *Illust. typical Specimens Lepid. Heterocera Colln Brit. Mus.*, 2: 51, pl. 37: 7. (Japan: Yokohama; Hakodaté)

Laciniodes plurilinearia unistirpis: Prout, 1938, *in* Seitz, *Macrolepid. World*, 4 (Suppl.): 181, pl. 16: i.

Laciniodes unistirpis: Inoue, 1977, *Bull. Fac. domestic Sci., Otsuma Woman's Univ.*, 13: 272.

前翅长：雄性 13 ~ 14 mm，雌性 13 ~ 16 mm。本种与网尺蛾相似，但区别在于：翅面焦黄色，斑纹色较深；前后翅中点较小；前翅外线上半段较强弯曲；前翅亚缘线内侧深色带较宽。雄性外生殖器（图版 31：9）：钩形突略粗壮；阳茎基环侧突较网尺蛾细长，呈倒置的足状；阳茎端膜不具角状器。雌性外生殖器（图版 54：1）：骨环较网尺蛾狭窄，其上方囊导管两侧略骨化；囊体肥大，囊片 1 片，极细长，边缘不整齐。

采集记录：武夷山（三港、坳头、建阳）。

分布：福建、陕西、甘肃、湖北、江西、湖南、广西、四川；日本；朝鲜半岛。

35. 大历尺蛾属 *Macrohastina* Inoue, 1982

Macrohastina Inoue, 1982c, *in* Inoue *et al.*, *Moths of Japan*, 1: 471. Type species: *Erosia azela* Butler, 1878. (Japan: Yokohama)

属征：雄性与雌性触角均为线形，具纤毛。额凸出，盾状。下唇须短小细弱，尖端到达额外。后足胫节具2对距。前翅宽大，外缘锯齿状；后翅小，外缘深锯齿状；臀角明显下垂。前翅具1个狭小的径副室，R_1 与 R_{2-4} 长共柄，R_5 与 R_{1-4} 短共柄；后翅 $Sc+R_1$ 与 Rs 合并至中室端部；中室端脉倾斜弯曲，M_2 基部略近 M_1，2A 正常。雄性外生殖器：钩形突弱小，与肛管联合在一起；抱器瓣简单。雌性外生殖器：前阴片发达；骨环发达；囊片由细长骨丝组成长带。

分布：中国，俄罗斯，日本，印度，缅甸。

(60) 红带大历尺蛾 *Macrohastina gemmifera* (Moore, 1868) （图版7：3）

Acidalia gemmifera Moore, 1868, *Proc. zool. Soc. Lond.*, 1867 (3): 644. (India: Bengal)

前翅长：11～12 mm。前翅深褐色；翅中部有1条灰红色带；其外侧紧邻1条深色波状线，该线在 CuA_1 处之外凸成1个大齿；外线外侧由前缘至 CuA_1 白色，模糊带状亚缘线从其中穿过。后翅基半部污黄色，由 CuA_2 基部至后缘有1段灰红色线，该线在 CuA_2 和2A脉上形成红点；外线为深褐色带；外线外侧白色。雄性外生殖器（图版31：10）：抱器瓣特别狭长；抱器腹短，端部无突，其外侧抱器瓣腹缘有1处凹陷；阳茎细长；阳茎端膜不具角状器。雌性外生殖器（图版54：2）：囊导管粗且长，弱骨化；囊片上端骨丝较碎；囊体内另有1片浓密骨刺。

采集记录：武夷山（三港）。

分布：福建、湖南、云南；印度，尼泊尔。

36. 白尺蛾属 *Asthena* Hübner, 1825

Asthena Hübner, [1825] 1816, *Verz. bekannter Schmett.*: 310. Type species: *Geometra candidata* Denis & Schiffermüller, 1775. (Europe)

Roessleria Breyer, 1869, *C. r. Seanc. Soc. ent. Belg.*, 12: xix. Type species: *Geometra candidata* Denis & Schiffermüller, 1775. (Austria)

属征： 雄性触角纤毛短。额狭窄，不凸出。下唇须尖端伸达额外。后足胫节具2对距。前翅宽阔，顶角钝圆，外缘浅弧形；后翅外缘在 M_3 处凸出1个尖角。前翅具2个径副室，R_5 与 R_{2-4} 共柄；后翅 Sc + R_1 与 Rs 合并至中室前缘处1/3，M_2 基部略近 M_1。雄性外生殖器：背兜短宽；抱器瓣宽大；抱器背宽；抱器背中部隆起；抱器腹基部膨大，具端突；囊形突宽大且延长；阳茎短粗；阳茎端膜具角状器。雌性外生殖器：表皮突细长；前阴片骨化；囊体膜质，硕大，其内表面微刺稀少或消失。

分布： 古北界，东洋界北部，新北界。

(61) 对白尺蛾 *Asthena undulata* (Wileman, 1915) (图版7：4)

Leucoctenorrhoe undulata Wileman, 1915, *Entomologist*, 48: 17. (China: Taiwan: Kanshirei)

Asthena undulata: Prout, 1938, *in* Seitz, *Macrolepid. World*, 4 (Suppl.): 181, pl. 14: e.

前翅长：雄性11～13 mm，雌性12～13 mm。翅白色。前翅亚基线、内线和中线污黄色，均深弧形；中点黑色微小；外线黑褐色，中后部略凸出，微波曲；外线外侧伴随1条深色带，上半段黄褐色，在 M_3 与 CuA_1 处形成1对黑斑，黑斑以下渐细，灰褐色，并在 CuA_2 以下并入外线；顶角内侧灰黄褐色，并扩展至外线；亚缘线为翅脉间3列短条状灰黄褐色斑点。后翅具污黄色中线，端部有2～3条污黄色线。雄性外生殖器（图版31：11）：背兜狭小；抱器瓣端部近平截；抱器腹端突长，叉状，伸达抱器端之外；囊形突端部呈乳突状凸出；阳茎极粗大，阳茎盲囊短小；角状器为1列发达骨刺。雌性外生殖器（图版54：3）：囊导管骨化，其下端边缘具刺；囊体袋状，中部缢缩，并散布1圈大小不等的骨刺。

采集记录： 武夷山（三港、挂墩、大竹岚）。

分布： 福建、上海、浙江、湖北、江西、湖南、台湾、广东、海南、广西、四川。

37. 维尺蛾属 *Venusia* Curtis, 1839

Venusia Curtis, 1839, *Brit. Ent.*, 16: 759. Type species: *Venusia combrica* Curtis, 1839. (England)

Discoloxia Warren, 1895, *Novit. zool.*, 2: 105. Type species: *Cidaria obliquisigna* Moore, 1888. (India: Darjeeling)

Nomenia Pearsall, 1905, *Can. Ent.*, 37 (4): 126. Type species: *Larentia duodecimlineata* Packard, 1873. (America)

属征： 雄性触角短，双栉形或纤毛形；雌性触角线形，具短纤毛。额凸出。下唇须短且纤细，仅尖端伸达额外。后足胫节具 2 对距。翅型与白尺蛾属相似。前翅具 1 个径副室，R_{2-4}与 R_5 共柄；后翅 $Sc+R_1$ 与 Rs 共柄至中室前缘外 1/4 处，中室端脉双折角，M_2 接近 M_3，无 3A。雄性外生殖器：钩形突退化并与肛管愈合；抱器背基突细长，互相接近；具阳茎基环侧突，但常极弱；抱器瓣常近菱形；抱器背隆起；抱器腹具端突；囊形突宽大；阳端基环发达，多狭长，下端两侧常凸出；阳茎小；阳茎端膜不具角状器。雌性外生殖器：表皮突中等长；前阴片与囊导管愈合并骨化；囊体圆形，内面常具微刺，具 1 ~ 2 个由微刺或细长刺组成的囊片。

分布：全北界，东洋界。

(62) 拉维尺蛾 *Venusia laria* Oberthür, 1894 (图版 7: 5)

Venusia laria Oberthür, 1894, *Études d' Ent.*, 18: 30, pl. 3: 34. (China: Sichuan: Tachien-lu)

Discoloxia laria: Prout, 1914, *in* Seitz, *Macrolepid. World*, 4: 271, pl. 8: b.

Venusia (*Discoloxia*) *laria*: Inoue, 1977, *Bull. Fac. domestic Sci., Otsuma Woman's Univ.*, 13: 270.

前翅长：雄性 11 ~ 12 mm，雌性 12 mm。翅灰白色，散布灰绿色，斑纹黑褐色。前翅中线在臀褶处有 1 枚尖齿伸达外线；中点为 1 段黑色短线；外线 3 条，中部外凸，在臀褶处内凹，第 3 条外线上半段粗壮，在 CuA_1 两侧凸出 1 对尖齿；顶角附近为 1 个黄褐色大斑，亚缘线在其间为黄褐色，在 M_3 处过渡为黑色双线；缘线为翅脉间 1 列黑点。后翅色浅，向端部渐加深，中点小而圆，端半部有数条波状细线。雄性外生殖器（图版 32：1）：背兜宽阔；抱器瓣中等宽度，端半部梭形；抱器腹端突为 1 个尖锐的角状突；阳茎细长。雌性外生殖器（图版 54：4）：前阴片狭长，与囊导管分界清楚，后者短，骨环状；囊体上 1/3 处以下散布微刺。

采集记录：武夷山（三港）。

分布：福建、陕西、甘肃、湖南、四川、云南、西藏；日本。

38. 虹尺蛾属 *Acolutha* Warren, 1894

Acolutha Warren, 1894a, *Novit. zool.*, 1: 393. Type species: *Emmelesia pictaria* Moore, 1888. (India: Darjeeling)

属征：雄性与雌性触角均为线形，雄性触角腹面略凸成齿形，每节具 2 对长纤毛簇。额光滑。下唇须约 1/4 伸出额外。后足胫节具 2 对距。前翅顶角钝圆，外缘近浅弧形；后翅圆，外缘在 M_1 和 M_3 至 CuA_1 凸出，二凸角之间明显凹入。前翅径副室消失或具 1 个极小的径副室，R_{1-5}共柄；后翅 $Sc+R_1$ 与 Rs 合并至近中室前缘端部，中室端脉浅弯，M_2 基部略近 M_1；具 3A。雄性外生殖器：钩形突短刺状；抱器瓣极狭长，无突；囊形突延长；阳端基环不发达；阳茎特别长；阳茎端膜具短刺状或骨片状角状器。雌性外生殖器：表皮突中等长；囊导管粗壮，囊颈骨化；囊体圆形，内面密生小刺。

分布：中国，日本，印度，斯里兰卡，印度尼西亚；朝鲜半岛。

种检索表

前翅无径副室；后翅 M_3 与 CuA_1 共柄；前翅亚缘线在近后缘处不形成黑褐色斑 ……………… **虹尺蛾 *A. pictaria imbecilla***

前翅有 1 个小径副室；后翅 M_3 不与 CuA_1 共柄；前翅亚缘线在近后缘处形成 1 黑褐色斑 ……………… **霓虹尺蛾 *A. pulchella semifulva***

(63) 虹尺蛾 *Acolutha pictaria imbecilla* Warren, 1905　(图版 7: 6)

Acolutha imbecilla Warren, 1905c, *Novit. zool.*, 12: 426. (China: Hainan)

Acolutha pictaria imbecilla: Prout, 1930a, *Bull. Hill Mus.*, 4: 133.

前翅长：雄性 10 mm，雌性 10～13 mm。前翅前半部褐色；亚基线、内线、中线、外线和亚缘线均呈宽带状，模糊，中部外凸；各线在中室前缘至 R_{2-4}以上为红褐色，在中室内或 R_5 至 M_3 之间为褐色、红褐色与黄色掺杂，在中室下缘或 M_3 以下为黄色；中点黑色；顶角附近略带红褐色，顶角内下方散布深褐色鳞片。后翅内线、中线和外线黄色，宽带状，模糊，各线内侧和翅端部散布褐色鳞片。雄性外生殖器（图版 32：2）：钩形突短小；背兜短宽；抱器瓣基部较狭，端部略宽，末端圆；角状器为 1 簇短粗骨刺，其中 2 枚刺较大。雌性外生殖器（图版 54：5）：囊颈骨化；囊体底端由细管连接 1 个较小的附囊。

采集记录：武夷山（三港、黄溪洲）。

分布：福建、浙江、台湾、海南、广西、四川、云南。

(64) 金带霓虹尺蛾 *Acolutha pulchella semifulva* Warren, 1905　(图版 7: 7)

Acolutha semifulva Warren, 1905c, *Novit. zool.*, 12: 426. (China: Hainan)

Acolutha pulchella semifulva: Prout, 1930a, *Bull. Hill Mus.*, 4: 133.

前翅长：雄性 9 ~ 11 mm，雌性 12 mm。前翅浅黄色，前半部为 1 条黄褐色宽带，由翅基直达顶角；中点黑色；亚缘线为灰褐色波状双线，下端在后缘近臀角处形成 1 个黑褐色斑。雄性后翅灰白色，散布紫灰色，有数条模糊线纹，其中内线与中线附近带黄色，中点黑色微小。雌性后翅灰褐色，中线鲜黄色。雄性外生殖器（图版 32：3）：钩形突和背兜均较长；抱器瓣基部特别狭窄，端半部向下变宽，末端下缘倾斜；阳茎较短；角状器为 1 片形状不规则并折叠的骨片。

采集记录： 武夷山（挂墩、黄溪洲）。

分布： 福建、湖南、台湾、海南、广西、四川；日本。

39. 周尺蛾属 *Perizoma* Hübner, 1825

Perizoma Hübner, [1825] 1816, *Verz. bekannter Schmett.*: 327. Type species: *Geometra albulata* Denis & Schiffermüller, 1775. (Austria)

Mesotype Hübner, [1825] 1816, *Verz. bekannter Schmett.*: 338. Type species: *Phalaena parallelaria* Villers, 1789. (Italy)

Emmelesia Stephens, 1829, *Nom. Brit. Insects*: 45. Type species: *Geometra rivulata* Denis & Schiffermüller, 1775. (Austria)

Zerynthla Curtis, 1830, *Brit. Ent.*, 7: 296. Type species: *Phalaena didymata* Linnaeus, 1758. (Europe) [Junior homonym of *Zerynthia* Ochsenheimer, 1816 (Lepidoptera: Papilionidae).]

Gagitodes Warren, 1893, *Proc. zool. Soc. Lond.*, 1893: 381. Type species: *Anticlea schistacea* Moore, 1888. (India)

属征： 雄性与雌性触角均为线形；雄性触角光滑，或具短纤毛。额微凸出。下唇须约 1/4 至 1/3 伸出额外。后足胫节具 2 对距。前翅顶角钝圆，外缘浅弧形；后翅狭长，顶角和臀角圆。前翅具 2 个径副室；后翅 $Sc + R_1$ 与 Rs 合并至近中室端部，中室端脉双折角，M_2 基部略近 M_3。各腹节后缘在背中线上具小毛簇。雄性外生殖器：钩形突刺状或退化；抱器背常呈带状弱骨化，端部常有 1 个不明显的端突，不伸达抱器瓣端部之外；抱器腹多发达；阳端基环发达，常为叉状；横带片在阳茎背面中央联合并形成 1 对勺形突；下匙形片发达；阳茎端膜常具角状器。雌性外生殖器：后表皮突细长；前阴片中央狭条形，两侧不同程度骨化并常扩展；囊体形状各异。

分布： 全北界，东洋界北部，非洲界，新热带界。

种检索表

外线与外缘之间在 M_3 处不具浅色斑 ………………………………… **愚周尺蛾 *P. fatuaria***

外线与外缘之间在 M_3 处具 1 个浅色斑………………… **枯斑周尺蛾 *P. fulvimacula promiscuaria***

(65) 愚周尺蛾 *Perizoma fatuaria* (Leech, 1897)　(图版 7: 8)

Plemyria fatuaria Leech, 1897, *Ann. Mag. nat. Hist.*, (6) 19: 571. (China: Hubei: Chang-yang)

Cidaria (Euphyia) fatuaria: Prout, 1914, *in* Seitz, *Macrolepid. World*, 4: 147, pl. 7: h.

Cidaria (Perizoma) fatuaria: Prout, 1938, *in* Seitz, *Macrolepid. World*, 4 (Suppl.): 165.

Perizoma fatuaria: Prout, 1939, *in* Seitz, *Macrolepid. World*, 12: 277.

前翅长：雄性 7 mm，雌性 8 mm。前翅白色，基部、中部和端部各有 1 条黑褐色带，基带和中带在中室前缘上有小褐斑，中带在 M_1 以下分出 3 条波状线，端带内有白色波状亚缘线和顶角斜线，亚缘线外侧在 M_3 至 CuA_1 处有 1 个白斑。后翅灰褐色，外线位置为 1 条隐约可见的浅色带，中点黑灰色。雄性外生殖器（图版 32：4）：钩形突发达，刺状；抱器瓣狭小平直，端部圆；横带片为 1 对蜡焰状突；抱器腹膨大、骨化，具粗大的角状端突；囊形突略延长；阳茎短小弯曲，中部膨大；阳茎端膜不具角状器。雌性外生殖器：前表皮突短小；前阴片至囊颈极短，局部弱骨化；囊体小，无囊片。

采集记录：武夷山（坳头、建阳）。

分布：福建、湖北、湖南、四川。

(66) 枯斑周尺蛾 *Perizoma fulvimacula promiscuaria* (Leech, 1897)　(图版 7: 9)

Larentia promiscuaria Leech, 1897, *Ann. Mag. nat. Hist.*, (6) 19: 665. (China: Hubei: Chang-yang)

Cidaria (Perizoma) fulvimacula promiscuaria: Prout, 1938, *in* Seitz, *Macrolepid. World*, 4 (Suppl.): 165.

Perizoma fulvimacula promiscuaria: Prout, 1939, *in* Seitz, *Macrolepid. World*, 12: 279.

前翅长：雄性 10 ~ 12 mm，雌性 12 mm。前翅基斑和中带为黑褐色；中线和外线呈波状，中带两侧具灰褐色波状双线；中点黑色短条状；外线与外缘之间在 M_3 处具 1 枚浅色斑；亚缘线白色，模糊，波曲；缘线黑色。后翅白色，基部略带灰褐色；外线为 1 列灰褐色点；缘线灰褐色。雄性外生殖器（图版 32：5）：钩形突退化成 1 个半圆形片，背兜狭小；抱器瓣宽大；抱器腹中部凸出 1 个尖角，无端突；阳茎基环侧突细长，端部联合；囊形突宽大半圆形；阳茎中等大，角状器为 1 枚特别粗壮的蜡焰状骨刺。雌性外生殖器（图版 54：6）：前表皮突极短小；后表皮突中等长；囊导管细长，高度骨化；囊体蚕豆状，左侧高度骨化。

采集记录： 武夷山（三港）。

分布： 福建、湖北、湖南、台湾。

40. 池尺蛾属 *Chaetolopha* Warren, 1899

Chaetolopha Warren, 1899a, *Novit. zool.*, 6: 41. Type species: *Scordylia oxyntis* Meyrick, 1891. (Australia: Victoria)

属征： 雄性与雌性触角均为线形，雄性触角具短纤毛。下唇须长且粗壮，端半部伸出额外。后足胫节具2对距。前翅狭长，顶角略圆，常凸出，外缘平直；后翅外缘圆，雄性有时具尖突。前翅具1个径副室。前翅 R_1 和 R_2 共柄。后翅中室端脉略呈双折角状。雄性后翅反面 CuA_2 处具毛束。雄性外生殖器：钩形突细长，末端圆或平；背兜侧突发达；背兜基部宽，具长刚毛或两侧具翅型骨片；抱器背基半部近2/3骨化，末端常具1根或多根刚毛；阳端基环常具1对带刚毛的突起；阳茎弯曲；阳茎端膜不具角状器。

分布： 中国，印度，印度尼西亚，巴布亚新几内亚，澳大利亚。

(67) 弯池尺蛾 *Chaetolopha incurvata* (Moore, 1888) （图版7：10）

Eupithecia incurvata Moore, 1888a, *in* Hewitson & Moore, *Descr. new Indian lepid. Insects Colln late Mr W. S. Atkinson*, 3: 268. (India: Khasi Hills)

Chaetolopha incurvata: Prout, 1941, *in* Seitz, *Macrolepid. World*, 12: 343, 36: pl. 36: g.

前翅长：12～14 mm。前翅翅基至内线黑褐色；内线白色波状；内线至中线之间为土黄色；中线白色波状，在中室中央及 CuA_2 和A脉之间各有1个波峰，且外侧布有黑褐色鳞片；中线至外线之间为灰褐色，中央有1条黑褐色的波线；外线白色。

采集记录： 武夷山（三港）。

分布： 福建、台湾；印度。

41. 小花尺蛾属 *Eupithecia* Curtis, 1825

Eupithecia Curtis, 1825, *Brit. Ent.*, 2: 64. Type species: *Phalaena absinthiata* Clerck, 1759. (Europe)

Dyscymatoge Hübner, [1825] 1816, *Verz. bekannter Schmett.*: 324. Type species: *Phalaena innotata* Hufnagel, 1767. (Germany)

Emmesocoma Warren, 1907, *Novit. zool.*, 14: 155. Type species: *Emmesocoma deviridata* Warren, 1907. (Papua New Guinea)

Pena Walker, 1863, *List Specimens lepid. Insects Colln Brit. Mus.*, 27: 130. Type species: *Pena costalis* Walker, 1863. (Borneo: Sarawak)

Eurypeplodes Warren, 1893, *Proc. zool. Soc. Lond.*, 1893: 382. Type species: *Eurypeplodes irambata* Warren, 1893. (India: Sikkim)

Catarina Vojnits & Laever, 1973, *Acta zool. hung.*, 19: 427. Type species: *Eupithecia suboxydata* Staudinger, 1897. (Russia: Amur, Vladivostock)

属征：雄性与雌性触角均为线形，雄性触角有时具非常短的纤毛。下唇须短或中等长。后足胫节具2对距。前翅外缘极度倾斜，后缘短于外缘。前翅具2个径副室；后翅中室端脉不为双折角。雄性外生殖器：钩形突基部宽，端部窄，末端尖锐，有时分叉；抱器瓣简单；抱器背和抱器腹平滑或弯曲，抱器腹具突起；横带片在阳茎背面形成1对勺形突起；囊形突短宽；阳茎基环具侧突；阳茎端膜常具角状器。雌性外生殖器：肛瓣卵圆形；表皮突中等长，有时前表皮突非常短小；囊导管长度变化大，有时骨化；囊体巨大，弱骨化，具小刺。

分布：全世界。

种检索表

1. 前翅内线为白色双线 …………………………………… **吉米小花尺蛾 *E. jermyi***
   前翅内线不为白色双线 …………………………………………………………… 2
2. 后翅颜色较前翅浅 …………………………………… **窄小花尺蛾 *E. tenuisquama***
   后翅颜色与前翅相似 ……………………………………………………………… 3
3. 翅面深灰褐色 …………………………………………… **光泽小花尺蛾 *E. luctuosa***
   翅面浅褐色 ………………………………………………… **盖小花尺蛾 *E. tectaria***

(68) 吉米小花尺蛾 *Eupithecia jermyi* Vojnits, 1976 （图版7：11）

Eupithecia jermyi Vojnits, 1976, *Acta zool. hung.*, 22 (1-2): 206, figs 1h, 2h. (China: Fujian: Kuatun)

前翅长：10 mm。前翅基部、端部和大部分前缘区深红褐色，中部灰色，具深色细斜线；内线为白色双线，在前缘处急剧弯折；中点为黑色小点；外线与内线相似，内侧具深色齿状边缘；缘线在脉间呈黑褐色短条状；缘毛白色掺杂深褐色。后翅灰白色，具清晰的深色波状斑纹和1个小而圆的中点；缘线和缘毛与前翅相似。雄性外生殖器（图版32：6）：钩形突基半部宽阔耳状，端部略窄，末端为1枚急尖，不分叉；囊形突三角形；阳茎基环侧突短棒状，略弯曲；阳茎短粗，略弯曲，长于抱器瓣；阳茎端膜具3个角状器，1个极长，纵向分叉，中部的为刺状斑，近前端的为不规则的小褶；第8腹节腹板近三角形，具2个短而钝圆的端突。雌性外生殖器（图版54：7）：肛瓣端部圆；前表皮突极短小，后表皮突细长；囊导管短，在囊颈处具1个宽大骨环，短且宽；交配囊梨形，右侧具细刺，左侧由导精管基部至囊导管具1处斜强骨化区域；第8腹节腹板近矩形。

采集记录： 武夷山（挂墩）。

分布： 福建；越南。

(69) 窄小花尺蛾 *Eupithecia tenuisquama* (Warren, 1896) （图版7：12）

Tephroclystia tenuisquama Warren, 1896c, *Novit. zool.*, 3: 317. (India: Darjeeling)

Eupithecia toshimai Inoue, 1980, *Bull. Fac. domestic Sci.*, *Otsuma Woman's Univ.*, 16: 177, figs 44c, 46b, 47o–q, 49g, 53d. (Japan: Kagawa)

前翅长：12 mm。翅面黑灰色，斑纹和翅脉深灰色。前翅具深色倾斜横线，常模糊；中线为双线，内侧1条与中点接触，在前缘处急剧弯折；中点黑色，椭圆形；外线为双线，在 R_5 处向内呈尖齿状凸出；亚缘线白色波状，在臀角处形成1个白点。后翅颜色浅，端半部斑纹清楚；中点较前翅小。雄性外生殖器（图版32：7）：钩形突端半部尖细，末端分叉；抱器瓣宽大，腹侧中部具1个小钝突；囊形突短宽，中部略凹入；阳茎基环侧锥状；阳茎端膜具3个角状器，1个弯曲大刺，另2个较小，形状不规则；第8腹节腹板酒瓶状。雌性外生殖器（图版54：8）：肛瓣端部尖；骨环短，位于囊导管上端；囊导管长，弯曲，具纵纹和1纵列小刺；囊体椭圆形，密被小刺；第8腹节腹板近方形。

采集记录： 武夷山（挂墩）。

分布： 福建、陕西、浙江、湖南、香港、四川、西藏；日本，印度，尼泊尔，泰国。

(70) 光泽小花尺蛾 *Eupithecia luctuosa* Mironov & Galsworthy, 2004 （图版7：13）

Eupithecia luctuosa Mironov & Galsworthy, 2004, *Trans. Lepid. Soc. Japan*, 55 (1): 53, fig. 10,

28, 29. (China: Fujian: Guangze)

前翅长：11 mm。翅面深灰褐色。前翅斑纹深褐色；内线宽，在近后缘处为双线；中点黑褐色，长圆形；中线波曲，穿过中点；外线宽，外侧具1条浅色宽带；亚缘线色浅，波曲。后翅斑纹完整但模糊。雄性外生殖器（图版32：8）：钩形突长，末端分叉；抱器瓣腹缘中部略向外凸出；囊形突短宽，近梯形；阳茎基环侧突细长；阳茎端膜具3个角状器，1个为弯曲长刺，另外2个为刺状斑和小骨片，位于射精管基部；第8腹节腹板基部宽，端部具2个细长杆状突。雌性外生殖器（图版54：9）：肛瓣短且圆；骨环非常短；囊导管骨化，具许多刺，后端略细；囊体椭圆形，后半部具小刺；第8腹节腹板近方形。

采集记录：武夷山（光泽）。

分布：福建、台湾。

(71) 盖小花尺蛾 *Eupithecia tectaria* Mironov & Galsworthy, 2011 （图版7：14）

Eupithecia tectaria Mironov & Galsworthy, 2011, *Lepid. Science*, 62 (1): 30, figs 16, 37, 39. (China: Fujian: Kuatun)

前翅长：13 mm。前翅浅褐色，端部色略深，斑纹模糊；外线在前缘呈圆形弯折；中点黑色，小而圆。后翅浅褐色，斑纹模糊；中点深褐色，小而圆。雄性外生殖器（图版32：9）：钩形突端半部细，末端分叉；抱器瓣背缘略弯曲；囊形突宽，半圆形；阳茎基环侧突短，两侧平行；阳茎端膜具5个角状器，其中3个为粗壮的齿状，1个为不规则小片状，另1个为弯曲瘤状；第8腹节腹板基部宽，分叉，形成2个突起。雌性外生殖器（图版54：10）：肛瓣粗且圆；囊导管短粗，膜质，无骨环；囊体近球状，后半部骨化，约2/3密布大刺；第8腹节腹板后缘中央凹入。

采集记录：武夷山（挂墩）。

分布：福建。

42. 小波尺蛾属 *Pasiphila* Meyrick, 1883

Pasiphila Meyrick, 1883, *New Zealand J. Sci.*, 1: 527. Type species: *Eupithecia bilineolata* Walker, 1862. (New Zealand)

Helastiodes Warren, 1895, *Novit. zool.*, 2: 110. Type species: *Eupithecia bilineolata* Walker, 1862. (New Zealand)

Rhinoprora Warren, 1895, *Novit. zool.*, 2: 110. Type species: *Cidaria palpata* Walker, 1862.

(India: South Hindostan)

Cithecia Staudinger, 1897, *Dt. ent. Z. Iris*, 10: 121. Type species: *Eupithecia macrocheila* Staudinger, 1897. (Russia: Amur, Askold)

Calliclystis Dietze, 1910, *Biologie der Eupithecien*, 1: Erklärung der Raupen-Bilder, Tafeln 1, 3; Erklärung der Falter-Tafeln, Tafel 69. Type species: *Geometra debilitata* Hübner, 1817. (Europe)

属征: 雄性触角双栉形，雌性触角线形。额不凸出。下唇须极长，端部1/2伸出额外。雄性后足胫节具2对距。前翅顶角圆，外缘弧形；后翅圆。前翅具1个径副室；后翅 $Sc+R_1$ 合并至中室中部之外；中室端脉为双折角，第1个折角不明显。雄性外生殖器：钩形突细长刺状；颚形突中突存在；抱器瓣宽窄均匀，端部圆；抱器腹基部具刚毛；囊形突短宽，端部圆；阳茎短；阳茎端膜具角状器。雌性外生殖器：肛瓣短；囊体椭圆形，囊片为1枚骨化斑或缺失。

分布: 古北界，东洋界，澳大利亚界。

(72) 绿带小波尺蛾 *Pasiphila palpata* (Walker, 1862) (图版7: 15)

Cidaria palpata Walker, 1862, *List Specimens lepid. Insects Colln Brit. Mus.*, 25: 1404. (India: South Hindostan)

Pasiphila palpate: Holloway, 1997, *Malay. Nat. J.*, 51: 145.

前翅长：雌性13 mm。前翅翅面绿色，斑纹黑褐色；内线宽带状，边缘波曲；中点扁圆形，颜色较深；中线在中室中部向外凸出1枚尖齿；外线锯齿状，齿大小不规则；中线和外线之间形成深褐色斑块；亚缘线带状，边缘锯齿状；缘线连续；缘毛黄绿色，在翅脉端部呈黑褐色。后翅浅黄色，斑纹模糊。雄性外生殖器（图版32：10）：钩形突细长；颚形突中突小；抱器瓣短，端部尖；抱器瓣背缘基部具1个圆突；抱器瓣腹缘中部内侧具1个三角形突起，其上具长刚毛；囊形突杯状，端部向内呈“M”形凹入；阳端基环梯形，长大于宽，端部两侧向外凸出；横带片为1对“S”形骨片；具味刷；阳茎骨化，端部密布1圈小刺。

采集记录: 武夷山（黄岗山）。

分布: 福建、台湾、云南；印度，尼泊尔，斯里兰卡。

43. 考尺蛾属 *Collix* Guenée, 1858

Collix Guenée, 1858, *in* Boisduval & Guenée, *Hist. nat. Insectes* (Spec. gén. Lépid.), 10: 357.

Type species: *Collix hypospilata* Guenée , 1858. (Sri Lanka)

属征： 雄性与雌性触角均为线形；雄性触角扁宽，纤毛极微小。额平坦光滑，下端具发达铲状额毛簇。下唇须伸出额外部分在1/3至1/2之间。雄中足胫节膨大。后足胫节具2对距。前翅顶角尖，外缘波曲；后翅顶角圆，外缘强烈波曲。前翅中点黑色巨大，鳞片翘起。前翅具2个径副室；后翅 $Sc + R_1$ 与 Rs 合并至近中室端部，中室端脉微弯曲，M_2 基部略近 M_1，具3A。雄性外生殖器：钩形突指状；囊形突短；阳茎细长。雌性外生殖器：前后表皮突短小；囊导管有时具骨环；囊体形状多样，有时具附囊，无囊片。

分布： 中国，日本，东洋界，澳大利亚界，非洲界，新热带界。

(73) 星缘考尺蛾 *Collix stellata* Warren, 1894　(图版7：16)

Collix stellata Warren, 1894b, *Novit. zool.*, 1: 679. (India: Khasi Hills)

前翅长：16 mm。翅面褐色，斑纹黑色。前翅亚基线波状；中线模糊；中点近长方形；外线灰色，模糊带状，在 M_1 和 M_3 之间向外凸出；亚缘线在各脉间呈白色小点状；缘线在翅脉上断开；缘毛黑褐色。后翅斑纹与前翅相似，中点较小，外缘波曲较前翅明显。

采集记录： 武夷山（三港）。

分布： 福建、台湾；日本，印度，印度尼西亚。

44. 假考尺蛾属 *Pseudocollix* Warren, 1895

Pseudocollix Warren, 1895, *Novit. zool.*, 2: 118. Type species: *Phibalapteryx hyperythra* Hampson, 1895. (India: Khasi Hills; Nilgiris; Anamalis)

属征： 本属近似考尺蛾属。下唇须较短，伸出额外部分不足1/3。前后翅外缘均呈浅波状。前翅中点微小，鳞片不翘起。雄性外生殖器：钩形突不发达；阳茎基环侧突发达；抱器背常弯曲；抱器腹端部常形成突起；囊形突长，端部圆；具味刷；阳茎端膜常不具角状器。雌性外生殖器：表皮突中等长；囊导管常骨化；囊体膜质，椭圆形，具纵带状囊片，由微刺组成。

分布： 中国，日本，印度，尼泊尔，斯里兰卡，菲律宾，印度尼西亚。

(74)假考尺蛾 *Pseudocollix hyperythra* (Hampson, 1895) (图版7: 17)

Phibalapteryx hyperythra Hampson, 1895, *Fauna Brit. India* (Moths), 3: 347. (India: Khasi Hills; Nilgiris; Anamalis)

前翅长：15 mm。翅面黑褐色，斑纹模糊。前翅中线和外线黑色，细锯齿状；中点黑色，点状；亚缘线灰白色，细，波状。后翅中线黑色，近弧形；外线黑色，细锯齿状，在 M_3 和 CuA_1 上向外凸出；亚缘线在各脉间呈白色点状。翅反面斑纹清楚；后翅黑褐色外线在 Rs 和 M_3 之间明显向外凸出。雄性外生殖器（图版32：11）：钩形突退化，肛管与背兜端部愈合，下匙形片条状骨化；阳茎基环侧突为1对弯曲细指状突，端部略尖；抱器瓣端部渐细，末端圆，端半部二分叉；抱器背骨化，端部略向内弯曲；抱器腹端部形成1个弯曲细长刺状突；阳端基环基部近方形，中间细长，后端腹面具1枚近三角形骨片；具2对味刷；阳茎骨化；阳茎端膜不具角状器。雌性外生殖器（图版54：11）：囊导管后端略宽；囊颈骨化强；囊体袋状，中部具1条纵带状囊片。

采集记录：武夷山（大竹岚）。

分布：福建、台湾、广西、云南；日本，印度，尼泊尔，斯里兰卡，菲律宾，印度尼西亚。

45. 黑岛尺蛾属 *Melanthia* Duponchel, 1829

Melanthia Duponchel, 1829, *in* Godart & Duponchel, *Hist. nat. Lépid. Papillons Fr.*, 7 (2): 111. Type species: *Geometra procellata* Denis & Schiffermüller, 1775. (Austria)

属征：雄性与雌性触角均为线形，雄性触角具极短纤毛。额凸出，圆盾状。下唇须细小，仅尖端伸达额外。后足胫节具2对距。前翅顶角略凸出，外缘浅弧形；后翅圆，外缘浅弧形略波曲。前翅具2个径副室；后翅 $Sc+R_1$ 与 Rs 合并至超过近中室前缘外1/3处，中室端脉弯曲，M_2 略近 M_1，3A 细弱。雄性外生殖器：钩形突退化成小瓣状；背兜短小；抱器瓣圆；抱器背略骨化，端部略隆起；抱器腹短，不膨大，具端突；阳端基环板状，上缘中部凹；阳茎基环侧突在阳茎背面中央联合，端部膨大；阳茎端膜光滑或具微刺；第8腹节腹板上端狭窄，向下渐宽。雌性外生殖器：前表皮突短小，后表皮突细长；前阴片呈狭条形骨化；囊导管上端常具1个特别发达的骨环；囊体膜质；囊片由微刺组成，带状。

分布：古北界，东洋界北部，非洲界。

(75) 链黑岛尺蛾 *Melanthia catenaria mesozona* Prout, 1939 （图版 7：18）

Melanthia procellata mesozona Prout, 1939, *in* Seitz, *Macrolepid. World*, 12: 291. (China: Taiwan)

Melanthia catenaria mesozona: Inoue, 1971, *Bull. Fac. domestic Sci.*, *Otsuma Woman's Univ.*, 7: 164.

前翅长：雄性 17 mm，雌性 17 ~ 18 mm。前翅白色；翅基部和中域近前缘各有 1 个黑褐色大斑；内、外线在翅脉上形成深色小点，在 2A 与后缘之间形成 2 个短条状小黑斑；翅端部为 1 条发达红褐色带，内侧扩展至中域的大斑附近，但与大斑之间有清晰的白线间隔；亚缘线为 1 列白点，在 M_2 以上极弱小，在翅中部和臀褶处各扩大成 1 个灰蓝色斑。后翅灰褐色，斑纹模糊。雄性外生殖器（图版 32：12）：抱器腹端突略细；阳茎基环侧突短；囊形突半圆形；阳茎较短粗，端部侧面有 1 枚骨刺。雌性外生殖器（图版 54：12）：囊导管短，上半段完全骨化，下端膜质；囊颈处凹陷，囊体肥大；囊片粗且长，两端尖。

采集记录：武夷山。

分布：福建、台湾；日本。

（四）尺蛾亚科 Geometrinae

成虫体型变化大。同种雄性与雌性触角通常不同。雄性触角多为双栉形，栉齿上具纤毛，或为线形、锯齿状、纤毛状；雌性常为线形，偶尔为短双栉形。绝大多数属种后足胫节具 2 对距。后翅 M_2 接近 M_1，远离 M_3。翅绿色。雄性外生殖器常具发达背兜侧突，阳茎具纵向骨化带。雌性外生殖器肛瓣钝突状，常具小瘤状突，囊片常呈双角状。

属检索表

1. 前后翅外线外侧具放射状黑线 ………………………… **辐射尺蛾属 *Iotaphora***
　前后翅外线外侧不具放射状黑线 ………………………… 2
2. 雄性无翅缰 ………………………… 3
　雄性翅缰发达 ………………………… 4
3. 后翅外缘不具尾突 ………………………… **亚四目绿尺蛾属 *Comostola***
　后翅外缘具尾突 ………………………… **无缰青尺蛾属 *Hemistola***

4. 前后翅正反面中点中空，椭圆形或肾形 …………………………… 豆纹尺蛾属 *Metallolophia*
   前后翅正反面中点不中空 ………………………………………………………………………………… 5
5. 雄性触角线形或锯齿形，如为双栉形，则钩形突端部膨大、圆钝勺形，或无钩形突 ………… 6
   雄性触角双栉形，栉齿长度大于触角干直径；钩形突不如上述 ……………………………………… 8
6. 雄性背兜侧突粗壮，杆状 …………………………………………………… 始青尺蛾属 *Herochroma*
   雄性背兜侧突不如上述 ……………………………………………………………………………………… 7
7. 雄性钩形突端部膨大，圆钝勺形 ……………………………………………… 彩青尺蛾属 *Eucyclodes*
   雄性钩形突不如上述 ……………………………………………………………… 艳青尺蛾属 *Agathia*
8. 前后翅颜色不同，斑纹不连续 ……………………………………………………………………………… 9
   前后翅颜色相同，斑纹连续 ………………………………………………………………………………… 11
9. 前翅顶角镰状，前缘具1条宽阔褐色带 ……………………………… 巨青尺蛾属 *Limbatochlamys*
   前翅顶角、颜色不如上述 …………………………………………………………………………………… 10
10. 雄性阳茎中部二分叉 ……………………………………………………………… 涡尺蛾属 *Dindicodes*
    雄性阳茎中部不二分叉 …………………………………………………………………… 峰尺蛾属 *Dindica*
11. 前后翅中点大且圆 ………………………………………………………… 四眼绿尺蛾属 *Chlorodontopera*
    前后翅无中点或中点小 …………………………………………………………………………………… 12
12. 雄性钩形突极扁宽，端部凹陷 ……………………………………… 缺口青尺蛾属 *Timandromorpha*
    雄性钩形突不如上述 ……………………………………………………………………………………… 13
13. 翅面常无绿色，偶有灰绿色或暗绿色，但颜色不均匀，或具黑色锯齿状外线 ……………… 14
    翅面常鲜绿色或蓝绿色，颜色均匀，无黑色锯齿状外线 ………………………………………… 16
14. 后翅在近中点和中点与后缘之间具两2簇鳞毛簇 …………………………… 粉尺蛾属 *Pingasa*
    后翅不具鳞毛簇 ……………………………………………………………………………………………… 15
15. 后翅近臀角处 CuA_1-CuA_2 间具1枚纵向深色短条状斑 ……………… 垂耳尺蛾属 *Pachyodes*
    后翅不具上述深色短条状斑 …………………………………………………… 冠尺蛾属 *Lophophelma*
16. 前翅臀角和后翅顶角常具斑块；雄性囊形突二分裂状 ………………………… 绿尺蛾属 *Comibaena*
    特征不如上述 ………………………………………………………………………………………………… 17
17. 后翅 Rs 与 M_1 共柄，M_3 与 CuA_1 共柄 ……………………………………………………………… 18
    后翅 Rs 与 M_1 分离，M_3 与 CuA_1 分离 ……………………………………………………………… 19
18. 后翅外缘具发达尾突；雄性抱器瓣腹缘常具耳状突 …………………………… 尖尾尺蛾属 *Maxates*
    后翅外缘中部折角状凸出，不形成尾突；雄性抱器瓣腹缘无耳状突 … 海绿尺蛾属 *Pelagodes*
19. 前后翅内线、外线和亚缘线为宽带状 …………………………………………… 岔绿尺蛾属 *Mixochlora*
    前后翅内线、外线和亚缘线不为宽带状 ……………………………………… 镰翅绿尺蛾属 *Tanaorhinus*

46. 峰尺蛾属 *Dindica* Moore, 1888

Dindica Moore, 1888a, *in* Hewitson & Moore, *Descr. new Indian lepid. Insects Colln late Mr W. S. Atkinson*, 3: 248. Type species: *Hypochroma basiflavata* Moore, 1868. (India: Bengal)

Perissolophia Warren, 1893, *Proc. zool. Soc. Lond.*, 1893: 350. Type species: *Perissolophia subrosea* Warren, 1893. (India: Sikkim)

属征：雄性触角双栉形，雌性触角线形。额下缘向前凸伸。下唇须粗壮，雌性第3节略延长。雄性后足胫节有时膨大，具毛束。前翅中等宽度至狭长；后翅宽大，顶角圆。前翅 R_{2-5} 与 M_1 分离，有时同出自中室上角；后翅 Rs 有时与 M_1 短共柄，CuA_1 接近 M_3。前翅灰绿色或橄榄绿色，散布黑褐色、红褐色鳞片或斑块；后翅基部区域常较端带色浅。胸腹部背面具发达立毛簇。雄性外生殖器：无钩形突。背兜侧突端部二分叉；颚形突中突常宽阔；抱器瓣强骨化；抱器腹折叠在抱器背上；横带片为1对突起；囊形突常形成1个小且圆的突起；阳茎中部常具1个细长突。雌性外生殖器：前表皮突极短，后表皮突细长；交配孔周围褶皱、骨化，形成浅带状；后阴片常不清晰；囊导管无骨环；囊体膜质，无囊片。

分布：中国，日本，印度，尼泊尔，菲律宾，印度尼西亚；朝鲜半岛，马来半岛。

种检索表

1. 后翅灰白色……………………………………………… **天目峰尺蛾 *D. tienmuensis***
   后翅黄色或浅黄色 ……………………………………………………………… 2
2. 后翅端带窄 ………………………………………………… **赭点峰尺蛾 *D. para para***
   后翅端带宽阔……………………………………………… **宽带峰尺蛾 *D. polyphaenaria***

(76) 赭点峰尺蛾 *Dindica para para* Swinhoe, 1891 （图版7：19）

Dindica para Swinhoe, 1891, *Trans. ent. Soc. Lond.*, 1891: 490. (India: Khasi Hills)

Pseudoterpna para: Swinhoe, 1894a, *Trans. ent. Soc. Lond.*, 1894: 170.

Pseudoterpna polyphaenaria (part.): Hampson, 1895, *Fauna Brit. India* (Moths), 3: 477. (nec Guenée, 1858)

Dindica erythropunctura Chu, 1981, *Iconographia heterocerorum Sinicorum*, 1: 115, pl. 30, fig. 782. (China: Jiangxi)

前翅长：雄性18~21 mm，雌性23~24 mm。前翅黄绿色；内外线及中点较清晰，外线近“>”形；翅面散布黑色碎纹和少量灰红色，并在翅基部中室下缘脉下方、外线外侧 M_1 和 CuA_2 下方各形成1个红斑；缘线在翅脉间为1列小黑点；缘毛在翅脉端黑褐色，其余与翅面同色。后翅浅黄色；翅端部深色带较窄，其外侧散布深色碎纹。雄性外生殖器（图版32：13）：背兜侧突基粗端细，尖端近1/4二分叉；

颚形突中突较弱，中突尖，上有微齿；背兜发达，膨大，两侧向腹面凸伸1个尖角，具不规则锯齿，尖端延伸呈角状，端部具1枚小齿；抱器背弱骨化，端部膨大内弯；抱器腹短于抱器背，端部外缘具齿，末端为1枚细长刺；囊形突小，中部凸出1个指状中突；阳茎骨化，内有1个钝形角状器。雌性外生殖器（图版54：13）：第8腹节腹板边缘不光滑；前阴片在两侧近椭圆形；囊导管短，囊体向下渐粗。

采集记录：武夷山（三港）。

分布：福建、河南、陕西、甘肃、浙江、湖北、江西、湖南、海南、广西、四川、云南、西藏；印度，尼泊尔，不丹，泰国，马来西亚。

(77) 宽带峰尺蛾 *Dindica polyphaenaria* (Guenée, 1858) （图版7：20）

Hypochroma polyphaenaria Guenée, 1858, *in* Boisduval & Guenée, *Hist. nat. Insectes* (Spec. gén. Lépid.), 9: 280. (India)

Hypochroma basiflavata Moore, 1868, *Proc. zool. Soc. Lond.*, 1867 (3): 632. (India: Bengal)

Dindica basiflavata: Moore, 1888a, *in* Hewitson & Moore, *Descr. new Indian lepid. Insects Colln late Mr W. S. Atkinson*, 3: 248.

Dindica polyphaenaria: Warren, 1894a, *Novit. zool.*, 1: 382.

前翅长：雄性21～22 mm，雌性23～24 mm。前翅橄榄绿色，局部散布灰红色，在外线外侧 M_1 与 CuA_2 下方形成2个清晰可辩的红斑；内线、中点、外线均十分模糊，外线弧形，中部外凸；缘线由一系列黑点组成；缘毛灰绿色，在翅脉端深褐色。后翅黄色，端部为1条黑色宽带，其内缘在 M_3 上有弯角。翅反面黄色，在前翅长方形中点外侧及臀褶下方白色；后翅无中点；前后翅端部均为黑色宽带，在外缘中部均有白斑；后翅端带内缘直。雄性外生殖器（图版33：1）：背兜侧突仅尖端二分叉；颚形突中突较弱，具1个较尖的中突；背兜两侧中上部具宽阔片状突起，上具长毛束；抱器背发达，强骨化，前缘大部分平滑，无凸起，端部近球形膨大，末端弯钩状，上具数个小齿；抱器腹发达，外缘端部膨大，末端具1个发达尖锯齿形端突，端突外缘及膨大部分外缘有微齿；抱器瓣基部附近有褶皱的脊；阳端基环位置有两簇刚毛；囊形突中突短粗；具味刷；阳茎短小，弱骨化，内具1个钝角状器。雌性外生殖器（图版54：14）：第7～8腹节骨化；交配孔周围骨化；后阴片具1个小“U”形凹陷；前阴片褶皱，呈带状，两侧膨大；囊导管细弱；囊体长约为后表皮突的2倍。

采集记录：武夷山。

分布：福建、浙江、湖北、江西、湖南、台湾、海南、广西、四川、贵州、云南；印度，不丹，尼泊尔，越南（北部），泰国，马来西亚，印度尼西亚；喜马拉雅山东北部。

(78) 天目峰尺蛾 *Dindica tienmuensis* Chu, 1981 （图版 7：21）

Dindica tienmuensis Chu, 1981, *Iconographia heterocerorum Sinicorum*, 1: 116, pl. 30, fig. 785. (China: Zhejiang: West Tian-mu-shan)

前翅长：雄性 19～22 mm，雌性 21～23 mm。前翅灰黑色；翅基部有 1 段黑色纵线，长 3～4 mm；中点大而圆，模糊；外线模糊，中部外凸呈“>”形折角，外线外侧有 1 条十分模糊的灰红色带；缘线黑色细弱，缘毛深灰褐色掺杂少量灰白色。后翅灰白色，具模糊中点和外线，翅端部为 1 条狭窄深灰褐色带；缘线和缘毛同前翅。翅反面灰白色，斑纹深灰褐色；前翅中点大而圆，清晰，外线为 1 弧形细带，未达后缘；翅端部为 1 条宽带；后翅反面中点较小，外线近消失，翅端部深色带较正面略窄缩。雄性外生殖器（图版 33：2）：背兜侧突细长，端部长于 1/2 二分叉，背基部有 1 对小圆凸起；颚形突中突尖三角形，密布微齿；抱器背强骨化，基部有发达角状突，端部呈钩状，尖，其内下方具 1 个粗钝的弱骨化突，使抱器背端部整体呈钳状；抱器背与抱器瓣相连部分膜质；抱器腹强骨化，端部三角形，尖，其端部外缘具齿，内侧有 1 枚大刺；囊形突短宽；阳茎较粗，阳茎鞘上具 1 个细长的骨化突。雌性外生殖器（图版 54：15）：前阴片宽阔、强骨化，上缘中部深凹陷但有 1 个小弧形突起；后阴片为 1 对骨化侧突；囊导管极短；囊体大，椭圆形。

采集记录：武夷山（挂墩）。

分布：福建、浙江、江西、湖南、广东、广西、贵州。

47. 涡尺蛾属 *Dindicodes* Prout, 1912

Dindicodes Prout, 1912, *in* Wytsman, *Genera Insectorum*, 129: 41. Type species: *Hypochroma crocina* Butler, 1880. (India: Darjeeling)

属征：雄性触角短双栉形，端部线形；雌性触角线形。额中度至强凸出。雌性下唇须第 3 节几乎不延长。雄性后足胫节有时膨大，具毛束和短端突。前后翅外缘浅波曲；后翅前缘有时短，后缘略延长。前翅 R_{2-5} 与 M_1 均出自中室上角；后翅 Rs 和 CuA_1 分别出自中室上角、下角前方。前翅黄绿色，散布黑红褐色；后翅鲜黄色或白色。雄性外生殖器：无钩形突；背兜侧突基部 1/3 至略长于 1/2 融合；颚形突中突常呈“V”形；抱器瓣宽阔，端部圆，抱器背前缘骨化；抱器腹形状多变；囊形突常具1个小圆形中突；阳茎鞘中部分离出1个骨片，阳茎主干上密布小齿，无角状器。雌性外生殖器：前表皮突短小，后表皮突细长；囊导管短且细，无骨环；囊体极细弱，长，无囊片；第8腹节强骨化，褶皱。

分布：中国，印度，不丹，尼泊尔，缅甸，越南，泰国。

(79) 滨石涡尺蛾 *Dindicodes crocina* (Butler, 1880) (图版7：22)

Hypochroma crocina Butler, 1880, *Ann. Mag. nat. Hist.*, (5) 6: 126. (India: Darjeeling)

Dindicodes crocina: Prout, 1912, *in* Wytsman, *Genera Insectorum*, 129: 41.

前翅长：雄性23～26 mm，雌性27 mm。前翅黄绿色，顶角下为1个白斑；亚基线弧形，内侧黑褐色；内线直，为脉上黑斑，外侧浅粉色；中点处为1条细长斜行黑色线，外侧灰黑色；外线由脉上短线组成，其内侧有浅粉色伴线，在M脉至CuA_1间外凸；亚缘线白色锯齿状；缘线为翅脉间1列黑点；缘毛黄绿色，在翅脉端深褐色。后翅鲜黄色，具1个大黑色中点；顶角内侧具1个黑斑，下行至Rs至M_1间逐渐变细，在M脉间又增粗，其外侧亦为黄色；M_3下方至臀角为灰绿色，在CuA_1至臀褶间具1个黑斑；缘线同前翅；缘毛深褐色较少。雄性外生殖器（图版33：3）：背兜侧突端部二分叉，分叉基部背面具1片状骨化突；颚形突中突粗壮，增厚、扁宽、具微齿，尖端具2个小凸起；抱器瓣宽阔，基部较窄，端部略宽；抱器背发达，骨化，端部有1个凸起；抱器腹骨化，端部宽阔平截，中间弯曲，外缘中上部外凸，外凸部分下端具1个小圆形突起；阳端基环为1个舌状骨片，上具微刺；囊形突短宽，中突近方形凸出；味刷发达；阳茎端半部骨化，具密齿，中部伸出1个大骨化突，尖端为1枚小齿。雌性外生殖器（图版55：1）：交配孔周围骨化、褶皱；后阴片骨化，强褶皱，片状；囊体细长，几乎无囊导管；第8腹节腹板、背板骨化。

采集记录：武夷山（三港）。

分布：福建、江西、广东、海南、广西；印度，尼泊尔，越南。

48. 始青尺蛾属 *Herochroma* Swinhoe, 1893

Herochroma Swinhoe, 1893, *Ann. Mag. nat. Hist.*, (6) 12: 148. Type species: *Herochroma baba* Swinhoe, 1893. (India: Khasi Hills)

Archaeobalbis Prout, 1912, *in* Wytsman, *Genera Insectorum*, 129: 9 (key), 24. Type species:

Hypochroma viridaria Moore, 1868. (India: Bengal).

Neobalbis Prout, 1912, *in* Wytsman, *Genera Insectorum*, 129: 10 (key), 26. Type species: *Pseudoterpna elaearia* Hampson, 1903. (India: Sikkim; Khasi Hills)

Chloroclydon Warren, 1894a, *Novit. zool.*, 1: 464. Type species: *Scotopteryx usneata* Felder & Rogenhofer, 1875. (India: Himalayas; China)

属征：雄性与雌性触角均为线形。额中度凸出。下唇须中等长，雄性第3节短小，雌性第3节略延长。雄性后足胫节具发达的毛束。前翅外缘波状；后翅外缘深波状，或钝齿状，有些种类雄性后翅臀角凸出，后缘延长。前翅 R_2 出自中室或与 R_{3-5}共柄；后翅 Rs 不共柄，M_3 和 CuA_1 不共柄。翅通常黄绿色或草绿色，散布灰色或红褐色。雄性外生殖器：钩形突通常很短；背兜侧突粗壮，杆状，向两侧伸展；颚形突中突通常较小，上有小刺；抱器瓣形状多变；抱器背前缘常凸出；横带片发达，具成对、多样突起；囊形突常宽大半圆形；有味刷；阳茎中等长，常具1~2个骨化突。雌性外生殖器：前表皮突中等长或极短小，后表皮突中等长；交配孔周围骨化、褶皱；多数种类有发达的前后阴片；囊导管较粗，骨化，褶皱；囊体大部分膜质，常具双角状囊片。

分布：中国，土耳其斯坦，塔吉克斯坦，克什米尔地区，巴基斯坦，印度，缅甸，泰国，越南，菲律宾，马来西亚，印度尼西亚。

种检索表

1. 前翅近后缘具2个砖红色圆斑 …………………………………… **赭点始青尺蛾 *H. ochreipicta***
   前翅近后缘不具砖红色圆斑 …………………………………………………………………… 2
2. 前翅后缘略向内凹入，2A 脉中部膨大弯曲 ………………………… **淡色始青尺蛾 *H. pallensia***
   前翅后缘不向内凹入，2A 脉正常 ………………………………………………………… 3
3. 翅反面黑色端带达外缘 …………………………………… **马来绿始青尺蛾 *H. viridaria peperata***
   翅反面黑色端带不达外缘 ……………………………………… **超暗始青尺蛾 *H. supraviridaria***

(80) 赭点始青尺蛾 *Herochroma ochreipicta* (Swinhoe, 1905) (图版7: 23)

Actenochroma ochreipicta Swinhoe, 1905, *Ann. Mag. nat. Hist.*, (7) 15: 166. (India: Khasi Hills)

Pseudoterpna ochreipicta: Hampson, 1907, *J. Bombay nat. Hist. Soc.*, 18: 52.

Actenochroma montana Bastelberger, 1911c, *Int. ent. Z.*, 4 (46): 248. (China: Taiwan)

Archaeobalbis ochreipicta: Prout, 1912, *in* Wytsman, *Genera Insectorum*, 129: 25.

Neobalbis montana: Prout, 1912, *in* Wytsman, *Genera Insectorum*, 129: 26.

Archaeobalbis ochreipicta montana: Prout, 1932, *in* Seitz, *Macrolepid. World*, 12: 45, pl. 5: g.

Herochroma ochreipicta: Inoue, 1999, *Tinea*, 16 (2): 86, figs 17, 18, 66, 92.

前翅长：雄性 21 mm，雌性 25 mm。前翅外缘微波曲；后翅外缘浅锯齿状，后缘略延长。翅面深灰绿色杂黑褐色碎点，前后翅均有黑色中点。前翅内线模糊；外线锯齿形，向内倾斜；内线内侧 2A 脉下方和外线外侧在 M_2 和近后缘处各有 1 个砖红色圆斑；缘线为翅脉间 1 列黑色半月斑；缘毛与翅面同色。后翅外线、缘线和缘毛同前翅；外线外侧后缘处有 1 个砖红色圆斑。翅反面污白色，有黑色大中点和黑色端带；前翅端带边缘不清晰，向内外均有黑色蔓延；后翅端带边缘清晰，在 M_2 处有折角。雄性外生殖器（图版 33：4）：钩形突为小钝突；背兜侧突粗细较均匀，内侧凸出小尖；颚形突中突三角形，上具小齿；抱器瓣基部宽阔，端部渐窄；抱器背基部具 1 个钝指形突，前缘波曲，末端呈弯钩状凸伸于抱器瓣之外；抱器腹粗壮、骨化，上有刚毛，无端突；抱器腹外侧的抱器瓣上具 1 个横向骨化区，在外缘伸出 1 个小突；横带片为 1 对掌状骨片，基部两侧各有 1 枚小尖齿；囊形突扁平；味刷发达；阳茎鞘中部具 1 枚大钩状齿。雌性外生殖器（Inoue, 1999）：前阴片膜质，无特化；囊导管短，有条纹；囊体卵形，囊片小新月形。

采集记录： 武夷山（三港）。

分布： 福建、台湾、海南、广西、云南；印度，尼泊尔，越南（北部）。

(81) 淡色始青尺蛾 *Herochroma pallensia* Han & Xue, 2003 （图版 7：24）

Herochroma pallensia Han & Xue, 2003, *Acta Entom. Sinica*, 46 (5): 632, fig. 3, 4, 12. (China: Guangxi; Hunan; Fujian)

前翅长：雄性 21.5 ~ 23 mm。翅面褪色，新鲜标本应为灰绿色或黄绿色。两翅均有黑色中点。前翅后缘略向内凹入，2A 脉中部膨大弯曲；前缘黑褐色杂红褐色；外线直，锯齿形；亚缘线色浅不清晰；缘线为翅脉间 1 列黑点。后翅斑纹与前翅相似。翅反面：两翅有黑色大中点；端带宽阔、黑色，不达外缘；端带内侧污白色带少量黄色；前翅端带外侧近前缘处略带深红褐色；缘线同翅正面。雄性外生殖器（图版 33：5）：钩形突略延长，端部浅凹陷；背兜侧突短粗，端半部膨大呈蛇头状；颚形突中突不发达，中突小，端部圆；抱器瓣宽大，二裂形，端部深凹陷；抱器背细长，抱器背基突三角形；抱器腹较抱器背宽，沿抱器背端突尖端向下至抱器腹外缘 1/2 处有 1 列小齿；横带片具 2 个舌状骨片，端部圆；阳茎细长，阳茎鞘有 2 个刺突。

采集记录：武夷山（三港）。

分布：福建、湖南、广西。

(82) 超暗始青尺蛾 *Herochroma supraviridaria* Inoue, 1999　(图版 7：25)

Herochroma supraviridaria Inoue, 1999, *Tinea*, 16 (2): 79, figs 7, 8, 61, 88. (China: Taiwan: Nantou)

前翅长：雄性 25 mm。翅面黄绿色；两翅中点均为黑色小点。前翅中室下基部附近及在后缘处有黑色杂黄褐色斑；外线弱锯齿状；外侧有浅色阴影，并伴有黑色杂黄褐色的斑块，在前缘处和 M_3-CuA_1 间弱；缘线为脉间一系列黑点；缘毛与翅面同色，基半部在翅脉端有黑色。后翅斑纹与前翅相似。翅反面端带不扩展至外缘，内侧灰白色，中点外侧至外缘有大量紫红色；前后翅中点均黑色，大。雄性外生殖器（图版 33：6）：钩形突为简单短突；背兜侧突中部弯折，端部尖；颚形突中突小，尖锐；抱器瓣狭长，抱器背端部膨大骨化加厚；抱器腹平直，端部具 1 个小尖突；横带片中部丘状膨大，两侧具细长分叉刺突；囊形突短平；阳茎细长，端部侧面具小齿。雌性外生殖器（Inoue, 1999）：前阴片小；囊导管骨化部分长。

采集记录：武夷山（挂墩）。

分布：福建、台湾、广西。

(83) 马来绿始青尺蛾 *Herochroma viridaria peperata* (Herbulot, 1989)　(图版 7：26)

Archaeobalbis viridaria peperata Herbulot, 1989, *Lambillionea*, 88 (11-12): 172, figured. (Peninsular Malaysia)

Archaeobalbis peperata: Yazaki, 1994a, *in* Haruta, *Tinea*, 14 (Suppl. 1): 5, fig. 332, pl. 66: 6.

Herochroma viridaria peperata: Inoue, 1999, *Tinea*, 16 (2): 78, fig. 3, 4.

前翅长：21~22 mm。翅面深绿色杂黑色碎点。前翅内线波状，模糊，中室下基部附近及在后缘处的斑黑色杂黄褐色；外线黑色锯齿状，其外侧的黑色杂黄褐色斑块在 M_3 和 CuA_1 之间、近前缘处较弱。后翅后缘延长，外缘圆齿状，在 CuA_2 端的齿大；外线黑色锯齿状。前后翅中点小，黑色；缘线为翅脉间 1 列半月形黑斑；缘毛黄绿色。翅反面前后翅均有大而圆的黑色中点；前翅基部近后缘处为白色；后翅后缘中部有 1 个大黑斑；端部为黑褐色端带扩展达外缘。雄性外生殖器（图版 33：7）：钩形突细长；背兜侧突粗壮，中部折角突起较小；颚形突中突骨化强，三角形，尖，上有微刺；抱器瓣简单；抱器腹中部有 1 枚小齿，外缘光滑；横带片基部和侧面具2对刺突，其中基部刺突较短，侧面刺突细长，刺突上有微刺；囊形突略凸出；阳茎细长，端部骨化，阳茎鞘中上部有1个大的三角形突起，上有小齿；有味刷。雌性外生殖器（图版55：2）：交配孔周围强骨化，具1对发达骨化圆钝侧突；后阴片不清晰，骨化，具横向褶皱；囊导管短，骨化；囊体长袋状，囊片具2个尖齿。

采集记录： 武夷山（三港）。

分布： 福建、浙江、广东、海南、广西、四川；尼泊尔，越南，泰国，马来西亚。

49. 豆纹尺蛾属 *Metallolophia* Warren, 1895

Metallolophia Warren, 1895, *Novit. zool.*, 2: 88. Type species: *Hypochroma vitticosta* Walker, 1860. (Borneo: Sarawak)

属征： 雄性触角锯齿状、纤毛状或双栉形，雌性触角线形。额略凸出至中度凸出。下唇须中等长，雄性第3节短，雌性第3节略延长。前后翅外缘波状或光滑；后翅前缘偶尔短，后缘略延长。前翅 R_{2-5} 与 M_1 短共柄，R_5 出自 R_2 前方；中室端脉弯曲；后翅 M_3 和 CuA_1 不共柄。前后翅正反面中点中空，椭圆形或肾形。雄性外生殖器：钩形突退化；背兜侧突短粗、尖端渐细，向两侧伸展；颚形突中突通常为1对分离较远的弱骨化突；抱器瓣宽阔；抱器背端部具分支状刚毛斑；抱器瓣基部具1个大基突；横带片为1对凸起；囊形突常不凸出；阳茎粗壮，端部骨化，阳茎鞘上的骨化带通常具1列骨化齿；角状器通常端部二分叉或钝圆。雌性外生殖器：第8腹节常特化，其前缘通常向腹面延伸呈环形，可能是由前表皮突特化而成，偶尔不特化；后表皮突细长；交配孔周围常骨化，褶皱；囊导管短粗，无骨环；囊体大部分膜质，无囊片。

分布： 中国，印度，缅甸，越南，泰国，菲律宾，马来西亚，文莱，印度尼西亚。

种检索表

前后翅外线黄褐色，带状 …………………………………… **黄斑豆纹尺蛾 *M. flavomaculata***
前后翅外线深紫色，线形 ………………………………………………… **豆纹尺蛾 *M. arenaria***

(84) 豆纹尺蛾 *Metallolophia arenaria* (Leech, 1889) （图版8：1）

Pachyodes arenaria Leech, 1889, *Trans. ent. Soc. Lond.*, 1889 (1): 144, pl. 9, fig. 12. (China:

Jiangxi: Kiukiang)

Pseudoterpna arenaria: Leech, 1897, *Ann. Mag. nat. Hist.*, (6) 20: 229.

Metallolophia arenaria: Prout, 1912, *in* Wytsman, *Genera Insectorum*, 129: 38.

Hypochroma danielaria Oberthür, 1913, *Études Lépid. comp.*, 7: 291, pl. 173, fig. 1697. (China: Sichuan: Siao-lou)

Metallolophia danielaria: Prout, 1934, *in* Seitz, *Macrolepid. World*, 4 (Suppl.): 6, pl. 1g.

前翅长：雄性 22 ~ 26 mm，雌性 26 ~ 28.5 mm。翅灰白色，散布大量深紫色碎纹和成片灰绿色鳞片。前翅内外线深紫色，内线双弧形，外线近“S”形；中点为 1 枚巨大的豆形深紫色环纹，纹内灰绿色；后翅中点极模糊。翅反面灰白色，基部黄色；前后翅环形中点和粗壮外线均为紫色；翅基部有 1 个紫色的大点，其下方散布紫色，亚缘线处为 1 条模糊的紫色带。雄性外生殖器（图版 33：8）：背兜侧突短粗；抱器瓣中部强烈凸出，向尖端渐细，整体近三角形；抱器瓣基部骨片基半部膨大，端半部肾形；抱器腹端突短粗，端部膨大，具小刺；囊形突凸出；阳茎具 1 条狭长具刺的骨片；角状器“Y”形。雌性外生殖器（图版 55：3）：囊体长袋状；囊导管和囊体中上半部弱骨化，长约为后表皮突长的 3.3 倍。

采集记录：武夷山（三港、挂墩）。

分布：福建、浙江、江西、湖南、台湾、广西、四川、云南、西藏；缅甸，越南。

(85) 黄斑豆纹尺蛾 *Metallolophia flavomaculata* Han & Xue, 2005 （图版 8：2）

Metallolophia flavomaculata Han & Xue, 2005, *J. Nat. Hist.*, 39 (2): 192, fig. 40, 41, 66. (China: Fujian: Sangang, Guadun)

前翅长：27 ~ 28 mm。翅白色，前翅前缘和亚前缘区域黄褐色，掺杂黑色碎斑，顶角灰色；翅基部内线以内为黄褐色；中点大，边缘黑褐色，中央黄褐色；外线黄褐色，带状，在 M_3 处凸出；内线和外线之间、外线之外白色，并在 M_3 和 CuA_1 之间扩展至外缘；亚缘带宽阔，在 CuA_1 下为褐色，M_3 上为褐色。后翅白色；亚缘带同前翅，向外扩展，未达外缘。雄性外生殖器（图版 33：9）：背兜侧突短粗；抱器瓣端半部较狭窄；抱器内突较豆纹尺蛾宽大；抱器腹端突背部极度外翻，有小刺；囊形突短小半圆形，具细长中突；阳茎细长，侧面骨化带不发达，小齿稀少；角状器叉状。

采集记录：武夷山（三港、挂墩）。

分布：福建。

50. 冠尺蛾属 *Lophophelma* Prout, 1912

Lophophelma Prout, 1912, *in* Wytsman, *Genera Insectorum*, 129: 40. Type species: *Hypochroma vigens* Butler, 1880. (Inida: Darjeeling)

属征：雄性触角双栉形，端部线形；雌性触角线形或短双栉形。额凸出。下唇须较短，雌性第3节略延长。雄性后足胫节常不膨大。前后翅外缘略波曲；后翅前缘短，顶角圆，后缘延长。前翅 R_{2-5} 与 M_1 出自中室上角；后翅 CuA_1 出自中室下角前方。前后翅中点短条状，外线强锯齿状。雄性外生殖器：无钩形突。背兜侧突尖端二分叉，向尖端渐细；颚形突中突常“V”形；抱器腹常具狭窄或较尖的端突；横带片弱骨化；囊形突半圆形凸出或凸出很小；阳茎短粗，端部通常具密刺；阳茎端膜上常不具角状器。雌性外生殖器：交配孔周围骨化、褶皱；囊导管短且窄，无骨环，常膜质；囊体大，膜质或和囊导管相接处弱骨化，无囊片。

分布：中国，印度，尼泊尔，不丹，越南，泰国，斯里兰卡，菲律宾，马来西亚，文莱，印度尼西亚。

(86) 江浙冠尺蛾 *Lophophelma iterans iterans* (Prout, 1926) （图版8: 3）

Terpna iterans Prout, 1926, *Novit. zool.*, 33: 2. (China: Shanghai)

Pachyodes (Pachista) iterans: Inoue, 1992a, *in* Heppner & Inoue, *Lepid. Taiwan*, 1 (2): 120.

Pachyodes iterans: Xue, 1992, *in* Liu, *Icon. Forest Insects Hunan China*: 811, fig. 2601.

“*Pachyodes*” *iterans*: Parsons *et al.*, 1999, *in* Scoble, *Geometrid Moths of the World, a Catalogue*, 2: 690.

Lophophelma iterans: Pitkin, Han & James, 2007, *Zool. J. Linn. Soc.*, 150: 383.

前翅长：雄性26~35 mm，雌性34 mm。翅面浅灰黄绿色，斑纹黑色。前翅亚基线浅弧形；内线微波曲，向外倾斜；中点细长，弯；外线深锯齿形，中部外凸，其外侧具银灰色鳞片。后翅外线在 M_3 上凸出，锯齿表现为在翅脉上延伸的黑条，其外侧有1条模糊黑灰色带。翅反面白色，基部略带黄白色；中点大而清晰；翅端部为1条不完整的黑色带，在前翅M脉之间扩展至外缘，在 M_3 下方骤细；后翅黑带常退化成1列大小不等的黑点。雄性外生殖器（图版33：10）：背兜侧突基半部融合，基部两侧具小骨化突；颚形突中突弱骨化，端部尖；抱器背骨化，端突细长弯曲，端部尖，抱器瓣中部具1个大钝突；抱器腹强骨化，端突巨大角状；囊形突宽阔，中部具扁平中突；味刷发达；阳茎粗壮，端部骨化，上布小三角形骨化齿，具1个圆钝突。雌性外生殖器（图版55：4）：前表皮突正常，后表皮突较短，长度不及前表皮突的2倍；交配孔周围骨化；囊导管极短，骨化；囊体巨大。

采集记录：武夷山（三港、黄溪洲）。

分布：福建、河南、陕西、甘肃、上海、浙江、湖北、江西、湖南、海南、广西、四川；越南北部。

51. 巨青尺蛾属 *Limbatochlamys* Rothschild, 1894

Limbatochlamys Rothschild, 1894, *Novit. zool.*, 1: 540. Type species: *Limbatochlamys rosthorni* Rothschild, 1894. (China: Hubei?)

属征：雄性与雌性触角均为双栉形，雌性触角栉齿短。额中度凸出。下唇须第3节短小。雄性后足胫节不膨大。前翅顶角尖，略呈镰状；后翅顶角圆且后缘延长；前后翅外缘光滑。前翅 R_{2-5} 与 M_1 出自中室上角或短共柄；后翅 M_3 和 CuA_1 不共柄。前翅均匀橄榄绿色，前缘具1条草黄色宽带；后翅前缘区草绿色，端部灰绿色。雄性外生殖器：钩形突细长杆状；背兜侧突细；抱器瓣狭长；抱器背常具特化结构；抱器腹端部向抱器瓣中部扩展成抱器内突；横带片弱骨化，为1对宽阔骨片；囊形突圆；味刷发达；阳茎短粗，中部具骨化突；阳茎端膜具尖齿形角状器。雌性外生殖器：前表皮突短小，后表皮突细长；交配孔周围强骨化，褶皱；后阴片强骨化，边缘不清晰；囊导管短而细，无骨环；囊体大部分膜质，有时局部弱骨化且褶皱；囊片双角状。

分布：中国。

(87) 中国巨青尺蛾 *Limbatochlamys rosthorni* Rothschild, 1894 （图版8：4）

Limbatochlamys rosthorni Rothschild, 1894, *Novit. zool.*, 1: 540, pl. 12, fig. 9. (China: Hubei?)

前翅长：雄性28～37 mm，雌性38 mm。前翅橄榄绿色，前缘灰黄色，散布黑色碎纹，局部带灰红色；外线在翅脉上为1列小黑点；缘线黑色纤细，在翅脉端断离。后翅灰黄色，后缘基部附近和外缘附近带灰绿色调；翅面散布黑色碎纹；中点细长，模糊；外线灰黑色锯齿状。翅反面灰黄褐色，端部密布黑色碎纹；有粗壮的灰黑色直带状外线，未达前后缘；前后翅近外缘区域为灰白色。雄性外生殖器（图版33：11）：钩形突细长指状，粗细均匀；背兜侧突长度约为钩形突的1/2；颚形突中突较细，端部圆；抱器背发达，强骨化，抱器背端部膨大，上密布小尖齿，抱器背端突细长，延伸于抱器瓣端部之外；抱器瓣膜质，端部较尖；抱器腹强骨化，抱器内突舌片状；囊形突半圆形凸出；阳茎短粗，端部骨化，具2个骨化突；角状器尖刺形。雌性外生殖器（图版55：5）：囊导管极短；囊体长袋状，后端1/3弯曲。

采集记录：武夷山（挂墩）。

分布：福建、陕西、甘肃、上海、江苏、浙江、湖北、江西、湖南、广西、四川、重庆、云南。

52. 垂耳尺蛾属 *Pachyodes* Guenée, 1858

Pachyodes Guenée, 1858, *in* Boisduval & Guenée, *Hist. nat. Insectes* (Spec. gén. Lépid.), 9: 282. Type species: *Pachyodes almaria* Guenée, 1858. (India)

Archaeopseustes Warren, 1894a, *Novit. zool.*, 1: 380. Type species: *Abraxas amplificata* Walker, 1862. (China: North)

属征：雄性触角双栉形，端部线形；雌性触角线形。额凸出。下唇须短，雌性第3节有时略延长。雄性后足胫节有时膨大，具毛束和端突。前翅外缘几乎不波曲；后翅外缘弧形，有些种类略倾斜，后缘延长。前翅 R_{2-5} 与 M_1 出自中室上角或短共柄；后翅 Rs 出自中室上角，CuA_1 出自中室下角前方。前翅内线外侧、中点内侧具紫红色大斑；后翅近臀角处 CuA_1 至 CuA_2 间具1个纵向深色短条状斑。雄性外生殖器：钩形突退化；背兜侧突基部融合，端部二分叉，向尖端渐细；抱器瓣强骨化，几乎均匀地分为宽阔的抱器背和抱器腹；抱器背端部钝圆，其中部下缘常有1个向下的钝形突，突的内缘呈脊状，具不规则褶皱齿；抱器腹宽阔，端部钝圆，其外缘中上部及端部外缘具1列小齿；横带片为1对弱骨化突；囊形突凸出，端部圆；具味刷；阳茎短粗，端部骨化，具密刺；阳茎端膜不具角状器。雌性外生殖器：后阴片常圆形；交配孔周围骨化褶皱；囊导管骨化；囊体膜质，无囊片。

分布：中国，印度，尼泊尔，越南，泰国，菲律宾，马来西亚，文莱，印度尼西亚。

种检索表

翅面具黄色鳞片 …………………………………………………… **金星垂耳尺蛾 *P. amplificata***

翅面不具黄色鳞片 …………………………………………………… **新粉垂耳尺蛾 *P. novata***

(88) 金星垂耳尺蛾 *Pachyodes amplificata* (Walker, 1862) （图版8：5）

Abraxas amplificata Walker, 1862, *List Specimens lepid. Insects Colln Brit. Mus.*, 24: 1124.

(China: North)

Archaeopseustes amplificata: Warren, 1894a, *Novit. zool.*, 1: 380.

Terpna amplificata: Warren, 1894b, *Novit. zool.*, 1: 681.

Pachyodes amplificata: Prout, 1912, *in* Seitz, *Macrolepid. World*, 4: 12, pl. 1e.

Hypochroma abraxas Oberthür, 1913, *Études Lépid. comp.*, 7: 291, pl. 173, fig. 1705. (China: Sichuan: Mou-pin)

前翅长：雄性 25～27 mm，雌性 27～30 mm。翅乳白色，散布大小不等的深灰色斑块。前翅亚基线与内线色较深，隐没在斑块之内；中点处为 1 个大灰斑；外线为 1 列灰斑；翅端部灰斑散碎，散布鲜黄色斑，其上有黑色碎纹，黄斑在臀角处扩展；缘线为 1 列黑点，缘毛灰白与黑灰色相间。后翅外线的灰斑在前端大，常间断；黄斑几乎占据整个臀角区域。翅反面白色，基部黄色，正面的斑纹在反面呈黑褐色，略扩展，翅端部无黄色。雄性外生殖器（图版 33：12）：背兜侧突基部 2/3 融合；颚形突中突尖，端部密布小刺；抱器背强骨化，与抱器腹以较窄的膜质或弱骨化部分相连，抱器背腹面褶皱并内凸，具不规则小齿，背面具一小块膜质部分；抱器背基部隆起 1 块大弱骨化片；抱器腹宽阔，端部略狭窄，外缘中上部略褶皱粗糙，上部至端部外缘具 1 列小齿；囊形突半圆形凸出；味刷发达；阳茎短粗，端部骨化，具细密小齿。雌性外生殖器（图版 55：6）：前表皮突极短，后表皮突细长；后阴片方形；囊导管短；囊体极长。

采集记录：武夷山（三港、挂墩）。

分布：福建、甘肃、安徽、浙江、湖北、江西、湖南、广西、四川。

(89) 新粉垂耳尺蛾 *Pachyodes novata* Han & Xue, 2008　（图版 8：6）

Pachyodes novata Han & Xue, 2008, *Zootaxa*, 1759: 59, figs. 12, 13. (China: Fujian: Wuyishan)

前翅长：雄性 23～26 mm，雌性 26～28 mm。翅面草绿色，散布黑色条纹；前翅基部、内线外侧、前缘至顶角下方散布深红褐色杂黑色碎纹，在内线外侧和中点内侧向下扩展至后缘，渐狭窄；在顶角附近亦向下扩展渐狭窄达 M_3。前翅亚基线、内线和中点黑色；外线黑色，锯齿形；亚缘线白色，内侧在 CuA_1 与 2A 脉间具 2 个深红褐色杂黑色斑块；缘线黑色，在翅脉端间断。后翅中点内侧深红褐色杂黑色；中点细长杆状；外线锯齿形，外侧有明显的银灰色鳞片，CuA_1 和 CuA_2 间具 1 个紫褐色斑；其余斑纹与前翅相似。雄性外生殖器（图版 33：13）：背兜侧突基部 2/3 融合，端部 1/3 分离，向尖端渐细；颚形突中突尖；抱器背端部腹面及外缘具小齿，基部腹面具 1 个近三角形的大骨片，扩展至近抱器背端部，骨片前缘具 1 列大小不等的锯齿；抱器腹短宽，端部尖，外缘中上部有 1 个小突，小突下方外缘光滑，上方至端部外缘具小齿；囊形突半圆形凸出；味刷发达；阳茎短粗，端部骨化，具密刺。雌性外生殖器（图版 55：7）：前表皮突很短，后表皮突细长；交配孔腹面弱骨化，褶皱，背面强骨化、褶皱，中间具 1 个小圆形突，其后缘呈宽“V”形，披浓毛；囊导管很短，褶皱；囊体极长，后半段膨大。

采集记录： 武夷山（三港、黄溪洲）。

分布： 福建、湖北、湖南、广西。

53. 粉尺蛾属 *Pingasa* Moore, 1887

Pingasa Moore, 1887, *Lepid. Ceylon*, 3: 419. Type species: *Hypochroma ruginaria* Guenée, 1858. (India).

Skorpisthes Lucas, 1900, *Proc. R. Soc. Qd*, 15: 143. Type species: *Skorpisthes undascripta* Lucas, 1900 (= *Pingasa cinerea* Warren, 1894). (Australia)

属征： 雄性触角短双栉形，外侧栉齿略长于内侧；雌性触角线形。额中度凸出。雌性下唇须第 3 节延长。雄性后足胫节多膨大，具毛束和极短端突。前后翅外缘浅波状；后翅前缘短，后缘延长。前翅 R_{2-5} 出自中室上角，有时与 M_1 短共柄；后翅 CuA_1 接近 M_3。前后翅白至灰白色，外线黑色锯齿状；后翅在近中点和中点与后缘之间具 2 簇鳞毛簇。雄性外生殖器：钩形突退化。背兜侧突向尖端渐细，端部约1/5至 1/2 二分叉；颚形突中突常二裂状，且腹面具小齿；抱器瓣多变，端部通常分为抱器背和抱器腹；阳端基环骨化常分为两截，前半截膜质，后半截常骨化具齿；具味刷；阳茎端部骨化，阳茎鞘上具骨化区域；阳茎端膜多具角状器。雌性外生殖器：前表皮突非常短小，后表皮突细长。后阴片不清晰；囊导管多短；囊体无囊片。

分布： 中国，日本，印度，澳大利亚；东南亚，非洲。

种检索表

1. 前后翅外线不为锯齿形，圆滑，在翅脉上向外凸出细小尖齿 ………… **日本粉尺蛾 *P. alba brunnescens***

　前后翅外线锯齿形 ………… 2

2. 前后翅外线外侧黄褐色或粉红色 ………… **红带粉尺蛾 *P. rufofasciata***

　前后翅外线外侧深灰色 ………… **小灰粉尺蛾 *P. pseudoterpnaria***

(90) 小灰粉尺蛾 *Pingasa pseudoterpnaria pseudoterpnaria* (Guenée, 1858) (图版8: 7)

Hypochroma pseudoterpnaria Guenée, 1858, *in* Boisduval & Guenée, *Hist. nat. Insectes* (Spec. gén. Lépid.), 9: 276. (China: North)

Hypochroma pryeri Butler, 1878a, *Ann. Mag. nat. Hist.*, (5) 1: 398. (Japan: Yokohama)

Pingasa pseudoterpnaria: Prout, 1912, *in* Seitz, *Macrolepid. World*, 4: 11, pl. 1f.

前翅长：雄性 17 mm，雌性 17 ~ 23 mm。翅面散布大量深灰褐至黑褐色鳞；前后翅均有模糊的短条状中点。前翅内线黑色，波状；外线黑色锯齿状，其内侧色略浅，外线外侧为均匀的深灰色，略带灰红色调；亚缘线白色，锯齿状，粗壮且连续；缘线黑褐色，在翅脉间呈小黑点状。翅反面基部白色，在前翅中域内及前缘散布少量灰色；前后翅均有短条状中点，后翅中点较小；前后翅均有黑褐色端带，在前翅M脉间达外缘，在后翅 M_2 附近略向外扩展。雄性外生殖器（图版33：14）：背兜侧突二分叉，细长尖；颚形突中突端部深二分叉；抱器瓣宽阔；抱器背与抱器瓣之间深凹陷；抱器背扭曲，基部有1具刺突起，形状不规则；抱器背端部宽于抱器腹端部，有2个尖齿；抱器腹端部为1个尖齿，其下方外侧有粗齿；囊形突小；味刷发达；阳茎具纹，端部细，角状器为1个边缘不清晰的钝骨片。雌性外生殖器（图版55：8）：前表皮突极短，后表皮突细长；囊导管很短，弱骨化；囊体宽大，近似圆形，顶端骨化；第7腹节腹板骨化。

采集记录：武夷山（崇安、挂墩）。

分布：福建、北京、山东、江苏、安徽、浙江、湖北、江西、湖南、四川；日本。

(91) 日本粉尺蛾 *Pingasa alba brunnescens* Prout, 1913 (图版8: 8)

Pingasa alba brunnescens Prout, 1913b, *Novit. zool.*, 20: 397. (China: Zhejiang; Japan: Iyo)

前翅长：雄性 22 ~ 23 mm，雌性 24 ~ 25 mm。翅宽大，灰白色。前翅内线波状；外线圆滑，在翅脉上向外凸出细小的尖齿；外线外侧为灰黄褐色；亚缘线灰白色锯齿状；缘线黑色纤细。后翅斑纹与前翅相似。翅反面白色；前翅顶角白色；前后翅均有黑色短棒状中点；翅端部为1条黑色宽带，该带除在前翅 M_1 至 M_3 之间外未达外缘；在后翅 M_1 至 M_3 间向外扩展，但未达外缘。雄性外生殖器（图版33：15）：背兜侧突基部粗，尖端二分叉短小，整体盾形；颚形突中突扁宽，无分叉，两侧臂强骨化，两突起内侧及中间有微齿；抱器瓣极宽阔，基部联合；抱器背前缘外凸，端突较细，尖角状；抱器腹外缘外凸，端部细尖，尖齿上有多个粗壮的大齿；横带片近似方片，上缘深凹陷；囊形突近半圆形凸出；味刷发达；阳茎短粗，端部较细，内有角状器。

采集记录：武夷山（三港、黄坑、黄溪洲）。

分布：福建、浙江、湖北、江西、湖南、广西、四川、贵州；日本。

(92) 红带粉尺蛾 *Pingasa rufofasciata* Moore, 1888 （图版 8：9）

Pingasa rufofasciata Moore, 1888a, *in* Hewitson & Moore, *Descr. new Indian lepid. Insects Colln late Mr W. S. Atkinson*, 3: 247. (India: Darjeeling)

前翅长：21～22 mm。前翅基部白色杂褐色碎点；内线黑褐色波曲；外线黑褐色锯齿状，在 CuA_2 下方接近内线，外侧为粉红色；亚缘线白色锯齿状；中点黑褐色，细长，中部弯曲；缘线黑褐色，在翅脉间呈小斑状，缘毛白色。后翅在中点位置上暗褐色，上有白色长鳞毛覆盖；其余斑纹与前翅相似。翅反面：大部分白色；前翅端带黑色，上宽下窄，顶角处和近臀角处白色；中点条状；后翅端带未达外缘。雄性外生殖器（图版 34：1）：背兜侧突基部宽，端部细，尖端二分叉细长；颚形突中突浅凹陷；两抱器瓣基部融合，下部和上部叠在一起；抱器瓣端部深凹陷，两侧不对称；抱器腹向上折叠；抱器背端突细长指状；左侧抱器腹端突较短宽，有小齿，抱器腹缘中部三角形外凸；右侧抱器腹端突细长，尖锐刺状，近尖端处有小齿，抱器腹缘中部无突起；横带片近倒“U”形；囊形突小，三角形；味刷发达；阳茎短粗；阳茎端膜具 2 根强骨化的角状器。雌性外生殖器（图版 55：9）：前表皮突极短，后表皮突细长；交配孔开口处骨化，漏斗状；囊导管骨化；囊体大，前端较后端粗，后半部骨化；第 7 腹节腹板、背板及第 8 腹节背板骨化。

采集记录：武夷山（三港、黄岗山、桂林）。

分布：福建、浙江、湖北、江西、湖南、广西、四川、贵州、云南；印度。

54. 岔绿尺蛾属 *Mixochlora* Warren, 1897

Mixochlora Warren, 1897a, *Novit. zool.*, 4: 42. Type species: *Mixochlora alternata* Warren, 1897. (Philippines)

属征：雄性触角双栉形，端部线形；雌性触角线形。额不凸出。雌性下唇须第 3 节极延长。雄性后足胫节通常不膨大。前翅顶角镰状，与镰翅绿尺蛾属相似，但体型较小。前翅 R_{2-5} 出自中室上角前方；后翅 Rs 与 M_1 分离，M_2 极近 M_1，M_3 与 CuA_1 分离。翅面绿色，深绿色带与灰绿色或银灰色带相间，其中内带和中带在后缘处接近或相接呈“V”形。雄性外生殖器：钩形突退化；背兜侧突发达，距离很远；颚形突中突钝；抱器瓣简单，端部钝圆；抱器腹边缘有丛状刚毛；囊形突短小；具微弱味刷；阳茎端部略尖，骨化；阳茎端膜不具角状器；第 8 腹节腹板具深凹陷。雌性外生殖器：前后表皮突均细长。囊导管长，具骨环；囊体内无囊片。

分布： 中国，日本，印度，巴布亚新几内亚；东南亚。

(93) 三岔绿尺蛾 *Mixochlora vittata* (Moore, 1868)　(图版 8：10)

Geometra vittata Moore, 1868, *Proc. zool. Soc. Lond.*, 1867 (3): 636. (India: Bengal)

Tanaorhinus vittata: Prout, 1912, *in* Seitz, *Macrolepid. World*, 4: 16, pl. 2a.

Mixochlora vittata: Holloway, 1976, *Moths of Borneo with special reference to Mount Kinabalu*: 61.

前翅长：雄性 15～20 mm，雌性 17～22 mm。翅浅灰绿色，斑纹鲜绿色，带状。前翅前缘锈黄色；基线、内线和中点均外倾；中线内倾并与中点和内带接触，呈三叉状；外线、亚缘线直，与外缘平行；亚缘线外侧亦有 1 条窄带。后翅中线向下渐粗；外线微呈弧形，亚缘线粗壮，端带弧形。翅反面黄色；前后翅中点微小，黑灰色，外带黑灰色；亚缘带残留少量黑灰色鳞片。雄性外生殖器（图版 34：2）：背兜侧突弯曲，间距宽；颚形突中突略骨化，中突钝，宽大舌状；抱器瓣狭长平直；抱器背基部有弱骨化的钩状大突；抱器瓣基部近抱器腹有 1 丛刚毛，其上方亦有另 1 大丛刚毛斑；囊形突不凸出，端部浅凹陷；阳茎端部略尖，骨化；阳茎盲囊较细，短小。雌性外生殖器（图版 55：10）：后表皮突约为前表皮突长的 2 倍；交配孔周围膜质；囊导管细长，约为囊体长的 1.5 倍，囊颈膜质；囊体近圆形。

采集记录： 武夷山（挂墩、三港、黄溪洲）。

分布： 福建、江苏、浙江、湖北、江西、湖南、台湾、广东、海南、四川、云南；日本，印度，不丹，尼泊尔，泰国，菲律宾，马来西亚，印度尼西亚。

55. 镰翅绿尺蛾属 *Tanaorhinus* Butler, 1879

Tanaorhinus Butler, 1879b, *Illust. typical Specimens Lepid. Heterocera Colln Brit. Mus.*, 3: xi, 38.

Type species: *Geometra confuciaria* Walker, 1861. (China: North)

属征： 雄性触角短双栉形，端部线形；雌性触角线形。额中度凸出。下唇须粗壮，雌性第 3 节极度延长。雄性后足胫节常膨大，具毛束和端突。前翅顶角凸出，呈钩状；后翅顶角圆或略凸出，后缘延长，近臀角为 1 枚缺刻，臀角通常呈下垂状，前后翅外缘光滑。前翅 R_{2-5}接近 M_1；后翅 Rs 出自中室上角前方，CuA_1 出自中室下角。翅面墨绿色、绿色或蓝绿色。雄性外生殖器：钩形突呈小三角形或退化；背兜侧突极发达，细长；颚形突中突细长；抱器瓣简单，膜质；抱器腹通常发达，具端突；横带片为 1 对膜质突；囊形突短小；具较弱味刷；阳茎常粗壮，端部钝圆；不具角状器；第 8 腹节腹板具不同形状凹陷。雌性外生殖器：前后表皮突均细长；交配孔周围骨化，具阴片；囊导管多具骨环；囊体袋状，常具囊片。

分布：亚洲东部，印度，巴布亚新几内亚。

种检索表

前翅内外线之间有银灰色鳞片 .... **影镰翅绿尺蛾 *T. viridiluteata***
前翅内外线之间无银灰色鳞片 .... **镰翅绿尺蛾 *T. reciprocata confuciaria***

(94) 镰翅绿尺蛾 *Tanaorhinus reciprocata confuciaria* (Walker, 1861) (图版 8: 11, 12)

Geometra confuciaria Walker, 1861, *List Specimens lepid. Insects Colln Brit. Mus.*, 22: 522. (China: North).

Tanaorhinus confuciaria: Prout, 1912, *in* Seitz, *Macrolepid. World*, 4: 16, pl. 2a.

Tanaorhinus reciprocata confuciaria: Inoue, 1961a, *Insecta Japonica*, (1) 4: 40, fig. 80–83.

前翅长：雄性 32 ~ 33 mm，雌性 35 ~ 36 mm。翅面污绿色。前翅内线黄白色波状；中点微小，墨绿色；外线黄白色，锯齿状，内缘波状，其外侧在翅脉间有 1 列浅色模糊小斑；亚缘线为 1 列黄白色点。后翅斑纹与前翅的相似。翅反面翠绿色，中点较正面清晰且略大；外线深褐色细带状，在前翅内倾，在后翅略呈弧形；亚缘线在前翅臀角附近有 2 个褐点，在后翅为 1 列褐点。雄性外生殖器（图版 34：3）：钩形突近于消失；背兜侧突强壮；颚形突中突为钩状突；抱器瓣宽，端部较细；抱器腹及端突骨化，左右不对称，左侧细长，右侧弯曲呈“S”形；囊形突扁平；味刷微弱；阳茎端部粗大，强骨化；阳茎盲囊特别细长。雌性外生殖器（图版 55：11）：前表皮突长度略大于后表皮突的 1/2；前阴片“凹”形；后阴片为一圆形骨片；囊导管很短，骨环呈“V”形，囊颈褶皱；囊片新月形，两端尖，强骨化。

采集记录：武夷山（三港、大竹岚、黄溪洲）。

分布：福建、河南、湖北、湖南、台湾、海南、广西、四川、贵州、云南、西藏；日本；朝鲜半岛。

(95) 影镰翅绿尺蛾 *Tanaorhinus viridiluteata* (Walker, 1861)　(图版 9: 1, 2)

Geometra viridiluteata Walker, 1861, *List Specimens lepid. Insects Colln Brit. Mus.*, 22: 515. (India: Darjeeling; Hindostan)

Tanaorhinus viridiliteata: Cotes & Swinhoe, 1888, *Cat. Moths Ind.*, 4: 516.

Tanaorhinus rafflesii viridiliteata: Prout, 1913a, *in* Wagner, *Lepid. Cat.*, 14: 40.

前翅长：雄性 24～29 mm，雌性 28～32 mm。翅深绿色。前翅内外线细弱，黄白色；内线略直，外线浅“S”形，两线间有银灰色鳞；中点为 2 个深褐色点；亚缘线为 1 列银灰色小斑，顶角尖端褐色。后翅中线黄白色细弱；中点暗绿色，细长条形。翅反面前翅基部紫红色，在外线内侧逐级过渡为翠绿色；外线直，紫红色；外线外侧翠绿色；端带上半段较细，由前缘至 M_2 有暗绿阴影，顶角处和臀角附近红褐色；翅脉黄色。后翅反面基半部浅黄褐色，中部黄色，端部为红褐色宽带。雄性外生殖器（图版 34：4）：背兜侧突细长，间隔较远；颚形突中突端部平截；抱器瓣简单，膜质，抱器背较直；抱器腹短于抱器瓣长度的 1/2，无端突；横带片为 1 对膜质突；囊形突小，半圆形凸起；具味刷；阳茎骨化，中部膨大，端部钝圆；阳茎盲囊长，端部略膨大。雌性外生殖器（图版 55：12）：前表皮突长约为后表皮突的 2/3；囊导管长，骨环“V”形；囊体小，长椭圆形；囊片新月形。

采集记录：武夷山（三港、大竹岚、黄溪洲）。

分布：福建、吉林、北京、江西、台湾、海南、广西、云南、西藏；印度，缅甸，马来西亚，印度尼西亚；苏门答腊岛，新加坡岛，喜马拉雅山东北部。

56. 缺口青尺蛾属 *Timandromorpha* Inoue, 1944

Timandromorpha Inoue, 1944, *Trans. Kansai ent. Soc.*, 14 (1): 62. Type species: *Tanaorhinus discolor* Warren, 1896. (India: Khasi Hills)

属征：雄性触角双栉形，端部线形；雌性触角线形。额中度凸出。雄性后足胫节不膨大，无毛束。前翅顶角镰状，外缘在顶角至 M_3 之间深凹陷，并在 M_3 脉端形成 1 个尖齿或 1 个折角，臀角凸出；后翅外缘在 M_3 脉端凸出。前翅 R_{2-5} 共同出自中室上角；后翅 Rs 与 M_1 分离，M_3 与 CuA_1 分离，无 3A。翅面紫色和灰绿色相间，前翅外线外侧具黄白斑；后翅中部具黄白色宽带。雄性外生殖器：钩形突强骨化，宽阔，端部凹陷；背兜侧突骨化，比钩形突短，基半部极度宽阔，端半部较细；颚形突中突骨化，宽，扁舌状，腹面粗糙；具味刷；阳茎细长；第 8 腹节背板和腹板骨化，形成发达骨片，背板凹陷或凸出，腹板凹陷。雌性外生殖器：前表皮突退化；

后表皮突细长；前阴片和交配孔周围骨化；囊导管极细；囊体较小，内有双角状囊片；第 7 腹节腹板强骨化。

分布：中国，日本，印度，缅甸，泰国，马来西亚，印度尼西亚；朝鲜半岛。

种检索表

前翅外线外侧黄白色斑局限于 CuA_1 至 2A 脉间 ………………………… **缺口青尺蛾 *T. discolor***

前翅外线外侧黄白色斑常不局限于 CuA_1 至 2A 脉间，达 M_3 或超出 M_3 ………………………………………………………………………… **小缺口青尺蛾 *T. enervata***

(96) 缺口青尺蛾 *Timandromorpha discolor* (Warren, 1896) （图版 9：3）

Tanaorhinus discolor Warren, 1896a, *Novit. zool.*, 3: 108. (India: Khasi Hills)

Thalassodes discolor: Hampson, 1898b, *J. Bombay nat. Hist. Soc.*, 12: 92.

Timandromorpha discolor: Inoue, 1944, *Trans. Kansai ent. Soc.*, 14 (1): 63.

前翅长：雄性 22～26 mm，雌性 28 mm。翅灰绿色。前翅基部至中点散布银灰色；内线深色波状；中点小，暗紫色；外线在臀褶上下及 2A 脉下方形成黑齿，在 CuA_1 下方伴随波状白线；外线外侧黄白色斑点局限于 CuA_1 至 2A 间，斑内 CuA_2 褐色。后翅基半部紫灰色杂暗绿色；中线中间略曲折；由中线至外线有宽阔的黄白色带，带内翅脉褐色；外线外侧有不规则的黄白线；端部从顶角至 M_3 上方为灰绿色，M_3 下方至后缘为暗灰紫色，近后缘处有 1 块浅色斑。雄性外生殖器（图版 34：5）：钩形突长约为宽的 4 倍，二分叉深度约为钩形突长的 1/6；背兜侧突基半部膨大，端半部细，短于钩形突；颚形突中突扁平，钝圆，腹面粗糙；抱器瓣狭长；抱器背强骨化，前缘隆起，其中部具大量骨化刺，端部形成 1 个钝突；抱器瓣膜质，端部有大量刚毛，长于抱器背和抱器腹；抱器腹强骨化，略长于抱器瓣的 1/2，外缘光滑，近端部内陷，端部具浓密刚毛束；囊形突小；有味刷；阳茎十分细小，端半部有纵向排列的小齿；阳茎盲囊细长。雌性外生殖器（图版 55：13）：囊导管极短；第 7 腹节强骨化。

采集记录：武夷山（三港）。

分布：福建、台湾、广东、海南；印度，缅甸，印度尼西亚。

(97) 小缺口青尺蛾 *Timandromorpha enervata* Inoue, 1944 （图版 9：4）

Timandromorpha enervata Inoue, 1944, *Trans. Kansai ent. Soc.*, 14 (1): 63, figs 4, 5. (Japan:

Kyushu, Hiko-san)

Timandromorpha discolor enervata: Inoue, 1956b, *Tinea*, 3 (1/2): 165, pl. 21, fig. 1.

前翅长：雄性 18 ~23 mm，雌性 24 mm。翅面暗绿色。前翅中域、顶角附近和后翅基部常为明显的暗绿色；内线深色波状，内侧有浅色边；其外侧至中点在中室内有强烈银灰色光泽，并略向下扩展；外线在 M_3 以下向内弯，其外侧有数个大小不等的黄白色斑，斑比缺口青尺蛾的宽，M_3 下的斑内有褐线，外线上半段外侧和黄白斑外侧暗褐色，然后是 1 条模糊黑灰色带。后翅中线直，其外侧为宽大黄白色斑，斑内翅脉褐色，似网状，有黑色碎纹，斑外至外缘上半部灰黄褐色，下半部紫灰至灰黑色。雄性外生殖器（图版 34：6）：钩形突较缺口青尺蛾短宽，长约为宽的 2 倍，端部二分叉深度约为钩形突长度的 1/6；背兜侧突短于钩形突，基部膨大，端部细长；颚形突中突扁宽舌状；抱器瓣狭长，端部较宽，圆；抱器背强骨化，端部圆，有浓密刚毛簇；抱器腹强骨化，端部具 1 束刚毛刺；囊形突扁平；具味刷；阳茎较缺口青尺蛾粗大，端部有稀疏小刺；阳茎盲囊短粗。雌性外生殖器（图版 55：14）：交配孔处弱骨化；囊导管细长，接近囊体渐粗；囊体梨形；第 8 腹节背板和第 7 腹节腹板强骨化。

采集记录：武夷山（三港、桐木）。

分布：福建、河南、陕西、甘肃、浙江、湖北、江西、湖南、台湾、四川；日本；朝鲜半岛。

57. 四眼绿尺蛾属 *Chlorodontopera* Warren, 1893

Chlorodontopera Warren, 1893, *Proc. zool. Soc. Lond.*, 1893: 351. Type species: *Odontoptera chalybeata* Moore, 1872. (India)

属征：雄性触角双栉形或线形，雌性触角线形。下唇须伸出额外，第 3 节短。雄性后足胫节膨大，具毛束。前翅长，前缘几乎直，外缘上半部强锯齿形，在 M_3 下方倾斜，微波曲；后翅宽，外缘强锯齿形。前翅 R_{2-5} 出自中室上角前方；后翅 Rs 与 M_1 分离，M_2 极接近 M_1，M_3 与 CuA_1 分离。翅面草绿色。前后翅中点大且圆；后翅中点大于前翅；后翅中点与前缘间散布暗红褐色斑块。雄性外生殖器：钩形突竹片状或二分裂，端部钝圆；背兜侧突粗壮，具浓密刚毛；颚形突中突两侧臂不联合，骨化，细长，端部尖突状；抱器瓣狭长；抱器背强骨化，端部有不规则齿；抱器腹弱骨化，端突小或强骨化为发达长突；横带片发达，向后端凸出 1 对细长弯曲的骨化突；囊形突凸出；味刷微弱；阳茎端部骨化；常具角状器。雌性外生殖器：前表皮突弱小或消失，后表皮突细长；交配孔周围强骨化；囊导管约和囊体长度相当；囊体小，无囊片。

分布：东洋界。

(98) 四眼绿尺蛾 *Chlorodontopera discospilata* (Moore, 1868) （图版 9：5）

Odontoptera discospilata Moore, 1868, *Proc. zool. Soc. Lond.*, 1867 (3): 621. (India: Bengal)

Chlorodontopera discospilata: Swinhoe, 1900a, *Cat. east. and Aust. Lepid. Heterocera Colln Oxf. Univ. Mus.*, 2: 388.

前翅长：雄性 22～23 mm，雌性 25～27 mm。翅暗绿色。前翅内线波状，深绿色；外线锯齿状，深绿色，外侧有浅绿色阴影；亚缘线由脉间深绿色的斑块组成，斑块外侧有浅绿色阴影；缘线在翅脉的凹齿内呈断续的黑色；中点黑色巨大，周围有黄白边。后翅中点较大，上端向外弯曲，微呈钩状；外线内侧、中室上缘至前缘区域为褐色与粉色掺杂，此处外线为深褐色。翅反面鲜黄色，密布黑色碎纹；前翅后缘附近灰褐色；前后翅外线黑褐色，前翅外线较直，粗壮。雄性外生殖器（图版 34：7）：钩形突端部 1/2 二分裂，每瓣呈棒状；背兜侧突肥厚，端部 1/3 较细，多毛；颚形突中突两瓣状，细长，向上弯曲，端部尖，未见小刺；抱器瓣狭长，端半部有刚毛，端部 1/3 向抱器背方向弯曲，末端尖；抱器背发达、强骨化，端部弯曲且呈三齿状；抱器腹发达，基部膨大，端突细尖；横带片基部弱骨化，向后方凸伸 1 对细长骨化突，伸达背兜顶端；囊形突三角形凸出；具味刷；阳茎端部骨化；阳茎盲囊端部扇形膨大。雌性外生殖器（图版 55：15）：前表皮突短小，后表皮突细长；囊导管后半部骨化，无骨环，长度和囊体长度相当；囊体长。

采集记录：武夷山（坳头）。

分布：福建、湖南、台湾、海南、云南；印度，尼泊尔，缅甸。

58. 绿尺蛾属 *Comibaena* Hübner, 1823

Comibaena Hübner, 1823, *Verz. bekannter Schmett.*: 284. Type species: *Geometra bajularia* Denis & Schiffermüller, 1775. (Austria: Vienna district)

Phorodesma Boisduval, 1840, *Genera Index meth. eur. Lepid.*: 179. Type species: *Geometra bajularia* Denis & Schiffermüller, 1775. (Austria: Vienna district)

Uliocnemis Warren, 1893, *Proc. zool. Soc. Lond.*, 1893: 355. Type species: *Phorodesma cassidara* Guenée, 1858. (India: central)

Colutoceras Warren, 1895, *Novit. zool.*, 2: 88. Type species: *Colutoceras diluta* Warren, 1895.

(Japan: Kiushiu)

Myrtea Gumppenberg, 1895, *Nova Acta Acad. Caesar. Leop. Carol.*, 64: 477, 478. Type species: *Phalaena pustulata* Hufnagel, 1767. (Germany) [Junior homonym of *Myrtea* Turton, 1822 (Mollusca).]

Probolosceles Meyrick, 1897, *Trans. ent. Soc. Lond.*, 1897: 73. Type species: *Comibaena quadrinotata* Butler, 1889. (Borneo) [Junior homonym of *Probolosceles* Warren, 1896]

Chlorochaeta Warren, 1904a, *Novit. zool.*, 11: 464. Type species: *Chlorochaeta longipennis* Warren, 1904. (Nigeria)

属征：雄性触角双栉形，尖端线形，带纤毛；雌性触角常线形，具纤毛。极少数种类雄性与雌性触角均为双栉形。额不凸出。雌性下唇须第3节延长。雄性后足胫节多膨大，具毛束和端突。前翅宽阔，少数种类前翅顶角尖，外缘平直或浅弧形；后翅顶角和外缘圆。前翅 R_1 至 R_5 共柄，R_2 出自 R_5 前，或 R_1 自由，R_5 出自 R_2 前；后翅 Rs 与 M_1 共柄，无3A。翅绿色，前翅臀角和后翅顶角常具斑块，前后翅具小中点。雄性外生殖器：钩形突二分叉状，向尖端渐细，基部融合或不融合；背兜侧突细长，端部略细；颚形突中突不发达，或无中突；抱器瓣简单；抱器背腹缘常无齿或突；横带片膜质；囊形突发达，二分裂状；阳茎细长，端部骨化；不具角状器。雌性外生殖器：前后表皮突均细长；交配孔周围骨化；囊体很弱小，无囊片。

分布：中国，俄罗斯，日本，印度，巴布亚新几内亚，澳大利亚；朝鲜半岛；欧洲，非洲，北美洲，南美洲。

种检索表

1. 雄性与雌性触角均为双栉形 …… 2
   雄性触角双栉形，雌性触角线形，具纤毛 …… 3
2. 前后翅中点周围白色 …… **长纹绿尺蛾 *C. argentataria***
   前后翅中点周围不具白色 …… **亚长纹绿尺蛾 *C. signifera subargentaria***
3. 前翅无内线和外线 …… **顶绿尺蛾 *C. apicipicta***
   前翅具内线和外线，清晰或细弱 …… 4
4. 后翅具白色亚缘线 …… **黑角绿尺蛾 *C. subdelicata***
   后翅不具亚缘线 …… 5
5. 前翅外线外侧在 M_2 与 M_3 间有白色区域 …… **紫斑绿尺蛾 *C. nigromacularia***
   前翅外线外侧在 M_2 与 M_3 间无白色区域 …… 6
6. 后翅顶角斑内缘深波曲 …… **平纹绿尺蛾 *C. tenuisaria***
   后翅顶角斑内缘不波曲 …… 7
7. 后翅顶角斑较大，下缘达 M_2 …… **亚肾纹绿尺蛾 *C. subprocumbaria***

后翅顶角斑较小，下缘不达 M_2 ………………………………………… **肾纹绿尺蛾 *C. procumbaria***

(99) 顶绿尺蛾 *Comibaena apicipicta* Prout, 1912 （图版 9：6）

Comibaena apicipicta Prout, 1912, *in* Wytsman, *Genera Insectorum*, 129: 101. (China: Tibet: Yatung)

前翅长：雄性 13 mm。翅面绿色，散布银色短横线。前翅顶角尖；前缘黄白色；有黑色小中点；缘线暗红色。后翅外缘圆，中点较前翅略大，在顶角处 $Sc+R_1$ 与 M_1 之间有 1 块粉色斑，粉色斑边缘的缘线黑色粗壮；缘线在翅上半部黑褐色，在翅脉端有中断。翅反面几乎白色，有褐色小中点。雄性外生殖器（图版 34：8）：钩形突细长，二分裂状，上下粗细均匀；背兜侧突长于钩形突，尖端外弯；颚形突中突不发达；抱器瓣弱骨化，端部钝圆；抱器背中部外凸，端部骨化，较尖，具小齿，其腹缘中上部具 1 个小尖齿，其上具微齿；囊形突宽，二分叉，两分叉细长，端部略细；阳茎细长针状，密布小齿；阳茎盲囊端部不膨大。

采集记录：武夷山。

分布：福建、云南、西藏。

(100) 长纹绿尺蛾 *Comibaena argentataria* (Leech, 1897) （图版 9：7）

Euchloris argentataria Leech, 1897, *Ann. Mag. nat. Hist.*, (6) 20: 237. (Korea; Japan: Hakone; China: Hubei: Chang-yang)

Comibaena argentataria: Prout, 1913, *in* Seitz, *Macrolepid. World*, 4: 20, pl. 2: b.

前翅长：雄性 11~15.5 mm，雌性 13~18.5 mm。前翅内线白色，波状，细弱；中点褐色，小，周围白色；外线白色，在 M_1 处的凸齿较粗大，其下端在臀褶处增粗、向内凸出 1 对尖齿，其中上侧的齿长而尖；翅端部白色；臀角处斑块深灰褐色。后翅前缘下方深灰褐色；中点短棒状；外缘具灰褐色斑，其内侧有白边，在 M_3 和 CuA_2 上向内凸出小突。前翅反面在臀褶以上绿色，中点和外线清晰。后翅反面白色，基部至翅中部略带绿色；有波状灰褐色外线；顶角处为 2 个深灰褐色小斑。雄性外生殖器（图 34：9）：钩形突细长两瓣状；背兜侧突长于钩形突，基部较粗，末端尖细，钩状；抱器瓣骨化较弱；抱器背膨大，端部钝圆，具微齿；左侧抱器瓣端部较尖，伸出抱器背端部，右侧抱器瓣端部圆；囊形突钝二分叉，两叉端部圆；阳茎细长，端部骨化；阳茎盲囊端部略膨大。

采集记录：武夷山（三港、黄溪洲、挂墩）。

分布：福建、浙江、湖北、江西、湖南、台湾、广东、广西、四川；日本；朝鲜半岛。

(101) 亚长纹绿尺蛾 *Comibaena signifera subargentaria* (Oberthür, 1916) (图版9: 8)

Phorodesma subargentaria Oberthür, 1916a, *Études Lépid. comp.*, 12: 105, pl. 387, fig. 3265. (China: Oriental frontier of Tibet [Sichuan])

Comibaena signifera subargentaria: Prout, 1933, *in* Seitz, *Macrolepid. World*, 12: 93.

Comibaena subargentaria: Prout, 1935, *in* Seitz, *Macrolepid. World*, 4 (Suppl.): 12, pl. 2g.

前翅长：雄性16 mm，雌性17~18 mm。此种的翅面斑纹与长纹绿尺蛾极为相似，但体型略大。前翅外线较平，在M_1处的凸齿短而圆，在CuA_2与臀褶之间的内凸尖齿极长，尖端接近内线；前翅内线下端在后缘处形成小褐斑；后翅中点特别长，亦较粗。雄性外生殖器（图版34：10）：钩形突、背兜侧突、囊形突与长纹绿尺蛾相似；抱器瓣宽度较一致，端部稍窄；抱器背尖端骨化强，为钝突，其腹缘中部有1枚尖齿，尖齿和抱器端之间的边缘亦有小齿；阳茎细长；阳茎盲囊细长弯曲，端部不膨大。雌性外生殖器（图版56：1）：前表皮突较短，后表皮突细长；前阴片为2个近三角形的骨化片，后阴片强骨化、褶皱，前后阴片整体愈合，近乎圆形；囊导管细长，上部大部分弱骨化，近囊体处极细弱。

采集记录：武夷山（三港）。

分布：福建、浙江、广西、四川、云南。

(102) 黑角绿尺蛾 *Comibaena subdelicata* Inoue, 1986 (图版9: 9)

Comibaena subdelicata Inoue, 1986, *Tinea*, 12 (7): 52, figs 6c, d, 7c, d. (Japan: Yakushima, Nagata)

前翅长：雄性14 mm。翅面绿色。前翅前缘白色；内线白色，波曲；中点黑色；外线白色，由前缘外1/4处达后缘近臀角处，在M_3上方弧形弯曲，在M_3至CuA_2间较直，在近臀角处内折；臀角处为1个褐斑，略带暗红色，外围有少量白色；缘线为脉间小黑点。后翅顶角处具1个大黑斑，由前缘几乎直行至M_1，后外折，并向下延伸，达M_2；具细弱白色亚缘线；臀角处有1个浅黄色的小斑。雄性外生殖器（图版34：11）：钩形突强骨化，基部融合，端部深二分叉；背兜侧突弱骨化，尖端钩状；抱器瓣端部略细；抱器背前缘中部凸出；抱器腹边缘具密刺，端部较尖；囊形突发达，中间深凹陷，两侧突端部钝；阳茎纤细，骨化；阳茎盲囊细长弯曲，端部不膨大。雌性外生殖器（Inoue, 1986）：囊导管细长。

采集记录： 武夷山（黄溪洲）。

分布： 福建、浙江、江西、台湾、四川；日本。

(103) 紫斑绿尺蛾 *Comibaena nigromacularia* (Leech, 1897) （图版 9：10）

Euchloris nigromacularia Leech, 1897, *Ann. Mag. nat. Hist.*, (6) 20: 237. (China: Sichuan: Chow-pin-sa; Japan: Yokohama)

Uliocnemis delicatior Warren, 1897c, *Novit. zool.*, 4: 391. (Japan)

Comibaena nigromacularia: Prout, 1912, *in* Wytsman, *Genera Insectorum*, 129: 100.

Phorodesma eurynomaria Oberthür, 1916a, *Études Lépid. comp.*, 12: 106, pl. 388, fig. 3274. (China: Yunnan: Tse-kou)

Comibaena nigromacularia delicatior: Inoue, 1961a, *Insecta Japonica*, (1) 4: 73, Pl. 6: 138.

前翅长：雄性 18 mm，雌性 21mm。翅绿色，有白色碎纹。前翅内线和外线白色波状；外线粗壮，其外侧在 M 脉间为白色斑块，且向外扩展，接近外缘，臀角处的斑块橘红色，较小，周围白色，其外侧在外缘上有 2 个黑点。后翅顶角斑紫红色，周围黑褐色，在 M_1 以上较宽，M_1 以下狭窄并沿外缘延伸至近 M_3 处；外缘处在紫斑以下为 1 条白色细带，在臀角处再次展宽成 1 个浅黄色斑块。前后翅中点黑色，小而圆。雄性外生殖器（图版 34：12）：钩形突为 2 个互相远离的指状突；背兜侧突基部较粗，端部尖细；抱器背花瓣状，上部骨化较弱，腹缘骨化较强，尖端有 1 个短尖齿；抱器瓣末端圆，略膨大；囊形突较短，中间凹陷浅，两突短宽；阳茎细长，中部膨大、球形，具微齿，端部细长，具微齿；阳茎盲囊长，端部膨大。雌性外生殖器（图版 56：2）：前后表皮突细长，后表皮突长约为前表皮突长的 1.5 倍；后阴片为 1 近似椭圆形骨片；囊导管极细长，骨化；第 7 腹节在交配孔两侧亦骨化。

采集记录： 武夷山（三港、坳头）。

分布： 福建、黑龙江、北京、河南、陕西、甘肃、安徽、浙江、湖北、江西、湖南、台湾、广西、四川、云南；俄罗斯，日本；朝鲜半岛。

(104) 肾纹绿尺蛾 *Comibaena procumbaria* (Pryer, 1877) （图版 9：11）

Euchloris procumbaria Pryer, 1877, *Cistula ent.*, 2 (18): 232, pl. 4: 2. (China: Shanghai)

Comibaena vaga Butler, 1881, *Trans. ent. Soc. Lond.*, 1881 (3): 410.

Comibaena procumbaria: Prout, 1912, *in* Seitz, *Macrolepid. World*, 4: 20, pl. 2b.

前翅长：雄性 11 ~ 14 mm，雌性 12 ~ 14 mm。翅鲜绿色。前翅中点深褐色，微小；内外线浅绿色，模糊；臀角处的红褐斑中部白色。后翅顶角斑下端不达 M_2，周围褐色，中间白色带少量褐色，Rs 与 M_1 在斑内褐色，中点近翅基。前后翅缘线褐色，在翅脉端断离，在脉间为褐色小点。翅反面灰白色，前翅前半部浅黄绿色；中点同正面；可见暗绿色外线；翅端部褐斑近乎消失。雄性外生殖器（图版 34：13）：钩形突为 2 支分离的刺状突；背兜侧突中部弯曲，端部尖；抱器瓣膜质，端部略窄，无突；囊形突特别延长，两叉中间深凹陷；味刷发达；阳茎细长；阳茎盲囊细长，端部钩状。雌性外生殖器（图版 56：3）：囊导管弱骨化，粗壮。

采集记录：武夷山（挂墩）。

分布：福建、北京、河北、山西、山东、河南、甘肃、上海、浙江、湖北、江西、湖南、台湾、广东、香港、广西、四川；日本；朝鲜半岛。

(105) 亚肾纹绿尺蛾 *Comibaena subprocumbaria* (Oberthür, 1916) （图版 9：12）

Phorodesma subprocumbaria Oberthür, 1916a, *Études Lépid. comp.*, 12: 103, pl. 387, fig. 3259. (China: Sichuan: Siao-lou)

Comibaena subprocumbaria: Prout, 1933, *in* Seitz, *Macrolepid. World*, 12: 93.

前翅长：雄性 10 ~ 11.5 mm，雌性 13 ~ 14 mm。此种的翅面斑纹与肾纹绿尺蛾非常相似，但可以利用以下特征来区别：前翅臀角白斑略大，周围褐色较多；后翅顶角斑较大，下缘达 M_2，内缘圆滑，$Sc + R_1$ 及 M_1 在斑中为褐色。雄性与雌性外生殖器（图版 34：14，56：4）与肾纹绿尺蛾几乎相同。

采集记录：武夷山（挂墩、黄溪洲）。

分布：福建、北京、河北、河南、甘肃、江苏、浙江、湖北、江西、湖南、广东、海南、广西、四川、云南。

(106) 平纹绿尺蛾 *Comibaena tenuisaria* (Graeser, 1889) （图版 9：13）

Phorodesma tenuisaria Graeser, 1889, *Berl. ent. Z.*, 32: 385. (Russia: Amurlandes, Vladivostok)

Euchloris tenuisaria: Staudinger, 1901, *in* Staudinger & Rebel, *Cat. Lepid. palaearct. Faunengeb.*, 1: 262.

Comibaena tenuisaria: Prout, 1912, *in* Wytsman, *Genera Insectorum*, 129: 99.

前翅长：雄性 14 ~ 16 mm，雌性 17 mm。翅面绿色。前翅内线白色、弧形；外线白色，始于前缘外 1/3 处，外倾至 M_1 附近形成 1 个钝突后直行至 CuA_2，后外倾，在臀褶处形成1个钝突后外倾达后缘；臀角处具1个大斑，周围褐色，内部白色；缘线褐色。后翅顶角白斑内缘波曲，止于 M_1，其内缘内侧伴有褐色；臀角白斑小。前后翅均有褐色小中点。翅反面前翅大部分为浅绿色，其后缘区域和后翅为绿白色；两翅均有宽阔的暗绿色外线。雄性外生殖器（图版34：15）：钩形突二分裂状，细长，端部尖；背兜侧突基部较粗，端部较细，末端尖；颚形突中突不发达；抱器瓣宽窄均匀，端部钝圆，略向上翘；囊形突发达，长宽相等，端部深凹陷，两侧突尖；阳茎纤细；阳茎盲囊较阳茎体细，端部不膨大。

采集记录：武夷山（三港）。

分布：福建、山西、河南、陕西、甘肃、江苏、安徽；俄罗斯；朝鲜半岛。

59. 亚四目绿尺蛾属 *Comostola* Meyrick, 1888

Comostola Meyrick, 1888, *Proc. Linn. Soc. N. S. Wales*, (2) 2: 836, 869. Type species: *Eucrostis perlepidaria* Walker, 1866. (Australia)

Pyrrhorachis Warren, 1896b, *Novit. zool.*, 3: 292. Type species: *Pyrrhorachis cornuta* Warren, 1896. (New Guinea)

Leucodesmia Warren, 1899a, *Novit. zool.*, 6: 25. Type species: *Comibaena dispansa* Walker, 1861. (Ceylon) [Junior homonym of *Leucodesmia* Howard, 1895 (Hymenoptera).]

Chloeres Turner, 1910, *Proc. Linn. Soc. N. S. Wales*, 35: 561 (key), 570. Type species: *Chlorochroma citrolimbaria* Guenée, 1858. (Australia).

属征：雄性触角双栉形，向尖端栉齿渐短；雌性触角线形、纤毛状或锯齿形。额不凸出。下唇须细弱。雄性后足胫节常不膨大，少数种类膨大且具毛束和短端突。前翅前缘较直或略凸出，外缘平直或浅弧形；后翅顶角圆或略凸出，外缘浅弧形或略呈折角状。无翅缰。前翅 R_{2-5} 与 M_1 短共柄；后翅 Rs 与 M_1 共柄，M_3 与 CuA_1 共柄，无3A。翅面蓝绿色或绿色，前翅内线和前后翅外线呈点状。雄性外生殖器：钩形突尖端常二分叉；具背兜侧突；颚形突中突细长；抱器背基半部常膨大；常有抱器；抱器腹基部以小袋状结构相连；囊形突宽大半圆形；阳茎背面常具1条骨化带，端部尖；角状器为1～3束浓密骨化刺，有时无角状器；第8腹节腹板常二分叉状。雌性外生殖器：前阴片常为1对弱骨化突；后阴片弱骨化，宽阔，舌状；囊导管短，弱骨化；囊体近球形或长袋状，有时具囊片。

分布：东洋界，澳大利亚界。

(107) 亚四目绿尺蛾 *Comostola subtiliaria* (Bremer, 1864) （图版9：14）

Euchloris subtiliaria Bremer, 1864, *Mém. Acad. Sci. St. Pétersb.*, (7) 8 (1): 76, pl. 6, fig.

23. (Russia: East Siberia, lower Ussuri)

Racheospila nympha Butler, 1881, *Trans. ent. Soc. Lond.*, 1881 (3): 411. (Japan: Tokyo; Yokohama)

Comostola subtiliaria: Prout, 1912, *in* Wytsman, *Genera Insectorum*, 129: 236.

Comostola demeritaria Prout, 1917, *Novit. zool.*, 24: 304. (India: Khasi Hills)

Comostola demeritaria vapida Prout, 1934, *in* Seitz, *Macrolepid. World*, 12: 130. (Indonesia: Sumatra)

Comostola subtiliaria insulata Inoue, 1963, *Tinea*, 6 (1/2): 29, pl. 7, figs 3, 4. (Japan: Hachijojima)

Comostola subtiliaria kawazoei Inoue, 1963, *Tinea*, 6 (1/2): 29, pl. 7, fig. 5. (Japan: Amami-oshima, Yuwandake)

前翅长：雄性 11 mm。翅面蓝绿色。前翅内线由中室下缘和 A 脉上 2 个小黄点组成，黄点内侧有红色鳞片；中点最内层银灰色，中间层褐色，外层白色略带浅黄色；外线亦由脉上小黄点组成，黄点外侧具红色鳞片，近后缘处的点较大。后翅外缘中部略外凸；中点比前翅大；外线同前翅。前后翅缘线内侧粉褐色，外侧褐色；缘毛绿白色。翅反面无斑纹。雄性外生殖器（图版 35：1）：钩形突上下粗细均匀，尖端浅凹陷；背兜侧突膜质，尖端渐细；颚形突中突细长、尖；抱器瓣宽阔，端部较细，基部融合；抱器背前缘凸出，向抱器瓣方向形成微弱骨化的三角形突；抱器腹基部具袋状结构，端部具浓密刚毛刺；阳茎盲囊细长，弱骨化，其余部分强骨化，端部针状，中部膨大。雌性外生殖器（图版 56：5）：后表皮突长度大于前表皮突的 2 倍；交配孔周围骨化；前阴片为 1 对三角形骨化尖齿；后阴片为 1 块近方形的骨化薄片，中间“V”形凹陷，囊导管和囊体不可分；囊体大，扁宽，无囊片。

采集记录：武夷山（三港、黄溪洲、大竹岚）。

分布：福建、河南、陕西、甘肃、青海、上海、浙江、江西、广东、广西、四川、云南；俄罗斯，日本，印度，印度尼西亚。

60. 无缰青尺蛾属 *Hemistola* Warren, 1893

Hemistola Warren, 1893, *Proc. zool. Soc. Lond.*, 1893: 353. Type species: *Hemistola rubrimargo* Warren, 1893. (India: Darjeeling)

属征：雄性触角双栉形，雌性触角线形或短双栉形。额常不凸出。下唇须纤细，雄性常不伸出额外，雌性第 3 节延长。雄性后足胫节常膨大，具毛束和端突。前翅顶角尖或钝，前后翅外缘均光滑；后翅外缘在 M_3 端部具尾突。后翅 Rs 与 M_1 共柄，无3A。翅浅绿色，常带蓝绿色调或灰绿色调。雄性外生殖器：钩形突端部二分叉，或指状，或向端部渐细。背兜侧突常粗壮，膜质；抱器背端部钝圆，常宽阔；抱器瓣腹缘通常在中部有凹陷，凹陷上方形成小突；囊形突凸出，多为宽大半圆形；阳茎骨化；角状器为1~3丛骨化刺。雌性外生殖器：后阴片发达；交配孔腹面两侧常各具1丛浓密刚毛；囊导管极短，与囊体几乎不分；囊体常具褶皱，有时具囊片。

分布：中国，俄罗斯，日本，朝鲜半岛，阿富汗，土耳其（小亚细亚），印度，不丹，尼泊尔，缅甸；克什米尔地区，中亚地区，西亚地区；朝鲜半岛，喜马拉雅山地区；欧洲，非洲，北美洲。

(108) 粉无缰青尺蛾 *Hemistola dijuncta* (Walker, 1861) （图版9：15）

Geometra dijuncta Walker, 1861, *List Specimens lepid. Insects Colln Brit. Mus.*, 22: 523. (China: North)

Geometra inoptaria Walker, 1863, *List Specimens lepid. Insects Colln Brit. Mus.*, 26: 1555. (China: Shanghai)

Jodis claripennis Butler, 1878a, *Ann. Mag. nat. Hist.*, (5) 1: 399.

Hemistola dijuncta: Prout, 1913, *in* Seitz, *Macrolepid. World*, 4: 31.

前翅长：雄性18 mm，雌性20 mm。翅面蓝绿色。前翅内线白色，微波曲，在近前缘处消失；外线白色，在翅脉上略有扩展，在前缘处消失，略向内倾斜；缘毛黄白色，在翅脉端杂褐色。后翅外线白色，中间略外凸；缘毛同前翅。翅反面鲜绿色；前缘黄褐色；缘毛在翅脉端基半部褐色，其余部分黄褐色。雄性外生殖器（图版35：2）：钩形突端部1/3分叉；背兜侧突膜质，细小，短于钩形突；颚形突中突细长刺状，腹面有密刺；抱器瓣短阔，端部钝圆；抱器背下半部极度凸出，弱骨化；抱器腹腹缘为1列骨化锯齿，端突细小，其端突上方抱器瓣腹缘凹陷，凹陷上方具小耳状突；横带片为弱骨化片；囊形突宽大半圆形；无味刷；阳茎粗壮，一侧骨化，另具1个较短骨化突。

采集记录：武夷山（挂墩）。

分布：福建、江苏、浙江、上海；日本；朝鲜半岛。

61. 尖尾尺蛾属 *Maxates* Moore, 1887

Maxates Moore, 1887, *Lepid. Ceylon*, 3: 436. Type species: *Thalassodes coelataria* Walker, 1861. (Ceylon)

Gelasma Warren, 1893, *Proc. zool. Soc. Lond.*, 1893: 352. Type species: *Jodis thetydaria*

Guenée, 1858. (India)

Thalerura Warren, 1894a, *Novit. zool.*, 1: 392. Type species: *Thalerura prasina* Warren, 1894. (Bhutan)

Thalerura Swinhoe, 1894a, *Trans. ent. Soc. Lond.*, 1894: 175. Type species: *Timandra goniaria* Felder & Rogenhofer, 1875. (India: Bengalia, Kalitunga) [Junior homonym of *Thalerura* Warren, 1894]

属征： 雄性触角双栉形，雌性触角线形。额不凸出至略凸出；下唇须细弱，雌性第3节延长。雄性后足胫节常膨大，具毛束和短端突。前后翅外缘光滑或微波曲；后翅外缘在 M_3 端部通常具尾突。前翅 R_{2-5} 和 M_1 共柄或均出自中室上角；后翅 Rs 与 M_1 共柄，M_3 与 CuA_1 共柄，无3A。翅面灰色、灰绿色至鲜绿色。雄性外生殖器：钩形突骨化，细长刺状或指状，有时三角形；背兜侧突膜质，宽阔，略短于钩形突，端部钝或尖；颚形突中突骨化；抱器瓣端部膨大钝圆，腹缘在中部至端部附近通常有小袋状突；抱器背通常略隆起；常具发达的抱器内突；横带片常为1对膜质的小突。囊形突发达；常具味刷；阳茎端部骨化；有时具角状器；第8腹节腹板多变，无特化，具凹陷或齿。雌性外生殖器：前表皮突短小，后表皮突细长；囊导管细长或短粗；囊片有或无。

分布： 中国，俄罗斯（东南部），日本；朝鲜半岛；东洋界，澳大利亚界；非洲。

种检索表

1. 前后翅具缘线 …… **线尖尾尺蛾 *M. protrusa***
　前后翅不具缘线 …… 2
2. 雄性抱器腹外缘袋状突小 …… **青尖尾尺蛾 *M. illiturata***
　雄性抱器腹外缘袋状突大 …… **斜尖尾尺蛾 *M. dysgenes***

(109) 线尖尾尺蛾 *Maxates protrusa* (Butler, 1878) (图版9: 16)

Thalera protrusa Butler, 1878b, *Illust. typical Specimens Lepid. Heterocera Colln Brit. Mus.*, 2: ix, 50, pl. 36, fig. 10. (Japan: Yokohama)

Gelasma protrusa: Prout, 1912, *in* Wytsman, *Genera Insectorum*, 129: 147.

Maxates protrusa: Holloway, 1996, *Malay. Nat. J.*, 49 (3-4): 274.

前翅长：雄性16~17 mm，雌性16 mm。前翅顶角尖；后翅外缘尾突长且尖。翅面灰绿色。前翅前缘黄褐色，散布少量黑褐色；内外线白色，细弱；中点暗绿色，细长；缘线褐色，在翅脉端呈点状；缘毛灰褐色。后翅外线中部略外凸，中点、缘线、缘毛同前翅。翅反面灰绿色，无斑纹。雄性外生殖器（图版35：3）：钩形突强骨化，较短；背兜侧突膜质，短于钩形突；颚形突中突扁宽；抱器瓣宽大膜质；端部腹缘耳状突长且钝；抱器腹强骨化，端部具褶皱的骨化大突；阳端基环为1个弱骨化片，中间深凹陷；囊形突短小；具味刷；阳茎纤细针状，端部斜切状；阳茎盲囊末端展宽，呈二分叉状。雌性外生殖器（图版56：6）：交配孔周围弱骨化，两侧骨化强，无清晰后阴片；囊导管细长，长度和囊体相当；囊体卵形，无囊片。

采集记录：武夷山（三港）。

分布：福建、黑龙江、江苏、浙江、湖南、广西、台湾；俄罗斯（西伯利亚东南部），日本；朝鲜半岛。

(110) 青尖尾尺蛾 *Maxates illiturata* (Walker, 1863) （图版9：17）

Thalassodes illiturata Walker, 1863, *List Specimens lepid. Insects Colln Brit. Mus.*, 26: 1563. (China: Shanghai)

Gelasma illiturata: Prout, 1912, *in* Wytsman, *Genera Insectorum*, 129: 147.

Hemithea sasakii Matsumura, 1917, *Oyo-Konchu-Gaku*, 1: 624, pl. 29, fig. 11. (Japan: Honshu)

Maxates illiturata: Holloway, 1996, *Malay. Nat. J.*, 49 (3-4): 274.

前翅长：雄性19~20 mm，雌性21 mm。翅暗绿色，略带蓝绿色调。前翅前缘黄褐色，几乎不散布黑点，或仅有零星黑点；前翅内线细弱白色，浅弧形微波曲；前后翅中点墨绿色短条状，外线白色，深锯齿形，其内侧色较深。后翅外线中部外凸，无缘线，缘毛深灰褐或灰绿色，端部色浅。雄性外生殖器（图版35：4）：钩形突较粗壮，尖端略细；背兜侧突膜质，略短于钩形突；颚形突中突扁舌状；抱器瓣大部膜质；抱器背基部隆起；抱器瓣腹缘中部凸出，弱骨化，凸出上端为凹陷，凹陷上部为小膜质耳状突；抱器腹端突发达，强骨化，向抱器瓣端部方向弯曲，端部尖，有密刺，端突中部有1个指向抱器背方向的尖刺，抱器腹端突中部平伸1个与抱器瓣平面垂直的骨化棒，端部略膨大，整个骨化棒上因凹陷褶皱呈密刺状；囊形突发达，中突较小；阳端基环为2个弱骨化小突；具味刷；阳茎细长针状，弱骨化，端部极尖。雌性外生殖器（Inoue, 1989）：交配孔腹面褶皱带为长方形，两侧褶皱；囊导管极细，近交配孔处骨化，长度短于囊体的1/3；囊体圆形，无囊片。

采集记录：武夷山（三港）。

分布：福建、上海、江苏、湖南、台湾；日本；朝鲜半岛。

(111) 斜尖尾尺蛾 *Maxates dysgenes* (Prout, 1916) (图版 9: 18)

Gelasma dysgenes Prout, 1916, *Novit. zool.*, 23: 13. (China: Tibet)

前翅长：21～22 mm。翅面灰色。后翅外缘尾突较小。前翅前缘黄褐色。前后翅内外线白色；缘毛灰绿色；后翅缘毛端半部白色。雄性外生殖器（图版 35：5）：钩形突强骨化，端部较钝；背兜侧突膜质，短于钩形突；颚形突中突扁舌状；抱器瓣狭长，腹缘耳状突发达，其下凹陷较深；抱器腹短，端突钝圆球状，具浓密刚毛；横带片不特化；囊形突细长，端部平截；无味刷；阳茎极细，端部骨化。

采集记录：武夷山（挂墩）。

分布：福建、西藏。

62. 海绿尺蛾属 *Pelagodes* Holloway, 1996

Pelagodes Holloway, 1996, *Malay. Nat. J.*, 49: 261. Type species: *Thalassodes aucta* Prout, 1912. (N. E. Himalaya)

属征：雄性触角部分双栉形；雌性触角线形，带纤毛。额略凸出，粗糙。下唇须发达，雌性第 3 节略延长。雄性后足胫节不膨大。前翅顶角较尖；后翅顶角略凸出，呈圆形；前后翅外缘光滑；后翅外缘中部凸出明显，其外缘由中部至臀角直，后缘延长。前翅 R_{2-5} 与 M_1 短共柄，M_3 与 CuA_1 短共柄；后翅 Rs 与 M_1 共柄，M_3 与 CuA_1 共柄，无 3A。翅面蓝绿色，近半透明。雄性外生殖器：背兜侧突膜质、宽阔、上下粗细均匀；颚形突中突简单；抱器背前缘中部或端部附近通常有骨化突；无味刷；横带片为 1 对膜质或弱骨化突；囊形突不特化；阳端基环为 1 对骨化突；阳茎短粗，后半段骨化。雌性外生殖器：交配孔周围褶皱骨化；前后阴片常发达；囊导管短。

分布：中国，日本，印度，巴布亚新几内亚，澳大利亚（圣诞岛）。

(112) 海绿尺蛾 *Pelagodes antiquadraria* (Inoue, 1976) (图版 9: 19)

Thalassodes antiquadraria Inoue, 1976, *Tinea*, 10 (2): 9, figs 4－6. (Japan: Okinawa Island)

Pelagodes antiquadraria: Holloway, 1996, *Malay. Nat. J.*, 49 (3－4): 261.

前翅长：16～18 mm。翅面蓝绿色，散布白色碎纹，线纹纤细。前翅前缘黄色，内线向外倾斜，较直；外线直，几乎与后缘垂直，位于翅中部；缘毛黄白色。后翅外线上半段直，在 CuA_1 处内折，下方呈波曲状；缘毛同前翅。翅反面色较浅，浅蓝绿或月白色，隐约可见翅正面外线。雄性外生殖器（图版 35：6）：钩形突上下粗细较均匀，末端钝圆；背兜侧突宽大扇形，膜质；颚形突中突细杆状，腹面有小刺；抱器瓣狭长，端部钝圆；抱器背基部隆起，端部具 1 个指状端突，上有稀疏小刺；抱器腹略隆起；抱器瓣腹缘中部凹陷；阳端基环为 1 对弱骨化突；囊形突狭小半圆形；无味刷；阳茎短粗，端部具密刺；阳茎端膜弱骨化，无角状器。雌性外生殖器（图版 56：7）：后表皮突长约为前表皮突长的 4 倍；前阴片两侧为 1 对尖突；后阴片为 1 对具小齿的骨化区，边缘不清晰；囊导管短、细，褶皱，骨化；囊体近球形，褶皱，内有 1 个双角状囊片。

采集记录：武夷山（三港）。

分布：福建、浙江、江西、湖南、台湾、广东、海南、广西、云南、西藏；日本，印度，不丹，泰国。

63. 彩青尺蛾属 *Eucyclodes* Warren, 1894

Eucyclodes Warren, 1894a, *Novit. zool.*, 1: 390. Type species: *Phorodesma buprestaria* Guenée, 1858. (Australia)

Ochrognesia Warren, 1894a, *Novit. zool.*, 1: 391. Type species: *Comibaena difficta* Walker, 1861. (China: Shanghai)

Osteosema Warren, 1894a, *Novit. zool.*, 1: 392. Type species: *Comibaena sanguilineata* Moore, 1868. (India: Bengal)

Chlorostrota Warren, 1897a, *Novit. zool.*, 4: 36. Type species: *Chlorostrota praeampla* Warren, 1897. (India: Khasi Hills)

Chloromachia Warren, 1897b, *Novit. zool.*, 4: 209. Type species: *Comibaena divapala* Walker, 1861. (Ceylon)

Galactochlora Warren, 1907, *Novit. zool.*, 14: 133. Type species: *Galactochlora nivestrota* Warren, 1907. (Papua New Guinea)

Lophomachia Prout, 1912, *in* Wytsman, *Genera Insectorum*, 129: 11 (key), 85. Type species: *Thalera semialba* Walker, 1861. (Borneo: Sarawak)

属征：雄性触角双栉形，锯齿状或纤毛状；雌性触角线形。额不凸出。下唇须短。雄性后足胫节常膨大，有毛束和端突。前翅 R_2 出自 R_5 前或后；后翅 Rs 与 M_1 共柄；M_3 与 CuA_1 共柄，无 3A。本属很多种类的翅呈半透明状，上有白色至褐色碎斑或斑块；雄雌二态，雄性白色区域，雌性相应的散布红色或黑色鳞片。雄性外生殖器：钩形突长，端部圆钝，基部细，近似勺形，且尖端凹陷；背兜侧突极弱小，远短于钩形突；抱器背常弱骨化，基部或前缘常有尖或钝凸起；抱器腹短小；抱器瓣中部常有1个小凹陷；横带片通常为1对膜质或弱骨化突；囊形突短小；味刷弱；阳茎端部骨化，常具1列尖齿。雌性外生殖器：囊导管骨化；囊体膜质。

分布：中国，俄罗斯（东南部），日本；朝鲜半岛；东洋界，澳大利亚界。

种检索表

1. 后翅外线内侧大部分白色 …………………………………… **金银彩青尺蛾 *E. augustaria***
   后翅外线内侧大部分绿色 …………………………………………………………………… 2
2. 前翅内线模糊 ………………………………………………………… **弯彩青尺蛾 *E. infracta***
   前翅内线清楚 ………………………………………………………… **枯斑翠尺蛾 *E. difficta***

(113) 枯斑翠尺蛾 *Eucyclodes difficta* (Walker, 1861) （图版9：20）

Comibaena difficta Walker, 1861, *List Specimens lepid. Insects Colln Brit. Mus.*, 22: 576. (China: Shanghai)

Phorodesma gratiosaria Bremer, 1864, *Mém. Acad. Sci. St. Pétersb.*, (7) 8, 1: 77, pl. 7: 1.

Ochrognesia difficta: Warren, 1894a, *Novit. zool.*, 1: 391.

Euchloris difficta: Leech, 1897, *Ann. Mag. nat. Hist.*, (6) 20: 236.

Eucyclodes difficta: Holloway, 1996, *Malay. Nat. J.*, 49 (3-4): 235.

前翅长：雄性14～16 mm，雌性14～18 mm。翅绿色，斑纹黄白色。前翅内线波曲，细；外线由M_1以下不规则波曲，在M_2与M_3之间和CuA_2以下向外扩展成斑块，其中CuA_2以下扩展至臀角，斑内有白色亚缘线及其内外侧褐色阴影状斑；外缘内侧中部有1个白斑；缘线黑褐色；中点微小暗绿色。后翅外线在M_3与CuA_2之间弓形外凸，外侧有灰绿色小斑块、红褐色杂灰褐色碎斑、白色亚缘线。翅反面大部分为白色，前翅中部以上为绿色；前后翅均有黑色中点；后翅亚缘线有3～4个灰褐色小斑。雄性外生殖器（图版35：7）：钩形突端部凹陷较浅；背兜侧突不发达；抱器瓣基部融合，基部较宽，端部较窄；抱器背骨化，基部有粗钝骨化突，抱器背端突为圆钝耳状突；抱器腹内缘隆起骨化；横带片为1对弱骨化大突；囊形突宽大，中间凹陷；阳端基环近三角形，后缘不规则锯齿状；阳茎端部较细，中部较粗，具1条发达具齿的骨化带，中部宽阔处齿大；阳茎盲囊短小。雌性外生殖器（图版56：8）：后表皮突长约为前表皮突长的2倍；交配孔至囊导管强骨化，呈桶状；囊体短粗，无囊片。

采集记录：武夷山（三港、黄溪洲）。

分布：福建、黑龙江、吉林、辽宁、内蒙古、北京、河北、河南、陕西、甘肃、上海、江苏、安徽、浙江、湖北、江西、湖南、台湾、重庆、云南；俄罗斯，日本；朝鲜半岛。

(114)金银彩青尺蛾 *Eucyclodes augustaria* (Oberthür, 1916)　(图版9: 21)

Lophomachia augustaria Oberthür, 1916a, *Études Lépid. comp.*, 12: 117, pl. 389, fig. 3283. (China: Yunnan: Tse-kou)

Chloromachia augustaria: Prout, 1935, *in* Seitz, *Macrolepid. World*, 4 (Suppl.): 11, pl. 1c.

Eucyclodes augustaria: Holloway, 1996, *Malay. Nat. J.*, 49 (3-4): 235.

前翅长：雄性16~17 mm，雌性18~20 mm。翅面由绿色和白色组成。前翅内线浅波曲；中域绿色；外线消失，但该处为1条白色带，边缘有齿，在 CuA_1 下方渐粗，前缘处白带两侧有褐斑，内侧斑较小，外侧斑较大；亚缘线白色。后翅除端部散布散碎绿斑外，大部分灰白色；外线不规则曲折，其内侧白色有较均匀的绿色碎点，在其外侧亦有白色带。前后翅中点弱小。雄性外生殖器（图版35：8）：钩形突端部膨大部分约为整个钩形突的1/3，端部凹陷；背兜侧突呈宽大的三角形状，下半部膨大，其长度超过钩形突的1/2；颚形突中突尖齿状；抱器瓣狭长镰状，端部尖；抱器背弱骨化，端部具1个骨化小尖齿；抱器腹缘为圆滑的弧形，膜质；横带片为1对指状弱骨化突；阳端基环不特化；囊形突短小，几乎不凸出，中部略凹陷；阳茎小，具1条骨化带，其外缘有1排小锯齿；阳茎盲囊较长，略长于阳茎全长的1/3。雌性外生殖器（图版56：9）：肛瓣较圆；前后表皮突细长；囊导管短粗，上端具弱骨化骨环；囊体近圆形，内有片状骨化囊片。

采集记录：武夷山（三港）。

分布：福建、湖北、湖南、广西、四川、云南、西藏。

(115)弯彩青尺蛾 *Eucyclodes infracta* (Wileman, 1911)　(图版10: 1)

Thalassodes infracta Wileman, 1911c, *Trans. ent. Soc. Lond.*, 1911: 342, pl. 30, fig. 16. (Japan: Suma)

Chloromachia infracta: Prout, 1912, *in* Wystman, *Genera Insectorum*, 129: 251.

Eucyclodes infracta: Holloway, 1996, *Malay. Nat. J.*, 49 (3-4): 23, 235.

前翅长：雄性12~14 mm。翅面暗绿色。前翅内线白色，波状；外线白色，弯曲，其外侧在后缘上至臀角为白色杂红褐色斑；亚缘线由白色小点组成；外缘在 M_3 上有1个白斑，向内扩展至亚缘线以内。后翅外线白色，在 M_3 与 CuA_2 间极为凸出；外线外侧为白色杂褐色斑块。前后翅中点小，较翅色略深。翅反面白色带淡绿色，前翅上半部绿色较深；前翅具褐色中点；后翅顶角具褐斑。雄性外生殖器（图版35：9）：钩形突端部膨大，中间凹陷浅；背兜侧突弱，略短于钩形突的1/3；颚形突中突尖齿状；抱器瓣基部较宽，端部渐窄，膜质；抱器背弱骨化，端突较圆，超出抱器瓣端部；抱器瓣基部具凹槽，其端部向背面伸展成弱骨化小突；横带片、阳端基环不特化；囊形突小，凸出，中部浅凹陷；阳茎细长，端部骨化。雌性外生殖器（图版56：10）：后表皮突长约为前表皮突的2倍；囊导管极短，骨化，具骨环；囊体宽大，褶皱，中部骨化，内具1个横带形囊片。

采集记录：武夷山（三港、黄溪洲）。

分布：福建、浙江、海南、香港、广西、四川、云南；日本。

64. 艳青尺蛾属 *Agathia* Guenée, 1858

Agathia Guenée, 1858, *in* Boisduval & Guenée, *Hist. nat. Insectes* (Spec. gén. Lépid.), 9: 380. Type species: *Geometra lycaenaria* Kollar, 1844. (India: Himalayas, Massuri)

Lophochlora Warren, 1894a, *Novit. zool.*, 1: 389. Type species: *Thalera cristifera* Walker, 1861. (Borneo: Sarawak)

Hypagathia Inoue, 1961a, *Insecta Japonica*, (1) 4: 32. Type species: *Agathia carissima* Butler, 1878. (Japan: Yokohama; Hakodaté)

属征：雄性与雌性触角均为线形。额凸出，粗糙。雌性下唇须第3节略延长或极延长。雄性后足胫节常强膨大，有毛束，通常有短而宽的端突。前翅外缘光滑；后翅顶角通常圆，外缘在 M_1 和 M_3 脉端均有齿，在 M_3 上的齿大；后缘有时略延长。前翅 R_{2-5} 出自中室上角前方；后翅 Rs 与 M_1 分离，M_2 接近 M_1，M_3 与 CuA_1 分离。翅面鲜绿色，无中点。雄性外生殖器：钩形突退化；颚形突中突常扁舌状；抱器背常骨化，中部有骨化突；抱器腹短小；横带片通常为1对弱骨化的突起；囊形突常不凸出；阳茎细长，弱骨化，端部钝圆、膨大。雌性外生殖器：交配孔骨化，两侧有巨大突起，或前阴片呈带状；后阴片常不明显；囊导管部分骨化；囊体内常具双角状囊片。

分布：中国，俄罗斯（东南部），日本，印度；朝鲜半岛，东南亚至澳大利亚；非洲。

(116) 半焦艳青尺蛾 *Agathia hemithearia* Guenée, 1858 （图版10：2）

Agathia hemithearia Guenée, 1858, *in* Boisduval & Guenée, *Hist. nat. Insectes* (Spec. gén.

Lépid.), 9: 381. (India)

前翅长：雄性 16～19 mm，雌性 18～20 mm。前翅基部具半圆形灰褐色斑；中线带状，在中室端脉处外凸；端半部红褐色点缀暗褐色，端带宽阔，内侧波曲，在 M_2 至 M_3 之间外凸，在臀褶处亦外凸，在 M_3 至臀褶间波状，端带内接近内缘处有浅色线；顶角下有大绿色斑，其下方在脉间有小黄绿斑。后翅近顶角处有 1 个大绿斑，在臀褶附近有小黄绿斑；后缘褐色。雄性外生殖器（图版 35：10）：背兜侧突发达，尖端骤尖；颚形突中突扁平，腹面密布微刺；抱器瓣基部宽阔，端部渐窄；抱器背强骨化，中部具 1 个圆形凸起，端部超出抱器瓣；抱器瓣腹缘端部具 1 个钝突，其下方凹陷，边缘具齿；抱器腹短粗，端部圆钝凸出；囊形突端部平，梯形；阳茎细长，端部具 2 个骨化突；阳茎盲囊约为整个阳茎长的 1/4。雌性外生殖器（图版 56：11）：后表皮突短，约为前表皮突长的 2 倍；前表皮突片状；囊导管短粗，弱骨化；囊体椭圆形，内有 1 个双角状囊片。

采集记录：武夷山（三港、黄溪洲）。

分布：福建、浙江、台湾、海南、广西；印度，斯里兰卡。

65. 辐射尺蛾属 *Iotaphora* Warren, 1894

Iotaphora Warren, 1894a, *Novit. zool.*, 1: 384. Type species: *Panaethia iridicolor* Butler, 1880. (India: Darjeeling)

Iotaphora Swinhoe, 1894a, *Trans. ent. Soc. Lond.*, 1894: 168. Type species: *Panaethia iridicolor* Butler, 1880. (India: Darjeeling) [Junior homonym and junior objective synonym of *Iotaphora* Warren, 1894]

Grammicheila Staudinger, 1897, *Dt. ent. Z. Iris*, 10: 3. Type species: *Metrocampa admirabilis* Oberthür, 1884. (China: Northeast: Manchuria)

属征：雄性触角部分双栉形，尖端线形；雌性触角锯齿状，具纤毛。额中度凸出，光滑。下唇须中等长，第 3 节很短。雄性后足胫节膨大，有毛束。前翅前缘弓形，顶角钝；后翅顶角圆、凸出，前缘长于后缘；两翅外缘波曲，前翅外缘较凸出。前翅 R_{2-5} 均出自中室上角；后翅 Rs 与 M_1 分离，M_2 极近 M_1，M_3 与 CuA_1 分离。前后翅外线外侧具放射状黑线。雄性外生殖器：钩形突、背兜侧突均细长；颚形突中突尖；抱器瓣简单，在抱器背前缘基部略凸起；抱器瓣基部至中部具宽阔膜质凹槽；横带片为 1 对接合的骨化突；味刷弱；阳茎端半部强骨化，具 1 个大骨化突。雌性外生殖器：交配孔周围骨化；前后阴片清晰；囊导管中等长，骨化弱，具褶皱；囊体近圆形，内有双角状囊片。

分布：中国，俄罗斯（乌苏里地区），印度，尼泊尔，缅甸，越南。

(117) 青辐射尺蛾 *Iotaphora admirabilis* (Oberthür, 1883)　(图版 10：3)

Metrocampa admirabilis Oberthür, 1883, *Bull. Soc. ent. Fr.*, (6) 3: 84. (China: Northeast: Manchuria)

Iotaphora admirabilis: Prout, 1912, *in* Seitz, *Macrolepid. World*, 4: 18, pl. 1i.

前翅长：雄性 28 ~ 29 mm，雌性 31 ~ 32 mm。翅面浅绿色，具黄色和白色斑纹。前翅基部有 1 个黑点，黑点至内线黄色，内线弧形，内黄外白；中点黑色月牙形；外线中部向外凸出，并在 M_3 和 CuA_1 上形成 2 个小齿，内白外黄；外线外侧颜色较浅，排列辐射状黑纹。后翅外线较直，较圆滑，内白外黄，中点和外线外侧同前翅。前后翅缘线黑色，缘毛白色。翅反面粉白色，中点清楚，其他斑纹隐见。雄性外生殖器（图版 35：11）：钩形突细长，端部略细；颚形突中突骨化强，近三角形；背兜侧突和钩形突长度相当，端部略细；抱器瓣端半部膜质，基半部弱骨化；抱器背基部弱凸出；阳茎粗壮，端部略膨大，阳茎鞘上有 1 个近"Y"形的骨化突；第 8 腹节背板弱骨化，中部深凹陷，两侧丘状突起；腹板强骨化，中部凹陷，两侧骨化突向两侧弯曲。雌性外生殖器（图版 56：12）：前表皮突细长，约为后表皮突长的 2.5 倍；前阴片为 2 个丘状突起，中间凹陷；后阴片上半部膨大，顶端较平，下半部较宽；囊导管褶皱，长度约等于囊体长，后半部弱骨化、较粗，前半部膜质、较细。

采集记录：武夷山（三港）。

分布：福建、黑龙江、吉林、辽宁、北京、山西、河南、陕西、甘肃、浙江、湖北、江西、湖南、广西、四川、云南；俄罗斯（远东、乌苏里地区），越南。

（五）灰尺蛾亚科 Ennominae

多为中等至大型尺蛾。身体细长，部分种类身体粗壮。前翅 R_1 与 Sc 融合、短距离合并或仅在 1 点接近。后翅 M_2 微弱或消失，不呈管状。某些类群的前翅基部具泡窝。后足胫节通常具 2 对距，内侧有时具毛束。

属检索表

1. 雄性触角单栉形 ·· 2
   雄性触角不为单栉形 ·· 3

2. 雌性触角线形；翅面无黄色 ………………………………………………………… 掌尺蛾属 *Amraica*

雌性触角单栉形；翅面常浅黄色或鲜黄色，具红褐色或灰色斑块 ………… 丸尺蛾属 *Plutodes*

3. 后翅在 M_3 处凸出或具尾突；翅面白色，前后翅脉端不具褐色端点 ……………………………… 4

后翅在 M_3 处不凸出或不具尾突，如凸出或具尾突则翅面不为白色或前后翅脉端具褐色端点 ……………………………………………………………………………………………………… 6

4. 前后翅缘毛色通常深色；雄性抱器瓣不具抱器背基突 ……………………………………………… 5

前后翅缘毛白色；雄性抱器瓣具抱器背基突 ………………………… 斑尾尺蛾属 *Micronidia*

5. 雄性前翅基部具泡窝 ……………………………………………………… 扭尾尺蛾属 *Tristrophis*

雄性前翅基部不具泡窝 ……………………………………………………… 尾尺蛾属 *Ourapteryx*

6. 翅面紫灰色，前后翅中点中央具 1 双弓形白色细线 ………………………… 莹尺蛾属 *Hyalinetta*

翅面斑纹不如上述 ……………………………………………………………………………………… 7

7. 后翅外缘在 Rs 处凸出；R_2 不与 R_{3-5} 共柄；雄性钩形突不呈三角形且两侧中部无三角形小突 ……………………………………………………………………………………………………… 8

后翅外缘在 Rs 处不凸出，如凸出则 R_2 与 R_{3-5} 共柄或雄性钩形突符合上述特征 …………… 11

8. 翅面斑纹白色带状，组成树枝状；雄性钩形突短宽盾状，端部两侧各具 1 个乳状突 ………………………………………………………………………………… 树尺蛾属 *Mesastrape*

特征不如上述 …………………………………………………………………………………………… 9

9. 雄性与雌性触角均为双栉形；雄性基腹弧延长，具味刷 ………………… 木尺蛾属 *Xyloscia*

雄性与雌性触角均为线形；雄性基腹弧不延长，不具味刷 ………………………………………… 10

10. 后翅外缘在 M_3 处凸出成尾角 …………………………………………… 黄蝶尺蛾属 *Thinopteryx*

后翅外缘在 M_3 处不凸出成尾角 ……………………………………………… 璃尺蛾属 *Krananda*

11. 前翅臀角下垂，后缘端部凹入 ………………………………………………… 片尺蛾属 *Fascellina*

前翅翅型不如上述 …………………………………………………………………………………… 12

12. 翅黄色，前后翅外线外侧在翅脉上排列放射状纵向条纹；雄性阳端基环端部具 2 个半圆形骨片，中部两侧具 1 对细长突，其端部膨大 ………………………………… 虎尺蛾属 *Xanthabraxas*

特征不如上述 ………………………………………………………………………………………… 13

13. 翅面白色，不具橘黄色或黄色鳞片，斑纹黑色带状，前后翅前缘和端部具黑色带；腹部极细长 ……………………………………………………………………………… 蜻蜓尺蛾属 *Cystidia*

特征不如上述 ………………………………………………………………………………………… 14

14. 雄性第 7 腹节腹板侧面具 1 对突起；抱器背端部形成 1 具刚毛的骨化突，与抱器瓣背缘分离 ………………………………………………………………………………… 统尺蛾属 *Sysstema*

特征不如上述 ………………………………………………………………………………………… 15

15. 前翅外线外侧常具黑色三角形斑 ………………………………………………… 碴尺蛾属 *Psyra*

前翅外线不如上述 …………………………………………………………………………………… 16

16. 雄性第 8 腹节腹板端部具刚毛斑 ……………………………………………… 尖缘尺蛾属 *Danala*

雄性第 8 腹节腹板端部不具刚毛斑 ………………………………………………………………… 17

17. 前翅基部常具黄色鳞片；前后翅外线在后缘附近常扩大为斑块；腹部黄色，背面和侧面具成

列的黑斑；雄性抱器背常呈杆状 …………………………………… 金星尺蛾属 *Abraxas*

特征不如上述 …………………………………………………………………………… 18

18. 翅面白至灰白色，前后翅端部不为橘黄色或黄色，斑纹由成列的斑点组成 ……………… 19

翅面颜色和斑纹不如上述 ……………………………………………………………… 25

19. 雄性触角线形 ………………………………………………………………………… 20

雄性触角双栉形或锯齿状 ……………………………………………………………… 21

20. 前翅 M_2 由中室端脉中部发出；雄性抱器背中部常具 1 束长刚毛 … 八角尺蛾属 *Pogonopygia*

前翅 M_2 由中室端脉偏上方发出；雄性抱器背中部不具 1 束长刚毛……… 斑点尺蛾属 *Percnia*

21. 雄性背兜侧突发达 ………………………………………………… 双冠尺蛾属 *Dilophodes*

雄性背兜侧突不发达 …………………………………………………………………… 22

22. 前翅 R_2 与 R_{3-5} 共柄；前翅基部具黄色或褐色鳞片 ………………… 后星尺蛾属 *Metabraxas*

前翅 R_2 不与 R_{3-5} 共柄；前翅基部不具黄色或褐色鳞片 …………………………………… 23

23. 雌性触角双栉形；前翅 M_2 出自中室端脉中部 ……………………… 斑星尺蛾属 *Xenoplia*

雌性触角线形；前翅 M_2 出自中室端脉中部偏上方 ……………………………………… 24

24. 前后翅中点与其他斑点大小相似；雄性抱器腹端部具突起…………… 匀点尺蛾属 *Antipercnia*

后翅中点巨大，明显大于其他斑点；雄性抱器腹端部不具突起 …… 柿星尺蛾属 *Parapercnia*

25. 腹基部常具金属光泽的毛簇；前翅 Sc 和 R_1 长共柄；雄性抱器瓣宽大，简单，密布刚毛

…………………………………………………………………… 银线尺蛾属 *Scardamia*

特征不如上述 …………………………………………………………………………… 26

26. 雄性触角线形；后翅端部常为橘黄色或黄色；翅面斑纹由成列的斑点组成 ……………… 27

特征不如上述 …………………………………………………………………………… 31

27. 前翅 R_2 与 R_{3-5} 共柄；雄性抱器瓣向内弯曲 ………………………… 丰翅尺蛾属 *Euryobeidia*

前翅 R_2 不与 R_{3-5} 共柄；雄性抱器瓣不向内弯曲 ……………………………………… 28

28. 前翅整个翅面为橘黄色 ……………………………………………………………… 29

前翅翅面不全为橘黄色 ………………………………………………………………… 30

29. 雄性角状器由 1 圈 30 余根小刺组成 ………………………………… 长翅尺蛾属 *Obeidia*

雄性角状器由 5～6 根粗刺组成………………………………………… 紊长翅尺蛾属 *Controbeidia*

30. 雄性阳茎细长，中部略粗，端半部具 1 个细长骨片，其端部平 …… 狭长翅尺蛾属 *Parobeidia*

雄性阳茎粗细均匀，端半部不具细长骨片 ……………………… 拟长翅尺蛾属 *Epobeidia*

31. 翅面绿色，白色内线和外线纤细白色，近平直 …………………… 叉线青尺蛾属 *Tanaoctenia*

翅面颜色斑纹不如上述 ………………………………………………………………… 32

32. 后翅顶角略方；翅中部常具绿色斑块 ……………………………… 龟尺蛾属 *Celenna*

特征不如上述 …………………………………………………………………………… 33

33. 前后翅中点清楚，中央色浅，边缘色深；雄性第 8 腹节后端节间膜不具刺束；阳茎圆柱形

…………………………………………………………………………………………… 34

前后翅中点不如上述；如中点特征符合上述，则雄性第 8 腹节后端节间膜具刺束或阳茎中间粗，基部细 ………………………………………………………………………… 37

34. 前翅外缘波曲 …… 贡尺蛾属 *Odontopera*

前翅外缘不波曲 …… 35

35. 前翅 R_1 和 R_2 共柄；雄性抱器腹端部具突起，沿抱器瓣腹缘延伸 …… 造桥虫属 *Ascotis*

前翅 R_1 和 R_2 不共柄；雄性抱器腹端部不具上述突起 …… 36

36. 雌性触角线形；雄性第 1 腹节背面具 1 列鳞毛 …… 霜尺蛾属 *Cleora*

雌性触角双栉形；雄性第 1 腹节背面不具 1 列鳞毛 …… 四星尺蛾属 *Ophthalmitis*

37. 前翅中点巨大，中空，边缘色深；后翅中点小，不中空；雄性钩形突半圆形，端部形成 1 个细小突起，末端平 …… 毛腹尺蛾属 *Gasterocome*

特征不如上述 …… 38

38. 雄性前翅基部泡窝常极度发达，椭圆形，其长径常大于腹部直径；前翅反面顶角处常具 1 个深色斑块 …… 穿孔尺蛾属 *Corymica*

雄性前翅基部不具泡窝或泡窝不如上述；前翅反面顶角处常不具深色斑块 …… 39

39. 前翅基部和前缘、前后翅外缘具黑色带；前翅中点大，近长方形 …… 封尺蛾属 *Hydatocapnia*

前翅基部和前缘、前后翅外缘不具黑色带；前翅中点不如上述 …… 40

40. 前翅顶角凸出，外缘波曲或锯齿状；前后翅脉端不具褐色端点 …… 41

前翅翅型不如上述，如符合上述特征则前后翅脉端具褐色端点 …… 47

41. 前翅前缘具 2 个白斑 …… 堂尺蛾属 *Seleniopsis*

前翅前缘无上述白斑 …… 42

42. 翅面黄色，前翅外线外侧除臀角区域外橘黄色 …… 娴尺蛾属 *Auaxa*

翅面颜色不如上述 …… 43

43. 后翅顶角凹；翅面紫灰色掺杂绿色 …… 魈尺蛾 *Prionodonta*

后翅顶角不凹；翅面不为紫灰色掺杂绿色 …… 44

44. 雄性抱器背基部和抱器腹端部具突起 …… 免尺蛾属 *Hyperythra*

雄性抱器背基部和抱器腹端部不具突起 …… 45

45. 前翅 R_2 与 R_{3-5} 共柄 …… 腹尺蛾属 *Ocoelophora*

前翅 R_2 不与 R_{3-5} 共柄 …… 46

46. 雄性阳端基环两侧不具骨化突 …… 妖尺蛾属 *Apeira*

雄性阳端基环两侧具 1 对骨化突 …… 边尺蛾属 *Leptomiza*

47. 前翅前缘基部隆起，中部之外微凹，外缘浅弧形；后翅外缘浅波曲，臀角下垂 …… 巫尺蛾属 *Agaraeus*

前后翅翅型不如上述 …… 48

48. 前后翅亚缘线常具银色反光的鳞片；后翅亚缘线在 M_3 下方具 1 个黑色眼斑；雄性钩形突细长，平直，端部具 1 根短刺 …… 银瞳尺蛾属 *Tasta*

特征不如上述 …… 49

49. 前翅中线向外斜行至臀角内侧，与外线接合成回纹状；雄性味刷基部两侧各具 2 条细长骨化突 …… 俭尺蛾属 *Trotocraspeda*

前翅中线与外线不如上述；雄性味刷基部两侧无上述骨化突 …… 50

50. 前翅 R_2 与 R_{3-5}共柄且 R_5 出自 R_2 之前 ………………………… 51
前翅 R_2 不与 R_{3-5}共柄，如共柄则 R_5 出自 R_2 之后 ………………………… 54
51. 前翅顶角略凸出，后翅外缘锯齿状或在中部略凸出 ………………………… 52
前翅顶角不凸出，后翅外缘弧形 ………………………… 53
52. 雄性钩形突背面与背兜上 1 个圆突重叠 ………………………… **印尺蛾属 *Rhynchobapta***
雄性钩形突背面不与背兜上 1 个圆突重叠 ………………………… **卡尺蛾属 *Entomopteryx***
53. 翅脉颜色深；雄性钩形突近三角形 ………………………… **图尺蛾属 *Orthobrachia***
翅脉颜色与翅面相同；雄性钩形突细长 ………………………… **鲨尺蛾属 *Euchristophia***
54. 雄性阳端基环两侧具细长骨化突，常不对称；基腹弧延长，两侧具味刷
………………………… **斜灰尺蛾属 *Loxotephria***
特征不如上述 ………………………… 55
55. 体大型；前翅中部常具 1 个白色大斑，由前缘中部向外斜行至外缘中部以下
………………………… **玉臂尺蛾属 *Xandrames***
特征和斑纹不如上述 ………………………… 56
56. 前翅 R_2 与 R_{3-5}共柄；雄性抱器腹不短于抱器背且为三角形，其上不具突起 ………………………… 57
前翅 R_2 不与 R_{3-5}共柄，如共柄则雄性抱器腹较抱器背短，常为三角形，其上常具突起 … 64
57. 后翅外缘在 M_3 之上波曲且在 M_3 端部凸出 ………………………… **紫沙尺蛾属 *Plesiomorpha***
后翅外缘在 M_3 之上不波曲，如波曲则在 M_3 端部不凸出 ………………………… 58
55. 后翅外缘在 M_1 上方波曲 ………………………… **锯纹尺蛾属 *Heterostegania***
后翅外缘在 M_1 上方不波曲 ………………………… 59
59. 前翅顶角常具斑块；雄性抱器背常具三角形突起 ………………………… **慧尺蛾属 *Platycerota***
前翅顶角常不具斑块；雄性抱器背不具三角形突起 ………………………… 60
60. 翅面红褐色或黄褐色，前后翅外线内侧区域颜色较浅 ………………………… **涂尺蛾属 *Xenographia***
翅面颜色不如上述 ………………………… 61
61. 雄性前翅基部具泡窝；雄性钩形突端部分叉 ………………………… **达尺蛾属 *Dalima***
雄性前翅基部不具泡窝；雄性钩形突端部不分叉 ………………………… 62
62. 前翅顶角凸出；雄性阳端基环具 1 对不对称的突起，左侧的较退化，右侧的较长，骨化，端部具 1 根刺 ………………………… **都尺蛾属 *Polyscia***
特征不如上述 ………………………… 63
63. 下唇须尖端伸达额外；雄性基腹弧延长，具味刷 ………………………… **惑尺蛾属 *Epholca***
下唇须尖端未伸达额外；雄性基腹弧不延长，不具味刷 ………………………… **霞尺蛾属 *Nothomiza***
64. 翅黄色，无深色端带；前翅中点巨大，常扩展至前缘 ………………………… **黄尺蛾属 *Opisthograptis***
翅面颜色和中点不如上述 ………………………… 65
65. 翅面黄色，前翅端部至后翅顶角深褐色；雄性抱器背具基突，其端部具 1 根粗刺
………………………… **焦边尺蛾属 *Bizia***
翅面颜色和雄性抱器背不如上述 ………………………… 66
66. 翅浅色，密布黄褐至深褐色横纹；雄性阳端基环两侧具 1 对骨化突，基腹弧延长

…………………………………………………………………………… 木纹尺蛾属 *Plagodis*

特征不如上述 …………………………………………………………………………… 67

67\. 前翅外缘中部凸出；前后翅脉端不具褐色端点；雄性钩形突端部不具 2 根长刺 …………… 68

前翅外缘中部不凸出，如凸出则前后翅脉端具褐色端点或雄性钩形突端部具 2 根长刺 …… 72

68\. 雄性触角锯齿形；翅面基半部黄色，端半部紫粉色 ………………… 赭尾尺蛾属 *Exurapteryx*

雄性触角双栉形或线形，如为锯齿形则翅面颜色不如上述 ………………………………… 69

69\. 雄性触角双栉形 …………………………………………………………………………… 70

雄性触角线形 ……………………………………………………………………………… 71

70\. 雌性触角双栉形；前翅狭长；雄性抱器瓣不具长刺状抱器背基突 ………… 彩尺蛾属 *Achrosis*

雌性触角线形；前翅不狭长；雄性抱器瓣具长刺状抱器背基突 …… 云庶尺蛾属 *Oxymacaria*

71\. 前翅 R_1 与 R_2 共柄；第 2 腹节腹板端部分叉，具长鳞毛 …………………… 绶尺蛾属 *Xerodes*

前翅 R_1 和 R_2 分离；第 2 腹节腹板端部不分叉，不具长鳞毛 …………… 夹尺蛾属 *Pareclipsis*

72\. 雄性第 8 腹节腹板中央形成 1 个凹陷 ……………………………………………………… 73

雄性第 8 腹节腹板中央不形成 1 个凹陷 …………………………………………………… 74

73\. 雄性第 8 腹节腹板中央形成的凹陷深；雄性抱器腹具骨化结构 …………… 庶尺蛾属 *Macaria*

雄性第 8 腹节腹板中央形成的凹陷浅；雄性抱器腹不具骨化结构………… 奇尺蛾属 *Chiasmia*

74\. 前翅 M_2 出自中室端脉偏上方；翅面白色，斑纹模糊，前翅前缘红褐色

…………………………………………………………………………… 玛边尺蛾属 *Swannia*

前翅 M_2 出自中室端脉中部，如出自中室端脉偏上方则翅面颜色和斑纹不如上述 ………… 75

75\. 前翅 Sc 与 R_1 有一段合并；雄性钩形突端部具 2 根刺；抱器瓣分为三叉，抱器背和抱器腹分离，中间膜质 …………………………………………………………… 紫云尺蛾属 *Hypephyra*

特征不如上述 …………………………………………………………………………… 76

76\. 雄性第 7 和第 8 腹节之间具 1 个味刷；钩形突半圆形，端部中央具突起；雌性囊片为新月状

…………………………………………………………………………… 宙尺蛾属 *Coremecis*

特征不如上述 …………………………………………………………………………… 77

77\. 雄性后足胫节极度膨大；抱器背端部内侧具 1 个细指状突，端部具 1 个短刺，伸向抱器瓣腹侧 …………………………………………………………………… 矶尺蛾属 *Abaciscus*

雄性后足胫节不极度膨大；抱器背端部内侧不具上述突起 ………………………………… 78

78\. 翅面暗绿色，前后翅外线清楚，锯齿状，其外侧至外缘颜色略深；雄性抱器腹近基部具 1 个刺突，伸向抱器瓣内侧；雌性不具囊片 ………………………………… 拉克尺蛾属 *Racotis*

翅面斑纹不如上述，如相近则雄性抱器腹和雌性囊片不如上述 …………………………… 79

79\. 后翅外线平直，与前翅外线形成 1 条直线；前翅顶角凸出，下方不具深色斑块 …………… 80

后翅外线不如上述，如符合上述特征则顶角不凸出或下方具 1 枚深色斑块 ………………… 82

80\. 前翅 R_1 与 R_2 长共柄；翅面粉红色，前翅外线绿褐色，由顶角伸达后缘中部

…………………………………………………………………………… 普尺蛾属 *Dissoplaga*

前翅 R_1 和 R_2 分离；翅面颜色和外线不如上述 ………………………………………… 81

81\. 前翅外线与前缘夹角具白色斑块 ………………………………………… 拟尖尺蛾属 *Mimomiza*

前翅外线与前缘夹角不具白色斑块…………………………………… 白尖尺蛾属 ***Pseudomiza***

82. 雄性与雌性触角均线形；下唇须约1/3伸出额外；翅面枯黄色至褐色，前翅外线与中线近平行，亚缘线内侧在 M_3 处具1块明显的深色斑 ……………………………… 酉尺蛾属 ***Ectephrina***

特征不如上述 …………………………………………………………………………………… 83

83. 雄性抱器瓣腹缘或抱器腹具长刚毛 ………………………………………………………… 84

雄性抱器瓣腹缘或抱器腹不具长刚毛 ………………………………………………………… 85

84. 前翅 R_4 和 R_5 完全合并；后翅颜色较前翅浅 …………………………… 芽尺蛾属 ***Scionomia***

前翅 R_4 和 R_5 分离；后翅颜色与前翅相近……………………………………………………… 88

85. 后翅外缘在 M_3 上方波曲；雄性钩形突两侧中部各具1个三角形小突 …… 方尺蛾属 ***Chorodna***

后翅外缘在 M_3 上方不波曲，如波曲则雄性钩形突两侧中部不具三角形小突 ……………… 86

86. 前翅 R_1 和 R_2 共柄；雄性颚形突中突两侧形成长突 ………………… 原雕尺蛾属 ***Protoboarmia***

前翅 R_1 和 R_2 不共柄；雄性颚形突中突不如上述……………………………………………… 87

87. 前翅 Sc 和 R_1 有时合并，R_1 和 R_2 分离；雄性颚形突退化 ……………… 冥尺蛾属 ***Heterarmia***

前翅 Sc 和 R_1 部分合并，R_2 与 $Sc+R_1$ 常具1个短柄相连；雄性颚形突发达

………………………………………………………………………………… 皮鹿尺蛾属 ***Psilalcis***

88. 前翅 M_2 与 M_1 接近或出自中室上角；翅面通常为浅黄色，前后翅外线在M脉之间和 CuA_2 下方向内弯曲，外线外侧具深色带；雄性抱器瓣背基突长杆状且弯曲 ……………………………

……………………………………………………………………………… 晶尺蛾属 ***Peratophyga***

特征不如上述 …………………………………………………………………………………… 89

89. 雄性触角线形 …………………………………………………………………………………… 90

雄性触角双栉形或锯齿状 ……………………………………………………………………… 103

90. 前翅顶角下方常具1处深色斑块…………………………………………… 蟠尺蛾属 ***Eilicrinia***

前翅顶角下方不具深色斑块 ……………………………………………………………………… 91

91. 前后翅亚缘线常粗壮，在 M_2 和 CuA_2 处向外凸出，缘线清楚 ……… 锦尺蛾属 ***Heterostegane***

前后翅亚缘线和缘线不如上述 …………………………………………………………………… 92

92. 翅面浅黄色，前后翅基半部常具不规则黑斑；雄性抱器背基突细长弯曲 ……………………

…………………………………………………………………………………… 泼墨尺蛾属 ***Ninodes***

翅面颜色和斑纹不如上述，如符合则雄性抱器背基突不细长弯曲 ………………………………… 93

93. 前翅外线常由顶角内侧发出向内倾斜至后缘中部附近 ………………… 平沙尺蛾属 ***Parabapta***

前翅外线不如上述 ………………………………………………………………………………… 94

94. 翅面常黄色，密被深色碎纹；雄性颚形突退化 ……………………… 蜡尺蛾属 ***Monocerotesa***

翅面不如上述，如符合上述特征则雄性颚形突不退化 …………………………………………… 95

95. 翅面常白色或灰白色；雄性抱器瓣简单，宽大，密被长刚毛 ………… 褶尺蛾属 ***Lomographa***

翅面不如上述，如颜色相近则雄性抱器瓣不宽大，不密被长刚毛 ……………………………… 96

96. 雄性第6和第7腹节之间具1对味刷 …………………………………… 鑫尺蛾属 ***Chrysoblephara***

雄性第6和第7腹节之间不具味刷 ………………………………………………………………… 97

97. 翅面灰黄色至深红褐色；雄性钩形突端部为1个心形突起 ………………… 墟尺蛾属 ***Peratostega***

翅面颜色不如上述，如相似则雄性钩形突端部不形成心形突起 ································ 98

98. 前翅 R_1 和 R_2 共柄 ·· 99

前翅 R_1 和 R_2 不共柄 ·· 100

99. 雄性钩形突端部三叉状；背兜端部具 1 对长刚毛束 ····················· **拟毛腹尺蛾属 *Paradarisa***

雄性钩形突端部不为三叉状；背兜端部不具长刚毛束························ **藓尺蛾属 *Ecodonia***

100. 雄性钩形突背面或端部具 1 个短突；颚形突中突退化；抱器瓣深分叉，形成抱器背和抱器腹两部分 ··· 101

特征不如上述 ·· 102

101. 雄性抱器背和抱器腹之间具骨片连接；雌性囊体不具囊片 ················· **辉尺蛾属 *Luxiaria***

雄性抱器背和抱器腹之间不具骨片连接；雌性囊体具囊片 ··············· **双线尺蛾属 *Calletaera***

102. 雄性前翅基部泡窝外侧在中室下方另具 1 处透明区域 ················· **阈尺蛾属 *Phanerothyris***

雄性前翅基部泡窝外侧无透明区域 ·· 102

103. 前翅外线在中室下方向内弯曲；雄性颚形突中突不退化 ······················· **苔尺蛾属 *Hirasa***

前翅外线在中室下方不向内弯曲；雄性颚形突中突退化 ··················· **美鹿尺蛾属 *Aethalura***

104. 前翅顶角明显凸出呈钩状；前后翅脉端不具褐色端点 ································ 104

前翅顶角不凸出或凸出不明显，如明显凸出呈钩状则前后翅脉端具褐色端点 ··············· 105

105. 雄性基腹弧延长，具味刷 ··· **魑尺蛾属 *Garaeus***

雄性基腹弧不延长，不具味刷 ··· **钩翅尺蛾属 *Hyposidra***

106. 前翅浅褐色，后翅颜色较前翅浅，斑纹模糊，仅见细弱外线；雄性颚形突中突端部形成 1 对尖突，其外侧具 1 个半圆形骨环 ··· **津尺蛾属 *Astegania***

特征不如上述 ·· 106

107. 雄性钩形突近圆形，端部中央形成 1 个细小突起························ **小盅尺蛾属 *Microcalicha***

雄性钩形突不如上述 ··· 107

108. 前后翅外线外侧常具黄褐色或红褐色斑块 ·· 108

前后翅外线外侧不具黄褐色或红褐色斑块 ·· 110

109. 雄性抱器腹不具端突 ·· 109

雄性抱器腹具端突，沿抱器瓣腹缘延伸，端部具数根短刺 ·············· **烟尺蛾属 *Phthonosema***

110. 前翅外线在 M 脉之间向外凸出；雄性阳端基环不为 1 对骨化突 ······ **用克尺蛾属 *Jankowskia***

前翅外线在 M 脉之间不向外凸出；雄性阳端基环为 1 对骨化突··············· **盅尺蛾属 *Calicha***

111. 前翅外线外侧在 M_3 至 CuA_1 处常形成 1 块叉状斑；雄性颚形突中突退化；抱器瓣简单且狭长 ··· **埃尺蛾属 *Ectropis***

特征不如上述 ·· 111

112. 翅面常黄色或浅黄褐色，前后翅外线、前翅内线和中点常清楚；雄性味刷端部圆 ··· **隐尺蛾属 *Heterolocha***

翅面颜色和斑纹不如上述，如符合上述特征则雄不具味刷或味刷端部不圆 ················· 112

113. 雄性触角羽状，每节具 2 对栉齿，各出自每节的基部和端部；后翅斑纹较前翅的模糊 ··· **猗尺蛾属 *Anectropis***

雄性触角和后翅斑纹不如上述 ………………………………………………………………………… 113

114. 雄性抱器背具基突 ………………………………………………………………………………… 114

雄性抱器背不具基突 ………………………………………………………………………………… 116

115. 雄性抱器背基突细长弯曲，端半部具长刚毛 ……………………… 琼尺蛾属 ***Orthocabera***

雄性抱器背基突不如上述 …………………………………………………………………………… 115

116. 雄性钩形突深分叉 ………………………………………………………… 角顶尺蛾属 ***Phthonandria***

雄性钩形突不分叉 ……………………………………………………………………… 展尺蛾属 ***Menophra***

117. 雄性部分腹节具味刷；雌性具附囊 ……………………………………………… 灰尖尺蛾属 ***Astygisa***

雄性各腹节不具味刷；雌性不具附囊 ……………………………………………………………… 117

118. 雄性颚形突中突不发达 …………………………………………………………… 皿尺蛾属 ***Calichodes***

雄性颚形突中突发达 ………………………………………………………………………………… 118

119. 雄性抱器瓣不具任何突起 ………………………………………………………………………… 119

雄性抱器瓣具突起 …………………………………………………………………………………… 120

120. 雌性触角双栉形；雄性钩形突端部膨大，呈伞状 …………………… 蚀尺蛾属 ***Hypochrosis***

雌性触角线形；雄性钩形突端部不膨大，但分叉 …………………………… 鹰尺蛾属 ***Biston***

121. 雄性抱器瓣长，端部略窄；抱器背内侧常具 1 排短刺 …………………………………………… 121

雄性抱器瓣和抱器背不如上述 ……………………………………………………………………… 122

122. 后翅外缘微波曲；雄性阳茎端部具骨化结构；雌性囊片不为双角状 ……… 蛮尺蛾属 ***Darisa***

后翅外缘锯齿状；雄性阳茎端部不具骨化结构；雌性囊片常呈双角状 ……………………… …………………………………………………………………………………… 白蛮尺蛾属 ***Lassaba***

123. 前后翅外线外侧至外缘色较深；雄性阳端基环分叉 ……………………… 佐尺蛾属 ***Rikiosatoa***

前后翅外线外侧颜色与内侧相近，如略深则雄性阳端基环不分叉或仅部分分叉 ………… 123

124. 雄性抱器背下方具 1 根细骨化带伸达抱器腹端部，并在近抱器腹处具 1 簇短刺；阳茎后端常具 1 根骨化刺 ……………………………………………………………… 鲁尺蛾属 ***Amblychia***

雄性抱器瓣和阳茎不如上述 ………………………………………………………………………… 124

125. 前后翅外线常为锯齿状；亚缘线内侧具深色带；雄性抱器背和抱器瓣腹缘内侧常具带短刺的骨化结构，或抱器瓣中部具带粗壮短刺的骨化结构 ………………… 尘尺蛾属 ***Hypomecis***

前后翅外线不如上述，如符合上述特征则抱器瓣不如上述 ……………………………………… 125

126. 雄性抱器腹具长突，沿抱器瓣腹缘伸展，其端部具刚毛 …………………… 阮尺蛾属 ***Uliura***

雄性抱器腹不具骨化突或骨化突不如上述 ………………………………………………………… 126

127. 雄性抱器腹具骨化突 ……………………………………………………………………………… 127

雄性抱器腹不具骨化突 ……………………………………………………………………………… 128

128. 前翅 R_1 和 R_2 分离；雄性前翅基部具泡窝；钩形突端部分叉 ………… 杜尺蛾属 ***Duliophyle***

前翅 Sc 与 R_1 部分合并，在近端部分离，R_2 与 $Sc+R_1$ 具 1 个短柄相连；雄性前翅基部不具泡窝；钩形突端部不分叉 ……………………………………………… 歹尺蛾属 ***Deileptenia***

129. 雄性钩形突背面常具刚毛；阳端基环端部分叉 ……………………………… 鹿尺蛾属 ***Alcis***

雄性钩形突背面不具刚毛；阳端基环端部不分叉 …………………………………………………… 129

130. 翅面常不具黑斑；雌性囊片为横条状 …………………………………… **联尺蛾属 *Polymixinia***
翅面常具黑斑；雌性囊片不为横条状……………………………………… **弥尺蛾属 *Arichanna***

66. 金星尺蛾属 *Abraxas* Leach, 1815

Abraxas Leach, 1815, *in* Brewster, *Edinburgh Encycl.*, 9: 134. Type species: *Phalaena grossulariata* Linnaeus, 1758. (No type locality is given)

Calospilos Hübner, [1825] 1816, *Verz. bekannter Schmett.*: 305. Type species: *Phalaena ulmata* Fabricius, 1775. (England)

Potera Moore, 1879b, *Proc. zool. Soc. Lond.*, 1878: 852. Type species: *Potera marginata* Moore, 1879. (Myanmar)

Omophyseta Warren, 1894a, *Novit. zool.*, 1: 414. Type species: *Abraxas triseriaria* Herrich-SchÄffer, 1855. (Java)

Silabraxas Swinhoe, 1900a, *Cat. east. and Aust. Lepid. Heterocera Colln Oxf. Univ. Mus.*, 2: 305. Type species: *Abraxas lobata* Hampson, 1895. (India)

Dextridens Wehrli, 1934, *Ent. Z.*, 48: 140. Type species: *Abraxas sinopicaria* Wehrli, 1934. (China)

Isostictia Wehrli, 1934, *Ent. Z.*, 48: 139. Type species: *Abraxas picaria* Moore, 1868. (India)

Spinuncus Wehrli, 1935a, *Ent. Z.*, 48: 162. Type species: *Abraxas celidota* Wehrli, 1931. (China: Sichuan)

Mesohypoleuca Wehrli, 1935b, *Int. ent. Z.*, 29: 1. Type species: *Abraxas metamorpha* Warren, 1893. (India)

Diceratodesia Wehrli, 1935c, *Ent. Rdsch.*, 52: 117. Type species: *Abraxas pusilla* Butler, 1880. (India)

Rhabdotaedoeagus Wehrli, 1935c, *Ent. Rdsch.*, 52: 101. Type species: *Abraxas martaria* Guenée, 1858. (India)

Trimeresia Wehrli, 1935, *Ent. Rdsch.*, 52: 119. Type species: *Abraxas miranda* Butler, 1878. (India: Darjeeling; Nepal)

属征：雄性与雌性触角均为线形。额平坦。下唇须短小，尖端不伸达额外。前翅顶角圆，外缘平滑；后翅圆。雄性前翅基部不具泡窝。前翅 R_1 在 Sc 近后端与 R_2 分离，之后与 Sc 合并。前翅基部常具黄色鳞片；前后翅外线在后缘附近常扩大为斑块。腹部黄色，背面和侧面具成列的黑斑。雄性外生殖器：钩形突长，渐细；颚形突中突退化；抱器瓣分叉，形成抱器背和抱器腹两部分；抱器背常杆状，有时基部膨大，中部弯曲；抱器腹常具突起；囊形突短宽；阳茎细；阳茎端膜不具角状器。雌性外生殖器：前后阴片发达；囊导管具长骨环；囊体椭圆形，具 1 个囊片，其边缘具小刺。

分布：古北界，东洋界，澳大利亚界。

种检索表

1. 前翅基部不具黄色鳞片 ………………………………………… **素金星尺蛾 *A. tortuosaria***
   前翅基部具黄色或黄褐色鳞片 ………………………………………… 2
2. 前翅外线中间在 M_2 下方不具黄线 ………………………………………… 3
   前翅外线中间在 M_2 下方具黄线 ………………………………………… 4
3. 前翅外线斑块互相连接 ………………………………………… **铅灰金星尺蛾 *A. plumbeata***
   前翅外线斑块不互相连接 ………………………………………… **丝棉木金星尺蛾 *A. suspecta***
4. 前翅外线在前缘处与近顶角处斑块融合 ………………………………………… **明金星尺蛾 *A. flavisinuata***
   前翅外线在前缘处与近顶角处斑块分离 ………………………………………… **华金星尺蛾 *A. sinicaria***

(118) 华金星尺蛾 *Abraxas sinicaria* Leech, 1897 （图版 10：4）

Abraxas sinicaria Leech, 1897, *Ann. Mag. nat. Hist.*, (6) 19: 446. (China: Hubei: Changyang)

前翅长：雄性 18 ~ 19 mm，雌性 19 ~ 20 mm。翅面白色。前翅散布灰色斑点，部分融合，在翅面上留下不规则空白；基部具黄色鳞片；中点大而圆，其上具深褐色鳞片，其外侧空白区域较大；外线由 1 列相互融合的灰褐色斑点组成，在中室之后向内弯曲，在近后缘处较粗壮，其中间在 M_2 下方具黄色线；近顶角处具 1 个灰斑；缘线在翅脉间呈圆点状。后翅基部具 1 个灰斑；中点小，有时模糊；外线内侧仅在后缘处具零散的小灰斑；外线由 1 列浅灰色圆斑组成，在后缘附近为数个密集斑点，其中具黄色线；外线外侧在前缘处具 1 个灰色细条状斑；缘线模糊。

采集记录：武夷山（三港）。

分布：福建、湖北、湖南。

(119) 明金星尺蛾 *Abraxas flavisinuata* Warren, 1894 （图版 10：5）

Abraxas flavisinuata Warren, 1894a, *Novit. zool.*, 1: 420. (Japan)

Abraxas sugitanii Inoue, 1942, *Trans. Kansai ent. Soc.*, 12 (1): 14, pl. 4, figs 11, 12; pl. 6, fig. 1. (Japan)

前翅长：24 mm。本种翅面斑纹与华金星尺蛾非常相似，但可以利用下面的特征来区别：翅面斑纹颜色较浅；前翅中点常与周围灰色斑点融合；外线在前缘处与近顶角处斑块融合，形成1个大斑；外线外侧的小灰斑常相互融合；缘线上的斑点较细长，并相互连接，不间断。后翅中点较模糊；外线外侧在前缘处的灰斑较大；缘线较清楚。

采集记录：武夷山（三港）。

分布：福建、浙江、湖南、贵州；日本。

(120) 素金星尺蛾 *Abraxas tortuosaria* Leech, 1897 （图版10：6）

Abraxas tortuosaria Leech, 1897, *Ann. Mag. nat. Hist.*, (6) 19: 446. (China: Sichuan)

雌前翅长：27 mm。前翅基部和前后翅外线中间不具黄色鳞片。翅面白色，密布黑灰色小斑点，在翅面上留下不规则空白；中点为黑灰色大圆点；外线为黑灰色斑点组成的细带，在 M_1 和 M_3 之间中断，在 M_3 之后向内弯曲；缘线上的斑点黑灰色，部分连接。后翅翅面上的小斑点较前翅的稀少；基部具1个黑灰色圆点；中点较前翅小；外线在M脉间间断，其下强烈内弯，在近后缘处增粗；缘线较前翅的模糊。

采集记录：武夷山（三港）。

分布：福建、四川、云南。

(121) 丝棉木金星尺蛾 *Abraxas suspecta* Warren, 1894 （图版10：7）

Abraxas suspecta Warren, 1894a, *Novit. zool.*, 1: 419. (China; Japan)

Abraxas lepida Wehrli, 1935c, *Ent. Rdsch.*, 52: 116, pl. 1, fig. 4; pl. 2, fig. 4. (China: Sichuan: Wassekou)

Abraxas lepida obscurifrons Wehrli, 1935c, *Ent. Rdsch.*, 52: 116, pl. 1, fig. 5. (China: Hunan: Höng-Shan)

前翅长：18 ~ 23 mm。翅面污白色。前后翅外缘浅弧形，后翅外缘中部不凸出。前翅基部和前后翅外线在后缘处具黄褐色大斑，其余斑纹灰色。前翅中域灰斑常有变化，有时可扩展至中室下缘之下并与臀褶处灰斑相连；外线外侧零散斑点极少；缘线上的斑点相互连接成带状，内缘不整齐，在 M_2 下方至 CuA_1 下方向内扩展成1个大斑，有时可与外线接触。后翅前缘基部和中部各有1个灰斑，后者伸达中室上角；外线同前翅，斑点较小，其外侧偶有零星散点；缘线的斑点独立或部分连接。雄性外生殖器（图版35：12）：钩形突端部圆；抱器背杆状，具刚毛；抱器腹背缘内侧具1个骨化褶；抱器腹腹缘锯齿状，向内卷曲；阳端基环梯状。

采集记录：武夷山（三港、大竹岚、黄溪洲）。

分布：福建、东北、华北、华中、西北、华东、台湾、四川、云南。

(122) 铅灰金星尺蛾 *Abraxas plumbeata* Cockerell, 1906 （图版 10: 8）

Abraxas plumbeata Cockerell, 1906, *Nature, Lond.*, 73: 341. (China: North)

前翅长：21 ~ 30 mm。体型较丝棉木金星尺蛾大。翅污白色，斑纹色深且斑块较大；前翅基部和前后翅外线在后缘处具黄褐色大斑，其他斑纹铅灰色，在各翅前缘处特别密集。前翅中域中室下方斑块发达；后翅中域中室下方有零星斑块。前翅外线斑块互相连接；后翅外线斑块部分相连，有时为双点。

采集记录：武夷山（三港、坳头）。

分布：福建、湖南、江西、广东、广西、四川。

67. 晶尺蛾属 *Peratophyga* Warren, 1894

Peratophyga Warren, 1894a [April], *Novit. zool.*, 1: 407. Type species: *Acidalia aerata* Moore, 1868. (India: Darjeeling)

Peratophyga Swinhoe, 1894a [May], *Trans. ent. Soc. Lond.*, 1894: 204. Type species: *Acidalia aerata* Moore, 1868. [Junior homonym and junior objective synonym of *Peratophyga* Warren, 1894 April 16.]

Euctenostega Prout, 1916, *Novit. zool.*, 23: 38. Type species: *Euctenostega hypsicyma* Prout, 1916. (Borneo)

属征：雄性触角双栉形、锯齿形或线形，雌性触角线形。额平坦。下唇须仅尖端伸达额外。前后翅外缘常弧形；后翅外缘有时在 M_3 端部凸出。雄性前翅基部常具泡窝。前翅 R_1 在 Sc 近后端与 R_2 分离，之后与 Sc 合并，M_2 与 M_1 接近或出自中室上角。翅面通常为浅黄色，前后翅外线在 M 脉之间和 CuA_2 下方向内弯曲，外线外侧具深色带。雄性外生殖器：钩形突三角形；颚形突中突端部圆；抱器瓣常三角形，端部向内弯曲；具抱器背基突，常弯曲，端半部披长刚毛；囊形突圆；不具味刷；角状器类型多样，有时缺失。雌性外生殖器：前表皮突长度约为后表皮突长度的一半；前后阴片发达；交配孔和囊导管常骨化；囊体常椭圆形，膜质，具 1 个囊片；囊片形状多样。

分布：中国，日本，印度，尼泊尔，缅甸，越南，阿富汗，印度尼西亚；马来半岛，朝鲜半岛。

(123) 江西长晶尺蛾 *Peratophyga grata totifasciata* Wehrli, 1923 (图版 10：9)

Peratophyga hyalinata var. *totifasciata* Wehrli, 1923, *Dt. ent. Z. Iris*, 37: 66, pl. 1, fig. 6, 17. (China: Jiangxi)

Peratophyga hyalinata totifasciata: Parsons *et al.*, 1999, *in* Scoble, *Geometrid Moths of the World, a Catalogue*, 2: 710.

Peratophyga grata totifasciata: Jiang, Xue & Han, 2012, *Zootaxa*, 3478: 408.

前翅长：9～12 mm。雄性触角锯齿形，具纤毛簇。前翅顶角钝，略凸出；前后翅外缘浅弧形。前后翅基部至中线、外线至近外缘之间灰褐色，中线与外线间淡黄色。前翅内线浅黄色，在前缘处加粗；中点深灰色，短条形；中线灰褐色，在 M_3 处向外形成 1 个小齿，其外侧淡黄色区域中具 1 条模糊并间断的灰褐色宽带；外线灰褐色，在 M 脉之间和 CuA_2 下方向内凸出；外线内侧具 1 列灰褐色小点；缘毛黄色。后翅中点模糊，其余斑纹与前翅斑纹相似。雄性外生殖器（图版 35：13）：颚形突中突小；抱器背基突端部呈直角弯折，并在弯折处内缘形成 1 个小突；抱器瓣端部向内弯曲且渐细；阳端基环短，后端呈三角形；阳茎端部骨化强，渐细；阳茎端膜具 2 个角状器，近基部的呈长条状，末端具小齿，近端部的较短。雌性外生殖器（图版 56：13）：前阴片窄条状，平直；后阴片椭圆形，后缘中央凹入；囊导管大部分骨化；囊片近椭圆形。

采集记录：武夷山（三港、挂墩、崇安城关）。

分布：福建、山东、河南、陕西、甘肃、青海、浙江、江西、湖南、广东、广西。

68. 泼墨尺蛾属 *Ninodes* Warren, 1894

Ninodes Warren, 1894a, *Novit. zool.*, 1: 407. Type species: *Ephyra splendens* Butler, 1878. (Japan: Yokohama)

属征：雄性与雌性触角均为线形，雄性触角具纤毛。额不凸出。下唇须短小细弱，未伸达额外。前翅顶角圆，前后翅外缘近弧形。雄性前翅基部具泡窝。前翅 R_1 和 R_2 完全合并。翅面浅黄色，基半部常具不规则黑斑。雄性外生殖器：钩形突近三角形；颚形突中突小；抱器瓣简单，常具细长弯曲的抱器背基突；阳端基环短宽；囊形突端部凸出，圆形；阳茎端膜具角状器。雌性外生殖器：肛瓣端部略尖；囊导管具骨环；囊体后端弱骨化，具纵纹；囊片近圆形，其边缘具小刺。

分布：中国，日本，巴布亚新几内亚；朝鲜半岛。

(124) 泼墨尺蛾 *Ninodes splendens* (Butler, 1878)　(图版 10: 10)

Ephyra splendens Butler, 1878b, *Illust. typical Specimens Lepid. Heterocera Colln Brit. Mus.*, 2: ix, 51, pl. 37, fig. 1. (Japan: Yokohama)

Ninodes miegi Sterneck, 1931, *Dt. ent. Z. Iris*, 45: 88. (Korea)

Ninodes scintillans Thierry-Mieg, 1915, *Miscnea. ent.*, 22: 46. (China: near Chang-Hai, Zi-Ka-Wei)

Ninodes splendens: Prout, 1915, *in* Seitz, *Macrolepid. World*, 4: 317, pl. 15: f.

前翅长：8 ~ 9 mm。翅灰黄色。前后翅基半部在中室以下散布黑色，但常有不同程度消失；外线带状，波曲，深褐至黑褐色，其外侧有几块大小不等的褐斑和黑褐点，有时外线向外扩展成宽带并与其外侧斑点融合。雄性外生殖器（图版 35: 14）：钩形突端部略细，骨化强；颚形突中突端部略尖；抱器瓣狭长，端部圆；抱器背基突中部弯曲，端部具 1 个短刺，基部外侧具 1 个短且细的小突，其末端具长刚毛；阳端基环基半部宽，端半部渐细；阳茎弱骨化；角状器为 1 个方形骨片和 1 束短刺。雌性外生殖器（图版 56: 14）：囊导管长度约为囊体长的 3/5；囊体前端膨大。

采集记录：武夷山（邵武）。

分布：福建、内蒙古、北京、山东、陕西、甘肃、上海、浙江、湖北、江西、湖南、广东、四川、云南；日本；朝鲜半岛。

69. 锦尺蛾属 *Heterostegane* Hampson, 1893

Heterostegane Hampson, 1893, *Illust. typical Specimens Lepid. Heterocera Colln Brit. Mus.*, 9: 35, 142. Type species: *Macaria subtessellata* Walker, 1863. (India)

Chrostobapta Warren, 1907, *Novit. zool.*, 14: 164. Type species: *Chrostobapta deludens* Warren, 1907. (Papua New Guinea)

Liposchema Warren, 1914, *Ann. S. Afr. Mus.*, 10: 494. Type species: *Liposchema bifasciata* Warren, 1914. (South Africa)

Deuterostegane Wehrli, 1939, *in* Seitz, *Gross-Schmett. Erde*, 4 (Suppl.): 294. Type species: *Lomographa hoenei* Wehrli, 1925. (China: Zhejiang)

属征：雄性与雌性触角均为线形，雄性触角具纤毛。额不凸出。下唇须仅尖端伸达额外。前翅顶角圆，外缘平滑；后翅圆。雄性前翅基部不具泡窝。前翅 R_1 和 R_2 完全合并，Sc 与 R_{1+2} 具 1 个短柄相连。翅面常浅黄色，斑纹深灰色或褐色。前后翅外线纤细，不规则或齿状，亚缘线常粗壮，在 M_2 和 CuA_2 处向外凸出；缘线清楚。雄性外生殖器：钩形突细长；颚形突中突不发达；抱器瓣具细长而弯曲的抱器背基突；囊形突端部圆，腹面常具 1 对骨化突，中部与阳端基环相连；不具味刷；阳茎短粗；阳茎端膜常具角状器。雌性外生殖器：前后阴片发达；囊体具 1 个囊片，其边缘具小齿。

分布：古北界，东洋界，非洲界。

种检索表

前翅外线外侧至外缘深灰色 …………………………………………………… **灰锦尺蛾 *H. hoenei***
前翅外线外侧至外缘不为深灰色 ……………………………………… **光边锦尺蛾 *H. hyriaria***

(125) 光边锦尺蛾 *Heterostegane hyriaria* Warren, 1894 （图版 10：11）

Heterostegane hyriaria Warren, 1894a, *Novit. zool.*, 1: 406. (Japan)

前翅长：雄性 8～9 mm，雌性 9～10 mm。翅面草黄色，密布红褐色碎纹。前翅前缘排列褐色至黑褐色碎斑；中点黄褐色，极微小，位于中线上；中线黄褐色，近平直，细弱，有时模糊；亚缘线深褐色，粗壮，在 M_2 和 CuA_2 处向外凸出 1 条纵线与外缘相连，在 CuA_2 以下并入缘线；缘线在 CuA_1 以上为翅脉间 1 列小点，在 CuA_1 以下为 1 段深褐色线；缘毛黄色，在 M_2 与 M_3 之间、CuA_1 与 CuA_2 之间和臀角处各有 1 个褐点。后翅中点较前翅中点小；中线直；缘线深褐色连续；缘毛黄色，在翅脉间掺杂少量灰褐色。雄性外生殖器（图版 35：15）：钩形突中部膨大；抱器背基突细长刺状，中部略弯折，端半部具长刚毛，伸达钩形突端部；抱器瓣基半部宽，端半部弯折，细指状，腹缘具长刚毛；阳端基环骨化，基部窄，具 1 对不对称的骨化突，左侧的端部圆，伸达背兜基部，右侧的略长，端部尖锐；阳茎后半部骨化；角状器长，末端具小刺。

采集记录：武夷山（三港、大竹岚）。

分布：福建、山东、陕西、上海、浙江、江西、湖南、广西、四川、云南；日本；朝鲜半岛。

(126) 灰锦尺蛾 *Heterostegane hoenei* (Wehrli, 1925) （图版 10：12）

Lomographa hoenei Wehrli, 1925, *Mitt. münch. ent. Ges.*, 15: 50, pl. 1, fig. 12. (China: Zhejiang)

Heterostegane hoenei: Parsons *et al.*, 1999, *in* Scoble, *Geometrid Moths of the World, a Catalogue*, 1: 439.

前翅长：雄性 15 ~ 16 mm。翅面黄褐色，斑纹深褐色。前翅内线模糊；中点短条状；中线略波曲，穿过中点；外线圆齿状，其外侧至外缘深灰色；无亚缘线；缘线不明显；缘毛灰褐色。后翅中线前半部分平直，后半部分波曲；中点不明显；外线近平直；其余斑纹与前翅的相似。

采集记录：武夷山（三港、大竹岚、黄溪洲、挂墩）。

分布：福建、江西、广东、海南、广西、四川、云南。

70. 琼尺蛾属 *Orthocabera* Butler, 1879

Orthocabera Butler, 1879a, *Ann. Mag. nat. Hist.*, (5) 4: 439. Type species: *Orthocabera sericea* Butler, 1879. (Japan)

Microniodes Hampson, 1893, *Illust. typical Specimens Lepid. Heterocera Colln Brit. Mus.*, 9: 34, 139. Type species: *Microniodes obliqua* Hampson, 1893. (Ceylon [Sri Lanka]) [Junior homonym of *Microniodes* Maassen, 1890 (Lepidoptera: Uraniidae, Epipleminae).]

属征：雄性触角双栉形，雌性触角线形。额略凸出。下唇须仅尖端伸达额外。前翅外缘浅弧形；后翅圆。雄性前翅基部不具泡窝。前翅 R_1 与 R_2 分离。翅面常白色。雄性外生殖器：钩形突三角形，端部尖锐；颚形突中突宽舌状；抱器背基突细长弯曲，端半部具长刚毛；囊形突短宽；阳茎粗大圆柱形；阳茎端膜具角状器。雌性外生殖器：肛瓣短小；囊导管短，骨化；囊体后端细，常骨化，具纵纹，前端膨大，具 1 个近圆形囊片，其边缘具小刺。

分布：中国，日本，印度，越南，斯里兰卡，菲律宾，印度尼西亚。

种检索表

前翅内线、中线和外线均为双线 ………………………………… **聚线琼尺蛾 *O. sericea sericea***

前翅内线、中线和外线均为单线 ……………………………………… **清波琼尺蛾 *O. tinagmaria***

(127) 聚线琼尺蛾 *Orthocabera sericea sericea* (Butler, 1879)　(图版 10: 13)

Orthocabera sericea Butler, 1879a, *Ann. Mag. nat. Hist.*, (5) 4: 440. (Japan)

Myrteta sericea: Prout, 1915, *in* Seitz, *Macrolepid. World*, 4: 313, pl. 15: d.

前翅长：雄性 18 ~ 20 mm。翅面白色。前翅前缘散布深褐色小点；内线、中线和外线均为黄褐色双线，向内倾斜，中线外侧线和外线内侧线平直，其余线微波曲；中点不可见；亚缘线褐色，微波曲，略向内倾斜，在 R_5 和 M_1 之间与外线相交；缘线黄褐色，连续；缘毛白色。后翅中线平直；外线为双线，近平直；亚缘线近弧形；缘线和缘毛与前翅的相似。雄性外生殖器（图版 36：1）：抱器瓣端部略窄且圆，具长刚毛；抱器背基突为弯曲长钩状，端部具 1 个小刺；阳端基环后端略凹入；角状器为 1 个短棒状骨片。

采集记录：武夷山（三港、挂墩、大竹岚）。

分布：福建、甘肃、浙江、江西、广东、广西、四川、云南；印度，越南。

(128) 清波琼尺蛾 *Orthocabera tinagmaria* (Guenée, 1858) (图版 10：14)

Cabera tinagmaria Guenée, 1858, *in* Boisduval & Guenée, *Hist. nat. Insectes* (Spec. gén. Lépid.), 10: 56. (China: North)

Myrteta tinagmaria: Prout, 1915, *in* Seitz, *Macrolepid. World*, 4: 314, pl. 15: d.

Orthocabera tinagmaria: Holloway, 1994, *Malay. Nat. J.*, 47: 140.

前翅长：雄性 14 ~ 16 mm，雌性 14 ~ 17 mm。翅面白色，斑纹灰黄色。前翅前缘下方散布浅灰褐色；前翅内线近弧形；中点为清晰黑褐色圆点；中线波曲，向内倾斜至中点下方内侧；外线波曲，略向内倾斜；亚缘线常间断，在前缘下方为 2 个黑点；无缘线；缘毛白色或浅灰黄色。后翅中线近平直；外线微波曲；中点、亚缘线、缘线和缘毛与前翅的相似。

采集记录：武夷山（三港、挂墩、黄溪洲、光泽）。

分布：福建、浙江、湖北、江西、湖南、广西、四川；日本。

71. 墟尺蛾属 *Peratostega* Warren, 1897

Peratostega Warren, 1897a, *Novit. zool.*, 4: 80. Type species: *Peratostega coctata* Warren, 1897. (Borneo)

属征：雄性与雌性触角均为线形，雄性触角具纤毛。额不凸出。下唇须端部伸出额外，第 3 节明显。前翅顶角有时略凸出，外缘凸出；后翅圆，中部有时凸出。雄性前翅基部不具泡窝。前翅 R_1 和 R_2 完全合并。翅面灰黄色至深红褐色。雄性外生殖器：钩形突基部近三角形，端部为 1 个心形突起，其上具刚毛；背兜侧突发达；抱器瓣短小，膜质；阳端基环发达，两侧具长突；味刷发达；阳茎端膜具角状器，常为刺状斑。雌性外生殖器：前阴片发达；囊体袋状，后端弱骨化，具1个囊片。

分布：中国，日本，印度，印度尼西亚；马来半岛。

(129) 雀斑墟尺蛾 *Peratostega deletaria* (Moore, 1888)　(图版10：15)

Macaria deletaria Moore, 1888a, *in* Hewitson & Moore, *Descr. new Indian lepid. Insects Colln late Mr W. S. Atkinson*, 3: 261, pl. 8, fig. 14. (India: Darjeeling)

Ingena deletaria: Inoue, 1977, *Bull. Fac. domestic Sci.*, *Otsuma Woman's Univ.*, 13: 284.

Cassyma deletaria: Yazaki, 1992, *in* Haruta, *Tinea*, 13 (Suppl. 2): 26, pl. 7: 20.

Peratostega deletaria: Holloway, 1994, *Malay. Nat. J.*, 47: 124.

前翅长：16 mm。翅面灰黄色，散布黑褐色鳞片。前翅中点极微小，其下方有中线残迹；中域散布褐至深褐色，并扩展至带状外线；外线深褐色，在前缘下方色较深，其内缘不整齐且模糊，外缘锯齿状清晰，在CuA脉处外凸；翅端部在R_5以下散布深褐色，并向下逐渐加宽，在CuA脉处与外线接触；亚缘线为1列黑点，部分消失；缘毛深灰褐色。后翅斑纹与前翅的相似，翅端部斑纹较弱。雄性外生殖器(图版36：2)：背兜侧突伸达钩形突端部之外，端半部略细，末端具1个短刺；抱器瓣狭长三角形，端部圆；阳端基环骨化强，基部宽，两侧突极长，端部方形；基腹弧中下部向两侧呈半圆形凸出；阳茎盲囊渐细；角状器为刺状斑。

采集记录：武夷山（三港、挂墩）。

分布：福建、吉林、浙江、湖南、台湾、海南、广西；日本，印度，尼泊尔。

72. 斑尾尺蛾属 *Micronidia* Moore, 1888

Micronidia Moore, 1888a, *in* Hewitson & Moore, *Descr. new Indian lepid. Insects Colln late Mr W. S. Atkinson*, 3: 258. Type species: *Micronia simpliciata* Moore, 1868. (India: Bengal)

属征：雄性与雌性触角均为线形。额略凸出。下唇须端部伸达额外。前翅顶角圆，外缘近平直；后翅外缘在M_3和CuA_2之间略凸出。雄性前翅基部不具泡窝。前翅R_1和R_2长共柄。翅面白色，后翅尾角常具黑斑。雄性外生殖器：钩形突近三角形，端部尖锐；颚形突中突不发达；抱器瓣短，端部圆或尖，简单，端部和腹缘具长刚毛；具抱器背基突；囊形突明显；阳茎圆柱形；阳茎端膜具角状器。雌性外生殖器：交配孔周围骨化；囊导管长，常骨化，具纵纹；囊体具1个圆形囊片。

分布：全北界，东洋界。

(130) 二点斑尾尺蛾 *Micronidia intermedia* Yazaki, 1992 (图版 10: 16)

Micronidia intermedia Yazaki, 1992, *in* Haruta, *Tinea*, 13 (Suppl. 2): 25, pl. 7, fig. 19; text-figs 22, 26. (China: Taiwan)

前翅长：雄性 18 mm。翅面白色，斑纹浅灰色。前翅内线细，向外倾斜；中点短条状；外线为平直宽带，与内线平行；亚缘线双线，内侧线波状，外侧线由各脉间的短线纹排列而成；缘线黑色，未伸达顶角和臀角；缘毛灰白色。后翅无内线和中点；外线与前翅相似，在近臀角处与亚缘线聚合；亚缘线为双线，微波曲；缘线黑色，在 M_3 至 CuA_2 各脉间具黑色小三角形斑。雄性外生殖器（图版 36：3）：抱器瓣端部圆；抱器背基突弯曲，钩状，端半部具长刚毛，末端具小刺；阳端基环短宽盾状，骨化弱；阳茎前端略粗，中部具 1 个刺环；角状器细长，端部具 2 根刺。

采集记录：武夷山（三港）。

分布：福建、台湾；尼泊尔。

73. 尖缘尺蛾属 *Danala* Walker, 1860

Danala Walker, 1860, *List Specimens lepid. Insects Colln Brit. Mus.*, 20: 271. Type species: *Danala laxtaria* Walker, 1860. (Borneo: Sarawak)

属征：雄性与雌性触角均为线形，雄性触角具纤毛。额不凸出。下唇须细长，端部伸达额外。雄性前翅顶角微呈钩状，外缘圆弧形，雌性顶角尖锐凸出，外缘锯齿状，在 M_3 端部凸出；后翅外缘锯齿状，M_3 脉端具尾角。雄性前翅基部具泡窝。前翅 R_1 和 R_2 完全合并。翅面常褐色。雄性外生殖器：钩形突短粗，近方形，端部略分叉并具刚毛；抱器背基突与抱器瓣完全分离，与环状颚形突中突一起在背兜腹面形成 1 个特殊的结构；抱器瓣基部互相接近；基腹弧两侧各具 2 个发达的味刷；第 8 腹节腹板端部具刚毛斑。雌性外生殖器：囊体形状不规则，具囊片。

分布：中国，马来西亚。

(131) 褐尖缘尺蛾 *Danala lilacina* (Wileman, 1915) (图版 10: 17)

Euchlaena? lilacina Wileman, 1915, *Entomologist*, 48: 58. (China: Formosa [Taiwan]: Kanshirei)

Danala lilacina: Inoue, 1992a, *in* Heppner & Inoue, *Lepid. Taiwan*, 1 (2): 119.

前翅长：雄性 18 mm，雌性 21 mm。翅面褐色。前翅中点黑点状；外线为黄褐色细线，微波曲，其内侧具 1 条深褐色细线；亚缘线在各翅脉上呈黑色点状；缘线深褐色；缘毛褐色。后翅无中点，外线与前翅的相似，但较平直；其余斑纹与前翅斑纹相似。雄性外生殖器（图版 36：4）：钩形突端部较基部宽；抱器瓣短小简单，宽窄均匀，端部圆，腹缘具刚毛；抱器背基突伸达钩形突端部，略弯曲，端部具 1 根小刺；阳茎端部骨化强，具 1 个小刺突；阳茎端膜具骨化斑点。

采集记录：武夷山（三港、黄溪洲）。

分布：福建、江西、台湾、海南、四川。

74. 封尺蛾属 *Hydatocapnia* Warren, 1895

Hydatocapnia Warren, 1895, *Novit. zool.*, 2: 143. Type species: *Zamarada marginata* Warren, 1893. (India)

属征：雄性与雌性触角均为线形，雄性触角具纤毛。额不凸出。下唇须细，仅尖端伸达额外。前翅顶角略尖，外缘平滑；后翅圆。雄性前翅基部具泡窝。前翅 R_1 和 R_2 完全合并。前翅基部和前缘，前后翅外缘具黑色带；前翅中点大，近长方形。雄性外生殖器：钩形突常细长；颚形突中突不发达；抱器瓣具抱器背基突，常细长，弯曲，具长刚毛；抱器瓣端部具长刚毛；抱器瓣腹侧平直；囊形突短宽；不具味刷；阳端基环基半部宽，端半部狭长；阳茎盲囊细；阳茎端膜具角状器。雌性外生殖器：交配孔骨化；囊导管短，膜质；囊体大，椭圆形，后端骨化具纵纹，前端具 1 个囊片，其边缘具小刺。

分布：中国，印度，尼泊尔，泰国，爪哇，印度尼西亚，菲律宾。

(132) 双封尺蛾 *Hydatocapnia gemina* Yazaki, 1990（图版 10：18）

Hydatocapnia gemina Yazaki, 1990, *Tinea*, 12 (27): 241, figs 4, 8, 9. (China: Taiwan)

前翅长：12 ~ 14 mm。翅面黄褐色，散布褐色小点。前翅基部和前缘具黑色带。前翅中点黑褐色，大，近方形；亚缘线在前缘下方向外弯曲，在 CuA_2 下方向内凸出；亚缘线与外缘之间为黑色带；缘毛黑灰色；其余斑纹模糊。后翅中点较前翅小；亚缘线与外缘近平行，二者之间为黑色带。雄性外生殖器（图版 36：5）：钩形突 2 倍长于背兜，中部略膨大；抱器瓣短宽，端部近平截；抱器背边缘细锯齿状，具长刚毛；抱器背基突细长弯曲，伸达钩形突中部之上；阳茎近后端具 1 片微刺；角状器有 2 种，一种是由小刺组成的椭圆形刺状斑，另一种是由 1 束短刺组成。

采集记录： 武夷山（三港）。

分布： 福建、安徽、浙江、湖南、江西、台湾、广西；尼泊尔。

75. 银瞳尺蛾属 *Tasta* Walker, 1863

Tasta Walker, 1863, *List Specimens lepid. Insects Colln Brit. Mus.*, 26: 1569. Type species: *Tasta micaceata* Walker, 1863. (Borneo: Sarawak)

Dissophthalmus Butler, 1880, *Ann. Mag. nat. Hist.*, (5) 6: 219. Type species: *Dissophthalmus iridis* Butler, 1880. (Borneo)

属征： 雄性与雌性触角均为线形，雄性触角具短纤毛。额不凸出。下唇须短小细弱。前翅顶角圆，外缘近弧形；后翅圆。雄性前翅基部不具泡窝。前翅 R_1 和 R_2 分离。前后翅亚缘线常具银色反光的鳞片；后翅亚缘线在 M_3 下方常具 1 个黑色眼斑。雄性外生殖器：钩形突细长，平直，端部具 1 根短刺；背兜侧突小；颚形突中突细；抱器瓣宽大，端部近方形；抱器背窄；抱器瓣腹缘常密被刚毛；基腹弧延长，两侧具味刷，前端内缘具 1 个分叉的突起；囊形突不发达；阳茎小。雌性外生殖器：囊体前半部细长，后半部常膨大，呈梨形，具 1 个囊片，其边缘具小齿。

分布： 中国，印度，缅甸，泰国，马来西亚，新加坡，印度尼西亚；加里曼丹岛。

(133) 宽带银瞳尺蛾 *Tasta epargyra* Wehrli, 1936 （图版 10：19）

Tasta epargyra Wehrli, 1936a, *Ent. Rdsch.*, 53: 565. (China: Zhejiang: West Tien-Mu-Shan)

前翅长：10 ~ 12 mm。翅面白色。前翅前缘基半部具深灰色鳞片，端半部具土黄色鳞片并向下延伸形成 1 个近三角形的斑块；外线银白色，由前缘至 M_1 向外弯曲，在 M_1 之后近平直，其内侧至翅基部散布银白色鳞片；外线内侧具 1 条波曲宽带，其在近前缘处较窄；亚缘线在脉间呈深灰色斑块，其上具银白色鳞片；缘毛在顶角处为土黄色，其余白色。后翅外线银白色，近平直，其内侧翅面深灰色并具银白色鳞片；亚缘线较前翅的连续，在 M_3 之后变粗，在 M_3 下方形成 1 个椭圆形斑，其中间具 1 个带白边的椭圆形黑斑；缘线浅土黄色，较前翅的明显；缘毛白色。

采集记录： 武夷山（挂墩）。

分布： 福建、浙江。

76. 褶尺蛾属 *Lomographa* Hübner, 1825

Lomographa Hübner, [1825] 1816, *Verz. bekannter Schmett.*: 311. Type species: *Geometra taminata* Denis & Schiffermüller, 1775 (Austria)

Bapta Stephens, 1829, *Nom. Brit. Insects*: 45. Type species: *Phalaena bimaculata* Fabricius, 1775. (Germany)

Anhibernia Staudinger, 1892b, *Dt. ent. Z. Iris*, 5: 170. Type species: *Hybernia orientalis* Staudinger, 1892. (Turkey)

Leucetaera Warren, 1894a, *Novit. zool.*, 1: 405. Type species: *Acidalia inamata* Walker, 1861. (Sri Lanka)

Akrobapta Wehrli, 1924, *Mitt. münch. ent. Ges.*, 14: 136. Type species: *Bapta perapicata* Wehrli, 1924. (China: Zhejiang)

Earoxyptera Djakonov, 1936, *Trudy zool. Inst. Leningr.*, 3: 492, 515, 517. Type species: *Anhibernia buraetica* Staudinger, 1892. (Mongolia)

Cirretaera Wehrli, 1939, *in* Seitz, *Gross-Schmett. Erde*, 4 (Suppl.): 298. Type species: *Somatina simplicior* Butler, 1881. (Japan)

属征：雄性与雌性触角均为线形，不具纤毛。额不凸出。下唇须仅尖端伸出额外。前翅顶角有时凸出，外缘平直或弧形；后翅圆。雄性前翅基部通常不具泡窝。前翅 R_1 和 R_2 常完全合并。翅面常白色或灰色。雄性外生殖器：钩形突细长，基部宽，端部尖锐；抱器瓣简单，宽大，密被长刚毛；抱器背常平直；囊形突和阳端基环不发达；味刷发达；阳茎圆柱状；阳茎端膜常粗糙，具形状多样的角状器。雌性外生殖器：肛瓣短小；囊体有时具囊片。

分布：全世界。

种检索表

1. 前翅臀角具大黑斑 ························ **四点褶尺蛾 *L. chekiangensis***
   前翅臀角不具大黑斑 ························ 2
2. 前翅中线为云状斑 ························ **云褶尺蛾 *L. eximiaria***
   前翅中线不为云状斑 ························ 3
3. 前翅顶角附近具 1 枚黑色扁圆形斑 ························ **黑尖褶尺蛾 *L. percnosticta***
   前翅顶角附近不具黑色扁圆形斑 ························ 4
4. 前后翅外线黄褐色 ························ **虚褶尺蛾 *L. inamata***
   前后翅外线深灰色 ························ 5
5. 前后翅外线与端带等宽 ························ **台湾双带褶尺蛾 *L. platyleucata marginata***

前后翅外线较端带窄 ………………………………………………………………………………… 6

6. 前翅前缘黄褐色 ……………………………………………………………………………………… 7

前翅前缘不为黄褐色 ……………………………………………………………………………… 8

7. 前翅外线纤细，清楚 ………………………………………………… **克拉褶尺蛾 *L. claripennis***

前翅外线粗壮，模糊 ……………………………………………… **安褶尺蛾 *Lomographa anoxys***

8. 前后翅外线平直 …………………………………………………………………… **离褶尺蛾 *L. distans***

前后翅外线波曲 ……………………………………………………………… **淡灰褶尺蛾 *L. margarita***

(134) 虚褶尺蛾 *Lomographa inamata* (Walker, 1861)　(图版 10: 20)

Acidalia inamata Walker, 1861, *List Specimens lepid. Insects Colln Brit. Mus.*, 22: 755. (Sri Lanka)

Acidalia simpliciaria Walker, 1861, *List Specimens lepid. Insects Colln Brit. Mus.*, 23: 793. (India: North Hindostan)

Bapta inamata: Hampson, 1895, *Fauna Brit. India* (Moths), 3: 154.

Lomographa inamata: Inoue, 1977, *Bull. Fac. domestic Sci., Otsuma Woman's Univ.*, 13: 283.

前翅长：12 ~ 18 mm。翅面灰白色，散布黄褐色小点。前翅斑纹模糊，仅可见外线和中点；中点黑色，微小；外线黄褐色，平直，向内倾斜，接近前缘但并不到达前缘，内侧略带黄色，外侧灰白色，伸达后缘中部；缘毛浅黄色。后翅斑纹与前翅相似，但中点较前翅小，外线不与前翅外线构成 1 条直线。

采集记录：武夷山（三港）。

分布：福建、黑龙江、江西、广东、海南、广西、四川、云南；日本，印度，孟加拉国，斯里兰卡，印度尼西亚。

(135) 淡灰褶尺蛾 *Lomographa margarita* (Moore, 1868)　(图版 10: 21)

Cabera margarita Moore, 1868, *Proc. zool. Soc. Lond.*, 1867 (3): 647. (India)

Bapta conspersa Wileman, 1914a, *Entomologist*, 47: 201. (China: Taiwan)

Lomographa margarita: Inoue, 1992a, *in* Heppner & Inoue, *Lepid. Taiwan*, 1 (2): 112.

前翅长：雄性 15 ~ 16 mm。翅面白色，密布深灰色小点。前翅中点黑色，微小，清楚，位于中线外侧；中线灰色，细弱，下半段较清楚；外线深灰色，较中线粗壮，微波曲；无亚缘线；缘线深灰色，模糊；缘毛白色。后翅中点较前翅小且模糊；中线不可见；其余斑纹与前翅斑纹相似。

采集记录：武夷山（挂墩）。

分布：福建、台湾、云南；印度。

(136) 四点褶尺蛾 *Lomographa chekiangensis* (Wehrli, 1936) (图版 10：22)

Bapta chekiangensis Wehrli, 1936a, *Ent. Rdsch.*, 53: 563. (China: Zhejiang)

Lomographa chekiangensis: Parsons *et al.*, 1999, *in* Scoble, *Geometrid Moths of the World, a Catalogue*, 2: 552.

前翅长：雄性 13 ~ 15 mm。翅面白色，斑纹黑色。前翅无内线；中线平直；中点微小，清楚；中线和外线在前缘处形成黑色斑块；外线锯齿状，有时模糊，在脉上呈点状，在后缘处加粗；外线外侧散布黑色鳞片，在臀角处形成 1 个大黑斑；缘线在各脉端部加粗；缘毛灰白色。后翅中线模糊；中点与前翅相似；外线外侧散布稀少的黑色鳞片，在臀角处不形成黑斑；缘线不在各脉端部加粗。

采集记录：武夷山（大竹岚）。

分布：福建、浙江。

(137) 黑尖褶尺蛾 *Lomographa percnosticta* Yazaki, 1994 (图版 10：23)

Lomographa percnosticta Yazaki, 1994b, *Tyô to Ga*, 44 (4): 245, figs 14, 15, 35, 52. (China: Taiwan)

前翅长：雄性 13 ~ 14 mm。翅面银白色，密布深灰色小点。前翅内线和中线模糊，不可见；中点微小，模糊；外线和亚缘线是由深灰色小点组成的带，平直；亚缘线较外线粗壮，模糊，在近前缘处具 1 个黑色的近扁圆形的斑点；无缘线；缘毛颜色与翅面相同。后翅中点模糊；亚缘线在近前缘处不具黑斑；其余斑纹与前翅相似。雄性外生殖器（图版 36：6）：钩形突基部膨大；背兜较钩形突长，呈倒“V”形；抱器瓣端部略尖；阳茎端部骨化强；角状器由 1 列小三角形的骨片组成。

采集记录：武夷山。

分布：福建、台湾、广东；越南。

(138) 云褶尺蛾 *Lomographa eximiaria* (Oberthür, 1923) (图版 10：24)

Corycia eximiaria Oberthür, 1923, *Études Lépid. comp.*, 20: 234, pl. 553, fig. 4707. (China: Sichuan: Mou-pin)

Bapta eximia Wehrli, 1939, *in* Seitz, *Gross-Schmett. Erde*, 4 (Suppl.): 301, pl. 23: a.

Lomographa eximiaria: Parsons *et al.*, 1999, *in* Scoble, *Geometrid Moths of the World, a Catalogue*, 1: 553.

前翅长：雄性 17 mm，雌性 17 ~ 18 mm。翅白色。前后翅中点为黑色小点；前翅中线和前后翅外线为深灰色云状纹；前后翅亚缘线为 1 列模糊灰斑，在前翅 CuA 脉附近常消失或减弱；缘线黑色，在前翅绕过顶角延伸到前缘端部，并在 R_5 至 M_3 各翅脉端加粗形成内凸的小齿，该处亚缘线与缘线间散布深灰色鳞；缘毛白色，在前翅顶角和 M_3 之间掺杂灰色。

采集记录：武夷山（挂墩）。

分布：福建、陕西、浙江、湖南、四川。

(139) 台湾双带褶尺蛾 *Lomographa platyleucata marginata* (Wileman, 1914) (图版 10: 25)

Bapta platyleucata marginata Wileman, 1914a, *Entomologist*, 47: 201. (China: Taiwan)

Lomographa platyleucata marginata: Yazaki, 1994b, *Tyô to Ga*, 44 (4): 246.

前翅长：15 ~ 17 mm。翅面白色，密布银灰色小点，斑纹深灰色。前翅中点微小，位于中线外侧；中线粗壮，平直，在近前缘处略呈弧形；外线较中线粗壮且平直，在近后缘处略窄；外缘内侧具 1 条深灰色的宽带；缘线连续；缘毛深灰色掺杂白色。后翅无中线；外线粗壮，近弧形；其余斑纹与前翅相似。

采集记录：武夷山（挂墩）。

分布：福建、台湾。

(140) 离褶尺蛾 *Lomographa distans* (Warren, 1894) (图版 10: 26)

Bapta distans Warren, 1894a, *Novit. zool.*, 1: 404. (China)

Bapta ochrilinea Warren, 1894a, *Novit. zool.*, 1: 404. (China)

Lomographa distans: Inoue, 1977, *Bull. Fac. domestic Sci., Otsuma Woman's Univ.*, 13: 283.

前翅长：16 ~ 18 mm。翅面斑纹与淡灰褶尺蛾非常相似，但前后翅外线较细弱，且较平直。

采集记录：武夷山（挂墩）。

分布：福建、浙江；日本。

(141) 克拉褶尺蛾 *Lomographa claripennis* Inoue, 1977　(图版 11: 1)

Lomographa claripennis Inoue, 1977, *Bull. Fac. domestic Sci.*, *Otsuma Woman's Univ.*, 13: 322, fig. 54. (Japan: Shizuoka Prefecture, Odaru Spa, Nashimoto)

前翅长: 18~20 mm。翅面白色，密布深灰色小点。前翅前缘黄褐色；中点黑色，微小；中线深灰色，波曲，细弱；外线深灰色，在前缘附近浅弧形，其下直，在臀褶和2A处形成折角；外线外侧至外缘具1条深色模糊端带；缘线深灰色，连续；缘毛基部白色，端部深灰色。后翅中点较前翅小；中线模糊；外线深灰色，近弧形；其余斑纹与前翅相似。

采集记录: 武夷山（挂墩）。

分布: 福建、江西、台湾；日本。

(142) 安褶尺蛾 *Lomographa anoxys* (Wehrli, 1936)　(图版 11: 2)

Bapta anoxys Wehrli, 1936a, *Ent. Rdsch.*, 53: 514, fig. 5. (China: Hunan: Hoeng-Shan)

Bapta phaedra Wehrli, 1936a, *Ent. Rdsch.*, 53: 563, fig. 4. (China: Sichuan: Siao-Lou)

Lomographa laurentschwartzi Herbulot, 1992, *Bull. Soc. ent. Mulhouse*, 1992: 8. (China: Taiwan: near Wu Che, Mei Fon)

Lomographa anoxys: Xue, 1992, *in* Liu, *Icon. Forest Insects Hunan China*: 854, fig. 2790.

前翅长: 15~17 mm。体及翅白色，略带浅灰色。线纹深灰色。前翅内线和中线极模糊，一般不完整；中点黑色微小；外线微波曲，模糊。后翅具微小中点和浅弧形外线。前后翅缘线黄褐色，特别纤细；缘毛灰白色。

采集记录: 武夷山（挂墩）。

分布: 福建、甘肃、上海、浙江、湖北、江西、湖南、台湾、广东、四川。

77. 霞尺蛾属 *Nothomiza* Warren, 1894

Nothomiza Warren, 1894a, *Novit. zool.*, 1: 443. Type species: *Cimicodes costalis* Moore, 1868. (India)

Organomiza Wehrli, 1936b, *Ent. Rdsch.*, 54: 2. Type species: *Ellopia formosa* Butler, 1878. (Japan)

属征: 雄性触角双栉形或线形，具纤毛；雌性触角线形。额不凸出。下唇须细弱，尖端不伸达额外。前翅顶角圆，前后翅外缘弧形。雄性前翅基部不具泡窝。前

翅 R_1 自由，R_2 与 R_{3-5} 共柄。雄性外生殖器：钩形突短；背兜侧突发达；颚形突中突小；抱器背常具突起；囊形突端部略凸出；阳端基环骨化强；阳茎基部略粗；阳茎端膜具角状器。雌性外生殖器：囊体长，梨形，内壁常具刺，不具囊片。

分布：中国，俄罗斯，日本，印度，缅甸，不丹，印度尼西亚；中亚地区。

种检索表

1. 前翅前缘具黄色带 …… 2
   前翅前缘不具黄色带 …… **叉线霞尺蛾 *N. perichora***
2. 前翅前缘黄色带未伸达顶角 …… **黄缘霞尺蛾 *N. flavicosta***
   前翅前缘黄色带伸达顶角 …… **紫带霞尺蛾 *N. oxygoniodes***

(143) 黄缘霞尺蛾 *Nothomiza flavicosta* Prout, 1914 （图版 11：3）

Nothomiza flavicosta Prout, 1914, *Ent. Mitt.*, 3 (7/8): 249. (China: Taiwan)

前翅长：雄性 12 ~ 13 mm，雌性 11 ~ 13 mm。翅灰黄色，密布深灰褐色碎纹；前翅前缘为 1 条狭窄但鲜明的黄色带，在前缘外 1/3 处向下凸出 1 个粗大凸齿；黄带末端未到达顶角，但在顶角下方另具 1 个条形的黄斑；后翅可见深灰色外线；缘线消失，缘毛基半部紫褐色，端部浅灰色。

采集记录：武夷山（三港、挂墩）。

分布：福建、甘肃、浙江，湖南、台湾、广西、云南。

(144) 紫带霞尺蛾 *Nothomiza oxygoniodes* Wehrli, 1939 （图版 11：4）

Nothomiza formosa oxygoniodes Wehrli, 1939, *in* Seitz, *Gross-Schmett. Erde*, 4 (Suppl.): 320, pl. 24: e. (Japan: Tokyo)

Nothomiza oxygoniodes: Inoue, 1976, *Tinea*, 10 (2): 22.

Nothomiza aureolaria Inoue, 1982c, *in* Inoue *et al.*, *Moths of Japan*, 1: 563, pl. 103, figs 32, 33. (Japan: Honshu, Chiba Prefecture, Awa-gun, Hoda)

前翅长：雄性 19 mm，雌性 16 mm。翅色不均匀。前翅可见深灰褐色内线，直且内倾；翅中部散布紫红色，雄较雌明显；前缘黄带第 2 个凸齿宽大，齿尖向外倾斜，黄带末端伸达顶角，但在顶角处有紫褐色细线将其与顶角下方狭长的黄斑隔开；后翅色较浅；缘毛在前翅顶角至 M_2 处为黄色，M_2 以下和后翅为紫褐色至深灰褐色。雄性外生殖器（图版 36：7）：钩形突中部略粗，末端平；背兜侧突二叉状；抱器背细长，端部圆，中部之外内凹，其上缘锯齿状；抱器瓣中部具 1 处椭圆形骨化区域，其上密布刚毛；囊形突端部略凸出；阳端基环两侧具 1 对短指状突起，端部尖锐。

采集记录：武夷山（三港）。

分布：福建、安徽、湖南、海南、四川、贵州；日本。

(145) 叉线霞尺蛾 *Nothomiza perichora* Wehrli, 1940 （图版 11：5）

Nothomiza perichora Wehrli, 1940, *in* Seitz, *Gross-Schmett. Erde*, 4 (Suppl.): 321, pl. 24: f. (China: Zhejiang: Mokanshan)

前翅长：雄性 16 mm。翅面浅褐色，密布深褐色碎纹。前翅无内线和中线；中点黑褐色，微小；外线为深褐色宽带，在近前缘处较窄，内缘模糊，平直，由前翅顶角发出，伸达后翅后缘中部附近；无亚缘线；缘线深褐色，连续；缘毛颜色与翅面相同。后翅无中点，外线与前翅的相连，形成 1 条直线；其余斑纹与前翅相似。

采集记录：武夷山（挂墩）。

分布：福建、江苏、浙江、江西、湖南。

78. 平沙尺蛾属 *Parabapta* Warren, 1895

Parabapta Warren, 1895, *Novit. zool.*, 2: 121. Type species: *Bapta aetheriata* Graeser, 1889. (Russia: Amur River district, Chabarofka)

Organobapta Wehrli, 1938, *Mitt. münch. ent. Ges.*, 28: 82. Type species: *Jodis clarissa* Butler, 1878. (Japan: Yokohama; Hakodaté)

属征：雄性与雌性触角均为线形，雄性触角有时具纤毛。额不凸出。下唇须短小。前翅顶角略尖，外缘倾斜；后翅圆。雄性前翅基部常不具泡窝。前翅 R_1 与 R_2 长共柄。前翅外线常由顶角内侧发出并向内倾斜至后缘中部附近。雄性外生殖器：钩形突细长，弯曲呈钩状；颚形突中突发达；抱器瓣简单，宽大，端部圆；味刷发达；阳茎常骨化；阳茎端膜有时具角状器。雌性外生殖器：囊导管细长；囊体长圆形，具 1 个囊片。

分布：中国，俄罗斯，日本；朝鲜半岛。

(146) 斜平沙尺蛾 *Parabapta obliqua* Yazaki, 1989 （图版 11：6）

Parabapta obliqua Yazaki, 1989, *Japan Heterocerists' J.*, 154: 50 [English translation p. 51], figs

2, 4, 6. (China: Taiwan: Nantou Hsien, Chunyang)

前翅长：12～15 mm。前翅翅面嫩黄色；斑纹模糊，仅外线清楚，为深褐色平直带，边缘模糊，由顶角发出并向内倾斜至后缘中部附近，在顶角和后缘处扩大。后翅翅面浅黄白色，斑纹模糊。雄性外生殖器（Yazaki, 1989）：阳端基环骨化强，两侧各具 1 个带锯齿边缘的突起，其上密布小刺；阳茎端部弯曲，末端具微刺；阳茎端膜不具角状器。雌性外生殖器（Yazaki, 1989）：囊片为长三角形。

采集记录：武夷山（挂墩）。

分布：福建、陕西、浙江、台湾、广东。

79. 玛边尺蛾属 *Swannia* Prout, 1926

Swannia Prout, 1926, *J. Bombay nat. Hist. Soc.*, 31: 784. Type species: *Swannia marmarea* Prout, 1926. (Myanmar: Htawgaw)

属征：雄性与雌性触角均为线形。额略凸出。下唇须短，第 3 节小，不明显。前翅前缘近拱形，顶角尖，略凸出，外缘近平直；后翅圆。雄性前翅基部常不具泡窝。前翅 R_1 和 R_2 长共柄，共柄处与 Sc 稍合并，M_2 出自中室端脉偏上方，前后翅 M_3 与 CuA_1 共柄。翅面白色，斑纹模糊，前翅前缘红褐色。

分布：中国，尼泊尔，缅甸，越南，泰国。

(147) 玛边尺蛾 *Swannia marmarea* Prout, 1926 （图版 11：7）

Swannia marmarea Prout, 1926, *J. Bombay nat. Hist. Soc.*, 31: 784, pl. 1, fig. 16. (Myanmar: Htawgaw)

前翅长：16～17 mm。翅面白色，散布黑色小点，斑纹模糊。前翅前缘红褐色，其下方具 1 条细带，密布黑褐色斑点；中点黑色，微小；缘线黑色，清楚，在脉间常间断；缘毛褐色。后翅中点不明显；近外缘处黑色小点较密集；缘线在后半段模糊；缘毛褐色。

采集记录：武夷山（挂墩）。

分布：福建、广东；尼泊尔，缅甸，越南，泰国。

80. 印尺蛾属 *Rhynchobapta* Hampson, 1895

Rhynchobapta Hampson, 1895, *Fauna Brit. India* (Moths), 3: 143 (key), 194. Type species:

Noreia cervinaria Moore, 1888. (India: Darjeeling)

Phanauta Warren, 1896a, *Novit. zool.*, 3: 147. Type species: *Phanauta eburnivena* Warren, 1896. (India: Khasi Hills)

属征：雄性触角线形或双栉形，雌性触角线形。额不凸出。下唇须细长，端部伸达额外。前翅顶角略凸出，微呈钩状，外缘近弧形；后翅外缘锯齿状或在 M_3 处略凸出。雄性前翅基部常不具泡窝。前翅 R_2 与 R_{3+4}共柄。雄性外生殖器：钩形突细，背面与背兜上 1 个圆突重叠；抱器瓣基部宽，端部平，具刚毛；阳茎细；阳茎端膜具角状器。雌性外生殖器：囊导管短，后端骨化；囊体梨形，弱骨化，具 1 个大囊片，其边缘具小刺。

分布：中国，日本；朝鲜半岛，印度至东南亚地区。

(148) 线角印尺蛾 *Rhynchobapta eburnivena* Warren, 1896 （图版 11: 8）

Phanauta eburnivena Warren, 1896a, *Novit. zool.*, 3: 147. (India: Khasi Hills)

Nadagara albovenaria Leech, 1897, *Ann. Mag. nat. Hist.*, (6) 19: 302. (Japan.)

Rhynchobapta eburnivena: Prout, 1915, *in* Seitz, *Macrolepid. World*, 4: 346, pl. 18: e.

前翅长：17 mm。雄性触角线形。后翅外缘锯齿状。翅面深褐色，带红褐色调，翅脉白色。前翅内线白色，纤细，下半段较内倾；中点黑褐色；外线内半深褐色，外侧半边白色较宽，由顶角向内倾斜至后缘外 1/3 处；缘线深褐色，连续；缘毛黄白色掺杂少量深灰褐色。后翅中点较前翅小；外线浅弧形；其余斑纹与前翅的相似。雄性外生殖器（Holloway, 1994）：钩形突近方形；抱器瓣简单；阳端基环背面具 1 个长方形骨片，其端部分叉；阳茎细；角状器为 1 束细刺。

采集记录：武夷山（挂墩）。

分布：福建、湖北、湖南、海南、四川；日本，印度，印度尼西亚。

81. 紫沙尺蛾属 *Plesiomorpha* Warren, 1898

Plesiomorpha Warren, 1898, *Novit. zool.*, 5: 38. Type species: *Plesiomorpha vulpecula* Warren, 1898. (India: Khasi Hills)

属征：雄性与雌性触角均为线形，雄性触角具纤毛。额不凸出。下唇须细长，端部伸出额外。前翅顶角略凸出，尖锐；外缘浅弧形；后翅外缘在 M_3 之上波曲，在 M_3 端部凸出。雄性前翅基部常具泡窝。前翅 R_1 与 R_2 具 1 段短合并，R_2 与 R_{3-5}

共柄。翅面常紫褐色或褐色。雄性外生殖器：钩形突短；颚形突中突不发达；抱器瓣密被长刚毛；抱器背端部常具突起；囊形突端部略尖；阳茎短；阳茎端膜具角状器。

分布：中国，日本，韩国，印度。

(149) 金头紫沙尺蛾 *Plesiomorpha flaviceps* (Butler, 1881)　(图版 11：9)

Nadagara flaviceps Butler, 1881, *Trans. ent. Soc. Lond.*, 1881 (3): 419. (Japan)

Plesiomorpha flaviceps: Inoue, 1982c, *in* Inoue *et al.*, *Moths of Japan*, 1: 526.

前翅长：雄性 13 mm，雌性 13 ~ 15 mm。翅面紫褐色。前翅顶角凸出 1 个小尖角，前缘黄色，排布不规则黑褐色碎斑；内线和中线不可见；中点黑灰色，微小；外线模糊，近外缘，微波曲；缘毛深灰褐色，在翅脉间略浅，端部白色；雄性前翅基部具泡窝。后翅无中点，外线色深，其外侧半边灰白色；外缘中部略凸出，缘毛同前翅。雄性外生殖器（图版 36：8）：钩形突端部弯曲呈钩状；背兜侧突短而圆，端部具长刚毛；抱器瓣宽窄均匀，端部圆；抱器背近平直，基部内侧具 1 个小圆突，端部具 1 个小突起，其末端具 1 个小刺；阳端基环近圆形，骨化弱；阳茎端部略细，弱骨化；角状器由 2 根粗壮长刺组成。

采集记录：武夷山（建阳、挂墩）。

分布：福建、湖南、广东、海南；日本，印度。

82. 鲨尺蛾属 *Euchristophia* Fletcher, 1979

Euchristophia Fletcher, 1979, *in* Nye, *Generic Names Moths World*, 3: 80. Type species: *Pogonitis cumulata* Christoph, 1881. (Russia?)

属征：雄性触角双栉形，雌性触角线形。额略凸出。下唇须尖端不伸达额外。前翅前缘基部常隆起，顶角圆，前后翅外缘弧形。雄性前翅基部具泡窝。前翅 R_1 自由，R_2 与 R_{3+4} 共柄，R_{2-4} 与 R_5 共柄。前后翅中点黑色，近长方形。雄性外生殖器：钩形突细长；颚形突中突不发达；抱器瓣简单，宽窄均匀，端部圆，具长刚毛；囊形突宽舌状，基部内侧中央具 1 个圆突；阳端基环为 1 个小扁圆形骨片；阳茎短粗；阳茎端膜具角状器，为 1 个粗壮长刺突。

分布：中国，俄罗斯，日本；朝鲜半岛。

(150)金鲨尺蛾 *Euchristophia cumulata sinobia* (Wehrli, 1939)　(图版11: 10)

Pogonitis cumulata sinobia Wehrli, 1939, *in* Seitz, *Gross-Schmett. Erde*, 4 (Suppl.): 306, pl. 23: d. (China: Zhejiang)

Euchristophia cumulata sinobia: Xue, 1997, *in* Yang, *Insects of the Three Gorge Reservoir area of Yangtze river*: 1243.

前翅长：12～14 mm。翅面黄白色。前翅除前缘、中室和顶角区域外，其余密布黑色短横纹；内线、中线、外线和亚缘线为黄褐色弧形宽带，其中亚缘线最宽；中点黑色，清楚，近长方形；缘线不可见；缘毛黄白色。后翅中点内侧密布黑色短横纹；中点较前翅小；中线不可见；其余斑纹与前翅的相似。雄性外生殖器（图版36：9）：如属征。

采集记录：武夷山（三港、挂墩）。

分布：福建、陕西、甘肃、浙江、广西、四川。

83. 灰尖尺蛾属 *Astygisa* Walker, 1864

Astygisa Walker, 1864, *J. Proc. Linn. Soc.* (Zool.), 7: 192. Type species: *Astygisa larentiata* Walker, 1864. (Borneo: Sarawak)

Alana Walker, 1866, *List Specimens lepid. Insects Colln Brit. Mus.*, 35: 1567. Type species: *Alana rubiginata* Walker, 1866. (India: Hindostan)

Apopetelia Wehrli, 1936a, *Ent. Rdsch.*, 53: 567. Type species: *Tacparia morosa* Butler, 1881. (Japan: Tokyo)

属征：雄性触角双栉形，雌性触角线形。额略凸出。下唇须短粗，尖端不伸出额外。前翅顶角有时略凸出，外缘浅弧形；后翅圆。雄性前翅基部不具泡窝。前翅 R_1 和 R_2 合并。翅面深红色至深褐色；后翅中点白色或黄色。雄性部分腹节具味刷。雄性外生殖器：背兜侧突发达，具刚毛；颚形突中突不发达；抱器瓣简单，端部渐细，末端具刚毛；囊形突近半圆形；阳茎端膜具角状器。雌性外生殖器：前阴片发达；囊导管骨化；具附囊；囊体近椭圆形，部分粗糙，常不具囊片。

分布：中国，日本，印度，马来西亚，印度尼西亚。

(151)大灰尖尺蛾 *Astygisa chlororphnodes* (Wehrli, 1936) (图版11: 11)

Apopetelia chlororphnodes Wehrli, 1936a, *Ent. Rdsch.*, 53: 567, fig. 18. (China: Zhejiang;

Japan)

Astygisa chlororphnodes: Parsons *et al.*, 1999, *in* Scoble, *Geometrid Moths of the World, a Catalogue*, 1: 74.

前翅长：雄性 15～17 mm，雌性 17 mm。翅宽大；前翅顶角钝圆。翅面紫灰色至紫褐色，斑纹大部分模糊。前翅顶角下方有 1 条鲜明的蓝灰色斑；中点黑色，短条形，十分模糊。后翅中点白色，微小。前后翅中部具 1 条黄褐色宽带；缘线白色；缘毛在前翅顶角为灰白色，其余为紫灰色。雄性外生殖器（图版 36：10）：钩形突细长刺状，端部尖锐；背兜侧突膜质，短指状；抱器瓣端部圆，基部近方形；抱器背中部有 1 个小半圆形凹槽；阳端基环长圆形；阳茎细，后半部骨化；角状器为 2 根长刺。

采集记录：武夷山（三港、黄溪洲、挂墩）。

分布：福建、陕西、甘肃、浙江、江西、湖南、广西、四川、云南；日本。

84. 紫云尺蛾属 *Hypephyra* Butler, 1889

Hypephyra Butler, 1889, *Illust. typical Specimens Lepid. Heterocera Colln Brit. Mus.*, 7: 20, 101. Type species: *Hypephyra terrosa* Butler, 1889. (Japan)

Visitara Swinhoe, 1902, *Trans. ent. Soc. Lond.*, 1902: 621. Type species: *Visitara brunneiplaga* Swinhoe, 1902. (Indonesia: Sumatra)

属征：雄性与雌性触角均为线形，雄性触角具纤毛。额凸出，额毛簇发达。下唇须长，端部伸出额外，第 3 节明显。毛隆不横向延长。前翅顶角尖，有时凸出，外缘平直；后翅圆，外缘有时在 M_1 端部凸出。雄性前翅基部不具泡窝。前翅 Sc 与 R_1 部分合并，在近端部分离，R_2 自由。翅面褐色或黄褐色。雄性外生殖器：钩形突端部具 2 根刺；背兜侧突有时发达；颚形突中突细长；抱器瓣分为三叉，抱器背和抱器腹分离，中间膜质；抱器背常具指状突起；囊形突端部凸出，圆；阳茎圆柱形；阳茎端膜具角状器，常由细长刺组成；第 8 腹节腹板不具突起。雌性外生殖器：囊导管部分骨化；囊体梨形，具 1 个大囊片，边缘具小齿。

分布：中国，日本，印度，菲律宾，马来西亚，印度尼西亚。

(152) 紫云尺蛾 *Hypephyra terrosa* Butler, 1889 (图版 11：12)

Hypephyra terrosa Butler, 1889, *Illust. typical Specimens Lepid. Heterocera Colln Brit. Mus.*, 7: 20, 101, pl. 135, fig. 17. (Japan)

前翅长：23~25 mm。前翅顶角略凸出；前后翅外缘微波曲。翅面灰褐色，斑纹黑褐色，前翅内线与外线之间区域颜色较浅。前翅内线为双线，锯齿形，内侧的较模糊；中点短条形；中线波曲，在 M_3 之前清楚；外线锯齿形，在 M_3 之前加粗；亚缘线微波曲，模糊，其内侧在 M_3 与 CuA_1 之间具黑色斑块；缘线连续；缘毛深灰色掺杂黄褐色。后翅中点微小；中线模糊；外线锯齿形；其余斑纹与前翅的相似。雄性外生殖器（图版 36：11）：钩形突端部略细，末端近方形，具 2 根粗壮的长刺；背兜侧突不发达；颚形突中突细长舌状；抱器背长条状，端部圆，具刚毛，中部内侧具 1 个细长指状突，具刚毛，伸向抱器瓣中央区域端部附近；抱器瓣中央膜质区域三角形；抱器腹为 1 个细长杆状突，端部细，向内弯曲呈钩状，末端具短刺；阳端基环短，后缘凹入；角状器为 1 个端部尖锐的骨片和 1 束细刺。

采集记录：武夷山（三港）。

分布：福建、陕西、甘肃、上海、安徽、浙江、湖北、江西、湖南、广东、广西、四川、贵州、云南、西藏；日本，印度，马来西亚，印度尼西亚。

85. 庶尺蛾属 *Macaria* Curtis, 1826

Macaria Curtis, 1826, *Brit. Ent.*, 3: 132. Type species: *Phalaena liturata* Clerck, 1759. (Sweden)

Philobia Duponchel, 1829, *in* Godart & Duponchel, *Hist. nat. Lépid. Papillons Fr.*, 7 (2): 105, 195. Type species: *Phalaena notata* Linnaeus, 1758. (Europe)

Eupisteria Boisduval, 1840, *Genera Index meth. eur. Lepid.*: 192. Type species: *Geometra quinquaria* Hübner, [1822] 1796. (Europe)

Fidonia Herrich-Schäffer, 1855, *Syst. Bearbeitung Schmett. Eur.*, 6: 111, 128. Type species: *Geometra pinetaria* Hübner, [1799] 1796. (Europe) [Junior homonym of *Fidonia* Treitschke, 1825 (Geometridae: Ennominae).]

Dysmigia Warren, 1895, *Novit. zool.*, 2: 134. Type species: *Fidonia loricaria* Eversmann, 1837. (Russia: Kazan)

Prouticitis Bryk, 1938, *Parnassiana Neubrand.*, 5: 54. Type species: *Geometra artesiaria* Denis & Schiffermüller, 1775. (Central Europe, Caucasus)

Pseudoisturgia Povolny & Moucha, 1957, *Acta Ent. Mus. Nat. Prag.*, 31: 134. Type species: *Phalaena carbonaria* Clerck, 1759. (Europe)

属征：雄性触角锯齿状或线形，具纤毛；雌性触角线形。下唇须短。毛隆横向延长。后翅外缘微波曲，中部有时凸出。雄性前翅基部不具泡窝。前翅 R_1 与 R_2 共柄或常合并在一起。雄性外生殖器：钩形突端部具 2 根小刺；颚形突中突近三角形；

抱器瓣分叉，形成长条状抱器背和近圆形的抱器腹，抱器腹上常具骨化结构；第 8 腹节腹板常具 1 个尖突，中央形成 1 个深凹陷。

分布：古北界，东洋界，新北界，新热带界。

(153) 光连庶尺蛾 *Macaria continuaria mesembrina* (Wehrli, 1940) （图版 11: 13）

Semiothisa continuaria mesembrina Wehrli, 1940, *in* Seitz, *Gross-Schmett. Erde*, 4 (Suppl.): 387, pl. 31: d. (China: Hunan: Hoengshan)

Macaria continuaria mesembrina: Parsons *et al.*, 1999, *in* Scoble, *Geometrid Moths of the World, a Catalogue*, 2: 567.

前翅长：9 ~ 11 mm。翅面黄褐色。前翅内线、中线和外线褐色，纤细，均在中室中部向外弯折，之后平直，略向内倾斜；中点黑褐色，短条状，位于中线内侧；外线外侧常具深褐色的模糊带；顶角附近具 1 个灰白色斑；亚缘线模糊；缘线黑褐色，在脉间间断；缘毛褐色掺杂黄褐色。后翅中点较前翅小，位于中线外侧；中线中部略向内弯曲；外线略波曲；顶角附近不具灰白色斑；其余斑纹与前翅相似。

采集记录：武夷山（邵武）。

分布：福建、湖南。

86. 云庶尺蛾属 *Oxymacaria* Warren, 1894

Oxymacaria Warren, 1894a, *Novit. zool.*, 1: 438. Type species: *Azata palliata* Hampson, 1891. (India)

Heterocallia Leech, 1897, *Ann. Mag. nat. Hist.*, (6) 19: 212. Type species: *Heterocallia truncaria* Leech, 1897. (China: Sichuan: Moupin, Tachien-lu, Pu-tsu-fong, Che-tou)

Ligdiformia Wehrli, 1937a, *Ent. Z.*, 51: 119. Type species: *Macaria temeraria* Swinhoe, 1891. (India: Khasi Hills)

属征：雄性触角常呈锯齿形，具纤毛簇；雌性触角线形。额略凸出。下唇须短，端部不伸出额外。毛隆横向延长。前翅在顶角和 M_3 端部凸出；后翅外缘中部凸出。雄性前翅基部常具泡窝。前翅 Sc 与 R_1 部分合并，在近端部分离，R_2 自由，R_{3+4}与 R_5 共柄。前后翅亚缘线常白色。雄性外生殖器：钩形突短粗，端部圆，不具刺；颚形突中突宽舌状；抱器瓣短而圆，具长刺状抱器背基突；囊形突宽，端部圆；第 8 腹节腹板不具突起。

分布：古北界，东洋界，澳大利亚界。

种检索表

前翅外线在 M_1 至 2A 之间的各脉上具黑褐色斑块 …… **衡山云庶尺蛾 *O. normata hoengshanica***
前翅外线在 M_1 至 2A 之间的各脉上无黑褐色斑块 …………………… **云庶尺蛾 *O. temeraria***

(154) 云庶尺蛾 *Oxymacaria temeraria* (Swinhoe, 1891) (图版 11: 14)

Macaria temeraria Swinhoe, 1891, *Trans. ent. Soc. Lond.*, 1891: 492. (India: Khasi Hills)
Heterocallia temeraria: Yazaki, 1992, *in* Haruta, *Tinea*, 13 (Suppl. 2): 27, pl. 7: 33.
Semiothisa temeraria: Holloway, 1976, *Moths of Borneo with special reference to Mount Kinabalu*: 78.
Oxymacaria temeraria: Holloway, 1994, *Malay. Nat. J.*, 47: 160.

前翅长：13 mm。翅浅灰褐色。前翅外缘中部凸角弱小，其上方浅凹；后翅外缘中部凸出 1 个大角，使后翅端部整体呈三角形。前翅内线和前后翅中线灰褐色细带状，均十分模糊；中点微小，紧邻中线外侧；外线纤细，在前翅 M_1 处凸出 1 个尖角，其下方至后翅浅锯齿形；亚缘线白色，在前翅 CuA_1 以上为 1 列白点，CuA_1 以下为白线，伸达臀角，后翅亚缘线为稍粗的白线，下端伸达臀角；前后翅亚缘线与外线之间为 1 条灰褐色带，颜色深浅不均；亚缘线外侧浅色，但在前翅 M 脉附近深灰褐色；缘线灰褐色，在翅脉间形成深灰褐色小点；缘毛灰褐色。雄性外生殖器（图版 36：12）：钩形突端部圆；抱器瓣近短三角形，端部圆；抱器背基突中部弯曲，具长刚毛，末端具 1 根短刺；阳端基环短宽；阳茎短粗，两侧各具 1 个狭长的骨片；阳茎端膜不具角状器。

采集记录：武夷山（三港、坳头、挂墩）。

分布：福建、陕西、甘肃、湖北、湖南、台湾、海南、广西、四川、云南；日本，印度；克尔米什地区。

(155) 衡山云庶尺蛾 *Oxymacaria normata hoengshanica* (Wehrli, 1940) (图版 11: 15)

Semiothisa normata hoengshanica Wehrli, 1940, *in* Seitz, *Gross-Schmett. Erde*, 4 (Suppl.): 388, pl. 31: a. (China: Hunan: Höng-Shan)
Oxymacaria normata hoengshanica: Parsons *et al.*, 1999, *in* Scoble, *Geometrid Moths of the World, a Catalogue*, 2: 686.

前翅长：15 mm。翅面灰白色，斑纹褐色，密布褐色小点。前翅内线、中线和外线相互平行，在近前缘处颜色深，在前缘下方向内倾斜；中点模糊；外线为双线，在 M_1 至 2A 之间的各脉上常具黑褐色斑块，M_2、CuA_1 和 CuA_2 上的斑块常融合形成 1 个大斑；亚缘线白色，内侧在近顶角处具 1 块深褐色条状斑；缘线连续；缘毛基部灰白色，端部褐色。后翅中点为黑褐色小点；中线为模糊宽带；外线近弧形；亚缘线白色；其余斑纹与前翅斑纹相似。

采集记录：武夷山（挂墩）。

分布：福建、湖南。

87. 奇尺蛾属 *Chiasmia* Hübner, 1823

Chiasmia Hübner, 1823, *Verz. bekannter Schmett.*: 295. Type species: *Phalaena clathrata* Linnaeus, 1758. (Europe)

属征：雄性与雌性触角均为线形，雄性触角具纤毛。额不凸出。下唇须细，尖端伸出额外。毛隆横向延长。前后翅外缘中部有时凸出；后翅外缘微波曲。前翅 R_1 与 R_2 合并。雄性前翅基部有时具泡窝。雄性外生殖器：钩形突常粗壮，端部具 2 根长刺；颚形突中突发达；抱器瓣分叉，形成抱器背和抱器腹两部分；囊形突短宽；阳茎端膜具角状器；第 8 腹节腹板中央具 1 处浅凹陷。雌性外生殖器：囊体膜质，具 1 个囊片。

分布：全世界。

种检索表

1. 前后翅中线近平直 ………………………… **合欢奇尺蛾 *Ch. defixaria***
   前后翅中线波曲 ………………………… 2
2. 后翅中线内侧具深褐色宽带 ………………………… **污带奇尺蛾 *Ch. epicharis***
   后翅中线内侧不具深褐色宽带 ………………………… 3
3. 后翅外线不为双线 ………………………… **格奇尺蛾 *Ch. hebesata***
   后翅外线为双线 ………………………… 4
4. 前翅中点近半月形 ………………………… **坡奇尺蛾 *Ch. clivicola***
   前翅中点圆形 ………………………… **雨尺蛾 *Ch. pluviata***

(156) 合欢奇尺蛾 *Chiasmia defixaria* (Walker, 1861) （图版 11：16）

Macaria defixaria Walker, 1861, *List Specimens lepid. Insects Colln Brit. Mus.*, 23: 932. (China: North)

Macaria zachera Butler, 1878a, *Ann. Mag. nat. Hist.*, (5) 1: 405. (Japan)

Semiothisa defixaria: Wehrli, 1940, *in* Seitz, *Gross-Schmett. Erde*, 4 (Suppl.): 383.

Chiasmia defixaria: Parsons *et al.*, 1999, *in* Scoble, *Geometrid Moths of the World, a Catalogue*, 1: 129.

前翅长：雄性 13 ~ 16 mm，雌性 15 ~ 17 mm。前翅外缘中部微凸；后翅外缘中部凸出 1 个尖角。翅灰黄色，密布黑褐色小斑点，斑纹灰褐色。前翅顶角处有 1 块灰白色斑；内线在中室上方向外弯曲，在中室下方近乎平直；中点在中线外侧，短条状，有时其上端与中线接触；中线平直；外线在 M 脉之间向外呈圆形凸出，凸角内侧有 1 条浅弧形灰线；外线外侧有时有灰褐色带；缘线连续；缘毛浅黄色，在翅脉端黑褐色。后翅中点小；外线为双线，近平直，其外侧在 M_3 与 CuA_1 之间有 1 个小黑点，有时消失；其余斑纹与前翅斑纹相似。雄性外生殖器（图版 36：13）：钩形突端部圆；颚形突中突近三角形，端部略圆；抱器背细长，平直，端部圆，腹侧中部具 1 短指状突；抱器腹为短三角形；阳茎弱骨化；角状器由小刺组成；第 8 腹节腹板末端骨化并向内凹入，形成 1 个骨化刺突。

采集记录：武夷山（三港、坳头、大竹岚、黄溪洲）。

分布：福建、山东、河南、陕西、甘肃、江苏、浙江、湖北、江西、湖南、广西、四川、贵州；日本；朝鲜半岛。

(157) 格奇尺蛾 *Chiasmia hebesata* (Walker, 1861) (图版 11: 17)

Macaria hebesata Walker, 1861, *List Specimens lepid. Insects Colln Brit. Mus.*, 23: 931. (China: Shanghai; India)

Macaria proditaria Bremer, 1864, *Mém. Acad. Sci. St. Pétersb.*, (7) 8 (1): 81, pl. 7: 7. (Russia: East Siberia, Bureja Mountains)

Macaria maligna Butler, 1878a, *Ann. Mag. nat. Hist.*, (5) 1: 405. (Japan)

Azata flexilinea Warren, 1897b, *Novit. zool.*, 4: 251. (China: West)

Macaria sinicaria Walker, 1863, *List Specimens lepid. Insects Colln Brit. Mus.*, 26: 1650. (China)

Semiothisa hebesata: Wehrli, 1940, *in* Seitz, *Gross-Schmett. Erde*, 4 (Suppl.): 385.

Chiasmia hebesata: Parsons *et al.*, 1999, *in* Scoble, *Geometrid Moths of the World, a Catalogue*, 1: 131.

前翅长：11 ~ 12 mm。翅面灰黄褐色至灰褐色，前后翅外线外侧区域颜色较深。前翅内线和中线在前缘下方向外凸出，其下方近平直，内倾；中点半月形；外线内侧影带不明显，在 M 脉之间向外呈圆形凸出，凸角内侧具浅弧形模糊细线；外线外侧凸角下方有时具深色斑纹；缘线深灰褐色，在翅脉上呈小齿状；缘毛灰褐色。后翅中线波曲；中点在中线外侧，较前翅的小；外线近平直，其外侧深色斑块通常较弱，甚至消失；其余斑纹与前翅斑纹相似。

采集记录：武夷山（三港、崇安城关、挂墩）。

分布：福建、辽宁、北京、河北、山东、山西、河南、陕西、甘肃、青海、江苏、浙江、湖南、台湾、广西、贵州；俄罗斯，日本；朝鲜半岛。

(158) 雨尺蛾 *Chiasmia pluviata* (Fabricius, 1798) (图版 11：18)

Phalaena pluviata Fabricius, 1798, *Ent. Syst.*, (Suppl.): 456. (India)

Macaria breviusculata Walker, 1863, *List Specimens lepid. Insects Colln Brit. Mus.*, 26: 1650. (China)

Semiothisa diplotata Felder & Rogenhofer, 1875, *Reise öst. Fregatte Novara* (Zool.), 2 (Abt. 2): pl. 128, fig. 16. (India)

Godonela, as *Gonodela horridaria* Moore, 1888a, *in* Hewitson & Moore, *Descr. new Indian lepid. Insects Colln late Mr W. S. Atkinson*, 3: 262. (India)

Macaria sufflata Guenée, 1858, *in* Boisduval & Guenée, *Hist. nat. Insectes* (Spec. gén. Lépid.), 10: 88; ibidem (1858), Atlas; pl. 17, fig. 8. (India)

Chiasmia pluviata: Parsons *et al.*, 1999, *in* Scoble, *Geometrid Moths of the World, a Catalogue*, 1: 134.

前翅长：雄性 12 mm，雌性 13 mm。翅面灰褐色，前后翅基部至外线以内区域颜色较浅，斑纹黑褐色。前翅顶角内下方具 1 个白色斑块；内线近弧形；中线波曲；中点小，色深；外线色较深，在 R_5 和 M_2 之间向外呈圆形凸出，在 M_2 以下呈双线，与外缘近乎平行；无亚缘线；缘线连续，不间断。后翅中线微波曲，位于中点内侧；外线近平直，为双线；外线外侧 M_3 附近具 1 个黑褐色的小斑块；缘线和中点与前翅的相似。

采集记录：武夷山（坳头、三港）。

分布：福建、北京、河北、上海、浙江、湖南、广东、广西、云南、西藏；印度，缅甸，越南；朝鲜半岛。

(159) 污带奇尺蛾 *Chiasmia epicharis* (Wehrli, 1932)　(图版 11：19)

Semiothisa epicharis Wehrli, 1932b, *Int. ent. Z.*, 26 (29): 335. (China: Sichuan: Siaolu;

Tiensuen; Taytuho; Tibet)

Chiasmia epicharis: Parsons *et al.*, 1999, *in* Scoble, *Geometrid Moths of the World, a Catalogue*, 1: 130.

前翅长：雄性 15～17 mm。此种的翅面斑纹与雨尺蛾相似，但可利用以下特征来区分：前后翅中线内侧具深褐色宽带；前翅外线外侧近前缘处具 1 个明显的褐色斑块；后翅外线外侧在 M_1 与 M_3 之间和在 M_3 和 CuA_1 之间各具 1 个深褐色大斑，而雨尺蛾则只在 M_3 附近具 1 个黑褐色小斑。

采集记录：武夷山。

分布：福建、广东、海南、四川、云南、西藏。

(160) 坡奇尺蛾 *Chiasmia clivicola* (Prout, 1926) （图版 11: 20）

Semiothisa clivicola Prout, 1926, *J. Bombay nat. Hist. Soc.*, 31: 794. (Myanmar)

Chiasmia clivicola: Parsons *et al.*, 1999, *in* Scoble, *Geometrid Moths of the World, a Catalogue*, 1: 129.

前翅长：17 mm。本种翅面斑纹也与雨尺蛾类似，但区别如下：本种翅面黄褐色，而雨尺蛾翅面颜色较灰；本种前翅中点近半月形，而雨尺蛾的中点为圆形；后翅外线外侧 M_3 附近褐色斑块较雨尺蛾的大。

采集记录：武夷山（三港）。

分布：福建、湖南、江西、广西、四川；印度，缅甸。

88. 图尺蛾属 *Orthobrachia* Warren, 1895

Orthobrachia Warren, 1895, *Novit. zool.*, 2: 121. Type species: *Stegania latifasciata* Moore, 1888. (India)

属征：雄性触角双栉形，雌性触角线形。额不凸出。下唇须细，端部伸达额外。前翅外缘弧形；后翅圆。雄性前翅基部不具泡窝。前翅 Sc 与 R_1 部分合并，R_2 与 R_{3+4} 共柄。翅脉颜色深。雄性外生殖器：钩形突近三角形；颚形突中突不发达；抱器背常弯曲；抱器瓣密布长刚毛，端部圆，中部常具突起；囊形突大，半圆形；阳端基环发达；阳茎圆柱形；阳茎端膜具角状器。

分布：中国，印度，尼泊尔。

种检索表

前翅臀角区域不具斑块 ………………………………………… **黄图尺蛾 *O. flavidior***

前翅臀角区域具 1 块灰褐色大斑 ································ **猫儿山图尺蛾 *O. maoershanensis***

(161) 黄图尺蛾 *Orthobrachia flavidior* (Hampson, 1898) (图版 11: 21)

Stegania flavidior Hampson, 1898a, *J. Bombay nat. Hist. Soc.*, 11: 714. (India)
Orthobrachia flavidior: Yazaki, 1992, *in* Haruta, *Tinea*, 13 (Suppl. 2): 22, pl. 7: 9.

前翅长：雄性 13 mm，雌性 20 mm。前后翅翅脉深褐色，非常明显。前翅翅面枯黄色，略带红色鳞片，密布深褐色短横纹；内线深褐色，波曲；中线模糊；中点为深褐色长条状；外线深褐色，在 CuA_2 上向外凸出呈 1 个尖角；外线内侧略带灰色；无亚缘线；缘线深褐色，连续；缘毛深褐色掺杂黄褐色。后翅外线内侧区域灰色；外线外侧具深褐色宽带，在 M_1 上方扩展至外缘；中点深褐色，椭圆形，较前翅大；缘线和缘毛与前翅相似。雄性外生殖器（图版 36：14）：钩形突端部尖锐；抱器背基部具 1 个梯形骨化突，其外侧向内凹入，端半部向内弯曲；抱器瓣中部具近方形突起，端部具刚毛；阳端基环葫芦状，后缘中央略凹入，两侧具略厚的边缘；角状器为 3 个长圆形骨片，其端部渐细。

采集记录：武夷山（三港）。

分布：福建、湖北、广西；印度，尼泊尔。

(162) 猫儿山图尺蛾 *Orthobrachia maoershanensis* Huang, Wang & Xin, 2003 (图版 11: 22)

Orthobrachia maoershanensis Huang, Wang & Xin, 2003, *Tinea*, 17 (5): 229. (China: Guangxi: Maoer Shan)

前翅长：雄性 13 ~ 15 mm，雌性 15 ~ 17 mm。翅面浅黄色，斑纹褐色，散布短横纹。前翅内线模糊；中线在近前缘处较宽，近平直，在中室下方向内折，后垂直于后缘；中点近椭圆形；外线在近前缘处加宽，在 CuA_2 之上近平直，在 CuA_2 之下向内折，后垂直于后缘；臀角区域具 1 个灰褐色大斑；无亚缘线；缘线清楚，连续；缘毛黄褐色掺杂褐色。后翅无中线；外线外侧具宽带，在 M_3 上方扩展至外缘；缘线和缘毛与前翅的相似；中点较前翅小。

采集记录：武夷山（三港）。

分布：福建、广西。

89. 辉尺蛾属 *Luxiaria* Walker, 1860

Luxiaria Walker, 1860, *List Specimens lepid. Insects Colln Brit. Mus.*, 20: 231. Type species:

Luxiaria alfenusaria Walker, 1860. (Borneo)

属征： 雄性与雌性触角均为线形，雄性触角具纤毛。额不凸出。下唇须细，端半部伸出额外。前翅顶角有时凸出，外缘倾斜；后翅外缘锯齿状或平滑，有时中部凸出。雄性前翅基部常具泡窝。前翅 R_1 和 R_2 合并，Sc 和 R_1 在近端部具 1 点合并。雄性外生殖器：钩形突短，端部深分叉，凹陷的背面具 1 个短刺突；颚形突中突退化；抱器瓣分叉，形成抱器背和抱器腹两部分，之间由骨片连接，骨片边缘强骨化，常具折角；抱器背常具刚毛；抱器腹与抱器背等长或略长，细，近端部弯曲且具突起；囊形突长；阳茎端膜具 1 个刺状角状器。雌性外生殖器：囊导管长，高度骨化，具纵纹；囊体膜质，后端褶皱，不具囊片。

分布： 古北界，东洋界，澳大利亚界。

种检索表

前翅亚缘线为颜色不均匀的深色带，在近后缘处形成深色斑块 ………… **云辉尺蛾 *L. amasa***
前翅亚缘线细弱，颜色较浅，在近后缘处不形成深色斑块 ………… **辉尺蛾 *L. mitorrhaphes***

(163) 云辉尺蛾 *Luxiaria amasa* (Butler, 1878) (图版 11: 23)

Bithia amasa Butler, 1878a, *Ann. Mag. nat. Hist.*, (5) 1: 405. (Japan)
Luxiaria fasciosa Moore, 1888a, *in* Hewitson & Moore, *Descr. new Indian lepid. Insects Colln late Mr W. S. Atkinson*, 3: 254. (India)
Luxiaria fulvifascia Warren, 1894a, *Novit. zool.*, 1: 440. (Sumatra)
Luxiaria contigaria amasa: Prout, 1915, *in* Seitz, *Macrolepid. World*, 4: 350.
Luxiaria amasa: Wehrli, 1940, *in* Seitz, *Gross-Schmett. Erde*, 4 (Suppl.): 407, pl. 33: b.

前翅长：雄性 19～21 mm。翅面黄褐色，斑纹深褐色。前翅顶角略凸出；内线、中线和外线在前缘处形成 3 个大斑点；内线和中点模糊；中线在 M_3 处呈手肘状转折；外线近弧形，在各脉上呈点状，其外侧至外缘为深褐色宽带，仅在顶角处色浅；亚缘线锯齿形，常间断，在近后缘处颜色较深；缘线深褐色，不明显。后翅外缘锯齿形；基部具 1 个小黑斑；中线近平直，近前缘处模糊；外线近后缘处略波曲，外线外侧的深色宽带较前翅宽，下半部分裂；亚缘线较前翅连续；缘线和中点与前翅的相似。雄性外生殖器（图版 37：1）：钩形突端部浅凹入；抱器背端部近方形；抱器腹腹缘近基部呈三角形凸出；抱器腹近端部弯曲，蛇头状，背缘具 1 个细钩状突起；阳端基环具 1 对三角形骨片；阳茎端部具 1 个短指状突。

采集记录： 武夷山（三港、挂墩）。

分布：福建、陕西、甘肃、浙江、湖北、江西、湖南、台湾、广东、海南、香港、广西、四川、云南、西藏；俄罗斯，日本，印度，尼泊尔，马来西亚、印度尼西亚；朝鲜半岛。

(164) 辉尺蛾 *Luxiaria mitorrhaphes* Prout, 1925 （图版 11：24）

Luxiaria mitorrhaphes Prout, 1925, *Novit. zool.*, 32: 64. (India)

前翅长：雄性 18 mm，雌性 19 ~ 20 mm。前翅顶角尖，外缘直且倾斜；后翅外缘锯齿形。翅面灰黄色，斑纹灰褐色。前翅内线模糊或消失，常在前缘、中室下缘和后缘形成暗色斑点；中点微小；中线模糊，在前缘形成暗色小斑；外线在翅脉上有 1 列小点，其外侧为 1 条宽窄不均匀的深色带；亚缘线浅色锯齿状；缘线极细弱，在翅脉间有小黑点；缘毛浅黄色。后翅外缘锯齿状；中点较前翅小，清晰；中线近弧形；其余斑纹与前翅斑纹相似。雄性外生殖器（图版 37：2）：钩形突短，端部骨化，形成 1 对圆突；抱器背端部圆，中部略粗，腹缘中部外侧具 1 个短突，伸向抱器腹，其端部具小刺；抱器腹较抱器背长，端半部略细，近端部弯曲，具 1 个细钩状突起；阳茎略细；阳茎端膜粗糙。

采集记录：武夷山（三港、黄岗山）。

分布：福建、吉林、北京、河南、陕西、甘肃、青海、江苏、浙江、湖北、江西、湖南、台湾、广东、海南、广西、四川、重庆、贵州、云南、西藏；日本，印度，不丹，缅甸，印度尼西亚。

90. 双线尺蛾属 *Calletaera* Warren, 1895

Calletaera Warren, 1895, *Novit. zool.*, 2: 132. Type species: *Macaria ruptaria* Walker, 1861. (Borneo)

Bithiodes Warren, 1899, *Novit. zool.*, 6: 354 (nec *Bithiodes* Warren, 1894). Type species: *Luxiaria obliquata* Moore, 1888. (India)

属征：本属外形与辉尺蛾属外部非常相似，可利用以下外生殖器特征区别：雄性抱器背和抱器腹之间不具骨片连接；雌性囊体具囊片。

分布：古北界，东洋界，澳大利亚界。

(165) 斜双线尺蛾 *Calletaera obliquata* (Moore, 1888) （图版 11：25）

Luxiaria obliquata Moore, 1888a, *in* Hewitson & Moore, *Descr. new Indian lepid. Insects Colln late*

Mr W. S. Atkinson, 3: 254. (India)

Bithiodes obliquata: Warren, 1899a, *Novit. Zool.*, 6: 354

Calletaera obliquata: Jiang *et al.*, 2014, *Zootaxa*, 3856(1): 81.

前翅长：雄性 20 mm。翅黄白色，斑纹浅黄褐色。前翅顶角尖，外缘和后缘平直；内线、中线和外线为 3 条相互平行且向内倾斜的直线；中点模糊；外线由顶角向下延伸至后缘中部，在 M_1 以下展宽为带状，其内缘具 1 条锯齿状细线；亚缘线为双线，近后缘处清楚；缘线在翅脉端呈黑点状；缘毛黄白色。后翅外缘在 M_1 处凸出 1 个小尖角，其上方有 2 个浅波曲；斑纹与前翅斑纹相似。

采集记录：武夷山（坳头、三港、大竹岚、挂墩）。

分布：福建、江西、广东、海南、广西、四川、云南、西藏；印度，尼泊尔。

91. 虎尺蛾属 *Xanthabraxas* Warren, 1894

Xanthabraxas Warren, 1894a, *Novit. zool.*, 1: 422. Type species: *Abraxas hemionata* Guenée, 1858. (China: North)

属征：雄性与雌性触角均为线形。额略凸出。下唇须端部伸达额外。雄性前翅基部不具泡窝。前翅 R_1 和 R_2 分离。翅黄色，前后翅外线外侧在翅脉上排列放射状纵向条纹。雄性外生殖器：钩形突细长，端部尖锐；颚形突中突小，骨化强，端部略尖；抱器瓣简单，密被刚毛，端部窄且圆；抱器背近平直；基腹弧延长，两侧具味刷；阳端基环端部具 2 个半圆形骨片，中部两侧具 1 对细长突，其端部膨大，骨化强；阳茎圆柱形，端部具 1 个细长刺突；角状器为长方形的刺状斑。雌性外生殖器：前阴片后缘中央呈半圆形凹陷；囊导管短，膜质；囊体长，后端密布小刺，前端膨大呈椭圆形，具 1 个长圆形囊片，其上密布小齿。

分布：中国。

(166) 中国虎尺蛾 *Xanthabraxas hemionata* (Guenée, 1858)　(图版 12: 1)

Abraxas hemionata Guenée, 1858, *in* Boisduval & Guenée, *Hist. nat. Insectes* (Spec. gén. Lépid.), 10: 208. (China: North)

Xanthabraxas hemionata: Warren, 1894a, *Novit. zool.*, 1: 422.

前翅长：雄性 26 ~ 29 mm。翅面黄色，斑纹黑色。前翅基部有 2 个大斑，内线和外线相向弯曲，带状，在 CuA_2 下方接近或接触；中点巨大；翅基部和前缘附近以及中点周围散布不规则碎斑；外线外侧在翅脉上排列放射状纵条纹，其间散布零星小点；缘毛在翅脉端呈深灰褐色。后翅斑纹同前翅斑纹相似，但无内线。雄性外生殖器（图版37：3）：同属征描述。雌性外生殖器（图版57：1）：同属征描述。

采集记录：武夷山（三港、崇安星村七里桥、挂墩）。

分布：福建、安徽、浙江、湖北、江西、湖南、广东、广西、四川。

92. 蜻蜓尺蛾属 *Cystidia* Hübner, 1819

Cystidia Hübner, 1819, *Verz. bekannter Schmett.*: 174. Type species: *Phalaena stratonice* Stoll, 1782. (Japan)

属征：雄性与雌性触角均为线形。额不凸出，有时具长鳞毛。下唇须细长，端半部伸出额外或短小细弱。翅狭长。雄性前翅基部不具泡窝。前翅 R_1 和 R_2 分离。翅面白色，斑纹黑色带状，前后翅前缘和端部具黑色带。腹部细长。雄性外生殖器：钩形突延长；颚形突中突端部尖锐；抱器瓣简单，宽窄均匀，端部钝圆，具长刚毛；阳茎短粗；阳茎端膜具角状器，由30余根短刺组成。

分布：中国，俄罗斯，日本，印度；朝鲜半岛。

种检索表

后翅具中线 ………………………………………………………… **小蜻蜓尺蛾 *C. couaggaria***
后翅不具中线 ………………………………………………………… **蜻蜓尺蛾 *C. stratonice***

(167) 小蜻蜓尺蛾 *Cystidia couaggaria* (Guenée, 1858) (图版12: 2)

Abraxas couaggaria Guenée, 1858, *in* Boisduval & Guenée, *Hist. nat. Insectes* (Spec. gén. Lépid.), 10: 202. (Indes orientales?)

Halthia eurypile Ménétriés, 1859, *Bull. phys.-math. Acad. imp. Sci. St. Pétersb.*, 17 (12–14): 217. (Russia: Siberia)

Halthia eurymede Motschulsky, 1861, *Études ent.*, 9: 30. (Japan)

Abraxas interruptaria Felder & Felder, 1863, *Wien. ent. Monatschr.*, 6: 39. (China: Tse-Kiang)

Cystidia couaggaria: Prout, 1915, *in* Seitz, *Macrolepid. World*, 4: 308, pl. 14: h.

前翅长：雄性19~23 mm，雌性22 mm。翅白色，斑纹黑褐色。前翅内线、中线和外线带状，中线和外线在两翅前缘和前翅后缘互相融合；中点不可见；翅端部为1条黑褐色宽带；有时黑褐色斑纹扩展并占据绝大部分翅面，白色的底色被切割成若干不规则形碎块；缘毛黑褐色。后翅斑纹与前翅斑纹相似。

采集记录：武夷山（邵武）。

分布：福建、东北、华北、山西、甘肃、浙江、湖北、江西、湖南、台湾、广西、四川、贵州；俄罗斯，日本，印度；朝鲜半岛。

(168) 蜻蜓尺蛾 *Cystidia stratonice* (Stoll, 1782) （图版 12：3）

Phalaena Bombyx stratonice Stoll, 1782, *in* Cramer, *Uitlandsche Kapellen* (Papillons exot.), 4: 234, 252 (index), pl. 398, fig. K. (Japan)

Vithora agrionides Butler, 1875, *Ann. Mag. nat. Hist.*, (4) 15: 137. (Japan: Hakodadi)

Cystidia stratonice: Hübner, 1819, *Verz. bekannter Schmett.*: 174.

Cystidia stratonice: Prout, 1915, *in* Seitz, *Macrolepid. World*, 4: 308, pl. 14: g.

Cystidia stratonice postmaculata Wehrli, 1934, *Int. ent. Z.*, 27: 512, figs 9, 10. (China: Shanghai; Taiwan)

前翅长：31 mm。翅面灰白色，斑纹灰黑色，宽窄常有变化，边界模糊不清。前翅无内线，中线和外线在中室下方有接触。前、后翅中点不可见；翅端部具宽带，在近前缘处略宽；无亚缘线；缘线黑色；缘毛灰黑色掺杂灰白色。后翅基部具 1 个小斑点；无中线；外线在中室下方呈手肘状转折；亚缘线、缘线、缘毛和中点与前翅的相似。雄性外生殖器（图版 37：4）：钩形突细长，棒状；颚形突中突骨化强，近三角形，端部具小刺；抱器背平直；抱器腹骨化；阳端基环端半部渐细，末端尖锐，后缘中央分叉至中部；阳茎短，后半部略粗；角状器为 1 束短刺。

采集记录：武夷山（坳头）。

分布：福建、东北、华北、山西、甘肃、上海、浙江、湖北、江西、湖南、台湾、广西、四川；俄罗斯，日本，印度；朝鲜半岛。

93. 长翅尺蛾属 *Obeidia* Walker, 1862

Obeidia Walker, 1862, *List Specimens lepid. Insects Colln Brit. Mus.*, 24: 1107, 1139. Type species: *Obeidia vagipardata* Walker, 1862. (China: North)

属征：雄性与雌性触角均为线形。额凸出。下唇须细长，端部伸出额外。翅狭长，顶角钝圆。前翅 R_1 和 R_2 分离。前翅和后翅端半部橘黄色，翅面散布黑色斑点。雄性外生殖器：钩形突长刺状；颚形突中突宽，末端圆，具小刺；抱器瓣宽窄均匀，端部圆，具长刚毛；抱器腹骨化，端半部向内形成 1 处近三角形骨化区域，抱器腹末端具1根短刺；囊形突短宽，端部圆；阳端基环端部分叉，形成1对细指状突；阳茎短粗，骨化，后端形成1个细突；角状器由1圈30余根短刺组成。雌性外生殖器：前表皮突长度约为后表皮突长度的一半；交配孔宽，骨化；囊导管和囊体短粗，不具囊片。

分布：中国。

(169) 豹长翅尺蛾 *Obeidia vagipardata vagipardata* Walker, 1862 （图版 12：4）

Obeidia vagipardata Walker, 1862, *List Specimens lepid. Insects Colln Brit. Mus.*, 24: 1139. (China: North)

前翅长：雄性 23～25 mm，雌性 23～26 mm。翅橘黄色；后翅基半部白色。翅面散布黑色斑点；后翅较前翅密集，位置和数目随个体而变化。前后翅中点明显，巨大，圆形；缘线和缘毛各有1列黑褐色小点。其余斑纹均不明显。雄性外生殖器（图版 37：5）：同属征描述。雌性外生殖器：同属征描述。

采集记录：武夷山（挂墩、坳头）。

分布：福建、湖北、江西、湖南、台湾、广西、贵州。

94. 狭长翅尺蛾属 *Parobeidia* Wehrli, 1939

Parobeidia Wehrli, 1939, *in* Seitz, *Gross-Schmett. Erde*, 4 (Suppl.): 268. Type species: *Obeidia gigantearia* Leech, 1897. (China: Kwei-chow; Sichuan: Omei-shan, Moupin; Hubei: Chang-yang)

属征：本属与长翅尺蛾属相似，但亦有区别，本属主要特征如下：体型较大；前翅极狭长，顶角凸且尖，外缘倾斜；前翅基部、前后翅前缘和端部橘黄色。雄性外生殖器：颚形突中突较小，端部尖锐，不具小刺；抱器腹不具突起；囊形突较长；阳端基环端部指状突较长；阳茎较细长，中部略粗，端半部具1个细长骨片，其端部平，角状器由十余根粗壮短刺组成。雌性外生殖器：囊导管圆柱形，骨化；囊体较大，球形，具囊片；囊片圆形，边缘具小齿。

分布：中国，缅甸。

(170) 狭长翅尺蛾 *Parobeidia gigantearia* (Leech, 1897) （图版 12：5）

Obeidia gigantearia Leech, 1897, *Ann. Mag. nat. Hist.*, (6) 19: 458. (China: Kwei-chow;

Sichuan: Omei-shan, Moupin; Hubei: Chang-yang)

Obeidia (*Parobeidia*) *gigantearia*: Wehrli, 1939, *in* Seitz, *Gross-Schmett. Erde*, 4 (Suppl.): 268.

Obeidia (*Parobeidia*) *gigantearia longimacula* Wehrli, 1939, *in* Seitz, *Gross-Schmett. Erde*, 4 (Suppl.): 268. (China: Yunnan; Taiwan)

Parobeidia gigantearia: Inoue, 2003, *Tinea*, 17 (3): 149.

前翅长：雄性 37 ~ 42 mm，雌性 41 ~ 42 mm。前后翅基部、前缘和端部黄色，密布大小不等的黑色斑点，其他区域白色。前翅无内线；中点巨大，圆形；外线由 1 列大斑构成，近平直，M_3 处的斑与中点接触；外线外侧碎斑点连成宽带状；缘毛黄色掺杂黑色。后翅斑纹与前翅斑纹相似。雄性外生殖器：同属征描述。雌性外生殖器：同属征描述。

采集记录：武夷山（三港、大竹岚、挂墩）。

分布：福建、陕西、甘肃、浙江、湖北、江西、湖南、台湾、广东、广西、四川、贵州、云南；缅甸。

95. 拟长翅尺蛾属 *Epobeidia* Wehrli, 1939

Epobeidia Wehrli, 1939, *in* Seitz, *Gross-Schmett. Erde*, 4 (Suppl.): 267. Type species: *Abraxas tigrata* Guenée, 1858. (India)

属征：本属外部形态特征与狭长翅尺蛾属相似，但前翅不如狭长翅尺蛾属狭长；体型较小；雄性外生殖器的钩形突、颚形突中突、抱器瓣和阳端基环也与狭长翅尺蛾属相似，主要区别在于本属的阳茎粗细均匀，端半部不具细长骨片。雌性外生殖器：囊导管骨化；囊体大，椭圆形，褶皱，具囊片；囊片圆形，边缘具小齿。

分布：中国，日本，印度，越南，尼泊尔；朝鲜半岛。

种检索表

前翅翅面中部橘黄色，如有白色仅限于 CuA_2 以下 …… **猛拟长翅尺蛾 *E. tigrata leopardaria***

前翅翅面中部大部白色 …………………………………… **散长翅尺蛾 *E. lucifera conspurcata***

(171) 猛拟长翅尺蛾 *Epobeidia tigrata leopardaria* (Oberthür, 1881)　(图版 12: 6)

Rhyparia leopardaria Oberthür, 1881, *Études d' Ent.*, 6: 17, pl. 9, fig. 5. (China: Kouy-Tchéou)

Obeidia tigrata leopardaria: Prout, 1915, *in* Seitz, *Macrolepid. World*, 4: 307, pl. 17: a.

Obeidia tigrata (*Epobeidia*) *leopardaria*: Wehrli, 1939, *in* Seitz, *Gross-Schmett. Erde*, 4 (Suppl.): 267.

Epobeidia tigrata leopardaria: Inoue, 2003, *Tinea*, 17 (3): 143.

前翅长：30 mm。前翅黄色至橘黄色，后缘中部少量白色；后翅端部与前翅同色，外线以内白色；前后翅基部和端部有很多细碎小斑；前翅内线和前后翅外线近弧形，由1列大斑点构成；中点大，在前翅呈肾形，在后翅呈圆形。雄性外生殖器（图版37：6）：钩形突端部细长，末端尖锐；颚形突中突三角形，骨化强，端部尖锐；抱器瓣端部圆，具长刚毛，抱器腹端部内侧具1个短刺突；抱器瓣腹缘基半部略凹入；囊形突略长，端部圆；阳端基环长三角形，伸达颚形突中突，分叉至近基部；阳茎略弯曲；角状器为1列刺，易脱落。

采集记录：武夷山（三港、挂墩）。

分布：福建、辽宁、陕西、甘肃、湖北、浙江、江西、湖南、广东、广西、四川、重庆、贵州；日本；朝鲜半岛。

(172) 散长翅尺蛾 *Epobeidia lucifera conspurcata* (Leech, 1897)（图版12：7）

Obeidia conspurcata Leech, 1897, *Ann. Mag. nat. Hist.*, (6) 19: 458. (China: Hubei: Chang-yang; Sichuan: Omei-shan, Moupin; Kwei-chow.)

Obeidia lucifera conspurcata: Parsons *et al.*, 1999, *in* Scoble, *Geometrid Moths of the World, a Catalogue*, 2: 651.

Epobeidia lucifera conspurcata: Inoue, 2003, *Tinea*, 17 (3): 147.

前翅长：28～33 mm。翅面中部大部分为白色，前翅白色区域向上扩展至中室内，向外扩展至外线；其余橘黄色，密布黑灰色斑，翅中部的斑块较大。雄性外生殖器（Inoue, 2003）：与猛拟长翅尺蛾相似，但本种抱器瓣端部不具小突，阳茎较短，角状器为1束粗刺。雌性外生殖器（Inoue, 2003）：前阴片不骨化；囊导管非常短；囊体大，椭圆形，褶皱。

采集记录：武夷山（挂墩）。

分布：福建、河南、陕西、甘肃、浙江、湖北、江西、湖南、四川、重庆。

96. 紊长翅尺蛾属 *Controbeidia* Inoue, 2003

Controbeidia Inoue, 2003, *Tinea*, 17 (3): 149. Type species: *Obeidia irregularis* Wehrli, 1933.

(China: Guangdong: Lienping)

属征：本属外部形态特征与长翅尺蛾属的相似，主要区别在于雄性外生殖器。雄性外生殖器：背兜侧突发达，较钩形突粗且长；颚形突中突三角形，边缘锯齿状；抱器瓣端部略宽；囊形突半圆形；阳端基环中央具1对长突，两侧具1对短突，其边缘具刚毛；角状器由5~6根粗刺组成。雌性外生殖器：后表皮突非常长，约为前表皮突长的2倍；前阴片部分骨化；囊导管与囊体近等长；囊体椭圆形，褶皱，不具囊片。

分布：中国。

(173) 紊长翅尺蛾 *Controbeidia irregularis* (Wehrli, 1933)　(图版12：8)

Obeidia irregularis Wehrli, 1933, *Int. ent. Z.*, 27 (4): 39. (China: Guangdong: Lienping)

Controbeidia irregularis: Inoue, 2003, *Tinea*, 17 (3): 151.

前翅长：28~33 mm。翅面斑纹与豹长翅尺蛾的相似，但体型较大，前翅顶角较尖锐，外缘较倾斜。雄性外生殖器（图版37：7）：同属征描述。雌性外生殖器：同属征描述。

采集记录：武夷山（挂墩）。

分布：福建、浙江、湖北、江西、广东。

97. 丰翅尺蛾属 *Euryobeidia* Fletcher, 1979

Euryobeidia Fletcher, 1979, *in* Nye, *Generic Names Moths World*, 3: 84. Type species: *Abraxas languidata* Walker, 1862. (Nepal)

Euryobeidia Wehrli, 1939, *in* Seitz, *Gross-Schmett. Erde*, 4 (Suppl.): 269. [An unavailable name under Article 13(b) of the Code, no type species was designated.]

属征：雄性与雌性触角均为线形。额不凸出。下唇须短粗，仅尖端伸达额外，第3节不明显。雄性后足胫节不具毛束。前翅外缘稍倾斜，后翅圆弧形，顶角均不突出。前翅 R_1 自由，R_{2-5}共柄。前翅白色或淡黄色，后翅白色，端部具淡黄色带。前后翅均散布许多深灰色大斑，斑点之间有融合，不同种类间斑点的融合程度不一。胸部背面及腹部各节均有1个浓密的大黑斑。雄性外生殖器：钩形突背面具显著突起；颚形突中突不发达；抱器瓣狭长，端部弯曲，近基部至顶端具1列刚毛斑。

分布：中国，日本，印度，尼泊尔。

种检索表

前翅翅面浅黄色 …………………………………………………… **金丰翅尺蛾** ***E. largeteaui***
前翅翅面白色 …………………………………………………… **银丰翅尺蛾** ***E. languidata***

(174) 金丰翅尺蛾 *Euryobeidia largeteaui* (Oberthür, 1884) (图版 12: 9)

Rhyparia largeteaui Oberthür, 1884b, *Études d' Ent.*, 10: 32, pl. 1, fig. 5. (China: Kouy-Tchéou)

Obeidia largeteaui: Prout, 1915, *in* Seitz, *Macrolepid. World*, 4: 308, pl. 14: h.

Euryobeidia largeteaui: Wehrli, 1939, *in* Seitz, *Gross-Schmett. Erde*, 4 (Suppl.): 269.

Euryobeidia largeteaui: Fletcher, 1979, *in* Nye, *Generic Names Moths World*, 3: 84.

前翅长：雄性 18 ~ 20 mm，雌性 19 ~ 22 mm。翅面橙黄色，斑纹由灰色的大斑点组成，在翅基部与端部分布较密且碎小，基部斑点有些融合，中部斑点较基部与端部明显大而圆；外线在 M 脉处向外弯曲，斑点间有融合，融合程度因个体而异。后翅基部 2/3 为白色，端部 1/3 为橙黄色；翅基部与端部密布碎小斑点，基部斑点融合较前翅明显，形成较大的斑块，有时后缘斑点连成一片；外线密布大而圆的深灰色斑点，且斑点间有融合；中点为 1 个深灰色大斑。雄性外生殖器（图版 37: 8）：钩形突背面具半圆形隆起；抱器背顶端有 1 个小突起；阳茎末端具 1 个弯钩状突起，阳茎端膜具褶皱形状不规则骨化片。

采集记录：武夷山（三港、黄坑、黄溪洲）。

分布：福建、甘肃、浙江、湖北、湖南、台湾、广东、广西、四川、重庆、贵州、西藏。

(175) 银丰翅尺蛾 *Euryobeidia languidata* (Walker, 1862) (图版 12: 10)

Abraxas languidata Walker, 1862, *List Specimens lepid. Insects Colln Brit. Mus.*, 24: 1122. (Nepal)

Obeidia languidata: Prout, 1915, *in* Seitz, *Macrolepid. World*, 4: 308, pl. 14: h.

Euryobeidia languidata: Wehrli, 1939, *in* Seitz, *Gross-Schmett. Erde*, 4 (Suppl.): 269.

Euryobeidia languidata: Fletcher, 1979, *in* Nye, *Generic Names Moths World*, 3: 84.

前翅长：20 ~ 22 mm。翅面白色散布灰黑色大斑。前翅内线、前后翅中线和外线由 1 列斑点构成。前翅内线斑点融合，弧形；中点巨大，圆形；外线在前缘、

M_1、M_3、CuA_1、CuA_2 和 2A 处各具 1 个斑点，位于 M_3 和 CuA_1 上的斑点较靠外；亚缘线至外缘具由黑色短横纹组成的宽带，近顶角处略宽。后翅斑纹大致与前翅斑纹相同，仅亚缘线至外缘区域黄色，缘线在各脉间有黑色大斑。

采集记录：武夷山（三港、大竹岚）。

分布：福建、陕西、甘肃、江西、台湾、海南、广西、四川、云南；日本，印度，尼泊尔。

98. 斑点尺蛾属 *Percnia* Guenée, 1858

Percnia Guenée, 1858, *in* Boisduval & Guenée, *Hist. nat. Insectes* (Spec. gén. Lépid.), 10: 216.

Type species: *Percnia felinaria* Guenée, 1858. (India)

属征：雄性触角线形，具纤毛；雌性触角线形。额凸出。下唇须尖端伸达额外。前翅顶角圆，外缘弧形；后翅圆。雄性前翅基部具泡窝。前翅 R_1 和 R_2 分离，R_1 与 Sc 具 1 个短柄相连，M_2 由中室端脉中央偏上方发出。翅面白色至灰白色，斑纹由成列的斑点构成。雄性外生殖器：钩形突短；抱器背短，宽；抱器腹端部具刚毛簇或小刺；阳茎短粗，阳茎端膜具复杂的角状器。雌性外生殖器：肛瓣短小且骨化；前表皮突极短；后阴片强骨化；囊颈具骨化结构；囊体长圆形，具 1 个边缘具小刺的囊片。

分布：中国，印度，尼泊尔。

种检索表

翅面斑纹深灰色 …………………………………………………………… **散斑点尺蛾 *P. luridaria***

翅面斑纹黑色 ……………………………………………………………… **褐斑点尺蛾 *P. fumidaria***

(176) 散斑点尺蛾 *Percnia luridaria* (Leech, 1897) (图版 12: 11)

Metabraxas luridaria Leech, 1897, *Ann. Mag. nat. Hist.*, (6) 19: 451. (China: Moupin)

Percnia luridaria: Prout, 1914, *Ent. Mitt.*, 3: 272.

前翅长：雄性 26～28 mm。翅面白色，散布深灰色大斑，大斑大小不一，形状多不规则。前翅基半部斑块较融合，形成宽带状；外线由 2 列相互接触的斑点构成；翅端部斑点与亚缘线融合呈带状，在 M_3 和 CuA_1 之间间断；中点明显小于其他斑点。后翅中线仅由 2 个斑点构成；中点比前翅小；外线和亚缘线与前翅斑纹相似。

雄性外生殖器（图版 37：9）：钩形突端部略展宽，浅分叉；颚形突中突近方形；抱器瓣短宽；抱器背略向外凸出，骨化强，端半部密被刚毛；抱器腹端部膨大突起，右侧的较左侧的长；囊形突短宽；阳端基环近哑铃状，中部略窄；角状器为 2 种，1 种为 1 簇易脱落的短刺，另 1 种为长骨刺。

采集记录：武夷山（三港、黄坑）。

分布：福建、甘肃、江苏、浙江、湖北、江西、湖南、广东、广西、四川、贵州。

(177) 褐斑点尺蛾 *Percnia fumidaria* Leech, 1897 （图版 13：1）

Percnia fumidaria Leech, 1897, *Ann. Mag. nat. Hist.*, (6) 19: 455. (China: Hubei: Changyang, Ichang; Sichuan: Chia-ting-fu)

前翅长：26 ~ 27 mm。翅面灰白色，斑纹黑色。前翅内线、中线和外线在前缘处各形成 1 个黑斑；翅基部具 2 个斑点；中点圆形；内线、中线、外线、亚缘线和缘线各由 1 列斑点组成，内线和中线上的斑点较外线、亚缘线和缘线上的稀少；外线在中室下方向内弯曲，其余斑纹近弧形；缘毛与翅面同色。后翅斑纹与前翅相似。雄性外生殖器（图版 37：10）：钩形突近半圆形；抱器背骨化，平直，具长刚毛；抱器腹左右突起不对称，左侧的较右侧的长；囊形突近三角形，端部圆；阳端基环基部宽，中部细，后端两侧不对称，左侧为 1 条短且细的骨化条带，右侧延长并膨大，形成 1 个大突；阳茎端膜骨化，角状器为一簇易脱落的短刺。雌性外生殖器（图版 57：2）：囊导管短，膜质；囊颈处具 1 条纵向细骨化带，其上密布微刺，另有 1 对近梯形骨片，其边缘具细刺；囊片大，近圆形。

采集记录：武夷山（邵武）。

分布：福建、湖北、广东、广西、四川。

99. 柿星尺蛾属 *Parapercnia* Wehrli, 1939

Parapercnia Wehrli, 1939, *in* Seitz, *Gross-Schmett. Erde*, 4 (Suppl.): 265. Type species: *Abraxas giraffata* Guenée, 1858. (India)

属征：雄性触角锯齿形，具纤毛；雌性触角线形；额不凸出；下唇须短粗。体型大；翅宽大；前翅顶角圆钝，外缘浅弧形；后翅顶角圆，外缘较前翅略平直。翅白色，散布黑灰色斑点，前后翅中点巨大。前翅 M_2 出自中室端脉中央偏上方。雄性外生殖器：钩形突近三角形，中部略向两侧凸出，端部钝圆；颚形突中突发达，骨化强，勺状；抱器瓣简单；抱器背骨化，端半部膨大，具长刚毛；抱器腹不具修饰性结构；囊形突明显，端部圆或尖；阳端基环近梯形，阳茎圆柱形，后端常具骨化刺；阳茎端膜不具角状器。雌性外生殖器：后阴片发达；交配孔周围骨化；囊导管具骨环；囊体大，椭圆形，具1个囊片；囊片圆形或长圆形，边缘具小刺。

分布：中国，日本，印度，印度尼西亚；朝鲜半岛。

(178) 柿星尺蛾 *Parapercnia giraffata* (Guenée, 1858) (图版 13: 2)

Abraxas giraffata Guenée, 1858, *in* Boisduval & Guenée, *Hist. nat. Insectes* (Spec. gén. Lépid.), 10: 205. (India)

Parapercnia giraffata lienpingensis Wehrli, 1939, *in* Seitz, *Gross-Schmett. Erde*, 4 (Suppl.): 265. (China: Guangdong)

Rhyparia grandaria Felder & Felder, 1862, *Wien. ent. Monatschr.*, 6: 39. (China: Ningpo)

Percnia giraffata: Xue, 1992, *in* Liu, *Icon. Forest Insects Hunan China*: 865, fig. 2843.

前翅长：雄性 34 ~ 37 mm。翅白至灰白色，斑纹黑灰色，粗大。前翅内线和外线为双线，每条线由1列斑点构成，部分融合；中点特别巨大，延伸至前缘，略呈长方形；亚缘线由1列斑点构成，在前缘附近与端部的斑点融合。后翅基部具1个圆点；中线仅在中点下方清楚，由2个斑点构成；中点较前翅小；外线弧形，由1列斑点构成；亚缘线同前翅。前后翅缘线的斑点大部融合；缘毛与其内侧的缘线斑点同色。雄性外生殖器（图版 37：11）：抱器瓣宽窄均匀，端部钝圆；抱器背中部略凸出；抱器瓣腹缘平直；阳端基环后端呈三叉状；阳茎端部一侧具短刺状突，另一侧端部呈钩状。雌性外生殖器（图版 57：3）：后阴片近长方形，后缘中央呈尖角状凸出；前阴片横条状，前缘中部向外呈方形凸出；囊导管长度较囊体短；囊片近长圆形；第8腹节腹板具2对圆形小突起。

采集记录：武夷山（三港、黄溪洲、挂墩）。

分布：福建、北京、河北、河南、山西、陕西、甘肃、安徽、浙江、湖北、江西、湖南、台湾、广西、四川、贵州、云南；日本，印度，缅甸，印度尼西亚；朝鲜半岛。

100. 匀点尺蛾属 *Antipercnia* Inoue, 1992

Antipercnia Inoue, 1992b, *Bull. Fac. domestic Sci.*, *Otsuma Woman's Univ.*, 28: 167. Type species: *Percnia albinigrata* Warren, 1896. (Japan)

属征：雄性触角锯齿状，具纤毛簇；雌性触角线形。额略凸出。下唇须纤细，仅尖端伸达额外。前翅顶角圆，外缘弧形；后翅圆。雄性前翅基部具泡窝。前翅 M_2 出自中室端脉中央偏上方，与斑点尺蛾属相似。翅面白色，斑纹由成列的斑点构成。雄性外生殖器：钩形突小，舌状，短于颚形突中突；颚形突中突长；抱器背中部凸出；抱器内突常具刚毛；抱器腹端部常具突起，其端部具短刺；囊形突明显；阳茎端膜具刺状角状器。雌性外生殖器：交配孔周围骨化；囊导管短，具短骨环；囊体长，具 1 个箭头状囊片，其边缘具小刺。

分布：中国，日本，印度，尼泊尔；朝鲜半岛。

种检索表

翅面斑点大小均匀 ………………………………………………… **匀点尺蛾** ***A. belluaria***

翅面斑点大小不均匀 ……………………………………………… **拟柿星尺蛾** ***A. albinigrata***

(179) 拟柿星尺蛾 *Antipercnia albinigrata* (Warren, 1896) （图版 13：3）

Percnia albinigrata Warren, 1896d, *Novit. zool.*, 3: 395. (Japan)

Percnia albinigrata inquinata Inoue, 1941, *Mushi*, 14 (1): 26. (Korea)

Antipercnia albinigrata: Inoue, 1992b, *Bull. Fac. domestic Sci.*, *Otsuma Woman's Univ.*, 28: 167.

前翅长：雄性 24～27 mm，雌性 25～29 mm。翅面白色，前翅前缘和外缘附近浅灰色；斑纹黑色。前翅基部具 2 个斑点；内线和中线弧形，各由 4 个斑点组成；中点大于其他斑点，椭圆形；外线弧形，由 1 列斑点组成；亚缘线和缘线的 2 列斑点整齐；缘毛浅灰色。后翅中点较前翅小；无内线；中线仅可见 2 个斑点；外线、亚缘线和缘线同前翅；缘毛灰白色。雄性外生殖器（图版 37：12）：钩形突端部近方形；抱器背发达，内缘波曲，中上部具短刺，端部膨大钝圆；抱器腹端部具 1 个短的指状突，其端部具短刺；阳端基环基部圆，其余部分细长，呈刺状；角状器由 1 个椭圆形小骨片和 1 簇短刺组成。

采集记录：武夷山（三港、黄坑、挂墩）。

分布：福建、河南、陕西、甘肃、江苏、安徽、浙江、湖北、江西、湖南、台湾、广西、贵州、四川；日本；朝鲜半岛。

(180) 匀点尺蛾 *Antipercnia belluaria* (Guenée, 1858) （图版 13：4）

Percnia belluaria Guenée, 1858, *in* Boisduval & Guenée, *Hist. nat. Insectes* (Spec. gén.

Lépid.), 10: 217. (Indes-Orientales?)

Percnia guttata Felder & Rogenhofer, 1875, *Reise öst. Fregatte Novara* (Zool.), 2 (Abt. 2): pl. 130, fig. 15. (India)

Percnia longimacula Warren, 1897a, *Novit. zool.*, 4: 89. (India)

Antipercnia belluaria: Parsons *et al.*, 1999, *in* Scoble, *Geometrid Moths of the World, a Catalogue*, 1: 49.

前翅长：32～33 mm。此种的翅面斑纹与拟柿星尺蛾的相似，但此种前后翅斑点常大小均匀，而拟柿星尺蛾翅面上的斑点多大小不等，中点显著大于其余斑点。

采集记录：武夷山（三港）。

分布：福建、陕西、甘肃、湖北、湖南、广西、四川、贵州、云南、西藏；印度，尼泊尔。

101. 斑星尺蛾属 *Xenoplia* Warren, 1894

Xenoplia Warren, 1894a, *Novit. zool.*, 1: 415. Type species: *Percnia foraria* Guenée, 1858. (Indes-Orientales?)

属征：雄性与雌性触角均为双栉形，雌性触角栉齿较雄性的短。额略凸出。下唇须短粗，尖端伸达额外。前翅顶角圆，外缘倾斜；后翅圆。雄性前翅基部具泡窝。前翅 M_2 出自中室端脉中央。翅面斑纹由成列的斑点构成。雄性外生殖器：钩形突渐细，端部圆或尖；抱器背基部伸出 1 个突起，其上具许多微刺；囊形突小，端部圆；阳茎短；阳茎端膜具角状器。雌性外生殖器：肛瓣短小，骨化强；囊导管具细骨环；囊体长，具 1 个囊片，其边缘具小刺。

分布：中国，印度，尼泊尔，缅甸。

(181) 细斑星尺蛾 *Xenoplia foraria foraria* (Guenée, 1858)　(图版 13: 5)

Percnia foraria Guenée, 1858, *in* Boisduval & Guenée, *Hist. nat. Insectes* (Spec. gén. Lépid.), 10: 217. (Indes-Orientales?)

Percnia submissa Warren, 1893, *Proc. zool. Soc. Lond.*, 1893: 391. (India)

Xenoplia foraria: Parsons *et al.*, 1999, *in* Scoble, *Geometrid Moths of the World, a Catalogue*, 2: 974.

前翅长：雄性 25～27 mm。极近似匀点尺蛾，体型较小，本种为短双栉形触角，匀点尺蛾为纤毛簇状。雄性外生殖器（图版 37：13）：钩形突近三角形，端部尖锐；颚形突中突短，端部中央具 1 个小缺刻；抱器瓣短宽，末端平；抱器背基部伸出 1 个近椭圆形的骨化突，其端部变细，伸达抱器瓣末缘，具刺；抱器瓣腹缘平直；阳端基环近长方形，基部宽；囊形突半圆形；阳茎弱骨化，端部渐细；角状器为 1 个短棒状骨片。

采集记录：武夷山（挂墩）。

分布：福建、湖北、四川、云南；印度，尼泊尔。

102. 后星尺蛾属 *Metabraxas* Butler, 1881

Metabraxas Butler, 1881, *Trans. ent. Soc. Lond.*, 1881 (3): 419. Type species: *Metabraxas clerica* Butler, 1881. (Japan)

属征：雄性触角双栉形；雌性触角锯齿形，具纤毛。额凸出。下唇须短粗，尖端伸达额外。翅宽大；前翅顶角圆，外缘浅弧形；后翅外缘浅波曲。雄性前翅基部具泡窝。前翅 R_2 与 R_{3-5}共柄。翅面斑纹由成列的斑点构成，前翅基部具黄色或褐色鳞片。雄性外生殖器：钩形突近三角形；颚形突中突短，端部圆；抱器背平直，端部具长刚毛；抱器瓣中央具突起；囊形突长，端部圆；阳端基环端半部略窄；阳茎常细长；阳茎端膜不具角状器。

分布：中国，日本，印度，泰国，印度尼西亚。

种检索表

后翅中线为单线 ·· 中国后星尺蛾 *M. inconfusa*
后翅中线为双线 ·· 小后星尺蛾 *M. parvula*

(182) 中国后星尺蛾 *Metabraxas inconfusa* Warren, 1894 （图版 13: 6）

Metabraxas clerica var. *inconfusa* Warren, 1894a, *Novit. zool.*, 1: 415. (China: Hubei: Chiang Yang; Thibet)

Metabraxas clerica inconfusa: Prout, 1915, *in* Seitz, *Macrolepid. World*, 4: 305.

Metabraxas inconfusa: Parsons *et al.*, 1999, *in* Scoble, *Geometrid Moths of the World, a Catalogue*, 2: 595.

前翅长：雄性 33 ~ 35 mm。翅面白色，前后翅基部各具 1 个深灰色斑点。前翅内线、前后翅中线、外线、亚缘线和缘线均由深灰色斑点构成，其中前翅外线的斑点模糊，并互相融合，呈带状；前翅中点圆形；后翅中点小；外线为翅脉上的短条形斑点；前后翅亚缘线为双线；缘线的斑点颜色较深；缘毛在前翅顶角附近为深灰色，其下至后翅为白色。雄性外生殖器（图版 38：1）：抱器瓣端部圆，中央具带状突起，伸达抱器瓣端部内侧，其上密被短刺；抱器背骨化，端部凸出；阳端基环端半部略窄；囊形突近三角形；阳茎端部骨化。

采集记录：武夷山（挂墩）。

分布：福建、陕西、甘肃、浙江、湖北、湖南、广西、四川、云南、西藏。

(183) 小后星尺蛾 *Metabraxas parvula* Wehrli, 1934 （图版 13：7）

Metabraxas parvula Wehrli, 1934, *Int. ent. Z.*, 27 (45): 511, fig. 11. (China: Sichuan: Tachien-lu [Kangding])

前翅长：24 ~ 25 mm。翅面白色，各斑纹均由深灰色的大小不等的斑块组成。前翅内线为双线，近弧形，部分融合；中线为双线，近平直；中线与外线之间中部具 1 个大斑；外线近平直；亚缘线接近外缘；缘线深灰色；缘毛深灰色掺杂少量灰白色。后翅中线为双线，弯曲；外线近弧形；缘线较不明显；亚缘线和缘毛与前翅相似。

采集记录：武夷山（挂墩）。

分布：福建、浙江、四川。

103. 八角尺蛾属 *Pogonopygia* Warren, 1894

Pogonopygia Warren, 1894a, *Novit. zool.*, 1: 416. Type species: *Pogonopygia nigralbata* Warren, 1894. (Japna; China; India)

属征：雄性与雌性触角均为线形，雄性触角具纤毛。额不凸出。下唇须短，仅尖端伸达额外。体背具 2 列近长方形的斑块。雄性前翅较雌狭长，似镰刀状，顶角圆，外缘浅弧形，雌性前翅较宽阔，外缘弧度小于雄性；后翅圆。雄性前翅基部具泡窝。翅面白色，斑纹由黑褐色成列的斑点组成。前翅 Sc 自由或与 R_1 具一段合并，R_2 自由。雄性外生殖器：钩形突近三角形，端部平；颚形突中突小，端部尖；抱器背近中部常具长刚毛；抱器背内侧具 1 条骨化带伸达抱器腹；抱器腹端部常具突起；囊形突凸出；阳茎后端渐细；阳茎端膜有时具角状器。雌性外生殖器：肛瓣端部略尖；囊导管短，具骨环；囊体长，后端骨化，前端膨大，具 1 个囊片；囊片近圆形，边缘具小齿。

分布：中国，日本，印度，尼泊尔，越南，菲律宾，马来西亚，印度尼西亚；朝鲜半岛。

种检索表

前后翅亚缘线和缘线的斑块排列整齐…………………………………… 八角尺蛾 ***P. nigralbata***

前后翅亚缘线和缘线的斑块排列不整齐 ………………………………… 三排尺蛾 ***P. pavida***

(184) 八角尺蛾 *Pogonopygia nigralbata* Warren, 1894 （图版 13：8）

Pogonopygia nigralbata Warren, 1894b, *Novit. zool.*, 1: 681. (Japna; China; India)

Dilophodes conspicuaria Leech, 1897, *Ann. Mag. nat. Hist.*, (6) 19: 454. (China: Hubei, Ichang)

前翅长：雄性 26～29 mm，雌性 25～28 mm。前翅前缘深灰褐色；基半部具大小不等的斑块；中点大而圆，中央具 1 条灰白色纵纹；外线在 M_3 下方向内弯曲，由大小不等的斑块组成；后翅基部具 1 个椭圆形的斑；中点较前翅的小；中点下方近后缘处具 1 个圆斑，雌性较大，呈弯条状。前后翅亚缘线由 2 列相互融合的斑块组成，在 M_3 和 CuA_1 之间的斑块较小；缘线由 1 列近方形的斑块组成；缘毛黑褐色掺杂白色。翅反面斑纹同正面。雄性外生殖器（图版 38：2）：抱器瓣端部钝圆；抱器背近中部具 1 个短指状膜质突，其端部具 1 束长刚毛，抱器背端半部内侧形成 1 条细骨化条，其上具小刺；抱器背与抱器腹之间具 1 条细骨化带；抱器腹端部突起不对称，左侧的端部渐宽且近方形，右侧为细指状；阳端基环近基部略窄，端部圆；阳茎端膜不具角状器。雌性外生殖器（图版 57：4）：囊体后端 1/3 骨化，前端 1/4 球状；囊片卵圆形。

采集记录：武夷山（三港）。

分布：福建、湖北、湖南、台湾、海南、广西；日本，印度，越南，菲律宾，马来西亚，印度尼西亚；朝鲜半岛。

(185) 三排尺蛾 *Pogonopygia pavida* (Bastelberger, 1911) （图版 13：9）

Dilophodes pavida Bastelberger, 1911a, *Societas ent.*, 25: 90. (China: Taiwan)

Pogonopygia pavida: Yazaki, 1994a, *in* Haruta, *Tinea*, 14 (Suppl. 1) 23, pl. 20: 8.

前翅长：25～29 mm。此种与八角尺蛾翅面斑纹相似，但又有特点，具体表现如下：雄性前翅基部不具泡窝；前后翅中点较小，前翅中点与前缘上的斑点融合；后翅外线内侧的斑点较多；前后翅亚缘线和缘线均由大小不等的斑块构成，斑点之间有不同程度的混合，在近后缘处常融合成 1 个大斑块。雄性外生殖器（图版 38：3）：抱器瓣端部略窄；抱器背近中部略向外凸出，其上具长刚毛簇；抱器背近中部内侧具 1 个带短刺的小圆突，其下方具 1 条锯齿状骨化带，伸达抱器腹端部；抱器腹端部突起对称，细钩状，端部尖锐；阳端基环窄；角状器由 1 簇细刺组成。雌性外生殖器（图版 57：5）：与八角尺蛾相比，本种囊导管后端骨化部分较少，前端膨大部分较大；囊片较圆。

采集记录： 武夷山（三港、挂墩、大竹岚、黄溪洲）。

分布： 福建、海南、台湾、广西、四川、西藏；日本，尼泊尔，马来西亚，印度尼西亚。

104. 双冠尺蛾属 *Dilophodes* Warren, 1894

Dilophodes Warren, 1894a, *Novit. zool.*, 1: 416. Type species: *Abraxas elegans* Butler, 1878. (Japan)

属征： 本属与八角尺蛾属相似，但雄性触角锯齿形，每节具 2 对小齿；前翅 Sc 与 R_1 具一点或一小段融合，R_1 和 R_2 共柄。最明显的区别在于雄性外生殖器：钩形突端部尖锐；背兜侧突发达，端部具长刚毛；颚形突中突近三角形；囊形突较小。雌性外生殖器：囊体较短；囊片不如八角尺蛾属发达，由微刺组成。

分布： 中国，日本，印度，缅甸，马来西亚。

(186) 双冠尺蛾 *Dilophodes elegans* (Butler, 1878)　(图版 13：10)

Abraxas elegans Butler, 1878b, *Illust. typical Specimens Lepid. Heterocera Colln Brit. Mus.*, 2: ix, 53, pl. 37, fig. 6. (Japan)

Dilophodes elegans: Wehrli, 1939, *in* Seitz, *Gross-Schmett. Erde*, 4 (Suppl.): 263.

前翅长：雄性 18～21 mm，雌性 18～22 mm。翅面斑纹与三排尺蛾相似，但区别如下：此种前后翅中点较大；前翅外线为 1 列独立的小斑；前后翅亚缘线的 2 列斑点较大，在 M_3 与 CuA_1 之间形成空缺，其中内侧的斑点近长方形，而三排尺蛾的近圆形。雄性外生殖器（图版 38：4）：抱器瓣短，端部圆；抱器背骨化，平直；抱器腹膨大，端部形成1个带短刺的方形突起，伸达抱器瓣中部；阳端基环端半部略窄，末端圆；角状器常由1束短刺组成。雌性外生殖器（图版57：6）：后阴片小，卵圆形；前阴片1对椭圆形骨片，较后阴片大；囊导管短，具骨环，囊体后端骨化并具纵纹，前端渐细。

采集记录：武夷山（三港）。

分布：福建、湖北、湖南、台湾、广西、四川、贵州、云南；日本，印度，缅甸，马来西亚。

105. 弥尺蛾属 *Arichanna* Moore, 1868

Arichanna Moore, 1868, *Proc. zool. Soc. Lond.*, 1867 (3): 658. Type species: *Scotosia plagifera* Walker, 1866. (India)

Rhyparia Hübner, [1825] 1816, *Verz. bekannter Schmett.*: 305. Type species: *Phalaena melanaria* Linnaeus, 1758. (Europe) [Junior homonym of *Rhyparia* Hübner, [1820] 1816, (Lepidoptera: Arctiidae).]

Icterodes Butler, 1878b, *Illust. typical Specimens Lepid. Heterocera Colln Brit. Mus.*, 2: ix. Type species: *Rhyparia fraterna* Butler, 1878. (Japan: Yokohama)

Paricterodes Warren, 1893, *Proc. zool. Soc. Lond.*, 1893: 389. Type species: *Abraxas tenebraria* Moore, 1868. (India: Darjeeling)

Phyllabraxas Leech, 1897, *Ann. Mag. nat. Hist.*, (6) 19: 441. Type species: *Phyllabraxas curvaria* Leech, 1897. (China: Sichuan)

Epicterodes Wehrli, 1933, *Ent. Z.*, 47: 29, 41, 47, 51. Type species: *Arichanna flavomacularia* Leech, 1897. (China: Sichuan)

属征：雄性触角双栉形或锯齿形，具纤毛簇；雌性触角线形。额不凸出。下唇须粗壮，尖端伸达额外。翅宽大；前翅顶角钝圆，外缘浅弧形；后翅圆。雄性前翅基部常具泡窝。前翅 R_1 常与 Sc 部分合并。雄性外生殖器：钩形突近三角形，端部分叉；颚形突中突小，端部尖锐；抱器瓣宽窄均匀；抱器背平直，具长刚毛，其内侧常具突起；囊形突凸出，端部略尖；阳茎细；阳茎端膜不具角状器。雌性外生殖器：后阴片发达；囊导管短，有时骨化；囊体长，前端常膨大，呈椭圆形，不具囊片。

分布：古北界，东洋界。

种检索表

1. 前翅中点中空 ……………………………………………………………… **边弥尺蛾 *A. marginata***

前翅中点不中空 …………………………………………………………………………………… 2
2. 后翅斑纹较前翅弱 ……………………………………………………………………………… 3
后翅斑纹与前翅相似 …………………………………………………………………………… 5
3. 前翅外线外侧具白色宽带 ………………………………………………… **刺弥尺蛾 *A. picaria***
前翅外线外侧不具白色宽带 ……………………………………………………………………… 4
4. 前翅中点大而圆 ……………………………………………… **滇沙弥尺蛾 *A. furcifera epiphanes***
前翅中点扁，近长方形 ……………………………………………………… **间弥尺蛾 *A. interruptaria***
5. 前翅外线为双线 ……………………………………………………………… **黄星尺蛾 *A. melanaria***
前翅外线为单线 ……………………………………………… **榿星尺蛾 *A. jaguararia jaguararia***

(187) 刺弥尺蛾 *Arichanna picaria* Wileman, 1910 （图版 13：11）

Arichanna picaria Wileman, 1910, *Entomologist*, 43: 348. (China: Taiwan)

前翅长：雄性 30～34 mm，雌性 35～36 mm。雄性触角双栉形，雌性触角线形。翅面白色，斑纹灰褐色，散布灰褐色小点。前翅内线、中线和外线为粗壮的带状，中部常模糊；外线外侧具 1 条明显的白色宽带；亚缘线为双线，各由 1 列椭圆形斑点组成；缘线在脉间呈短条状；缘毛灰褐色掺杂白色。后翅斑纹模糊，仅翅端部具宽带。

采集记录：武夷山（三港）。

分布：福建、台湾、四川。

(188) 榿星尺蛾 *Arichanna jaguararia jaguararia* (Guenée, 1858) （图版 14：1）

Rhyparia jaguararia Guenée, 1858, in Boisduval & Guenée, *Hist. nat. Insectes* (Spec. gén. Lépid.), 10: 198. (China: North)

Arichanna jaguararia: Leech, 1897, *Ann. Mag. nat. Hist.*, (6) 19: 439.

前翅长：25～27 mm。雄性触角双栉形，雌性触角线形。前翅灰色，前缘色略深；后翅基半部灰色，在中点外侧逐渐过渡为黄色。前翅亚基线为 2 个黑点；内线为 4 个黑点；前后翅中点巨大；外线和亚基线各为 1 列黑斑；缘线的黑点在前翅微小，在后翅稍大；前翅缘毛灰色，后翅缘毛黄色。雄性外生殖器（图版 38：5）：钩形突端部浅分叉；抱器瓣端部略方；抱器背中部内侧具 1 个小圆突，其上具短刺；阳端基环基部长方形；阳茎后半部骨化强。雌性外生殖器（图版 57：7）：后阴片近圆形；囊导管弱骨化，长于囊体，中部骨化；囊体椭圆形。

采集记录：武夷山（三港、皮坑、大竹岚、挂墩）。

分布：福建、吉林、甘肃、安徽、浙江、湖北、江西、湖南、广西。

(189) 黄星尺蛾 *Arichanna melanaria* (Linnaeus, 1758) (图版 14：2)

Phalaena (Geometra) melanaria Linnaeus, 1758, *Syst. Nat.*, (Ed. 10) 1: 521. (Europe)

Rhyparia melanaria: Hübner, [1825] 1816, *Verz. bekannter Schmett.*: 305.

Arichanna melanaria: Prout, 1915, *in* Seitz, *Macrolepid. World*, 4: 304, pl. 14: b.

前翅长：雄性 18 ~ 24 mm，雌性 18 ~ 26 mm。雄性触角双栉形，雌性触角线形。前翅黄色；后翅基半部灰色，端半部黄色。前翅亚基线为 2 个小黑斑；内线和外线为双列黑斑；中点巨大，圆形；中线、亚缘线和缘线各为 1 列黑斑；缘毛灰黑与黄色相间。后翅外线、亚缘线、缘线各为 1 列黑斑；中点较前翅小；缘毛与前翅相似。

采集记录：武夷山（三港）。

分布：福建、黑龙江、辽宁、内蒙古、河北、河南、山西、陕西、甘肃、湖南、四川；俄罗斯，蒙古，日本；朝鲜半岛；欧洲。

(190) 边弥尺蛾 *Arichanna marginata* Warren, 1893 (图版 14：3)

Arichanna marginata Warren, 1893, *Proc. zool. Soc. Lond.*, 1893: 423. (Bhutan)

Arichanna amoena Bastelberger, 1911b, *Ent. Rdsch.*, 28: 22. (China: Taiwan)

前翅长：雌性 21 mm。雄性触角锯齿形，具纤毛簇，雌性触角线形。翅面灰黄色，斑纹深褐至黑褐色。前翅亚基线和中线仅在前缘处形成小黑斑，其下消失；内线和外线为双线，其中第 1 条内线斜行，第 2 条内线较弱或消失，第 1 条外线波状内倾，第 2 条外线扩散成 1 条模糊带；中点圆形，中空；亚缘线白色波状，其两侧排列深色斑块；顶角处有 1 条浅色斜带，缘线为 1 列黑点。后翅中点、外线下半段均灰褐色；翅端部为 1 条灰褐色宽带。

采集记录：武夷山（三港、大竹岚、挂墩）。

分布：福建、甘肃、浙江、湖南、台湾、海南、广西、云南；印度，不丹，尼泊尔。

(191) 滇沙弥尺蛾 *Arichanna furcifera epiphanes* (Wehrli, 1933) (图版 14：4)

Icterodes furcifera epiphanes Wehrli, 1933, *Ent. Z.*, 47 (4): 31, fig. 4. (China: Yunnan:

Tseku)

Arichanna (Icterodes) furcifera epiphanes: Wehrli, 1939, *in* Seitz, *Gross-Schmett. Erde*, 4 (Suppl.): 255, pl. 19: a.

Arichanna furcifera epiphanes: Xue, 1992, *in* Liu, *Icon. Forest Insects Hunan China*: 867, fig. 2851.

前翅长：20 ~ 22 mm。雄性触角双栉形，雌性触角线形。前翅底色为浅黄褐色；亚基线白色，细弱；亚基线和内线之间为褐色；内线和中线白色，在中室下方相互接近；中点黑褐色，大而圆；外线白色，弧形；外线内侧和外侧排列黑斑，M_3 与 CuA_2 之间黑斑减弱；亚缘线白色，锯齿状；翅中部由内线至外缘为 1 条浅黄褐色带；顶角处有 1 条浅黄褐色斜纹伸达外线；缘线在脉间呈黑色短条状；缘毛灰黄色与黑褐色相间。后翅灰白色，散布灰褐色碎纹，斑纹深灰褐色；中点小而色浅；外线浅波曲；翅端部为 1 条深灰褐色带，浅色波状亚缘线由其中穿过。翅反面灰黄色，散布大量灰褐色碎纹；斑纹与正面相近但色略浅，较模糊。

采集记录： 武夷山（挂墩）。

分布： 福建、湖南、湖北、广西、四川、云南。

(192) 间弥尺蛾 *Arichanna interruptaria* Leech, 1897 （图版 14：5）

Arichanna interruptaria Leech, 1897, *Ann. Mag. nat. Hist.*, (6) 19: 434. (China: Sichuan)

前翅长：雌性 23 mm。雄性触角锯齿形，具纤毛簇，雌性触角线形。前翅翅面密布黑褐色细碎斑纹；内线和外线白色模糊带状，近平直；亚缘线白色，较内线和外线细，略呈“S”形弯曲；缘线在各脉间呈黑褐色点状；中点短条状。后翅灰白色，斑纹较前翅弱；中点深灰色，小点状；缘线颜色较前翅浅；其余斑纹不可见。

采集记录： 武夷山（三港）。

分布： 福建、四川。

106. 璃尺蛾属 *Krananda* Moore, 1868

Krananda Moore, 1868, *Proc. zool. Soc. Lond.*, 1867 (3): 648. Type species: *Krananda semihyalina* Moore, 1868. (India: Bengal)

Trigonoptila Warren, 1894a, *Novit. zool.*, 1: 441. Type species: *Krananda latimarginaria* Leech, 1891. (Japan: Nikko; Korea: Gensan)

Zanclopera Warren, 1894a, *Novit. zool.*, 1: 441. Type species: *Zanclopera falcata* Warren, 1894.

(India)

属征：雄性触角线形，具纤毛；雌性触角线形。额不凸出。下唇须仅尖端伸达额外。前翅顶角常凸出；后翅在顶角处缺刻，在 Rs 处常具 1 个尖突。雄性前翅基部具泡窝。前后翅基部至外线之间区域翅面颜色略浅，常透明，外线外侧常具深色带。前翅 Sc 自由，R_1 和 R_2 共柄或自由。雄性外生殖器：钩形突近三角形，端部有时分叉；颚形突中突小；抱器瓣中部常具突起，其上具刚毛；抱器背基部或抱器腹端部有时具突起；阳茎后端常形成骨化结构；阳茎端膜有时具角状器。雌性外生殖器：后阴片常发达；囊导管短，具骨环。囊体不具囊片或具 1 个边缘带小齿的囊片。

分布：中国，日本，印度，尼泊尔，缅甸，越南，泰国，马来西亚，印度尼西亚；朝鲜半岛，北部湾地区。

种检索表

1. 前后翅外线以内半透明或透明 ······ 2
   前后翅外线以内不透明 ······ 3
2. 前翅亚缘线为 1 列半透明斑点 ······ **玻璃尺蛾 *K. semihyalina***
   前翅亚缘线模糊 ······ **橄璃尺蛾 *K. oliveomarginata***
3. 前翅内线在中室下方加粗 ······ **暗色璃尺蛾 *K. postexcisa***
   前翅内线在中室下方不加粗 ······ 4
4. 前后翅外线内侧具 1 列黑褐色小点 ······ **蒿杆三角尺蛾 *K. straminearia***
   前后翅外线内侧不具黑褐色小点 ······ **三角璃尺蛾 *K. latimarginaria***

(193) 三角璃尺蛾 *Krananda latimarginaria* Leech, 1891 (图版 14: 6)

Krananda latimarginaria Leech, 1891b, *Entomologist*, 24 (Suppl.): 56. (Japan; Korea)

Orsonoba orthogrammaria Longstaff, 1905, *Entomologist's mon. Mag.*, 41: 184. (China: Hong Kong)

前翅长：雄性 18 ~ 20 mm，雌性 19 ~ 21 mm。前翅顶角略下垂，不凸出，外缘平直倾斜；后翅外缘在 Rs 与凸角和 M_3 之间呈锯齿状，在 M_3 以下近平滑。前翅斑纹褐色至黑褐色，雄性颜色较雌性深；雄性前翅内线在中室下缘处极外凸，并有模糊线伸达外线内侧，雌性在中室呈手肘状转折；中点黑色，小且清晰；中线在后缘处可见双线残迹；外线直，与外缘平行，其外侧为不均匀的褐至深褐色，有时带灰绿色调；顶角处有 1 个白斑，臀角内侧有形状不规则的黑斑；缘线大多消失；缘毛与其内侧翅面同色。后翅中线为双线；中点同前翅；外线与前翅连续，其外侧由深褐色逐渐过渡为灰黄色。翅反面斑纹、颜色与正面近似。前翅 R_1 和 R_2 自由。雄性外生殖器（图版 38：6）：钩形突端部分叉；颚形突中突端部圆；抱器背基半部向外凸出，近端部膨大，具长刚毛；抱器瓣中部具 1 个圆突，其外侧近抱器瓣腹缘具 1 个骨化脊，其末端具长刚毛；抱器腹骨化，端部具 1 个小指状突；囊形突半圆形；阳端基环中部极窄；阳茎端半部一侧骨化，其上具 1 个小尖突；角状器由短刺组成。雌性外生殖器（图版 57：8）：后阴片近椭圆形；囊体后端骨化且略细，其余部分椭圆形；囊片扁圆形。

采集记录：武夷山（三港、黄坑）。

分布：福建、吉林、陕西、上海、江苏、浙江、江西、湖南、台湾、广东、海南、香港、广西、四川；日本；朝鲜半岛。

(194) 暗色璃尺蛾 *Krananda postexcisa* (Wehrli, 1924)　(图版 14: 7)

Trigonoptila postexcisa Wehrli, 1924, *Mitt. münch. ent. Ges.*, 14 (6 – 12): 141, pl. 1, fig. 27. (China: Guangdong: Lienping)

Krananda postexcisa: Parsons *et al.*, 1999, *in* Scoble, *Geometrid Moths of the World, a Catalogue*, 2: 529.

前翅长：16 ~ 18 mm。翅型如三角璃尺蛾。翅面浅黄褐色，斑纹黑褐色。前翅内线在中室处极度向外呈尖角状凸出，中室下方部分较粗壮；中点微小；中线模糊，有时在后缘处形成 1 个黑褐色斑；外线平直，略向内倾斜，其外侧具不均匀的褐至深褐色；顶角处具 1 个白色大斑；臀角内侧有不规则形黑斑。后翅中线常模糊；顶角处不具白斑；其余斑纹与前翅斑纹相似。

采集记录：武夷山（邵武）。

分布：福建、江苏、浙江、湖南、广东。

(195) 橄璃尺蛾 *Krananda oliveomarginata* Swinhoe, 1894　(图版 14: 8)

Krananda oliveomarginata Swinhoe, 1894b, *Ann. Mag. nat. Hist.*, (6) 14: 139. (India)

Krananda nicolasi Herbulot, 1987, *Lambillionea*, 87 (9 – 10): 105, figs 1, 3. (Borneo)

前翅长：雄性 14 ~ 18 mm，雌性 18 ~ 20 mm。前翅顶角凸出，外缘浅锯齿形，后缘外半部向内凹入不明显；后翅外缘在 Rs 以下呈锯齿形，在臀角附近不明显。翅不透明，污白色，斑纹色较暗，带橄榄绿色调。前翅内线橄榄绿色，在中室处向外呈尖状凸出，其内侧散布橄榄绿色鳞片；外线橄榄绿色，在 M_3 附近略向内凸出，其外侧的深色带特别宽阔，在 CuA_2 以下扩展至外缘，并在近臀角处形成 1 个大黑斑；外线内侧在前缘处具 2 个橄榄绿色斑块，在后缘处的黑色斑块伸达臀褶；顶角具 1 个白斑。后翅中线为橄榄绿色双线，在中室处向外呈尖状凸出；外线浅波曲，其外侧的深色带在顶角处扩展至外缘；亚缘线白色，锯齿状，较前翅清楚。前后翅中点黑色；缘线橄榄绿色。翅反面斑纹颜色较深，带不均匀的黑褐色。前翅 R_1 和 R_2 共柄。雄性外生殖器（图版 38：7）：钩形突端部浅分叉；抱器瓣端部近方形；抱器背基部膨大，具 1 个细长弯曲指状突起，其端部具刚毛，抱器背近端部不骨化；抱器瓣简单；抱器腹长度约为抱器瓣的一半，端部形成 1 个小尖突并向内折向抱器瓣中央；囊形突半圆形；阳端基环中部较细；阳茎近端部一侧骨化，其上具 1 个小尖突；角状器由短刺组成。雌性外生殖器（图版 57：9）：后阴片近圆形；囊体后半端弱骨化具纵纹，前半端膨大呈椭圆形，不具囊片。

采集记录：武夷山（三港、黄溪洲）。

分布：福建、甘肃、浙江、湖北、江西、湖南、台湾、广东、海南、广西、四川、云南、西藏；印度，尼泊尔，越南，泰国，马来西亚，印度尼西亚；北部湾地区。

(196) 玻璃尺蛾 *Krananda semihyalina* Moore, 1868 （图版 14：9）

Krananda semihyalina Moore, 1868, *Proc. zool. Soc. Lond.*, 1867 (3): 648. (India)

Krananda vitraria Felder & Rogenhofer, 1875, *Reise öst. Fregatte Novara* (Zool.), 2 (Abt. 2): pl. 128, fig. 32. (Java)

前翅长：雄性 21 ~ 25 mm，雌性 25 ~ 26 mm。前翅顶角凸出；外缘浅锯齿形，后缘外半部向内凹入；后翅 Rs 尖突明显，外缘在 Rs 和 CuA_1 之间浅锯齿形，在 CuA_1 以下平滑。前后翅外线内侧半透明或透明，外线外侧至外缘灰褐色。前翅内线为黑褐色双线；中点灰黄色，条状，在中室处向内呈尖状凸出；中线黑褐色，在前缘和 CuA_2 下方清楚；外线黑褐色，在 M_3 下方向外凸出，在 CuA_2 下方向内凸出；缘线黑褐色。后翅中线黑褐色，在中室处断开；外线在 CuA_1 上方波曲，在 CuA_1 下方平直；中线与外线之间在 CuA_2 下方散布浅灰褐色鳞片；亚缘线在 M_3 之后较模糊。前后翅亚缘线为 1 列半透明斑点；缘毛灰黄至深灰褐色。翅反面斑纹同正面，但颜色加深，前翅外线外侧褐带前端具 1 个黄斑，亚缘线外侧色浅。前翅 R_1 和 R_2 共柄。雄性外生殖器（图版 38：8）：钩形突近三角形，端部尖锐；颚形突中突短舌状；抱器瓣端部圆；抱器背平直；抱器瓣中部突起半圆形；囊形突半圆形；阳端基环长舌状；阳茎后端形成2个骨化突；角状器由1束短刺组成。雌性外生殖器（图版57：10）：后阴片近圆形；囊体近椭圆形，后端略细，具纵纹；囊片心形。

采集记录：武夷山（三港、大竹岚、挂墩）。

分布：福建、青海、浙江、湖北、江西、湖南、台湾、广东、海南、广西、四川、贵州、云南、西藏；日本，印度，马来西亚，印度尼西亚。

(197) 蒿杆三角尺蛾 *Krananda straminearia* (Leech, 1897) （图版14：10）

Zanclopera straminearia Leech, 1897, *Ann. Mag. nat. Hist.*, (6) 19: 306. (China: Sichuan, Chang-yang)

Krananda straminearia: Jiang *et al.*, 2017, *Invrtebr. Syst*, 31: 436.

前翅长：13～20 mm。前翅顶角钩状。翅面黄色，斑纹灰褐色。前翅内线波曲，模糊；中点微小；中线不可见；外线粗壮，浅弧形，其内侧具1列黑褐色小点，有时仅在近后缘处清晰可见；无亚缘线和缘线；缘毛深褐色。后翅中线微波曲，细弱；其余斑纹与前翅相似。雄性外生殖器（图版38：9）：钩形突端部分叉浅；颚形突中突细，端部尖锐；抱器瓣窄，端部圆；抱器背基突短粗，端部具长刚毛；抱器瓣中部突起小且圆；抱器瓣腹缘近中部向外凸出；囊形突短，端部圆；阳端基环近圆形；阳茎后端具1对略弯曲的骨化刺；阳茎端膜不具角状器。雌性外生殖器（图版57：11）：后阴片近椭圆形；囊体后端骨化具纵纹；囊片近长方形。

采集记录：武夷山（挂墩）。

分布：福建、甘肃、浙江、湖北、江西、湖南、台湾、广东、海南、香港、广西、四川、重庆、云南。

107. 达尺蛾属 *Dalima* Moore, 1868

Dalima Moore, 1868, *Proc. zool. Soc. Lond.*, 1867 (3): 614. Type species: *Dalima apicata* Moore, 1868. (India: Bengal)

Panisala Moore, 1868, *Proc. zool. Soc. Lond.*, 1867 (3): 620. Type species: *Panisala truncataria* Moore, 1868. (India: Bengal)

Metoxydia Butler, 1886b, *Illust. typical Specimens Lepid. Heterocera Colln Brit. Mus.*, 6: xi, 55. Type species: *Oxydia calamina* Butler, 1880. (India: Darjeeling)

Hololoma Warren, 1893, *Proc. zool. Soc. Lond.*, 1893: 395. Type species: *Hololoma lucens* Warren, 1893. (India: Sikkim)

Leptostichia Warren, 1893, *Proc. zool. Soc. Lond.*, 1893: 397. Type species: *Leptostichia latitans*

Warren, 1893. (India: Darjeeling)

Calladelphia Warren, 1894a, *Novit. zool.*, 1: 442. Type species: *Dalima patnaria* Felder & Rogenhofer, 1875. (India: Darjeeling)

Homoeoctenia Warren, 1894a, *Novit. zool.*, 1: 442. Type species: *Xandrames subflavata* Felder & Rogenhofer, 1875. (Java)

Heterabraxas Warren, 1894a, *Novit. zool.*, 1: 416. Type species: *Abraxas spontaneata* Walker, 1862. (India: North Hindostan)

Erebabraxas Thierry-Mieg, 1907, *Naturaliste*, 29: 212. Type species: *Abraxas metachromata* Walker, 1862. (India: North Hindostan)

属征： 雄性触角锯齿形或双栉形，雌性触角常线形，有时呈弱锯齿形。额不凸出。下唇须短，仅尖端伸达额外。前翅顶角常凸出呈钩状；后翅顶角有时缺刻，有时在 Rs 和 M_1 之间具尾突。雄性前翅基部具泡窝。前翅 Sc 和 R_1 自由，多数种类 R_2 与 R_{3-5}共柄，有时 R_2 与 R_{3-4}共柄。雄性外生殖器：钩形突近三角形，端部常分叉，背面向外凸出并具刚毛；颚形突中突小；抱器背内侧常具 1 条骨化带伸向抱器腹，其上有时具带短刺的骨化结构；阳端基环腹面常具骨化突；阳茎后端渐细；阳茎端膜有时具角状器。雌性外生殖器：囊导管短，常具骨环；囊体长，后端常骨化并具纵纹，有时具囊片。

分布： 东洋界。

种检索表

1. 前翅顶角凸出 ······ 2
   前翅顶角不凸出 ······ **圆翅达尺蛾 *D. patularia***
2. 翅面杏黄色 ······ **达尺蛾 *D. apicata eoa***
   翅面非杏黄色 ······ 3
3. 前翅外线在 M_1 下方微波曲 ······ **易达尺蛾 *D. variaria***
   前翅外线在 M_1 下方平直 ······ **洪达尺蛾 *D. hoenei***

(198) 圆翅达尺蛾 *Dalima patularia* (Walker, 1860) (图版 14: 11)

Omiza patularia Walker, 1860, *List Specimens lepid. Insects Colln Brit. Mus.*, 20: 247. (India: North Hindostan)

Dalima patularia: Wehrli, 1940, *in* Seitz, *Gross-Schmett. Erde*, 4 (Suppl.): 350, pl. 27: f.

前翅长：雄性 17 ~ 23 mm，雌性 19 ~ 24 mm。雄性触角双栉形，雌性触角线形。

前翅顶角不凸出；后翅外缘平滑。翅面斑纹深褐色，内侧伴有银灰色细线，翅面密布灰褐色碎点。前翅内线平直，向内倾斜；中线与内线近平行，在近后缘外侧具1个黑褐色近长方形斑；外线沿 R_5 向外斜行，在 M_1 和 M_2 之间向外凸出，随后向内倾斜，与中线接近；亚缘线在各脉间呈点状，在近后缘处呈细线状。后翅中线和外线略呈相背弯曲；缘线为1列小点。前后翅中点不明显；缘毛深褐色。前后翅反面黄至浅黄褐色，散布黑灰色散点；前后翅外线和亚缘线同正面，黑灰色，有时消失。前翅 R_2 与 R_{3-5} 共柄。

采集记录：武夷山（三港、桃源峪、黄溪洲）。

分布：福建、广东、海南、广西、四川、西藏；印度，尼泊尔，泰国，印度尼西亚；喜马拉雅山西北部。

(199) 洪达尺蛾 *Dalima hoenei* Wehrli, 1923 （图版14：12）

Dalima hoenei Wehrli, 1923, *Dt. ent. Z. Iris*, 37: 68, pl. 1, fig. 3: 14. (China: Jiangsu: Nanking)

前翅长：雄性19～21 mm，雌性19～22 mm。雄性触角锯齿状不明显，雌性触角线形。额深褐色。前翅顶角呈钩状；后翅顶角缺刻，Rs处凸齿长。翅面散布深灰色碎点。前翅内线、中线和外线在前缘处各形成1个黑褐色斑块；外线内侧浅黄色，外侧黄褐色，在 R_5 下方极度向外凸出接近外缘处，随后向内倾斜，其内侧在后缘处有1个黑斑；亚缘线在 M_2 以下呈深灰色，略向内弯曲。后翅中线黄褐色，在近后缘处较清楚；外线平直，颜色如前翅。前后翅中点灰色，极微小；缘毛褐色。翅反面黄色，散点和中点均深褐色；外线消失；前翅后缘的斑为深灰褐色，外线外侧的深灰色细带在反面深褐色。前翅 R_2 与 R_{3-5} 共柄。雄性外生殖器（图版38：10）：钩形突端部浅分叉；抱器瓣端半部略窄，末端圆；抱器背近平直；抱器瓣中部具1个短骨化脊，其上具短刺；阳端基环腹面具1个短指状骨化突；囊形突端部凸出；阳茎骨化强；角状器由1束短刺组成。雌性外生殖器（图版57：12）：囊体粗细均匀；囊片两角状。

采集记录：武夷山（三港、坳头）。

分布：福建、河南、陕西、宁夏、甘肃、江苏、浙江、湖北、江西、湖南、广东、广西、四川、西藏。

(200) 易达尺蛾 *Dalima variaria* Leech, 1897 （图版14：13）

Dalima variaria Leech, 1897, *Ann. Mag. nat. Hist.*, (6) 19: 215. (China: Sichuan: Moupin;

Omei-shan; Tachien-lu)

前翅长：雄性 25 ~ 27 mm，雌性 24 ~ 25 mm。雄性触角锯齿状，雌性触角线形。前翅顶角呈钩状，后翅顶角浅缺刻，在 Rs 处具 1 个微小尖突。翅面散布深色碎点。前翅内线黑褐色，波曲；外线内侧黑褐色，外侧银灰色，沿 M_1 向外斜行，在 M_1 下方微波曲并向内倾斜，在 CuA_2 下方平直，在后缘处加粗为 1 个黑褐色方形斑；后翅中线褐色，平直，模糊；外线颜色与前翅相似，在 M_1 上方略波曲，其余部分平直。前后翅中点深灰色；亚缘线为深灰色松散带；缘线银灰色，有时不可见；缘毛褐至深褐色。翅反面大部或全部为黄褐色，密布深灰褐色碎点；外线外侧带色较正面深。前翅 R_2 与 R_{3-5}共柄。

采集记录：武夷山。

分布：福建、浙江、湖北、湖南、广西、海南、四川、云南。

(201) 达尺蛾 *Dalima apicata eoa* Wehrli, 1940 （图版 14: 14）

Dalima apicata eoa Wehrli, 1940, *in* Seitz, *Gross-Schmett. Erde*, 4 (Suppl.): 349, pl. 27: d. (China: Sichuan: Siao-Lou)

前翅长：雄性 27 ~ 34 mm，雌性 27 ~ 38 mm。雄性触角锯齿形，雌性触角弱锯齿形。额和下唇须黑褐色。前翅顶角凸出，外缘直；后翅外缘在顶角处缺刻。翅面杏黄色，散布深灰褐色碎点，前翅前缘和后缘基半部带黄褐色。前翅内线、中线和外线模糊，仅在前缘处形成 3 个灰褐色斑点；中点为灰褐色大圆点，正下方在后缘处具 1 个小黑斑；顶角至前缘中部具 1 个黄褐色大斑。后翅中点较前翅的小；顶角缺刻处具深灰褐色缘线。前后翅亚缘线残留数块不规则深灰褐色斑；缘毛黄色，在翅脉端具深灰褐色小点。翅反面斑纹颜色较正面深。前翅 R_2 与 R_{3-5}共柄。

采集记录：武夷山（三港、挂墩）。

分布：福建、浙江、湖北、湖南、广东、四川、云南、西藏。

108. 钩翅尺蛾属 *Hyposidra* Guenée, 1858

Hyposidra Guenée, 1858, *in* Boisduval & Guenée, *Hist. nat. Insectes* (Spec. gén. Lépid.), 10: 150. Type species: *Hyposidra janiaria* Guenée, 1858. (Java)

Lagyra Walker, 1860, *List Specimens lepid. Insects Colln Brit. Mus.*, 20: 5 (key), 58. Type species: *Lagyra talaca* Walker, 1860. (Sulawesi; Sri Lanka)

Chizala Walker, 1860, *List Specimens lepid. Insects Colln Brit. Mus.*, 20: 263. Type species:

Chizala decipiens Walker, 1860. (No type locality is given)

Kalabana Moore, 1879c, *Proc. zool. Soc. Lond.*, 1879: 415. Type species: *Lagyra picaria* Walker, 1866. (Java)

属征：雄性触角双栉形，雌性触角线形。额不凸出。下唇须尖端伸达额外。前翅顶角凸出呈钩状。雄性前翅基部具泡窝。前翅 Sc 自由，雄性 R_1 和 R_2 共柄或自由，雌性 R_1 和 R_2 合并。雄性外生殖器：背兜侧突有时发达；钩形突三角形，端部呈钩状；颚形突中突端部圆；抱器瓣端部钝圆；抱器背平直；抱器腹有时具突起；囊形突端部圆；阳茎圆柱形；阳茎端膜有时具角状器。雌性外生殖器：肛瓣延长；后阴片常发达；囊导管具纵纹；囊体具 1 个囊片。

分布：东洋界，澳大利亚界，非洲界。

(202) 钩翅尺蛾 *Hyposidra aquilaria* (Walker, 1862) (图版 14: 15)

Lagyra aquilaria Walker, 1862, *List Specimens lepid. Insects Colln Brit. Mus.*, 26: 1485. (China: North)

Hyposidra albipunctata Warren, 1893, *Proc. zool. Soc. Lond.*, 1893: 398. (India: Sikkim)

Hyposidra davidaria Poujade, 1895, *Bull. Mus. Hist. nat. Paris*, 1 (2): 55. (China: Sichuan: Moupin)

Hyposidra kala Swinhoe, 1893, *Ann. Mag. nat. Hist.*, (6) 12: 153. (India)

Hyposidra aquilaria: Hampson, 1895, *Fauna Brit. India* (Moths), 3: 214.

前翅长：雄性 18 ~ 25 mm，雌性 28 ~ 32 mm。体和翅深褐至黑褐色。雌性前翅顶角凸出较雄性强烈。后翅扇形，外缘浅弧形。前翅内线、前后翅中线和外线隐约可见，均暗色波状。前翅外缘内侧具 1 个浅色斑，雌性较雄性明显。后翅外线外侧在后缘处具 1 个小白斑。前后翅缘毛深褐色至黑褐色。翅反面颜色斑纹同正面。雄性前翅 R_1 和 R_2 共柄，雌 R_1 和 R_2 合并。雄性外生殖器（图版 38：11）：背兜侧突极小，其上具长刚毛；抱器瓣简单；阳端基环卵圆形；阳茎端膜不具角状器。雌性外生殖器（图版 57：13）：后阴片由 3 个骨片组成，中央的半圆形具横纹，两侧的为纵向骨化条；囊导管细长，长度约为囊体的 3 倍；囊体球状；囊片近长方形，4 个角各具 1 个小齿。

采集记录：武夷山（挂墩、三港、黄溪洲）。

分布：福建、陕西、甘肃、浙江、湖北、江西、湖南、台湾、广东、海南、广西、四川、重庆、贵州、云南、西藏；印度，马来西亚，印度尼西亚。

109. 歹尺蛾属 *Deileptenia* Hübner, 1825

Deileptenia Hübner, [1825] 1816, *Verz. bekannter Schmett.*: 316. Type species: *Phalaena ribeata* Clerck, 1759. (Sweden)

属征：雄性触角双栉形，雌性触角线形。额略凸出。下唇须尖端伸达额外。雄性后足胫节略膨大。前翅外缘弧形；后翅圆。雄性前翅基部不具泡窝。前翅 Sc 与 R_1 部分合并，在近端部分离，R_2 与 $Sc+R_1$ 具 1 个短柄相连。前后翅外线锯齿状，有时模糊呈点状。雄性外生殖器：钩形突近三角形，端部钝；颚形突中突骨化强，端部圆；抱器背平直，基部有时膨大，具刚毛；抱器腹发达，常具骨化结构；囊形突略长，端部圆；阳端基环近长方形；阳茎端膜具角状器。雌性外生殖器：囊导管后半部骨化；囊体椭圆形，不具囊片或具 1 个边缘具小刺的囊片。

分布：中国，俄罗斯，日本，越南；朝鲜半岛，欧洲。

种检索表

前翅内线为双线 ………………………………………………………… **何歹尺蛾 *D. hoenei***
前翅内线仅 1 条………………………………………………… **满洲里歹尺蛾 *D. mandshuriaria***

(203) 满洲里歹尺蛾 *Deileptenia mandshuriaria* (Bremer, 1864) （图版 14：16）

Boarmia mandshuriaria Bremer, 1864, *Mém. Acad. Sci. St. Pétersb.*, (7) 8 (1): 74, pl. 6, fig. 19. (Russia)

Boarmia (Deileptenia) mandshuriaria: Wehrli, 1943, *in* Seitz, *Gross-Schmett. Erde*, 4 (Suppl.): 497, pl. 43: h.

Deileptenia mandshuriaria: Parsons *et al.*, 1999, *in* Scoble, *Geometrid Moths of the World, a Catalogue*, 1: 220.

前翅长：雄性 20 ~ 21 mm，雌性 22 ~ 23 mm。翅面白色，散布黑色小点，斑纹黑色。前翅内线波状；中点椭圆形；中线清楚，在 M 脉之间向外凸出；外线在脉上呈点状，与中线近平行；亚缘线由大小不等的斑块构成，在 R_5 和 M_1 之间与 M_3 和 CuA_1 之间缺失；缘线在各脉间呈短条状；亚缘线与缘线之间的斑块在 M_3 和 CuA_1 之间缺失。后翅中线和亚缘线模糊；中点较前翅小；外线较前翅连续；亚缘线与缘线之间不具斑块。雄性外生殖器（图版 38：12）：钩形突端部具 3 个小突；抱器瓣中央具小刺；抱器腹中部内侧具 1 个刺突；阳端基环近长方形，伸达颚形突中突，端部骨化强，后缘中央略凹入；阳茎中部具 1 根长刺，其端部略弯曲；角状器为 1 个椭圆形骨片，末缘具短刺。雌性外生殖器（图版 57：14）：肛瓣和后表皮突延长；后阴片卵圆形；交配孔周围骨化；囊导管后端骨化扭曲；囊体椭圆形；囊片大且圆。

采集记录：武夷山（三港）。

分布：福建、东北、陕西；俄罗斯（东南部）。

(204) 何歹尺蛾 *Deileptenia hoenei* Sato & Wang, 2005 （图版 14：17）

Deileptenia hoenei Sato & Wang, 2005, *Tinea*, 19 (1): 37. (China: Fujian: Guadun)

前翅长：雄性 16～17 mm，雌性 16～18 mm。翅面灰白色。前翅内线为黑褐色双线，近弧形；中点短条状；外线黑褐色，在脉上呈齿状凸出，浅弧形；外线外侧具 1 条深褐色带，在中部扩展成 1 个方斑；亚缘线灰白色，锯齿状，内侧具 1 条黑褐色带，中部常间断；缘线在脉间呈黑色短条状；缘毛灰黄色掺杂黑褐色。后翅中线黑褐色平直，仅后缘清楚；中点较前翅小；外线外侧深褐色带上不具方形斑；其余斑纹与前翅斑纹相似。雄性外生殖器（Sato & Wang, 2005）：钩形突端部略细，末端平截；颚形突中突小；抱器瓣端部圆；抱器背向内弯曲，基部膨大；中部内缘具 1 个小三角形突起；抱器腹细，端部密布短刺。雌性外生殖器（Sato & Wang, 2005）：囊导管前端侧面具 1 个三角形袋状突起；囊体椭圆形，一侧弱骨化，不具囊片。

采集记录：武夷山（挂墩）。

分布：福建、广东。

110. 矶尺蛾属 *Abaciscus* Butler, 1889

Abaciscus Butler, 1889, *Illust. typical Specimens Lepid. Heterocera Colln Brit. Mus.*, 7: 20, 102. Type species: *Abaciscus tristis* Butler, 1889. (India)

Enatiodes Warren, 1896a, *Novit. zool.*, 3: 133. Type species: *Enantiodes stellifera* Warren, 1896. (Inida)

Prionostrenia Wehrli, 1939, *in* Seitz, *Gross-Schmett. Erde*, 4 (Suppl.): 317. Type species: *Alcis costimacula* Wileman, 1912. (China: Taiwan)

属征：雄性触角锯齿状或线形，具纤毛；雌性触角线形。额不凸出。下唇须短粗，端半部伸出额外。后足细长，雄性后足胫节极度膨大，具毛束。前翅外缘平滑；后翅圆，外缘微波曲。雄性前翅基部具泡窝。前翅 Sc 与 R_1 常部分合并，R_1 和 R_2 分离。翅面颜色常略深。雄性外生殖器：钩形突近三角形，端部渐细，有时端部分叉；抱器瓣宽窄均匀；抱器背骨化，端部内侧具 1 个细指状突，端部具 1 根短刺，伸向抱器瓣腹侧；抱器腹骨化；囊形突长；阳端基环有时为 1 对突起；阳茎短粗，常具骨化结构；阳茎端膜常不具角状器。雌性外生殖器：前阴片或后阴片常发达；囊导管短，骨化；囊体长，后端常骨化并具纵纹，不具囊片。

分布：中国，日本，印度，尼泊尔，越南，泰国，马来西亚，印度尼西亚。

种检索表

1. 前翅前缘具 1 枚灰黄色斑块 …………………………………… **桔斑矶尺蛾 *A. costimacula***
   前翅前缘不具灰黄色斑块 ……………………………………………………………… 2
2. 后翅基半部白色，散布黑褐色碎纹 ……………………… **浙江矶尺蛾 *A. tristis tschekianga***
   后翅基半部黑色，无白色 ……………………………………… **拟星矶尺蛾 *A. ferruginis***

(205) 浙江矶尺蛾 *Abaciscus tristis tschekianga* (Wehrli, 1943) (图版 15：1)

Boarmia tristis tschekianga Wehrli, 1943, *in* Seitz, *Gross-Schmett. Erde*, 4 (Suppl.): 540. (China: Zhejiang)

Abaciscus tristis tschekianga: Xue, 1992, *in* Liu, Icon. *Forest Insects Hunan China*: 876, fig. 2893.

前翅长：雄性 18 ~ 20 mm，雌性 19 ~ 20 mm。前翅黑褐色，内线和外线黑色，细锯齿形，在近后缘处具白色碎纹；中线黑色，在中室处向外凸出，中室下方平直；中点黑色短条状；亚缘线为 1 列细小的白点，在 M_3 和 CuA_1 之间形成 1 个白斑，其上具黑褐色碎纹；缘线为 1 列细小的黑点；缘毛深灰褐色。后翅顶角和臀角区域黑褐色，其余部分白色，散布黑褐色碎纹，斑纹与前翅斑纹相似。

采集记录：武夷山（三港、大竹岚、挂墩）。

分布：福建、浙江、湖南、广东、海南、广西、四川、云南。

(206) 拟星矶尺蛾 *Abaciscus ferruginis* Sato & Wang, 2004 (图版 15：2)

Abaciscus ferruginis Sato & Wang, 2004, *Tinea*, 18 (1): 53, figs 21 – 24, 47, 57.

前翅长：雄性 14 ~ 16 mm，雌性 16 ~ 17 mm。翅面灰黑色，斑纹黑色，细弱。前翅前缘黄褐色；内线弧形；中线波曲；中点短条状；外线细锯齿状，在 M_1 与 CuA_2 之间向外凸出；亚缘线为 1 列白色微点，在 M_3 与 CuA_1 之间扩大为 1 个白斑；缘线连续；缘毛灰黑色。后翅中点较前翅小，其余斑纹与前翅斑纹相似。雄性外生殖器（图版38：13）：颚形突中突宽，端部略凹入；抱器瓣端部斜切，边缘略弯曲；抱器背骨化，略呈拱形，末端膜质，呈指状突起，近端部内突长指状，伸达抱器瓣腹缘，其端部具1根短刺；抱器瓣腹缘平直，骨化；囊形突舌状，末端圆；阳端基环左侧突起较右侧的粗壮且长，端部具1簇细刺；阳茎骨化；阳茎端膜不具角状器。雌性外生殖器（图版57：15）：前阴片褶皱，端部中央略凹入；囊导管极短，骨化；囊体长袋状，骨化，具纵纹。

采集记录：武夷山（三港、黄溪洲、挂墩）。

分布：福建、广东；越南，泰国。

(207) 桔斑矶尺蛾 *Abaciscus costimacula* (Wileman, 1912)　(图版15：3)

Alcis costimacula Wileman, 1912, *Entomologist*, 45: 72. (China: Taiwan)

Proteostrenia ochrimacula Wehrli, 1939, *in* Seitz, *Gross-Schmett. Erde*, 4 (Suppl.): 317, fig. 26: c. (China: Guangdong)

Abaciscus costimacula: Inoue, 1987a, *Japan Heterocerists' J.*, 140: 233.

前翅长：雄性18～20 mm，雌性17～19 mm。翅面黑褐色，散布浅色碎纹，前翅前缘和后翅中部碎纹密集，并不同程度带橘黄色。前翅前缘外1/4处具灰黄色大斑，略带橘黄色；内线黑色弧形；中点黑色短条状；外线黑色波状；亚缘线为1列细小白点；缘毛黑褐色。后翅中线模糊；外线较前翅清楚；其余斑纹与前翅斑纹相似。

采集记录：武夷山（三港、崇安星村七里桥、挂墩）。

分布：福建、浙江、湖北、江西、湖南、台湾、广东、海南、广西、四川、贵州、云南。

111. 用克尺蛾属 *Jankowskia* Oberthür, 1884

Jankowskia Oberthür, 1884a, *Études d' Ent.*, 9: 25. Type species: *Jankowskia athleta* Oberthür, 1884. (Russia)

Pleogynopteryx Djakonov, 1926, *Jahrb. Martj. Staatsmus Minussinsk*, 4: 66, 70. Type species: *Pleogynopteryx tenebricosa* Djakonov, 1926 (=Boarmia bituminaria Lederer, 1853). (Russia)

属征：雄性触角双栉形，雌性触角线形。额不凸出。下唇须短粗，仅尖端伸达额外，第3节不明显。前翅顶角和臀角圆；外缘平直或凸出，后缘平直；后翅圆，前后缘直，外缘微波曲。雄性前翅基部具泡窝。前翅 R_1 与 R_2 在雄性中分离，在雌性中合并。前翅外线在 M 脉之间向外凸出，之后与中线近平行。前后翅外线外侧具黄褐色斑。雄性外生殖器：钩形突三角形，端部尖锐；背兜侧突有时发达；颚形突中突发达；抱器瓣中部和端部具长刚毛；抱器背平直；抱器瓣腹缘中央有时凸出；囊形突端部圆；阳茎短粗，弱骨化；角状器由 1 束刺组成。雌性外生殖器：肛瓣和后表皮突延长；前阴片由 3 个骨片组成，中央的近圆形或方形；囊导管细长；囊体椭圆形，具 1 个囊片，其边缘具小刺。

分布：中国，俄罗斯（从南西伯利亚至远东地区南部），蒙古，日本，泰国；朝鲜半岛。

种检索表

后翅中线的宽度小于或等于外线宽度的 2 倍 ………………… **小用克尺蛾 *J. fuscaria fuscaria***
后翅中线的宽度大于外线宽度的 3 倍 …………………………… **台湾用克尺蛾 *J. taiwanensis***

(208) 小用克尺蛾 *Jankowskia fuscaria fuscaria* (Leech, 1891) （图版 15：4）

Boarmia fuscaria Leech, 1891b, *Entomologist*, 24 (Suppl.): 45. (Japan)
Jankowskia fuscaria: Leech, 1897, *Ann. Mag. nat. Hist.*, (6) 19: 429.
Boarmia unmon Sonan, 1934, *Kontyû*, 8 (4–6): 212, fig. 1. (Japan)
Boarmia (Jankowskia) athleta geloia Wehrli, 1941, *in* Seitz, *Gross-Schmett. Erde*, 4 (Suppl.): 469, pl. 41: e. (South-east China)
Boarmia (Jankowskia) athleta nanaria Bryk, 1948, *Arkiv Zool.*, 41A (1): 200. (Korea)

前翅长：雄性 18 ~ 21 mm，雌性 21 ~ 26 mm。翅面灰褐色。前翅内线黑色，微波曲；中线模糊，后端与外线接近；中点短条形；外线黑色，雄性外线波曲，在 M_1 与 M_2 之间向外凸出，M_2 之后向内凹，与中线接近且平行，外线外侧至外缘具黄褐色，雌性外线较平直，黄褐色斑不明显。后翅基部浅灰色；中线黑色，平直，较外线宽；外线黑色，下半段向内弯曲；其余斑纹与前翅相似。雄性外生殖器（图版 38：14）：背兜侧突长度约为钩形突长的一半，端部具长刚毛；颚形突中突端部圆；抱器瓣端部略宽且圆；阳端基环不对称，左侧突起近三角形，右侧的骨化弱。雌性外生殖器（图版 58：1）：囊导管细长；囊体椭圆形；囊片长圆形，边缘具 19 ~ 26 根小齿。

采集记录：武夷山（三港、挂墩）。

分布：福建、河南、甘肃、安徽、浙江、湖北、江西、湖南、广东、海南、广西、四川、重庆、贵州、云南；日本，泰国；朝鲜半岛。

(209) 台湾用克尺蛾 *Jankowskia taiwanensis* Sato, 1980 （图版 15：5）

Jankowskia taiwanensis Sato, 1980, *Tyō to Ga*, 30 (3 & 4): 136, figs. 7, 8, 12, 17. (China: Taiwan: Lushan, nantou)

前翅长：雄性 25～27 mm。翅面斑纹与小用克尺蛾相似，但区别在于：体型较大；后翅中线极粗，宽度大于外线宽度的 3 倍；后翅外线在 M_3 下方向内凸出较不明显。雄性外生殖器（图版 39：1）：颚形突中突端部较尖；阳端基环不对称，左端骨化突短指状，长度约为阳端基环的 1/4，右端骨化突较左侧的短，长度约为左端突起长度的 1/2。雌性外生殖器（Sato, 1980）：囊片椭圆形，边缘具 13～15 根小刺。

采集记录：武夷山（三港）。

分布：福建、陕西、浙江、湖北、台湾。

112. 冥尺蛾属 *Heterarmia* Warren, 1895

Heterarmia Warren, 1895, *Novit. zool.*, 2: 143. Type species: *Boarmia buettneri* Hedemann, 1881. (Russia: Amur, Blagoweschtschensk)

Peristygis Wehrli, 1941, *in* Seitz, *Gross-Schmett. Erde*, 4 (Suppl.): 471. Type species: *Tephrosia charon* Butler, 1878. (Japan: Hakodaté; Yokohama)

属征：雄性触角双栉形或线形，具纤毛簇；雌性触角线形。额不凸出。下唇须尖端伸达额外。后足胫节膨大，有时具毛束。前翅顶角圆，后翅外缘微波曲。雄性前翅基部具泡窝。前翅 Sc 和 R_1 有时合并，R_1 和 R_2 分离；有时 R_2 与 R_{3+4}形成 1 个狭长径副室。雄性外生殖器：钩形突三角形，端部尖或圆；颚形突退化；有时具背兜侧突；抱器瓣宽，端部圆；抱器背端部常膨大，具长刚毛；抱器瓣中部具突起；抱器腹具长刚毛；阳茎圆柱形，近后端部常具骨化结构；阳茎端膜有时具角状器。雌性外生殖器：后阴片发达；交配孔不明显；囊导管长，后端骨化并具纵纹；囊体椭圆形，具 1 对条状囊片。

分布：中国，俄罗斯，日本；朝鲜半岛。

种检索表

前翅内线内侧和外线外侧各具 1 条褐色带 ……………………… 查冥尺蛾 ***H. charon eucosma***

前翅斑纹不如上述 ………………………………………………… 石冥尺蛾 ***H. conjunctaria***

(210) 查冥尺蛾 *Heterarmia charon eucosma* (Wehrli, 1941) (图版 15: 6)

Boarmia (Peristygis) charon eucosma Wehrli, 1941, *in* Seitz, *Gross-Schmett. Erde*, 4 (Suppl.): 472. (China: Jiangsu: Lung-tan, near Nanking)

Heterarmia charon eucosma: Sato, 1984b, *Spec. Bull. Essa Ent. Soc.*, 1: 69.

前翅长：雌性 20 mm。翅面深褐色。前翅内线黑色，弧形，内侧具 1 条褐色带；中线黑色，在中室处向外极度凸出，后向内倾斜；中点黑色，微小；外线黑色，在 M_3 之后向内弯曲，在 CuA_2 处与中线接触，之后与中线近平行；外线外侧具 1 条褐色带，其外侧至外缘翅面颜色略深；亚缘线灰白色，锯齿状；缘线黑色。后翅中线黑色，近平直；外线黑色，锯齿状；其余斑纹与前翅斑纹相似。雄性外生殖器 (Sato, 1984b)：钩形突端部尖；抱器背端部近 1/3 膨大呈圆形；抱器瓣中部突起短，端部膨大，端部密被小刺；囊形突半圆形；阳茎端部两侧各具 1 个刺状突；角状器为大量微刺，易脱落。雌性外生殖器 (Sato, 1984b)：前阴片宽，前缘两侧具 1 对短突。

采集记录：武夷山（挂墩）。

分布：福建、甘肃、江苏、湖北、湖南。

(211) 石冥尺蛾 *Heterarmia conjunctaria* (Leech, 1897) (图版 15: 7)

Boarmia conjunctaria Leech, 1897, *Ann. Mag. nat. Hist.* (6) 19: 344. (China: Sichuan: Kangding).

Boarmia (Heterarmia) conjunctaria: Wehrli, 1943, *in* Seitz, *Gross-Schmett. Erde*, 4 (Suppl.): 489.

Heterarmia conjunctaria: Parsons *et al.*, 1999, *in* Scoble, *Geometrid Moths of the World, a Catalogue*, 1: 433.

前翅长：雄性 19～21 mm。翅面灰白色。前翅内线、中线和外线在前缘处各形成 1 个黑斑；内线灰黑色，近弧形；中点为黑色圆点，非常显著；中线模糊；外线灰黑色，锯齿状，有时模糊，呈点状，在 M_3 之后向内弯曲至 CuA_2，之后与中线近平行；外线外侧和亚缘线内侧各具 1 条深色带；亚缘线灰白色，锯齿状。后翅中线灰黑色，平直；外线灰黑色，锯齿状，近弧形；其余斑纹与前翅相似。雄性外生殖器（图版 39：2）：钩形突端部圆；抱器背端部极度膨大呈肾形，覆盖抱器瓣端部，其背侧端较腹侧端细；抱器背近端部内侧突起短且细；阳端基环基部较端部窄，后缘凹入，呈叉状；阳茎近后端一侧具 2 个大刺突；角状器为 1 根长刺，长度约为阳茎的 1/4。

采集记录：武夷山（三港）。

分布：福建、上海、浙江、湖南、广东、四川。

113. 霜尺蛾属 *Cleora* Curtis, 1825

Cleora Curtis, 1825, *Brit. Ent.*, 2: 88. Type species: *Geometra cinctaria* Denis & Schiffermüller, 1775. (Austria)

Cerotricha Guenée, 1858, *in* Boisduval & Guenée, *Hist. nat. Insectes* (Spec. gén. Lépid.), 9: 284. Type species: *Cerotricha licornaria* Guenée, 1858. (French Polynesia: Tahiti)

Aegitrichus Butler, 1886a, *Trans. ent. Soc. Lond.*, 1886: 434. Type species: *Aegitrichus lanaris* Butler, 1886. (Fiji: Viti Islands)

Chogada Moore, 1887, *Lepid. Ceylon*, 3: 415. Type species: *Boarmia alienaria* Walker, 1860. (Ceylon [Sri Lanka])

Carecomotis Warren, 1896d, *Novit. zool.*, 3: 402. Type species: *Carecomotis perfumosa* Warren, 1896. (Australia: Queensland, S of Cooktown, Cedar Bay)

Neocleora Janse, 1932, *The Moths of South Africa*, 1: 119 (key), 266. Type species: *Boarmia tulbaghata* Felder & Rogenhofer, 1875. (South Africa)

属征：雄性触角双栉形，雌性触角线形。额不凸出。下唇须第 3 节细长，尖端伸达额外。雄性后足胫节不膨大，具毛束。前翅外缘弧形；后翅圆，外缘微波曲。雄性前翅基部具泡窝。前翅 R_1 和 R_2 分离。雄性第 1 腹节背面具 1 列鳞毛。前后翅中点常中空，外线锯齿状。雄性外生殖器：钩形突锥形，端部细长，呈钩状；颚形突中突大，端部圆；抱器瓣中部略宽，端部圆，具长刚毛；抱器背平直；抱器瓣中部有时具突起；抱器腹常膨大，并具突起；阳茎圆柱状；阳茎端膜具角状器。雌性外生殖器：肛瓣和后表皮突长；前阴片或后阴片常发达；交配孔周围强骨化；囊导管短，常具骨环；囊体长，后端常骨化并具纵纹；有时 1 个边缘具小刺的囊片。

分布：古北界，新北界，东洋界，澳大利亚界，非洲界。

(212) 襟霜尺蛾 *Cleora fraterna* (Moore, 1888)　(图版 15: 8)

Chogada fraterna Moore, 1888a, *in* Hewitson & Moore, *Descr. new Indian lepid. Insects Colln late Mr W. S. Atkinson*, 3: 245. (India)

Boarmia (Chogada) fraterna: Wehrli, 1943, *in* Seitz, *Gross-Schmett. Erde*, 4 (Suppl.): 496.

Cleora fraterna: Sato, 1993a, *in* Haruta, *Tinea*, 13 (Suppl. 3): 15.

前翅长：雄性22～23mm，雌性22～25mm。翅面白色，散布深灰色碎纹。前翅内线黑色，锯齿状，内侧具深灰褐色宽带；中点扁圆形，中空，边缘黑色；外线黑色，锯齿状，在 M_1 和 M_2 之间向外凸出；外线外侧具深灰褐色宽带；内线内侧和外线外侧宽带上有红褐色斑块；亚缘线白色，锯齿状；亚缘线内侧和外侧具深灰色带，外侧带在各脉上具褐色斑点；顶角下方和外缘内侧在 M_3 与 CuA_1 之间常具白斑。后翅基部具黑色鳞片；中线仅在中点下方清楚，近平直；中点较前翅小；其余斑纹与前翅相似。雄性外生殖器（图版39：3）：抱器腹端半部具锯齿状背缘，末端形成1个略弯曲的刺突；抱器瓣中部具1个小刺突，其下方具1个锯齿状骨化边缘延伸至抱器腹端部；阳端基环近长方形，后端腹侧强骨化，中间分叉，后端背侧具1个圆形骨片；囊形突半圆形；阳茎端膜具3种角状器，1种为椭圆形刺状斑，1种为短条状刺状斑，1种为1根短粗骨刺。雌性外生殖器（图版58：2）：前阴片近圆形，后端略尖；囊体长，后端弱骨化，前端圆；囊片大而圆。

采集记录：武夷山（三港、崇安、黄岗山）。

分布：福建、青海、浙江、江西、台湾、广东、海南、香港、广西、四川、云南、西藏；印度，泰国，斯里兰卡，菲律宾，马来西亚，印度尼西亚。

114. 鹿尺蛾属 *Alcis* Curtis, 1826

Alcis Curtis, 1826, *Brit. Ent.*, 3: 113. Type species: *Phalaena repandata* Linnaeus, 1758. (Europe)

Alcisca Wehrli, 1943, *in* Seitz, *Gross-Schmett. Erde*, 4 (Suppl.): 511. Type species: *Boarmia fredi* Wehrli, 1941. (Iran: Laristan, Sardze)

Dictyodea Wehrli, 1934, *Int. ent. Z.*, 27: 509. Type species: *Arichanna maculata* Moore, 1868. (India: Bengal)

Poecilalcis Warren, 1893, *Proc. zool. Soc. Lond.*, 1893: 427. Type species: *Cleora nigridorsaria* Guenée, 1858. (No type locality is given)

属征：雄性触角双栉形，雌性触角线形。额略凸出。下唇须第3节细长，伸出额外。雄性后足胫节有时膨大，具毛束。前翅顶角圆，外缘弧形；后翅圆。雄性前翅基部具泡窝。前翅 R_1 和 R_2 分离。前翅外线在中室处向外凸出。雄性外生殖器：钩形突近三角形，背面常具刚毛；颚形突中突骨化强，端部尖锐或圆；抱器瓣端部圆；抱器背内侧常具骨化突；囊形突半圆形；阳端基环端部分叉；阳茎中部较两端粗，后半部常骨化，渐细，末端尖锐；阳茎端膜具刺状角状器。雌性外生殖器：肛瓣和后表皮突延长；后阴片常发达；囊导管短或不明显；囊体长，后端有时骨化；不具囊片或具弱骨化的囊片。

分布：古北界，东洋界，新热带界。

种检索表

1. 前翅基部至内线和前后翅外线外侧至外缘黑褐色，其余部分白色……… **白鹿尺蛾 *A. diprosopa***
   翅面斑纹不如上述 …… 2
2. 前翅外线黄褐色，宽带状，边缘不整齐 …… **革鹿尺蛾 *A. scortea***
   前翅外线不如上述 …… 3
3. 雄性抱器瓣中部具1个近三角形突起 …… **薛鹿尺蛾 *A. xuei***
   雄性抱器瓣中部不具突起 …… 4
4. 雄性阳端基环伸达钩形突基部 …… **鲜鹿尺蛾 *A. perfurcana***
   雄性阳端基环未伸达钩形突基部 …… 5
5. 雄性阳端基环深分叉至近基部 …… **啄鹿尺蛾 *A. perspicuata***
   雄性阳端基环端部1/4分叉 …… **马鹿尺蛾 *A. postcandida***

(213) 白鹿尺蛾 *Alcis diprosopa* (Wehrli, 1943) (图版15: 9)

Boarmia diprosopa Wehrli, 1943, *in* Seitz, *Gross-Schmett.* Erde, 4 (Suppl.): 509, pl. 44: f. (China (west): Siao-Lou)

Alcis diprosopa: Xue, 1992, *in* Liu, *Icon. Forest Insects Hunan China*: 869, fig. 2861.

前翅长：雄性19～21 mm，雌性22～23 mm。前翅基部至内线和外线外侧至外缘黑褐色，中域白色，在前缘中部有1个小黑斑；中点黑色短条形；外线在中室处向外呈圆形凸出，凸出端部浅分叉，并在M_3和CuA_2之间形成2个圆形凸出；亚缘线灰白色，锯齿形，内侧具黑色带；缘线黑色；缘毛黑色与灰黄色掺杂。后翅白色，基部散布灰色；中点较前翅小；外线至外缘黑褐色；其余斑纹与前翅相似。雄性外生殖器（图版39：4）：钩形突末端圆；颚形突中突近三角形；抱器背近端部内侧具1个圆突，其上密被短刺，圆突内侧有1条骨化带伸达抱器瓣中部，其上具短刺；阳端基环近长方形，后端1/4强骨化且分叉，形成2个尖突；角状器2种，弯曲小骨化刺和扁圆形刺状斑。雌性外生殖器（图版58：3）：后阴片横带状；囊导管极短，具骨环；囊体后端弱骨化，前端囊片为1对短条状弱骨片。

采集记录：武夷山（三港、坳头、黄坑、挂墩）。

分布：福建、陕西、甘肃、湖北、湖南、广西、四川。

(214) 鲜鹿尺蛾 *Alcis perfurcana* (Wehrli, 1943) (图版15: 10)

Boarmia perfurcana Wehrli, 1943, *in* Seitz, *Gross-Schmett. Erde*, 4 (Suppl.): 502. (China:

Hunan)

Alcis perfurcana: Xue, 1992, *in* Liu, *Icon. Forest Insects Hunan China*: 869, fig. 2859.

前翅长：雄性 22 ~ 23 mm，雌性 22 ~ 24 mm。前翅外缘浅波曲；后翅外缘波曲较深。前翅中线以内灰褐色；内线为双线，中线单线并由外侧绕过黑色中点，上述两线灰黑色，模糊；外线至内线之间色较浅；外线黑色，纤细清晰，在 M_2 和 CuA_2 处两次外凸；外线外侧灰黑色，亚缘线灰白色，锯齿状。后翅灰白色；中点较前翅小；中线平直；外线在前缘和 M_1 之间模糊，呈点状，在 M_1 之后清楚，向内弯曲至 CuA_1，之后平直；翅端部色较深，亚缘线同前翅。前后翅缘线黑色纤细，在翅脉间扩展成黑点；缘毛灰褐至深灰褐色，掺杂灰白色。雄性外生殖器（图版 39：5）：与啄鹿尺蛾相似，但阳端基环突起较细窄、较长，伸达钩形突基部。

采集记录：武夷山（三港、坳头）。

分布：福建、山东、甘肃、湖北、江西、湖南、广东、广西、四川。

(215) 马鹿尺蛾 *Alcis postcandida* (Wehrli, 1924) （图版 15：11)

Boarmia postcandida Wehrli, 1924, *Mitt. münch. ent. Ges.*, 14: 139. (China: Guangdong)

Boarmia (Alcis) postcandida Wehrli, 1943, *in* Seitz, *Gross-Schmett. Erde*, 4 (Suppl.): 509, pl. 44: f.

Alcis postcandida: Xue, 1992, *in* Liu, *Icon. Forest Insects Hunan China*: 869, fig. 2862.

前翅长：雄性 14 ~ 17 mm，雌性 17 ~ 19 mm。前翅基部和外线外侧黑褐色；内外线距离近，中域狭窄；中域由前缘至中室下缘大部黑褐色，仅在外线内侧留下窄小浅色斑，中点在黑褐色斑内，黑色；中域在中室下缘以下白色，在 CuA_2 上有 1 个黑点，在 2A 附近散布少量褐色鳞片。后翅白色，局部散布灰褐色，中室下缘至 M_3 以下散布褐鳞；中点深灰色，外线在翅脉上有灰色或黑褐色点。

采集记录：武夷山（三港、挂墩）。

分布：福建、江西、湖南、广东、广西、云南。

(216) 革鹿尺蛾 *Alcis scortea* (Bastelberger, 1909) （图版 15：12)

Boarmia scortea Bastelberger, 1909b, *Ent. Z.*, 23: 33. (China: Taiwan)

Alcis fulvipicta Wileman, 1911a, *Entomologist*, 44: 296. (China: Taiwan)

Alcis scortea: Inoue, 1992a, *in* Heppner & Inoue, *Lepid. Taiwan*, 1 (2): 114.

前翅长：雄性 15～16 mm，雌性 16～18 mm。前翅黑褐色；中点黑色短条状；外线黄褐色，宽带状，边缘不整齐；翅端部在顶角、M_3 下方和臀角上方各有 1 个黄白色小斑，M_3 下方的较明显；缘线在各脉间呈黑色短条状；缘毛黑褐色与黄色相间。后翅翅面黄白色，散布灰褐色碎纹；中点深灰褐色，较前翅小；翅端部色较深，在浅色波曲的亚缘线内侧形成 1 条深灰色带；缘线与前翅相似；缘毛较前翅色浅。雄性外生殖器（图版 39：6）：钩形突粗壮，中间略细，末端呈方形，具浓密刚毛；颚形突中突细，端部尖锐；抱器背近基部内侧具 1 个带刚毛的短指状突和 1 个端部弯曲的细刺突；阳端基环伸达背兜中部，端半部骨化强且分叉，形成 1 对细突；阳茎端半部骨化且渐细；角状器长条状。雌性外生殖器（图版 58：4）：后阴片由 3 个近椭圆形骨片组成，中央的略小；囊导管较长且骨化，前端渐细；囊体膜质，前端膨大呈椭圆形。

采集记录：武夷山（三港、挂墩）。

分布：福建、湖南、台湾、广西、四川、云南。

(217) 薛鹿尺蛾 *Alcis xuei* Sato & Wang, 2005 （图版 15：13）

Alcis xuei Sato & Wang, 2005, *Tinea*, 19 (1): 39, figs 13－18, 39, 45. (China: Guangdong: Shaoguan)

前翅长：16～18 mm。翅面黄褐色，密布黑灰色碎纹，前后翅基部至外线之间颜色略浅。前翅内线为黑色双线，在中室处略向外弯曲；中点黑色，清楚；外线黑色，在 M 脉间向外凸出，之后近平直，略向内倾斜，雌性在 M 脉间向外凸出较明显且在 CuA_2 处再次向外凸出；外线与外缘之间密布黑色鳞片，但在顶角处和亚缘线外侧中部区域鳞片较稀少；亚缘线黄白色，锯齿状，模糊；缘线黑色，在脉间间断；缘毛黑灰色掺杂深褐色。后翅中点较前翅中点小；中线模糊，近平直；外线黑色，后半部向内弯曲；其余斑纹与前翅斑纹相似。雄性外生殖器（图版 39：7）：钩形突端部呈钩状；颚形突中突为短三角形；抱器瓣宽窄均匀；抱器背中部内侧具 1 个带刚毛的小圆突；抱器瓣中部具 1 个长三角形突起，其端部密布微刺；阳端基环端半部骨化强且分叉，形成 1 对细长突；阳茎端膜具 2 种角状器，1 个为粗壮长刺，端部急尖，另 1 个为长条状刺状斑。雌性外生殖器（图版 58：5）：后阴片近三角形，后端圆；囊导管骨化，长略短于宽，两侧平行；囊体后端 1/3 骨化并褶皱，右侧向外呈圆形凸出，前端膨大呈椭圆形，不具囊片。

采集记录：武夷山（挂墩）。

分布：福建、广东、海南；越南。

(218) 啄鹿尺蛾 *Alcis perspicuata* (Moore, 1868) (图版 15: 14)

Boarmia perspicuata Moore, 1868, *Proc. zool. Soc. Lond.*, 1867 (3): 630. (India: Bengal)

Boarmia (Alcis) perspicuata: Wehrli, 1943, *in* Seitz, *Macrolepid. World*, 4 (Suppl.): 499.

Alcis perspicuata: Sato, 1993a, *in* Haruta, *Tinea*, 13 (Suppl. 3): 6.

前翅长：雄性 21 ~ 23 mm，雌性 22 ~ 24 mm。本种翅面斑纹与鲜鹿尺蛾相似：前翅内线为双线；中线在中室处向外凸出，由外侧绕过黑色短条状中点；外线至内线之间色较浅；外线在 M_2 和 CuA_2 处两次外凸；亚缘线白色，锯齿状。后翅外线在 M_1 之后清楚，向内弯曲至 CuA_1，之后平直。但本种可以利用以下特征来区别：翅面黄褐色；前翅内线和中线较清楚。雄性外生殖器（图版 39：8）：钩形突末端方；颚形突中突小，末端圆；抱器背中部内侧具 1 个近方形的骨片，其末端向内凹入；阳端基环伸达背兜中部，强骨化并深分叉至近基部，形成 1 对粗指状的突起；阳茎长，端部渐细；角状器为 1 根长刺，端部尖锐且略弯曲。

采集记录：武夷山（挂墩）。

分布：福建、云南；印度，尼泊尔。

115. 皮鹿尺蛾属 *Psilalcis* Warren, 1893

Psilalcis Warren, 1893, *Proc. zool. Soc. Lond.*, 1893: 430. Type species: *Tephrosia inceptaria* Walker, 1866. (Indonesia: Flores)

Paralcis Warren, 1894a, *Novit. zool.*, 1: 435. Type species: *Menophra conspicuata* Moore, 1888. (India: Darjeeling)

属征：雄性触角常线形，具纤毛，或为双栉形；雌性线形。额不凸出。下唇须尖端伸达额外。前翅外缘微波曲；后翅外缘波曲。雄性前翅基部具泡窝。前翅 Sc 和 R_1 部分合并，R_2 与 Sc + R_1 常具 1 个短柄相连。雄性外生殖器：钩形突近三角形，端部呈钩状，背面具刚毛；颚形突中突有时退化；抱器背平直，内侧常具突起，端部膨大，具长刚毛，伸出抱器瓣末端；抱器瓣腹缘具长刚毛；囊形突短宽，端部圆；阳茎端膜有时具角状器。雌性外生殖器：前阴片或后阴片发达；囊导管长，具骨环，或不明显；囊体椭圆形，不具囊片或囊片不发达。

分布：全世界。

种检索表

1. 翅面白色，斑纹为灰色带，常间断 ………………………………………… **金星皮鹿尺蛾 *P. abraxidia***

翅面斑纹不如上述 …………………………………………………………………………………………… 2

2\. 前翅中线粗壮，清楚，呈“>”形 ………………………………… **茶担皮鹿尺蛾 *P. diorthogonia***

前翅中线不如上述 …………………………………………………………………………………………… 3

3\. 前翅内线为双线 ………………………………………………………………… **袍皮鹿尺蛾 *P. polioleuca***

前翅内线不为双线 …………………………………………………………………………………………… 4

4\. 后翅中点模糊 ……………………………………………………………………… **皮鹿尺蛾 *P. inceptaria***

后翅中点清楚，短条状 ……………………………………………………………………………………… 5

5\. 前翅亚缘线内侧具间断的黑色带 ……………………………………………… **淡灰皮鹿尺蛾 *P. dierli***

前翅亚缘线内侧不具间断的黑色带 ………………………………………… **弥皮鹿尺蛾 *P. indistincta***

(219) 茶担皮鹿尺蛾 *Psilalcis diorthogonia* (Wehrli, 1925)　(图版 15：15)

Boarmia diorthogonia Wehrli, 1925, *Mitt. münch. ent. Ges.*, 15 (1 – 5): 57, pl. 1, fig. 23. (China: Guangdong)

Boarmia (Heterarmia) diorthogonia: Wehrli, 1943, *in* Seitz, *Gross-Schmett. Erde*, 4 (Suppl.): 492, pl. 45: i.

Heterarmia diorthogonia: Inoue, 1978, *Bull. Fac. domestic Sci., Otsuma Woman's Univ.*, 14: 245, fig. 105.

Abaciscus diorthogonia: Wang, 1998, *Geometer Moths of Taiwan*, 2: 239.

Psilalcis diorthogonia: Sato, 1999, *Tinea*, 16 (1): 36.

前翅长：雄性 14 ~ 19 mm，雌性 17 ~ 19 mm。翅灰黄色，前后翅外线外侧至外缘色较深。前翅中线黑褐色带状，呈“>”形，后半部分较粗壮；中点黑色，短条形；外线黑色，细弱，在翅脉上有小锯齿，在 M 脉间向外凸出，在 CuA_2 下方与中线融合形成 1 个黑色大斑；外线外侧近中部具 1 条黑色斜带，延伸至顶角下方；亚缘线灰白色，模糊；缘线黑色，短条形；缘毛黄褐色掺杂黑色。后翅中线黑色，粗壮，平直；其余斑纹与前翅斑纹相似。雄性外生殖器（图版 39：9）：钩形突端部细长；颚形突中突细长，端部尖锐；抱器瓣宽窄均匀，端部圆；抱器背端部膨大并覆盖抱器瓣端部；抱器背内侧突起近圆形，其上具短刺；抱器瓣腹缘平直；阳茎端膜不具角状器。雌性外生殖器（图版 58：6）：后阴片为 1 对近卵圆形骨片；囊导管细长；囊体椭圆形，不具囊片。

采集记录：武夷山（挂墩）。

分布：福建、陕西、甘肃、湖北、湖南、台湾、广东、广西、四川、重庆、贵州、云南、西藏。

(220) 淡灰皮鹿尺蛾 *Psilalcis dierli* Sato, 1995 中国新记录 （图版 15：16）

Psilalcis dierli Sato, 1995a, *in* Haruta, *Tinea*, 14: (Suppl. 2): 30, pl. 102, fig. 3; text-figs 588, 592. (Nepal)

前翅长：雄性 12～14 mm，雌性 13～15 mm。翅面灰黄色。前翅外线至外缘之间具褐色鳞片；内线黑色，弧形；中线黑色，穿过中点，并在中点下方向内呈圆形凹入；中点黑色，短条状；外线黑色，清楚，在 M_1 和 M_3 之间向外凸出，在 M_3 之后向内斜行至 CuA_2，在 CuA_2 之后与中线近平行；亚缘线白色，锯齿状，内侧具黑色斑块；缘线黑色，连续，在脉间呈点状。后翅中线黑色，近平直；外线黑色，后端略向内凸出；其余斑纹与前翅斑纹相似。

采集记录：武夷山（三港）。

分布：福建；尼泊尔。

(221) 天目皮鹿尺蛾 *Psilalcis menoides* (Wehrli, 1943) （图版 15：17）

Boarmia menoides Wehrli, 1943, *in* Seitz, *Gross-Schmett. Erde*, 4 (Suppl.): 491, pl. 46: b. (China: Chekiang: West Tien-Mu-shan)

Paralcis menoides: Sato, 1993b, *Japan Heterocerists' J.*, 172: 393.

Psilalcis menoides: Sato, 1996b, *Tinea*, 15 (1): 58.

前翅长：12～13 mm。翅面灰白色，前翅内线内侧和前后翅外线至外缘浅灰褐色。前翅内线黑色，弧形；中点短条状；中线黑色，紧贴中点外侧，略向外倾斜；外线黑色，浅锯齿状，在 M 脉间向外呈圆形凸出，在 CuA_2 下方与中线汇合；亚缘线灰白色，锯齿状，内侧具间断的黑色带。后翅中线黑色，近平直；中点较前翅小；亚缘线内侧黑色带模糊；其余斑纹与前翅斑纹相似。雄性外生殖器（图版 39：10）：钩形突粗壮；颚形突中突为长三角形；抱器背内突较茶担皮鹿尺蛾的小；抱器瓣腹缘近中央处凹入，具 5～8 根长刺；阳端基环后端 3/4 略细；阳茎骨化，中部略粗；角状器由 1 束细刺组成。雌性外生殖器（图版 58：7）：后阴片由 3 个方形骨片组成，中央的略小；交配孔周围骨化；囊导管细长；囊体椭圆形；囊片为 1 条弱骨化带，弯曲呈“C”形。

采集记录：武夷山（挂墩）。

分布：福建、浙江、湖南、台湾、广东。

(222) 金星皮鹿尺蛾 *Psilalcis abraxidia* Sato & Wang, 2006　(图版15: 18)

Psilalcis abraxidia Sato & Wang, 2006, *Tinea*, 19 (2): 76, figs 19 – 22. (China: Guangdong: Shaoguan)

前翅长：20 ~ 24 mm。雄性触角双栉形，栉齿短。翅面白色，斑纹灰色。前翅前缘和前后翅端部密布灰色碎纹。前翅内线由 2 ~ 3 个大斑点组成；中点大而圆，中央常具黑色条纹；外线和亚缘线带状，中部间断；缘线带状，常不间断，雌性缘线模糊；缘毛灰色掺杂白色。后翅中点较前翅中点小；中线和缘线模糊；外线和亚缘线常间断。雄性外生殖器（图版 39：11）：钩形突端部细且尖；颚形突中突退化；抱器瓣端部窄；抱器背端部膨大呈棒槌状，未覆盖抱器瓣端部，抱器背内侧突起细指状，端部尖锐，伸出抱器瓣末缘；抱器瓣腹缘端部 1/3 深凹入；基部 2/3 骨化，具短刚毛；阳端基环中部窄；阳茎端半部骨化，端部一侧具 1 个小刺突，末端形成 1 个弯曲的刺突；角状器短刺状。雌性外生殖器（图版 58：8）：前阴片中部深凹入，后缘锯齿状；后阴片中部“V”形凹陷；交配孔强骨化；囊导管具骨环，不对称，一侧较另一侧长；囊体袋状，后端右侧略膨大，后端 1/4 骨化强并具纵纹；囊片为 1 对短条状骨片。

采集记录：武夷山（挂墩）。

分布：福建、浙江、广东。

(223) 皮鹿尺蛾 *Psilalcis inceptaria* (Walker, 1866)　(图版15: 19)

Tephrosia inceptaria Walker, 1866, *List Specimens lepid. Insects Colln Brit. Mus.*, 35: 1590. (Indonesia: Flores)

Psilalcis inceptaria: Warren, 1893, *Proc. zool. Soc. Lond.*, 1893: 430.

Boarmia (*Psilalcis*) *inceptaria hoengshana* Wehrli, 1953, *in* Seitz, *Gross-Schmett. Erde*, 4 (Suppl.): 545. (China: Hunan: Höng-shan)

前翅长：9 mm。翅面灰黄色，斑纹灰黑色。前翅内线、中线和外线在前缘处形成 3 个斑块；内线弧形；中点短条状；中线弧形，在 CuA_2 下方加粗；外线锯齿状，近弧形，在臀褶处与中线接触；外线外侧至外缘区域颜色略深；亚缘线灰黄色，锯齿状；缘线在脉间呈小三角形；缘毛灰黄色掺杂少量灰黑色。后翅中点模糊；中线平直；外线锯齿状；其余斑纹与前翅斑纹相似。雄性外生殖器（Goyal, 2011）：抱器瓣宽大；抱器背平直，端部具刚毛；抱器腹骨化，端部具 1 束长刚毛；囊形突延长；阳端基环骨化弱，基部较端部宽。雌性外生殖器（Goyal, 2011）：交配孔骨化；囊导管短，膜质，后端褶皱；囊体长，不具囊片。

采集记录：武夷山（挂墩、邵武）。

分布：福建、湖南；印度尼西亚；东南亚。

(224) 袍皮鹿尺蛾 *Psilalcis polioleuca* Wehrli, 1943 （图版 16：1）

Boarmia polioleuca Wehrli, 1943, *in* Seitz, *Gross-Schmett. Erde*, 4 (Suppl.): 490, pl. 46: c. (China: Zhejiang: Tien-Mu-shan; Mokanshan)

Psilalcis polioleuca: Sato and Fan, 2011, *in* Wang & Kishida, *Moths of Guangdong Nanling National Nature Reserve*: 61.

前翅长：15～17 mm。翅面灰白色，密布深褐色碎纹，斑纹黑褐色。前翅内线为双线，弧形；中点清楚，近椭圆形；中线在前缘处清楚，其余细弱；中线与外线之间区域灰白色；外线锯齿状，有时模糊呈点状，在 M 脉间向外弯曲，之后向内倾斜，与中线在臀褶处接近，后分离；外线外侧至外缘大部黑褐色；亚缘线灰白色，锯齿状；缘线在脉间呈短条状；缘毛灰白色掺杂黑褐色。后翅中线平直；中点短条状，较前翅小；外线锯齿状；亚缘线较前翅模糊，外侧具黑褐色模糊带；缘线和缘毛与前翅相似。

采集记录：武夷山（挂墩）。

分布：福建、浙江、广东。

(225) 弥皮鹿尺蛾 *Psilalcis indistincta* (Hampson, 1891) 中国新记录 （图版 16：2）

Cleora indistincta Hampson, 1891, *Illust. typical Specimens Lepid. Heterocera Colln Brit. Mus.*, 8: 27, 106, pl. 150, fig. 3. (India: Nilgiri district)

Psilalcis indistincta: Sato, 1993a, *in* Haruta, *Tinea*, 13 (Suppl. 3): 14.

前翅长：18 mm。翅面灰白色，斑纹黑灰色。前翅内线近弧形；中点清楚；中线仅在前缘和近后缘处清楚；外线在 M 脉之间向外凸出，之后向内倾斜，在臀褶处与中线接近后分离；外线外侧至外缘色较深；亚缘线灰白色，锯齿状；缘线在脉间间断；缘毛灰白色掺杂灰褐色。后翅中线近平直；外线后半部分略向内弯曲；其余斑纹与前翅斑纹相似。

采集记录：武夷山（挂墩、邵武）。

分布：福建；印度。

116. 美鹿尺蛾属 *Aethalura* McDunnough, 1920

Aethalura McDunnough, 1920, *Bull. Dep. Agric. Can. ent. Brch*, 18: 36. Type species: *Boarmia intertexta* Walker, 1860. (North America) [Replacement name]

Aethaloptera Hulst, 1896, *Trans. Am. ent. Soc.* 23: 321, 358. Type species: *Boarmia intertexta* Walker, 1860. (North America) [Junior homonym of *Aethaloptera* Brauer, 1875 (Trichoptera).]

属征：雄性与雌性触角均为线形。额不凸出。下唇须第3节细长。雄性后足胫节膨大，有时具毛束。前翅顶角圆，外缘平直；后翅外缘微波曲。雄性前翅基部具泡窝。前翅 R_1 和 R_2 完全合并。雄性外生殖器：钩形突短，端部圆或平；颚形突中突退化；抱器瓣宽大。雌性外生殖器：后阴片发达；囊导管长；囊体圆形，具1个长条形囊片。

分布：中国，俄罗斯，日本，印度；朝鲜半岛，欧洲，北美。

(226) 中国美鹿尺蛾 *Aethalura chinensis* Sato & Wang, 2004 （图版16: 3）

Aethalura chinensis Sato & Wang, 2004, *Tinea*, 18 (1): 48, figs 27－28, 51, 58. (China: Guangdong, Shaoguan)

前翅长：16～17 mm。翅面灰白色。前翅内线黑色，清楚，略向外弯曲，内侧具1条黑带；中点黑色，短条状；中线在前缘形成1个黑斑，其余部分浅黄色，波状，模糊；外线黑色，前半部分清楚；外线外侧具1条黄线，其外侧在 M_3 和 CuA_1 之间常具1个黑斑；亚缘线灰色，锯齿状；缘线在脉间呈黑色短条状。后翅中线黑色，粗壮，平直；外线黑色，清楚，波曲；中点、亚缘线和缘线与前翅的相似。雄性外生殖器（Sato & Wang, 2004）：钩形突短，端部平；抱器背和抱器腹均为宽带状，前者端半部具长刚毛，后者密布小刺；抱器瓣中部具1个粗条状骨化突，其上具短刺；阳茎端部具2束长刺和1条细骨化带，其上密布小刺。雌性外生殖器（Sato & Wang, 2004）：后阴片中部较褶皱；囊片横带状，略弯曲。

采集记录：武夷山（挂墩）。

分布：福建、陕西、广东。

117. 佐尺蛾属 *Rikiosatoa* Inoue, 1982

Rikiosatoa Inoue, 1982c, *in* Inoue *et al.*, *Moths of Japan*, 1: 541. Type species: *Boarmia grisea*

Butler, 1878. (Japan)

属征： 雄性触角双栉形，雌性触角线形。额不凸出。下唇须尖端伸达额外。前翅外缘弧形；后翅圆，外缘微波曲。雄性前翅基部具泡窝。前翅 R_1 和 R_2 短共柄，Sc 和 R_1 部分合并。前后翅外线清楚，外侧至外缘色略深。雄性外生殖器：钩形突近三角形，端部粗壮且圆，背面具刚毛；颚形突中突细；抱器背内侧中部常具突起，其上具刚毛；抱器腹有时具骨化结构；阳端基环分叉；阳茎圆柱形；阳茎端膜有时具角状器。雌性外生殖器：后阴片发达；交配孔周围骨化；囊体长，后端常骨化具纵纹，通常不具囊片。

分布： 中国，日本，不丹，泰国；朝鲜半岛。

种检索表

1. 雄性抱器腹具 1 条骨化宽带 …………………………………… **中国佐尺蛾 *R. vandervoordeni***
   雄性抱器腹不具骨化结构 ……………………………………………………………… 2
2. 前翅内线内侧区域色较深；雄性囊形突端部近方形 ………………………… **灰佐尺蛾 *R. grisea***
   前翅内线内侧区域颜色与中域几乎相同；雄性囊形突端部圆 …………… **紫带佐尺蛾 *R. mavi***

(227) 紫带佐尺蛾 *Rikiosatoa mavi* (Prout, 1915) (图版 16: 4)

Boarmia mavi Prout, 1915, *in* Seitz, *Macrolepid. World*, 4: 369, pl. 20: h. (China (west): Shen-se, Suiling)

Boarmia mavi opiseura Wehrli, 1943, *in* Seitz, *Gross-Schmett. Erde*, 4 (Suppl.): 507. (China: Guangdong; Zhejiang)

Alcis shibatai Inoue, 1978, *Bull. Fac. domestic Sci.*, *Otsuma Woman's Univ.*, 14: 240, figs 89, 94, 96. (China: Taiwan)

Rikiosatoa mavi: Inoue, 1982c, *in* Inoue *et al.*, *Moths of Japan*, 1: 541.

前翅长：15 ~ 17 mm。翅面浅灰色，前后翅外线外侧至外缘紫灰色。前翅内线黑色，细弱，弧形，内侧至翅基部灰褐色；中线模糊；中点黑色短条状；外线黑色，在 M 脉间明显向外凸出，在 CuA_2 下方略向外凸出；外线外侧大部深紫灰色，中部具黑色斜带，向外延伸至顶角下方；亚缘线灰白色，模糊；顶角处有 1 个灰白色斑；缘线黑色，纤细；缘毛灰黄色与灰褐色掺杂。后翅中线黑色，模糊，平直；中点较前翅小；外线黑色，平直；亚缘线内侧具 1 条波曲黑色细线，其余斑纹与前翅斑纹相似。雄性外生殖器（图版 39：12）：抱器背内突短指状；抱器瓣腹缘中部凸出；囊形突端部圆；阳端基环深分叉至基部，形成 1 对细长骨化突，其端部骨化强且弯曲，伸达钩形突基部；角状器长刺状，长度约为阳茎的2/3，末端尖锐。雌性外生殖器（图版58：9）：后阴片近圆形；囊导管较中国佐尺蛾长，骨化；囊体圆柱形，前端近1/4膜质，其余部分骨化并具纵纹。

采集记录：武夷山（三港、大竹岚、挂墩）。

分布：福建、浙江、湖北、江西、湖南、台湾、广东、海南、广西、四川、贵州；日本。

(228) 灰佐尺蛾 *Rikiosatoa grisea* (Butler, 1878)　(图版16：5)

Boarmia grisea Butler, 1878a, *Ann. Mag. nat. Hist.*, (5) 1: 396. (Japan: Yokohama)

Rikiosatoa grisea: Inoue, 1982c, *in* Inoue *et al.*, *Moths of Japan*, 1: 541.

前翅长：雄性18～19 mm。翅面白色，前翅内线内侧和前后翅外线外侧紫灰色，带明显红褐色调。前翅大部分区域密布黑色碎纹，中部显露不均匀白色；内线黑色，近弧形；中线波曲，细弱；中点黑色，短条状；外线黑色，在M脉间和臀褶处向外凸出；亚缘线白色，锯齿状，内侧具1条黑线；缘线黑色，短条状，有时模糊；缘毛白色掺杂黑色。后翅散布少量黑色碎纹；中点较前翅的小；外线黑色，近平直。雄性外生殖器（图版39：13）与紫带佐尺蛾非常相似，但区别如下：抱器背内突较小，端部较方；囊形突近方形，前缘中央凹入；阳端基环的长突较长，伸达钩形突中部；阳茎前端较细，后半部一侧具1条细长的骨化带；阳茎端膜不具角状器。

采集记录：武夷山（三港）。

分布：福建、河南；日本；朝鲜半岛。

(229) 中国佐尺蛾 *Rikiosatoa vandervoordeni* (Prout, 1923)　(图版16：6)

Cleora vandervoordeni Prout, 1923b, *Ann. Mag. nat. Hist.*, (9) 11: 319. (China (central): Yachiaolin)

Boarmia grisea vandervoordeni: Wehrli, 1943, *in* Seitz, *Gross-Schmett. Erde*, 4 (Suppl.): 507.

Rikiosatoa vandervoordeni: Xue, 1992, *in* Liu, *Icon. Forest Insects Hunan China*: 870, fig. 2865.

前翅长：雄性17～18 mm，雌性19～20 mm。翅面灰褐色，略带灰紫色调和黄褐色调，外线外侧颜色较深，斑纹黑色。前翅内线弧形，模糊；中点短条状；外线在M_1与M_3之间和CuA_2与2A之间向外凸出；缘线细弱，在脉间呈点状；缘毛与翅面同色。后翅中线模糊；中点较前翅的小；外线近平直；缘线和缘毛与前翅的相似。雄性外生殖器（图版40：1）：抱器瓣中部略宽，端部钝圆；抱器背基部略向外凸出，中部内突小而圆；抱器腹上具1条骨化宽带，伸向抱器瓣中央，其上密被小刺；囊形突半圆形；阳端基环端半部分叉，形成1对细指状突，未伸达抱器背基部；角状器棒状，长度约为阳茎长度的一半，前端渐细，后端一侧形成1个小尖突。雌性外生殖器（图版58：10）：前阴片发达；囊导管短；囊体后端1/4骨化，前端膨大呈心形。

采集记录：武夷山（挂墩）。

分布：福建、黑龙江、浙江、江苏、湖北、江西、湖南、广东、四川。

118. 尘尺蛾属 *Hypomecis* Hübner, 1821

Hypomecis Hübner, 1821, *Index exot. Lepid.* : 7. Type species: *Cymatophora umbrosaria* Hübner, 1813. (North America)

Boarmia Treitschke, 1825 [October 18], *in* Ochsenheimer, *Schmett. Eur.*, 5 (2): 433. Type species: *Geometra roboraria* [Denis & Schiffermüller], 1775. (Austria: Vienna district)

Dryocoetis Hübner, [1825] 1816, *Verz. bekannter Schmett.* : 316. Type species: *Geometra roboraria* [Denis & Schiffermüller], 1775. (Austria: Vienna district)

Alcippe Gumppenberg, 1887, *Nova Acta Acad. Caesar. Leop. Carol.* 49: 335 (key). Type species: *Macaria castigataria* Bremer, 1864. (Russia: East Siberia, [Ussuri], Kengka Sea) [Junior homonym of *Alcippe* Blyth, 1844 (Aves).]

Narapa Moore, 1887, *Lepid. Ceylon* 3: 410. Type species: *Boarmia adamata* Felder & Rogenhofer, 1875. (Ceylon [Sri Lanka])

Pseudangerona Moore, 1887, *Lepid. Ceylon*, 3: 413. Type species: *Boarmia separata* Walker, 1860. (India: Hindostan)

Serraca Moore, 1887, *Lepid. Ceylon*, 3: 416. Type species: *Boarmia transcissa* Walker, 1860. (Bangladesh: Silhet)

Astacuda Moore, 1888a, *in* Hewitson & Moore, *Descr. new Indian lepid. Insects Colln late Mr W. S. Atkinson*, 3: 243. Type species: *Astacuda cineracea* Moore, 1888. (India: Darjeeling)

Maidana Swinhoe, 1900a, *Cat. east. and Aust. Lepid. Heterocera Colln Oxf. Univ. Mus.*, 2: 280. Type species: *Macaria tetragonata* Walker, [1863] 1862. (Borneo: Sarawak)

Pseudoboarmia McDunnough, 1920, *Bull. Dep. Agric. Can. ent. Brch*, 18: 21. Type species: *Cymatophora umbrosaria* Hübner, [1813] 1806. (North America)

Erobatodes Wehrli, 1943, *in* Seitz, *Gross-Schmett. Erde*, 4 (Suppl.): 521. Type species: *Boarmia eosaria* Walker, [1863] 1862. (China (north))

属征：雄性触角双栉形，雌性触角线形。额略凸出。下唇须尖端伸达额外。翅外缘较直，倾斜；后翅外缘波曲。雄性前翅基部具泡窝。前翅 R_1 和 R_2 完全合并。

前后翅外线常为锯齿状；亚缘线内侧具深色带。雄性外生殖器：钩形突三角形，端部尖锐；背兜侧突有时发达；颚形突中突短粗，端部圆；抱器背平直，端部具长刚毛；抱器背和抱器瓣腹缘内侧常具带短刺的骨化结构，或有的种在抱器瓣中部具带粗壮短刺的骨化结构；囊形突呈半圆形；阳茎端膜具角状器。雌性外生殖器：肛瓣和后表皮突常延长；后阴片发达；囊导管短或不明显；囊体长，后端具纵纹，常具1个小囊片，边缘小刺不发达。

分布：全世界。

种检索表

1. 翅面大部分区域黑灰色，仅前翅中部灰白色……………………………… 黑尘尺蛾 ***H. catharma***
   翅面颜色不如上述 ……………………………………………………………………… 2
2. 前翅亚缘线外侧在 M_3 和 CuA_1 之间具1块白斑 ……………………… 怒尘尺蛾 ***H. phantomaria***
   前翅亚缘线外侧在 M_3 和 CuA_1 之间不具白斑 ……………………………………… 3
3. 后翅反面臀褶附近具毛 …………………………………………………… 尘尺蛾 ***H. punctinalis***
   后翅反面臀褶附近无毛 ……………………………………………………………………… 4
4. 雄性外生殖器具背兜侧突 …………………………………………… 假尘尺蛾 ***H. pseudopunctinalis***
   雄性外生殖器不具背兜侧突 ……………………………………………… 青灰尘尺蛾 ***H. cineracea***

(230) 尘尺蛾 *Hypomecis punctinalis* (Scopoli, 1763) (图版 16：7)

Phalaena punctinalis Scopoli, 1763, *Ent. Carniolica*: 217, fig. 537. (Italy)

Phalaena urticaria Hufnagel, 1767, *Berlin Mag.*, 4 (5): 508. (Germany)

Phalaena turcaria Fabricius, 1775, *Syst. Ent.*: 624. (Germany)

Phalaena Geometra griseonigra Goeze, 1781, *Ent. Beytr.*, 3: 426. (France)

Phalaena bandevillaea Fourcroy, 1785, *Entomologia Parisiensis*, 2: 275. (France)

Phalaena consortaria Fabricius, 1787, *Mantissa Insect.*, 2: 187. (Austria)

Boarmia (Serraca) punctinalis: Wehrli, 1943, *in* Seitz, *Gross-Schmett. Erde*, 4 (Suppl.): 526.

Serraca punctinalis: Sato, 1981b, *Tinea*, 11 (8): 77.

Hypomecis punctinalis: Inoue, 1982c, *in* Inoue *et al.*, *Moths of Japan*, 1: 543.

前翅长：雄性 22～25 mm，雌性 24～25 mm。翅面灰褐色，外线外侧色较深。前翅内线黑色，弧形；中线黑色，模糊，在M脉之间向外凸出，在 M_3 之后向内斜行；中点黑色狭长，中空；外线黑色，锯齿形，在M脉之间略向外呈凸出，在 M_3 之后与中线平行；亚缘线灰白色，模糊，内侧具1条锯齿形黑线；缘线在各脉间呈黑色短条形；缘毛灰褐色。后翅中线黑色，近平直；中点较前翅的小；其余斑纹与前翅的相似。

采集记录：武夷山（三港）。

分布：福建、黑龙江、吉林、内蒙古、北京、山东、河南、陕西、甘肃、宁夏、甘肃、安徽、浙江、湖北、湖南、台湾、广东、广西、四川、贵州、云南、西藏；俄罗斯，日本；朝鲜半岛；欧洲。

(231) 假尘尺蛾 *Hypomecis pseudopunctinalis* (Wehrli, 1923) （图版 16：8）

Boarmia pseudopunctinalis Wehrli, 1923, *Dt. ent. Z. Iris*, 37: 74, pl. 1, fig. 9, 20. (China: Shanghai)

Boarmia pseudopunctinalis subconferenda Wehrli, 1943, *in* Seitz, *Gross-Schmett. Erde*, 4 (Suppl.): 527, pl. 45: a. (China: Shanxi)

Boarmia (*Serraca*) *pseudopunctinalis*: Wehrli, 1943, *in* Seitz, *Gross-Schmett. Erde*, 4 (Suppl.): 526, pl. 45: b.

Serraca pseudopunctinalis: Sato, 1981b, *Tinea*, 11 (8): 83.

Hypomeics pseudopunctinalis: Xue, 1992, *in* Liu, *Icon. Forest Insects Hunan China*: 871, fig. 2870.

前翅长：21 ~ 23 mm。此种翅面斑纹与尘尺蛾非常相似，但也存在明显区别：雄性前翅较尘尺蛾宽阔；后翅反面臀褶附近无毛；翅面颜色较尘尺蛾深；外线锯齿较尘尺蛾深，在翅反面尤其明显；前后翅中点深灰色，近椭圆形，不中空。雄性外生殖器（Sato, 1981）：与青灰尘尺蛾相似，但此种的背兜侧突发达，阳端基环中部较窄。

采集记录：武夷山（三港）。

分布：福建、黑龙江、北京、山东、陕西、甘肃、青海、浙江、江西、湖南、广西；朝鲜半岛。

(232) 黑尘尺蛾 *Hypomecis catharma* (Wehrli, 1943) （图版 16：9）

Boarmia catharma Wehrli, 1943, *in* Seitz, *Gross-Schmett. Erde*, 4 (Suppl.): 519, pl. 45: c. (China: Zhejiang, Guangdong, Sichuan)

Hypomecis catharma: Xue, 1992, *in* Liu, *Icon. Forest Insects Hunan China*: 871, fig. 2868.

前翅长：雄性 23 ~ 26 mm，雌性 24 ~ 27 mm。翅面大部分区域黑灰色，仅前翅中部附近显露不均匀的灰白色。前翅内线黑色，弧形；中线黑色，细弱；中点黑色，短条状；外线黑色，锯齿状，在 CuA_1 下方至后缘极接近中线；亚缘线灰白色，细锯齿状，内侧具1条锯齿状黑线；缘线为1列黑点；缘毛黑褐色与黄白色相间。后翅中线黑色，近平直；中点黑色，半月形；外线黑色，锯齿状，浅弧形；其余斑纹与前翅相似。

采集记录：武夷山（三港、黄溪洲、挂墩）。

分布：福建、河南、安徽、浙江、湖北、江西、湖南、广东、海南、广西、四川、贵州。

(233) 青灰尘尺蛾 *Hypomecis cineracea* (Moore, 1888) （图版 16: 10）

Astacuda cineracea Moore, 1888a, in Hewitson & Moore, *Descr. new Indian lepid. Insects Colln late Mr W. S. Atkinson*, 3: 244. (India)

Alcis decrepitata Wileman, 1911b, *Entomologist*, 44: 344. (China: Taiwan)

Boarmia cineracea: Holloway, 1976, *Moths of Borneo with special Reference to Mount Kinabalu*: 82.

Hypomecis cineracea: Sato, 1988, *Heteroc. sumatr.*, 2: 129.

前翅长：雄性23~30 mm，雌性25~31 mm。翅面灰色。前翅内线黑褐色，细弱，波曲；中线黑褐色，细弱，在M脉之间向外凸出，之后平直；中点黑褐色，圆形，不中空；外线黑褐色，锯齿状，在M脉之间略向外凸出，之后向内倾斜，在近后缘处与中线近平行；外线外侧具深褐色带；亚缘线灰白色，锯齿状，内侧具锯齿状黑褐色带；缘线在脉间呈黑褐色短条状。后翅中线黑褐色，平直，仅在中点下方清楚；外线黑褐色，锯齿状，近弧形；其余斑纹与前翅的相似。雄性外生殖器（图版40：2）：不具背兜侧突；颚形突中突近方形；抱器瓣腹缘内侧骨化条较抱器背内侧的长；阳端基环长，伸达背兜基部；角状器由长条状刺状斑和2个长短不一的骨化条组成，长骨化条的中部和短骨化条的端部具小刺。

采集记录：武夷山（三港、黄溪洲）。

分布：福建、浙江、江西、台湾、广东、海南、香港；印度，尼泊尔，泰国，菲律宾。

(234) 怒尘尺蛾 *Hypomecis phantomaria* (Graeser, 1890) （图版 16: 11）

Boarmia phantomaria Graeser, 1890, *Berl. ent. Z.*, 35: 83. (Russia: Amurlandes, Raddefka)

Jankowskia moltrechti Oberthür, 1913, *Études Lépid. comp.*, 7: 253, pl. 414, fig. 1598. (China: Manchuria; Russia: Sidemi)

Boarmia phantomaria niveisinata Wehrli, 1943, *in* Seitz, *Gross-0Schmett. Erde*, 4 (Suppl.): 521. (China: Yunnan: Likiang)

Hypomecis phantomaria: Sato, 1984a, *Japan Heterocerists' J.*, 129 (Suppl.): 55.

前翅长：雄性 21 ~ 24 mm，雌性 25 mm。翅面灰褐色。前翅内线黑色，粗壮，在中室处向外呈圆形凸出，之后平直，向内倾斜；中线和外线黑色，与内线近平行，中线较外线细弱；中点模糊；亚缘线白色，常模糊，外侧在 M_3 和 CuA_1 之间具 1 个白斑；缘线在脉间呈黑色短条状；缘毛灰褐色。后翅中线黑色，平直；亚缘线外侧不具白斑；其余斑纹与前翅的相似。雄性外生殖器（图版 40：3）与青灰尘尺蛾相似，但不同之处在于：抱器瓣腹缘内侧突起较不发达，其上散布少量细刺；阳端基环较短，后端中央凹入；阳茎较粗壮，角状器由 2 束短刺（其中 1 束较长）、1 个具 2 个小刺的骨化条和 1 个端部具微刺的指状突组成。

采集记录： 武夷山（三港、挂墩）。

分布： 福建、东北、江苏、江西、云南；俄罗斯（东南部）；朝鲜半岛。

119. 宙尺蛾属 *Coremecis* Holloway, 1994

Coremecis Holloway, 1994, *Malay. Nat. J.*, 47: 203. Type species: *Boarmia incursaria* Walker, 1860. (Borneo)

属征： 雄性触角双栉形，雌性触角线形。额不凸出。下唇须仅尖端伸达额外。前翅外缘略倾斜，顶角圆，臀角方；后翅圆。雄性前翅基部不具泡窝。前翅 Sc 与 R_1 部分合并，R_2 自由。雄性第 7 和第 8 腹节之间具 1 对味刷。雄性外生殖器：钩形突半圆形，端部中央具突起；颚形突中突发达；抱器腹端部具 1 骨化条，其上具 1 排短刺；横带片之间具 1 根横向棒；囊形突长，端部圆形；阳茎细，末端形成 2 个尖突。雌性外生殖器：前后阴片发达；囊导管短，具骨环；囊体大，具 1 个新月形囊片。

分布： 中国，印度，尼泊尔，泰国，越南，马来西亚，印度尼西亚。

种检索表

翅面灰白色 …………………………………………………………… **黑斑宙尺蛾 *C. nigrovittata***

翅面浅褐色 …………………………………………………………… **蕾宙尺蛾 *C. leukohyperythra***

(235) 黑斑宙尺蛾 *Coremecis nigrovittata* (Moore, 1868) （图版 16：12）

Hemerophila nigrovittata Moore, 1868, *Proc. zool. Soc. Lond.*, 1867 (3): 626. (India)

Darisa fasciata Warren, 1894a, *Novit. zool.*, 1: 433. (India)

Coremecis nigrovittata: Sato, 1994, *in* Haruta, *Tinea*, 14 (Suppl. 1): 52, pl. 75: 24.

前翅长：雄性 19 ~ 23 mm，雌性 22 ~ 23 mm。翅面灰白色，散布浅灰色条纹。前翅内线黑色，双线，在中室下方清楚；中点为浅灰色大圆点；外线黑色，浅锯齿状，在 M 脉之间向外弯曲；外线外侧至外缘大部黑色；亚缘线灰白色，波曲，模糊。后翅亚基线黑色，平直；中点较前翅的小；外线黑色，在 M_3 之前细锯齿状，M_3 之后较平直；外线外侧至外缘具灰褐色宽带，在亚缘线外侧 M_1 下方色浅。雄性外生殖器（图版 40：4）：颚形突中突近长方形；抱器瓣端部窄且钝圆；抱器背平直；抱器腹端部骨化条上具 1 排短刺，基部具 1 个弯曲细指状突；阳端基环基半部半圆形，端半部窄；阳茎端半部形成 1 对端部渐细的骨化突；角状器为 1 个椭圆形刺状斑。雌性外生殖器（图版 58：11）：前阴片长约为后缘宽的一半，后缘中央凹入；后阴片呈棒状，长于前阴片；囊导管的骨环粗大；囊体圆柱形，后半部骨化，具纵纹。

采集记录：武夷山（三港、大竹岚、黄溪洲）。

分布：福建、湖北、湖南、广东、香港、广西、云南、西藏；印度，尼泊尔，泰国，越南。

(236) 蕾宙尺蛾 *Coremecis leukohyperythra* (Wehrli, 1925) （图版 16：13）

Medasina leukohyperythra Wehrli, 1925, *Mitt. münch. ent. Ges.*, 15: 55, pl. 1: 17, 22. (China: Guangdong: Lienping)

Chorodna leukohyperythra: Parsons *et al.*, 1999, *in* Scoble, *Geometrid Moths of the World, a Catalogue*, 1: 151.

Coremecis leukohyperythra: Sato & Wang, 2006, *Tinea*, 19 (2): 71.

前翅长：雄性 16 ~ 20 mm，雌性 20 ~ 22 mm。雄性：翅面浅褐色。前翅内线为黑褐色双线，近弧形，在中室处断开；中点为浅灰色圆点，模糊；中线常模糊，在前缘处形成 1 个黑褐斑；外线黑褐色，在 M 脉间向外呈圆形凸出，亚缘线灰白色，锯齿状；亚缘线与外线之间区域在 M_3 和 CuA_2 之间具 1 个黑褐色斑；缘线在脉间呈黑褐色短条状；缘毛褐色掺杂黑褐色。后翅中线平直，常模糊；外线黑褐色，锯齿状；亚缘线白色，后半部分较清楚且内侧具深色带；中点、缘线和缘毛与前翅的相似。雌性：前翅内线内侧和内线与中线之间区域灰白色；近顶角处和亚缘线外侧在 CuA_1 和 CuA_2 之间具灰白色斑；后翅中线内侧和亚缘线外侧在 M_3 至后缘之间区域为灰白色。雄性外生殖器（Sato & Wang, 2006）：颚形突中突近三角形，抱器背中部向外凸出；抱器腹端部骨化条仅端半部具短刺，基部不具指状突。

采集记录：武夷山（挂墩）。

分布：福建、浙江、湖南、广东。

120. 小盅尺蛾属 *Microcalicha* Sato, 1981

Microcalicha Sato, 1981a, *Tyô to Ga*, 31 (3/4): 108. Type species: *Boarmia fumosaria* Leech, 1891. (Japan: Yokohama; Oiwake)

属征：雄性触角双栉形，栉齿非常长；雌性触角线形。额不凸出。下唇须端部伸达额外。前翅顶角圆，外缘平直或微波曲；后翅外缘波曲，有时外缘中部凸出。雄性前翅基部具泡窝。前翅 R_1 和 R_2 常完全合并。雄性外生殖器：钩形突近圆形，端部中央形成 1 个细小突起；背兜侧突有时发达；颚形突中突小，端部圆；抱器瓣常具骨化结构；阳茎细；阳茎端膜具 1 个刺状角状器。雌性外生殖器：前后阴片发达；囊导管短且细；囊体长，后端弱骨化并具纵纹，近囊导管处有时向外凸出，常具 1 个囊片。

分布：中国，俄罗斯，日本，印度，缅甸，马来西亚；朝鲜半岛。

种检索表

翅面黄褐色；前翅臀角具 1 个大黑斑；后翅外缘中部凸出 1 个尖角 ··· **凸翅小盅尺蛾 *M. melanosticta***

翅面深灰褐色；前翅臀角无上述大黑斑；后翅外缘中部不凸出 ··· **锈小盅尺蛾 *M. ferruginaria***

(237) 凸翅小盅尺蛾 *Microcalicha melanosticta* (Hampson, 1895) （图版 16：14）

Boarmia melanosticta Hampson, 1895, *Fauna Brit. India* (Moths), 3: 266. (India)

Selidosema catotaeniata Poujade, 1895, *Bull. Mus. Hist. nat. Paris*, 1 (2): 58. (China: Moupin)

Selidosema catotaeniaria Poujade, 1895, *Annls Soc. ent. Fr.*, 64: 313, pl. 7, figs 15, 15a. [Emendation of *catotaeniata* Poujade.]

Microcalicha melanosticta: Holloway, 1994, *Malay. Nat. J.*, 47: 248.

前翅长：12～17 mm。前翅外缘不波曲，中部略隆起；后翅外缘中部凸出1个大尖角。翅面黄褐色，带灰绿色调；斑纹黑色。前翅亚基线和内线模糊；中线在前缘和后缘处清楚；中点微小；外线为1列黑点，在前缘扩大为1个小黑斑；亚缘线灰白色，锯齿状，较模糊；亚缘线内侧在前缘有1个黑斑；臀角处为1个大斑块；缘线间断，在脉间呈短条形；缘毛灰黄色掺杂黑色，在臀角大斑之外黑灰色。后翅中线至外线之间具黑色宽带，上端延伸至顶角处；亚缘线在近前缘处较粗壮，其余部分较弱或消失。雄性外生殖器（图版40：5）：钩形突末端圆；抱器瓣端部斜切；抱器背基部内侧具1个短指状突起，其端部具短刺；抱器腹基部膨大；囊形突半圆形；阳端基环中部细；角状器刺状，两端细且尖锐。雌性外生殖器（图版58：12）：前阴片为1对近三角形骨片；囊体后端右侧向外凸出呈圆形，后半部略细，弱骨化；囊片双角状。

采集记录：武夷山（三港、大竹岚、坳头、挂墩）。

分布：福建、山东、河南、陕西、甘肃、浙江、湖北、湖南、台湾、广东、海南、广西、四川、云南；印度，缅甸。

(238) 锈小盅尺蛾 *Microcalicha ferruginaria* Sato & Wang, 2007 (图版16: 15)

Microcalicha ferruginaria Sato & Wang, 2007, *Tinea*, 20 (1): 40, figs 10, 26. (China: Guangdong, Shaoguan)

前翅长：雄性16～19mm。翅面深灰褐色，带明显红褐色调，密布黑色碎纹。前翅内线黑色，近弧形，模糊；中点为小黑点；外线黑色，细弱，在中室处向外呈圆形凸出，在臀褶处略向外凸出；亚缘线灰白色，锯齿状，其下半段内侧具模糊褐色带；缘线黑色，在脉间间断。后翅基半部色较深；斑纹模糊。雄性外生殖器（图版40：6）：抱器瓣端部钝圆，中部具抱器内突，大而圆，其上具许多小刺；抱器瓣腹缘中部略向外凸出；囊形突近半圆形；角状器为1根长刺，长度略短于阳茎。

采集记录：武夷山（挂墩）。

分布：福建、广东。

121. 盅尺蛾属 *Calicha* Moore, 1888

Calicha Moore, 1888a, *in* Hewitson & Moore, *Descr. new Indian lepid. Insects Colln late Mr W. S. Atkinson*, 3: 236. Type species: *Calicha retrahens* Moore, 1888. (India)

属征：雄性触角双栉形，栉齿非常长；雌性触角线形。额不凸出。下唇须第3节小，尖端伸达额外。前翅外缘波曲，后翅外缘锯齿形。雄性前翅基部具泡窝。前翅 R_1 和 R_2 完全合并。前后翅外线外侧常具黄褐色或红褐色斑块。雄性外生殖器：钩形突三角形，端部尖锐；颚形突中突发达；抱器瓣端部圆，略窄；抱器瓣中部常具突起，其上具刚毛；囊形突明显，端部圆；阳端基环为1对骨化突；阳茎短粗，有时具骨化结构；阳茎端膜上的角状器缺失或为1排短刺。雌性外生殖器：后阴片发达；囊导管短；囊体长，后端常骨化并具纵纹；囊片双角状。

分布：中国，俄罗斯，日本，印度；朝鲜半岛。

种检索表

前翅亚缘线内侧具红褐色斑块；雄性阳端基环对称 …………………… **金盅尺蛾 *C. nooraria***
前翅亚缘线内侧不具红褐色斑块；雄性阳端基环不对称 ………… **拟金盅尺蛾 *C. subnooraria***

(239) 金盅尺蛾 *Calicha nooraria* (Bremer, 1864) （图版16：16）

Boarmia nooraria Bremer, 1864, *Mém. Acad. Sci. St. Pétersb.*, (7) 8 (1): 75, pl. 6, fig. 20. (Russia)

Deileptenia nooraria: Meyrick, 1892, *Trans. ent. Soc. Lond.*, 1892: 105.

Boarmia ornataria nigrisignata Wehrli, 1927, *in* Bang-Haas, *Horae macrolepidopt. Reg. palaearct.*, 1: 98, pl. 11, fig. 37. (Russia; China: Siao Lou)

Boarmia (Calicha) ornataria chosenicola Bryk, 1948, *Arkiv Zool.*, 41A (1): 208. (Korea)

Boarmia ornataria yangtseina Wehrli, 1943, *in* Seitz, *Gross-Schmett. Erde*, 4 (Suppl.): 523. (China: Yunnan)

Calicha nooraria: Inoue, 1953, *Tinea*, 1: 16.

前翅长：雄性25～29 mm，雌性18～26 mm。翅面绿褐色，密布黑色小点。前翅内线黑色，弧形；中线黑色，模糊；中点黑色，短条形；外线黑色，在翅脉上向外凸出呈细小尖齿状，向内倾斜；亚缘线灰白色，锯齿形；亚缘线内侧具黄褐色宽带，其上具红褐色斑块，在M脉之间和近后缘处的呈黑褐色。后翅中线黑色，近平直；外线波曲；亚缘线内侧黄褐色宽带上具红褐色斑块，在 M_2 上和近后缘处颜色深，黑褐色；中点黑色，三角形。前后翅缘线为翅脉间1列弧形黑点；缘毛灰黄色与深灰褐色掺杂。雄性外生殖器（图版40：7）：颚形突中突宽舌状，端部圆；抱器瓣近端部具1个小圆形突起；抱器腹膨大；阳端基环骨化突细长，向内弯曲，伸达颚形突中突基部，端部尖锐，中部下方具三角形骨片与抱器瓣基部相连；阳茎中部边缘具1个短刺突；角状器由1排长度不等的短刺组成。雌性外生殖器（图版58：

13)：前阴片骨化弱，具纵向条纹，后缘近平直；后阴片椭圆形；囊导管极短；囊体后端1/3骨化，前端略膨大；双角状囊片位于囊体底部。

采集记录：武夷山（三港）。

分布：福建、黑龙江、陕西、甘肃、江苏、浙江、湖南、广东、广西、四川、云南；俄罗斯（远东地区），日本；朝鲜半岛。

(240) 拟金盅尺蛾 *Calicha subnooraria* Sato & Wang, 2004 （图版16：17）

Calicha subnooraria Sato & Wang, 2004, *Tinea*, 18 (1): 43, figs 1 - 2, 39. (China: Guangdong, Shaoguan)

前翅长：雄性24 mm。翅面深绿色。前翅内线黑色，弧形；中线模糊；中点黑色短条状，模糊；外线黑色，锯齿状，在 M_3 之后向内倾斜至中点下方；亚缘线白色，锯齿状，内侧具浅黄色宽带，其上具黑褐色斑块；缘线在各脉间呈黑色短条状；缘毛深绿色掺杂黄褐色。后翅中点模糊；中线黑色，平直；其余斑纹与前翅的相似。雄性外生殖器（图版40：8）：颚形突中突长三角形，端部钝圆；抱器背中部略向外凸出；抱器瓣中部无明显突起；阳端基环骨化突内缘锯齿状，左右不对称，左侧的较右侧的细长，右侧突起端部具1个长刺状突起；阳茎端部一侧具2个微刺；角状器由两组3～5根长度不等的短刺组成。雌性外生殖器（Sato, 2007）：后阴片椭圆形；囊体后端1/4骨化强。

采集记录：武夷山（挂墩）。

分布：福建、广东、广西；越南。

122. 四星尺蛾属 *Ophthalmitis* Fletcher, 1979

Ophthalmitis Fletcher, 1979, *in* Nye, *Generic Names Moths World*, 3: 146. *Ophthalmodes herbidaria* Guenée, 1858. (India)

Ophthalmodes Guenée, 1858, *in* Boisduval & Guenée, *Hist. nat. Insectes* (Spec. gén. Lépid.), 9: 283. Type species: *Ophthalmodes herbidaria* Guenée, 1858. [Junior homonym of *Ophthalmodes* Fischer, 1834 (Orthoptera).]

属征：雄性与雌性触角均为双栉形，雌性栉齿较短。额不凸出。下唇须仅尖端伸达额外。雄性后足胫节不膨大，常不具毛束（除核桃四星尺蛾）。后翅圆。雄性前翅基部具泡窝。前翅Sc和 R_1 常长共柄，$Sc + R_1$ 与 R_2 常具1短柄相连，R_2 和 R_{3-5} 分离。前后翅中点常呈星状，中空，边缘色深且粗壮。雄性外生殖器：钩形突端部圆或方，长度约与基部宽度相似；常具背兜侧突；颚形突中突端部圆；抱器瓣端部圆或方；抱器背中部常外凸；抱器腹具背缘或突起，有时与抱器瓣中部突起相连；囊形突半圆形，前半部中央具1个纵棱；阳端基环弱骨化，后半部较窄；阳茎端部弱骨化，常具1对骨化突；阳茎端膜无角状器。雌性外生殖器：后阴片强骨化，后端弯曲，其后方具3个骨片，前端褶皱；囊导管短，具骨环；囊体椭圆形或圆形，后端常骨化，具1个囊片，其边缘具小刺。

分布：中国，俄罗斯，日本，印度，尼泊尔，缅甸，越南，泰国；东南亚，朝鲜半岛。

种检索表

1. 翅面深绿色或灰绿色 ………………………………………………………… 2
   翅面灰白色 ……………………………… **核桃四星尺蛾** ***O. albosignaria albosignaria***
2. 后翅中点附近具宽带 ………………………………………………………… 3
   后翅中点附近不具宽带 ……………………………………… **钻四星尺蛾** ***O. pertusaria***
3. 前翅外线锯齿状 ……………………………………………………………… 4
   前翅外线点状 ………………………………………………… **宽四星尺蛾** ***O. tumefacta***
4. 前后翅外线内侧具黑褐色鳞片 ……………………………… **四星尺蛾** ***O. irrorataria***
   前后翅外线内侧不具黑褐色鳞片 ………………………… **拟锯纹四星尺蛾** ***O. siniherbida***

(241) 核桃四星尺蛾 *Ophthalmitis albosignaria albosignaria* (Bremer & Grey, 1853) (图版16：18)

Boarmia albosignaria Bremer & Grey, 1853, *Beitr. Schmett.-Fauna nord. China*: 21, pl. 9, fig. 6. (China: North)

Boarmia ocellata Leech, 1889, *Trans. ent. Soc. Lond.*, 1889 (1): 143, pl. 9, fig. 11. (China: Yangzee River, Kiukiang)

Boarmia saturniaria Graeser, 1889, *Berl. ent. Z.*, 32: 398. (Russia)

Diastictis saturniaria: Meyrick, 1892, *Trans. ent. Soc. Lond.*, 1892: 104.

Ophthalmodes ocellata: Leech, 1897, *Ann. Mag. nat. Hist.*, (6) 19: 334.

Ophthalmodes ocellata juglandaria Oberthür, 1913, *Études Lépid. comp.*, 7: 292, pl. 175, fig. 1714. (Russia)

Ophthalmodes albosignaria: Prout, 1930b, *Novit. zool.*, 35: 331.

Boarmia (Ophthalmodes) albosignaria: Wehrli, 1943, *in* Seitz, *Gross-Schmett. Erde*, 4 (Suppl.): 530.

Boarmia (Ophthalmodes) albosignaria isorphnia Wehrli, 1943, *in* Seitz, *Gross-Schmett. Erde*, 4 (Suppl.): 530. (China: Zhejiang; Hunan, Jiangsu)

Ophthalmitis albosignaria: Inoue, 1982c, *in* Inoue *et al.*, *Moths of Japan*, 1: 545.

前翅长：雄性 26～28 mm，雌性 30～32 mm。前翅外缘浅弧形，较倾斜；后翅外缘浅波曲。翅面灰白色；翅面斑纹灰褐色，模糊，仅中点清楚，大，边缘粗壮；前后翅亚缘线和外线之间具灰色宽带，在 M_3 和 CuA_1 之间断开；翅反面端带在中间断开。雄性外生殖器（图版 40：9）：抱器腹上的锯齿状边缘较窄，其上的小齿较弱；阳端基环中部较窄，端部较宽，呈倒置的高脚杯状。雌性外生殖器（图版 58：14）：囊导管较短；囊体长袋状，囊片圆，边缘小齿较长。

采集记录：武夷山（三港）。

分布：福建、黑龙江、吉林、辽宁、内蒙古、北京、河南、陕西、甘肃、江苏、安徽、浙江、湖北、江西、湖南、广西、四川、云南；俄罗斯（阿穆尔和乌苏里），日本；朝鲜半岛。

(242) 四星尺蛾 *Ophthalmitis irrorataria* (Bremer & Grey, 1853)　(图版 17：1)

Boarmia irrorataria Bremer & Grey, 1853, *Beitr. Schmett.-Fauna nord. China*: 20, pl. 9, fig. 5. (China: North)

Boarmia senex Butler, 1878a, *Ann. Mag. nat. Hist.*, (5) 1: 396. (Japan)

Boarmia hedemanni Christoph, 1881, *Bull. Soc. imp. Nat. Moscou*, 55 (3): 79. (Russia)

Ophthalmodes lectularia Swinhoe, 1891, *Trans. ent. Soc. Lond.*, 1891: 489, pl. 19, fig. 4. (India)

Boarmia (Ophthalmodes) irrorataria: Prout, 1915, *in* Seitz, *Macrolepid. World*, 4: 376.

Ophthalmodes irrorataria: Prout, 1930b, *Novit. zool.*, 35: 331.

Boarmia (Ophthalmodes) irrorataria episcia Wehrli, 1943, *in* Seitz, *Gross-Schmett. Erde*, 4 (Suppl.): 530. (China: Yunnan)

Boarmia (Ophthalmodes) irrorataria specificaria Bryk, 1948, *Arkiv Zool.*, 41A (1): 209, pl. 7, fig. 12. (Korea).

Ophthalmitis irrorataria: Inoue, 1982c, *in* Inoue *et al.*, *Moths of Japan*, 1: 545.

前翅长：雄性 22～27 mm，雌性 25～27 mm。前翅外缘微波曲；后翅外缘波曲较深。翅面绿至深绿色，斑纹黑褐色。前翅内线深波曲，清楚；中线锯齿形，模糊；中点星状，中空，边缘黑褐色；外线深锯齿形，在 M 脉之间向外凸出；外线与中线之间密布黑褐色小点；亚缘线白色锯齿形，内侧在各脉间具三角形小黑斑；缘线在各脉间呈短条形。后翅基部密布黑褐色小点，中线至外线间具深色宽带；中点较前翅小；外线深锯齿形；亚缘线和缘线与前翅相同。雄性外生殖器（图版 40：10）：

背兜侧突短，端部尖锐；抱器腹长脊上具带锯齿的边缘，端部具小刺，与抱器瓣中部骨化条相连；阳端基环长三角形，端部较圆；阳茎端部中央具1对小骨化刺。雌性外生殖器（图版58：15）：交配孔下方骨化；后阴片中间弯曲，骨化，两端褶皱，凹入区域上方具1个椭圆形骨片，其两侧各具1个椭圆形的弱骨片；囊导管膜质，长约为囊体的3/4；囊片枕状，边缘小刺较短。

采集记录：武夷山（三港）。

分布：福建、黑龙江、吉林、北京、河北、陕西、宁夏、甘肃、浙江、湖北、江西、湖南、广东、广西、四川、云南；俄罗斯（阿穆尔和乌苏里），日本，印度；朝鲜半岛。

(243) 宽四星尺蛾 *Ophthalmitis tumefacta* Jiang, Xue & Han, 2011 （图版17：2）

Ophthalmitis tumefacta Jiang, Xue & Han, 2011b, *Zootaxa*, 2735: 18, figs 39－42, 55, 67, 79, 90, 101. (China: Zhejiang)

前翅长：雄性28～31 mm，雌性35 mm。翅面灰绿色，斑纹黑褐色。前翅中线锯齿状，模糊；中点星状，中空，边缘清楚；外线锯齿状，较四星尺蛾模糊，在脉上呈点状；亚缘线白色锯齿状，内侧在各脉间具三角形小黑斑，在近前缘、M_1与M_3之间和近后缘处的明显。后翅中线至中点外侧具1条宽带，在中室以上部分模糊；中点较前翅的小；外线锯齿状，在前缘至M_1和近后缘处清楚，其余脉上呈点状；亚缘线内侧的黑斑较前翅的连续。雄性外生殖器（图版40：11）：背兜侧突极短，端部尖锐；抱器瓣中部较膨大；抱器腹长脊上具带锯齿的边缘，端部形成刺状突，伸达抱器瓣末端；抱器瓣中部突起刺状，其上密布小刺；阳端基环近梯形；阳茎端部中央具1对小骨化刺。雌性外生殖器（图版58：16）：后阴片前端在中央凹入，其上方具3个圆形骨片，后端褶皱；囊导管后端两侧弱骨化。

采集记录：武夷山（三港、黄溪洲）。

分布：福建、浙江、海南。

(244) 钻四星尺蛾 *Ophthalmitis pertusaria* (Felder & Rogenhofer, 1875) （图版17：3）

Boarmia pertusaria Felder & Rogenhofer, 1875, *Reise öst. Fregatte Novara* (Zool.), 2 (Abt. 2): pl. 125, fig. 17. (India)

Ophthalmitis pertusaria: Sato, 1993a, *in* Haruta, *Tinea*, 13 (Suppl. 3): 16, pl. 36, fig. 6.

前翅长：雄性 25～30 mm，雌性 30～32 mm。本种与核桃四星尺蛾翅面斑纹相似，但翅面为绿色。雄性外生殖器（图版 41：1）：钩形突略宽，具 2 对侧突；抱器瓣中部不具突起；阳端基环近梯形；阳茎末端骨化刺较核桃四星尺蛾大。雌性外生殖器（图版 59：1）：囊导管较核桃四星尺蛾长；囊片上小齿较短。

采集记录：武夷山（三港）。

分布：福建、浙江、湖北、湖南、广东、海南、广西、云南、西藏；印度，尼泊尔，泰国。

(245) 拟锯纹四星尺蛾 *Ophthalmitis siniherbida* (Wehrli, 1943)　(图版 17：4)

Boarmia (*Ophthalmodes*) *herbidaria siniherbida* Wehrli, 1943, *in* Seitz, *Gross-Schmett. Erde*, 4 (Suppl.): 529. (China: Guangdong)

Ophthalmitis lectularia siniherbida: Parsons *et al.*, 1999, *in* Scoble, *Geometrid Moths of the World, a Catalogue*, 2: 670.

Ophthalmitis siniherbida: Sato & Wang, 2007, *Tinea*, 20 (1): 43, fig. 12, 16, 28, 31, 40.

前翅长：雄性 27～29 mm，雌性 29～31 mm。此种的翅面斑纹与四星尺蛾相似，但前翅中线和外线之间、后翅基部至外线密布黑褐色小点；后翅中部深褐色宽带较窄。雄性外生殖器（图版 41：2）：钩形突端部圆钝；背兜侧突小；抱器瓣较宽大；抱器背向外凸出不明显；抱器腹长脊上具较深的带锯齿的边缘，端部向回弯曲至抱器内突基部；抱器瓣中部突起宽，背缘锯齿状，具 1 个长刺突；阳茎端部具 1 个小刺突。雌性外生殖器（图版 59：2）：后阴片中间骨化，弯曲，略窄，两边褶皱，其上方具圆形骨片；囊片较四星尺蛾圆。

采集记录：武夷山（三港）。

分布：福建、浙江、湖南、广东、广西。

123. 造桥虫属 *Ascotis* Hübner, 1825

Ascotis Hübner, [1825] 1816, *Verz. bekannter Schmett.*: 313. Type species: *Geometra selenaria* Denis & Schiffermüller, 1775. (Austria)

Burichura Moore, 1888a, *in* Hewitson & Moore, *Descr. new Indian lepid. Insects Colln late Mr W. S. Atkinson*, 3: 245. Type species: *Boarmia imparata* Walker, 1860. (Nepal)

Hypopalpis Guenée, 1862, *in* Maillard, *Notes sur l'île de la Réunion* (Bourbon) (Annexe G): 29. Type species: *Hypopalpis terebraria* Guenée, 1862. (Réunion)

Trigonomelea Warren, 1904a, *Novit. zool.*, 11: 475. Type species: *Trigonomelea semifusca* Warren,

1904. (South Africa)

属征：雄性触角锯齿形，具纤毛簇；雌性触角线形。额不凸出。下唇须尖端不伸达额外。前翅外缘浅弧形，倾斜；后翅圆，外缘微波曲。雄性前翅基部具泡窝。前翅 Sc 自由，R_1 与 R_2 共柄。前后翅中点星状，中间色浅。雄性外生殖器：钩形突近三角形，端部细；颚形突中突短粗；抱器腹端部具突，沿抱器瓣腹缘延伸；囊形突小，端部圆；阳端基环常为长方形；阳茎短粗；阳茎端膜具角状器。雌性外生殖器：肛瓣和后表皮突延长；后阴片横带状；囊导管短，部分骨化；囊体长，具 1 个边缘具小刺的囊片。

分布：中国，俄罗斯，日本，印度，尼泊尔，越南，泰国，老挝，斯里兰卡，印度尼西亚；朝鲜半岛，欧洲，非洲。

(246) 大造桥虫 *Ascotis selenaria* (Denis & Schiffermüller, 1775) （图版 17：5）

Geometra selenaria Denis & Schiffermüller, 1775, *Ankündung syst. Werkes Schmett. Wienergegend*: 101. (Austria)

Phalaena furcaria Fabricius, 1794, *Ent. Syst.*, 3 (2): 141. (Germany)

Ascotis selenaria: Hübner, [1825] 1816, *Verz. bekannter Schmett.*: 313.

Boarmia selenata Herrich-Schäffer, 1863, *Syst. Verz. Eur. Schmett.*, (Edn 3): 12. [Emendation of *selenaria* (Denis & Schiffermüller).]

Boarmia (Ascotis) selenaria: Hampson, 1895, *Fauna Brit. India* (Moths), 3: 264.

Boarmia selenaria: Leech, 1897, *Ann. Mag. nat. Hist.*, (6) 19: 346.

Boarmia selenaria var. *lutescens* Wagner, 1923, *Z. öst. EntVer.*, 8 (5/6): 43.

前翅长：雄性 21 ~ 25 mm，雌性 22 ~ 24 mm。翅面灰白色，密布深灰色小点。前翅内线黑色，波曲，内侧具深褐色带；中线模糊；中点星状，中空，灰蓝色，边缘黑色；外线黑色，细锯齿形，在 M 脉之间略向外凸出；亚缘线灰白色，锯齿形；亚缘线内侧和外侧具深灰色带，在 M 脉间颜色加深；缘线黑色，在脉间呈短条形；缘毛白色掺杂深灰色。后翅中线黑色，近平直；中点较前翅小；其余斑纹与前翅的相似。雄性外生殖器（图版 41：3）：颚形突中突端部近方形；抱器瓣端部近方形，略宽；抱器背端半部膨大，略向外凸出；抱器腹基部膨大，端部具细杆状突起，其末端具短刺；阳端基环后端略宽；阳茎端部具 1 个细小的指状突起；角状器 2 种，具小刺的骨化条和近方形骨片。雌性外生殖器（图版 59：3）：囊导管后端弱骨化；囊片长椭圆形。

采集记录：武夷山（三港、坳头）。

分布：福建、黑龙江、吉林、辽宁、内蒙古、北京、河北、山西、陕西、甘肃、新疆、江苏、浙江、湖北、江西、湖南、台湾、广东、海南、香港、广西、四川、重庆、贵州、云南、西藏；俄罗斯，日本，印度，斯里兰卡；朝鲜半岛；欧洲，非洲。

124. 拟毛腹尺蛾属 *Paradarisa* Warren, 1894

Paradarisa Warren, 1894a, *Novit. zool.*, 1: 433. Type species: *Boarmia comparataria* Walker, 1866. (India: North Hindostan)

属征：雄性与雌性触角均为线形，雄性每节具2对纤毛簇。额略凸出。下唇须第3节明显，伸出额外。前后翅外缘微波曲。前翅 R_1 和 R_2 共柄，R_1 与 Sc 部分合并。雄性前翅基部具泡窝。雄性外生殖器：钩形突端部三叉状；无背兜侧突；颚形突中突发达；背兜端部具1对长刚毛束；抱器瓣端部圆，中央常具突起；抱器腹具细长端突；囊形突端部圆；阳茎粗大；角状器由1束短刺和1个粗壮的刺突组成。雌性外生殖器：后阴片发达；囊导管短，骨化；囊体长，后端骨化，具纵纹，前端具1个囊片；囊片圆形，周围具小刺。

分布：中国，日本，印度，缅甸，斯里兰卡；欧洲。

(247) 灰绿拟毛腹尺蛾 *Paradarisa chloauges chloauges* Prout, 1927(图版17: 6)

Paradarisa chloauges Prout, 1927, *J. Bombay nat. Hist. Soc.*, 31: 937. (Myanmar)

前翅长：23～24 mm。翅灰绿色，斑纹黑色。翅面散布不均匀的深灰褐色至黑褐色；前翅内线和前后翅外线纤细，不规则波曲；中点短条状；中线模糊，在前翅常消失；翅端部色略深，亚缘线浅色波状；缘线黑色，不连续，在翅脉间扩展成小黑斑；缘毛灰黄或灰绿色掺杂深灰褐色。雄性外生殖器（图版41：4）：颚形突中突短舌状，端部圆；抱器瓣腹侧基半部具细骨化带，其端部折向抱器瓣中部，末端具短刺；抱器腹端突约与抱器腹等长；阳端基环端部渐细。雌性外生殖器（图版59：4）：后阴片由3个骨片组成，中央的近圆形，两侧的条状；囊体近圆柱形。

采集记录：武夷山（三港、坳头、挂墩）。

分布：福建、湖南、台湾、海南、广西、四川、云南；缅甸。

125. 原雕尺蛾属 *Protoboarmia* McDunnough, 1920

Protoboarmia McDunnough, 1920, *Bull. Dep. Agric. Can. ent. Brch*, 18: 18. Type species: *Boarmia porcelaria* Guenée, 1858. (North America)

属征：雄性触角双栉形，雌性触角线形。额不凸出。下唇须端部伸出额外。前翅顶角圆，外缘近弧形；后翅圆。雄性前翅基部具泡窝。前翅 R_1 和 R_2 共柄。雄性外生殖器：钩形突短，端部分叉；颚形突中突两侧形成长突；抱器瓣略长；抱器背常骨化；抱器瓣腹缘具长刚毛；阳端基环基部宽，后端渐细；阳茎细；阳茎端膜具短刺状角状器。雌性外生殖器：囊导管细长，后端弱骨化；囊体具 1 对条状囊片。

分布：中国，日本；朝鲜半岛；北美。

(248) 原雕尺蛾 *Protoboarmia amabilis* Inoue, 1983 （图版 17：7）

Protoboarmia amabilis Inoue, 1983, *Tinea*, 11 (16): 146, figs 12, 13. (China: Taiwan: Alishan)

前翅长：雄性 15 mm。翅面浅灰褐色，斑纹黑褐色。前翅内线为双线，在中室处向外弯曲；中点短条状；中线和外线与内线近平行；外线在各脉上凸出 1 个小齿，外侧具 1 条细线；亚缘线灰白色，锯齿状，内侧在各脉间形成三角形小黑斑；缘线在脉间呈短条状；缘毛灰褐色掺杂黑褐色。后翅中线平直；其余斑纹与前翅相似。雄性外生殖器（Inoue, 1983）：钩形突端部凹入；颚形突中突略平直，端部尖锐；抱器瓣宽窄均匀，中部具 1 个小圆突，其上具刚毛；角状器由 1 排 5 ~ 6 根粗刺组成。

采集记录：武夷山（挂墩）。

分布：福建、浙江、台湾。

126. 烟尺蛾属 *Phthonosema* Warren, 1894

Phthonosema Warren, 1894a, *Novit. zool.*, 1: 428. Type species: *Amphidasys tendinosaria* Bremer, 1864. (Russia)

属征：雄性触角双栉形，栉齿非常长；雌性触角线形。额不凸出。下唇须仅尖端伸达额外。前后翅顶角圆。雄性前翅基部具泡窝。前翅 Sc 与 R_1 分离，R_1 与 R_2 共柄或完全合并。前后翅外线外侧常具红褐色或黄褐色斑块。雄性外生殖器：钩形突三角形，端部呈钩状；颚形突中突短粗；抱器腹具端突，沿抱器瓣腹缘延伸，端部具数根短刺；囊形突半圆形，中间凹入；阳端基环细长；阳茎细长；阳茎端膜具角状器。雌性外生殖器：肛瓣细长，后表皮突极度延长；前后阴片发达；囊导管约与囊体等长，中部膨大；囊体椭圆形，具1个长条状且边缘具小齿的囊片。

分布：中国，俄罗斯，日本，印度，尼泊尔；朝鲜半岛。

(249) 锯线烟尺蛾 *Phthonosema serratilinearia* (Leech, 1897) (图版17：8)

Biston serratilinearia Leech, 1897, *Ann. Mag. nat. Hist.*, (6) 19: 323. (China: Sichuan: Moupin; Omei-shan)

Amracica superans dubitans Herz, 1904, *Ezheg. zool. Muz.*, 9: 365, pl. 1, fig. 14. (Korea; Russia)

Boarmia (Phthonosema) serratilinearia: Prout, 1915, *in* Seitz, *Macrolepid. World*, 4: 365.

Phthonosema serratilinearia: Xue, 1992, *in* Liu, *Icon. Forest Insects Hunan China*: 872, fig. 2874.

前翅长：雄性30～35 mm，雌性34～40 mm。前翅外缘较直，倾斜；后翅外缘亦较直，几乎不波曲。翅面灰白色，端部色略深。前翅内线灰色，模糊，弧形；内线内侧浅黄褐色；中点浅灰色，短条形，模糊；外线黑色，清楚，锯齿形，M_3之上较平直，M_3之后向内弯曲；外线外侧近后缘具1个深红褐色斑；亚缘线灰白色，锯齿形；缘线在各脉间呈短条形；缘毛灰褐色掺杂黄褐色。后翅中线灰色，模糊；中点较前翅的清楚；外线黑色，较前翅的细，细锯齿形；外线外侧黄褐色带模糊；缘线和缘毛同前翅。雄性外生殖器（图版41：5）：颚形突中突端部圆；抱器瓣宽窄均匀，端部近方形；抱器腹端部伸达抱器瓣末端；阳端基环末端圆；角状器刺状。雌性外生殖器（图版59：5）：前阴片后端较前端宽，后缘中央略凹入；囊导管骨化；囊片前端平，后端尖锐。

采集记录：武夷山（三港、大竹岚）。

分布：福建、吉林、辽宁、北京、山东、陕西、甘肃、江苏、浙江、湖北、湖南、广西、四川、贵州、云南。

127. 埃尺蛾属 *Ectropis* Hübner, 1825

Ectropis Hübner, [1825] 1816, *Verz. bekannter Schmett.*: 316. Type species: *Geometra crepuscularia* Denis & Schiffermüller, 1775. (Austria)

Boarmia Stephens, 1829, *Nom. Brit. Insects*: 43. Type species: *Geometra crepuscularia* Denis & Schiffermüller, 1775. (Austria) [Junior homonym of *Boarmia* Treitschke, 1825 (Geometridae:

Ennominae), and junior objective synonym of *Ectropis* Hübner, [1825] 1816.]

Tephrosia Boisduval, 1840, *Genera Index meth. eur. Lepid.*: 198. Type species: *Geometra crepuscularia* Denis & Schiffermüller, 1775. (Austria)

属征：雄性触角锯齿形，每节具2对纤毛簇；雌性触角线形。额凸出。下唇须尖端伸达额外。前翅外缘微波曲；后翅外缘波状。翅面浅灰色。雄性前翅基部具泡窝。雄性前翅 R_1 和 R_2 共柄，雌性 R_1 和 R_2 常完全合并。前翅外线外侧在 M_3 至 CuA_1 处常形成1个叉状斑。雄性外生殖器：钩形突近三角形，端部细长且尖锐；颚形突中突退化；抱器瓣简单，窄，端部圆；抱器背平直；囊形突端部圆；阳茎细长，端部具微刺；阳茎端膜具1个端部渐细的指状角状器。雌性外生殖器：肛瓣和后表皮突极度延长；前阴片为1对近三角形大骨片，后阴片较前阴片小，半圆形；囊导管具骨环；囊体椭圆形，具1个边缘带长刺的囊片。

分布：全世界。

种检索表

前翅 R_{1+2} 与 R_{3-5} 共柄 ························ **埃尺蛾 *E. crepuscularia***

前翅 R_{1+2} 与 R_{3-5} 不共柄 ························ **小茶尺蛾 *E. obliqua***

(250) 埃尺蛾 *Ectropis crepuscularia* (Denis & Schiffermüller, 1775) （图版17：9）

Geometra crepuscularia Denis & Schiffermüller, 1775, *Ankündung syst. Werkes Schmett. Wienergegend*: 101. (Austria)

Phalaena (Geometra) biundulata Villers, 1789, *Linn. ent.*, 2: 337. (Italy: Brescia)

Phalaena (Geometra) biundularia Borkhausen, 1794, *Natur. eur. Schmett.*, 5: 162. (Europe)

Phalaena Geometra baeticaria Scharfenberg, 1805, *in* Bechstein & Scharfenberg, *Vollständige Naturgeschicte der schädlichen Forstinsekten*, 3: 638. (Europe)

Boarmia strigularia Stephens, 1831, *Illust. Brit. Ent.*, 3: 192. (England)

Boarmia defessaria Freyer, 1847, *Neuere Beitr. Schmettkde*, 6 (85): 46, pl. 510, fig. 1. (Europe)

Tephrosia abraxaria Walker, 1860, *List Specimens lepid. Insects Colln Brit. Mus.*, 21: 403. (Canada)

Boarmia (Ectropis) crepuscularia: Wehrli, 1943, *in* Seitz, *Gross-Schmett. Erde*, 4 (Suppl.): 533.

Ectropis crepuscularia: Lempke, 1970, *Tijdschr. Ent.*, 113: 213.

前翅长：雄性16～18 mm，雌性20～21 mm。前翅内线黑色，细弱，在中室处向外弯曲，内侧具1条灰褐色带；中线模糊；中点黑色短条形；外线黑色，在各脉上向外凸出1个尖齿，在 R_5 和 CuA_2 处向内弯曲；外线外侧具1条灰褐色带，在 M_3 至 CuA_1 处颜色加深，形成1个叉形斑；亚缘线灰白色，锯齿形，内侧具1间断的黑色带；缘线为1列细小黑点；缘毛灰白与浅灰色掺杂。后翅外线锯齿形较前翅明显，外侧不具叉形斑；其余斑纹与前翅的相似。雄性外生殖器（Sato, 1984b）：抱器瓣宽窄均匀；阳端基环中部窄；阳茎端部密布微刺；角状器长度约为阳茎的1/6。雌性外生殖器（Sato, 1984b）：囊导管的骨环长；囊体后端略细；囊片大，近圆形。

采集记录：武夷山（三港、挂墩、大竹岚、黄溪洲）。

分布：福建、东北、内蒙古、陕西、甘肃、浙江、湖南、江西、广西、四川、贵州；俄罗斯，日本；朝鲜半岛；欧洲，北美。

(251) 小茶尺蛾 *Ectropis obliqua* (Prout, 1915)　(图版17：10)

Boarmia obliqua Prout, 1915, *in* Seitz, *Macrolepid. World*, 4: 377. (Japan)

Boarmia (*Ectropis*) *obliqua*: Wehrli, 1943, *in* Seitz, *Gross-Schmett. Erde*, 4 (Suppl.): 536, pl. 45: i.

Ectropis obliqua: Prout, 1930b, *Novit. zool.*, 35: 333.

前翅长：17~18 mm。此种与埃尺蛾非常相似，但可以利用以下特征来区别：R_{1+2}不与 R_{3-5}共柄，而埃尺蛾 R_{1+2}与 R_{3-5}共柄；本种雄性外生殖器（图版41：6）与埃尺蛾相比，具有较长的角状器；雌性外生殖器（图版59：6）与埃尺蛾极度相似，但交配孔周围骨化较强；囊导管上的骨环较短；囊体与囊导管相连处弱骨化。

采集记录：武夷山（三港）。

分布：福建、甘肃、浙江、湖北、湖南、四川、重庆；日本。

128. 毛腹尺蛾属 *Gasterocome* Warren, 1894

Gasterocome Warren, 1894a, *Novit. zool.*, 1: 435. Type species: *Cleora pannosaria* Moore, 1868. (India)

属征：雄性与雌性触角均为线形，雄性触角具纤毛。额凸出。下唇须端部伸达额外。前翅外缘较直；后翅外缘浅弧形，顶角处微凹。雄性前翅基部具泡窝。前翅 R_1 和 R_2 分离。前翅中点巨大，中空，边缘色深；后翅中点小，不中空。雄性外生殖器：钩形突半圆形，端部形成1个细小突起，末端平；颚形突中突宽大，三角形；抱器瓣端部宽；抱器背内侧具骨化区域，其上密布小刺；抱器腹常具1个细且弯曲的指状突起；阳茎细小，后端具 1 个小刺突；阳茎端膜不具角状器。雌性外生殖器：囊导管细长，具骨环；囊体长；囊片为 2 个分离的小骨片，其上各具 1 根小刺。

分布：中国，印度，尼泊尔，菲律宾，斯里兰卡；苏拉威西岛，加里曼丹岛。

(252) 齿带毛腹尺蛾 *Gasterocome pannosaria* (Moore, 1868)　(图版 17：11)

Cleora pannosaria Moore, 1868, *Proc. zool. Soc. Lond.*, 1867 (3): 629. (India)

Gasterocome pannosaria: Prout, 1932a, *J. F. M. S. Mus. Kuala Lumpur*, 17: 101.

前翅长：17～19 mm。翅面灰黄色，散布深灰色碎纹。前翅基部有 1 个小黑褐斑；内线为黑褐色双线；翅中部在中室上方具 1 个黑褐色斑，下端沿 M_3 向外延伸，与翅端部黑褐带融合，中点灰黄色，在斑内；亚缘线为 1 列白点；缘线为 1 列黑点；缘毛深灰褐色与黄色相间。后翅中点为深灰色圆点；外线深灰色，后半端清楚，平直；翅端带内缘平直；其余斑纹与前翅斑纹相似。雄性外生殖器（图版 41：7）：抱器瓣末缘中央略凹入；抱器背短，约为抱器瓣背缘的一半，其内侧具 1 处长带状且密布小刺的骨化区域；囊形突端部凸出，略尖；阳端基环短，后半部略窄。雌性外生殖器（图版 59：7）：后阴片为 1 对近圆形弱骨片；交配孔周围骨化；囊导管细长，具骨环；囊体椭圆形，囊片位于近囊颈处。

采集记录：武夷山。

分布：福建、陕西、甘肃、青海、湖南、台湾、广东、香港、广西、四川、云南、西藏；印度，尼泊尔，菲律宾；加里曼丹岛。

129. 阈尺蛾属 *Phanerothyris* Warren, 1895

Phanerothyris Warren, 1895, *Novit. zool.*, 2: 127. Type species: *Tephrosia brunnearia* Leech, 1897. (China: Ichang; Chang-yang; Moupin; Omei-shan)

Rectopis Inoue, 1943, *Trans. Kansai ent. Soc.*, 12 (2): 24. Type species: *Tephrosia sinearia* Guenée, 1858. (China: North)

属征：雄性与雌性触角均为线形，雄性触角具发达纤毛簇，雌性触角具短纤毛。额略凸出。下唇须细弱，尖端不伸出额外。前翅顶角圆，外缘浅弧形；后翅圆，外缘微波曲。雄性前翅基部具泡窝，其外侧在中室下方另具 1 处透明区域。前翅 R_1 和 R_2 完全合并，Sc 与 R_2 具 1 个短柄相连。前翅中点较后翅的清楚，短条状且弯曲。雄性外生殖器：钩形突短粗，骨化强，端部略平；颚形突中突短粗，骨化强，端部两侧凸出为尖角；抱器瓣短圆形；抱器背基突细长，中部弯折，具刚毛，末端具 2

根小刺；抱器腹发达，端部形成长棒状突起，其上具刚毛，伸出抱器瓣末端；囊形突短宽，端部圆；阳端基环基半部圆形，端半部窄，骨化强，中央具 1 条细缝；阳茎细长，端半部骨化强，具 1 条细骨化带，其后端具 2 根小刺，后缘略平；阳茎端膜不具角状器。

分布：中国，俄罗斯，日本，越南；北部湾地区。

(253) 中阈尺蛾 *Phanerothyris sinearia* (Guenée, 1858)　(图版 17：12)

Tephrosia sinearia Guenée, 1858, *in* Boisduval & Guenée, *Hist. nat. Insectes* (Spec. gén. Lépid.), 9: 269. (China: North)

Tephrosia brunnearia Leech, 1897, *Ann. Mag. nat. Hist.*, (6) 19: 339. (China: Hubei: Ichang; Chang-yang; Sichuan: Moupin; Omei-shan)

Boarmia (Ectropis) sinearia: Prout, 1915, *in* Seitz, *Macrolepid. World*, 4: 379, pl. 21: i.

Rectopis sinearia: Inoue, 1943, *Trans. Kansai ent. Soc.*, 12 (2): 24.

Phanerothyris sinearia: Inoue, 1982c, *in* Inoue *et al.*, *Moths of Japan*, 1: 548.

前翅长：雄性 20 ~ 23 mm，雌性 22 ~ 23 mm。翅面灰黄色，略带灰绿色调，斑纹深褐色，细弱。前翅内线近弧形；中线在中室内向外弯曲，之后垂直于后缘；中点深褐色，短条状，中部弯曲；外线细弱，锯齿状，在 R_5 和 M_3 之间向外凸出；亚缘线黄白色；外线外侧至外缘具不均匀的深褐色宽带，在亚缘线内侧颜色较深；缘线为 1 列黑褐色小点；缘毛深灰褐色与黄色相间。后翅中线平直；中点模糊；外线近弧形；外线外侧颜色略深，但不形成明显的深褐色宽带；亚缘线模糊；缘线和缘毛与前翅的相似。雄性外生殖器（图版 41：8）见属征。

采集记录：武夷山（三港、黄坑、挂墩）。

分布：福建、黑龙江、上海、浙江、湖北、江西、湖南、广东、广西、四川；俄罗斯，日本，越南；北部湾地区。

130. 鑫尺蛾属 *Chrysoblephara* Holloway, 1994

Chrysoblephara Holloway, 1994, *Malay. Nat. J.*, 47: 254. Type species: *Ectropis chrysoteucta* Prout, 1926. (Myanmar: Htawgaw)

属征：雄性与雌性触角均为线形。额不凸出。下唇须端部伸出额外。前翅顶角圆，前后翅外缘平滑。雄性前翅基部泡窝弱。前翅 R_1 和 R_2 完全合并。雄性第 6 和第 7 腹节之间具 1 对味刷。雄性外生殖器：钩形突端部分叉；颚形突中突小；阳端基环细带状；抱器背内侧常具 1 个骨化带伸达抱器腹；抱器背和抱器腹具骨化结构；阳茎端部渐细且尖锐；阳茎端膜有时具角状器。雌性外生殖器：前后阴片发达；囊导管短，具骨环；囊体长，具 1 个横条状囊片。

分布：中国，缅甸；加里曼丹岛。

(254) 榄绿鑫尺蛾 *Chrysoblephara olivacea* Sato & Wang, 2005 （图版 17：13）

Chrysoblephara olivacea Sato & Wang, 2005, *Tinea*, 19 (1): 46. (China: Guangdong: Shaoguan)

前翅长：12 ~ 15 mm。翅面橄榄绿，密布黑色碎纹，斑纹黑色。前翅前缘黑色；内线微波曲；中线在中室处向外凸出，仅在近前缘清楚，其余部分模糊；中点短条状；外线浅锯齿状，常模糊，在各脉上呈点状，浅弧形，在前缘和 R_5 之间略弯曲；亚缘线黄白色，锯齿形，其内侧为 1 条黑色细带；亚缘线外侧在 M 脉处具 1 个黑灰色斑；缘线在各脉间呈小三角形；缘毛橄榄绿掺杂黑色。后翅中线粗壮，略呈反弧形；外线较前翅连续，近弧形，在 CuA_2 处向内弯曲；其余斑纹与前翅的相似。雄性外生殖器（图版 41：9）：钩形突细长，端部近 1/3 分叉；背兜端部圆；抱器瓣短，端部近方形；抱器背粗壮，端部向内弯折，伸达抱器瓣端部中央，端部具 1 排粗壮短刺，弯折处附近密布短刚毛；抱器背基部内侧具 1 个短突，其上具 2 ~ 3 根短刺，其下方具 1 条伸达抱器腹基部的细骨化带；抱器腹短粗，端部具 1 排粗壮短刺；阳茎端部具 1 个细刺状突起；阳茎端膜粗糙，不具角状器。雌性外生殖器（图版 59：8）：前后阴片各为 1 对近方形骨片，后阴片较大；交配孔周围骨化；囊导管具骨环；囊体梨形，囊片细长。

采集记录：武夷山（挂墩）。

分布：福建、广东。

131. 拉克尺蛾属 *Racotis* Moore, 1887

Racotis Moore, 1887, *Lepid. Ceylon*, 3: 418. Type species: *Hypochroma boarmiaria* Guenée, 1858. (Indonesia?)

属征：雄性与雌性触角均为线形，雄性触角基部 2/3 具纤毛，有时雄性触角为较弱的双栉形。额不凸出。下唇须端部伸出额外，第 3 节细长，明显。前后翅外缘微波曲。雄性前翅基部具泡窝。前翅 R_1 和 R_2 分离。翅面暗绿色，前后翅外线清楚，锯齿状，其外侧至外缘颜色略深。雄性外生殖器：钩形突端部常分叉；颚形突中突细，端部尖锐；抱器瓣端部窄；抱器腹近基部具1个刺突，伸向抱器瓣内侧；囊形突小，端部凸出；阳茎短粗；阳茎端膜具1簇短刺状角状器。雌性外生殖器：肛瓣短小；囊导管极短，膜质；囊体长，有时部分骨化，不具囊片。

分布：古北界，东洋界，澳大利亚界；非洲。

(255) 拉克尺蛾 *Racotis boarmiaria* (Guenée, 1858)　(图版17：14)

Hypochroma boarmiaria Guenée, 1858, *in* Boisduval & Guenée, *Hist. nat. Insectes* (Spec. gén. Lépid.), 9: 282. (Indonesia?)

Racotis boarmiaria: Moore, 1887, *Lepid. Ceylon*, 3: 418.

Boarmia boarmiaria: Hampson, 1895, *Fauna Brit. India* (Moths), 3: 261.

Racotis anaglyptica Prout, 1935, *Novit. zool.*, 39: 234. (Java)

Boarmia (*Racotis*) *boarmiaria*: Wehrli, 1943, *in* Seitz, *Gross-Schmett. Erde*, 4 (Suppl.): 541.

Racotis quadripunctata Holloway, 1994, *Malay. Nat. J.* 47: 194, pl. 10, fig. 406. (Borneo)

前翅长：雄性21～24 mm，雌性22～23 mm。翅面暗绿色，斑纹黑色，密布深灰色短条纹。前翅内线和中线波状，模糊；中点近方形；外线细锯齿状；外线外侧M_2与CuA之间具黑色斑块；外线至外缘之间深绿褐色；亚缘线黄褐色；亚缘线内侧M脉之间具黑色斑块。后翅中线近平直；中点较前翅小；其余斑纹与前翅的相似。雄性外生殖器（图版41：10）：钩形突端部分叉深，形成2个细突，端部尖锐；抱器瓣基半部宽，半圆形，端半部中间略膨大；抱器背中部略凸出，端部具长刚毛；抱器腹近基部突起细指状，指向抱器腹基部；阳端基环近三角形，骨化弱；阳茎端部略细。雌性外生殖器（图版59：9）：后阴片骨化强，近半圆形，前缘微波曲，后缘略凹入；囊体后端3/4圆柱形，骨化，具纵纹，前端1/4膜质，近圆形。

采集记录：武夷山（挂墩）。

分布：福建、浙江、江西、湖南、台湾、广东、海南、广西、四川；日本，印度，不丹，越南，斯里兰卡，印度尼西亚，巴布亚新几内亚。

132. 猗尺蛾属 *Anectropis* Sato, 1991

Anectropis Sato, 1991, *Tinea*, 13 (10): 85. Type species: *Myrioblephara semifascia* Bastelberger, 1909. (China: Formosa [Taiwan]: Arizan)

属征：雄性触角羽状，每节具2对栉齿，各出自每节的基部和端部，栉齿等长；雌性线形。额不凸出。下唇须尖端伸出额外。前后翅外缘弧形。雄性前翅基部具泡窝。前翅 R_1 和 R_2 分离。后翅斑纹常较前翅的模糊。雄性外生殖器：钩形突短三角形，端部浅凹入；颚形突中突端部圆；抱器瓣端部渐细；抱器背骨化，具长刚毛；阳端基环弱骨化；阳茎细；阳茎端膜具 1 个棒状角状器。雌性外生殖器：肛瓣短；交配孔和后阴片弱骨化；囊导管细长，两侧骨化；囊体球形，部分骨化，不具囊片。

分布：中国。

(256) 宁波猗尺蛾 *Anectropis ningpoaria* (Leech, 1891) （图版 17：15）

Anticlea? ningpoaria Leech, 1891b, *Entomologist*, 24 (Suppl.): 52. (China: Ningpo)

Boarmia ningpoaria reformata Prout, 1915, *in* Seitz, *Macrolepid. World*, 4: 373. (China: Chungking)

Cleora ningpoaria translineata Joannis, 1929, *Annls Soc. ent. Fr.*, 98 (4): 510. (China)

Anectropis ningpoaria: Sato, 1991, *Tinea*, 13 (10): 88.

前翅长：13～14 mm。翅面深褐色，斑纹黑色。前翅内线和中线清楚，在中室上方向外凸出，在中室下方近平直；中点短条状，紧贴中线内侧；外线在前缘附近清楚；外线外侧具 1 条模糊的橘红色细带；亚缘线模糊，在 M_3 和 CuA_1 之间具 1 个白点；缘线在脉间间断；缘毛深褐色。后翅中点较前翅小且模糊；中线平直，模糊；外线近弧形，细弱；其余斑纹与前翅的相似。雄性外生殖器（Sato, 1991）：抱器瓣端半部略窄，末端圆；抱器瓣腹缘弯曲；囊形突近三角形；阳茎长；角状器与阳茎近等长，端部尖。雌性外生殖器（Sato, 1991）：囊导管细长，褶皱，囊体球形。

采集记录：武夷山（挂墩）。

分布：福建、江苏、浙江、湖南、重庆、广东。

133. 皿尺蛾属 *Calichodes* Warren, 1897

Calichodes Warren, 1897b, *Novit. zool.*, 4: 246. Type species: *Calichodes foveata* Warren, 1897. (Peninsular Malaysia: Penang)

属征：雄性触角双栉形，雌性触角线形。额不凸出。下唇须尖端不伸达额外。雄性后足胫节无毛束。前翅顶角圆，外缘浅弧形；后翅圆。雄性前翅基部具明显的泡窝。前翅 R_1 和 R_2 完全合并。雄性第 8 腹节长。雄性外生殖器：钩形突小；颚形突中突不发达；抱器瓣狭长；抱器背常弯曲，具刚毛。雌性外生殖器：囊导管细长，部分骨化；囊体球状，具 1 个大囊片；囊片近方形，边缘每个角具 1 对粗刺。

分布：中国，印度，尼泊尔，缅甸；马来西亚半岛，巴布亚岛，加里曼丹岛。

(257) 棕带皿尺蛾 *Calichodes ochrifasciata* (Moore, 1888) (图版 17: 16)

Cleora ochrifasciata Moore, 1888a, *in* Hewitson & Moore, *Descr. new Indian lepid. Insects Colln late Mr W. S. Atkinson*, 3: 240. (India: Darjeeling)

Boarmia (Ectropis) ochrifasciata: Hampson, 1895, *Fauna Brit. India* (Moths), 3: 259.

Aethalura ochrifascia: Inoue, 1987b, *Bull. Fac. domestic Sci., Otsuma Woman's Univ.*, 23: 266.

Ectropis ochrifasciata: Xue, 1992, *in* Liu, *Icon. Forest Insects Hunan China*: 875, fig. 2889.

Calichodes ochrifasciata: Sato, 1993a, *in* Haruta, *Tinea*, 13 (Suppl. 3): 18.

前翅长：12 ~ 14 mm。翅灰色，斑纹黑褐色。前翅内线弧形，内侧具深褐色宽带；中点小而清晰；中线由前缘至 M_2 处外倾至近外线后与外线并行至后缘；外线在 M_1 下方有 1 个尖锐的凸角，其外侧为 1 条模糊的深褐色带；亚缘线灰白色，锯齿状，两侧色较深，内侧为 1 列不完整的深色小斑；缘线为 1 列细小的黑点；缘毛灰白色掺杂黑灰色。后翅中部近后缘处有 1 段浅色线，两侧有深色镶边；亚缘线及其内侧深色斑模糊不清；缘线和缘毛同前翅。

采集记录：武夷山（挂墩）。

分布：福建、陕西、浙江、湖南；印度，尼泊尔。

134. 藓尺蛾属 *Ecodonia* Wehrli, 1951

Ecodonia Wehrli, 1951, *Lambillionea*, 51: 9, 35. Type species: *Ephyra tchrinaria* Oberthür, 1893. (China: Sichuan)

属征：雄性与雌性触角均为线形。额不凸出。下唇须短粗。雄性后足胫节略膨大。前翅顶角圆，外缘弧形；后翅外缘微波曲。前翅 R_1 和 R_2 长共柄，R_2 与 R_{3+4} 部分合并。雄性外生殖器：钩形突细，鸟喙状，端部平；颚形突中突大，宽带状；抱器瓣狭长；抱器背细，抱器腹常具突起；阳茎形状奇特，中间粗，基部细，左侧端部锯齿状，右侧具 1 个短舌状突起和 1 个长针状突起。

分布：中国。

(258) 绿星藓尺蛾 *Ecodonia ephyrinaria* (Oberthür, 1913) (图版 17: 17)

Gnophos ephyrinaria Oberthür, 1913, *Études Lépid. comp.*, 7: 297, pl. 177, figs 1729, 1730. (China: Sichuan: Tachien-lu; Yunnan: Tse-kou)

Ecodonia ephyrinaria: Wehrli, 1951, *Lambillionea*, 51: 35.

前翅长：13～16 mm。翅面灰绿色。前翅内线黑色，细弱，微波曲；中点浅绿色，近圆形，边缘黑色；中线模糊；外线黑色，细锯齿状，弧形；亚缘线黑灰色，模糊宽带状，常间断；缘线在脉间呈黑色短条状；缘毛颜色与翅面相同。后翅翅面斑纹与前翅相似。

采集记录：武夷山（挂墩）。

分布：福建、四川、云南。

135. 绶尺蛾属 *Xerodes* Guenée, 1858

Xerodes Guenée, 1858, *in* Boisduval & Guenée, *Hist. nat. Insectes* (Spec. gén. Lépid.), 9: 291. Type species: *Xerodes ypsaria* Guenée, 1858. (Borneo)

Gyadroma Swinhoe, 1894a, *Trans. ent. Soc. Lond.*, 1894: 220. Type species: *Ennomos testacearia* Moore, 1868. (India: Darjeeling)

Zethenia Motschulsky, 1861, *Études ent.*, 9: 34. Type species: *Zethenia rufescentaria* Motschulsky, 1861. (Japan)

Zygoctenia Warren, 1895, *Novit. zool.*, 2: 128. Type species: *Zygoctenia cinerosa* Warren, 1895. (Lesser Sunda Islands: Adonara)

属征：雄性与雌性触角均为线形，雄性触角具长纤毛。额不凸出。下唇须约1/3伸出额外。雄性前翅基部具泡窝。前翅顶角凸出，外缘中部凸出；后翅外缘波曲。雄性前翅基部具泡窝。前翅 R_1 与 R_2 共柄，R_1 与 Sc 大部分合并或具短柄相连。翅面褐色或灰褐色，前后翅外线常锯齿状。第2腹节腹板端部分叉，具长鳞毛。雄性外生殖器：背兜末缘分叉，具毛束；颚形突中突端部宽，多褶皱；抱器腹末端常具突起；阳茎端膜常具1个长刺状角状器。雌性外生殖器：肛瓣和表皮突延长；囊导管短，骨化，侧面弯曲；囊颈长，骨化；囊体具1个带小齿的囊片。

分布：中国，俄罗斯，日本，印度，印度尼西亚，巴布亚新几内亚；朝鲜半岛。

种检索表

前翅外线内侧在 CuA_2 两侧不具半月形小白斑 ························ **沙弥绶尺蛾 *X. inaccepta***

前翅外线内侧在 CuA_2 两侧具半月形小白斑 ························ **白珠绶尺蛾 *X. contiguaria***

(259) 沙弥绶尺蛾 *Xerodes inaccepta* (Prout, 1910) (图版17：18)

Zethenia inaccepta Prout, 1910b, *Entomologist*, 43: 6. (China: Chungking)

Xerodes inaccepta: Parsons *et al.*, 1999, *in* Scoble, *Geometrid Moths of the World, a Catalogue*, 2:

976.

前翅长：雄性 20 ~ 21 mm，雌性 20 ~ 22 mm。翅灰褐色，密布深灰褐色至黑褐色碎纹，有时翅面大部分为深灰褐色。前后翅中点黑色微小；中线深灰褐色，细带状，浅弧形弯曲；外线为 1 列黑点，较近外缘，其外侧色较深，在前翅大部分为深灰褐色，但顶角处色较浅；缘毛深灰褐色。

采集记录：武夷山（光泽）。

分布：福建、上海、浙江、湖南、广东、四川、重庆。

(260) 白珠绶尺蛾 *Xerodes contiguaria* (Leech, 1897)　(图版 17：19)

Zethenia contiguaria Leech, 1897, *Ann. Mag. nat. Hist.*, (6) 19: 223. (China: Hubei: Ichang, chang-yang; Sichuan: Moupin, Omei-shan, Chia-ting-fu; Kwei-chow)

Zethenia contiguaria cathara Wehrli, 1940, *in* Seitz, *Gross-Schmett. Erde*, 4 (Suppl.): 339, pl. 26: f. (China: Hunan)

Hyposidra muscula Bastelberger, 1911c, *Int. ent. Z.*, 4 (46): 249. (China: Taiwan)

Zethenia obscura Warren, 1899a, *Novit. zool.*, 6: 66. (China: Taiwan)

Xerodes contiguaria: Wang, 1998, *Geometer Moths of Taiwan*, 2: 322

前翅长：雄性 18 mm，雌性 19 ~ 20 mm。翅深褐色，略带灰紫色调。前翅内线波状；中点黑色微小；中带较翅色略深，宽但十分模糊；外线黑色，纤细，锯齿形，有时很弱或消失；外线内侧在 CuA_2 两侧具半月形小白斑；外线外侧在 M_3 和 CuA_1 之间常具 1 个黑色的大圆斑；亚缘线和缘线模糊；缘毛与翅同色。后翅斑纹与前翅斑纹相似，但外线内侧不具半月形小白斑，外线外侧不具黑色大圆斑。

采集记录：武夷山（挂墩、邵武）。

分布：福建、江苏、浙江、湖北、湖南、台湾、四川、贵州；日本。

136. 阢尺蛾属 *Uliura* Warren, 1904

Uliura Warren, 1904b, *Novit. zool.*, 11: 491. Type species: *Uliura pallidimargo* Warren, 1904. (Tonkin)

Sceleuthrix Wehrli, 1943, *in* Seitz, *Gross-Schmett. Erde*, 4 (Suppl.): 528. Type species: *Boarmia tetraspilaria* Wehrli, 1924. (China: Guangdong: Lienping)

属征：雄性触角双栉形，雌性触角线形。额略凸出。下唇须尖端伸出额外，第

3节小，不可见。前翅顶角圆，外缘平滑；后翅外缘微波曲。雄性前翅基部不具泡窝。前翅 R_1 和 R_2 分离。雄性外生殖器：钩形突三角形；颚形突中突短粗，端部圆；抱器瓣长，端部略窄；抱器背腹缘常弯曲，具长刚毛；抱器腹具长突，沿抱器瓣腹缘伸展，其端部具刚毛；囊形突短宽；阳茎短粗；阳茎端膜粗糙，具角状器，常为1束刺。雌性外生殖器：囊导管细长，具骨环；囊体椭圆形，具1个条状囊片，边缘不具小刺。

分布：中国，印度，尼泊尔，越南，泰国。

种检索表

后翅颜色较前翅浅 ································· **斑阢尺蛾 *U. albidentata***
前后翅翅面颜色相同 ································· **点阢尺蛾 *U. infausta***

(261) 斑阢尺蛾 *Uliura albidentata* (Moore, 1868) （图版 17：20）

Cleora albidentata Moore, 1868, *Proc. zool. Soc. Lond.*, 1867 (3): 629. (India: Bengal)
Uliura pallidimargo Warren, 1904b, *Novit. zool.*, 11: 491. (Tonkin)
Uliura albidentata: Parsons *et al.*, 1999, *in* Scoble, *Geometrid Moths of the World, a Catalogue*, 2: 955.

前翅长：22～24 mm。翅面密布黑色碎纹。前翅翅面深褐色；内线黑色，近弧形；中点黑色，短条状，位于中线内侧；中线黑色，在中室间向外凸出，之后平直；外线黑色，锯齿状，在M脉间略向外凸出，之后与中线近平行；亚缘线灰白色，锯齿状，内侧在前缘至 M_3 之间常具黑色带；亚缘线内侧至外缘在 M_3 和 CuA_2 之间具1个灰黄色斑块；缘线黑色，在脉间常间断；缘毛深褐色掺杂黑色。后翅翅面淡黄褐色；中点黑色，较前翅的小；中线黑色，常模糊，平直；外线黑色，锯齿状，近弧形；亚缘线较前翅模糊，内侧具黑灰色模糊带；缘线和缘毛与前翅的相似。

采集记录：武夷山（挂墩）。

分布：福建、广东；印度，尼泊尔，越南。

(262) 点阢尺蛾 *Uliura infausta* (Prout, 1914) （图版 18：1）

Medasina? combustaria infausta Prout, 1914, *Ent. Mitt.*, 3 (9): 270. (China: Formosa [Taiwan]: Shisha)
Boarmia tetraspilaria Wehrli, 1924, *Mitt. münch. ent. Ges.*, 14 (6-12): 140, pl. 1, fig. 25. (China: Guangdong: Lienping)

Uliura infausta: Sato, 1995b, *Trans. lepid. Soc. Japan*, 46 (4): 213.

前翅长：21～23 mm。翅面深褐色，密布黑色碎纹。前翅内线黑色波曲；中点黑色，短条状；中线黑色，仅在近前缘处清楚；外线黑色，锯齿状，自 M_1 向外弯曲；亚缘线灰白色，锯齿状，内侧常具黑色鳞片；亚缘线内侧至外缘在 M_3 和 CuA_2 之间具 1 个灰白色的斑，其端半部常覆盖深褐色鳞片；缘线在脉间常间断；缘毛深褐色掺杂黑色。后翅颜色与前翅的相同；中点较前翅小；中线黑色，近平直；外线黑色，锯齿状，近弧形；亚缘线较前翅的模糊，在 M_3 和 CuA_1 之间扩大为 1 个白斑，内侧黑色带较前翅的清楚；缘线和缘毛与前翅相似。

采集记录：武夷山（挂墩）。

分布：福建、台湾、广东。

137. 苔尺蛾属 *Hirasa* Moore, 1888

Hirasa Moore, 1888a, *in* Hewitson & Moore, *Descr. new Indian lepid. Insects Colln late Mr W. S. Atkinson*, 3: 238. Type species: *Tephrosia scripturaria* Walker, 1866. (Indonesia: Java)

Hirasichlora Wehrli, 1951, *Lambillionea*, 51: 8. Type species: *Gnophos muscosaria* Walker, 1866. (India: Darjeeling)

Hirasodes Warren, 1899a, *Novit. zool.*, 6: 51. Type species: *Hirasa contubernalis* Moore, 1888. (India: Khasi Hills; Shillong)

属征：雄性触角双栉形或线形，雌性触角线形。额略凸出。下唇须第 3 节短小，尖端伸出额外。前后翅外缘微波曲。前翅外线在中室下方向内弯曲；后翅外线近平直。雄性外生殖器：钩形突粗壮；抱器背宽大；抱器腹骨化强，较抱器背短，常为三角形，其上常具突起；囊形突短宽；阳茎短粗；阳茎端膜具角状器。雌性外生殖器：肛瓣短小；交配孔周围骨化；囊导管细长，两侧有时骨化；囊体椭圆形；囊片椭圆形，边缘具小齿。

分布：古北界，东洋界。

种检索表

翅面浅灰色……………………………………………… 天目书苔尺蛾 ***H. scripturaria eugrapha***
翅面灰绿至黄绿色 ……………………………………………………… 暗绿苔尺蛾 ***H. muscosaria***

(263) 天目书苔尺蛾 *Hirasa scripturaria eugrapha* Wehrli, 1953 （图版 18：2）

Hirasa scripturaria eugrapha Wehrli, 1953, *in* Seitz, *Gross-Schmett. Erde*, 4 (Suppl.): 547, pl.

46: d. (China: Zhejiang)

前翅长：雄性 18 ~ 20 mm，雌性 19 ~ 21 mm。雄性与雌性触角均为线形。翅面灰白色。前翅内线黑色；中点黑色，点状；外线黑色，锯齿状，在 M 脉之间向外凸出；外线外侧近后缘处具 1 条灰褐色线；缘线在脉间呈黑点状；缘毛灰色。后翅外线黑色，锯齿状；外线外侧具 1 条灰褐色线；中点、缘线和缘毛与前翅的相似。雄性外生殖器（图版 42：1）：钩形突端部圆，基部两侧向外隆起；颚形突中突小，端部尖锐；抱器背中部向外隆起，其上具短指状突，带 1 根末端钩状的短刺，抱器背内缘中部具 1 列短刺；抱器腹中部具弯曲的骨化突，基半部略膨大，末端尖锐；阳端基环近长方形；角状器由 1 簇刺组成。雌性外生殖器（图版 59：10）：囊导管长约为囊体的 3 倍；囊体椭圆形。

采集记录： 武夷山（挂墩、三港、坳头）。

分布： 福建、湖北、湖南、浙江。

(264) 暗绿苔尺蛾 *Hirasa muscosaria* (Walker, 1866) (图版 18: 3)

Gnophos muscosaria Walker, 1866, *List Specimens lepid. Insects Colln Brit. Mus.*, 35: 1596. (India: Darjeeling)

Hirasa muscosaria: Wehrli, 1943, *in* Seitz, *Gross-Schmett. Erde*, 4 (Suppl.): 551, pl. 47: h.

前翅长：雄性 23 ~ 25 mm，雌性 24 ~ 27 mm。雄性与雌性触角均为线形。翅面灰绿至黄绿色，密布暗灰绿色或墨绿色碎纹，斑纹与碎纹同色。前翅内线深锯齿状；中点清晰；中线模糊，锯齿状；外线深锯齿状，在中室下方向内折；亚缘线浅色波状，十分细弱，内侧具深色鳞片；缘线细弱不连续；缘毛与翅面同色。后翅中点较前翅小；中线模糊；外线深锯齿状，近弧形；其余斑纹与前翅斑纹相似。雄性外生殖器（图版 42：2）：钩形突端部略尖；颚形突中突短舌状；抱器背狭长，端半部具长刚毛，背缘中部略向外隆起；抱器腹近三角形，中部具 1 条密布短刺的细带；角状器短刺状。

采集记录： 武夷山（挂墩）。

分布： 福建、浙江、湖北、湖南、四川、云南；印度，尼泊尔。

138. 鲁尺蛾属 *Amblychia* Guenée, 1858

Amblychia Guenée, 1858, *in* Boisduval & Guenée, *Hist. nat. Insectes* (Spec. gén. Lépid.), 9: 214.

Type species: *Amblychia angeronaria* Guenée, 1858. (India)

Elphos Guenée, 1858, *in* Boisduval & Guenée, *Hist. nat. Insectes* (Spec. gén. Lépid.), 9: 285.

Type species: *Elphos hymenaria* Guenée, 1858. (India)

属征：雄性触角双栉形，雌性触角线形。额凸出。下唇须粗壮，尖端伸达额外。翅特别宽大，后翅外缘锯齿形。雄性前翅基部具泡窝。前翅 R_1 和 R_2 游离。雄性外生殖器：钩形突近三角形，有时分叉；颚形突中突短舌状；抱器瓣短宽；抱器背下方具 1 条细骨化带伸达抱器腹端部，并在近抱器腹处具 1 簇短刺；抱器腹膨大；囊形突半圆形；阳端基环后半端窄；阳茎近后端常具 1 个骨化刺；阳茎端膜不具角状器。雌性外生殖器：肛瓣骨化，弯曲，基部具长刚毛，端部渐细，末端尖锐；前后阴片常发达；后阴片上方具 1 对密被鳞毛的膜质突起；囊导管短，具骨环；囊体长，不具囊片或具 1 个边缘带小齿的囊片。

分布：东洋界，澳大利亚界。

种检索表

前翅顶角凸出，外线内侧具大小不等的半圆形白斑 ……………… **白珠鲁尺蛾 *A. angeronaria***

前翅顶角不凸出，外线内侧不具白斑 ……………………………………… **兀尺蛾 *A. insueta***

(265) 白珠鲁尺蛾 *Amblychia angeronaria* Guenée, 1858 (图版 18: 4)

Amblychia angeronaria Guenée, 1858, *in* Boisduval & Guenée, *Hist. nat. Insectes* (Spec. gén. Lépid.), 9: 215; ibidem (1858), Atlas; pl. 4, fig. 9. (India).

前翅长：雄性 39 ~ 47 mm，雌性 44 ~ 50 mm。前翅顶角凸出，后翅外缘在 M_3 处凸出 1 个尖角，其上方深锯齿形，尖角下方浅锯齿形。雄性翅灰黄褐色至枯褐色，雌翅色较浅较黄。翅面有时显露白色翅底，斑纹黑灰色。前翅内线、前后翅中线和前翅外线细带状，后翅外线细，锯齿形，有时消失。前翅内线波曲；外线内侧具 1 列大小不等的球形白斑，位于 CuA_1 和 2A 之间的较大，有时在后翅外线外侧亦有 1 列球形白斑。前后翅中点黑色；亚缘线锯齿形；缘毛深褐色。雌体和翅颜色较鲜艳；前翅顶角内侧具 1 个大白斑。翅反面颜色浅淡，斑纹同正面，但较模糊。

采集记录：武夷山（黄溪洲）。

分布：福建、浙江、湖南、台湾、海南、广西、四川、贵州、云南、西藏；日本，印度，越南，泰国，马来西亚，印度尼西亚，巴布亚新几内亚；朝鲜半岛。

(266) 兀尺蛾 *Amblychia insueta* (Butler, 1878) (图版 18: 5, 6)

Elphos insueta Butler, 1878b, *Illust. typical Specimens Lepid. Heterocera Colln Brit. Mus.*, 2: ix, 48, pl. 36, fig. 2. (Japan)

Elphos insueta sinensis Wehrli, 1943, *in* Seitz, *Gross-Schmett. Erde*, 4 (Suppl.): 553, pl. 46: e. (China: Sichuan)

Amblychia insueta: Parsons *et al.*, 1999, *in* Scoble, *Geometrid Moths of the World, a Catalogue*, 1: 37.

前翅长：雄性 37～48 mm，雌性 42～50 mm。雌性后翅外缘锯齿形较雄性的深。翅面白色。雄性翅面密布深灰色和黑色碎斑，排列模糊的灰黄色带；中点黑色；外线黑色，锯齿形，较近翅基，其外侧伴有 1 条白色细带；亚缘线为 1 列白色月牙形斑；缘线黑灰色，在翅脉端断离；缘毛在前翅大部深灰褐色，在后翅大部分为白色。雌性翅面除端部外灰色碎纹和灰黄色带大部分消失，外观色较浅；端带在 M_3 与 CuA_1 之间断离。翅反面白色，散布深灰色碎纹；中点黑色，较前翅的大且清楚，前翅的中间具 1 条灰线；翅端部为破碎的黑灰色端带；雌性较雄性色浅，碎斑较少。雄性外生殖器（图版 42：3）：钩形突端部不分叉；抱器瓣端部近方形；阳端基环前半端近圆形，后半端极窄，末端分叉。雌性外生殖器（图版 59：11）：前阴片短宽；后阴片后缘中央凹入；囊片小。

采集记录：武夷山（三港、黄坑）。

分布：福建、甘肃、江西、湖南、海南、广西、四川、贵州、云南、西藏；日本。

139. 玉臂尺蛾属 *Xandrames* Moore, 1868

Xandrames Moore, 1868, *Proc. zool. Soc. Lond.*, 1867 (3): 634. Type species: *Xandrames dholaria* Moore, 1868. (India)

属征：雄性触角双栉形；雌性触角双栉形，栉齿较雄性的短或不发达。额凸出。下唇须粗壮，尖端伸出额外。前翅顶角圆，外缘浅弧形或向内倾斜；后翅外缘常浅锯齿形。雄性前翅基部具泡窝。前翅 Sc 和 R_1 游离，R_2 与 R_{3-5}共柄。前翅常具 1 个大斑，由前缘近中部向外斜行至后缘处。雄性外生殖器：钩形突锥形，端部近方形，浅分叉；颚形突中突小，端部圆；抱器腹端部常具突起；阳端基环近哑铃状；阳茎圆柱形；阳茎端膜粗糙，常具角状器。雌性外生殖器：后阴片常发达；交配孔周围骨化；囊导管短，具骨环；囊体长，不具囊片或具 1 个边缘带小齿的囊片。

分布：中国，日本，印度，尼泊尔，越南，泰国，菲律宾，马来西亚，印度尼西亚；朝鲜半岛。

种检索表

后翅亚缘线白色，清楚 ………………………………………………… 折玉臂尺蛾 *X. latiferaria*
后翅亚缘线不如上述 ……………………………………………………… 黑玉臂尺蛾 *X. dholaria*

(267) 黑玉臂尺蛾 *Xandrames dholaria* Moore, 1868 （图版 18：7）

Xandrames dholaria Moore, 1868, *Proc. zool. Soc. Lond.*, 1867 (3): 634. (India)

前翅长：雄性 35 ~ 41 mm，雌性 44 ~ 45 mm。前翅外缘浅弧形；后翅外缘浅锯齿形。前翅基半部灰白至灰黄色，散布黑色碎纹，前缘中部内侧具 2 条黑色斜纹，后缘内 1/3 处具 1 个小黑斑，外 1/3 处具 1 对黑色弯纹；翅中部之外为 1 个宽大的斜行白斑，散布灰色碎纹，下端灰纹较多；伸达外缘下半段；白斑外侧伴有 1 条黑色斜线，其外侧至顶角黑褐色；白斑内缘沿 CuA_1 外凸成折角，随后伸达臀角；缘毛在 M_3 以上黑灰色，在各翅脉端和 M_3 以下白色。后翅黑褐色，隐见黑色锯齿状外线；顶角附近白色；缘毛在 CuA_1 以上白色至黄白色，CuA_1 以下黑褐色。翅反面黑褐色，前翅大白斑和后翅顶角附近白斑清晰。雌性翅色较浅。雄性外生殖器（图版 42：4）：抱器瓣端部窄且圆；抱器背基半部略向外凸出；抱器腹端部具短突，端部平；囊形突端部略尖；阳端基环中间窄，两端宽；角状器 2 种，端部尖锐的弯曲骨化条，长度略短于阳茎的 1/3 的细带状刺状斑。雌性外生殖器（图版 59：12）：前阴片近倒梯形；后阴片前端圆，后端渐细；囊体后端弱骨化，后半端细，具纵纹，前半端椭圆形；囊片卵圆形。

采集记录：武夷山（三港、大竹岚）。

分布：福建、河南、陕西、甘肃、浙江、湖北、湖南、台湾、广东、广西、四川、贵州、云南、西藏；日本，印度，尼泊尔，越南；朝鲜半岛。

(268) 折玉臂尺蛾 *Xandrames latiferaria* (Walker, 1860) （图版 18：8）

Pachyodes? latiferaria Walker, 1860, *List Specimens lepid. Insects Colln Brit. Mus.*, 21: 445. (China: North)

Xandrames latiferaria: Leech, 1897, *Ann. Mag. nat. Hist.*, (6) 19: 326.

Xandrames cnecozona Prout, 1926, *Novit. zool.*, 33: 21. (Borneo)

前翅长：雄性 28～32 mm，雌性 33～38 mm。前翅外缘浅弧形；后翅外缘浅锯齿形。翅底灰黄色，排布黑褐色碎纹。前翅基半部碎纹细长且排列整齐，有时可见黑色内线和中线；大白斑上具灰黑色碎纹，其内缘沿 CuA_1 外凸成 1 个鲜明折角，折角下方下垂至臀角内侧；白斑外上方有 1 条黑色带和浅色亚缘线；缘线在翅脉间具小黑斑；缘毛黑色与黄色相间。后翅翅脉色较浅；隐见黑灰色中点；浅色亚缘线十分鲜明，其中部接近外缘；顶角附近色较浅，但不为白色；缘线为 1 列黑斑；缘毛灰黄至黄褐色，掺杂少量黑色。翅反面颜色斑纹同正面，前后翅亚缘线较弱。

采集记录：武夷山（黄坑、桂林）。

分布：福建、陕西、浙江、湖北、江西、湖南、台湾、广东、海南、四川、贵州、云南、西藏；日本，尼泊尔，印度。

140. 杜尺蛾属 *Duliophyle* Warren, 1894

Duliophyle Warren, 1894a, *Novit. zool.*, 1: 432. Type species: *Boarmia agitata* Butler, 1878. (Japan)

属征：雄性触角双栉形，雌性触角线形。额凸出。下唇须尖端伸达额外。前翅外缘平滑；后翅外缘微波曲。雄性前翅基部具泡窝。前翅 R_1 和 R_2 分离。雄性外生殖器：钩形突三角形，端部分叉；颚形突中突小，端部圆；抱器瓣宽窄均匀；抱器背平直，端部具长刚毛；抱器腹端部常具骨化结构；囊形突近三角形或舌状；阳茎圆柱形；阳茎端膜具 2 种角状器。雌性外生殖器：后阴片发达；囊导管短，具骨环；囊体长，不具囊片或具 1 个囊片。

分布：中国，日本。

种检索表

前翅中点外侧具 1 个白斑 ………………………………… **四川杜尺蛾 *D. agitata angustaria***
前翅中点外侧不具白斑 ………………………………………………… **大杜尺蛾 *D. majuscularia***

(269) 四川杜尺蛾 *Duliophyle agitata angustaria* (Leech, 1897) （图版 18：9）

Xandrames angustaria Leech, 1897, *Ann. Mag. nat. Hist.*, (6) 19: 327. (China: Sichuan: Mt. Omei)

Xandrames (*Duliophyle*) *agitata angustaria*: Prout, 1915, *in* Seitz, *Macrolepid. World*, 4: 381.

Duliophyle agitata angustaria: Xue, 1992, *in* Liu, *Icon. Forest Insects Hunan China*: 879, fig. 2905.

前翅长：雄性 21 ~ 30 mm，雌性 30 ~ 31 mm。翅底灰黄色，密布深灰褐色至黑褐色碎纹。前翅中点黑色，短棒状，其外侧有 1 个白斑；外线黑色在 M 脉间向外凸出，向内倾斜至 CuA_1，后垂直于后缘；翅端部由前缘至 M_3 深色，亚缘线在其中白色，波曲，中部模糊；缘线为 1 列月牙形黑斑，缘毛深灰褐色与灰黄色相间。后翅中点较前翅的小；外线黑色，弧形；亚缘线仅在 M_3 以下可见；缘线和缘毛同前翅。雄性外生殖器（图版 42：5）：钩形突端部三叉状；抱器瓣端部略方；抱器腹端部具刺状突，伸向抱器瓣中央；阳端基环基部宽；角状器 2 种，刺状斑和短粗的骨化刺。

采集记录：武夷山。

分布：福建、北京、陕西、甘肃、浙江、湖南、四川、西藏。

(270) 大杜尺蛾 *Duliophyle majuscularia* (Leech, 1897) （图版 19：1）

Boarmia majuscularia Leech, 1897, *Ann. Mag. nat. Hist.*, (6) 19: 420. (Japan)

Duliophyle diluta Warren, 1900a, *Novit. zool.*, 7: 113.

Xan drames (Duliophyle) majuscularia: Prout, 1915, *in* Seitz, *Macrolepid. World*, 4: 381, pl. 23: a.

Duliophyle majuscularia: Inoue, 1959, *Inon. Insect. Japan Col. nat. ed.*, 1 (Lepid.): 215, pl. 152: 3.

前翅长：雄性 36 ~ 37 mm，雌性 40 ~ 41 mm。翅面黄褐色，密布黑色碎纹，斑纹黑色。前翅内线、中线和外线在前缘处形成 3 个大斑；内线平直；中线穿过中点，在中室向外凸出，随后与后缘垂直；中点明显；中线近中部外侧具 1 个黑色大斑，延伸至外线外侧；外线向内倾斜，与中线近平行，且在后缘一起加粗；亚缘线仅在 M 脉间和近后缘处清楚，外侧伴有白线，锯齿状。后翅中线模糊；中点较前翅的小；外线弧形；亚缘线与外线近平行，后半部分外侧伴有白线。前后翅外线弱，锯齿形；缘线在脉间为 1 列黑斑；缘毛黄褐色掺杂黑色。

采集记录：武夷山。

分布：福建、陕西、甘肃、湖南、西藏；日本；朝鲜半岛。

141. 树尺蛾属 *Mesastrape* Warren, 1894

Mesastrape Warren, 1894, *Novit. zool.*, 1: 432. Type species: *Erebomorpha consors* Butler, 1878. (Japan)

Stygomorpgha Thierry-Mieg, 1899, *Ann. Soc. ent. Belgique*, 43: 21. Type species: *Erebomorpha* fulguraria Walker, 1860. (India?)

属征：雄性与雌性触角均为双栉形，雌性栉齿较雄性的短。额略凸出。下唇须第3节伸达额外。前翅外缘平滑；后翅外缘在Rs和M_3处各凸出1个尖角。翅面斑纹白色带状，似树枝。雄性前翅基部不具泡窝。前翅R_1和R_2共柄。雄性外生殖器：钩形突短粗，背面具刚毛，端部两侧各具1个乳状突；颚形突中突短，端部圆；抱器瓣粗细均匀，端部圆；抱器背平直；抱器腹端部具宽厚边缘，其末端呈锯齿状，伸向抱器瓣中部，末端形成1个刺状突；阳端基环伸达抱器背近基部，中部细，后端平；囊形突半圆形；阳茎后端1/3骨化，端部一侧具1个近三角形骨化突；阳茎端膜不具角状器。雌性外生殖器：前阴片近椭圆形；后阴片较前阴片大，近长方形，两侧各具1个小而方的骨片；囊导管近倒梯形，骨化；囊体长，前端渐粗，具1个扁圆形囊片。

分布：中国，俄罗斯，日本，印度，尼泊尔。

(271) 细枝树尺蛾 *Mesastrape fulguraria* (Walker, 1860)　(图版19：2)

Erebomorpha fulguraria Walker, 1860, *List Specimens lepid. Insects Colln Brit. Mus.*, 21: 495. (India?)

Mesastrape fulguraria: Stüning, 2000, *Tinea*, 16 (Suppl. 1): 116.

前翅长：雄性37～43 mm，雌性36～39 mm。翅底灰绿色，密布黑色纹，外观呈黑色；前后翅外线白色，带状；前翅内线白色，中部极外凸，在CuA_2处插入外线；后翅前缘基部至外线白色；前后翅中点黑色不明显；亚缘线白色，带状，由顶角发出后在M_3处接近外线并与之平行，在后缘附近减弱或消失，其外侧伴有1条白色锯齿形细线，后者在两翅M_3下方伸达外缘；缘线黑色；缘毛黑褐色，在前后翅顶角和M_3下方为白色。翅反面黑褐色，线纹同正面，但较模糊。雄性外生殖器(图版42：6)：见属征。

采集记录：武夷山（三港）。

分布：福建、陕西、甘肃、浙江、湖北、江西、湖南、台湾、广西、四川、云南、西藏；日本，印度，尼泊尔。

142. 蛮尺蛾属 *Darisa* Moore, 1888

Darisa Moore, 1888a, *in* Hewitson & Moore, *Descr. new Indian lepid. Insects Colln late Mr W. S.*

Atkinson, 3: 243. Type species: *Boarmia mucidaria* Walker, 1866. (India)

属征：雄性触角双栉形，雌性触角线形。额凸出。下唇须第3节小，伸出额外。前翅顶角圆，外缘弧形；后翅外缘微波曲。雄性前翅基部不具泡窝。前翅 R_1 和 R_2 长共柄，在近端部分离。雄性外生殖器：钩形突近三角形，端部尖锐；颚形突中突小，端部圆；抱器瓣长，端部略窄；抱器背基部略向外凸出，具长刚毛，抱器背内侧常具1排短刺；抱器腹端部形成长条状突起，其上具短刺；囊形突宽，端部圆；阳茎短粗，后端具骨化结构；阳茎端膜有时具角状器，由短刺组成。雌性外生殖器：后阴片发达；囊导管粗且长，弱骨化，具骨环；囊体椭圆形，仅略粗于囊导管，弱骨化，不具囊片或具1个囊片。

分布：中国，印度，缅甸，尼泊尔，越南，泰国。

(272) 拟固线蛮尺蛾 *Darisa missionaria* (Wehrli, 1941)　(图版19: 3)

Medasina parallela missionaria Wehrli, 1941, *in* Seitz, *Gross-Schmett. Erde*, 4 (Suppl.): 447, pl. 39: b. (China: Sichuan)

Darisa missionaria: Sato, 1995b, *Trans. lepid. Soc. Japan*, 46 (4): 217, figs 15, 16, 17, 45.

前翅长：雄性24~25 mm，雌性25~30 mm。翅面浅黄褐色，散布灰蓝色碎斑。前翅内线黑色，在中室中部和臀褶处向外呈尖角状凸出，其内侧具1条褐色带；中线在近前缘处形成1个黑斑，其余部分细弱；中点黑色，短条状；外线黑色，在 M_1 上方向内呈尖角状凸出，在 M_1 下方呈“S”形；外线外侧至外缘褐色；外线与亚缘线之间在 M_3 和 CuA_1 之间具1个黑斑；亚缘线灰白色，锯齿状，内侧具1条蓝黑色带，外缘锯齿状；亚缘线外侧在M脉间和 CuA_1 与2A之间具黑色鳞片；缘线在脉间呈半月形小黑斑；缘毛黄褐色掺杂灰蓝色。后翅中线平直，内侧灰蓝色；中点较前翅模糊；外线锯齿状，在 M_3 之后向内弯曲；外线和亚缘线外侧不具黑斑；其余斑纹与前翅斑纹相似。雄性外生殖器（图版42：7）：钩形突端部略细；抱器瓣端部尖；抱器腹端部具1长骨化条，其基半部略粗，端半部散布短刺；阳端基环近长方形，中部略窄，后端两侧具1个三角形突起；阳茎短粗，后端具1个骨刺，长度约为阳茎的2/3；角状器由1排粗壮的短刺组成。雌性外生殖器（图版59：13）：后阴片由3个骨片组成，中央的小，卵圆形，两侧的大，近长方形；囊导管弱骨化，左侧略向外凸出；囊体椭圆形，不具囊片。

采集记录：武夷山（三港、挂墩）。

分布：福建、浙江、四川、贵州、云南；越南，泰国。

143. 白蛮尺蛾属 *Lassaba* Moore, 1888

Lassaba Moore, 1888a, *in* Hewitson & Moore, *Descr. new Indian lepid. Insects Colln late Mr W. S. Atkinson*, 3: 246. Type species: *Lassaba contaminata* Moore, 1888. (India)

属征：雄性触角双栉形，雌性触角线形。额明显凸出。下唇须不伸达额外。前后翅外缘锯齿状。雄性前翅基部不具泡窝。前翅 R_1 和 R_2 长共柄，在近端部分离。翅面常灰白色；前翅外线不在 M 脉之间向外凸出。本属外部形态与蛮尺蛾属相似，可以利用外生殖器特征来区别：雄性外生殖器的阳端基环基部宽，端半部极细，端部背侧常具 1 个骨片；阳茎端部不具骨化结构；阳茎端膜通常具角状器，接近阳茎端部，由 1 小块刺状斑组成；雌性外生殖器的前阴片发达，囊片常呈双角状。

分布：中国，印度，尼泊尔，缅甸，泰国，马来西亚，印度尼西亚。

(273) 白蛮尺蛾 *Lassaba albidaria* (Walker, 1866) （图版 19：4）

Boarmia albidaria Walker, 1866, *List Specimens lepid. Insects Colln Brit. Mus.*, 35: 1582. (India)

Medasina albidaria: Hampson, 1895, *Fauna Brit. India* (Moths), 3: 289.

Lassaba albidaria: Holloway, 1994, *Malay. Nat. J.*, 47: 203.

前翅长：雄性 26～27mm，雌性 28～29 mm。翅面白色，密布浅灰色碎纹。前翅前缘有 4 个小黑斑。前后翅外线黑色，锯齿形，细弱，大部分消失，仅在翅脉上留有黑点，在前翅 M_3 与 CuA_1 之间形成 1 段黑褐色线，其外侧有 1 块模糊黑斑；外线外侧至外缘浅灰色，其中具白色锯齿状亚缘线；缘线在脉间呈黑色短条状，缘毛灰白色掺杂少量黑灰色。雄性外生殖器（图版 42：8）：钩形突端部尖锐；颚形突中突舌状，长度约为钩形突的一半；抱器背下缘具 1 列细刺；抱器腹端部形成 1 条短粗骨化条，其端部密被短刺；阳茎端膜不具角状器。雌性外生殖器（图版 59：14）：前阴片宽带状，两侧具横纹；后阴片小，卵圆形；囊导管骨化，骨环发达，向下逐渐过渡到长袋状囊体；囊体后半部弱骨化，具纵纹，前半部略膨大；囊片极小。

采集记录：武夷山（三港）。

分布：福建、陕西、甘肃、湖北、湖南、广东、海南、广西、四川、云南、西藏；印度，尼泊尔，缅甸，泰国。

144. 方尺蛾属 *Chorodna* Walker, 1860

Chorodna Walker, 1860, *List Specimens lepid. Insects Colln Brit. Mus.*, 21: 311, 314. Type species: *Chorodna erebusaria* Walker, 1860. (India)

Erebomorpha Walker, 1860, *List Specimens lepid. Insects Colln Brit. Mus.*, 21: 494. Type species: *Erebomorpha fulgurita* Walker, 1860. (India)

Medasina Moore, 1887, *Lepid. Ceylon*, 3: 408. Type species: *Hemerophila strixaria* Guenée, 1858. (indes-Orientales)

属征：雄性触角双栉形，雌性触角线形。额凸出。下唇须短粗，第 3 节伸达额外。翅宽大。雄性前翅基部不具泡窝。前翅常 Sc 与 R_1 长共柄，R_2 自由。雄性外生殖器：钩形突近三角形，两侧近中部各具 1 个近三角形侧突；颚形突中突发达；抱器背近基部或中部常具 1 个骨化突，其上具长刚毛；抱器背内侧具刚毛，常在近端部常具骨化突；抱器瓣腹缘密布刚毛；抱器腹常具骨化结构，近基部内侧具 1 束长刚毛；阳端基环前端宽，后端常特化为各种形状；囊形突短宽；阳茎短粗；阳茎端膜粗糙，有时具角状器。雌性外生殖器：肛瓣常端部略细；后阴片常发达；囊导管短或不明显，常骨化或具骨环；囊体长，后端骨化，不具囊片或具 1 个小囊片。

分布：东洋界。

种检索表

1. 前翅顶角凸出 ………………………………………… **黄斑方尺蛾 *Ch. ochreimacula***
   前翅顶角不凸出 ………………………………………………………………………… 2
2. 前翅亚缘线中部具 1 个明显的白点 ……………………………… **宏方尺蛾 *Ch. creataria***
   前翅亚缘线中部不具明显的白点 ………………………………… **默方尺蛾 *Ch. corticaria***

(274) 黄斑方尺蛾 *Chorodna ochreimacula* Prout, 1914 (图版 19: 5)

Chorodna ochreimacula Prout, 1914, *Ent. Mitt.*, 3 (9): 264. (China: Taiwan)

前翅长：雄性 35 ~ 37 mm，雌性 37 ~ 41 mm。前翅顶角凸出；后翅顶角凹，在 Rs 处凸出 1 个小角。翅面散布深灰褐色碎纹。前翅内线细弱，波曲；中点黑褐色；中线灰褐色，细带状，在前缘和 M_3 之间向外凸出，随后向内倾斜；外线灰褐色，锯齿形，细弱或消失。后翅中线灰褐色，近平直；外线锯齿状较前翅的明显。前后翅端部色较深，无亚缘线；缘毛深灰褐色。翅反面颜色、斑纹同正面；前后翅顶角

和 M_3 下方各具 1 个浅色斑。

采集记录：武夷山（三港、邵武）。

分布：福建、江西、湖南、台湾、海南、香港、广西、贵州、云南。

(275) 默方尺蛾 *Chorodna corticaria* (Leech, 1897)　(图版 19: 6)

Boarmia corticaria Leech, 1897, *Ann. Mag. nat. Hist.*, (6) 19: 419. (China (central): Changyang; Ichang)

Medasina corticaria: Prout, 1915, *in* Seitz, *Macrolepid. World*, 4: 361, pl. 20: a.

Chorodna corticaria: Parsons *et al.*, 1999, *in* Scoble, *Geometrid Moths of the World, a Catalogue*, 1: 150.

前翅长：雄性 31 ~ 40 mm，雌性 35 ~ 37 mm。前翅顶角不凸出，外缘浅弧形；后翅外缘锯齿形，在 M_3 以下较不明显。翅面散布黑色碎纹。前翅中部以下色较深；中线黑色，仅在前缘和近后缘处清楚；外线常在 M_2 以下清楚，向内倾斜；后翅基部色较浅；中线近平直。前后翅中点、中线和外线黑褐色；外线浅锯齿形；亚缘线浅色，不规则波曲，在 M_3 处向内弯折，其内侧散布不均匀黑色鳞片，外侧在前翅 M_3 下方为 1 个模糊的浅色斑；缘线黑色，在翅脉端断离；缘毛灰黄褐至灰褐色。翅反面污白至浅灰褐色，密布深灰褐色碎纹；斑纹同正面，但较模糊；端带宽阔，深灰褐色，在前后翅顶角和 M_3 下方各留下 1 个浅色斑。

采集记录：武夷山（三港、挂墩）。

分布：福建、陕西、甘肃、浙江、湖北、湖南、台湾、广西、四川、云南、西藏。

(276) 宏方尺蛾 *Chorodna creataria* (Guenée, 1858)　(图版 19: 7)

Hemerophila creataria Guenée, 1858, *in* Boisduval & Guenée, *Hist. nat. Insectes* (Spec. gén. Lépid.), 9: 217. (India)

Elphos? parisnattei Walker, 1863, *List Specimens lepid. Insects Colln Brit. Mus.*, 26: 1545. (India)

Medasina creataria: Hampson, 1895, *Fauna Brit. India* (Moths), 3: 286.

Chorodna creataria: Sato, 1994, *in* Haruta, *Tinea*, 14 (Suppl. 1): 53.

前翅长：雄性 35 ~ 38 mm，雌性 39 ~ 40 mm。前翅顶角不凸出，外缘浅弧形；后翅外缘锯齿形。翅面深褐色，密布黑色碎纹。前翅内线和中线模糊；中点黑色；

外线黑色，细弱锯齿形，在 M 脉间向外凸出，随后向内倾斜；外线外侧至外缘翅面颜色略深；亚缘线白色，模糊，在 M_3 和 CuA_1 之间形成 1 个清新的白点，其内侧在 M_3 下方伴有 1 条黑色细线；缘线在脉间呈黑色，短条状。后翅中线黑色，平直；外线较前翅的清晰；亚缘线不形成白点，内侧黑色线较前翅的粗壮。前后翅缘毛深褐色掺杂黑色。翅反面灰褐色，端部黑褐色，密布黑褐色碎纹，前翅中点和前后翅锯齿形外线清楚；前后翅顶角和 M_3 下方各具 1 个白斑。前后翅反面顶角处具白斑。雄性外生殖器（图版 42：9）：颚形突中突长；抱器背基部突起小而圆，近端部内突长指状；抱器腹端部突端部渐细并具小刺；阳端基环后端近中部形成 1 个小尖突；阳茎后端尖锐；阳茎端膜不具角状器。雌性外生殖器（图版 59：15）：后阴片近圆形；囊导管短，具骨环；囊体后端 1/4 骨化并具纵纹；囊片极窄。

采集记录：武夷山（三港、挂墩）。

分布：福建、浙江、湖北、湖南、台湾、海南、香港、广西、四川、云南、西藏；印度，尼泊尔，泰国。

145. 蜡尺蛾属 *Monocerotesa* Wehrli, 1937

Monocerotesa Wehrli, 1937b, *Amat. Papillons.*, 8: 248. Type species: *Chiasmia strigata* Warren, 1893. (India: Sikkim; Naga Hills)

属征：雄性与雌性触角均为线形。额不凸出。下唇须细，仅尖端伸达额外。前翅顶角圆，外缘平直；后翅圆。雄性前翅基部具泡窝。前翅 R_1 和 R_2 完全合并。翅面常黄色，密被深色碎纹。雄性外生殖器：钩形突长，端部有时膨大呈箭头状；颚形突退化；抱器背有时与抱器瓣分离；抱器腹常具骨化结构；阳茎粗大，后端骨化；阳茎端膜不具角状器。雌性外生殖器：前后阴片发达；囊导管细长；囊体袋状，不具囊片。

分布：中国，日本，印度，马来半岛，印度尼西亚，巴布亚新几内亚；朝鲜半岛。

种检索表

1. 前后翅外线外侧各具 1 条白色带 ······ **青蜡尺蛾 *M. trichroma***
   前后翅外线外侧各具 1 条黄色带 ······ 2
2. 前翅中线在前缘处形成 1 个大黑斑 ······ 3
   前翅中线在前缘处不形成 1 个大黑斑 ······ **豹斑蜡尺蛾 *M. abraxides***
3. 翅橘黄色，斑纹黑色；雌前阴片宽带状，两侧折叠 ······ **三色蜡尺蛾 *M. bifurca***

翅浅黄色，斑纹深褐色；雌前阴片后缘呈“V”形凹入，两侧端部尖锐 ……………………………………………………………… 碎纹蜡尺蛾 *M. virgata*

(277) 豹斑蜡尺蛾 *Monocerotesa abraxides* (Prout, 1914) (图版 19: 8)

Chiasmia abraxides Prout, 1914, *Ent. Mitt.*, 3 (9): 259. (China: Taiwan: Alikang)

Monocerotesa abraxides: Wehrli, 1943, *in* Seitz, *Gross-Schmett. Erde*, 4 (Suppl.): 404.

前翅长：雌性 12 mm。翅面鲜黄色，密布黑色条纹。前翅内线黑色，弧形；中点黑色，近长方形；中线黑色，在中室向外凸出，位于中点外侧；外线由 1 列黑色斑点构成，在 M_3 下方向内弯曲，在 CuA_2 处与中线接触；亚缘线不明显，内侧具 1 条黑色带，常间断；缘毛黄色，在脉间为黑色。后翅中线和外线黑色，平直；其余斑纹与前翅斑纹相似。

采集记录： 武夷山（三港）。

分布： 福建、台湾。

(278) 三色蜡尺蛾 *Monocerotesa bifurca* Sato & Wang, 2007 (图版 19: 9)

Monocerotesa bifurca Sato & Wang, 2007, *Tinea*, 20 (1): 33. (China: Guangdong: Shaoguan)

前翅长：雄性 12 ~ 13 mm，雌性 11 ~ 12 mm。翅面橘黄色，斑纹黑色。前翅基部至内线之间散布黑色碎纹；中线黑色，宽带状，在前缘处形成 1 个大黑斑，在近后缘处与外线融合；中点不明显；外线黑色，点状，弧形；亚缘线橘黄色，锯齿状，内侧具 1 条黑色带，中部常断开；外缘内侧具 1 条黑带，在顶角和 M_3 和 CuA_1 之间常缺失；缘线在各脉间呈短条状；缘毛橘黄色掺杂黑色。后翅外线黑色，近后缘略向内弯曲，内侧至翅基部密布黑色碎纹；其余斑纹与前翅斑纹相似。雄性外生殖器（图版 42：10）：钩形突背面具短刺，端部膨大，呈箭头状；抱器背与抱器瓣分离，条状，与钩形突平行，近平直，端半部具长刚毛；抱器瓣中央区域膜质；抱器腹膨大，端部形成 1 个密被小刺略弯曲的短突，其基部具 1 根长刺，其末端略细且平；阳茎端半部渐细，骨化强。

采集记录： 武夷山（三港、黄溪洲）。

分布： 福建、广东。

(279) 青蜡尺蛾 *Monocerotesa trichroma* Wehrli, 1937 (图版 19: 10)

Monocerotesa trichroma Wehrli, 1937b, *Amat. Papillons*, 8: 249. (China: Zhejiang: West Tien-

Mu-Shan)

前翅长：雌性 12 mm。翅面黄白色，密布黑色碎纹。前翅内线黑色，微波曲，内侧具 1 条白色带；中点黑色，近椭圆形；外线黑色，在臀褶处向内凸出，外侧具 1 条白色带；亚缘线白色，锯齿状，内侧具 1 条黑色带；亚缘线外侧具 1 条黑带，在顶角与 M_3 和 CuA_1 之间缺失；缘毛黑色掺杂黄白色。后翅外线锯齿状；中点较前翅的小；其余斑纹与前翅的相似。

采集记录：武夷山（三港）。

分布：福建、浙江、广东。

(280) 碎纹蜡尺蛾 *Monocerotesa virgata* (Wileman, 1912)　(图版 19：11)

Alcis? virgata Wileman, 1912, *Entomologist*, 45: 90. (China: Taiwan: Kanshirei)

Monocerotesa virgata: Inoue, 1992b, *in* Heppner & Inoue, *Lepid. Taiwan*, 1 (2): 113.

前翅长：雌性 11 ~ 12 mm。此种外形与三色蜡尺蛾相似，但区别如下：翅面颜色较浅，浅黄色，而三色蜡尺蛾的为橘黄色；翅面斑纹深褐色，碎纹较密集，而三色蜡尺蛾在翅基部和外线与亚缘线之间的碎纹很少。

采集记录：武夷山（三港）。

分布：福建、台湾。

146. 统尺蛾属 *Sysstema* Warren, 1899

Sysstema Warren, 1899a, *Novit. zool.*, 6: 57. Type species: *Eupithecia semicirculata* Moore, 1868. (India: Darjeeling)

属征：雄性触角双栉形，雌性触角线形。额不凸出。下唇须端部伸达额外。前翅顶角圆，前后翅外缘浅弧形。雄性前翅基部不具泡窝。前翅 R_1 和 R_2 完全合并。雄性第 7 腹节腹板侧面具 1 对突起。雄性外生殖器：钩形突短，端部圆；颚形突中突不发达；抱器瓣端部渐窄；抱器背端部形成 1 个具刚毛的骨化突，与抱器瓣背缘分离；囊形突宽，近方形；阳茎端膜常具短刺状角状器。雌性外生殖器：肛瓣和表皮突延长；囊导管短，弱骨化；囊导管细长；囊体近椭圆形。

分布：中国，印度，缅甸，尼泊尔，马来西亚。

(281) 半环统尺蛾 *Sysstema semicirculata* (Moore, 1868)　(图版 19: 12)

Eupithecia semicirculata Moore, 1868, *Proc. zool. Soc. Lond.*, 1867 (3): 654. (India: Darjeeling)

Anagoge? concinna Warren, 1893, *Proc. zool. Soc. Lond.*, 1893: 411. (India: Darjeeling)

Sysstema semicirculata: Sato, 1994, *in* Haruta, *Tinea*, 14 (Suppl. 1): 48, pl. 74: 15.

前翅长：12 ~ 13 mm。翅面黑灰色。前翅内线为黑色粗带，平直；中点为黑色短条状；外线黑色，锯齿状，在 M 脉之间向外凸出；中室端部具 1 个白色斑块，其外侧具 1 条细纹并延伸至前缘；亚缘线灰白色，模糊；缘线黄褐色与黑色相间；缘毛灰黑色。后翅颜色较前翅浅；后缘黄褐色掺杂黑色；中点较前翅的小；外线锯齿状，在近后缘向内弯曲；亚缘线、缘线和缘毛与前翅相似。雄性外生殖器（图版 43：1）：钩形突近三角形；抱器背长度约为抱器瓣背缘的一半，端部形成 1 个大圆突；囊形突端部中央凹入，两侧形成 1 对圆突；阳端基环后半部分叉；阳茎中部较两端粗壮；角状器由 1 排短刺组成。

采集记录：武夷山（三港、挂墩）。

分布：福建、浙江、广西、四川、云南；印度，尼泊尔。

147. 鹰尺蛾属 *Biston* Leach, 1815

Biston Leach, 1815, *in* Brewster, *Edinburgh Encycl.*, 9: 134. Type species: *Geometra prodromaria* Denis & Schiffermüller, 1775. (Austria)

Dasyphara Billberg, 1820, *Enumeratio Insect. Mus. G. J. Billberg*: 89. Type species: *Geometra prodromaria* Denis & Schiffermüller, 1775. (Austria)

Pachys Hübner, 1822, *Syst.-alphab. Verz.*: 38 – 44, 46, 47, 49, 50, 52. Type species: *Geometra prodromaria* Denis & Schiffermüller, 1775. (Austria)

Eubyja Hübner, [1825] 1816, *Verz. bekannter Schmett.*: 318. Type species: *Phalaena betularia* Linnaeus, 1758. (No type locality is given)

Amphidasis Treitschke, 1825, *in* Ochsenheimer, *Schmett. Eur.*, 5 (2): 434. Type species: *Geometra prodromaria* Denis & Schiffermüller, 1775. (Austria)

Buzura Walker, 1863, *List Specimens lepid. Insects Colln Brit. Mus.*, 26: 1531. Type species: *Buzura multipunctaria* Walker, 1863. (Silhet?)

Culcula Moore, 1888a, *in* Hewitson & Moore, *Descr. new Indian lepid. Insects Colln late Mr W. S. Atkinson*, 3: 266. Type species: *Culcula exanthemata* Moore, 1888. (India)

Eubyjodonta Warren, 1893, *Proc. zool. Soc. Lond.*, 1893: 416. Type species: *Eubyjodonta falcata* Warren, 1893. (India)

Blepharoctenia Warren, 1894a, *Novit. zool.*, 1: 428. Type species: *Amphidasys bengaliaria* Guenée, 1858. (India)

Epamraica Matsumura, 1910, *Thousand Insects Japan* (Suppl.), 2: 130. Type species: *Epamraica bilineata* Matsumura, 1910. (China: Taiwan)

属征：雄性触角双栉形或锯齿状，雌性触角线形。额略凸出。下唇须尖端不伸达额外。雄性后足胫节略膨大，不具毛束。前后翅外缘平直或波曲；后翅圆，外缘平滑，有时在 M 脉之间凹入，或在 M_1 和 CuA_1 之间凸出。雄性前翅基部不具泡窝。前翅 R_1 和 R_2 常共柄。雄性外生殖器：钩形突端部常分叉，有时分叉较浅，端部看似圆形或方形；抱器瓣简单，端部圆，中央至端部区域具大量刚毛；囊形突圆形或半圆形；阳端基环发达；阳茎背面骨化；阳茎端膜粗糙，有时具角状器。雌性外生殖器：肛瓣有时延长；后阴片三角形或椭圆形；交配孔周围有时骨化；囊导管多具条纹，有时骨化；囊体长，袋状或中部弯曲，有时具囊片；囊片长圆形或条状，边缘具小刺。

分布：全北界，东洋界，非洲。

种检索表

1. 雄性第 8 腹节背板后端节间膜具 1 簇刺 ………… 2
   雄性第 8 腹节背板后端节间膜不具刺束 ………… 3
2. 翅面散布灰斑 ………… **木橑尺蛾 *B. panterinaria***
   前翅不具灰斑 ………… **云尺蛾 *B. thibetaria***
3. 后翅具基线 ………… 4
   后翅不具基线 ………… 6
4. 前翅内线粗壮 ………… **圆突鹰尺蛾 *B. mediolata***
   前翅内线细 ………… 5
5. 后翅外缘在 M_1 和 M_3 之间凹入 ………… **双云尺蛾 *B. regalis***
   后翅外缘不在 M_1 和 M_3 之间凹入 ………… **油桐尺蛾 *B. suppressaria***
6. 前翅外线在 M 脉间向外呈双峰凸出 ………… 7
   前翅外线不在 M 脉间向外呈双峰凸出 ………… **桦尺蛾 *B. betularia parva***
7. 后翅外缘在 M_1 和 M_3 之间凹入 ………… **花鹰尺蛾 *B. melacron***
   前翅内线为黑色单线，内侧具浅黄色带 ………… **油茶尺蛾 *B. marginata***

(282) 花鹰尺蛾 *Biston melacron* Wehrli, 1941　(图版 19: 13)

Biston melacron Wehrli, 1941, *in* Seitz, *Gross-Schmett. Erde*, 4 (Suppl.): 430, pl. 35: h.

(China: Zhejiang: West Tien-Mu-shan)

Biston exotica Inoue, 1977, *Bull. Fac. domestic Sci.*, *Otsuma Woman's Univ.*, 13: 322, figs 65 – 67. (Japan: Kochi Prefecture, Kubokawa)

前翅长：雄性 23 ~ 27 mm。后翅外缘在 M_1 和 M_3 之间凹入。翅面灰白色，散布深灰色小点，斑纹黑色。前翅内线为双弧线；中点短条状；中线模糊，在前缘处形成 1 个黑斑；外线在 M 脉间向外呈双峰凸出，在 CuA_2 和 2A 脉之间略向外凸出。后翅中线模糊；外线在 M 脉间向外凸出，之后微波曲。雄性第 8 腹节后端节间膜不具刺束。雄性外生殖器（图版 43：2）：钩形突端部分叉浅；颚形突中突短舌状，端部圆；抱器瓣基部较端部宽；抱器背平直；阳端基环后端呈三角形；角状器短指状。

采集记录：武夷山（挂墩）。

分布：福建、浙江、江西、台湾、四川；日本；朝鲜半岛。

(283) 桦尺蛾 *Biston betularia parva* Leech, 1897 （图版 19：14）

Biston robustum var. *parva* Leech, 1897, *Ann. Mag. nat. Hist.*, (6) 19: 323. (China: Sichuan: Kangding)

Biston cognataria sinitibetica Wehrli, 1941, *in* Seitz, *Gross-Schmett. Erde*, 4 (Suppl.): 433, pl. 36: a. (China: Sichuan: Tachien-lu [Kangding])

Biston betularia parva: Inoue, 1959, *Inon. Insect. Japan Col. nat. ed.*, 1 (Lepid.): 217, pl. 154: 10.

前翅长：雄性 20 ~ 24 mm，雌性 23 ~ 28 mm。雄性触角双栉形，雌性触角线形。前翅外缘较直，倾斜。翅面灰褐色，散布灰色小点。前翅内线黑色，双弧线；中点黑色，短条形；中线黑色，模糊；外线黑色，在 M 脉之间向外凸出 1 个大齿，在 CuA_2 和 A 脉之间微向外凸出；外线外侧具灰色斑块。后翅中点较前翅的小；其余斑纹与前翅的相似。雄性外生殖器（图版 43：3）：与双云尺蛾相似，但颚形突中突端部圆，角状器由 2 束小刺组成。雌性外生殖器（图版 59：16）：肛瓣和后表皮突细长；囊导管短；囊体葫芦形，中部细，后端膨大，具条状囊片，边缘无刺。

采集记录：武夷山（三港）。

分布：福建、黑龙江、吉林、内蒙古、北京、河北、山西、山东、河南、陕西、宁夏、甘肃、青海、新疆、四川；俄罗斯，日本。

(284) 油桐尺蛾 *Biston suppressaria* (Guenée, 1858) （图版 20：1）

Amphidasys suppressaria Guenée, 1858, *in* Boisduval & Guenée, *Hist. nat. Insectes* (Spec. gén.

Lépid.), 9: 210. (India)

Buzura multipunctaria Walker, 1863, *List Specimens lepid. Insects Colln Brit. Mus.*, 26: 1531. (Silhet?)

Biston suppressaria: Hampson, 1895, *Fauna Brit. India* (Moths), 3: 247.

Buzura suppressaria: Prout, 1915, *in* Seitz, *Macrolepid. World*, 4: 360, pl. 19: i.

Buzura suppressaria benescripta Prout, 1915, *in* Seitz, *Macrolepid. World*, 4: 360. (China: Chungking)

Biston (Buzura) suppressaria: Wehrli, 1941, *in* Seitz, *Gross-Schmett. Erde*, 4 (Suppl.): 436.

Biston (Buzura) suppressaria f. *benesparsa* Wehrli, 1941, *in* Seitz, *Gross-Schmett. Erde*, 4 (Suppl.): 436, pl. 36: f. (China: Hunan)

Biston luculentus Inoue, 1992b, *Bull. Fac. domestic Sci., Otsuma Woman's Univ.*, 28: 171, figs 59, 60, 62-64. (Thailand)

前翅长：雄性 24~27 mm，雌性 37~39 mm。雄性触角双栉形，雌性触角线形。前翅外缘较直，倾斜较少。翅面灰白色，带淡黄色调，密布黑色小点。前翅内线黑色，微波曲；内线内侧具浅黄色宽带；中线浅黄色，模糊；中点为浅灰色圆点；外线黑色，在 M 脉之间向外呈双峰形凸出；外线至外缘之间具浅黄色带，其上掺杂黑色鳞片；外线外侧在 M_3 下方有 1 个黑斑。后翅亚基线黑色，不与前翅内线组成 1 个弧形；中线黄色，模糊；外线黑色，在 M 脉之间呈圆形凸出；外线外侧具浅黄色带，其上掺杂黑色鳞片。雄性外生殖器（图版 43：4）：钩形突近三角形，端部分叉浅；颚形突中突细，端部尖；抱器背平直，抱器瓣腹缘中部凹；阳端基环宽舌状，后端圆；阳茎端膜不具角状器。雌性外生殖器（图版 59：17）：肛瓣和后表皮突延长；后阴片椭圆形；交配孔骨化并褶皱；囊导管短；囊体长袋状，与囊导管无明显界限，具 1 个不规则形状的囊片。

采集记录： 武夷山（黄溪洲）。

分布： 福建、河南、陕西、甘肃、江苏、安徽、浙江、湖北、江西、湖南、广东、海南、香港、广西、四川、重庆、贵州、云南、西藏；印度，缅甸，尼泊尔。

(285) 圆突鹰尺蛾 *Biston mediolata* Jiang, Xue & Han, 2011 （图版 20：2）

Biston mediolata Jiang, Xue & Han, 2011a, *Zookeys*, 139: 59.

前翅长：雄性 32~34 mm，雌性 42 mm。雄性触角锯齿形，雌性触角线形。前翅外缘直，十分倾斜。翅面白色，散布浅灰色条纹。前翅内线黑色，粗壮，浅弧形，内侧具浅黄色带；中线灰黄色，在前缘处为 1 个黑斑；中点为灰色圆点，模糊；外线黑色，在 M 脉之间向外凸出 1 个大齿，在 CuA_2 和 A 之间略向外凸出，在翅脉上向内凸出小尖齿；外线外侧具 1 条浅黄色带；缘线为翅脉间 1 列黑色短条。后翅亚基线黑色；外线黑色，在 M 之间向外呈圆形凸出；缘线大部分消失。前后翅缘毛黄白色掺杂深灰褐色。雄性外生殖器（图版 43：5）：钩形突短宽，端部分叉浅；颚形突中突小，端部圆；抱器背中部向内弯曲，基部刚毛较密；抱器瓣腹缘近弧形；囊形突端部圆；阳端基环短，端部平；阳茎短粗，弱骨化；角状器细长刺状。雌性外生殖器（图版 60：1）：肛瓣和后表皮突延长；后阴片小，近三角形；囊导管短；囊体长，中部弯曲，前端膨大，具 1 个长条形囊片，边缘具小刺。

采集记录：武夷山（三港、挂墩）。

分布：福建、陕西、甘肃、湖北、湖南、海南、广西、四川；越南。

(286) 双云尺蛾 *Biston regalis* (Moore, 1888) （图版 20：3）

Amphidasys regalis Moore, 1888a, *in* Hewitson & Moore, *Descr. New Indian lepid. Insects Colln. Late Mr. W. S. Atkinson*, 3: 234. (India: Darjeeling)

Biston regalis: Prout, 1915, *in* Seitz, *Macrolepid. World*, 4: 359, pl. 19: h.

前翅长：雄性 27 ~ 32 mm，雌性 40 ~ 42 mm。雄性触角双栉形，雌性触角线形。前翅外缘直，倾斜。翅面白色，散布稀疏浅褐色条纹，在前翅前缘和外缘附近较密集。前翅内线黑色，不规则锯齿形，内侧具褐色宽带；中线褐色，模糊；中点模糊；外线黑色，在 R_5 和 M_3 之间向外呈圆形凸出，在 CuA_2 和臀褶之间略向外凸出；外线外侧至外缘具不规则的褐色斑块，但在顶角区域和 M_3 与 CuA_1 之间常为白色。后翅亚基线黑色，微波曲，内侧具褐色宽带；外线在 M 脉之间向外凸出，其外侧褐色斑块较弱；其余斑纹与前翅斑纹相似。雄性外生殖器（图版 43：6）：钩形突近三角形，端部分叉浅；颚形突中突宽舌状，端部圆；抱器瓣宽窄均匀；抱器背和抱器瓣腹缘平直；阳端基环细长剑状，端部尖，中央具 1 条纵向棱；具 2 种角状器，1 种为长圆形的刺状斑，另 1 种为小刺状突起。雌性外生殖器（图版 60：2）：肛瓣和后表皮突延长；后阴片椭圆形；囊导管骨化并褶皱；囊体长袋状，具 1 个长圆形囊片。

采集记录：武夷山。

分布：福建、辽宁、河南、陕西、甘肃、浙江、湖北、江西、湖南、台湾、广东、海南、四川、云南；俄罗斯（阿穆尔和乌苏里），日本，印度，尼泊尔，菲律宾，巴基斯坦，美国；朝鲜半岛。

(287) 油茶尺蛾 *Biston marginata* Shiraki, 1913 （图版 20：4）

Biston marginata Shiraki, 1913, *Spec. Rep. Formosa agric. Exp. Stn*, [Special reports No. 8] Publication no. 68: 433, pl. 44. (China: Taiwan)

Biston fragilis Inoue, 1958, *Tinea*, 4 (2): 254, pl. 34, fig. 30. (Japan: Oita Prefecture, Saeki)

前翅长：雄性 22 ~ 24mm，雌性 20 ~ 22mm。本种与花鹰尺蛾非常相似，但可以利用以下特征来区别：后翅外缘不在 M_1 和 M_3 之间凹入；翅面斑纹深褐色，而花鹰尺蛾为黑色；后翅外线在 M_3 之后平直，而在花鹰尺蛾中波曲。雄性外生殖器（图版 43：7）：钩形突端部较细；颚形突中突中部较细且端部圆，而花鹰尺蛾的较粗且端部分叉较明显；阳端基环较宽且端部圆，而花鹰尺蛾的较细且端部尖；角状器小刺状，而花鹰尺蛾的为短指状。雌性外生殖器（图版 60：3）：肛瓣不延长；交配孔周围骨化；囊导管短，膜质；囊体长袋状，后端渐细，具 1 个梭形囊片，边缘具数根小刺。

采集记录：武夷山（挂墩）。

分布：福建、浙江、江西、湖南、台湾、广东、广西、重庆、云南；日本，越南。

(288) 木橑尺蛾 *Biston panterinaria* (Bremer & Grey, 1853) （图版 20：5）

Amphidasis panterinaria Bremer & Grey, 1853, *Beitr. Schmett.-Fauna nord. China*: 21, pl. 10, fig. 1. (China: Peking)

Buzura abraxata Leech, 1889, *Trans. ent. Soc. Lond.*, 1889 (1): 143, pl. 9, fig. 14. (China: Yangzee River, Kiukiang)

Culcula panterinaria: Wehrli, 1939, *in* Seitz, *Gross-Schmett. Erde*, 4 (Suppl.): 266.

Culcula panterinaria lienpingensis Wehrli, 1939, *in* Seitz, *Gross-Schmett. Erde*, 4 (Suppl.): 266, pl. 20: b. (China: Guangdong)

Culcula panterinaria szechuanensis Wehrli, 1939, *in* Seitz, *Gross-Schmett. Erde*, 4 (Suppl.): 266, pl. 20: b. (China: Sichuan)

Biston panterinaria: Sato, 1996a, *Trans. lepid. Soc. Japan*, 47 (4): 226.

前翅长：雄性 28 ~ 34mm，雌性 37 ~ 39mm。雄性触角锯齿形，具纤毛簇。雄性前翅外缘直，倾斜；雌性前翅外缘浅弧形，倾斜较少。翅面斑纹与金星尺蛾属种类相似。翅面白色，散布浅灰色斑块，在后翅外线内侧分布较稀少；前翅基部灰色，具 1 个褐色大斑；内线黄褐色；前后翅外线黄色，细，在 M 脉之间向外凸出，散布深褐色椭圆形斑；前后翅中点为浅灰色大圆点；翅反面中点中部深褐色。雄性外生殖器（图版43：8）：钩形突短宽，近梯形，端部分叉浅；颚形突中突短舌状；抱器背平直；抱器瓣腹侧中部凸出；阳端基环后端渐细，中央分叉至近中部；角状器粗棒状。雌性外生殖器（图版60：4）：肛瓣和后表皮突延长；交配孔周围骨化并褶皱；囊导管短；囊体弯曲成"C"形，后半部细，具褶皱，前半部粗，具扁圆形囊片，边缘具小刺。

采集记录：武夷山（三港）。

分布：福建、辽宁、北京、河北、山西、山东、河南、陕西、宁夏、甘肃、安徽、浙江、湖北、江西、湖南、广东、海南、广西、四川、贵州、云南、西藏；印度，尼泊尔，越南，泰国。

(289) 云尺蛾 *Biston thibetaria* (Oberthür, 1886) (图版 20: 6)

Amphidasys thibetaria Oberthür, 1886, *Études d' Ent.*, 11: 32, pl. 5, fig. 30. (China: Sichuan)

Buzura thibetaria: Prout, 1915, *in* Seitz, *Macrolepid. World*, 4: 360, pl. 19: h.

Buzura (Blepharoctenia) thibetaria: Wehrli, 1941, *in* Seitz, *Gross-Schmett. Erde*, 4 (Suppl.): 436.

Biston thibetaria: Parsons *et al.*, 1999, *in* Scoble, *Geometrid Moths of the World, a Catalogue*, 1: 88.

前翅长：雄性28～31 mm，雌性33～38 mm。翅面白色。前翅内线黑色，粗壮，近弧形，内侧具黄绿色宽带；中线在前缘处呈黑色，其余部分浅黄色；中点椭圆形，中空，边缘黑色，粗壮；外线黑色，粗壮，在M脉之间向外凸出1个大齿，在CuA_2和2A之间略向外凸出，外线外侧具黄绿色宽带；外线至外缘在M_3脉附近具零散的黑斑；亚缘线白色，锯齿状，模糊。后翅中点较小；中线散布稀疏黑色鳞片；外线较前翅的细弱，上端消失。雄性第8腹节背板后端节间膜具1簇刺。雄性外生殖器（图版43：9）：与木橑尺蛾相似，但此种抱器瓣腹侧中央向外凸出不明显。雌性外生殖器（图版60：5）与木橑尺蛾的主要区别在于此种的后阴片为圆形，而木橑尺蛾的不发达。

采集记录：武夷山（三港）。

分布：福建、河南、浙江、湖北、湖南、广西、四川、贵州、云南、西藏。

148. 掌尺蛾属 *Amraica* Moore, 1888

Amraica Moore, 1888a, *in* Hewitson & Moore, *Descr. new Indian lepid. Insects Colln late Mr W. S.*

Atkinson, 3: 245. Type species: *Amraica fortissima* Moore, 1888. (India)

属征：雄性触角单栉形，雌性触角线形。额不凸出，具发达的额毛簇。下唇须尖端不伸达额外。前翅外缘平直；后翅圆，外缘微波曲。雄性前翅基部具泡窝。前翅 R_1 和 R_2 共柄。翅面黑褐色至灰褐色，前翅近基部和顶角常具深褐色或红褐色大斑。雄性外生殖器：钩形突三角形，端部钩状；颚形突中突短粗，端部圆；抱器瓣宽窄均匀；抱器背骨化，平直，端部具长刚毛；抱器腹具杆状直形突起，沿抱器瓣腹侧延伸，端部具短刺；囊形突端部圆形；阳端基环细长，端部圆；阳茎短粗；阳茎端膜粗糙，具1个刺状斑形的角状器。雌性外生殖器：肛瓣和后表皮突延长；交配孔周围骨化；前阴片后端向内凹陷；后阴片卵圆形；囊导管具条纹；囊体卵圆形，具1个近圆形囊片，囊片边缘具十几根长刺。

分布：中国，俄罗斯，日本，印度，越南，老挝，泰国，菲律宾，马来西亚，文莱，印度尼西亚，巴布亚新几内亚；朝鲜半岛。

种检索表

前后翅外线清楚；雄性抱器瓣端部圆 ……………………………… **掌尺蛾 *A. superans superans***

前后翅外线模糊；雄性抱器瓣端部近方形 ……………………………… **拟大斑掌尺蛾 *A. prolata***

(290) 拟大斑掌尺蛾 *Amraica prolata* Jiang, Sato & Han, 2012 （图版 20: 7）

Amraica prolata Jiang, Sato & Han, 2012, *Entomological Science*, 15: 228.

前翅长：雄性 30～32 mm，雌性 38 mm。翅面黑褐色。前翅基部和前缘端部具深褐色大斑；内线黑色，波状，在 CuA_2 与 2A 之间向内深弯曲；中线模糊；中点为灰色圆点；外线黑色，仅前缘至 M_1 之间清楚，在 R_5 与 M_1 之间向内深弯曲；亚缘线白色，微波状；亚缘线外侧各脉上具褐色斑点；缘线黑色短条状；缘毛褐色掺杂深灰色。后翅基部具灰色鳞片；外线模糊；中点较前翅的小；中线、亚缘线、缘线和缘毛与前翅的相似。雄性外生殖器（图版 43: 10）：抱器瓣端部近方形；抱器腹突起细长，左右对称，伸达抱器瓣末端，端部不膨大。雌性外生殖器（图版 60: 6）：前阴片略长，后端向内深凹陷。

采集记录：武夷山（三港、黄溪洲）。

分布：福建、浙江、江西、湖南、广东、广西；老挝，泰国。

(291) 掌尺蛾 *Amraica superans superans* (Butler, 1878) (图版 20: 8)

Amphidasys superans Butler, 1878b, *Illust. typical Specimens Lepid. Heterocera Colln Brit. Mus.*, 2: ix, 48, pl. 35, fig. 3. (Japan)

Buzura (Amraica) superans: Prout, 1915, *in* Seitz, *Macrolepid. World*, 4: 360, pl. 24: a.

Buzura recursaria superans: Prout, 1930b, *Novit. zool.*, 35: 327.

Buzura (Amraica) superans decolorans Wehrli, 1941, *in* Seitz, *Gross-Schmett. Erde*, 4 (Suppl.): 435, pl. 37: b. (China: Chongqing)

Buzura (Amraica) superans subnigrans Wehrli, 1941, *in* Seitz, *Gross-Schmett. Erde*, 4 (Suppl.): 435, pl. 37: a. (China: Hunan)

Amraica superans: Inoue, 1982c, *in* Inoue *et al.*, *Moths of Japan*, 1: 557.

前翅长：雄性 24 ~ 32 mm，雌性 33 ~ 35 mm。本种与拟大斑掌尺蛾的相似，但又有区别：前后翅中点较小；外线较清楚；亚缘线较拟大斑掌尺蛾模糊。雄性外生殖器（图版 43：11）：抱器瓣端部较圆；抱器腹突起较短，约为抱器瓣的 2/3，其端部膨大。雌性外生殖器（图版 60：7）：前阴片较拟大斑掌尺蛾短，后端向内呈半圆形凹陷，端部骨化突尖。

采集记录：武夷山（三港）

分布：福建、北京、河北、河南、陕西、甘肃、上海、江苏、安徽、浙江、湖北、江西、湖南、四川、重庆、贵州；日本。

149. 展尺蛾属 *Menophra* Moore, 1887

Menophra Moore, 1887, *Lepid. Ceylon*, 3: 409. Type species: *Phalaena abruptaria* Thunberg, 1792. (Sweden) [Replacement name for *Hemerophila* Stephens, 1829.]

Hemerophila Stephens, 1829 (June), *Nom. Brit. Insects*: 43. Type species: *Phalaena abruptaria* Thunberg, 1792. (Sweden) [Junior homonym of *Hemerophila* Hübner, [1817] 1806 (Lepidoptera: Glyphipterigidae)]

Ephemerophila Warren, 1894a, *Novit. zool.*, 1: 434. Type species: *Hemerophila humeraria* Moore, 1868. (India: Bengal)

Leptodontopera Warren, 1894a, *Novit. zool.*, 1: 445. Type species: *Selenia decorata* Moore, 1868. (India: Bengal)

Ceruncina Wehrli, 1941, *in* Seitz, *Gross-Schmett. Erde*, 4 (Suppl.): 454. Type species: *Hemerophila senilis* Butler, 1878. (Japan: Hakodaté)

Malacuncina Wehrli, 1941, *in* Seitz, *Gross-Schmett. Erde*, 4 (Suppl.): 461. Type species: *Hemerophila prouti* Sterneck, 1928. (China: Sichuan: Tachien-lu)

属征：雄性触角双栉形，雌性触角线形。额不凸出。下唇须端部伸出额外。前后翅外缘浅波状。雄性前翅基部不具泡窝。前翅 R_1 和 R_2 在近基部具 1 段合并。雄性外生殖器：钩形突端部圆或尖；颚形突中突发达；抱器瓣简单，常具抱器背基突；阳茎具刺状角状器。雌性外生殖器：前后阴片发达；囊导管短，有时具骨环；囊体长，前端膨大呈球状，具 1 个大而圆的囊片，其边缘密布小刺。

分布：古北界，东洋界，非洲界，新热带界。

(292) 华展尺蛾 *Menophra sinoplagiata* Sato & Wang, 2006 （图版 20：9）

Menophra sinoplagiata Sato & Wang, 2006, *Tinea*, 19 (2): 76. (China: Guangdong: Shaoguan)

前翅长：20 ~ 24 mm。翅面褐色。雌性在前翅基部、内线和外线之间区域和后翅近臀角处具较多灰白色的鳞片。前翅内线黑色，深锯齿状，内侧具深褐色带，其内侧具灰色模糊细线；中点黑色；外线黑色，在 R_5 与 M_1 之间极度向外延伸至近外缘，然后内折，不规则波曲至后缘中部；外线外侧在 M_1 下方具深褐色宽带；亚缘线灰白色，锯齿状；缘线为 1 列三角形小黑斑。后翅中线深褐色，模糊；无中点；外线黑色波状；亚缘线灰白色，在 M_3 上方锯齿状，在 M_3 下方平直；外线与亚缘线之间色略深；缘线同前翅。雄性外生殖器（图版 43：12）：钩形突短粗指状，端部圆；颚形突中突近三角形；抱器瓣短三角形，背缘和腹缘平滑；抱器背基突长且粗壮，在中部之外分叉，形成 1 个长突和 1 个短突，长突端部尖锐，短突末端具2 ~ 3 根刺；囊形突短宽，端部圆；阳茎细长；角状器由 1 列刺和 1 根单独的刺组成。雌性外生殖器（图版 60：8）：前阴片后缘中央呈圆形凹入，两侧末缘锯齿状，整体呈鹿角状；后阴片近圆形；囊体后半部骨化，具纵纹。

采集记录：武夷山（挂墩）。

分布：福建、广东。

150. 角顶尺蛾属 *Phthonandria* Warren, 1894

Phthonandria Warren, 1894a, *Novit. zool.*, 1: 434. Type species: *Hemerophila atrilineata* Butler, 1881. (Japan)

属征：雄性与雌性触角均为双栉形，栉齿出自每节中部；雌性有时栉齿退化（如角顶尺蛾）。额不凸出。下唇须尖端伸达额外。前翅外缘浅波状，后翅外缘锯齿状。雄性前翅基部不具泡窝。前翅 R_1 和 R_2 共柄或分离。雄性外生殖器：钩形突深分叉；颚形突中突发达；抱器瓣端部膨大且圆，具刚毛；抱器背基突短，简单，末端具2根粗壮短刺；抱器瓣腹缘近弧形。雌性外生殖器：前阴片膜质或窄骨化；囊体大，具1个边缘不带小刺的椭圆形囊片。

分布：中国，俄罗斯，日本，印度，越南；朝鲜半岛，中亚地区，非洲。

(293) 角顶尺蛾 *Phthonandria emaria* (Bremer, 1864) (图版 20: 10)

Hemerophila emaria Bremer, 1864, *Mém. Acad. Sci. St. Pétersb.*, (7) 8 (1): 74, pl. 6, fig. 18. (Russia: East Siberia, Amur; Ussuri, Ema estuary)

Hemerophila emaria periyangtsea Wehrli, 1941, *in* Seitz, *Gross'Schmett. Erde*, 4 (Suppl.): 451, pl. 39: g. (China: Manchuria)

Phthonandria emaria: Parsons *et al.*, 1999, *in* Scoble, *Geometrid Moths of the World, a Catalogue*, 2: 750.

前翅长：15 ~ 19 mm。翅底灰黄至浅灰褐色，散布深灰色碎纹；前翅基部和端部色较深，中线与外线黑色，极倾斜，外线上端伸达外缘顶角下方；中点黑色微小；后翅外线黑色，较近外缘，其外侧在 M_1 以下有1条深褐色带，紧邻白色亚缘线；前后翅缘线黑色，不完整；缘毛深灰褐色。翅反面灰褐色散布黑灰色碎纹；中点黑灰色；外线为1列黑点。

采集记录：武夷山（邵武）。

分布：福建、内蒙古、北京、山西、山东、陕西、甘肃、江苏、上海、湖南、江西；俄罗斯（远东），日本；朝鲜半岛。

151. 焦边尺蛾属 *Bizia* Walker, 1860

Bizia Walker, 1860, *List Specimens lepid. Insects Colln Brit. Mus.*, 20: 261. Type species: *Bizia aexaria* Walker, 1860. (China: North)

属征：雄性触角双栉形，末端无栉齿；雌性触角线形。额凸出。下唇须尖端伸达额外。前翅外缘浅弧形，中部微凸出；后翅外缘锯齿状。雄性前翅基部不具泡窝。前翅 Sc 和 R_1 长共柄，在近端部分离，R_2 自由。翅面黄色，前翅端部至后翅顶角深褐色。雄性外生殖器：钩形突短三角形；颚形突中突发达；抱器瓣端部圆，具长刚毛；抱器背平直，具抱器背基突，其端部具1根粗刺；抱器腹端部形成突起；囊形突短；阳茎端膜具刺状角状器。雌性外生殖器：后阴片发达；囊导管具骨环；囊体具1个囊片。

分布： 中国，日本，越南；朝鲜半岛。

(294) 焦边尺蛾 *Bizia aexaria* Walker, 1860 （图版 20：11）

Bizia aexaria Walker, 1860, *List Specimens lepid. Insects Colln Brit. Mus.*, 20: 261. (China)

Endropia mibuaria Felder & Rogenhofer, 1875, *Reise öst. Fregatte Novara* (Zool.), 2 (Abt. 2): pl. 123, fig. 31. (Japan)

前翅长：雄性 19～27 mm，雌性 31～34 mm。翅面黄色，斑纹深褐色。前翅端部至后翅顶角为 1 个深褐色大斑，由上向下渐宽，大斑上有数块黑灰色小斑和深灰色碎纹。前翅前缘有 3 个小斑；中线带状，向内倾斜，上半段模糊；中点椭圆形；外线细弱，在 M 脉之间向外凸出，在 M_2 下方呈点状；缘毛深褐色。后翅外线纤细，近弧形；缘毛深褐色掺杂黄色，其余斑纹与前翅的相似。雄性外生殖器（图版 44：1）：钩形突端部圆；颚形突中突近三角形；抱器瓣端部膨大；抱器背平直，抱器背基突细长指状，其末端具 1 根粗刺；抱器腹端部具 1 个椭圆形突起，其上密被微刺；阳端基环近长方形；阳茎端部略细，弱骨化；角状器为 2 根细刺。雌性外生殖器（图版 60：9）：后阴片宽带状；囊导管短；囊体前半部膨大，椭圆形；囊片近长圆形，前后缘两侧向外呈尖角状凸出。

采集记录： 武夷山（三港、黄坑、崇安星村七里桥、挂墩）。

分布： 中国（除青海、新疆外各省区），日本，越南；朝鲜半岛。

152. 碴尺蛾属 *Psyra* Walker, 1860

Psyra Walker, 1860, *List Specimens lepid. Insects Colln Brit. Mus.*, 21: 311, 482. Type species: *Psyra cuneata* Walker, 1860. (India: North Hindostan)

Orbasia Swinhoe, 1894a, *Trans. ent. Soc. Lond.*, 1894: 222. Type species: *Hyperythra spurcataria* Walker, 1863. (India: Darjeeling)

Oncodocnemis Rebel, 1901, *in* Staudinger & Rebel, *Cat. Lepid. palaearct. Faunengeb.*, 1: 354. Type species: *Phasiane boarmiata* Graeser, 1892. (Russia: Amurlandes, Raddefka)

属征： 雄性与雌性触角均为线形。额平滑。下唇须端部伸出额外。前翅顶角凸出，略呈钩状，外缘中部略凸出；后翅外缘微波曲。雄性前翅基部不具泡窝。前翅 Sc 和 R_1 常在中部具 1 段或 1 点合并；R_{2-5} 由中室上角发出。前翅亚缘线在 M_1 至 M_3 之间常具黑斑。前翅外线外侧常具黑色三角形斑。后翅较前翅色浅；有时具深色端带。雄性外生殖器：抱器背基突特化为骨化棒；抱器瓣常三角形；阳端基环片状；

阳茎端膜具角状器。雌性外生殖器：后表皮突长约为前表皮突长的 1.5 倍；交配孔周围强骨化；后阴片发达；囊导管具骨环。囊体圆形或椭圆形，具 1 个囊片；囊片圆形，周围和中央具骨化刺。

分布：中国，俄罗斯，日本，印度，尼泊尔；朝鲜半岛。

(295) 小斑碴尺蛾 *Psyra falcipennis* Yazaki, 1994 （图版 20：12）

Psyra falcipennis Yazaki, 1994, *in* Haruta, *Tinea*, 14 (Suppl. 1): 32, pl. 71: 11, 14; text-figs 374, 380. (Nepal: Mt. Phulchouki)

前翅长：雄性 23 ~ 26 mm，雌性 22 ~ 30 mm。翅面灰黄色，夹杂灰色斑点。前翅内线灰色，小波浪状，近似弧形；中点灰色，圆形，有时中间具白色点；外线为灰黄色双线，在翅脉上具黑色小点，外线外侧在 M_1 与 M_2 之间、CuA_1 与 2A 之间各具 2 个黑色的三角形小斑块；缘线由脉间黑灰色小点组成；缘毛同翅色。后翅中点不明显；外线为灰色双线，内侧一条较直，外侧一条锯齿形；缘线、缘毛同前翅的。但较模糊。雄性外生殖器（图版 44：2）：钩形突端部圆；抱器背基突细长，端部圆，具刚毛；抱器瓣背缘中部具 1 个小三角形突起；抱器瓣端部平截；阳茎鞘具 1 条骨化带，其上具 2 个小刺突；角状器细长刺状。

采集记录：武夷山（三港、大竹岚）。

分布：福建、陕西、甘肃、浙江、湖北、湖南、广西、四川、云南；尼泊尔。

153. 免尺蛾属 *Hyperythra* Guenée, 1858

Hyperythra Guenée, 1858, *in* Boisduval & Guenée, *Hist. nat. Insectes* (Spec. gén. Lépid.), 9: 99. Type species: *Hyperythra limbolaria* Guenée, 1858. (Indes Orientales; Sri Lanka; India; Bengal)

Pseuderythra Swinhoe, 1894a, *Trans. ent. Soc. Lond.*, 1894: 204. Type species: *Hyperythra phoenix* Swinhoe, 1891. (India)

Tycoonia Warren, 1894a, *Novit. zool.*, 1: 439. Type species: *Tycoonia obliqua* Warren, 1894. (Japan)

Callipona Turner, 1904, *Trans. R. Soc. S. Aust.*, 28: 236. Type species: *Callipona metabolis* Turner, 1904. (Australia)

属征：雄性触角双栉形，雌性触角线形。额略凸出。下唇须第 3 节伸出额外。前后翅外缘锯齿状。雄性前翅基部有时具泡窝。前翅 R_1 自由，R_2 与 R_{3+4}共柄。雄性外生殖器：钩形突细长；颚形突中突退化；抱器背基部和抱器腹端部具突起；囊形突较长，端部圆；阳茎粗壮；阳茎端膜具角状器，常为 1 簇刺。雌性外生殖器：囊导管短；囊片形状多样。

分布：中国，伊朗，日本，印度，印度尼西亚，巴布亚新几内亚，澳大利亚。

(296) 红双线免尺蛾 *Hyperythra obliqua* (Warren, 1894)　(图版 20: 13)

Tycoonia obliqua Warren, 1894a, *Novit. zool.*, 1: 439. (Japan)

Syrrhodia obliqua: Prout, 1915, *in* Seitz, *Macrolepid. World*, 4: 320.

Hyperythra obliqua: Holloway, 1994, *Malay. Nat. J.*, 47: 99.

前翅长：雄性 20 ~ 22 mm，雌性 23 mm。雄性前翅臀褶基部附近有 1 束翘起的鳞片。翅面黄色，散布灰褐色鳞。前翅内线红褐色，细弱；中点深灰褐色，短条形；中线红褐色，平直，向内倾斜；外线深灰褐色，与中线平行；中线和外线之间区域色较浅，外线外侧大部分区域红褐色；缘毛紫红色、红褐色与深褐色掺杂。后翅斑纹与前翅的相似；雄性外线外侧在 Rs 两侧有深褐色斑块。雄性外生殖器（图版 44: 3）：钩形突极长，端部尖锐；抱器瓣宽窄均匀，具长刚毛，端部圆；抱器背平直，基部具 1 个弯曲指状突；抱器腹端部具 1 个细刺突，伸达抱器瓣中部；阳茎短粗；角状器由约 30 根短刺组成。

采集记录：武夷山（三港、挂墩）。

分布：福建、北京、河北、山东、陕西、甘肃、江苏、浙江、江西、湖南、广东、广西、四川、贵州。

154. 银线尺蛾属 *Scardamia* Guenée, 1858

Scardamia Guenée, 1858, *in* Boisduval & Guenée, *Hist. nat. Insectes* (Spec. gén. Lépid.), 9: 89. Type species: *Scardamia metallaria* Guenée, 1858. (India)

Laginia Walker, 1860, *List Specimens lepid. Insects Colln Brit. Mus.*, 20: 244. Type species: *Laginia bractearia* Walker, 1860. (Ceylon [Sri Lanka])

属征：雄性触角双栉形，雌性触角线形。额不凸出。下唇须尖端伸达额外。雄性后足胫节略膨大。雄性前翅基部不具泡窝。前翅 Sc 和 R_1 长共柄，在近端部分离，R_2 自由。前翅顶角圆，外缘浅弧形；后翅圆。翅面常橘红色或橘黄色，前后翅中点和外线常清晰。腹基部常具金属光泽的毛簇。雄性外生殖器：钩形突细长；颚形突中突为三角形；抱器瓣宽大，简单，密布刚毛，端部圆；基腹弧延长，两侧具味刷；

阳茎细长。

分布：古北界，东洋界，澳大利亚界；非洲。

(297) 橘红银线尺蛾 *Scardamia aurantiacaria* Bremer, 1864 （图版 20：14）

Scardamia aurantiacaria Bremer, 1864, *Mém. Acad. Sci. St. Pétersb.*, (7) 8 (1): 72, pl. 6, fig. 15. (Russia: East Siberia, Ussuri over the Ema)

前翅长：11 ~ 13 mm。翅面橘黄色至橘红色，不均匀，散布深褐色至黑灰色碎纹。前翅前缘灰褐色，基部有银鳞；内线银灰色，拱形，自前缘基部倾斜至翅中部，然后向外倾斜至后缘中部附近；中点小，黑褐色；外线银灰色，略向内倾斜；亚缘线灰白色，模糊带状；缘线在脉间呈银灰色，短条状；缘毛灰黄色至灰褐色。后翅无内线；其他斑纹与前翅的相似。雄性外生殖器（图版 44：4）：钩形突端部尖锐；抱器瓣端部较宽；抱器背平直；抱器腹近弧形；味刷极发达；阳茎骨化，无角状器。

采集记录：武夷山（邵武）。

分布：福建、黑龙江、山西、陕西、江苏、浙江、湖南、广东、四川、云南、西藏；俄罗斯，日本；朝鲜半岛。

155. 丸尺蛾属 *Plutodes* Guenée, 1858

Plutodes Guenée, 1858, *in* Boisduval & Guenée, *Hist. nat. Insectes* (Spec. gén. Lépid.), 10: 117. Type species: *Plutodes cyclaria* Guenée, 1858. (Borneo: Sarawak)

属征：雄性与雌性触角均为单栉形。额不凸出。下唇须粗壮，端部伸出额外。前翅外缘浅弧形；后翅外缘在 M_1 或 M_3 处略凸出，其下平直，后缘略延长，臀角明显。翅面常浅黄色或鲜黄色，具红褐色或灰色斑块。雄性外生殖器：钩形突细棒状；颚形突中突退化；抱器腹端部常形成骨化突；囊形突小；阳茎圆柱形；阳茎端膜具角状器。

分布：东洋界，澳大利亚界。

种检索表

翅面大部黄色，前后翅端半部具砖红色大斑 ································ **带丸尺蛾 *P. exquisita***

翅面大部红褐色至深褐色，前后翅端半部不具砖红色大斑 ·················· **墨丸尺蛾 *P. warreni***

(298)墨丸尺蛾 *Plutodes warreni* Prout, 1923　(图版 21: 1)

Plutodes warreni Prout, 1923, *Ann. Mag. nat. Hist.*, (9) 11: 322. (India)

前翅长：雄性 17 ~ 19 mm，雌性 18 ~ 19 mm。前翅红褐色至深褐色，前缘和外缘具黄色带，其内缘波状，并在前缘外 1/3 处和后缘近臀角处凸出大齿；内线黑色，弧形；外线黑色，模糊。后翅顶角区域黄色，其余部分红褐色至深褐色；中点白色，半月形；其余斑纹模糊。雄性外生殖器（图版 44：5）：钩形突端部尖锐；抱器瓣狭长，端部钝圆，略宽，具长刚毛；抱器背平直，骨化；抱器腹端部形成 1 个弯曲指状突，伸向抱器背；阳端基环后端圆；角状器为 1 个椭圆形刺状斑。

采集记录：武夷山（黄溪洲）。

分布：福建、陕西、甘肃、浙江、湖北、江西、湖南、广东、广西、四川、重庆、云南、西藏；印度，尼泊尔。

(299)带丸尺蛾 *Plutodes exquisita* Butler, 1880　(图版 21: 2)

Plutodes exquisita Butler, 1880, *Ann. Mag. nat. Hist.*, (5) 6: 223. (India)

前翅长：雄性 15 mm。翅面黄色。前翅基部下半部具 1 个砖红色斑块，伸达后缘，边缘黑色；翅端半部在前缘下方至后缘具砖红色大斑，边缘黑色，其中央具 1 条红褐色的锯齿状细线，1 条黑色细线紧贴大斑内侧边缘。后翅基部砖红色斑块延伸至臀角，末端具 1 个小黑斑；翅端部砖红色斑与前翅的相似，但上端伸达前缘，后端与翅基部发出的砖红色斑相连。雄性外生殖器（图版 44：6）：钩形突端部膨大，圆；抱器腹强骨化，端部形成三角形骨化突，并向抱器瓣内侧延伸，形成 1 个刺突；阳端基环片状；阳茎略弯曲，角状器为 1 列骨化刺。

采集记录：武夷山（三港）。

分布：福建、广东、广西、云南、西藏；印度，尼泊尔。

156. 叉线青尺蛾属 *Tanaoctenia* Warren, 1894

Tanaoctenia Warren, 1894a, *Novit. zool.*, 1: 464. Type species: *Geometra haliaria* Walker, 1861. (India)

属征：雄性触角双栉形，雌性触角线形。额凸出。下唇须端部伸达额外。前翅顶角尖，外缘平直；雄性后翅顶角方，外缘中部凸出；雌性后翅外缘浅弧形。雄性前翅基部不具泡窝。前翅 R_1 与 Sc 部分合并，R_2 与 R_{3-5}共柄。翅面绿色，斑纹细，近平直。雄性外生殖器：钩形突细长；颚形突中突退化；抱器瓣简单；囊形突不明显；阳茎圆柱形；阳茎端膜粗糙，常不具角状器。

分布：中国，印度，尼泊尔，越南。

(300)焦斑叉线青尺蛾 *Tanaoctenia haliaria* (Walker, 1861) (图版 21：3)

Geometra haliaria Walker, 1861, *List Specimens lepid. Insects Colln Brit. Mus.*, 22: 518. (India: Hindostan)

Geometra decoraria Walker, 1866, *List Specimens lepid. Insects Colln Brit. Mus.*, 35: 1601. (India: North Hindostan)

Metrocampa haliaria: Hampson, 1895, *Fauna Brit. India* (Moths), 3: 157, fig. 87.

Tanaoctenia haliaria: Warren, 1894a, *Novit. zool.*, 1: 464.

前翅长：雄性 19～20 mm，雌性 24 mm。翅绿色，散布白色碎纹。前翅内线白色，平直，向外倾斜；中点黑褐色，微小；外线白色，平直，向内倾斜；缘毛白色或深褐色。后翅外线白色，平直，其外侧中部具 1 个焦褐色斑；雄性缘线焦褐色至深褐色，雌性缘线较弱或消失；无中点和中线。雄性外生殖器（图版 44：7）：抱器瓣端半部渐细；抱器背具长刚毛，中部略呈拱形，端部伸出抱器瓣末缘；阳端基环近正六边形；阳茎端部一侧骨化；阳茎端膜不具角状器。

采集记录：武夷山（三港、黄坑、坳头、挂墩）。

分布：福建、湖南、台湾、海南、广西、四川、云南、西藏；印度，尼泊尔，越南。

157. 巫尺蛾属 *Agaraeus* Kuznetzov & Stekolnikov, 1982

Agaraeus Kuznetzov & Stekolnikov, 1982, *in* Stekolnikov & Kuznetzov, *Ent. Obozr.*, 61 (2): 358. Type species: *Pericallia parva* Hedemann, 1881. (Russia: Amur)

Hyperapeira Inoue, 1982c, *in* Inoue *et al.*, *Moths of Japan*, 1: 567. Type species: *Pericallia parva* Hedemann, 1881. (Russia: Amur)

属征：雄性与雌性触角均为双栉形。额凸出，额毛簇发达。下唇须端半部伸出额外。雄性后足胫节略膨大，不具毛束。前翅前缘基部隆起，中部之外微凹，外缘浅弧形；后翅外缘浅波曲，臀角下垂。雄性前翅基部不具泡窝。前翅 R_1 和 R_2 分离。

雄性外生殖器：钩形突细长；抱器瓣中部常具修饰性结构；囊形突端部圆；阳茎端膜常不具角状器。

分布：中国，俄罗斯，日本，印度。

(301) 异色巫尺蛾 *Agaraeus discolor* (Warren, 1893) (图版 21：4)

Garaeus discolor Warren, 1893, *Proc. zool. Soc. Lond.*, 1893: 400, pl. 32, fig. 19. (India: Naga Hills)

Phalaena kiushiuana Hori, 1926, *Kontyû*, 1 (2): 83. (Japan)

Garaeus parva nigrilineata Prout, 1915, *in* Seitz, *Macrolepid. World*, 4: 326. (China: Sichuan: Omei-shan)

Garaeus parva notia Wehrli, 1940, *in* Seitz, *Gross-Schmett. Erde*, 4 (Suppl.): 331, pl. 25: f. (China: mid and south)

Agaraeus discolor: Yazaki, 1992, *in* Haruta, *Tinea*, 13 (Suppl. 2): 37, pl. 11: 21.

前翅长：雄性 15 mm，雌性 19 mm。翅面灰黄色与灰白色斑掺杂，略带灰紫色调，散布黑色鳞片。前翅近顶角处具 1 处白纹；中线黑色，在 M_1 处呈尖角状凸出；中点黑色；外线在前缘至 M_1 之间黑色，与中线平行，在 M_3 之后模糊；外线外侧在前缘处具 1 个小白斑；无亚缘线；缘线和缘毛深褐色。后翅中线灰褐色，近平直；外线在翅脉上呈黑点状，在后缘处形成 1 个黑斑；缘线和缘毛深褐色。雄性外生殖器（图版 44：8）：钩形突末端圆；颚形突中突为 1 个短刺突；抱器瓣端部钝圆；腹缘中部凸出；抱器瓣基部具 2 个长指状骨化突，内侧的较短，端部较圆；阳端基环短，后缘波曲；阳茎端部渐细，骨化强；阳茎端膜不具角状器。

采集记录：武夷山（三港）。

分布：福建、黑龙江、北京、湖北、湖南、台湾、广东、四川、云南；日本，印度。

158. 妖尺蛾属 *Apeira* Gistl, 1848

Apeira Gistl, 1848, *Naturg. Thierreichs*: xi. Type species: *Phalaena syringaria* Linnaeus, 1758. (Europe?) [Replacement name for *Pericallia Stephens*, 1828.]

Pericallia Stephens, 1828, *in* Kirby & Spence, *Introd. Ent.*, (Edn 5) 3: 151. Type species: *Phalaena syringaria* Linnaeus, 1758. (Europe?) [Junior homonym of *Pericallia* Hübner, 1820 (Lepidoptera: Arctiidae).]

属征：雄性触角双栉形；雌性触角锯齿形，有时双栉形。额凸出，具额毛簇；下唇须第 3 节细长，伸出额外。各足腿节多毛。前翅外缘波曲，顶角和 M_3 处凸出；后翅外缘锯齿形；前后翅外缘有时不波曲，仅中部凸出成折角状。雄性前翅基部不具泡窝。前翅中室狭长，可达翅长的 2/3；R_1 和 R_2 分离，R_{3-5} 出自中室，不与 M_1 共柄。雄性外生殖器：钩形突细长；颚形突中突近三角形，骨化强；抱器瓣简单；抱器背和抱器瓣腹缘近平直；基腹弧延长，两侧具味刷；阳茎端膜不具角状器。

分布：古北界，东洋界。

(302) 南方波缘妖尺蛾 *Apeira crenularia meridionalis* (Wehrli, 1940) （图版 21：5）

Phalaena crenularia var. *meridionalis* Wehrli, 1940, *in* Seitz, *Gross-Schmett. Erde*, 4 (Suppl.): 329, pl. 25: e. (China: Zhejiang: Tien-Mu-Shan)

Apeira crenularia meridionalis: Xue, 1992, *in* Liu, *Icon. Forest Insects Hunan China*: 888, fig. 2941.

前翅长：17～18 mm。翅面褐色，斑纹深褐色至黑灰色。前翅内线浅弧形；中线带状，穿过中点；外线锯齿状；中线与外线间颜色略深，隐见翅反面的外线，呈黑灰色；前缘在外线处至外缘 CuA_1 下方具 1 条深褐色宽带，其上半段与外线重合；浅色锯齿状亚缘线仅在前翅前缘附近清楚，其内侧有深色斑；缘毛黄褐色与深褐色掺杂。后翅斑纹与前翅的相似。雄性外生殖器（图版 44：9）：钩形突端部钝圆；颚形突中突端部尖锐；抱器瓣宽窄均匀，端部圆，具长刚毛；阳端基环短，后端渐细；阳茎端部渐细，形成 1 个弯曲尖突。

采集记录：武夷山（三港、崇安星村七里桥、挂墩）。

分布：福建、浙江、湖南。

159. 魑尺蛾 *Prionodonta* Warren, 1893

Prionodonta Warren, 1893, *Proc. zool. Soc. Lond.*, 1893: 401. Type species: *Prionodonta amethystina* Warren, 1893. (India: Darjeeling)

属征：雄性触角为极短的双栉形，雌性触角线形。额略凸出。下唇须第 3 节伸出额外。翅狭长，外缘锯齿状，雌性较雄性锯齿深；前翅顶角略凸；后翅顶角凹。雄性前翅基部不具泡窝。前翅 R_1 和 R_2 分离。翅面紫灰色掺杂绿色。雄性外生殖器：钩形突细长；颚形突中突细，端部尖锐，具小刺；抱器瓣简单，宽窄均匀，端部圆，具长刚毛；抱器背近平直；阳端基环为 1 对细长骨化突，中部具 1 列小刺，端部渐细；基腹弧延长，两侧具味刷；阳茎端部渐细，末端尖锐；阳茎端膜不具角状器。

分布：中国，印度。

(303) 魈尺蛾 *Prionodonta amethystina* Warren, 1893　(图版 21：6)

Prionodonta amethystina Warren, 1893, *Proc. zool. Soc. Lond.*, 1893: 402, pl. 31, fig. 13. (India: Darjeeling)

前翅长：雄性 20 ~ 21 mm，雌性 24 mm。翅面散布绿色鳞片。前翅基部、中域和顶角绿色，显露不均匀白色；内线、中线、外线和亚缘线为黑色；内线与中线间、外线与亚缘线间为紫灰色；内线波状；中线“>”状，在 2A 处内凹；外线细锯齿状；亚缘线在 M_1 处向内凸出；亚缘线外侧在 M_3 下方为紫灰色；缘线在前翅 M_2 下方清楚，在翅脉间呈黑色，条状；缘毛在 M_2 上方为绿色，在 M_2 下方为黑色。后翅斑纹与前翅相似。雄性外生殖器（图版 44：10）：同属征描述。

采集记录：武夷山（桐木、三港、大竹岚、黄溪洲）。

分布：福建、浙江、湖南、广西、四川；印度。

160. 腹尺蛾属 *Ocoelophora* Warren, 1895

Ocoelophora Warren, 1895, *Novit. zool.*, 2: 150. Type species: *Endropia basipuncta* Moore, 1868. (India)

属征：雄性与雌性触角均为线形。额不凸出。下唇须粗壮，端部伸达额外。前后翅外缘均锯齿状。雄性与雌性前翅基部均具泡窝。前翅 R_1 常与 R_2 部分合并，有时与 Sc 部分合并，R_2 与 R_{3-5} 共柄。雄性外生殖器：钩形突细长；抱器瓣简单，密被长刚毛；基腹弧有时延长，两侧具味刷；囊形突短宽，中部凹；阳茎短粗；阳茎端膜有时具角状器。

分布：中国，日本，印度，缅甸，不丹；朝鲜半岛。

种检索表

翅面黄色 ·· **粉红腹尺蛾 *O. crenularia***

翅面褐色 ··· **台湾腹尺蛾 *O. lentiginosaria festa***

(304) 粉红腹尺蛾 *Ocoelophora crenularia* (Leech, 1897)　(图版 21: 7)

Selenia? crenularia Leech, 1897, *Ann. Mag. nat. Hist.*, (6) 19: 206. (China: Sichuan)

Auaxa ouvrardi Oberthür, 1912, *Études Lépid. comp.*, 6: 275, pl. 155, figs 1500, 1501. (China: Siao-lou)

Leptomiza crenularia: Prout, 1915, *in* Seitz, *Macrolepid. World*, 4: 328, pl. 16: c.

Ocoelophora crenularia: Parsons *et al.*, 1999, *in* Scoble, *Geometrid Moths of the World, a Catalogue*, 2: 653.

前翅长：雄性 19 ~ 23 mm，雌性 21 ~ 24 mm。翅面黄色。前翅内线、中线和外线在前缘各留下 1 个小褐斑；前缘基半部粉红色，其下方散布团块状橄榄绿色斑；中线处有 2 ~ 3 块橄榄绿色斑点；中点绿褐色，极微小；外线暗绿色，纤细，外侧除顶角附近外大部粉红色；缘毛深褐色与黄色掺杂。后翅基半部散布暗绿色点；外线及其外侧斑纹与前翅的相似。雄性外生殖器（图版 44：11）：钩形突细长；颚形突中突小三角形，骨化强；抱器瓣端部略窄，钝圆；抱器背平直，具长刚毛；阳端基环为 1 对细长突起，伸达颚形突中突，端部尖锐；基腹弧延长，两侧具味刷；阳茎端部尖锐；阳茎端膜粗糙，不具角状器。

采集记录：武夷山（三港）。

分布：福建、陕西、甘肃、湖南、四川、云南。

(305) 台湾腹尺蛾 *Ocoelophora lentiginosaria festa* (Bastelberger, 1911)　(图版 21: 8)

Leptomiza lentiginosaria festa Bastelberger, 1911c, *Int. ent. Z.*, 4 (46): 249. (China: Formosa [Taiwan]: Arizan)

Ocoelophora lentiginosaria festa: Wehrli, 1940, *in* Seitz, *Gross-Schmett. Erde*, 4 (Suppl.): 337.

前翅长：14 ~ 16 mm。翅面褐色，斑纹黑褐色。前翅内线模糊，常在脉上呈点状分布；中点极微小；中线仅在近后缘处清楚，与后缘垂直；外线弧形，接近外缘，在脉上呈点状，在 M_2 和臀褶上的常扩展为大斑；缘线在前缘至 M_3 和近后缘处清楚；缘毛深褐色掺杂黑褐色。后翅外线锯齿状，模糊，在脉上呈点状；缘线细弱；中点和缘毛与前翅的相似。

采集记录：武夷山（挂墩）。

分布：福建、浙江、台湾、广东。

161. 芽尺蛾属 *Scionomia* Warren, 1901

Scionomia Warren, 1901, *Novit. zool.*, 8: 35. Type species: *Cidaria mendica* Butler, 1879. (Japan: Yokohama)

Xandramella Matsumura, 1911, *J. Coll. Agric. Tohoku Imp. Univ.*, 4: 54. Type species: *Xandramella marginata* Matsumura, 1911. (Russia: Sachalin, Nowoalexandloskoe)

属征：雄性与雌性触角均为线形。额不凸出。下唇须短小，尖端伸达额外。雄性腹部细长。雄性前后翅狭长；雄性与雌性前翅顶角不凸出，前后翅外缘浅弧形。雄性前翅基部具泡窝。前翅 R_1 自由，R_2 至 R_5 长共柄，仅在末端分为二叉。雄性外生殖器：钩形突细长；颚形突中突发达，近圆形；抱器瓣端部渐宽；抱器背骨化，平直；抱器瓣腹缘具长刚毛；囊形突半圆形；阳茎端膜常具 1 个长刺状角状器。

分布：中国，俄罗斯，日本，印度，尼泊尔。

(306) 长突芽尺蛾 *Scionomia anomala* (Butler, 1881)　(图版 21: 9)

Cidaria? anomala Butler, 1881, *Trans. ent. Soc. Lond.*, 1881 (3): 425. (Japan: Tokyo)

Xandramella marginata Matsumura, 1911, *J. Coll. Agric. Tohoku Imp. Univ.*, 4: 54. (Russia: Sachalin, Nowoalexandloskoe)

Scionomia anomala: Prout, 1915, *in* Seitz, *Macrolepid. World*, 4: 338, pl. 17: g.

Scionomia anomala nasuta Prout, 1915, *in* Seitz, *Macrolepid. World*, 4: 338. (China: Sichuan: Pu-tsu-fang)

前翅长：雄性 20 mm。前翅翅面黑褐色；内线灰黄色，波曲，细弱；中点黑色短条状；外线白色，前缘处略带黄色，细带状，在 M_2 和 CuA_2 之间向外呈圆形凸出；亚缘线白色，不规则波曲，近外缘，其外侧散布不均匀白色；缘线黑色；缘毛黑褐色与黄白色相间。后翅颜色较前翅浅；中点模糊；外线和亚缘线白色，后半部分较清楚；缘线和缘毛与前翅相似。

采集记录：武夷山（挂墩）。

分布：福建、浙江、湖北、江西、湖南、四川；俄罗斯，日本。

162. 西尺蛾属 *Ectephrina* Wehrli, 1937

Ectephrina Wehrli, 1937b, *Amat. Papillons.*, 8: 246. Type species: *Eubolia semilutata* Lederer,

1853. (Russia: Siberia)

属征：雄性与雌性触角均为线形，雄性具纤毛。额不凸出。下唇须细，约 1/3 伸出额外。前后翅外缘近弧形。雄性前翅基部不具泡窝。前翅 R_1 和 R_2 分离，R_1 与 Sc 之间具 1 个短柄相连。翅面枯黄色至褐色，前翅外线与中线近平行，亚缘线内侧在 M_3 处具 1 个明显的深色斑。

分布：中国，俄罗斯，日本；朝鲜半岛，中亚地区。

(307) 东亚半酉尺蛾 *Ectephrina semilutata pruinosaria* Bremer, 1864 （图版 21: 10）

Numeria pruinosaria Bremer, 1864, *Mém. Acad. Sci. St. Pétersb.*, (7) 8 (1): 82, pl. 7, fig. 10. (Russia: East Siberia, lower Ussuri)

Chaerodes dictynna Butler, 1878b, *Illust. typical Specimens Lepid. Heterocera Colln Brit. Mus.*, 2: ix, 45, pl. 35, fig. 7. (Japan: Yokohama)

Synegia? fentoni Butler, 1881, *Trans. ent. Soc. Lond.*, 1881 (3): 412. (Japan: Tokyo)

Tephrina semilutata pruinosaria: Prout, 1915, *in* Seitz, *Macrolepid. World*, 4: 406, pl. 23: l.

Ectephrina semilutea pruinosaria: Inoue, 1977, *Bull. Fac. domestic Sci., Otsuma Woman's Univ.*, 13: 290.

Ectephrina semilutata pruinosaria: Parsons *et al.*, 1999, *in* Scoble, *Geometrid Moths of the World, a Catalogue*, 2: 258.

前翅长：16 ~ 17 mm。翅面枯黄色至褐色，线纹深褐色。前翅内线弧形；中点小而清晰；中线前半部平直，后半部分向内倾斜；外线微波曲，与中线近平行；亚缘线仅前半部清楚，内侧在 M_3 处具 1 个明显的深色斑；缘线极细弱；缘毛灰黄褐色。后翅中线平直，常模糊；外线微波曲；亚缘线模糊；缘线和缘毛与前翅的相似。

采集记录：武夷山（挂墩）。

分布：福建、湖南、山东；俄罗斯，日本；朝鲜半岛。

163. 堂尺蛾属 *Seleniopsis* Warren, 1894

Seleniopsis Warren, 1894a, *Novit. zool.*, 1: 462. Type species: *Endropia evanescens* Butler, 1881. (Japan)

属征：雄性与雌性触角均为线形。额略凸出，额毛簇发达。下唇须极长，端半部伸出额外。前翅外缘波曲，中部凸出；后翅外缘微波曲，在近臀角处向内凹入。

雄性前翅基部具泡窝。前翅 R_1 和 R_2 长共柄，在近端部分离，R_1 与 Sc 具短柄相连，R_2 与 R_{3+4} 具短柄相连。前翅前缘具 2 个白斑。雄性外生殖器：钩形突短粗；颚形突中突骨化，末缘具小刺；抱器瓣简单，抱器背常不平直；囊形突小，端部圆；阳端基环腹面具 1 个骨化突；阳茎端膜常具细刺状角状器。

分布：中国，日本。

(308) 褐堂尺蛾 *Seleniopsis francki* Prout, 1931 （图版 21：11）

Seleniopsis francki Prout, 1931, *Novit. zool.*, 37: 31. (China: Sichuan: Kwanhsien)

前翅长：雄性 17 mm。翅面黑褐色，斑纹黑色。前翅内线和中线模糊，带状，在前缘处外倾，在中室附近内折后平直到达后缘，内线内侧在前缘处具 1 个白斑；中点短条状；外线为波状黑色细线，沿翅脉向内凸出小尖齿，弧形弯曲，其内侧在前缘处具 1 个白斑，外侧在翅脉上有小白点；外线至外缘具银灰色鳞片；缘毛深褐色，在脉端呈黑色。后翅中点较前翅模糊；外线波曲，近前缘处模糊，其外侧在近后缘处具银灰色鳞片；亚缘线仅在后缘处清楚，黑色；缘毛较前翅的颜色浅。雄性外生殖器（图版 44：12）：钩形突刺状；颚形突中突短，末端圆；抱器瓣端部窄；抱器背中部略凸出；阳端基环后端略宽，腹面具 1 条扭曲的骨化条，长度约为阳端基环长的 4/5，其端部具 1 束短刺；阳茎端部渐细，弱骨化；角状器为 1 列刺。

采集记录：武夷山（三港、挂墩）。

分布：福建、四川。

164. 边尺蛾属 *Leptomiza* Warren, 1893

Leptomiza Warren, 1893, *Proc. zool. Soc. Lond.*, 1893: 406. Type species: *Hyperythra calcearia* Walker, 1860. (No type locality is given.)

Pristopera Swinhoe, 1900b, *Ann. Mag. nat. Hist.*, (7) 6: 309. Type species: *Pristopera hepaticata* Swinhoe, 1900. (China: Central)

属征：雄性触角双栉形或线形，雌性触角线形。额不凸出。下唇须仅尖端伸达额外。前后翅外缘不规则波曲或锯齿状；后翅外缘中部有时凸出。雄性前翅基部不具泡窝。前翅 R_1 和 R_2 分离。雄性外生殖器：钩形突长棒状；颚形突中突三角形，端部尖锐，骨化强；抱器瓣简单，端部圆；抱器背平直，骨化强；囊形突小；阳端基环两侧具 1 对骨化突；基腹弧延长，两侧具味刷；阳茎短；阳茎端膜具角状器。

分布： 中国，俄罗斯，印度。

种检索表

后翅外缘中部凸出1个尖角 ……………………………………………………… **紫边尺蛾 *L. calcearia***
后翅外缘中部不凸出 ……………………………………………………………… **双线边尺蛾 *L. bilinearia***

(309) 紫边尺蛾 *Leptomiza calcearia* (Walker, 1860) (图版21：12)

Hyperythra calcearia Walker, 1860, *List Spec. lepid. Insects Colln Br. Mus.*, 20: 132. (India)

Leptomiza calcearia: Wehrli, 1940, *in* Seitz, *Gross-Schmett. Erde*, 4 (Suppl.): 335, pl. 26: a.

前翅长：雄性17 mm，雌性19 mm。雄性触角线形，具纤毛；雌性触角线形。前翅顶角、M_1和M_3端部各凸出1个尖角，M_1和M_3之间深凹；后翅中部凸出1个尖角。前翅顶角至外缘中部有3个凸齿；后翅外缘中部凸出1个尖角。翅面紫红色，常带灰黄色，有深灰色碎纹。前翅内线和中线模糊；中点黄色，大而圆；外线银白色，锯齿形，十分纤细；外线内侧具1条宽阔的黄带，黄带内缘不清，外缘向内倾斜，与外线平行；外线外侧在中部及臀角内侧各有1个紫褐色点；缘毛紫红色，基半部掺杂黄色，端半部掺杂白色。后翅中点不可见；其余斑纹与前翅的相似。

采集记录： 武夷山（三港、挂墩）。

分布： 福建、陕西、甘肃、湖北、湖南、广东、海南、广西、四川、云南；印度。

(310) 双线边尺蛾 *Leptomiza bilinearia* (Leech, 1897) (图版21：13)

Selenia? bilinearia Leech, 1897, *Ann. Mag. nat. Hist.*, (6) 19: 206. (China: Sichuan: Pu-tsu-fong, Moupin)

Leptomiza bilinearia: Prout, 1915, *in* Seitz, *Macrolepid. World*, 4: 328, pl. 16: c.

前翅长：雄性14 mm。雄性触角双栉形，雌性触角线形。前后翅外缘波曲。翅面枯黄色，密布浅褐色碎纹。前翅内线模糊；中线浅褐色，在中室处向外呈尖角状凸出，之后平直并向内倾斜；外线浅褐色，近平直，向内倾斜至后缘中部附近；缘毛褐色掺杂灰黄色。后翅仅外线清楚，与前翅相似，其外侧的白色细线较前翅的清楚。

采集记录： 武夷山（三港）。

分布：福建、陕西、甘肃、浙江、湖北。

165. 白尖尺蛾属 *Pseudomiza* Butler, 1889

Pseudomiza Butler, 1889, *Illust. typical Specimens Lepid. Heterocera Colln Brit. Mus.*, 7: 20, 100. Type species: *Cimicodes castanearia* Moore, 1868. (India: Darjeeling)

Heteromiza Warren, 1893, *Proc. zool. Soc. Lond.*, 1893: 405. Type species: *Cimicodes castanearia* Moore, 1868. (India: Darjeeling)

属征：雄性触角线形，具纤毛簇，有时为双栉形；雌性触角线形。额不凸出。下唇须仅尖端伸达额外。前翅顶角略凸出，外缘直；后翅外缘浅弧形或近平直。雄性前翅基部有时具泡窝。前翅 R_1 与 R_2 分离，R_2 与 R_{3+4}具 1 个短柄相连。雄性外生殖器：钩形突细长；颚形突中突端部常尖锐；抱器瓣简单，密被刚毛；阳端基环两侧具 1 对弯曲不对称的骨化突；基腹弧延长，两侧具味刷；囊形突短小；阳茎圆柱形，背面骨化强；阳茎端膜具角状器。

分布：中国，日本，印度，缅甸，尼泊尔，泰国，印度尼西亚。

种检索表

前翅顶角内侧具白斑……………………………………………… **紫白尖尺蛾 *P. obliquaria***
前翅顶角内侧不具白斑 …………………………………………… **束白尖尺蛾 *P. argentilinea***

(311) 紫白尖尺蛾 *Pseudomiza obliquaria* (Leech, 1897)　(图版 21：14)

Auzea obliquaria Leech, 1897, *Ann. Mag. nat. Hist.*, (6) 19: 182. (China: Sichuan: Chow-pin-sa, Omei-shan)

Pseudomiza obliquaria: Prout, 1915, *in* Seitz, *Macrolepid. World*, 4: 328, pl. 19: k.

前翅长：雄性 18～20 mm，雌性 20～22 mm。前后翅外缘浅弧形。翅紫褐色，散布黑灰色短条形碎纹。前翅中线黑褐色，纤细，在中室呈尖角状凸出，之后向内倾斜；外线黑褐色，粗壮，外线上半段“ > ”形，折角之后向内倾斜至后缘中部附近，其外侧具深灰色边；顶角处白斑下缘黑灰色，斑上有黑灰色碎纹；无亚缘线、缘线和中点；缘毛深褐色。后翅外线黑褐色，粗壮，平直；亚缘线深灰色，模糊；缘毛深褐色。雄性外生殖器（图版 45：1）：钩形突末端略尖；颚形突中突钩状，骨化强；抱器瓣简单，中部宽，端部窄且圆；抱器背骨化，平直；阳端基环骨化突不对称，端部均具短刚毛，左侧的较右侧的细长；阳茎细长；角状器由数根短刺和小齿组成。

采集记录：武夷山（三港）。

分布：福建、陕西、甘肃、浙江、湖北、江西、湖南、台湾、海南、广西、四川、云南、西藏；尼泊尔。

(312) 束白尖尺蛾 *Pseudomiza argentilinea* (Moore, 1868) (图版 21：15)

Drepanodes argentilinea Moore, 1868, *Proc. zool. Soc. Lond.*, 1867 (3): 617. (India: Bengal)

Pseudomiza argentilinea: Prout, 1923b, *Ann. Mag. nat. Hist.*, (9) 11: 320.

前翅长：20~21 mm。前翅外缘直；后翅外缘微呈浅弧形。翅面黄绿色，散布少量灰紫色碎纹。前翅内线为灰紫色宽带，向内倾斜；中线暗灰紫色，前半部分波曲，后半部分平直；中点黑色微小；外线为双线，平直，由前翅顶角伸至后翅后缘中后方，内侧的黑褐色，外侧的灰紫色，较宽；翅端部具灰紫色带；缘毛灰黄色。后翅基半部具黑色条纹；外线与前翅连续；无中点和中线；缘毛黄色。

采集记录：武夷山（大竹岚、挂墩）。

分布：福建、湖南、广西、四川、贵州、云南、西藏；印度。

166. 拟尖尺蛾属 *Mimomiza* Warren, 1894

Mimomiza Warren, 1894a, *Novit. zool.*, 1: 444. Type species: *Cimicodes cruentaria* Moore, 1868. (India: Bengal)

属征：雄性触角双栉形，雌性触角线形。额不凸出，具发达的额毛簇。下唇须尖端伸达额外。前翅顶角略凸出，外缘微呈浅弧形；后翅外缘平滑。雄性前翅基部不具泡窝。前翅 R_1 和 R_2 分离，R_2 与 R_{3+4} 具 1 个短柄相连。前翅外线与前缘夹角具白色斑块。雄性外生殖器：钩形突延长；颚形突中突小；抱器瓣简单，宽大，具长刚毛；阳端基环常为 1 对骨化长突；基腹弧延长，两侧具味刷；阳茎细长；阳茎端膜不具角状器。

分布：中国，印度。

(313) 白拟尖尺蛾 *Mimomiza cruentaria* (Moore, 1868) (图版 21：16)

Cimicodes cruentaria Moore, 1868, *Proc. zool. Soc. Lond.*, 1867 (3): 616. (India: Bengal)

Mimomiza cruentaria: Warren, 1894a, *Novit. zool.*, 1: 444.

Heteromiza cruentaria: Hampson, 1895, *Fauna Brit. India* (Moths), 3: 237.

Pseudomiza (Mimomiza) cruentaria: Prout, 1915, *in* Seitz, *Macrolepid. World*, 4: 328, pl. 16: c.

前翅长：雄性 19～21 mm，雌性 24 mm。前翅顶角尖；前后翅外缘略呈浅弧形，弧度很小。翅面黄色，散布橘黄色和深褐色小点。前翅基部至中线散布不均匀橘黄色；中线在 M_1 之前黑点状，在 M_2 处向外呈尖角状凸出，在 M_2 之后为暗绿色点状；中点黑点状；外线暗绿色，平直，由顶角伸至后缘中部，并逐渐加粗；外线与前缘夹角处有 3 个椭圆形斑，斑内白色，边缘黑色；外线外侧除顶角下方区域外，大部分橘黄色；缘毛黄色掺杂橘黄色，在 M_3、CuA_1、CuA_2 和 2A 脉末端黑色。后翅基部具 1 个暗红色圆点；外线暗绿色，粗壮，平直；亚缘线呈黑点状；外线至外缘大部分橘黄色，近外缘 M_1 和 M_3 之间黄色。雄性外生殖器（图版 45：2）：钩形突顶端膨大，桃心状；颚形突中突钩状；抱器瓣背缘具长刚毛；阳茎基环侧突对称，直，长刺状；阳茎后端弱骨化。

采集记录：武夷山（三港、大竹岚、挂墩）。

分布：福建、陕西、甘肃、青海、湖北、湖南、广西、四川、云南、西藏；印度。

167. 普尺蛾属 *Dissoplaga* Warren, 1894

Dissoplaga Warren, 1894a, *Novit. zool.*, 1: 442. Type species: *Cimicodes sanguiflua* Moore, 1888. (India: Cherrapunji)

属征：雄性与雌性触角均为线形。额略凸出。下唇须尖端伸出额外。前翅顶角凸出，两翅外缘弧形。雄性前翅基部不具泡窝。前翅 R_1 与 R_2 长共柄，在近端部分离。翅面粉红色，前翅外线绿褐色，由顶角伸达后缘中部。雄性外生殖器：钩形突粗壮锥状，端部渐细且尖锐；颚形突中突发达，骨化强，端部尖锐；抱器瓣简单，密被长刚毛，端部圆；抱器背平直；抱器瓣腹缘中部向外形成 1 个尖突；囊形突细小，端部略尖；阳端基环后端略宽，骨化弱；基腹弧延长，两侧具味刷；阳茎短粗；阳茎端膜常不具角状器。

分布：中国，印度。

(314) 粉红普尺蛾 *Dissoplag flava* (Moore, 1888)　(图版 21：17)

Cimicodes flava Moore, 1888a, *in* Hewitson & Moore, *Descr. new Indian lepid. Insects Colln late*

Mr W. S. Atkinson, 3: 233, pl. 8, fig. 5. (India: Cherrapunji)

Cimicodes sanguiflua Moore, 1888a, *in* Hewitson & Moore, *Descr. new Indian lepid. Insects Colln late Mr W. S. Atkinson*, 3: 233, pl. 8, fig. 4. (India: Cherrapunji)

Pseudomiza (Dissoplag) flava: Prout, 1915, *in* Seitz, *Macrolepid. World*, 4: 328.

Dissoplag flava: Parsons *et al.*, 1999, *in* Scoble, *Geometrid Moths of the World, a Catalogue*, 1: 236.

前翅长：雄性 17 ~ 19 mm，雌性 21 ~ 23 mm。前翅顶角尖，凸出，外缘浅弧形；后翅外缘略呈浅弧形，弧度较前翅的小。翅面粉红色。前翅中线模糊，在中室中部向外形成 1 个折角；中线与外线间黄色；外线绿褐色，由顶角伸达后缘中部，在前翅顶角下有时扩展成 1 个暗绿色斑；外线与前缘夹角处略带白色；前翅顶角下方黄色；无亚缘线和缘线；缘毛黄色。后翅无中线；外线绿褐色，近平直，内侧具黄色带；缘毛黄绿色。雄性外生殖器（图版 45：3）：见属征。

采集记录：武夷山。

分布：福建、甘肃、安徽、浙江、湖北、江西、湖南、台湾、广东、海南、广西、四川、云南；印度。

168. 都尺蛾属 *Polyscia* Warren, 1896

Polyscia Warren, 1896a, *Novit. zool.*, 3: 147. Type species: *Polyscia ochrilinea* Warren, 1896. (India: Khasi Hills)

属征：雄性与雌性触角均为线形。额略凸出。下唇须第 3 节小而尖。前翅顶角尖，凸出，外缘平直；后翅外缘浅弧形。前翅 R_1 自由，R_2 与 R_{3-5} 共柄。翅面浅褐色或浅黄色。前翅外线由前翅顶角向内倾斜至后缘中部附近。雄性外生殖器：钩形突基部细，端部膨大；抱器瓣密被长刚毛；阳端基环具 1 对不对称的突起，左侧的较退化，右侧的较长，骨化，端部具 1 根刺。

分布：中国，印度，缅甸，马来西亚。

(315) 奥都尺蛾 *Polyscia ochrilinea* Warren, 1896 （图版 21：18）

Polyscia ochrilinea Warren, 1896a, *Novit. zool.*, 3: 148. (India: Khasi Hills)

前翅长：雄性 20 mm。翅面黄褐色，密布黑褐色小点。前翅内线模糊，向内倾斜；中点黑色，微小；外线褐色，平直，由顶角伸达后缘中部附近；无缘线；缘毛颜色与翅面颜色相同。后翅无中点；外线在 Rs 下方清楚，褐色，平直；无缘线；缘毛颜色与翅面颜色相同。

采集记录： 武夷山（挂墩）。

分布： 福建、广东；印度，缅甸。

169. 木尺蛾属 *Xyloscia* Warren, 1894

Xyloscia Warren, 1894a, *Novit. zool.*, 1: 462. Type species: *Hemerophila subspersata* Felder & Rogenhofer, 1875. (Japan)

属征： 雄性与雌性触角均为双栉形，雌性触角栉齿较短。额不凸出。下唇须端半部伸出额外。前翅狭长，顶角近直角，外缘中部凸出成角状；后翅近三角形，顶角微凹，外缘在 Rs 处凸出，外缘中部具 1 个小凸角。雄性前翅基部不具泡窝。前翅 R_1 和 R_2 分离。雄性外生殖器：钩形突细长；颚形突中突小；抱器瓣简单，密被长刚毛；阳端基环两侧具 1 对对称的细长勺形骨化突，其内缘密布小刺；基腹弧略延长，两侧具味刷；阳茎端部骨化强，渐细；阳茎端膜具短刺状角状器。

分布： 中国，日本。

(316) 双角木尺蛾 *Xyloscia biangularia* Leech, 1897 （图版 21：19）

Xyloscia biangularia Leech, 1897, *Ann. Mag. nat. Hist.*, (6) 19: 210, pl. 6, fig. 5. (China: Hubei: Chang-yang)

前翅长：雄性 20~22 mm。翅面淡黄色至黄褐色，散布黑褐色碎纹，前翅前缘端半部和后翅基半部颜色较浅。前翅内线灰褐色，锯齿状，在 M_1 和 M_3 之间凸出；中点黑色；外线为双线，内侧的褐色，外侧的深灰色，由顶角下方斜行至后缘外 1/3 处，2 条线间颜色较深；亚缘线深灰色，常间断，与外缘平行，缘毛黄褐色掺杂深褐色。后翅中点和外线与前翅的相似，但外线近平直；亚缘线较前翅连续。雄性外生殖器（图版 45：4）：颚形突中突骨化强，端部尖锐；抱器瓣宽窄均匀，端部圆；抱器背和抱器瓣腹缘平直；阳端基环短，骨化弱，两侧突起端半部膨大，末端圆；角状器由 6 根短刺组成。

采集记录： 武夷山（三港、挂墩）。

分布： 福建、湖北、湖南。

170. 俭尺蛾属 *Trotocraspeda* Warren, 1899

Trotocraspeda Warren, 1899a, *Novit. zool.*, 6: 66. Type species: *Agathia divaricata* Moore, 1888. (India: Cherrapunji)

属征：雄性触角短，双栉形，雌性触角线形。下唇须短小，端部伸出额外。额不凸出。前翅顶角不凸出；外缘中部略凸出；后翅外缘波曲，中部凸出。雄性前翅基部不具泡窝。前翅 R_1 自由，R_2 与 R_{3-5} 共柄。前翅中线向外斜行至臀角内侧与外线接合成回纹状。雄性外生殖器：钩形突细长，中部略膨大，端部圆；颚形突中突骨化强，短粗，端部具小刺；抱器瓣简单，中部略宽，端部略尖；抱器背平直；抱器瓣腹缘近弧形；阳端基环为 1 对细长骨化突，伸达颚形突中突基部，其端部膨大；基腹弧延长，两侧具味刷，两侧近基部各具 2 条细长骨化突；阳茎短粗，后端骨化强；角状器指状，其上密被微刺。

分布：中国，日本，印度。

(317) 金叉俭尺蛾 *Trotocraspeda divaricata* (Moore, 1888) （图版 21：20）

Agathia? divaricata Moore, 1888a, *in* Hewitson & Moore, *Descr. new Indian lepid. Insects Colln late Mr W. S. Atkinson*, 3: 250, pl. 8, fig. 15. (India: Cherrapunji)

Agathia polishana Matsumura, 1931, 6000 *illust. Insects Japan-Empire*: 863. (Japan)

Trotocraspeda divaricata: Warren, 1899a, *Novit. zool.*, 6: 66.

前翅长：雄性 18～21 mm，雌性 19～22 mm。翅面黄色，斑纹深褐色至灰红褐色。前翅中线和外线细带状，中线外缘与外线内缘深褐色；中线向外斜行至臀角内侧与外线接合成回纹状；外线外侧有 1 束较弱的伴线；顶角下方至 M_2 处有黄褐色长斑，其外侧缘毛黄褐色；M_2 以下有笔直的黄褐色亚缘线，缘毛黄色。后翅顶角处为 1 个紫灰色至紫褐色大斑，其下方是 1 束不规则弯曲的线纹，并有 1 支伸向翅中部；外缘和缘毛在 Rs 至 M_3 处为深褐色，M_3 以下缘毛黄色。雄性外生殖器（图版 45：5）：见属征。

采集记录：武夷山（三港、大竹岚、黄溪洲、黄坑）。

分布：福建、浙江、湖北、江西、湖南、台湾、海南、广西、四川、云南；印度。

171. 惑尺蛾属 *Epholca* Fletcher, 1979

Epholca Fletcher, 1979, *in* Nye, *Generic Names Moths World*, 3: 73. Type species: *Epione arenosa* Butler, 1878. (Japan: Hakodaté) [Replacement name for *Ephoria* Meyrick, 1892.]

Ephoria Meyrick, 1892, *Trans. ent. Soc. Lond.*, 1892: 102 (key), 109. Type species: *Epione arenosa* Butler, 1878. (Japan: Hakodaté) [Junior homonym of *Ephoria* Herrich-Schäffer, 1855 (Lepidoptera: Bombycidae).]

属征：雄性触角短，双栉形，具短纤毛；雌性触角线形。额毛簇发达。下唇须尖端伸达额外，粗壮。前翅略狭长，两翅外缘浅弧形。雄性前翅基部不具泡窝。翅面常黄色，斑纹深褐色或黑褐色。前翅 R_1 自由，R_2 与 R_{3-5}共柄。雄性外生殖器：钩形突细长；颚形突中突小；抱器瓣简单，密被长刚毛；抱器背平直；基腹弧延长，两侧具味刷；阳端基环两侧具 1 对细长指状突；阳茎细；阳茎端膜常不具角状器。雌性外生殖器：后阴片发达；囊导管长；囊体椭圆形，具 1 个囊片。

分布：中国，日本；朝鲜半岛。

种检索表

前翅内线和外线之间区域在 CuA_2 和 2A 之间具 1 个近方形斑块 ……… **胡桃尺蛾 *E. arenosa***

前翅内线和外线之间区域在 CuA_2 和 2A 之间不具斑块 ……………… **橘黄惑尺蛾 *E. auratilis***

(318) 橘黄惑尺蛾 *Epholca auratilis* Prout, 1934 (图版 21：21)

Ephoria auratilis Prout, 1934b, *Novit. zool.*, 39: 126. (China: Sichuan: Kwanhsien)

Epholca auratilis: Xue, 1997, *in* Yang, *Insects of the Three Gorge Reservoir area of Yangtze river*: 1256.

前翅长：雄性 15～16 mm。翅黄色至橘黄色，斑纹黑褐色。前翅内线弧形；中点纤细，短条形；外线上半段“>”形，折角位于 M_1 处，折角上方紧邻 1 个卵圆形浅色斑；外线外侧至外缘散布不均匀黑褐色，在 M_3 以下逐渐减弱，至 CuA_2 附近消失，顶角内侧有 1 个清晰的半月形小白斑；亚缘线深波曲，在外线折角处和 M_3 至 CuA_1 附近与外线接触；缘毛深褐色至黑褐色。后翅中点较前翅小；外线浅弯曲，由上向下渐粗，向内倾斜，下端到达后缘中部；亚缘线纤细，波曲，远离外线，其外侧在顶角附近散布黑褐色；缘毛与前翅的相似。雄性外生殖器（图版 45：6）：钩形突和颚形突中突端部尖锐；抱器瓣密被刚毛，端部圆；阳端基环为 1 对细长指状突，端部圆；阳茎端部尖锐；阳茎端膜不具角状器。雌性外生殖器（图版 60：10）：后表皮突略长于前表皮突；后阴片由 3 个椭圆形骨片组成；囊导管后端具骨环，前端渐粗；囊片椭圆形，边缘具骨化弱的小齿。

采集记录：武夷山（三港）。

分布：福建、北京、陕西、甘肃、浙江、湖北、广西、四川、云南。

(319) 胡桃尺蛾 *Epholca arenosa* (Butler, 1878) （图版 21：22）

Epione arenosa Butler, 1878b, *Illust. typical Specimens Lepid. Heterocera Colln Brit. Mus.*, 2: ix, 46, pl. 35, fig. 1. (Japan: Hakodaté)

Ephoria arenosa chosenibia Bryk, 1948, *Arkiv Zool.*, 41A (1): 190. (Korea: Shuotsu)

Ephoria arenosa gaby Bryk, 1948, *Arkiv Zool.*, 41A (1): 191. (Japan: Kariuzawa)

Epholca arenosa: Fletcher, 1979, *in* Nye, *Generic Names Moths World*, 3: 73.

前翅长：19 ~ 21 mm。翅面杏黄色，雌性颜色较浅，密布深褐色碎纹，斑纹深褐色。前翅内线深弧形，在后缘延伸至翅基部；中点短条状，细弱；外线在 M 脉间向外凸出，在 M_3 之后向内弯曲；内线和外线之间区域在 CuA_2 和 2A 之间具 1 个近方形斑块；亚缘线在 M_3 与 CuA_1 之间与外线重合，在 CuA_1 之后与后缘垂直；翅端部具宽带，在臀角处缺失，常在 M_1 和 CuA_1 之间向内扩展，与外线融合；端带和外线之间在 R_5 和 M_1 之间具 1 个白斑；缘毛杏黄色掺杂深褐色。后翅外线近平直；亚缘线纤细，弧形；顶角附近具 1 个大斑，扩展至外线内侧。

采集记录：武夷山（挂墩）。

分布：福建、吉林；俄罗斯，日本；朝鲜半岛。

172. 蟠尺蛾属 *Eilicrinia* Hübner, 1823

Eilicrinia Hübner, 1823, *Verz. bekannter Schmett.*: 287. Type species: *Phalaena cordiaria* Hübner, 1790. (Austria: Vienna)

Pareilicrinia Warren, 1894a, *Novit. zool.*, 1: 462. Type species: *Noreia flava* Moore, 1888. (India: Darjeeling)

属征：雄性与雌性触角均为线形。额不凸出。下唇须短小细弱，仅尖端伸达额外。前翅顶角略凸，两翅外缘浅弧形。雄性前翅基部不具泡窝。前翅 R_1 和 R_2 完全合并。前翅顶角下方常具 1 个深色斑块。雄性外生殖器：钩形突细长刺状；颚形突中突不发达；抱器瓣简单，宽大，密被长刚毛；囊形突长，端部圆；具味刷；阳茎端膜粗糙，有时具角状器。

分布：古北界，东洋界。

(320) 黄蟠尺蛾 *Eilicrinia flava* (Moore, 1888) (图版 22: 1)

Noreia flava Moore, 1888a, *in* Hewitson & Moore, *Descr. new Indian lepid. Insects Colln late Mr W. S. Atkinson*, 3: 233, pl. 8, fig. 2. (India: Darjeeling)

Hyperythra rufofasciata Poujade, 1891, *Bull. Soc. Ent. France*, 1891: 65. (Laos)

Hyperythra rufofasciata Poujade, 1892, *Nouv. Archs Mus. Hist. nat. Paris*, (3) 3 (2): 274, pl. 11, fig. 8. (Laos)

Eilicrinia flava: Prout, 1915, *in* Seitz, *Macrolepid. World*, 4: 345, pl. 18: d.

前翅长：15 ~ 18 mm。翅面黄色。前翅内线黄褐色，细弱，向外倾斜；中点巨大，黑褐色，圆圈状，中空；外线深褐色，较近外缘，细锯齿形，近前缘处模糊；顶角下方有 1 个半月形褐斑，其外侧缘毛深灰褐色，其余缘毛黄色。后翅中点黑褐色，微小；外线深褐色，近平直，缘毛黄色。雄性外生殖器（图版 45：7）：钩形突末端具 1 个小尖突；抱器瓣密被长刚毛，端部略宽且圆；抱器背和抱器瓣腹缘均平直；横带片为 1 对卵圆形骨片；阳端基环后半部分叉；角状器为小三角形骨片。

采集记录：武夷山。

分布：福建、黑龙江、吉林、陕西、甘肃、新疆、江苏、浙江、湖北、湖南、台湾、海南、广西、四川、云南；印度。

173. 卡尺蛾属 *Entomopteryx* Guenée, 1858

Entomopteryx Guenée, 1858, *in* Boisduval & Guenée, *Hist. nat. Insectes* (Spec. gén. Lépid.), 9: 170. Type species: *Entomopteryx amputata* Guenée, 1858. (Indes Orientales?)

Erinnys Warren, 1893, *Proc. zool. Soc. Lond.*, 1893: 415. Type species: *Erinnys combusta* Warren, 1893. (India: Sikkim) [Junior homonym of *Erinnys* Agassiz, 1847 (Lepidoptera: Hesperiidae).]

Callerinnys Warren, 1894a, *Novit. zool.*, 1: 447. Type species: *Erinnys combusta* Warren, 1893. (India: Sikkim) [Unnecessary replacement name for *Erinnys* Warren, 1893.]

属征：雄性与雌性触角均为线形。额不凸出，具发达额毛簇。下唇须长，端部伸达额外。前翅顶角尖，略凸出，外缘浅弧形；后翅外缘中部略凸出。前翅 R_2 与 R_{3+4} 长共柄，R_1 有时与 R_{2-5} 短共柄，常与 Sc 合并。

分布：中国，印度，不丹，尼泊尔，缅甸，马来西亚，印度尼西亚。

(321) 斜卡尺蛾 *Entomopteryx obliquilinea* (Moore, 1888) (图版 22: 2)

Epione obliquilinea Moore, 1888a, *in* Hewitson & Moore, *Descr. new Indian lepid. Insects Colln late Mr W. S. Atkinson*, 3: 229. (India: Darjeeling)

Leptomiza straminea Warren, 1893, *Proc. zool. Soc. Lond.*, 1893: 406. (India: Sikkim; Bhutan)

Callerinnys obliquilinea: Prout, 1915, *in* Seitz, *Macrolepid. World*, 4: 345.

Callerinnys obliquilinea deflavata Prout, 1915, *in* Seitz, *Macrolepid. World*, 4: 345, pl. 18: e. (China: Hubei: Ichang)

Entomopteryx obliquilinea: Parsons *et al.*, 1999, *in* Scoble, *Geometrid Moths of the World, a Catalogue*, 1: 274.

前翅长：13～15 mm。翅面黄褐色，密布褐色小点。前翅内线褐色，细弱，在中室中部凸出 1 个尖角，之后平直；中点为红褐色圆圈；外线深褐色，由双线组成，两线之间红褐色，外侧线由顶角发出，向内倾斜至后缘中后方，内侧线由前缘外1/3处发出，向外倾斜至 M_1，然后与外侧线平行至后缘，在 M_3 处常向内呈尖角状凸出；外线外侧翅面颜色较深；亚缘线为 1 列黑褐色小点；缘毛黄褐色掺杂黑褐色。后翅无中点；外线为深褐色双线，外侧线略波曲，内侧线平直；其余斑纹与前翅的相似。

采集记录：武夷山（挂墩）。

分布：福建、甘肃、浙江、湖北、江西、湖南、广东、广西、四川、云南、西藏；印度，不丹，尼泊尔，缅甸。

174. 夹尺蛾属 *Pareclipsis* Warren, 1894

Pareclipsis Warren, 1894a, *Novit. zool.*, 1: 462. Type species: *Endropia gracilis* Butler, 1879. (Japan)

属征：雄性与雌性触角均为线形。额不凸出。下唇须约 1/3 伸出额外。翅略狭长，两翅外缘中部凸出成尖角，有时后翅凸出较弱或不凸出。前翅 R_1 自由，R_2 出自中室或与 R_{3-5}共柄，R_{3-5}长共柄，出自中室上角前方。翅面淡黄至灰黄色，斑纹简单，褐色至深褐色。雄性外生殖器：钩形突细长；颚形突中突小；抱器瓣简单，宽大，端部圆；抱器背平直，抱器腹具端突；基腹弧延长，两侧具味刷；阳茎端膜不具角状器。雌性外生殖器：肛瓣短小；前后阴片发达；囊导管中等长，前端膨大；囊体椭圆形，具 1 个边缘带小刺囊片。

分布： 东洋界，非洲界。

(322) 双波夹尺蛾 *Pareclipsis serrulata* (Wehrli, 1937) (图版 22：3)

Spilopera serrulata Wehrli, 1937a, *Ent. Z.*, 51: 118. (China: Zhejiang: Tien Mu Shan)

Pareclipsis serrulata: Stüning, 1987, *Bonner Zoologische Beitraege*, 38 (4): 356.

前翅长：雄性 15 ~ 19 mm，雌性 17 ~ 20 mm。翅略狭长，前后翅外缘在 M_3 处凸出成尖角。翅面浅黄色，散布黑色碎纹。前翅内线深灰褐色，细带状，中部呈锯齿状外凸；中点为 1 个小黑点；外线黄褐色，带状，边缘波状且颜色加深，由顶角内侧向后缘中后部斜行，上端略宽，颜色较深；外缘在 M_3 以上有 1 个狭窄的灰褐色斑，其外侧缘毛为深灰褐色，其余缘毛黄白色。后翅中点同前翅中点；外线黄褐色带状，边缘波状，在近后缘处颜色加深；缘毛为黄白色。雄性外生殖器（图版 45：8）：钩形突端部尖锐；颚形突中突端部圆，骨化弱；抱器背基部下方至抱器腹端部具 1 条弧形骨化带，其上密被短刚毛；阳茎端部渐细，具微刺。雌性外生殖器（图版 60：11）：前阴片为 2 个大卵圆形骨片，后阴片为小椭圆形骨片；囊导管后端骨化；囊片长椭圆形。

采集记录： 武夷山（三港、挂墩）。

分布： 福建、陕西、甘肃、浙江、湖北、湖南、广西、四川、云南。

175. 莹尺蛾属 *Hyalinetta* Swinhoe, 1894

Hyalinetta Swinhoe, 1894a, *Trans. ent. Soc. Lond.*, 1894: 202. Type species: *Lagyra megaspila* Moore, 1868. (India Himalayas, Massuri)

Leptesthes Warren, 1894a, *Novit. zool.*, 1: 445. Type species: *Lagyra megaspila* Moore, 1868. [A junior homonym of *Leptesthes* Meek, 1871 (Mollusca).] (India: Bengal)

属征： 雄性与雌性触角均为线形，雄性触角具纤毛。额凸出。下唇须端部伸达额外。前翅顶角下垂；两翅外缘波曲，在 M 脉处深凹。雄性前翅基部具泡窝。前翅 R_1 和 R_2 分离。翅面紫灰色，前后翅中点中央具 1 条双弓形白色细线。雄性外生殖器：钩形突近三角形；颚形突中突小；抱器背下缘具刺带；抱器腹具细长端突；囊形突宽，半圆形；阳茎短粗；阳茎端膜具角状器。

分布： 中国，印度，尼泊尔；克尔米什地区。

(323) 斑弓莹尺蛾 *Hyalinetta circumflexa* (Kollar, 1844)　(图版 22: 4)

Ennomos circumflexa Kollar, 1844, *in* Hügel, *Kaschmir und das Reich der Siek*, 4 (2): 485. (India)

Lagyra megaspila Moore, 1868, *Proc. zool. Soc. Lond.*, 1867 (3): 616. (India: Bengal)

Hyposidra (Leptesthes) megaspila: Hampson, 1895, *Fauna Brit. India* (Moths), 3: 215.

Leptesthes megaspila: Warren, 1894a, *Novit. zool.*, 1: 445.

Leptesthes circumflexa: Wehrli, 1940, *in* Seitz, *Gross-Schmett. Erde*, 4 (Suppl.): 406.

Hyalinetta circumflexa: Inoue, 1982b, *Bull. Fac. domestic Sci., Otsuma Woman's Univ.*, 18: 173, fig. 39.

前翅长：雄性 14 mm。翅面紫灰色，散布黑色小点，斑纹黑褐色。前翅内线波曲；中线和外线在中点下方相交，之后模糊；中点大而圆，其中央具 1 条双弓形白色细线，十分明显；亚缘线为 1 列黑点，远离外缘，部分缺失；缘线连续。后翅中线和外线仅在后缘处清楚；中点较前翅的模糊，但其中双弓形白色细线更清晰；亚缘线、缘线和缘毛与前翅的相似。雄性外生殖器（图版 45：9）：钩形突短，端部略圆；颚形突中突端部尖；抱器瓣端部圆；抱器背骨化，平直，其下缘中部至端部具小刺；抱器腹短，端突细长，伸达抱器瓣腹缘端部；阳茎短粗，后端尖；具 2 个角状器，1 个为细长的骨化带，其上具小刺，另 1 个为弯曲的短条状骨片。

采集记录：武夷山（三港、大竹岚、黄溪洲、挂墩）。

分布：福建、湖北、湖南、广东、海南、广西、四川、云南、西藏；印度，尼泊尔；克尔米什地区。

176. 娴尺蛾属 *Auaxa* Walker, 1860

Auaxa Walker, 1860, *List Specimens lepid. Insects Colln Brit. Mus.*, 20: 271. Type species: *Auaxa cesadaria* Walker, 1860. (China)

属征：雄性与雌性触角均为线形。额略凸出。下唇须细弱，伸出额外。前翅顶角凸出；两翅外缘微波曲。雄性前翅基部不具泡窝。前翅 R_1 与 R_2 共柄，在近端部分离。翅面黄色，前翅外线外侧除臀角区域外为橘黄色。雄性外生殖器：钩形突短粗，末端尖锐；颚形突中突小，密被小刺；抱器瓣简单，端部圆；抱器瓣腹缘有时中部凸出；囊形突末端圆；阳端基环腹侧具突起，常不对称，其末端常具小刺；阳茎端膜有时具角状器。雌性外生殖器：肛瓣卵圆形；前阴片发达；囊导管短，具骨环；囊体大，具 1 个囊片。

分布：中国，日本，印度；朝鲜半岛。

(324) 娴尺蛾 *Auaxa cesadaria* Walker, 1860 （图版 22：5）

Auaxa cesadaria Walker, 1860, *List Specimens lepid. Insects Colln Brit. Mus.*, 20: 271. (China)

前翅长：雄性 27 mm。翅面黄色，散布黄褐色碎纹。前翅中点为橘黄色圆点；外线黄褐色，由顶角内侧伸至后缘中部，在近前缘处微波曲；外线外侧除臀角区域外为橘黄色；缘毛与其内侧翅面同色，在翅脉端具小褐点。后翅无中点；外线黄褐色，近平直；缘毛在翅脉端有小褐点。雄性外生殖器（图版 45：10）：钩形突短；颚形突中突圆，密被小刺；抱器瓣短宽，腹缘中部略凸出；抱器背平直；阳端基环基部和两侧骨化，腹面左侧具 1 个粗壮的指状突，伸达抱器背基部，末端圆，端部内侧具 1 列短刺；阳茎短粗，末端具 1 个半圆形的小骨化突；角状器为 1 个圆形刺状斑。雌性外生殖器（图版 60：12）：前阴片长圆形，褶皱；囊体长，梨形；囊片长，前端圆，后端渐细，边缘具小刺。

采集记录：武夷山（三港）。

分布：福建、山西、陕西、宁夏、甘肃、浙江、江西、湖南、台湾、广西、四川、贵州、云南、西藏；日本，印度；朝鲜半岛。

177. 津尺蛾属 *Asteganía* Djakonov, 1936

Astegania Djakonov, 1936, *Trudy zool. Inst. Leningr.*, 3: 490, 512. Type species: *Stegania honesta* Prout, 1908. (China: Tientsin)

Neoribapta Wehrli, 1939, *in* Seitz, *Gross-Schmett. Erde*, 4 (Suppl.): 293, 305. (No type species is given)

Jinchihuo Yang, 1978, *Moths North China*, 2: 393. Type species: *Stegania honesta* Prout 1908. (China: Tientsin)

属征：雄性触角双栉形，雌性触角线形。额凸出。下唇须不伸达额外。前翅外缘浅弧形；后翅圆，外缘弧形。雄性前翅基部不具泡窝。前翅 R_1 和 R_2 长共柄，在近端部分离，R_1 与 Sc 具 1 点合并。雄性外生殖器：钩形突细长，端部尖锐；颚形突中突端部形成 1 对尖突，其外侧具 1 个半圆形骨环；抱器瓣圆，端半部具刚毛；抱器背骨化，短，基部向内侧形成 1 处三角形骨化区域；抱器瓣中部具 1 处纵条状骨化区域，其端部形成 1 个小突，密布微刺；具 1 对味刷；囊形突窄，端部平；阳端基环为 1 对弯曲骨刺，相互交叉；阳茎骨化，细小，略弯曲；阳茎端膜不具角状器。

分布：中国。

(325) 榆津尺蛾 *Asteganía honesta* (Prout, 1908)　(图版 22：6)

Stegania honesta Prout, 1908, *Entomologist*, 41: 79. (China: Tientsin)

Lomographa honesta: Prout, 1915, *in* Seitz, *Macrolepid. World*, 4: 316, pl. 15: f.

Jinchihuo honesta: Yang, 1978, *Moths North China*, 2: 393.

Neoribapta honesta: Wehrli, 1939, *in* Seitz, *Gross-Schmett. Erde*, 4 (Suppl.): 305.

Astegania honesta: Djakonov, 1936, *Trudy zool. Inst. Leningr.*, 3: 512.

前翅长：雄性 16 mm。前翅翅面浅褐色；内线在前缘处形成 1 个黑褐色的斑，其余部分模糊；中点模糊；外线在前缘处形成 1 个黑褐色的短条状斑，其余部分为灰褐色，外侧伴有 1 条白色细线，在 M_1 附近向外呈尖角状凸出，之后平直，略向内倾斜；缘毛灰褐色掺杂灰黄色。后翅翅面颜色较前翅的浅，斑纹模糊，仅见细弱外线，在近后缘处波曲。雄性外生殖器（图版 45：11）：见属征。

采集记录：武夷山（三港）。

分布：福建、黑龙江、内蒙古、北京、天津、河北、山西、山东、宁夏。

178. 贡尺蛾属 *Odontopera* Stephens, 1831

Odontopera Stephens, 1831, *Illust. Brit. Ent.*, 3: 162. Type species: *Phalaena bidentata* Clerck, 1759. (Sweden)

Coratia Moore, 1868, *Proc. zool. Soc. Lond.*, 1867 (3): 624. Type species: *Corotia cervinaria* Moore, 1868. (India: Darjeeling)

Niphonissa Butler, 1878a, *Ann. Mag. nat. Hist.*, (5) 1: 394. Type species: *Niphonissa arida* Butler, 1878. (Japan: Yokohama)

Caripetodes Warren, 1895, *Novit. zool.*, 2: 139. Type species: *Colotois kametaria* Felder & Rogenhofer, 1875. (Himalayas)

Cenoctenucha Warren, 1897a, *Novit. zool.*, 4: 115. Type species: *Crocallis similaria* Moore, 1888. (India: Darjeeling)

Lioptilesia Wehrli, 1936b, *Ent. Rdsch.*, 54: 129. Type species: *Gonodontis prolita* Wehrli, 1936. (China: Sichuan: Tachien-lu [Kangding]; Yunnan: Tseku)

Paragonodontis Wehrli, 1936b, *Ent. Rdsch.*, 54: 129. Type species: *Gonodontis postobscura* Wehrli, 1936. (China: Yunnan: Likiang)

属征： 雄性触角短，双栉形；雌性触角线形。额不凸出，额毛簇发达。下唇须发达，端部伸达额外。前翅顶角有时凸出，外缘波曲；后翅外缘微波曲。雄性前翅基部不具泡窝。前翅 R_1 和 R_2 分离。前后翅中点常为小圆圈状，中间色浅。雄性外生殖器：钩形突刺状；颚形突中突细长；抱器瓣狭长，端部尖；抱器背平直，常具突起；抱器腹常膨大骨化；囊形突半圆形；阳端基环发达；阳茎圆柱形；阳茎端膜具角状器。雌性外生殖器：肛瓣短小；前后阴片发达；囊导管常骨化，具纵纹；囊体圆形，具 1 个大圆形囊片，其边缘具小刺。

分布： 古北界，东洋界，非洲界。

种检索表

翅深褐色，前翅外线在前缘处形成 1 个小白斑 ………………………… **秃贡尺蛾 *O. insulata***
翅黄褐色，前翅外线在前缘处不形成白斑 ………………………………… **贡尺蛾 *O. bilinearia***

(326) 贡尺蛾 *Odontopera bilinearia* (Swinhoe, 1889)　(图版 22: 7)

Crocallis bilinearia Swinhoe, 1889, *Proc. zool. Soc. Lond.*, 1889 (4): 423. (India: Kassaoli; Kulu)

Gonodontis arida bilinearia: Prout, 1915, *in Seitz, Macrolepid. World*, 4: 331.

Gonodontis bilinearia: Wehrli, 1940, *in Seitz, Gross-Schmett. Erde*, 4 (Suppl.): 342.

Odontopera bilinearia: Xue, 1987, *in* Zhang, *Agri. Ins. Spid. Plant Dis. Weed. Xizang*, 1: 284.

前翅长：雄性 23 ~ 24 mm，雌性 26 ~ 28 mm。前翅顶角、外缘在 M_1 和 M_3 端部凸出，凸角尖锐，其间深凹，M_3 以下平直。翅面黄褐色，散布灰色至深灰褐色碎纹。前翅内线模糊；中点为小黑圆点，中间白色；外线内侧深灰色至深灰褐色，外侧白色，较近外缘，平直，向内倾斜；缘毛灰黄色至深灰褐色，M_3 以上色较深。后翅色较浅，碎纹稀少；中点较前翅的大，色较浅；外线深灰色，仅下半段清晰，近平直；缘毛灰黄色。雄性外生殖器（图版 45：12）：钩形突细长，末端尖；颚形突中突细长，末端尖；抱器背骨化强，中部之外具 1 个短指状突起，端部具短刚毛，其外侧具 1 个隆起，其上具刚毛；抱器腹中部具 1 个圆形隆起；阳端基环两侧具 1 对细长骨化突，伸达背兜中部，其端部尖且略弯曲；角状器由两簇短刺组成。雌性外生殖器（方育卿，2003）：前阴片窄条状，中部具内突，边缘具锯齿；后阴片中央半圆形，两边具角状突起；囊导管细长，骨化强。

采集记录： 武夷山（三港、挂墩）。

分布： 福建、甘肃、浙江、湖北、湖南、江西、台湾、四川、贵州、云南、西藏；喜马拉雅山西北部。

(327) 秃贡尺蛾 *Odontopera insulata* Bastelberger, 1909 （图版 22：8）

Odontopera insulata Bastelberger, 1909b, *Ent. Z.*, 23: 77. (China: Taiwan)

Gonodontis variegata Wileman, 1910, *Entomologist*, 43: 348. (China: Taiwan)

Odonodontis insulata: Prout, 1915, *in* Seitz, *Macrolepid. World*, 4: 331, pl. 25: g.

前翅长：雄性 17～18 mm，雌性 19 mm。前翅顶角不凸出，外缘在 M_1 和 M_3 端部凸出，凸角圆钝，其间深凹，M_3 以下浅波曲并内凹。翅深褐色，翅端色深且较灰。前翅内线和外线十分细弱，但在前缘处形成清晰的小白斑；中点为清晰的黑圈，圈内深灰色；外缘内侧在 M_1 两侧有 1 对黑点；缘毛黑灰至黑褐色，其端半部在翅脉间白色。后翅颜色较灰，雌性近黑灰色；中点模糊；外线黑灰色，近弧形；缘毛与前翅同。

采集记录：武夷山（三港）。

分布：福建、陕西、甘肃、湖南、台湾、四川。

179. 斜灰尺蛾属 *Loxotephria* Warren, 1905

Loxotephria Warren, 1905a, *Novit. zool.*, 12: 13. Type species: *Loxotephria olivacea* Warren, 1905. (China: Hainan)

属征：雄性与雌性触角均为线形。额不凸出，额毛簇发达。下唇须顶端伸出额外。前翅 Sc 与 R_{1-2} 具短脉相连，R_1 和 R_2 共柄，R_3 和 R_4 共柄，M_2 靠近 M_1。翅面黄褐色至红褐色，斑纹条带状，直。雄性外生殖器：钩形突端半部分叉；颚形突中突宽舌状，具微刺；抱器瓣简单，宽大；阳端基环两侧具细长的骨化突，常不对称；基腹弧延长，两侧具味刷；阳茎端膜具角状器。雌性外生殖器：后阴片发达；囊导管骨化，褶皱；囊体圆形，后端 2/3 骨化并褶皱，不具囊片。

分布：中国，缅甸，马来西亚，印度尼西亚。

种检索表

前翅外线外侧宽带色深 ………………………………………… **橄榄斜灰尺蛾 *L. olivacea***

前翅外线外侧宽带色浅 ………………………………………… **红褐斜灰尺蛾 *L. elaiodes***

(328) 橄榄斜灰尺蛾 *Loxotephria olivacea* Warren, 1905 (图版 22: 9)

Loxotephria perileuca Prout, 1926, *J. Bombay nat. Hist. Soc.*, 31: 793, pl. 2, fig. 5. (Myanmar: Hpimaw Fort)

前翅长：13 ~ 14 mm。翅面黄绿色与紫灰色掺杂。前翅前缘黄绿色；内线紫红色，外线和亚缘线暗黄绿色，在前缘附近均极向外倾斜，内线至紫红色中点附近、外线和亚缘线至外缘附近折回，向内斜行至后缘；内线内侧和外线外侧有灰白边；外线与亚缘线之间形成浅色带，由上至下逐渐加宽；缘毛基半部深紫褐色，端半部色较浅。后翅外线及其外侧斑纹与前翅连续，线条加粗。雄性外生殖器（图版 45：13）：钩形突端半形成 2 个细长的突起；抱器瓣短宽，端部窄且圆；抱器背和抱器瓣腹缘近平直；阳端基环两侧具 1 对不对称的骨化突，略弯曲，端部具短刺，左侧的较长；阳茎端部渐细，骨化强，末端尖锐；角状器为 3 根长刺。

采集记录：武夷山（三港、大竹岚、黄溪洲、挂墩）。

分布：福建、河南、安徽、浙江、江西、湖南、台湾、广东、海南、广西、云南；缅甸。

(329) 红褐斜灰尺蛾 *Loxotephria elaiodes* Wehrli, 1937 (图版 22: 10)

Loxotephria elaiodes Wehrli, 1937a, *Ent. Z.*, 51: 118. (China: West Tian Mu Shan)

前翅长：15 mm。翅面浅红褐色，具银白色光泽。前翅内线银白色，外缘红褐色，在中室前缘处向外折角；外线在 R_5 处向外折角达顶角下方，与外缘相连，白色，条带状，逐渐变宽；前翅 M_1 脉以上为黄绿色。前后翅外线边缘具银白色鳞片。后翅中线与外线之间区域白色，外线具褐色阴影。

采集记录：武夷山（挂墩、大竹岚）。

分布：福建、浙江、湖北、海南、云南。

180. 魑尺蛾属 *Garaeus* Moore, 1868

Garaeus Moore, 1868, *Proc. zool. Soc. Lond.*, 1867 (3): 623. Type species: *Garaeus specularis* Moore, 1868. (India: Darjeeling)

Drepanopsis Warren, 1896a, *Novit. zool.*, 3: 144. Type species: *Drepanopsis ferrugata* Warren, 1896. (India: Khasi Hills)

Epifidonia Butler, 1886c, *Proc. zool. Soc. Lond.*, 1886: 391. Type species: *Epifidonia signata*

Butler, 1886. (Pakistan)

属征：雄性与雌性触角均为双栉形，雌性触角栉齿极短。额凸出明显。下唇须多发达，粗壮，第3节伸出额外。前翅顶角凸出，外缘呈弧形凸出；后翅外缘浅弧形；前后翅外缘有时浅波曲或浅锯齿状。雄性前翅基部不具泡窝。前翅 R_1 和 R_2 分离。翅面黄褐色到红褐色，常具有翅窗。雄性外生殖器：钩形突长，渐细；颚形突中突小；抱器瓣简单，宽大；囊形突长；阳端基环右侧常具1个长且弯曲的刺状突；基腹弧延长，两侧具味刷；阳茎细长；阳茎端膜不具角状器。雌性外生殖器：囊导管常骨化，具纵纹，与囊体分界不明显；囊体具1个囊片。

分布：古北界，东洋界，澳大利界。

种检索表

1. 前后翅外缘波曲 ………………………………………… 洞魑尺蛾 *G. specularis*
   前后翅外缘不波曲 ………………………………………… 2
2. 后翅外线内侧具透明斑 ………………………………………… 3
   后翅外线内侧不具透明斑 ………………………………………… 平魑尺蛾 *G. karykina*
3. 后翅外线后半部分扩展为不规则形焦斑 ………………………… 焦斑魑尺蛾 *G. apicata*
   后翅外线后半部分不扩展为不规则形焦斑 ……………………… 无常魑尺蛾 *G. subsparsus*

(330) 焦斑魑尺蛾 *Garaeus apicata* (Moore, 1868) (图版22：11)

Auzea apicata Moore, 1868, *Proc. zool. Soc. Lond.*, 1867 (3): 617. (India: Bengal)

Garaeus apicata violaria Prout, 1922, *Arch. Naturgesch.*, 87A (11): 290. (China: Formosa [Taiwan]: Shisha)

Garaeus apicata: Hampson, 1895, *Fauna Brit. India* (Moths), 3: 235.

前翅长：18~19 mm。前翅前缘基半部隆起，端半部浅凹，顶角圆钝状凸出，上翘，外缘中部呈弧形；翅面灰红色至灰红褐色，散布稀疏的黑色碎纹。前翅内线黑色，纤细，在中室内有1个折角，其下方波状；中点黑色，微小；外线为深褐色双线，线间灰白色，上端颜色偏黑，极度凸伸至顶角下方；顶角处有1个灰白色斑，向内延伸至前缘外1/4处；缘毛紫褐色，在顶角附近为黑褐色。后翅外线与前翅连续，但在 M_1 以下波曲，并扩展为不规则形的焦斑，其内侧在中室下角附近有2~3个透明小斑；臀角附近黄褐色；缘毛紫褐色。

采集记录：武夷山（三港）。

分布：福建、青海、湖北、江西、湖南、台湾、广东、海南、广西、云南、西藏；印度，尼泊尔，孟加拉，缅甸，印度尼西亚；喜马拉雅山东北部。

(331) 无常魑尺蛾 *Garaeus subsparsus* Wehrli, 1936　(图版22：12)

Garaeus subsparsus Wehrli, 1936b, *Ent. Rdsch.*, 54: 5, fig. 33. (China: Sichuan: Siaolu; Zhejiang: Tien-Mu-Shan, Mokanshan)

前翅长：15～17 mm。前翅前缘平直，顶角不上翘，微凸出；外缘浅弧形；后翅外缘弧形。翅面黄色至黄褐色。前翅内线深灰色，波曲，模糊，其内侧密布深灰色碎纹；中点深灰色，微小；外线深灰褐色至黑褐色，由前翅顶角直达后缘中后方；亚缘线和缘线模糊；缘毛灰黄色。后翅基半部密布深灰色碎纹；无中点；外线深灰褐色，平直，内侧在中室端部至 CuA_2 有2～3块半透明小斑；其余斑纹与前翅斑纹相似。

采集记录：武夷山（三港、挂墩）。

分布：福建、浙江、湖南、广西、四川、重庆。

(332) 洞魑尺蛾 *Garaeus specularis* Moore, 1868　(图版22：13)

Garaeus specularis Moore, 1868, *Proc. zool. Soc. Lond.*, 1867 (3): 623, pl. 32: 3. (India: Darjeeling).

前翅长：雄性15～17 mm，雌性16～20 mm。前翅前缘基部隆起，顶角尖锐，向外凸出；两翅外缘均呈波浪状。翅面黄色掺杂黄褐色，具黑褐色斑纹；翅窗明显。前翅内线弯曲外凸，外线双线，R_5 脉处外凸成尖角，CuA_2 以下稍内凹，亚缘线细，弯曲，外线与内线中间，M_3、CuA_1 和 CuA_2 脉间具小翅窗；中点小且圆，黑色，上部具黑褐色斜斑。后翅外线直，双线，亚缘线波浪状，几乎与外线平行；中室具大块翅窗，下侧具2块小翅窗；中点位于翅窗中间。雄性外生殖器（图版45：14）：钩形突末端尖锐；颚形突中突细，末端尖锐；抱器瓣圆；阳端基环分叉，形成1对宽条状突起，右侧突起较左侧的长，且近端部具1根弯曲长刺，伸达钩形突基部；阳茎端部渐细。

采集记录：武夷山（三港）。

分布：福建、甘肃、江苏、湖北、湖南、四川、云南、西藏；尼泊尔。

(333) 平魑尺蛾 *Garaeus karykina* (Wehrli, 1924)　(图版 22: 14)

Phalaena karykina Wehrli, 1924, *Mitt. münch. ent. Ges.* 14 (6 - 12): 138, pl. 1, fig. 13. (China: Guangdong)

Garaeus karykina: Parsons *et al.*, 1999, *in* Scoble, *Geometrid Moths of the World, a Catalogue*, 1: 393.

前翅长：雄性 14 ~ 15 mm。前翅前缘平直，端部上翘，顶角略凸出；前后翅外缘浅弧形。翅面斑纹与焦斑魑尺蛾相似，但可以利用以下特征来区别：前翅顶角凸出较不明显；翅面红褐色；前翅外线近顶角处颜色不偏黑；后翅外线在 M_1 以下不扩展为不规则形焦斑，内侧不具透明小斑。

采集记录： 武夷山（大竹岚、挂墩）。

分布： 福建、广东、广西、四川、云南；越南。

181. 蚀尺蛾属 *Hypochrosis* Guenée, 1858

Hypochrosis Guenée, 1858, *in* Boisduval & Guenée, *Hist. nat. Insectes* (Spec. gén. Lépid.), 10: 536. Type species: *Hypochrosis sternaria* Guenée, 1858. (India)

Patruissa Walker, 1863, *List Specimens lepid. Insects Colln Brit. Mus.*, 26: 1691. Type species: *Patruissa pyrrhophaeata* Walker, 1863. (No type locality is given)

Marcala Walker, 1863, *List Specimens lepid. Insects Colln Brit. Mus.*, 26: 1764. Type species: *Marcala ignivorata* Walker, 1863. (India: Cherrapunji)

Phoenix Butler, 1880, *Ann. Mag. nat. Hist.*, (5) 6: 122. Type species: *Phoenix iris* Butler, 1880. (India: Darjeeling)

属征： 雄性与雌性触角均为双栉形。额光滑，略凸出。下唇须端部伸出额外。前翅狭长，外缘常近平直，有时在近臀角处内凹；后翅外缘下半段有时浅凹。前翅 Sc 与 R_1 具短脉相连；R_1 与 R_2 共柄，R_2 与 R_{3-4} 短暂相接，或具短脉相连，或靠近。雄性外生殖器：钩形突端部膨大，呈伞状；抱器瓣简单，宽大，端部窄；抱器腹不具修饰性结构；基腹弧延长，两侧具味刷；阳茎细长；阳茎端膜常不具角状器。雌性外生殖器：囊体椭圆形，中部具 1 个边缘带小刺的囊片。

分布： 东洋界，澳大利亚界，非洲界。

种检索表

前翅外缘在 CuA_1 下方内凹 ·· **四点蚀尺蛾 *H. rufescens***

前翅外缘近平直 ………………………………………………… **黑红蚀尺蛾 *H. baenzigeri***

(334)四点蚀尺蛾 *Hypochrosis rufescens* (Butler, 1880) (图版22: 15)

Pagrasa rufescens Butler, 1880, *Ann. Mag. nat. Hist.*, (5) 6: 224. (India: Darjeeling)
Hypochrosis rufescens: Hampson, 1895, *Fauna Brit. India* (Moths), 3: 174.

前翅长：雄性 15 mm，雌性 19 mm。前翅外缘直，臀角具缺刻；后翅外缘后半部稍内凹。翅面灰黄色，端部色深。前翅前缘散布着灰黑色斑点，具 2 个三角形黑斑，将前翅前缘三等分；内线橙黄色，平直，由中室下缘向外倾斜；外线橙黄色，平直，由 R_5 脉向内倾斜。后翅外线弧形。前后翅缘线灰黄色。

采集记录： 武夷山（三港、大竹岚）。

分布： 福建、上海、浙江、江西、湖南、台湾、广东、海南、广西、四川、云南、西藏；印度，尼泊尔。

(335)黑红蚀尺蛾 *Hypochrosis baenzigeri* Inoue, 1982 (图版22: 16)

Hypochrosis baenzigeri Inoue, 1982a, *Tyô to Ga*, 32 (3/4): 164, figs 1 – 4. (Thailand)

前翅长：雄性 12 ~ 13 mm，雌性 13 ~ 17 mm。前翅外缘近平直，后翅外缘浅弧形。翅面黑褐色，带灰红色调，散布黑灰色碎纹。前翅中线和外线黑色，波曲，向内倾斜，在 2A 处相接，呈环状，其下消失；缘毛灰黄褐色至黑褐色。后翅外线在 M_1 下方清楚，黑褐色，在 CuA_1 与 CuA_2 之间凸出 1 个尖齿；臀角处具黑褐色斑。雄性外生殖器（图版 45：15）：钩形突伞状；颚形突中突宽，边缘锯齿状，中央凹入；抱器瓣密被刚毛，中部膨大，端部圆；抱器背骨化，近平直；阳端基环近长方形；阳茎细长，后端具小刺。雌性外生殖器（Inoue, 1982a）：囊导管细，极长，褶皱；囊片大而圆。

采集记录： 武夷山（三港、黄溪洲、黄坑）。

分布： 福建、江西、湖南、台湾、广东、海南、广西、四川、贵州、云南；印度，泰国。

182. 片尺蛾属 *Fascellina* Walker, 1860

Fascellina Walker, 1860, *List Specimens lepid. Insects Colln Brit. Mus.*, 20: 67, 215. Type species: *Fascellina chromataria* Walker, 1860. (Sri Lanka)

属征：雄性与雌性触角均为线形，雄性触角具短纤毛。额略凸出。下唇须粗壮，尖端伸达额外。前翅顶角有时凸出，外缘直，臀角下垂，后缘端部凹入；后翅顶角有时凹入，外缘浅弧形。雄性前翅基部不具泡窝。前翅 R_1 和 R_2 长共柄，在近端部分离，Sc 与 R_{1+2} 部分合并。雄性外生殖器：钩形突棒状；颚形突中突发达；抱器瓣简单，宽大，端部圆；基腹弧延长，两侧具味刷；阳端基环具 1 对不对称的突起；阳茎细长；阳茎端膜有时具角状器。雌性外生殖器：囊导管膜质；囊体常具 1 个短且边缘锯齿状的囊片。

分布：古北界，东洋界，澳大利亚界。

种检索表

翅绿色，前翅翅端部在 M_1 下方具 1 个黑褐色大斑 …………………… **灰绿片尺蛾 *F. plagiata***

翅黑紫色，前翅翅端部在 M_1 下方不具斑块 ………………………… **紫片尺蛾 *F. chromataria***

(336) 紫片尺蛾 *Fascellina chromataria* Walker, 1860 （图版 22：17）

Fascellina chromataria Walker, 1860, *List Specimens lepid. Insects Colln Brit. Mus.*, 20: 215. (Sri Lanka)

Geometra usta Walker, 1866, *List Specimens lepid. Insects Colln Brit. Mus.*, 35: 1602. (India: Hindostan)

Fascellina ceylonica Moore, 1887, *Lepid. Ceylon*, 3 (13): 394; *ibidem*, (1886), pl. 188, figs 3, 3a. (Sri Lanka)

Fascellina chromataria subchromaria Wehrli, 1936b, *Ent. Rdsch.*, 54: 126, fig. 39. (China: Jiangsu: Nanjing)

Fascellina chromataria nigrochromaria Inoue, 1955, *Gensei*, 4 (1/2): 4. (Japan)

前翅长：雄性 16 ~ 19 mm，雌性 19 ~ 20 mm。翅外缘由顶角至 CuA_2 脉直立，其下浅凹，后缘端部凹，臀角下垂；后翅顶角凹，外缘浅弧形。翅面紫褐色至黑紫色，雄性色较雌性的浅，散布黑褐色碎纹；后翅较前翅明显。前翅前缘中部和近顶角处有浅色小斑；中点黄色，雌性较弱；内线和外线黑色波状，后者在 M_2 以上消失；亚缘线在 M_2 以下有 1 列黑点；缘毛深褐色或紫褐色，在臀角附近为黑色。后翅外线较近外缘；无中点；顶角和臀角常有黄斑的痕迹。

采集记录：武夷山（三港、黄溪洲）。

分布：福建、吉林、河南、陕西、甘肃、安徽、江苏、浙江、湖北、江西、湖南、台湾、广东、海南、广西、四川、云南、西藏；日本，印度，不丹，缅甸，越南，斯里兰卡，印度尼西亚；喜马拉雅东部；朝鲜半岛。

(337) 灰绿片尺蛾 *Fascellina plagiata* (Walker, 1866) (图版 22: 18)

Geometra plagiata Walker, 1866, *List Specimens lepid. Insects Colln Brit. Mus.*, 35: 1601. (India: Hindostan)

Fascellina viridis Moore, 1867, *Proc. zool. Soc. Lond.*, 1867 (1): 79, pl. 7, fig. 4. (India: Bengal)

Fascellina plagiata: Matsumura, 1931, 6000 *illust. Insects Japan-Empire*: 900.

Fascellina plagiata kankozana Matsumura, 1931, 6000 *illust. Insects Japan-Empire*: 900. (Japan)

Fascellina plagiata icteria Wehrli, 1936b, *Ent. Rdsch.*, 54: 126, fig. 40. (China: Sichuan: Siaolu)

Fascellina plagiata subvirens Wehrli, 1936b, *Ent. Rdsch.*, 54: 126, fig. 41. (China: Zhejiang; Sichuan: Siaolu, Omeishan, Tientsuen, Chiatingfu; Yunnan: Tseku; Hubei: Itchang; Ober-Birma)

前翅长：雄性 17 ~ 19 mm。前翅外缘下端和后缘端部凹入较浅，臀角下垂不明显；后翅顶角正常，外缘浅弧形。翅面叶绿色，散布稀疏的黑色鳞片。前翅前缘浅灰褐色，其下方有 1 条不完整的褐线；内线模糊；中线黑色，波状，在中室处常断开；中点黑色；翅端部 M_1 下方为 1 个黑褐色方形大斑；外线在前缘至 M_1 之间呈黑点状，在 M_1 之后为黑色细线，不规则波曲，穿过大斑；缘毛在大斑外为黑褐色，其余为黄绿色。后翅外线近平直，粗壮，内侧黑褐色，外侧黄褐色；亚缘线黑色，纤细，弧形，其外侧在后缘处有 1 个黑斑；缘毛黄绿色。雄性外生殖器（图版 46：1）：钩形突长棒状；颚形突中突细长，末端尖锐；抱器背基半部骨化，中部向外凸出；抱器腹窄，骨化弱；阳端基环侧面和后端骨化，左侧突较右侧的长，均略弯曲，左侧突末端具长刚毛，右侧突末端具短刺；阳茎端部极细，末端呈针状；角状器为 1 根长束刺。

采集记录：武夷山（三港、黄溪洲）。

分布：福建、河南、甘肃、青海、安徽、浙江、湖北、江西、湖南、台湾、广东、海南、香港、广西、四川、贵州、云南、西藏；日本，印度，尼泊尔，缅甸，马来西亚；喜马拉雅山脉。

183. 龟尺蛾属 *Celenna* Walker, 1861

Celenna Walker, 1861, *List Specimens lepid. Insects Colln Brit. Mus.*, 22: 519. Type species: *Geometra saturataria* Walker, 1861. (Ceylon [Sri Lanka])

属征：雄性与雌性触角均为双栉形。额不凸出。下唇须短小细弱。前后翅外缘均平直；后翅顶角略方。前翅 R_1 和 R_2 短共柄，R_1 与 Sc 具 1 个短柄相连，R_2 与 R_{3+4} 具 1 个短柄相连。翅中部常具绿色斑块。雄性外生殖器：钩形突梭状；颚形突中突发达；抱器瓣短宽；抱器背平直或凸出；抱器腹常具端突；基腹弧延长，两侧具味刷；阳茎粗大；阳茎端膜有时具短刺状角状器。雌性外生殖器：囊体具不规则形骨片，但不褶皱；囊片退化成 2～3 根刺。

分布：中国，日本，印度，孟加拉国，菲律宾，斯里兰卡，马来西亚，印度尼西亚。

(338) 绿龟尺蛾 *Celenna festivaria* (Fabricius, 1794) （图版 22：19）

Phalaena festivaria Fabricius, 1794, *Ent. Syst.*, 3 (2): 152. (India?)

Geometra saturataria Walker, 1861, *List Specimens lepid. Insects Colln Brit. Mus.*, 22: 519. (Ceylon [Sri Lanka])

Hypochrosis festivaria: Hampson, 1895, *Fauna Brit. India* (Moths), 3: 172.

Celenna festivaria: Fletcher, 1979, *in* Nye, *Generia Names Moths World*, 3: 38.

前翅长：15～18 mm。翅面灰褐色，散布着深灰棕色点，两翅外缘区域及前翅基部颜色加深。前翅具 2 块深绿色斑，边缘黄白色，两块斑在中室端部常具明显分隔，有时紧密相连或连为一体，近基部斑较大，延伸至后缘，近端部斑在 CuA_2 脉与 CuA_1 脉间突出。后翅后半部具 1 个不规则的深绿色斑。前后翅缘线灰褐色。雄性外生殖器（图版 46：2）：钩形突中部膨大，端部渐细；颚形突中突骨化强，细指状；抱器瓣宽窄均匀，端部略方；抱器背短，平直；抱器瓣腹缘平直，中部具 1 个细长突，略弯曲，末端锯齿状；阳端基环端半部分叉，形成 1 对近长方形的骨片；阳茎端部骨化；角状器由数根短刺组成。

采集记录：武夷山（三港、大竹岚、黄溪洲）。

分布：福建、浙江、江西、湖南、台湾、广东、海南、广西、云南；日本，印度，缅甸，斯里兰卡，菲律宾，马拉西亚，印度尼西亚。

184. 彩尺蛾属 *Achrosis* Guenée, 1858

Achrosis Guenée, 1858, *in* Boisduval & Guenée, *Hist. nat. Insectes* (Spec. gén. Lépid.), 10: 539. Type species: *Achrosis pyrrhularia* Guenée, 1858. (India)

Sabaria Walker, 1860, *List Specimens lepid. Insects Colln Brit. Mus.*, 21: 492. Type species: *Sabaria contractaria* Walker, 1860. (Ceylon [Sri Lanka])

Omiza Walker, 1861, *List Specimens lepid. Insects Colln Brit. Mus.*, 23: 949 (key). Type species: *Omiza incitata* Walker, 1862. (India: Darjeeling) [Junior homonym of *Omiza* Walker, 1860 (Geometridae: Ennominae).]

Osicerda Walker, 1861, *List Specimens lepid. Insects Colln Brit. Mus.*, 23: 947 (key). Type species: *Osicerda alienata* Walker, 1862. (India: North Hindostan)

Pagrasa Walker, 1861, *List Specimens lepid. Insects Colln Brit. Mus.*, 23: 947 (key). Type species: *Pagrasa instabilata* Walker, 1862. (Bangladesh)

Celesdear Walker, 1863, *List Specimens lepid. Insects Colln Brit. Mus.*, 26: 1749. Type species: *Celesdera schistifusata* Walker, 1863. (India: Hindostan)

Isnisca Walker, 1863, *List Specimens lepid. Insects Colln Brit. Mus.*, 26: 1765. Type species: *Isnisca cyclogonata* Walker, 1863. (India: Hindostan)

属征：雄性与雌性触角均为双栉形，雄性触角栉齿较长。额略凸出。下唇须细，尖端伸达额外。前翅狭长，外缘中部凸出。雄性前翅基部不具泡窝。前翅 Sc 与 R_1 具 1 个短柄，相连；R_2 自由。前翅翅面斑纹模糊，内线和外线在前缘处常形成斑块。雄性外生殖器：钩形突细长刺状；颚形突中突小，端部尖；抱器瓣端部略窄且圆；抱器背端部常具突起；基腹弧延长，两侧具味刷；阳茎端膜不具角状器。雌性外生殖器：肛瓣近卵圆形；前后阴片不发达；囊体大，具 1 个小囊片。

分布：东洋界，澳大利亚界。

(339) 华南玫彩尺蛾 *Achrosis rosearia compsa* (Wehrli, 1939)　(图版 22：20)

Sabaria rosearia compsa Wehrli, 1939, *in* Seitz, *Gross-Schmett. Erde*, 4 (Suppl.): 357, pl. 29: a. (China: south and west)

Achrosis rosearia compsa: Parsons *et al.*, 1999, *in* Scoble, *Geometrid Moths of the World, a Catalogue*, 1: 14.

前翅长：13 ~ 14 mm。翅面粉红色。前翅内线浅黄褐色，模糊，平直，与后缘垂直；无中点、中线和亚缘线；外线浅黄色，带状，边缘颜色较深，由顶角向内伸达后缘中后方，在顶角处加宽；缘线深褐色；缘毛粉红色。后翅翅面颜色较前翅浅，斑纹较模糊。雄性外生殖器（图版 46：3）：钩形突端部尖锐；颚形突中突骨化强，端部具小刺；抱器背端部伸出 1 个细长、弯曲的骨化突，端部尖锐；抱器瓣腹缘弧形；阳茎端半部具大小不等的 7 个刺状突起。雌性外生殖器（图版 60：13）：囊导管短，骨化强；囊体梨形，囊片为 1 个小刺突。

采集记录：武夷山（挂墩、邵武）。

分布：福建、江苏、浙江、湖南、广东、广西、四川。

185. 木纹尺蛾属 *Plagodis* Hübner, 1823

Plagodis Hübner, 1823, *Verz. bekannter Schmett.*: 294. Type species: *Phalaena dolabraria* Linnaeus, 1767. (Germany)

Anagoga Hübner, 1823, *Verz. bekannter Schmett.*: 294. Type species: *Phalaena pulveraria* Linnaeus, 1758. (Europe)

Eurymene Duponchel, 1829, *in* Godart & Duponchel, *Hist. nat. Lépid. Papillons Fr.*, 7 (2): 105, 185. Type species: *Phalaena dolabraria* Linnaeus, 1767. (Germany)

Apoplagodis Wehrli, 1939, *in* Seitz, *Gross-Schmett. Erde*, 4 (Suppl.): 358. Type species: *Plagodis reticulata* Warren, 1893. (India: Sikkim)

属征：雄性触角双栉形或线形，雌性触角线形。额略凸出。下唇须细，仅尖端伸达额外。前翅外缘常在 CuA_1 之后向内凹陷成缺刻状；后翅同样位置具浅缺刻。前翅 R_1 和 R_2 分离或共柄。翅面密布黄褐色至深褐色横纹。雄性外生殖器：钩形突细长刺状；颚形突中突细，端部尖锐；抱器瓣简单，端部近方形；抱器背平直，骨化强，端部膨大，具长刚毛；抱器腹骨化；囊形突近方形；阳端基环两侧具 1 对骨化突；基腹弧延长；阳茎端膜具角状器。

分布：全北界，东洋界。

(340) 纤木纹尺蛾 *Plagodis reticulata* Warren, 1893 (图版 22: 21)

Plagodis reticulata Warren, 1893, *Proc. zool. Soc. Lond.*, 1893: 408. (India: Sikkim)

前翅长：雄性 17 ~ 18 mm。雄性与雌性触角均为线形，雄性触角具纤毛。前翅外缘在 M_3 处凸出；后翅外缘中部内凹。翅面黄白色，密布黄褐色至深褐色横纹。前翅顶角和后翅 Rs 端部各有 1 个黑点；两翅臀角处各有 1 个灰红褐色大斑，此斑在前翅十分模糊。前翅前缘基半部红褐色；中点深褐色条状；外线深褐色，波曲，在近后缘处清楚；缘线深褐色；缘毛黄色。后翅中点为黑色圆点，较前翅的小，其余斑纹与前翅的相似。雄性外生殖器（图版 46：4）：钩形突末端尖；抱器背与抱器腹平行，抱器瓣端部凹；阳端基环骨化突极细长，末端接近钩形突中部，其端半部内侧散布短刺；阳茎端部渐细；角状器由长短不等的数根刺组成。

采集记录：武夷山。

分布：福建、河南、陕西、甘肃、湖南、台湾、广西、四川、云南、西藏；

印度，尼泊尔，泰国。

186. 隐尺蛾属 *Heterolocha* Lederer, 1853

Heterolocha Lederer, 1853, *Verh. zool. -bot. Ver. Wien*, 3 (Abh.): 176, 202, 207. Type species: *Hypoplectis laminaria* Herrich-Schäffer, 1852. (Asia Minor)

Nabla Walker, 1866, *List Specimens lepid. Insects Colln Brit. Mus.*, 35: 1668. Type species: *Nabla pyreniata* Walker, 1866. (China: Hubei: Chang-yang)

Symmetresia Wehrli, 1937d, *Ent. Rdsch.*, 54: 502. Type species: *Hyperythra aristonaria* Walker, 1860. (China: North)

属征：雄性触角双栉形，雌性触角线形。额不凸出。下唇须端部伸出额外。前翅顶角尖或圆，外缘平直；后翅外缘近平直。前翅 R_1 和 R_2 长共柄。翅面常黄色或浅黄褐色，斑纹浅红黄色或浅黄褐色，有时浅灰褐色；前后翅外线清楚，前翅中点常中空。雄性外生殖器：钩形突细长，端部膨大；颚形突中突骨化，端部尖锐；抱器瓣简单，端部略窄；抱器背骨化弱；阳端基环基部两侧具 1 对细长的骨化突，左右对称或右侧的较左侧的短；基腹弧延长，两侧具味刷，其端部圆。雌性外生殖器：肛瓣短小；交配孔通常强骨化；囊导管细，骨化，具纵纹；囊体椭圆形或球状，具 1 个囊片，边缘具数根长刺。

分布：古北界，东洋界。

种检索表

1. 后翅外线外侧带极宽，近外缘 ······ **淡色隐尺蛾 *H. coccinea***
   后翅外线外侧带窄 ······ 2
2. 前翅顶角尖，内侧斑块较宽 ······ **黄玫隐尺蛾 *H. subroseata***
   前翅顶角圆，内侧斑块较窄 ······ **玲隐尺蛾 *H. aristonaria***

(341) 黄玫隐尺蛾 *Heterolocha subroseata* Warren, 1894 (图版 22: 22)

Heterolocha subroseata Warren, 1894a, *Novit. zool.*, 1: 449. (Japan)

前翅长：雄性 15 ~ 17 mm，雌性 18 ~ 19 mm。翅面黄色；前翅前缘、外缘、翅及后翅翅面散布灰褐色斑点。前翅前缘近基部 1/3 处具 1 个黑褐色斑点；顶角具卵圆形灰褐色斑，边缘黑褐色；内线为黄褐色条带，模糊；中点卵圆形，中空；外线在 M_3 以上消失。后翅基部斑点密集；外线为褐色条带。前后翅缘毛黄色。

采集记录：武夷山（三港、大竹岚）。

分布：福建、陕西、甘肃、浙江、湖北、江西、湖南、四川、云南；日本。

(342) 淡色隐尺蛾 *Heterolocha coccinea* Inoue, 1976 （图版22：23）

Heterolocha coccinea Inoue, 1976, *Tinea*, 10 (2): 26, figs 47, 48. (Japan)

前翅长：12 ~ 15 mm。翅黄色。前翅前缘基部、内线内侧与外线外侧具粉红色带；外线向内弯曲，在 M_2 以下清楚；中点大，粉红色，边缘色深；顶角具粉红色斑，边缘黑褐色。后翅中点较前翅的小；基部和外线外侧具粉红色宽带；外线外侧宽带延伸至外缘内侧。

采集记录：武夷山（三港）。

分布：福建、浙江、江西、台湾、广东、海南；日本。

(343) 玲隐尺蛾 *Heterolocha aristonaria* (Walker, 1860) （图版22：24）

Hyperythra aristonaria Walker, 1860, *List Specimens lepid. Insects Colln Brit. Mus.*, 20: 130. (China: North)

Hyperythra niphonica Butler, 1878b, *Illust. typical Specimens Lepid. Heterocera Colln Brit. Mus.*, 2: ix, 46, pl. 35, fig. 11. (Japan)

Heterolocha laminaria ab. *aristonaria*: Prout, 1915, *in* Seitz, *Macrolepid. World*, 4: 340.

Heterolocha aristonaria: Wehrli, 1940, *in* Seitz, *Gross-Schmett. Erde*, 4 (Suppl.): 367, pl. 29: i, k.

Heterolocha aristonaria catapasta Wehrli, 1940, *in* Seitz, *Gross-Schmett. Erde*, 4 (Suppl.): 367. (Japan)

Heterolocha aristonaria var. *hoengica* Wehrli, 1940, *in* Seitz, *Gross-Schmett. Erde*, 4 (Suppl.): 368, pl. 30: a. (China: Jiangsu: Lungtan)

Heterolocha aristonaria var. *mokanensis* Wehrli, 1940, *in* Seitz, *Gross-Schmett. Erde*, 4 (Suppl.): 368, pl. 30: a. (China: Zhejiang: Mokanshan)

Heterolocha aristonaria var. *szetschwanensis* Wehrli, 1940, *in* Seitz, *Gross-Schmett. Erde*, 4 (Suppl.): 368, pl. 29: k. (China: Shanghai)

前翅长：雄性 12 mm。翅短宽，前翅顶角圆。翅面灰黄色至黄色。翅面斑纹非常近似黄玫隐尺蛾，但前翅中点较小，顶角内侧紫褐色小斑略窄。雄性外生殖器（图版46：5）：钩形突箭头状；抱器瓣短，端部具长刚毛；抱器背近平直；阳端基环基部两侧具1对细长且弯曲的突起，其端部渐细，末端具1束短刺；阳茎端半部骨化，渐细；阳茎端膜具1块粗糙区域。

采集记录：武夷山（三港、坳头、桐木、挂墩）。

分布：福建、辽宁、山东、河南、上海、安徽、江苏、浙江、湖北、江西、湖南、广西、四川；日本，印度，越南，斯里兰卡；朝鲜半岛。

187. 穿孔尺蛾属 *Corymica* Walker, 1860

Corymica Walker, 1860, *List Specimens lepid. Insects Colln Brit. Mus.*, 20: 230. Type species: *Corymica arnearia* Walker, 1860. (Borneo: Sarawak)

Caprilia Walker, 1866, *List Specimens lepid. Insects Colln Brit. Mus.*, 35: 1568. Type species: *Caprilia vesicularia* Walker, 1866. (Sumatra)

Thiopsyche Butler, 1878a, *Ann. Mag. nat. Hist.*, (5) 1: 393. Type species: *Thiopsyche pryeri* Butler, 1878. (Japan)

属征：雄性与雌性触角均为线形。额不凸出。下唇须中等长度。前翅狭长，顶角钝圆、尖或略呈钩状，前后翅外缘在 M_3 上方略波曲，有时平滑。雄性前翅基部具泡窝，常极发达，长椭圆形，长度可达翅长的1/5以上，使翅基部呈穿孔状。前翅 R_1 和 R_2 完全合并，与Sc有一段合并。翅多为黄色，翅面斑纹模糊，前翅反面近顶角处常具1个褐色斑块。雄性外生殖器：钩形突棒状或刺状；颚形突中突发达，常为三角形；抱器瓣简单，腹侧有时具修饰性结构；基腹弧常发达，延长，具味刷；阳茎细小或粗大；阳茎端膜有时具角状器。雌性外生殖器：肛瓣短宽；前表皮突非常短或退化；囊导管长；囊体具1个囊片，边缘不具小刺。

分布：中国，日本，印度，缅甸，越南，马来西亚，印度尼西亚，巴布亚新几内亚；朝鲜半岛。

种检索表

翅鲜黄色，前后翅中线模糊…………………………………………… **满月穿孔尺蛾 *C. pryeri pryeri***

翅淡黄褐色，前后翅中线深褐色，清楚………………………………… **褐带穿孔尺蛾 *C. deducta***

(344) 满月穿孔尺蛾 *Corymica pryeri pryeri* (Butler, 1878) （图版23: 1）

Thiopsyche pryeri Butler, 1878a, *Ann. Mag. nat. Hist.*, (5) 1: 393. (Japan: Yokohama)

Corymica oblongimacula Warren, 1896b, *Novit. zool.*, 3: 305. (Papua New Guinea)

Corymica specularia pryeri: Prout, 1915, *in* Seitz, *Macrolepid. World*, 4: 339, pl. 17 i.

Corymica pryeri: Holloway, 1994. *Malay. Nat. J.*, 47: 51, pl. 2: 43.

前翅长：雄性 14 ~ 15 mm，雌性 16 ~ 18 mm。翅面黄色，散布褐色斑点。前翅前缘基部具褐色斑，其上具白色鳞片；基部泡窝大，边缘褐色；顶角处具 1 个深褐色斑点，其下方至 M_3 处具 1 个模糊浅褐色楔形斑块；后缘中后方具 2 个深褐色斑块。后翅前缘中部和末端 1/4 处各具 1 个深褐色斑，近端部斑较小；缘线黑褐色，较前翅的清楚。雄性外生殖器（图版 46：6）：钩形突较短粗，端部钝圆；背兜侧突略骨化，指状；抱器瓣宽大，梭形，基部窄，端部尖，多毛；基腹弧延长，味刷发达；阳茎细，大部分骨化，前端弯曲；阳茎盲囊侧面具 1 个与阳茎等粗的突，与阳茎端部的突共同构成 1 对极细长的突；阳茎端膜不具角状器。雌性外生殖器（图版 60：14）：后表皮突长；前表皮突退化；后阴片不明显，唇形；前阴片具 1 对叶状突起，中央联合；囊导管细长，中后端骨化；囊体圆，粗糙，囊片椭圆形，内部具小刺，边缘光滑，中空。

采集记录：武夷山。

分布：福建、湖北、台湾、四川、云南；日本，巴布亚新几内亚；朝鲜半岛，喜马拉雅山脉东北部。

(345) 褐带穿孔尺蛾 *Corymica deducta* (Walker, 1866) (图版 23：2)

Caprilia deducta Walker, 1866, *List Specimens lepid. Insects Colln Brit. Mus.*, 35: 1569. (Indonesia: Sulawesi)

Corymica caustolomaria Moore, 1888a, *in* Hewitson & Moore, *Descr. new Indian lepid. Insects Colln late Mr W. S. Atkinson*, 3: 231. (India: Darjeeling)

Corymica gensanaria Leech, 1891b, *Entomologist*, 24 (Suppl.): 56. (Korea)

Corymica deducta: Prout, 1915, *in* Seitz, *Macrolepid. World*, 4: 339.

前翅长：雄性 9 ~ 11 mm，雌性 13 mm。翅面深黄色，斑纹深褐色。前翅内线在近前缘处清楚，带状，中间色浅，其余部分模糊；中线带状，中间色浅，由前缘至 M_1 向外倾斜，与内线平行，在 M_1 和 M_3 之间断开，在 M_3 下方加宽，平直，向内倾斜至后缘中部；中点微小；外线接近外缘，点状，在近后缘处具 1 个圆斑；翅端部深褐色；缘毛褐色，在翅脉端为黑色。后翅中线平直；翅端部深褐色带较前翅的宽。雄性外生殖器（图版 46：7）：钩形突刺状，端部尖；颚形突中突细舌状；抱器瓣密被刚毛；抱器背短，抱器腹缘延长，抱器瓣端部凹入，腹缘中部内侧具 1 列小齿；阳茎粗大，阳茎端膜具许多小尖齿和 1 个大钝圆角状器。雌性外生殖器（图版 60：15）：前后表皮突均短小；后阴片卵圆形；前阴片为 2 个圆形袋状突起；囊导管较粗，中等长，后半部弱骨化；囊体长，梭形；囊片圆形，内部具小刺，边缘光滑，中空。

采集记录：武夷山（大竹岚、挂墩）。

分布：福建、台湾；日本，印度，缅甸，马来西亚，印度尼西亚；朝鲜半岛。

188. 黄尺蛾属 *Opisthograptis* Hübner, 1823

Opisthograptis Hübner, 1823, *Verz. bekannter Schmett.*: 292. Type species: *Phalaena crataegata* Linnaeus, 1761. (No type locality is given)

Rumia Duponchel, 1829, *in* Godart & Duponchel, *Hist. nat. Lépid. Papillons Fr.*, 7 (2): 103, 117. Type species: *Phalaena crataegata* Linnaeus, 1761. (No type locality is given)

属征：雄性触角线形或锯齿形，雌性触角线形。前翅顶角微凸，外缘浅弧形；后翅外缘中部略凸出。前翅 R_1 和 R_2 长共柄或完全合并。翅面常黄色，前翅中点巨大。雄性外生殖器：钩形突粗大，锥状；颚形突中突小，端部尖锐；抱器瓣简单，具长刚毛；抱器背常平直；囊形突半圆形；阳茎圆柱形；阳茎端膜常不具角状器。

分布：古北界，东洋界。

(346) 骐黄尺蛾 *Opisthograptis moelleri* Warren, 1893　(图版 23: 3)

Opisthograptis moelleri Warren, 1893, *Proc. zool. Soc. Lond.*, 1893: 403, pl. 31, fig. 12. (India: Sikkim)

前翅长：雄性 24 ~ 25 mm，雌性 27 ~ 31 mm。雄性与雌性触角均为线形。翅面鲜黄色。前翅前缘基部具 1 个褐斑；亚基线和内线浅灰褐色，波曲，细弱，在前缘处各形成 1 个小褐斑；中点黑褐色，中间黄褐色，上端色较浅，伸达前缘，其外缘中部凸出 1 个细长的尖齿，下角向外凸出 1 个短齿，整体呈锚形；外线灰褐色，平直，由前翅顶角内侧直达后缘外 1/3 处；外线至顶角之间在前缘处具 1 条黑褐色细纹；缘毛黄色。后翅外线平直，向内倾斜至后缘中部；无中点；亚缘线浅灰褐色，锯齿形，模糊；缘毛黄色，在 M_1、M_3 和 CuA_1 端具 3 个黑褐点。雄性外生殖器（图版 46：8）：抱器瓣宽窄均匀，端部圆；抱器背近平直；阳端基环近圆形；阳茎端部渐细，末端尖锐。

采集记录：武夷山（三港）。

分布：福建、甘肃、湖北、湖南、台湾、四川、云南、西藏；印度，尼泊尔，泰国。

189. 锯纹尺蛾属 *Heterostegania* Warren, 1893

Heterostegania Warren, 1893, *Proc. zool. Soc. Lond.*, 1893: 415. Type species: *Anisodes lunulosa* Moore, 1888. (India)

属征：雄性与雌性触角均为线形。额不凸出。下唇须尖端伸达额外。前翅顶角略凸出，外缘弧形；后翅外缘在 M_1 上方波曲。雄性前翅基部不具泡窝。前翅 R_2 与 R_{3-5}共柄，R_1 与 Sc 和 R_2 分别具短柄相连。雄性外生殖器：钩形突端部呈钩状；背兜侧突发达；颚形突中突不发达；抱器瓣简单，宽大，密被刚毛，端部圆；囊形突小，端部圆；阳茎略细；阳茎端膜具角状器。

分布：中国，印度，缅甸。

(347) 锯纹尺蛾 *Heterostegania lunulosa* (Moore, 1888) (图版 23: 4)

Anisodes lunulosa Moore, 1888a, *in* Hewitson & Moore, *Descr. new Indian lepid. Insects Colln late Mr W. S. Atkinson*, 3: 250, pl. 8, fig. 8. (India)

Heterostegania nigrofusa Warren, 1893, *Proc. zool. Soc. Lond.*, 1893: 415. (India: Sikkim)

Heterostegania lunulosa: Warren, 1893, *Proc. zool. Soc. Lond.*, 1893: 415.

前翅长：雄性 21mm。翅黄褐色，密布黑色小点，斑纹灰褐色。前翅内线和外线宽带状，内线内缘和外线外缘锯齿状；外线在 M_3 上方略窄，在 M_3 下方向外凸出，在前缘、中部和近后缘处与内线连接或融合；外线外侧至外缘具灰褐色斑，在顶角处缺失。后翅中点较前翅明显，黑点状；外线锯齿状，其内侧至翅基部为灰褐色。雄性外生殖器（图版 46：9）：钩形突短粗，端部尖锐钩状；抱器背骨化，近平直；抱器瓣腹缘基部近方形；阳端基环基部向端部渐细，端半部分叉；角状器为 4 根大小不等的刺。

采集记录：武夷山（三港、挂墩）。

分布：福建、台湾；印度，越南。

190. 慧尺蛾属 *Platycerota* Hampson, 1893

Platycerota Hampson, 1893, *Illust. typical Specimens Lepid. Heterocera Colln Brit. Mus.*, 9: 34, 141. Type species: *Ennomos spilotelaria* Walker, 1863. (India: South Hindostan)

Xenagia Warren, 1894a, *Novit. zool.*, 1: 407. Type species: *Hyperythra vitticostata* Walker, 1863.

(India: Darjeeling)

属征：雄性与雌性触角均为线形，具纤毛。额不凸出。下唇须细，尖端伸达额外。前后翅外缘弧形。雄性后翅基部不具泡窝。前翅 R_1 与 Sc 部分合并，R_2 与 R_{3-5} 共柄。翅面灰褐色、红褐色或黄褐色，前翅顶角常具斑块。雄性外生殖器：钩形突基部宽，端部细长；背兜侧突常发达；抱器瓣密被长刚毛；抱器背常平直，常具三角形突起；囊形突末端圆；不具味刷；阳茎圆柱形，阳茎端膜具角状器。雌性外生殖器：肛瓣短小；前后阴片发达；囊导管骨化；囊体椭圆形，前端具 1 个小囊片，其边缘具小刺。

分布：中国，印度，缅甸，菲律宾，马来西亚，印度尼西亚。

(348) 同慧尺蛾 *Platycerota homoema* (Prout, 1926)　(图版 23：5)

Crypsicometa homoema Prout, 1926, *J. Bombay nat. Hist. Soc.*, 31: 788. (Myanmar)

Platycerota homoema: Stüning, 2000, *Tinea*, 16 (Suppl. 1): 109.

前翅长：雄性 16～17 mm，雌性 19 mm。翅枯黄褐色。前翅前缘深褐色，隐约可见双波状内线；中点黑色，极微小；顶角处有 1 个卵圆形大斑，斑内黄白色至灰白色，边缘深褐色；外线锯齿状，由斑下内倾至后缘，其外侧齿凹内白色；缘线深灰褐色，内侧稍模糊；缘毛浅灰褐色。后翅外线粗壮且较直，其外侧翅面灰白色，散布深灰褐色碎纹；其余斑纹与前翅的相似。雌性外生殖器（图版 60：16）：前阴片骨化弱，褶皱；囊导管粗壮，骨化，具 1 纵列长刺；囊体椭圆形，囊片圆形。

采集记录：武夷山。

分布：福建、甘肃、浙江、湖北、湖南、台湾、四川、云南；印度，缅甸。

191. 涂尺蛾属 *Xenographia* Warren, 1893 中国新记录

Xenographia Warren, 1893, *Proc. zool. Soc. Lond.*, 1893: 404. Type species: *Xenographia lignataria* Warren, 1893. (India: Sikkim)

属征：雄性与雌性触角均为线形。额不凸出。下唇须短粗，尖端伸出额外。前翅顶角圆，外缘浅弧形；后翅外缘微波曲。雄性前翅基部不具泡窝。前翅 R_2 与 R_{3-5} 共柄。翅面红褐色或黄褐色，前后翅外线内侧区域颜色略浅。

分布：中国，印度，越南，印度尼西亚。

(349) 半明涂尺蛾 *Xenographia semifusca* Hampson, 1895 中国新记录 （图版 23：6）

Xenographia semifusca Hampson, 1895, *Fauna Brit. India* (Moths), 3: 189. (India: Núgas)

Heterostegania denticulosa Warren, 1896a, *Novit. zool.*, 3: 128. (India: Khasi Hills)

前翅长：雄性 13～15 mm，雌性 17～19 mm。翅面红褐色，前翅顶角和前后翅外线内侧区域颜色较浅，斑纹黑褐色。前翅内线深褐色，波曲，其内侧在中室下方和 2A 处各具 1 个白斑；中点圆形；外线圆齿状，齿尖外侧常具 1 个小白斑；无亚缘线和缘线；缘毛红褐色掺杂黄褐色。后翅中点较前翅的小；其余斑纹与前翅的相似。

采集记录：武夷山（挂墩）。

分布：福建；印度，越南。

192. 联尺蛾属 *Polymixinia* Wehrli, 1943

Polymixinia Wehrli, 1943, *in* Seitz, *Gross-Schmett. Erde*, 4 (Suppl.): 486. Type species: *Boarmia decoloraria* Leech, 1897. (China. Hubei: Chang-yang; Sichuan: Moupin; Tachien-lu)

属征：雄性触角双栉形，雌性触角线形。额凸出。下唇须长，第 3 节细长，端部伸出额外。前翅顶角圆，外缘浅弧形；后翅外缘微波曲。雄性前翅基部具泡窝。前翅 R_1 和 R_2 长共柄，R_2 与 R_{3+4}部分合并。前翅外线在 M 脉之间向外凸出。雄性外生殖器：钩形突近三角形，端部尖锐；颚形突中突发达；抱器瓣中部常具突起，其上具刚毛；抱器背发达，骨化，平直，端部膨大且具刚毛；囊形突半圆形；阳端基环骨化弱；阳茎短粗，阳茎端膜常不具角状器。雌性外生殖器：肛瓣长；前后阴片发达；囊导管具骨环；囊体袋状，具 1 个横条状囊片。

分布：中国，日本；朝鲜半岛。

(350) 双联尺蛾 *Polymixinia appositaria* (Leech, 1891) （图版 23：7）

Boarmia appositaria Leech, 1891b, *Entomologist*, 24 (Suppl.): 46. (Korea)

Boarmia koreana Alphéraky, 1897, *in* Romanoff, *Mém. Lépid.*, 9: 180, pl. 11, fig. 11. (Korea)

Boarmia (*Polymixinia*) *appositaria*: Wehrli, 1943, *in* Seitz, *Gross-Schmett. Erde*, 4 (Suppl.): 487.

Polymixinia appositaria: Inoue, 1977, *Bull. Fac. domestic Sci., Otsuma Woman's Univ.*, 13: 297.

前翅长：雄性 18 mm。翅面黄白色，斑纹褐色，细弱。前翅内线波曲；中点条状；中线在中室处向外凸出；外线在 R_5 下方向外凸出，之后向内倾斜，与中线接近；外线外侧至外缘具不规则的褐色斑块；缘线褐色，连续；缘毛黄褐色掺杂褐色。后翅中线平直；中点较前翅的小；外线微波曲，后半段向内弯曲；其余斑纹与前翅的相似。雄性外生殖器（Sato, 1984b）：抱器瓣端部钝圆；抱器瓣中部突起小且圆；抱器背伸出抱器瓣末缘；抱器瓣腹缘具刚毛；阳端基环骨化，端部圆；阳茎端部渐细。雌性外生殖器（Sato, 1984b）：见属征。

采集记录：武夷山（三港、挂墩）。

分布：福建、浙江、湖北、四川；日本；朝鲜半岛。

193. 赭尾尺蛾属 *Exurapteryx* Wehrli, 1937

Exurapteryx Wehrli, 1937c, *Ent. Rdsch.*, 54: 160. Type species: *Urapteryx aristidaria* Oberthür, 1911. (China: Sichuan: Siao-Lou)

属征：雄性触角锯齿形，具纤毛簇；雌性触角线形。额略凸出。下唇须端部伸出额外。前翅顶角及外缘中部稍凸出；后翅外缘中部凸出成 1 个尖角。雄性前翅基部不具泡窝。前翅 Sc、R_1 和 R_2 均自由。翅面基半部黄色，端半部紫粉色。雄性外生殖器：钩形突细长，端部圆；背兜侧突发达，细长指状，略弯曲，具刚毛；抱器瓣简单，端部略窄且圆；抱器背骨化，平直，具长刚毛；囊形突小；阳端基环两侧弱骨化，具 1 对不对称的骨化突，左侧的较细长，端部具短刺；基腹弧延长，两侧具味刷；阳茎细小；角状器由 1 列粗壮的短刺组成。

分布：中国，缅甸。

(351) 赭尾尺蛾 *Exurapteryx aristidaria* (Oberthür, 1911) （图版 23: 8）

Urapteryx aristidaria Oberthür, 1911, *Études Lépid. comp.*, 5: 31, pl. 87, fig. 847. (China: Sichuan: Siao-Lou)

Ourapterx aristidaria: Prout, 1915, *in* Seitz, *Macrolepid. World*, 4: 335, pl. 25: c.

Exurapteryx aristidaria: Wehrli, 1937c, *Ent. Rdsch.*, 54: 160.

前翅长：15 ~ 17 mm。翅面外线内侧黄色，散布黑灰色的细点；外线外侧为紫粉色，散布黑灰色的碎条纹。前翅中点黑色，微小；外线黑褐色，在 M 脉之间略向内弯曲，其外侧隐约可见 1 条深灰色的细线；外线外侧在 M_3 与 CuA_2 之间具黑灰色斑；缘线深褐色；缘毛灰褐色。后翅外线在 M 脉之间向外凸出；其余斑纹与前翅的相似。雄性外生殖器（图版 46：10）见属征。

采集记录：武夷山（三港、挂墩）。

分布：福建、陕西、甘肃、安徽、浙江、湖北、江西、湖南、广西、四川、贵州、云南；缅甸。

194. 黄蝶尺蛾属 *Thinopteryx* Butler, 1883

Thinopteryx Butler, 1883, *Zool. J. Linn. Soc.*, 17: 197, 202, pl. 9, figs 13, 14. Type species: *Ourapteryx crocoptera* Kollar, 1844. (India: Himalayas, Massuri)

属征：雄性与雌性触角均为线形，雄性触角具纤毛簇。额略凸出。下唇须粗壮，伸出额外。前翅宽大，顶角有时凸出，外缘浅弧形；后翅外缘在 M_3 处凸出成尾角。雄性前翅基部具泡窝。前翅 R_1 和 R_2 长共柄，Sc 与 R_{1+2}具 1 点合并。雄性第 1 和第 2 腹节腹板较尾尺蛾属的长。雄性外生殖器：钩形突短；颚形突中突退化；抱器瓣狭长，端部圆；抱器背发达，具长刚毛，中部具骨化结构；囊形突端部圆；阳茎短粗；阳茎端膜部分骨化，并褶皱，不具角状器。雌性外生殖器：肛瓣卵圆形；囊体不对称，具 1 个大囊片，其边缘具小刺。

分布：中国，日本，印度，孟加拉国，爪哇；朝鲜半岛。

种检索表

前翅内线模糊，不可见 ………………………………………………… **灰沙黄蝶尺蛾 *Th. delectans***

前翅内线清楚，灰褐色，向外倾斜 …………………………………… **黄蝶尺蛾 *Th. crocoptera***

(352) 灰沙黄蝶尺蛾 *Thinopteryx delectans* (Butler, 1878) （图版 23：9）

Urapteryx delectans Butler, 1878b, *Illust. typical Specimens Lepid. Heterocera Colln Brit. Mus.*, 2: ix, 45, pl. 35, fig. 2. (Japan: Yokohama)

Thinopteryx marginata Warren, 1899a, *Novit. zool.*, 6: 43. (China: West)

Thinopteryx delectans: Prout, 1915, *in* Seitz, *Macrolepid. World*, 4: 337, pl. 17: e.

前翅长：雄性 26 mm，雌性 28 mm。翅面密布不规则褐色至灰褐色鳞片，翅中部和端部为浅黄色。前翅前缘具浅灰褐色带或紫灰色带；内线和外线模糊；中点褐色短条状；亚缘线外侧为黄色；缘线浅褐色，细弱；缘毛浅黄色。后翅中点较前翅的大；外线为深褐色双线，接近外缘，内侧的微波曲，外侧的中部向外凸出；尾角处具深褐色斑；缘毛黄色，尾角处深褐色。

采集记录： 武夷山（三港、挂墩）。

分布： 福建、浙江、江西、湖南、四川；日本；朝鲜半岛。

(353) 黄蝶尺蛾 *Thinopteryx crocoptera* (Kollar, 1844)　(图版 23: 10)

Urapteryx crocoptera Kollar, 1844, *in* Hügel, *Kaschmir und das Reich der Siek*, 4 (2): 483. (India: Himalayas, Massuri)

Urapteryx crocopterata Guenée, 1858, *in* Boisduval & Guenée, *Hist. nat. Insectes* (Spec. gén. Lépid.), 9: 29. [Emendation of *crocoptera* Kollar.]

Thinopteryx nebulosa Butler, 1883, *Zool. J. Linn. Soc.*, 17: 203. (Bangladesh)

Thinopteryx crocoptera: Prout, 1915, *in* Seitz, *Macrolepid. World*, 4: 336, pl. 17: f..

Thinopteryx crocoptera erythrosticta Wehrli, 1939, *in* Seitz, *Gross-Schmett. Erde*, 4 (Suppl.): 357, pl. 28: g. (China: Yunnan; Hunan)

前翅长：29 ~ 31 mm。前翅顶角尖，略凸出；后翅外缘在 Rs 处凸出，在 M_3 处凸出 1 个短钝尾角。翅面橘黄色，前翅散布大量黄褐色碎条纹，后翅散布黄褐色至灰褐色散点。前翅前缘灰白色，散布深灰色的碎纹；内线细弱，向外倾斜；中点短条形，黑褐色；外线略向外倾斜至臀角，直且粗壮；亚缘线为翅脉上 1 列深褐色点，在 R_5 和 M_3 之间向外弯曲，在 M_3 下方向内倾斜，在臀角处与外线接触；缘毛鲜黄色。后翅中点向内弯曲，其外侧至外线之间翅面颜色略深；外线近外缘，中部向外凸出，深灰褐色；外缘中部尾角两侧有 2 个黑斑；缘毛黄色，在尾角处为黑灰色。雄性外生殖器（图版 46：11）：钩形突端部形成 1 个圆突；抱器背骨化，向内弯曲，端半部内侧具 1 根长刺；抱器瓣中部具许多小刺；阳端基环端半部略窄，近长方形；阳茎盲囊远较阳茎体细，阳茎端部尖。

采集记录： 武夷山（三港）。

分布： 福建、河南、陕西、甘肃、湖北、江西、湖南、台湾、广东、海南、广西、四川、云南、西藏；日本，印度，越南，斯里兰卡，马来西亚，印度尼西亚；朝鲜半岛。

195. 扭尾尺蛾属 *Tristrophis* Butler, 1883

Tristrophis Butler, 1883, *Zool. J. Linn. Soc.*, 17: 196, 199, pl. 9, figs 3, 4. Type species: *Urapteryx veneris* Butler, 1878. (Japan: Yokohama)

属征： 雄性与雌性触角均为线形。额略凸出。下唇须细弱，尖端伸达额外。前翅略狭长，顶角不凸出；后翅外缘在 M_3 处凸出成尾角，其上方波曲。雄性前翅基部具泡窝。前翅 R_1 和 R_2 长共柄，在近端部分离。翅面白色，斑纹平直。雄性外生殖器：钩形突粗壮，末端钝圆；颚形突中突发达；抱器瓣简单；抱器背骨化，平直；囊形突明显；阳端基环具骨化突，不弯曲，其上不具小刺；阳茎细；阳茎端膜常具角状器。雌性外生殖器：囊导管短，不具纵纹；囊体椭圆形或圆形，膜质，具 1 个囊片。

分布： 中国，日本。

(354) 华扭尾尺蛾 *Tristrophis rectifascia opisthommata* Wehrli, 1923 （图版 23: 11）

Tristrophis opisthommata Wehrli, 1923, *Dt. ent. Z. Iris*, 37: 69. (China: Jiangsu)

Tristrophis asymetricaria opisthommata: Wehrli, 1939, *in* Seitz, *Gross-Schmett. Erde*, 4 (Suppl.): 356, pl. 28: e, f.

Tristrophis rectifascia opisthommata: Inoue, 1985, *Bull. Fac. domestic Sci., Otsuma Woman's Univ.*, 21: 116.

前翅长：雄性 18 ~ 23 mm，雌性 25 mm。翅白色，斑纹浅灰褐色或灰色。前翅基部有 3 个圆点，相互融合；内外线带状，均向外倾斜，中部略相向弯曲；中点长圆形，扩展至前缘；外线外侧前缘褐色，其下方大部灰色；缘毛灰褐色。后翅中点圆形，其外侧具零散的圆形灰斑；翅端部为灰褐至褐色云状纹；外缘内侧在 Rs 和 CuA_1 各脉间具 3 个黑斑，其上具银白色的鳞片；黑斑内侧可见深褐色锯齿状亚缘线；缘毛较前翅色深。雄性外生殖器（图版 46：12）：颚形突中突宽舌状；抱器瓣宽窄均匀，端部圆；抱器瓣腹缘中部略凸出；阳端基环基部较端部窄，中部左侧具 1 个细杆状骨化突，其端部略尖，向外侧伸达抱器背基部；阳茎端部尖；角状器为 1 个椭圆形刺状斑。雌性外生殖器（Inoue, 1985）：前阴片骨化弱；囊导管膜质；囊片小，边缘的小齿短。

采集记录： 武夷山（三港、坳头、挂墩）。

分布： 福建、浙江、湖北、湖南、广东、海南、广西、贵州、云南。

196. 尾尺蛾属 *Ourapteryx* Leach, 1814

Ourapteryx Leach, 1814, *in* Leach & Nodder, *zool. Miscell.*, 1: 79. Type species: *Phalaena sambucaria* Linnaeus, 1758. (Sweden)

Acaena Treitschke, 1825, *in* Ochsenheimer, *Schmett. Eur.*, 5 (2): 429. Type species: *Phalaena sambucaria* Linnaeus, 1758. (Sweden)

Uropteryx Agassiz, 1847, *Nomencl. zool.*, (Index univl.): 267, 384, 385. [Emendation of *Ourapteryx* Leach, 1814, and junior homonym of *Uropteryx* Agassiz, 1835 (Pisces).]

Euctenurapteryx Warren, 1894a, *Novit. zool.*, 1: 399. Type species: *Acaena maculicaudaria* Motschulsky, 1866. (Japan)

Energopteryx Thierry-Mieg, 1903, *Ann. Soc. ent. Belgique*, 47: 383. Type species: *Ourapteryx nigrociliaris* Leech, 1891. (China: Sichuan: Huang-Mu-Chang)

Phrudura Swinhoe, 1906, *Ann. Mag. nat. Hist.*, (7) 17: 554. Type species: *Bapta pura* Swinhoe, 1902. (Sumatra)

属征：雄性触角双栉形或线形，雌性触角线形。额略凸出。下唇须短。前翅宽大，顶角有时凸出，外缘平直；后翅在 M_3 处具尾突。雄性前翅基部不具泡窝。翅脉特征常变化，不稳定。翅面白色，斑纹平直；前后翅缘毛色通常深色。雄性外生殖器：钩形突较短粗；颚形突中突宽，端部圆，具微刺；抱器瓣简单；囊形突短，末端圆；阳端基环腹侧常具骨化突。雌性外生殖器：前阴片椭圆形；囊导管长，常具纵纹；囊体大，膜质，具 1 个囊片。

分布：古北界，东洋界。

种检索表

1. 后翅尾角内侧不具斑块 ………………………… **长尾尺蛾 *O. clara***
   后翅尾角内侧具眼状圆斑 ………………………… 2
2. 前后翅缘毛黄褐色 ………………………… **同尾尺蛾 *O. similaria***
   前后翅缘毛黑色 ………………………… **点尾尺蛾 *O. nigrociliaris***

(355) 同尾尺蛾 *Ourapteryx similaria* (Leech, 1897) （图版 23：12）

Urapteryx similaria Leech, 1897, *Ann. Mag. nat. Hist.*, (6) 19: 192, pl. 6, fig. 3. (China: Sichuan: Omei-shan; Hubei: Chang-yang)

Ourapteryx similaria: Prout, 1915, *in* Seitz, *Macrolepid. World*, 4: 335, pl. 17: c.

前翅长：雄性 23～26 mm，雌性 26～28 mm。翅面白色，散布灰色碎纹，斑纹灰黄色，平直。前翅内线向外倾斜；中点条状；外线略向外倾斜；缘线和缘毛黄褐色。后翅外线由翅基半部向外倾斜至臀角；翅端部排布密集灰色横纹；缘线深褐色，缘毛黄褐色；尾角内侧无阴影带，M_3 上方红点周围的黑边较宽，M_3 下侧为 1 个黑色条状斑。雄性外生殖器（图版 46：13）：钩形突端部尖锐；颚形突中突近梯形；

抱器瓣端部略窄；阳端基环近方形，左侧腹面骨化突长杆状，弯曲，伸达钩形突基部，端部加粗，其上具小刺；角状器为1束刺。

采集记录：武夷山（三港）。

分布：福建、陕西、浙江、湖北、江西、湖南、广西、四川；日本。

(356) 长尾尺蛾 *Ourapteryx clara* Butler, 1880 （图版 23：13）

Urapteryx clara Butler, 1880, *Ann. Mag. nat. Hist.*, (5) 6: 120. (NE Himalayas).

Ourapteryx clara: Holloway, 1982, *in* Barlow, *An introduction to the moths of South East Asia*: 250.

前翅长：雄性 28 mm。此种翅面斑纹与同尾尺蛾相似，但可利用以下特征来区别：前翅前缘黑色条纹较明显；前翅内线向外倾斜的角度较大；后翅尾角较长，其内侧不具斑块，具阴影带和1条鲜明的黑线；前后翅缘毛红褐色。

采集记录：武夷山（三港）。

分布：福建、江西、台湾、广东、香港、海南、广西、云南；印度，尼泊尔，越南，缅甸，泰国。

(357) 点尾尺蛾 *Ourapteryx nigrociliaris* (Leech, 1891) （图版 23：14）

Urapteryx nigrociliaris Leech, 1891a, *Entomologist*, 24 (Suppl.): 5. (China: Huang-Mu-Chang)

Euctenurapteryx nigrociliaris: Prout, 1915, *in* Seitz, *Macrolepid. World*, 4: 335, pl. 17: c.

Ourapteryx nigrociliaris: Inoue, 1985, *Bull. Fac. domestic Sci., Otsuma Woman's Univ.*, 21: 109.

前翅长：雄性 38 mm。雄性触角短，双栉形。前翅顶角不凸出，外缘浅弧形；后翅顶角明显，外缘在 M_2 处凸出较强，尾角短小。前翅内外线和中点黑色至黑褐色，中点内有黄色鳞片。后翅具黑色中点，中点外下方延伸1条灰褐色线；翅端部附近散布灰黄褐色细纹；尾角较短，其内侧有2个小黑斑，上侧黑斑较大，中心橘黄至橘红色。前后翅缘线和缘毛黑色。雄性外生殖器（图版 46：14）：钩形突短粗，端部圆；颚形突中突端部圆，具微刺；抱器瓣端部略窄；抱器背骨化，中部略隆起，端部具微小端突；阳端基环腹面右侧骨化突粗壮，略弯曲，端部圆，具短刺；阳茎端半部弱骨化；角状器为1个椭圆形刺状斑。

采集记录：武夷山（三港）。

分布：福建、陕西、甘肃、江西、湖南、台湾、四川。

参考文献

陈小钰. 1985. 钩蛾科二新种记述. 昆虫分类学报, 7 (4): 277 - 280.

方育卿. 2003. 尺蛾总科. 方育卿主编. 庐山蝶蛾志. 南昌: 江西高校出版社, 189 - 348 页.

福建省科学技术委员会. 1993. 武夷山自然保护区科学考察报告集. 福州: 福建科学技术出版社, 658 页.

韩红香, 薛大勇. 2011. 中国动物志, 昆虫纲 第五十四卷, 鳞翅目尺蛾科尺蛾亚科. 北京: 科学出版社, 787 页, 929 图, 20 图版.

沈水根, 陈小钰. 1989 - 1990. 福建万木林自然保护区钩蛾二新种. 昆虫学研究集刊, 9: 167 - 170.

汪家社, 宋士美, 吴焰玉, 陈铁梅. 2003. 武夷山保护区螟蛾科昆虫志. 北京: 中国科学技术出版社, 328 页, 4 图版.

汪家社, 杨星科等. 1999. 武夷山保护区叶甲科昆虫志. 北京: 中国林业出版社, 213 页, 4 图版.

王林瑶. 2001. 圆钩蛾 Cyclidiidae、科钩蛾科 Drepanidae. 黄邦侃主编, 福建昆虫志. 第五卷. 福州: 福建科学技术出版社, 263 - 286 页.

王敏, 岸田泰则. 2011. 广东南岭国家级自然保护区蛾类. Goecke & Evers, Keltern, 373 页, 71 图版.

王效岳. 1997 - 1998. 台湾尺蛾科图鉴. 台北: 台湾省立博物馆. (1): 1 - 405 (1997); (2): 1 - 399 (1998).

武春光. 2009. 尺蛾总科 Geometroidea 与钩蛾总科 Drepanoidea 高级阶元的分子系统学研究. 北京: 中国科学院动物研究所, 142 pp. (博士学位论文)

薛大勇, 杨超, 韩红香. 2012. 中国线波纹蛾属 *Wernya* Yoshimoto 研究及 2 新种 1 新亚种记述 (鳞翅目, 钩蛾科, 波纹蛾亚科). 动物分类学报, 37 (2): 350 - 356.

薛大勇, 朱弘复. 1999. 中国动物志, 昆虫纲 第十五卷, 鳞翅目尺蛾科花尺蛾亚科卷. 北京: 科学出版社, 1090 页, 1197 图, 25 图版.

薛大勇. 1987. 鳞翅目: 尺蛾科. 章士美主编, 西藏农业病虫及杂草 I. 拉萨: 西藏人民出版社, 279 - 289 页.

薛大勇. 1992. 鳞翅目: 尺蛾科. 刘友樵主编, 湖南森林昆虫. 长沙: 湖南科学技术出版社, 807 - 904页.

薛大勇. 1993. 中国掷尺蛾属研究 (鳞翅目: 尺蛾科: 花尺蛾亚科). 动物学集刊, 10: 385 - 394.

薛大勇. 1997. 鳞翅目: 尺蛾科. 杨星科主编, 长江三峡库区昆虫. 重庆: 重庆出版社, 1221 - 1266 页.

薛大勇．2001. 尺蛾科 Geometridae. 黄邦侃主编，福建昆虫志．第五卷．福州：福建科学技术出版社，320 – 360 页．

薛大勇主编．2010. 动物标本采集、保藏、鉴定和信息共享指南．北京：中国标准出版社，442 页．

杨集昆．1978. 华北灯下蛾类图志（中）．北京：北京农业大学．301 – 527 页，图版 13 – 40.

张荣祖．1979. 中国自然地理 – – 动物地理．北京：科学出版社，viii + 121 页．

张荣祖．1999. 中国动物地理．北京：科学出版社，xiv + 502 页．

赵修复主编．1993. 武夷山自然保护区科学考察报告集．福州：福建科学技术出版社，658 页，1 地图．

赵仲苓，罗肖南．2001. 波纹蛾科．黄邦侃主编，福建昆虫志．第五卷．福州：福建科学技术出版社，587 – 590 页．

赵仲苓．2004. 中国动物志，昆虫纲 第三十六卷，鳞翅目波纹蛾科．北京：科学出版社，291 页，153 图，5 版图．

郑作新，张荣祖，马世骏．1959. 中国动物地理区划与中国昆虫地理区划（初稿）．北京：科学出版社，97 页．

周尧，向和．1982. 陕西钩蛾科的研究．昆虫分类学报，4（4）：259 – 267.

朱弘复，王林瑶．1981. 钩蛾科．朱弘复主编．中国蛾类图鉴 1. 北京：科学出版社，108 – 112 页，图版 28.

朱弘复，王林瑶．1987a. 中国山钩蛾亚科分类及地理分布（鳞翅目：钩蛾科）．昆虫学报，30（3）：291 – 306，图版 I.

朱弘复，王林瑶．1987b. 中国钩蛾亚科续报（鳞翅目：钩蛾科）卑钩蛾属 *Betalbara* Matsumura, 1927；镰钩蛾属 *Drepana* Schrank, 1802；枯叶钩蛾属 *Canucha* Walker, 1866. 动物学集刊，5：73 – 88，图版 I.

朱弘复，王林瑶．1987c. 中国钩蛾亚科续报（鳞翅目：钩蛾科）I. *Callidrepana*；II. *Callicilix*；III. *Palaeodrepana*；IV. *Macrauzata*；V. *Thymistida*；VI. *Thymistadopsis*；VII. *Didymana*. 动物学集刊，5：91 – 103，图版 I.

朱弘复，王林瑶．1987d. 中国钩蛾亚科续报（鳞翅目：钩蛾科）I. *Albara*；II. *Auzatella*；III. *Paralbara*；IV. *Strepsigonia*；V. *Deroca*；VI. *Cilix*；VII. *Pseudalbara*. 动物学集刊，5：105 – 122，图版 I.

朱弘复，王林瑶．1988a. 中国钩蛾亚科黄钩蛾属（鳞翅目：钩蛾科）．昆虫学报，31（2）：203 – 209，图版 I.

朱弘复，王林瑶．1988b. 中国钩蛾亚科线钩蛾属（鳞翅目：钩蛾科）．昆虫学报，31（3）：309 – 317，图版 I.

朱弘复，王林瑶．1988c. 中国白钩蛾属（鳞翅目：钩蛾科）．动物学集刊，6：199 – 208.

朱弘复，王林瑶．1991. 中国动物志，昆虫纲 第三卷，鳞翅目圆钩蛾科钩蛾科．科学出版社，269 页．204 图．10 版图．

朱弘复．1981. 尺蛾科．朱弘复主编．中国蛾类图鉴 1. 北京：科学出版社，112 – 131 页，图版

29 - 37.

Agassiz, L. 1847. *Nomenclatoris zooogici, (Index universalis)*. Soloduri, 1155 pp.

Alphéraky, S. 1897. Lepidoptera de l'Amour et de la Coree. *In* Romanoff, N. M., *Mémoires sur les Lépidoptères*, 9: 151 - 84, pls 10 - 13.

Aubert, J. F. 1962. Revision des Geometrides asiatique du groupe de *Xanthorhoe* (recte *Odontorhoe* gen. nov.) *tianschanica* Alph., avec description d'une espece nouvelle. *Zeitschrift der Wiener Entomologischen Gesellschaft*, 47: 28 - 8, 44 - 51, 60 - 65, figs 1 - 8, pls 1 - 4, 1 map.

Bang-Haas, O. 1927. Rhopalocera. *Horae Macrolepidopt Dresden.* Volume 1. ixviii + 128 pp.

Bastelberger, M. J. 1909a. Beitrage zur kenntnis der Geometriden-Fauna der Insel Formosa. *Deutsche Entomologische Zeitschrift Iris*, 22: 166 - 192.

Bastelberger, M. J. 1909b. Neue Geometriden aus Central-Formosa. *Entomologische Zeitschrift*, 23: 33 - 34 39 - 40 & 77.

Bastelberger, M. J. 1911a. Neubeschreibung von Geometriden vom Arisan in Formosa. *Societas Entomologica*, 25: 89 - 91.

Bastelberger, M. J. 1911b. Neue Geometriden vom Arisan (Formosa). *Entomologische Rundschau*, 28: 22 - 23.

Bastelberger, M. J. 1911c. Neubeschreibungen von Geometriden aus dem Hochgebirge von Formosa. *Internationale Entomologische Zeitschrift*, 4 (46): 248 - 250.

Berg, C. 1898. Substitucion de nombres genericos. *Comunicaciones del Museo Buenos Aires*, 1: 16 - 19.

Billberg, G. J. 1820. *Enumeratio insectorum in Museo Gust. Joh. Billberg.* Typis Gadelianis, 158 pp.

Bode, W. 1907. Die Schmetterlingsfauna von Hildesheim. *Mitteilungen aus dem Roemer-Museum Hildesheim. Nr*, 22: 1 - 65.

Boisduval, J. A. 1840. *Genera et Index methodicus Europaeorum Lepidopterorum.* Paris, vii + 238 pp.

Borkhausen, M. B. 1788 - 1794, *Naturgeschichte der Europäischen Schmetterlinge nach systematischer Ordnung: Der Phalänen erste Horde, die Spinner.* Volumes 1 - 5. Varrentrapp und Wenner, xxxvi + 572 pp.

Bourgogne, J. 1951. La variation intraspecifique chez les Lepidopteres. *Revue Francaise de Lepidopterologie Paris*, 13: 65 - 77.

Bremer, O. & Grey, W. 1853. *Beitrage zur Schmetterlungs-Fauna des nordlichen China's.* Petersburg, 23 pp, 10 pls.

Bremer, O. 1864. Lepidopteren Ostsibiriens, insbesondere des Amur-Landes, gesammelt von den Herrn G. Radde, R. Maack und P. Wulffius. *Mémoires de l'Académie Impériale des Sciences de St. Petersbourg*, (7) 8 (1): 1 - 103, pls 1 - 8.

Breyer, M. 1869. Assemblée mensuelle du 3 Octobre 1869. *Comptes-Rendu des Séances de la Société Entomologique de Belgique [Annales de la Société Entomologique de Belgique]*, 12: xvi - xxi.

Brues, C. T. & Melander, A. L. 1932. *Classification of Insects. A key to the known families of Insects and other terrestrial Arthropods.* Bulletin of the Museum of Comparative Zoology, 73: 1 - 672.

Bryk, F. 1938. Neue Parnassiiden aus dem Zoologischen Reichsmuseum Alexander Konig in Bonn. *Parnassiana Neubrandenburg*, 5: 50 – 54.

Bryk, F. 1943a. Entomological results from the Swedish expedition 1934 to Burma and British India. Lepidoptera. *Arkiv för Zoologi*, 34A (11): 1 – 10.

Bryk, F. 1943b. Entomological results from the Swedish expedition 1934 to Burma and British India. Lepidoptera: Drepanidae. *Arkiv för Zoologi*, 34A (13): 1 – 30, 3 pls.

Bryk, F. 1948. Zur Kenntnis der Gross-Schmetterlinge von Korcea. Pars II. *Arkiv för Zoologi*, 41A (1): 1 – 225, 7 pls.

Buchsbaum, U. & Miller, M. A. 2002. *Leucoblespsis taiwanensis* sp. nov., a new species of Drepanidae from Taiwan (Insecta: Lepidoptera). *Formosan Entomologist*, 22: 101 – 114.

Butler, A. G. 1875. Title unknown. *Annals and Magazine of Natural History*, (4) 15: 135 – 137.

Butler, A. G. 1877. Descriptions of new species of Heterocera from Japan. Part I. Sphinges and Bombyces. *Annals and Magazine of Natural History*, (4) 20: 473 – 483.

Butler, A. G. 1878a. Descriptions of new species of Heterocera from Japan. Part III. Geometridae. *Annals and Magazine of Natural History*, (5) 1: 392 – 407, 440 – 452.

Butler, A. G. 1878b. *Illustrations of Typical Specimens of Lepidoptera Heterocera in the Collection of the British Museum.* Part 2. London, pp. i – x, 1 – 2, pls 21 – 40.

Butler, A. G. 1879a. Descriptions of new species of Lepidoptera from Japan. *Annals and Magazine of Natural History*, (5) 4: 349 – 374, 437 – 457.

Butler, A. G. 1879b. *Illustrations of Typical Specimens of Lepidoptera Heterocera in the Collection of the British Museum.* Part 3. London, pp. i – xviii, 1 – 82, pls 41 – 60.

Butler, A. G. 1880. Descriptions of new species of Asiatic Lepidoptera Heterocera. *Annals and Magazine of Natural History*, (5) 6: 61 – 69, 119 – 129, 214 – 230.

Butler, A. G. 1881. Descriptions of new Genera and Species of Heterocerous Lepidoptera from Japan. *Transactions of the Royal Entomological Society of London*, 1881 (3): 1 – 23, 171 – 200, 401 – 426, 579 – 600.

Butler, A. G. 1883. On the Moths of the Family Urapterygidae in the Collection of the British Museum. *Zoological Journal of the Linnean Society*, 17: 195 – 204.

Butler, A. G. 1885. Descriptions of Moths new to Japan, collected by Messrs. *Lewis and Pryer. Cistula Entomologica*, 3: 113 – 136.

Butler, A. G. 1886a. Descriptions of 21 new genera and 103 new species of Lepidoptera-Heterocera from the Australian region. *Transactions of the Entomological Society of London*, 1886: 381 – 441.

Butler, A. G. 1886b. *Illustrations of typical specimens of Lepidoptera Heterocera in the collection of the British Museum. Part* 6. *London*, xv + 89 pp., 20 pls.

Butler, A. G. 1886c. On Lepidoptera collected by Major Yerbury in Western India. *Proceedings of the Zoological Society of London*, 1886: 355 – 391.

Butler, A. G. 1889. *Illustrations of typical specimens of Lepidoptera Heterocera in the collection of the British*

Museum. Part 7. *London*, iv + 124 pp. , 18 pls.

Cui, L. , Xue, D – Y. & Jiang N. 2018. *Aquilargilla* gen. nov. , a new genus of Sterrhinae from China with description of two new species (Lepidoptera, Geometridae). *Zootaxa*, 4514 (3): 431 – 437.

Christoph, H. 1881. Neue Lepidopteren des Amurgebietes. *Bulletin de la Société Impériale des Naturalistes de Moscou*, 55 (3): 33 – 121.

Cockerell, T. D. A. 1906. The effect of food on the colour of moths. *Nature*, 73: 341.

Comstock, J. H. 1918. *The wings of insects*. Comstock Publishing Company, Ithaca, New York, 430 pp.

Cotes, E. C. & Swinhoe, C. 1888. Geometridae. *A Catelogue of the Moths of India*. Part 4: 463 – 590.

Curtis, J. 1823 – 1839. *British Entomology*. 16 volumes, London, 770 pls.

Davidian, H. H. 1996. History of Rhododendron Introductions from China During the 19th Century. *Journal of American Rhododendron Society*, 50 (1): 23.

Denis, M. & Schiffermüller, I. 1775. *Ankündigung eines systematischen Werkes von den Schmetterlongen der Wienergegend*. Augustin Bernardi, Wien, 323 pp. , 3 pls.

Dietze, K. 1910. *Biologie der Eupithecien*. Theil 1. Abbildungen, 82 pp.

Djakonov, A. M. 1926. Zur Kentnis der Geometriden Fauna des Minussinsk-Bezirks (Sibirien, Ienissej Gouv.). *Jahrb Martjanov Staatsmus Minussinsk*, 4: 1 – 78.

Djakonov, A. M. 1936. Die Geometriden des Amur-Ussuri-Gebietes, II. Tribus Caberini, nebst Revision einiger Gattungen dieser Gruppe. *Trudy Zoologicheskogo instituta Leningrad*, 3: 475 – 531, 11 pls.

Duponchel, M. P. A. J. 1829. *in* Godart, J. B. & Duponchel, M. P. A. J. , *Histoire Naturelle des Lépidoptères ou Papillons de France*, Paris: Crevot/Méquignon-Marvis, 7 (2): 1 – 507, 38 pls.

Duponchel, M. P. A. J. 1845. *Catalogue méthodique des Lépidoptères d'Europe*. Méquignon-Marvis, xxx + 523 pp.

Fabricius, J. C. 1775. *Systema Entomologicae, sistens Insectorum classes, ordines, genera, species, adjectis, synonymis, locis, descriptionibus, observationibus*. Flensburg, Lipsia, 832 pp.

Fabricius, J. C. 1787. *Mantissa Insectorum, sistens eorum species nuper detectas*. Vol. 2. Hafniae, 382 pp.

Fabricius, J. C. 1794. *Entomologia Systematica Emendata et Aucta*. Vol. 3 (2). Hafniae, 349 pp.

Fabricius, J. C. 1798. *Supplementum Entomologiae systematicae*. Apud Proft et Storch, 572 pp.

Felder, C. 1861. Lepidopterorum Amboinensium a Dre L. Doleschall annos 1856 – 58 collectorum. 2. Heterocera. *Sitzungsberichte der Akademie der Wissenschaften. Mathematisch-Natyrwissenschaftliche Classe. Wien*, 43 (1): 26 – 44.

Felder, R. & Rogenhofer, A. F. 1875. Lepidoptera. Heft V. Atlas der Heterocera, Geometridae Pterophorida. *Reise der österreichischen Fregatte Novara um die Erde* (Zoologischer Theil), 2 (2. Abt): pls 121 – 140. Wien.

Fixsen, C. 1887. Lepidopter aus Korea. *In* Romanoff, *N. M. Mémoires sur les Lépidoptères*, 3: 233 – 365. 2 pls. 1 map.

Fletcher, D. S. 1979. *In* Nye, W. B. , *The Generic Names of Moths of the World*. Volume 3. Trustees of the British Museum (Natural History), London, 243pp.

Fourcroy, A. F. 1785. *Entomologia Parisiensis; sive catalogus Insectorum quae in agro Parisiensi reperiuntur.* Volumes 1 & 2. Parisiis, vii + 544 pp.

Frivaldszky, I. 1845. Rövid áttekintése egy természetrajzi utazásnak, az európai Töröbirodalomban, egyszersmind nehány a közben újdonnat fölfedezett állatnak leírása. [Brief overview of a natural history journey taken in the European part of the Ottoman Empire, supplemented with the description of some newly discovered animals.]. *A Királyi Magyar Természettudományi Társulat évkönyvei. Elsö kötet.* Pesten, nyomatott Beimel Józsefnél, 1: 163 – 187, pls I – III.

Gaede, M. 1930. Family: Cymatophoridae. *In* Seitz, A., *The Macrolepidoptera of the World.* Vol. 10. Alfred Kernen, Publisher, Stuttgart, pp. 657 – 663.

Gaede, M. 1931. Family: Drepanidae. *In* Strand, E., *Lepidopterorum Catalogus*, 49: 1 – 60.

Gaede, M. 1932 – 1933. Family: Drepanidae. *In* Seitz, A., *The Macrolepidoptera of the World.* Vol. 2 (Supplement). Alfred Kernen, Publisher, Stuttgart, pp. 167 – 170, pl. 10.

Gistel, J. (R. F. X.). 1848. *Naturgeschichte des Thierreichs für höhere Schulen. Naturg Thierreichs*, Stuttgart, xvi + 216 pp., atlas, 32 pls.

Goeze, J. A. E. 1781. *Entomologische Beyträge zu des Ritter Linné Zwölften Ausgabe des Natursystens.* (3) 3. Leipzig, 439 pp.

Goyal, T. 2011. *Taxonomic studies on family Geometridae (Lepidoptera) from Western Ghats of India.* Punjabi University, Patiala, Punjab, 279 pp. (Ph. D. degree thesis)

Graeser, L. 1889. Beitrage zur Kenntniss der Lepidopteren-Fauna des Amurlandes ii. *Berliner Entomologische Zeitschrift*, 32: 309 – 414.

Graeser, L. 1890. Beitrage zur Kenntniss der Lepidopteren-Fauna des Amurlandes, iv. *Berliner Entomologische Zeitschrift*, 35: 71 – 84.

Grote, A. R. 1862. Additions to the nomenclature of North American Lepidoptera. No. 2. *Proceedings of the Academy of Natural Sciences of Philadelphia*, 1862: 359 – 360.

Grote, A. R. 1902. Die Gattungsnamen der europaischen Noctuiden. *Allgemeine Zeitschrift fuer Entomologie*, 7: 395 – 400.

Gruchy, C. G. 1973. Request that the international commission rule to correct homonymy in the family-group name Drepanidae, currently in use in Insecta and Pisces Z. N. (S.) 1958. *Bulletin of Zoological Nomenclature*, 30 (1): 35 – 36.

Guenée, M. A. 1858 [imprint 1857]. Uranides et Phalénites. *In* Boisduval, J. B. A. D. & Guenée, M. A. *Histoire Naturelle des Insectes (Lepidoptera)*, Species Général des Lépidoptères, 9: 1 – 514, pls 1 – 56; 10: 1 – 584, pls 1 – 22.

Guenée, M. A. 1862. Annexe G: Lépidoptères. *In* Maillard, L., *Notes sur l'île de la Réunion (Bourbon).* 16 pp.

Gumppenberg, C. V. 1887 – 1895, Systema Geometrarum zonae temperatioris septentrionalis. Erster Theil. *Nova Acta Academiae Leopoldino Carolinae Naturae Curiosorum*, 49: 229 – 400, pls 8 – 10

(1887); Dritter Theil. *ibidem*, 54: 269 – 431 (1890); Vierter Theil, *ibidem*, 54: 433 – 544 (1890); Siebenter Theil. 64: 367 – 512 (1895).

Hampson, G. F. 1891. *Illustrations of typical specimens of Lepidoptera Heterocera in the collection of the British Museum.* Part 8. The Lepidoptera Heterocera of the Nilgiri district. London, iv + 144 pp.

Hampson, G. F. 1895. Descriptions of new Heterocera from India. *Transactions of the Entomological Society of London*, 1895: 277 – 315.

Hampson, G. F. 1893. *Illustrations of typical specimens of Lepidoptera Heterocera in the collection of the British Museum.* Part 9: The Macrolepidoptera Heterocera of Ceylon. London, v + 182 pp., pls 157 – 176.

Hampson, G. F. 1893 – 1896. *The Fauna of British India, including Ceylon and Burma* (Moths). Taylor and Francis, London, volume 1, xxiii + 527 pp., figs 1 – 333 (1893); volume 2, xxii + 609 pp. (1894); volume 3, xxviii + 546 pp. (1895); volume 4, xxviii + 594 pp. (1896).

Hampson, G. F. 1897. The moths of India. Supplementary paper to the Volumes in "*The Fauna of British India*". Series I, Part I. *Journal of the Bombay Natural History Society*, 11: 277 – 297, 1 pl., 3 figs.

Hampson, G. F. 1898a. The moths of India. Supplementary paper to the Volumes in "*The Fauna of British India*". Series I, Part III. *Journal of the Bombay Natural History Society*, 11: 699 – 724, 6 figs.

Hampson, G. F. 1898b. The moths of India. Supplementary paper to the Volumes in "*The Fauna of British India*". Series I, Part IV. *Journal of the Bombay Natural History Society*, 12: 73 – 98, 7 figs.

Hampson, G. F. 1907. The moths of India. Supplementary paper to the Volumes in "*The Fauna of British India*". Series III, Part IV. *Journal of the Bombay Natural History Society*, 18: 27 – 53, 1 fig.

Han, H-X. & Xue, D-Y. 2008. A taxonomic review of *Pachyodes* Guenée, 1858, with descriptions of two new species (Lepidoptera: Geometridae, Geometrinae). *Zootaxa*, 1759: 51 – 68.

Han, H-X., Galsworthy, A. & Xue, D-Y., 2005, A revision of the genus *Metallolophia* Warren (Lepidoptera: Geometridae: Geometrinae). *Journal of Natural History*, 39 (2): 165 – 195, 80 figs.

Han, H-X., Xue, D-Y. & Li, H-M. 2003. A Study on the Genus *Herochroma* Swinhoe in China, with Descriptions of Four New Species. *Acta Entomologica Sinica*, 46 (5): 629 – 639, 16 figs.

Hausmann, A. 2001. Introduction. Archiearinae, Orthostixinae, Desmobathrinae, Alsophilinae, Geometrinae. *In* Hausmann, A., *The Geometrid Moths of Europe.* Volume 1. Apollo Books, Stenstrup, 282 pp.

Haworth, A. H. 1802. *Prodromus Lepidopterorum Britannicorum: a catalogue of British Lepidopterous Insects.* Holt, vi + 39 pp.

Haworth, A. H. 1809. *Lepidoptera Britannica, sistens digestionem novam Lepidopterorum quae in Magna Britannia reperiuntur.* Part 2. 137 – 376 pp.

Herbulot, C. 1987. Deux nouveaux Geometridae de Borneo. *Lambillionea*, 87 (9 – 10): 105 – 108.

Herbulot, C. 1989. Nouveaux Geometridae de Malaisie (Lepidoptera). *Lambillionea*, 88 (11 – 12): 171 – 172.

Herbulot, C. 1992. Un nouveau Lomographa de Taiwan (Lepidoptera Geometridae). *Bulletin de la Societe*

Entomologique de Mulhouse, 1992: 8.

Herrich-Schäffer, G. A. W. 1854. *Sammlung neuer oder wenig bekannter, aussereuropäischer Schmetterlinge*, (1) 1 (11): 5 – 12, pls. 17 – 48 (figs 77 – 258).

Herrich-Schäffer, G. A. W. 1863. *Systematisches Verzeichniss der Europäischen Schmetterlinge.* Volume 9. Regensburg, 28 pp.

Herz, O. 1904. Lepidoptera von Korea. Noctuidae et Geometridae. *Annuaire du Musee St Petersbourg (Ezheg. zool. Muz.)*, 9: 263 – 390.

Heydemann, F. 1929. Monographie der palaarktischen Arten des Subgenus *Dystroma* Hbn. (*truncata-citrata*-Gruppe) der Gattung Cidaria. (Geometrid. Lepid.). *Mitteilungen der Münchner Entomologischen Gesellschaft*, 19: 207 – 292, 13 figs, 11 pls.

Hiramatsu, Y. 1978. A revisory note on *Sibatania arizana* (Wileman), with a new subspecies from the Ryukyus. *Tinea*, 10 (14): 137 – 139, figs 1 – 9.

Holloway, J. D. 1976. *Moths of Borneo with special reference to Mount Kinabalu.* Kuala Lumpur, Malay, Nature Society, 264 pp., 727 figs, 31 pls.

Holloway, J. D. 1982. Taxonomic Appendix. *In* Barlow, H. S., *An Introduction to the Moths of South East Asia.* London, pp. 174 – 305, figs 1 – 72, 50 pls.

Holloway, J. D. 1994. The Moths of Borneo: Family Geometridae, Subfamily Ennominae. *Malayan Nature Journal*, 47: 1 – 309.

Holloway, J. D. 1996. The moths of Borneo: family Geometridae, subfamilies Oenochrominae, Desmobathrinae and Geometrinae. Malayan Nature Journal, 49 (3 – 4): 147 – 326, 427 figs, 12 pls.

Holloway, J. D. 1997. The moths of Borneo: family Geometridae, subfamilies Sterrhinae Larentiinae. *Malayan Nature Journal*, 51 (1 – 4): 1 – 242, 608 figs, 12 pls.

Holloway, J. D. 1998. *The Moths of Borneo.* Part 8: Family Castniidae. Callidulidae. Drepanidae and Uraniidae. *Malayan Nature Journal*, 52: 7 – 76.

Hori, H. 1926. A new Geometrid from Japan. *Kontyû*, 1 (2): 83 – 85.

Houlbert, C. 1921. Revision monographique de la Famille des Cymatophoridae, Et. *In* Oberthür, *Études de Lepidopterologie Comparee*, 18: 23 – 252.

Hua, L-Z. 2005. *List of Chinese Insects.* Vol. III. Guangzhou: Sun Yat-sen University Press. 595 pp.

Huang, G-H., Wang, M. & Xin, D-Y. 2003. A new species of the genus *Orthobrachia* Warren, 1895 (Lepidoptera, Geometridae) from China. *Tinea*, 17 (5): 229 – 231

Hübner, J. 1816 – 1826. *Verzeichniss bekannter Schmettlinge.* Augsburg, 431 pp.

Hübner, J. 1821. *Index exoticorum Lepidopterorum, in foliis* 244 *a Jacobo Hübner hactenus effigiatorum; adjectis denominationibus emendatis, tam communioribus quam exactioribus. Anno* 1821. *die* 22. *Decembris.* Augustae Vindelicorum, 7 leaves.

Hübner, J. 1822. *Systematisch-alphabetisches Verzeichniss aller bisher bey den Fürbildungen zur Sammlung Europäischer Schmetterlinge angegebenen Gattungsbenennungen : mit Vormerkung auch Augsburgischer Gattungen.* Augsburg, 81 pp.

Hübner, J. 1824 – 1831, *Zuträge zur Sammlung exotischer Schmetterlinge*, bestehend in Bekundigung einzelner Fliegmuster neuer oder rarer nichteuropäischer Gattungen. Vol. 3: 1 – 3, 4 – 6, 7, 8 – 40, 41 – 48 (1827 – 1831); pl. 70 – 100, f. 401 – 582 (1824); pl. 101 – 103, f. 583 – 600 (1825).

Hufnagel, J. S. 1767. Fortsetzung der Tabelle von den Nachtvögeln, welche die 3te Art derselben, nehmlich die Spannenmesser (Phalaenas Geometras Linnaei) enthält. *Berlin Magazine*, 4 (5): 504 – 527, 599 – 619.

Hulst, G. D. 1896. Classification of Geometrina of North America. *Transactions of the American Entomological Society*, 23: 235 – 386.

Imms, A. D. 1934. *A general textbook of entomology, including the anatomy, physiology, development and classification of insects* (3rd edition). London, Methuen & Co., xii + 727 pp.

Imms, A. D. 1957. *A general textbook of entomology*. Ninth revised ed. Methuen & Co. Ltd.; London, x + 886 pp.

Inoue, H. 1941. On some Geometridae of Corea. *Mushi*, 14: 21 – 28.

Inoue, H. 1942. New and unrecorded Geometridae from Japan. *Transactions of the Kansai Entomological Society*, 12 (1): 8 – 23, pls 4 – 6.

Inoue, H. 1943. New and little known Geometridae from Japan. *Transactions of the Kansai Entomological Society*, 12 (2): 1 – 25, figs 1 – 8, pl. 11.

Inoue, H. 1944. Notes on some Japanese Geometridae. *Transactions of the Kansai Entomological Society*, 14 (1): 60 – 71, figs 1 – 10.

Inoue, H. 1953. Notes on some Japanese Larentiinae and Geometrinae. *Tinea*, 1 (1): 1 – 18, 21 figs, 1 pl.

Inoue, H. 1954. *Check List of the Lepidoptera of Japan*. Part 1. Rikusuisha, Tokyo, xiii + 112 pp.

Inoue, H. 1956a. *Check List of the Lepidoptera of Japan*. Part 4, Rikusuisha, Tokyo, pp. 365 – 429.

Inoue, H. 1956b. Miscellaneous notes onnthe Japanese Geometridae (VI). *Tinea*, 3 (1/2): 165 – 169, 4 figs.

Inoue, H. 1958. Descriptions and records of some Japanese Geometridae (II). *Tinea*, 4 (2): 241 – 256, 1 pl., 10 figs.

Inoue, H. 1959. *Icongraphia Insectorum Japonocorum*. 1. Lepidoptera. Colore Naturali Edita, xiv + 284 pp. + index, 184 pls.

Inoue, H. 1960. One new species and one new subspecies of *Macrauzata* from Japan and China. (Lepidoptera: Drepanidae). *Tinea*, 5(2): 314 – 316, 1 pl.

Inoue, H. 1961a. Lepidoptera: Geometridae. *Insecta Japonica*, Series 1, Part 4. Hokuryukan Publishing, Tokyo, pp. 1 – 106, pls 1 – 7,

Inoue, H. 1961b. Notes on two species of the Drepanidae from Japan. *Transactions of the Lepidopterological Society of Japan*, 12 (1): 9 – 13.

Inoue, H. 1962. Lepidoptera: Cyclidiidae, Drepanidae. *Insecta Japonica*. Series 2, Part 1. Hokuryukan Publishing, Tokyo, pp. 1 – 54, pls. 1 – 3.

Inoue, H. 1963. Descriptions and records of some Japanese Geometridae (III). *Tinea*, 6 (1/2): 29 -39, 7 figs, 1 pl.

Inoue, H. 1965. A list of the Geometridae collected by Drs. A. Mutuura, M. Ogata and T. Shirozu in Formosa in 1961. *Special bulletin of Lepidopterological Society of Japan*, 1: 27 -35, 2 figs, 1 pl.

Inoue, H. 1971. The Geometridae of the Ryukyu Islands (Lepidoptera). *Bulletin of Faculty of Domestic Sciences, Otsuma Woman's University*, 7: 141 -179, 6 pls.

Inoue, H. 1976. Descriptions and records of some Japanese Geometridae (V). *Tinea*, 10 (2): 7 -37, 56 figs.

Inoue, H. 1977. Catalogue of the Geometridae of Japan (Lepidoptera). *Bulletin of Faculty of Domestic Sciences, Otsuma Woman's University*, 13: 227 -346, 80 figs.

Inoue, H. 1978. New and unrecorded species of the Geometridae from Taiwan with some synonymic notes (Lepidoptera). *Bulletin of Faculty of Domestic Sciences, Otsuma Woman's University*, 14: 203 -254, 129 figs.

Inoue, H. 1980. Revision of the genus *Eupithecia* of Japan (Lep.: Geometridae). Part 2. *Bulletin of Faculty of Domestic Sciences, Otsuma Woman's University*, 16: 153 -213, 62 figs.

Inoue, H. 1982a. A new species of the genus *Hypochrosis* Guenée from southeast Asia (Geometridae: Ennominae). *Tyō to Ga*, 32 (3/4): 164 -167.

Inoue, H. 1982b. Geometridae of Eastern Nepal based on the collection of the Lepidopterological Research Expedition to Nepal Himalaya by the Lepidopterological Society of Japan in 1963. Part II. *Bulletin of Faculty of Domestic Sciences, Otsuma Woman's University*, 18: 129 -190, 51 figs.

Inoue, H. 1982c. Geometroidea. *in* Inoue H. *et al.*, *Moths of Japan.* Vol. 1 & 2. 1: 412 -579; 2: 257 -312, pls. 50 -110, 228 -229, 232, 314 -344.

Inoue, H. 1983. Eleven new species of the Geometridae from Taiwan. *Tinea*, 11 (16): 139 -154, 24 figs.

Inoue, H. 1986. Descriptions and records of some Japanese Geometridae (6). *Tinea*, 12 (7): 45 -71, figs 1 -27.

Inoue, H. 1987a. Notes on several species of the Ennominae (Geometridae) from Taiwan. *Japan Heterocerists' Journal*, 140: 232 -235.

Inoue, H. 1987b. Geometridae of Eastern Nepal based on the collection of the Lepidopterological Research Expedition to Nepal Himalaya by the Lepidopterological Society of Japan in 1963. Part III. *Bulletin of Faculty of Domestic Sciences, Otsuma Woman's University*, 23: 215 -270.

Inoue, H. 1988. Taxonomic notes on the Drepanidae from Taiwan, with descriptions of two new species and six new subspecies (Lepidoptera). *Tinea*, 12 (15): 125 -134.

Inoue, H. 1989. The genus *Gelasma* Warren from Taiwan (Lepidoptera: Geometridae). *Bulletin of Faculty of Domestic Sciences, Otsuma Woman's University*, 25: 245 -271, 52 figs.

Inoue, H. 1992a. Geometridae, Thyatiridae, Cyclidiidae, Drepanidae. *In* Heppner, J. B. & Inoue, H., *Lepidoptera of Taiwan.* Vol. 1, part 2: Checklist. Florida, pp. 111 -129, 151 -153.

Inoue, H. 1992b. Twenty-four new species, one new subspecies and two new genera of the Geometridae (Lepidoptera) from East Asia. *Bulletin of Otsuma Women's University*, 28: 149 – 188.

Inoue, H. 1995. On the four species of *Philereme* (Geometridae, Larentiinae) from Japna. *Yugato*, 139: 39 – 43, 11 figs.

Inoue, H. 1999. Revision of the genus *Herochroma* Swinhoe (Geometridae, Geometrinae). *Tinea*, 16 (2): 76 – 105, figs 1 – 107.

Inoue, H. 2003. A revision of the genus *Obeidia* Walker (Geoemetridae [Geometridae], Ennominae), with descriptions of four new genera, two new species and one new subspecies. *Tinea*, 17 (3): 133 – 156.

Inoue. 1955. Unrecorded moths from Shikiku (1), with description of a new subspecies. *Gensei*, 4 (1/2): 1 – 8.

Janse, A. J. T. 1932. *The moths of South Africa*. Volume I. Sematuridae and Geometridae. Commercial Printing Company, Durban, x + 376 pp. + 15 pls.

Jiang, N., Li, X-X, Hausmann, A., Cheng R., Xue, D-Y. & Han, H-X. 2017. A molecular phylogeny of the Palaearctic and Oriental members of the tribe Boarmiini (Lepidoptera : Geometridae : Ennominae). *Invertebrate Systematics*, 31: 427 – 441

Jiang, N., Sato, R. & Han, H-X. 2012. One new and one newly recorded species of the genus *Amraica* Moore, 1888 (Lepidoptera: Geometridae: Ennominae) from China, with diagnoses of the Chinese species. *Entomological Science*, 15: 219 – 231.

Jiang, N., Xue, D-Y. & Han, H-X. 2011a. A review of *Biston* Leach, 1815 (Lepidoptera, Geometridae, Ennominae) from China, with description of one new species. *ZooKeys*, 139: 45 – 96.

Jiang, N., Xue, D-Y. & Han, H-X. 2011b. A review of *Ophthalmitis* Fletcher, 1979 in China, with descriptions of four new species (Lepidoptera: Geometridae, Ennominae). *Zootaxa*, 2735: 1 – 22.

Jiang, N., Xue, D-Y. & Han, H-X. 2012. A review of *Peratophyga* Warren, 1894 in China, with descriptions of two new species (Lepidoptera: Geometridae, Ennominae). *Zootaxa*, 3478: 403 – 415.

Jiang, N., Xue, D-Y. & Han, H-X. 2014. A review of *Luxiaria* Walker and its allied genus *Calletaera* Warren (Lepidoptera, Geometridae, Ennominae) from China. *Zootaxa*, 2856: 73 – 99.

Joannis, J. de. 1929. Lepidopteres heteroceres du Tonkin (2e partie). *Annales de la Societe Entomologique de France*, 98 (4): 361 – 552.

Kim, S. S., Beljaev, E. A. & Oh, S. H. 2001. Illustrated catalogue of Geometridae in Korea (Lepidoptera: Geometrinae, Ennominae). *Insects of Korea*, 8: 1 – 278.

Kirby, W. F. 1892. *A Synonymic Catalogue of Lepidoptera Heterocera*. R. Friedlander & Son., Berlin, 951 pp.

Klots, A. B. 1970. Lepidoptera. In Tuxen, S. L., *Taxonomist's glossary of genitalia in insects* (second edition). Munksgaard, Copenhagen, pp. 115 – 130.

Kollar, V. & Redtenbacher, L. 1844. Aufzählung und Beschreibung der von Freiherrn Carl v. Hügel auf seiner Reise durch Kaschmir und das Himaleyagebirge gesammelten Insecten (Part 2). In von Hügel,

C., *Kaschmir und das Reich der Siek*, Stuttgart, 4 (2): 393 – 564, 582 – 585.

Kristensen, N. P., Scoble, M. J. & Karsholt, O. 2007. Lepidoptera phylogeny and systematics: the state of inventorying moth and butterfly diversity. *Zootaxa*, 1668: 699 – 747.

Laspeyres, H. J. 1803. Vorschlag zu einer neuen in die Classe der Glossaten einzufürenden Gattung. *Die Gesellschaft Naturforschender Freunde zu Berlin, Neue Schriften*, 4: 23 – 58.

Laszlo, Gy. M., Ronkay, G., Ronkay, L. & Witt, Th. 2007. The Thyatiridae of Eurasia: including the Sundaland and New Guinea (Lepidoptera). *Esperiana*, 13: 2 – 683.

Leach, W. E. 1815. Entomology. *In* Brewster, D., *The Edinburgh Encyclopaedia*, 9: 57 – 172.

Leach, W. E. 1814 – 1817, *In* Leach, W. E. & Nodder, R. P., *The Zoological Miscellany: being descriptions of new, or interesting animals.* Volumes I – III. London.

Lederer, J. 1853. Versuch die europäischen Lepidopteren in möglichst natürliche Reihenfolge zu stellen, nebst Bemerkungen zu einigen Familien und Arten. *Verhandllungen der kaiserlich-kongiglichen zoologish-botanischen Gesellschaft in Wien*, 3: 165 – 270.

Leech, J. H. 1888. On the Lepidoptera of Japan and Corea, Part II. Heterocera, Sect. I. *Proceedings of the Zoological Society of London*, 1888: 580 – 655.

Leech, J. H. 1889. On a Collection of Lepidoptera from Kiukiang. *Transactions of the Royal Entomological Society of London*, 1889 (1): 99 – 148.

Leech, J. H. 1890. New species of Lepidoptera from China. *Entomologist*, 23: 109 – 114.

Leech, J. H. 1891a. New species of Lepidoptera from China. *Entomologist*, 24 (Supplement): 1 – 5.

Leech, J. H. 1891b. Descriptions of new species of Geometridae from China, Japan, and Korea. *Entomologist*, 24 (Supplement): 42 – 56.

Leech, J. H. 1897. On Lepidoptera Heterocera from China, Japan, and Corea. *Annals and Magazine of Natural History*, (6) 19: 180 – 235, 297 – 349, 414 – 463, 543 – 573, 640 – 679, pls 6, 7; ibidem, (6) 20: 65 – 110, 228 – 248, pls 7, 8.

Leech, J. H. 1898. Lepidoptera Heterocera from Northern China, Japan and Corea. *Transactions of the Royal Entomological Society of London*, 1898: 261 – 379.

Leech, J. H. 1900. Lepidoptera Heterocera from northern China, Japan and corea. Part 3. *Transactions of the Royal Entomological Society of London*, 1900: 9 – 161.

Lempke, B. J. 1970. Catalogus der Nederlandse Macrolepidoptera (Zestiende supplement). *Tijdschrift voor Entomologie*, 113: 125 – 252.

Linnaeus, C. 1758. *Systema Naturae* (Ed. 10). Stockholm, 823 pp.

Longstaff, G. B. 1905. A new Geometer from Hong Kong. *Entomologist's Monthly Magazine*, 41: 184.

Longstaff, G. B. 1912. *Butterfly hunting in many lands, notes of a field naturalist.* Longmans Green & Co., London, 729 pp.

Lucas, T. P. 1900. New species of Queensland Lepidoptera. *Proceedings of the Royal Society of Queensland*, 15: 137 – 161.

Marumo, N. 1916. Notes on the family Cymatophoridae from Japan, including Korea and Taiwan. *Insect*

World, Gifu, Japan, 20: 47 – 50.

Marumo, N. 1920. Description of four new species of Lepidoptera Heterocera from Japan. *Journal of the College of Agriculture, Imperial University of Tokyo*, 6: 261 – 264.

Matsumura, S. 1908. *The Illustrated Thousand Insects of Japan* (Supplement). Volume 1. Tokyo, 151 pp.

Matsumura, S. 1910. *A Thousand Insects of Japan* (Supplement). Volume 2. Keiseisha, Tokyo, 144 pp, pls 17 – 29.

Matsumura, S. 1911. Erster Beitrag zur Insekten-Fauna Sachalin. *Journal of the College of Agriculture, Tohoku Imperial University*, 4: 1 – 145.

Matsumura, S. 1921. *A Thousand Insects of Japan.* (Additamenta). Volume 4. Keiseisha, Tokyo, pp. 772 – 1012, pls. 54 – 71.

Matsumura, S. 1927. New species and subspecies of moths from the Japanese Empire. *Journal of the College of Agriculture, Hokkaido Imperial University*, 19: 1 – 91, pls. 1 – 5.

Matsumura, S. 1931. 6000 *Illustrated Insects of Japan-Empire.* Tokyo, 1497 + 191 pp., 10 pls.

Matsumura, S. 1933. New species of Cymatophoridae of Japan and Formosa. *Insecta Matsumurana*, 7: 190 – 201.

McDunnough, J. H. 1920. Studies in North American Cleorini (Geometridae). *Bulletin of the Department of Agriculture Entomology*, 18: 1 – 64.

McDunnough, J. H. 1938. Check list of the Lepidoptera of Canada and the United States of America. Part I. Macrolepidoptera. *Memoirs Southern California Academy of Sciences*, 1: 1 – 275.

Mell, R. 1942. Beiträge zur Fauna sinica XXIII. Über die Cymatophoridae von Kuangtung. *Archiv für Naturgeschichte* (N. F.), 11: 293 – 303.

Ménétriès, J. E. 1859. Lepidoptères de la Sibérie orientale et en particulier des rives de l'Amour. *Bulletin de la Classe Physico-Mathématique de l'Académie Impériale des Sciences de St.-Pétersbourg*, 17 (12 – 14): 212 – 221.

Meyrick, E. 1883. Descriptions of New Zealand Microlepidoptera. III. Oecophoridae. *New Zealand Journal of Science*, 1: 522 – 525.

Meyrick, E. 1888. Descriptions of Australian Micro-lepidoptera. *Proceedings of the Linnean Society of New South Wales*, (2) 2: 827 – 966.

Meyrick, E. 1892. On the classification of the Geometrina of the European fauna. *Transactions of the Royal Entomological Society of London*, 1892: 53 – 140, pl. 3.

Meyrick, E. 1897. On Lepidoptera from the Malay Archipelago. *Transactions of the Royal Entomological Society of London*, 1897: 69 – 92.

Minet, J. & Scoble, M. J. 1999. The drepanoid/geometroid assemblage. Chapter 17. *In* Kristensen, N. P., *Handbook of Zoology.* Volume IV, *Arthropoda: Insecta.* Part 35, *Lepidoptera, Moths and Butterflies.* Volume 1, *Evolution, systematics, and biogeography.* Walter de Gruyter, Berlin · New York, pp. 301 – 320.

Minet, J. 1983. Étude morphologique et phylogénétique des organes tympaniques des Pyraloidea. 1.

Généralités et homologies. (Lep. Glossata). *Annales Société Entomologique de France*, 19: 175 – 207.

Minet, J. 1991. Tentative reconstruction of the ditrysian phylogeny (Lepidoptera: Glossata). *Entomologica scandinavica*, 22: 69 – 95.

Mironov, V., Galsworthy, A. C. & Xue, D-Y. 2004. New species of *Eupithecia* (Lepidoptera, Geometridae) from China, part I. *Transactions of the Lepidopterological Society of Japan*, 55 (1): 39 – 57, 31 figs.

Mironov, V., Galsworthy, A. C., Xue, D-Y. & Pekarsky, O. 2011. New species of *Eupithecia* (Lepidoptera, Geometridae) from China, part VI. *Lepidoptera Science*, 62 (1): 12 – 32.

Moore, F. 1866. On the Lepidopterous Insects of Bengal. *Proceedings of the Zoological Society of London*, 1865: 755 – 823, pls. 41 – 43.

Moore, F. 1868. On the Lepidopterous Insects of Bengal. *Proceedings of the Zoological Society of London*, 1867: 44 – 98, pl. 6 – 7 (1867); 612 – 686, pl. 32 – 33 (1868).

Moore, F. 1879a. Heterocera. *In* Hewitson, W. C. & Moore, F., *Descriptions of new Indian Lepidopterous insects from the collection of the late Mr. W. S. Atkinson.* Part 1. Taylor and Francis, London, pp. 5 – 88, pls. 2 – 3.

Moore, F. 1879b. A list of the lepidopterous insects collected by Ossian Limborg in Upper Tenasserim, with descriptions. *Proceedings of the Zoological Society of London*, 1878: 821 – 858, pls. 51 – 53.

Moore, F. 1879c. Descriptions of new Genera and species of Asiatic Lepidoptera Heterocera. *Proceedings of the Zoological Society of London*, 1879: 387 – 416, pls. 32 – 34.

Moore, F. 1884 – 1887. *The Lepidoptera Ceylon*, 3. L. Reeve & co. London, xv + 578 pp., 215 pls.

Moore, F. 1888a. Heterocera (continued). *In* Hewitson, W. C. & Moore, F., *Descriptions of new India lepidopterous insects from the colloctions of the late Mr. W. S. Atkinson.* Part 3. Taylor and Francis, London, pp. 199 – 299, pls 7 – 8.

Moore, F. 1888b. Descriotions of new Genera and Species of Lepidoptera Heterocera collected by Rev. J. H. Hocking, chiefly in the Kangra District, N. W. Himalaya. *Proceedings of the Zoological Society of London*, 1888: 390 – 412.

Motschulsky, V. 1861. Insectes du Japan. *Études d'Entomologie*, 9: 4 – 41.

Motschulsky, V. 1866. Catalogue des insects recus du Japon. *Bulletin de la Société Impériale des Naturalistes de Moscou*, 39: 163 – 200.

Murillo-Ramos L., Brehm G., Sihvonen P., Hausmann A., Holm S., Reza Ghanavi H., Õunap E., Truuverk A., Staude H., Friedrich E., Tammaru T. & Wahlberg N. 2019. A comprehensive molecular phylogeny of Geometridae (Lepidoptera) with a focus on enigmatic small subfamilies. *Peer J*, 7: e7386.

Nagano, K. 1917. A study of the Japanese Lasiocampidae and Drepanidae. *Bulletin of the Nawa Entomological Laboratory Gifu*, 2: 1 – 140, pls 1 – 10.

Niethammer, G. 1963. Zur Geschichte der "Sammlung Höne". *Bonner zoologische Beiträge*, 14 (3/4): 234 – 247.

Oberthür, C. 1881. Lépidopteres de China. *Études d'Entomologie*, 6: i – x, 1 – 22, 3 pls.

Oberthür, C. 1884a. Lepidopteres du Thibet, de Mantschourie, d'Asie-Mineure et d'Algerie. *Études d'Entomologie*, 9: 1 – 40, pls 1 – 2.

Oberthür, C. 1884b. Lepidopteres de l'Asie orientale. *Études d'Entomologie*, 10: 1 – 35, pls 1 – 3.

Oberthür, C. 1886. Nouveaux Lepidopteres du Thibet. *Études d'Entomologie*, 11: 1 – 38, pls 1 – 7.

Oberthür, C. 1894. Title unknown. *Études d'Entomologie*, 18: i – viii, 1 – 49, pls 1 – 6.

Oberthür, C. 1911. Revision iconographique des especes de Phalenites (Geometra L.) enumerees et decrites par Achille Guenée dans les Volumes ix et x de Species general des Lepidopteres Paris (1857). *Études de Lepidopterologie Comparee*, 5: 10 – 84.

Oberthür, C. 1912. Revision des Phalenites decrites par Guenee dans le species general des Lepidopteres (Tome ix.) famille ii. *Études de Lepidopterologie Comparee*, 6: 223 – 307.

Oberthür, C. 1913. Suite de la révision des Phalénites décrites par A. Guenée dans le Species général. *Études de Lepidopterologie Comparee*, 7: 237 – 331.

Oberthür, C. 1916a. Révision iconographique des Espèces de Phalénites Enumaérées et décrites par Achille Guenée dans les Volumes 9 et 10 du Species général des Lépidoptères. *Études de Lépidoptérologie Comparée*, 12: 67 – 176, pls. 382 – 401.

Oberthür, C. 1916b. Faune des Lepidopteres de Barbarie (partie ii) . *Études de Lepidopterologie Comparee*, 12: 179 – 428.

Oberthür, C. 1923. Revision iconographique des especes de Phale-nites (Geometra Linne) enumerees et decrites par Guenee dans le Volume X du Species general des Lepidopteres, publie a Paris, chez l'editeur Roret, en 1857. *Etudes de Lepidopterologie Rennes*, 20: 214 – 283

Ochsenheimer, F. 1816. *Die Schmetterlinge von Europa*. Band 4. Gerhard Fleischer, Leipzig, 224 pp.

Okano, M. 1959. New or little known moths from Formosa. (2). *Annual Report of the Gagukei Faculty of the Iwate University*, 14 (2): 37 – 42, 1 figs. , 1 pl.

Parsons, M. S. , Scoble, M. J. , Honey, M. R. , Pitkin, L. M. & Pitkin, B. R. 1999. The catalogue. *In* Scoble, M. J. , *Geometrid Moths of the World: A Catalogue (Lepidoptera, Geometridae)*. Vol. 1 & 2. CSIRO Publishing, Collingwood, Australia; Stenstrup, Denmark, 1016 pp (+ 129 pp. of Index).

Pearsall, R. F. 1905. The genus *Venusia* and its included species. *Canadian Entomologist*, 37 (4): 125 – 128.

Pierce, F. N. 1914. (Reprint 1967) . *The Genitalia of the Group Geometridae of the British Islands. London*, xxix + 88 pp, 48 pls.

Pitkin, L. M. , Han, H-X. & James, S. 2007. Moths of the tribe Pseudoterpnini (Geometridae Geometrinae): a review of the genera. *Zoological Journal of the Linnean Society*, 150: 343 – 412, figs 1 – 162.

Poujade G A. 1895. Nouvelles especes de Lepidopteres Heteroceres (Phalaenidae) recueillis a Mou-Pin par M. l'Abbe A. David. *Annales de la Societe Entomologique de France*, 64: 307 – 316. pls. vi & vii.

Poujade, G. A. 1887. New Lepidoptera from Thibet. *Bulletin de la Societe Entomologique de France*, (6)

7: pp. 38, 49, 68, 110, 135, 157.

Poujade, G. A. 1891. Diagnoses de Lepidopteres, Heteroceres du Laos. *Bulletin de la Societe Entomologique de France*, 1891: 63 – 65.

Poujade, G. A. 1892. Title unknown. *Nouvelles archives du Muséum d'histoire naturelle*, (3) 3 (2): Unpaginated.

Poujade, G. A. 1895. Nouvelles espèces de Phalaenidae recueillis à Moupin par l'Abbé A. David. *Bulletin du Museum national d'histoire naturelle Paris*, 1 (2): 55 – 59.

Povolny, D. & Moucha, J. 1957. Kritische Bemerkungen zu einigen Geometridengattungen (Lep., Geometridae). *Acta Entomologica Musei Nationalis Pragae*, 31: 125 – 143, 8 pls.

Prout, L. B, L. B. 1914. Sauter' s Formosa-Ausbeute. Geometridae (Lepidoptera). *Entomologische Mitteilungen*, 3 (7/8, 9): 236 – 249, 259 – 273.

Prout, L. B. 1908. Geomotrid notes. *Entomologist*, 41: 76 – 80.

Prout, L. B. 1910a. Lepidoptera heterocera fam. Geometridae, subfam. Brephinae. *In* Wytsman, P. A. G., *Genera Insectorum*, 103: 1 – 15, pl. 1.

Prout, L. B. 1910b. On the genus *Zethenia*; with description of a new species. *Entomologist*, 43: 5 – 7.

Prout, L. B. 1912. Lepidoptera heterocera fam. Geometridae, subfam. Hemitheinae. *In* Wytsman, P. A. G., *Genera Insectorum*, 129: 1 – 274, pls 1 – 5.

Prout, L. B. 1912 – 1916, The Palaearctic Geometrae. *In* Seitz, A., *The Macrolepidoptera of the World*. Vol. 4. Alfred Kernen, Publisher, Stuttgart, pp. 1 – 479, pls 1 – 25.

Prout, L. B. 1913a, Geometridae: Subfam. Hemitheinae. *In* Wagner, H., *Lepidopterorum Catalogus*, 14: 1 – 192.

Prout, L. B. 1913b. Contributions to a knowledge of the subfamilies Oenochrominae and Hemitheinae of Geometridae. *Novitates Zoologicae*, 20: 388 – 442.

Prout, L. B. 1916. New species of indo-australian Geometridae. *Novitates Zoologicae*, 23: 1 – 77.

Prout, L. B. 1917. On new and insufficiently known indo-australian Geometridae. *Novitates Zoologicae*, 24: 293 – 317.

Prout, L. B. 1920 – 1941. The Indoaustralian Geometridae. *In* Seitz, A., *The Macrolepidoptera of the World*. Vol. 12. Alfred Kernen, Publisher, Stuttgart, pp. 1 – 356, pls 1 – 41, 50.

Prout, L. B. 1922. H. Sauter's Formosa Geometridae Supplement. *Archiv für Naturgeschichte Berlin* (Abt A), 87 (11): 286 – 291.

Prout, L. B. 1923a. New Geometridae in the Tring Museum. *Novitates Zoologicae*, 30: 191 – 215.

Prout, L. B. 1923b. New species and forms of Geometridae. *Annals and Magazine of Natural History*, (9) 11: 305 – 322.

Prout, L. B. 1925. Geometrid descriptions and notes. *Novitates Zoologicae*, 32: 31 – 69.

Prout, L. B. 1926. New Geometridae. *Novitates Zoologicae*, 33: 1 – 32.

Prout, L. B. 1926 – 1927, On a collection of moths of the family Geometridae from Upper Burma made by Captain A. E. Swann. Parts 1 – 4. *Journal of the Bombay Natural History Society*, 31: 129 – 146, 1 pl. ; 308 – 322, 1 pl. ; 780 – 799; 932 – 950.

Prout, L. B. 1928. New Sumatran Geometridae in the Joicey collection. *Bulletin of the Hill Museum Wormley*, 2 (2): 45 – 62, 142 – 160

Prout, L. B. 1929. New palaearctic Geometridae. *Novitates Zoologicae*, 35: 142 – 149.

Prout, L. B. 1930a. A catalogue of the Lepidoptera of Hainan. *Bulletin of the Hill Museum Wormley*, 4: 125 – 144.

Prout, L. B. 1930b. On the Japanese Geometridae of the Aigner collection. *Novitates Zoologicae*, 35: 289 – 377, 1 fig.

Prout, L. B. 1931. New Geometridae from the Indo-Australian region. *Novitates Zoologicae*, 37: 18 – 34.

Prout, L. B. 1932a. On the Geometridae of Mount Kinabalu. *Journal of the Federated Malay States Museums*, 17: 39 – 111, 3 pls.

Prout, L. B. 1932b. The Lepidopterous genus *Nobilia* (Geometridae subfam. Sterrhinae). *Novitates Zoologicae*, 38: 1 – 6.

Prout, L. B. 1934 – 1939, Geometridae. *In* Seitz, A., *The Macrolepidoptera of the World*. Vol. 4 (Supplement). Alfred Kernen, Publisher, Stuttgart, pp. 1 – 253. pls. 1 – 18.

Prout, L. B. 1934a. Geometridae: Subfamilia Sterrhinae I, II. *In* Strand, E., *Lepidopterorum Catalogus*, 61 (1): 1 – 176; 63 (2): 177 – 432.

Prout, L. B. 1934b. New species and subspecies of Geometridae. *Novitates Zoologicae*, 39: 99 – 136.

Prout, L. B. 1935. New Geometridae from East Java. *Novitates Zoologicae*, 39: 221 – 238.

Prout, L. B. 1958. New species of Indo-Australian Geometridae. *Bulletin of the British Museum (Natural History)* (Entomology), 6: 365 – 463, 72 figs.

Pryer, W. B. 1877. Descriptions of new species of Lepidoptera from North China. *Cistula Entomologica*, 2 (18): 231 – 235, pl. 4: 1 – 13.

Roepke, W. 1948. Lepidoptera Heterocera from the summit of Mt. Tanggamus 2100 m, in Southern Sumatra. *Tijdschrift voor Entomologie*, 89: 209 – 232, 8figs, pl. 13 – 14.

Roer, H. 1987. Johann Friedrich Klapperich (1913 – 1987). *Bonner zoologische Beiträge*, 38 (2): 147 – 148.

Rothschild, H. W. 1894. Some new species of Lepidoptera. *Novitates Zoologicae*, 1: 535 – 540.

Sato, R. & Wang, M. 2004. Records and descriptions of the Boarmiini (Geometridae, Ennominae) from Nanling Mts. S. China. Part 1. *Tinea*, 18 (1): 43 – 55.

Sato, R. & Wang, M. 2005. Records and descriptions of the Boarmiini (Geometridae, Ennominae) from Nanling Mts, S. China. Part 2. *Tinea*, 19 (1): 36 – 47.

Sato, R. & Wang, M. 2006. Records and descriptions of the Boarmiini (Geometridae, Ennominae) from Nanling Mts, S. China. Part 3. *Tinea*, 19 (2): 69 – 79.

Sato, R. & Wang, M. 2007. Records and descriptions of the Boarmiini (Geometridae, Ennominae) from Nanling Mts, S. China. part 4. *Tinea*, 20 (1): 33 – 44.

Sato, R. 1980. A revision of the genus *Jankowskia* Oberthür (Lepidoptera, Geometridae). *Tyô to Ga*, 30

(3&4), 127 – 139.

Sato, R. 1981a. Taxonomic notes on the genus *Calicha* Moore and its allied new genus from Japan and adjacent countries Lepidoptera: Geometridae). *Tyô to Ga*, 31 (3/4): 103 – 120, 43 figs.

Sato, R. 1981b. Taxonomic study on *Serraca* punctinalis (Scopoli) and its allied species from Japan, Korea and Taiwan, with description of one new species (Lepidoptera: Geometridae). *Tinea*, 11 (8): 69 – 85, 56 figs.

Sato, R. 1984a. List of a small collection of Geometridae from northern part of Korea. *Japan Heterocerists' Journal*, 129 (Supplement): 53 – 58.

Sato, R. 1984b. Taxonomic study of the Genus *Hypomecis* Hübner and its allied genera from Japan (Lepidoptera: Geometridae: Ennominae). *Special Bulletin of Essa Entomological Society*, 1: 1 – 213 pp.

Sato, R. 1986. Descriptions of a new species of *Brabira* from north Honshu and a new subspecies of *Tyloptera bella* (Butler) (Geometridae: Larentiinae) from Amami-Oshima Island, Japan. *Japan Heterocerists' Journal*, 134: 129 – 131, figs 1 – 8.

Sato, R. 1988. A new species of *Hypomecis* Hübner from Sumatra (Lepidoptera: Geometridae). *Heterocera Sumatrana*, 2: 129 – 132, 3 figs.

Sato, R. 1991. *Anectropis*, a new genus of Ennominae (Geometridae) from China and Taiwan, with descriptions of two new species. *Tinea*, 13 (10): 85 – 93, 31 figs.

Sato, R. 1993a. Geometridae: Ennominae (part). *In* Haruta, T., *Moths of Nepal. Part* 2. *Tinea*, 13 (Supplement 3): 5 – 30, figs 114 – 174, pls 34 – 38.

Sato, R. 1993b. The genus *Paralcis* Warren (Geometridae) from Taiwan. *Japan Heterocerists' Journal*, 172: 393 – 395, 8 figs.

Sato, R. 1994. Geometridae: Ennominae (part). *In* Haruta, T., *Moths of Nepal. Part* 3. *Tinea*, 14 (Supplement 1): 41 – 62, figs 384 – 432, pls 73 – 76.

Sato, R. 1995a. Geometridae: Ennominae (part). *In* Haruta, T., *Moths of Nepal. Part* 4. *Tinea*, 14 (Supplement 2): 28 – 37, figs 586 – 603, pls 102 – 103.

Sato, R. 1995b. Records of the Boarmiini (Geometridae: Ennominae) from Thailand 2. *Transactions of the Lepidopterological Society of Japan*, 46 (4): 209 – 227.

Sato, R. 1996a. Records of the Boarmiini (Geometridae; Ennominae) from Thailand III. *Transactions of the Lepidopterological Society of Japan*, 47 (4): 223 – 236, 25 figs.

Sato, R. 1996b. Six new species of the genus *Psilalcis* Warren (Geometridae, Ennominae) from Indo-Malayan region, with some taxonomic notes on the allied species. *Tinea*, 15 (1): 55 – 68.

Sato, R. 1999. Notes on some species of the Boarmiini (Geometridae, Ennominae) from Taiwan, with description of one new species. *Tinea*, 16 (1): 29 – 40.

Scharfenberg, G. L. 1805. *In* Bechstein, J. M. & Scharfenberg, G. L., *Vollständige Naturgeschicte der schädlichen Forstinsekten.* 3 Theil. Leipzig.

Schrank, F. P. 1802. *Fauna Boica.* Spinnerförmige Schmetterlinge. Volume (2) 2. Nürnberg, 412 pp.

Scoble, M. J. & Edwards, E. D. 1989. *Parepisparis* Bethune-Baker and the composition of the Oenochrominae (Lepidoptera: Geometridae). *Entomologica scandinavica*, 20 (4): 371 –399.

Scoble, M. J. & Hausmann, A. 2007. *Online list of valid and available names of the Geometridae of the World*. Available form: http: //www. lepbarcoding. org/geometridae/species_ checklists. php

Scoble, M. J. 1992. *The Lepidoptera, Form, Function and Diversity*. Oxford University Press, Oxford, xi +404 pp.

Scopoli, G. A. 1763. *Entomologia Carniolica, exhibens insecta Carnioliœ indigena et distributa in ordines, genera, species, varietates. Methodo Linnœ ana*. Vindobon?, xxxvi +420 pp, 43 pls.

Shiraki, T. 1913. *Investigation upon insects injurious to cotton. Special Report Formosa Agricultural Experiment Station* [Special reports No. 8] Publication no. 68. 650 pp.

Sick, H. 1941. Neue Cymatophoridae des Höne' schen Ausbeuten. *Deutsche Entomologische Zeitschrift Iris*, 1941: 1 –9.

Sihvonen, P. 2005. Phylogeny and classification of the Scopulini moths (Lepidoptera: Geometridae, Sterrhinae). *Zoological Journal of the Linnean Society*, 143 (4): 473 –530.

Smith, J. B. 1893. Catalogue Bibliographical and Synonymical of the Species of Moths of the Lepidopterous Superfamily Noctuidae found in Boreal America. *Bulletin of the United States National Museum*, 44: 1 –424.

Snellen, P. C. T. 1889. Aanteekening over *Cyclidia substigmaria* Hübner en eenige andere verwante soorten van Lwpidoptera. *Tijdschrift voor Entomologie*, 32: 5 –18, 1 pl. 5 figs.

Snellen, P. C. T. 1890. Lijst van Lepidoptera op Sumatra verzameld door den heer H. B. van Rhijn. *Tijdschrift voor Entomologie*, 33 (3): 215 –222.

Sonan, J. 1934. On three new species of the moths in Japan and Formosa. *Kontyû*, 8 (4 –6): 212 –214.

Sommerer, M. 1996. *Sarcinodes yeni*, spec. nov., a new Oenochromine moth from Taiwan (Insecta, Lepidoptera, Geometridae, Oenochrominae). *Spixiana-Supplement*, 22: 23 –28.

Song, W-H., Xue, D-Y. & Han, H-X. 2011. A taxonomic revision of *Tridrepana* Swinhoe, 1895 in China, with descriptions of three new species (Lepidoptera, Drepanidae). *Zootaxa*, 3021: 39 –62.

Song, W-H., Xue, D-Y. & Han, H-X. 2012. Revision of Chinese Oretinae (Lepidoptera, Drepanidae). *Zootaxa*, 3445: 1 –36.

Staudinger, O. & Rebel, H., 1901. *Catalog der Lepidoptera des Palaearctischen Faunengebietes*. Berlin, 1 Theil: xxxii +411 pp.; 2 Theil: 368 pp.

Staudinger, O. 1892a. Die Macrolepidopteren des Amurgebietes. I. Theil. Rhopalocera, Sphinges, Bombyces, Noctuae. *In* Romanoff, N. *M.*, *Mémoires sur les Lépidoptères*, 6: 83 –658, pls 4 – 14.

Staudinger, O. 1892b. Neue Arten und Varietaten von palaarktischen Geometriden. *Deutsche Entomologische Zeitschrift Iris*, 5: 141 –260.

Staudinger, O. 1897. Die Geometriden des Amurgebiets. *Deutsche Entomologische Zeitschrift Iris*, 10: 1 – 122, pls 1 –3.

Stekolnikov, A. A. & Kuznetzov, V. I. 1982. Functional morphology of the male genitalia and arrangement of the new tribes of the geometrid moths subfamily Ennominae (Lepidoptera, Geometridae). *Entomologicheskoe Obozrenie*, 61 (2): 344 – 374.

Stephens, J. F. 1827 – 1835. *Illustrations of British Entomology*. Volumes 1 – 4. Baldwin and Cradock, London.

Stephens, J. F. 1828. *In* Kirby & Spence, *An Introduction to Entomology*. Volumes 1 – 4. 5th Edition.

Stephens, J. F. 1829. *The Nomenclature of British Insects*. Baldwin and Cradock, London, 68 pp.

Stermeck, J. 1927. Die Schmetterlinge der Stotznerschen Ausbeute. Geometridae, Spanner. *Deutsche Entomologische Zeitschrift Iris*, 41: 9 – 32, 147 – 171, figs 1 – 14.

Stermeck, J. 1931. Die Schmetterlinge der Stotznerschen Ausbeute. Geometridae, Spanner. *Deutsche Entomologische Zeitschrift Iris*, 45: 78 – 91.

Stoll, C. 1775 – 1782. *In* Cramer, P., *Uitlandsche Kapellen*. ca. 1775. Volumes 1 – 4.

Strand, E. 1911. Family: Drepanidae. *In* Seitz, A., *The Macrolepidoptera of the World*. Vol. 2. Alfred Kernen, Publisher, Stuttgart, pp. 195 – 206.

Strand, E. 1911. Neue afrikanische Arten der Bienengattungen Anthophora, Eriades, Anthidium, Coelioxys und Trigona. *Entomologische Rundschau*, 28: 119 – 102, 122 – 124.

Strand, E. 1916. H. Sauter's Formosa-Ausbeute: Hepialidae, Notodontidae und Drepanidae. *Archiv für Naturgeschichte*, 81A (12): 150 – 165.

Strand, E. 1917. H. Sauter's Formosa-ausbeute: Lithosiinae, Nolinae, Noctuidae (p. p.), Ratardidae, Chalcosiidae, sowie nacträge zu den familien Drepanidae, Limacodidae, Gelechiidae, Oecophoriidae und Heliodinidae *Archiv für Naturgeschichte*, 82A (3): 111 – 152.

Stüning, D. 1987. Die Spanner der Gattungen *Spilopera* und *Pareclipsis* in Ostasien, mit Beschreibung einer neuen Art (Lepidoptera: Geometridae, Ennominae). *Bonner Zoologische Beitraege*, 38 (4): 341 – 359, 51 figs.

Stüning, D. 2000. Additional notes on the Ennominae of Nepal, with descriptions of eight new species (Geometridae). *In* Haruta, T., *Moths of Nepal*. Part 6. *Tinea*, 16 (Supplement 1): 94 – 152, figs 1433 – 1509, pls 170 – 172.

Swinhoe, C. 1889. On new Indian Lepidoptera, chiefly Heterocera. *Proceedings of the Zoological Society of London*, 1889 (4): 369 – 432, pls 43 – 44.

Swinhoe, C. 1891. New species of Heterocera from the Khasia Hills. Part I. *Transactions of the Entomological Society of London*, 1891: 473 – 495, pl. 19.

Swinhoe, C. 1893. On new Geometers. *Annals and Magazine of Natural History*, (6) 12: 147 – 157.

Swinhoe, C. 1894a. A list of the Lepidoptera of the Khasia Hills. Part II. *Transactions of the Entomological Society of London*, 1894: 145 – 223, 1 pl.

Swinhoe, C. 1894b. New species of Geometers and Pyrales from the Khasia Hills. *Annals and Magazine of Natural History*, (6) 14: 135 – 149, 197 – 210.

Swinhoe, C. 1894c. New species of Eastern Lepidoptera. *Annals and Magazine of Natural History*, (6) 14: 429 – 443, 1 fig.

Swinhoe, C. 1895. A list of the Lepidoptera of the Khasia Hills (continued). *Transactions of the Entomological Society of London*, 1895: 1 – 75 pp., 1 pl.

Swinhoe, C. 1900a. *Catalogue of Estern and Australian Lepidoptera Heterocera in the collection of the Oxford University Museum.* Volume 2. vi + 630pp., 8 pls.

Swinhoe, C. 1900b. New species of Eastern and Australian Moths. *Annals and Magazine of Natural History*, (7) 6: 305 – 313.

Swinhoe, C. 1902. New and little known species of Drepanulidae, Epiplemidae, Microniidae and Geometridae in the national collection. *Transactions of the Royal Entomological Society of London*, 1902 (3): 584 – 677.

Swinhoe, C. 1905. New species of eastern Hetercera in the National Collection. *Annals and Magazine of Natural History*, (7) 15: 149 – 167.

Swinhoe, C. 1906. Eastern and African Heterocera. *Annals and Magazine of Natural History*, (7) 17: 540 – 556.

Thierry-Mieg, P. 1899. Descriptions de Lepidopteres nocturnes. *Annales de la Societe Entomologique de Belgique*, 1899: 20, 21.

Thierry-Mieg, P. 1903. Descriptions de Lepidopteres nocturnes. *Annales de la Societe Entomologique de Belgique*, 47: 382 – 385.

Thierry-Mieg, P. 1904. Descriptions de Lepidopteres nouveaux. *Naturaliste*, 18: 140, 141 & 182, 183.

Thierry-Mieg, P. 1907. Descriptions de Lepidopteres nouveaux. *Naturaliste*, 29: 150 – 154, 174 – 175, 187 – 188, 200, 212, 224 – 225, 238, 247, 259 – 260, 271.

Thierry-Mieg, P. 1915. Descriptions de Lépidoptères Nouveaux. *Miscellanea Entomologica*, 22 (10): 37 – 48.

Treitschke, F. 1825. *In* Ochsenheimer F., *Die Schmetterlinge von Europa.* Band 5/2. Gerhard Fleischer, Leipzig, 448 pp.

Turner, A. J. 1904. New Australian Lepidoptera, with synonymic and other notes. *Transactions of the Royal Society of South Australia*, 28: 212 – 247.

Turner, A. J. 1910. Revision of Australian Lepidoptera. v. *Proceedings of the Linnean Society of New South Wales*, 35: 555 – 653.

Viidalepp, Ya. 1976 – 1979, A list of the Geometridae (Lepidoptera) of the USSR. Communication 1 – 4. *Entomologicheskoe Obozrenie*, 55 (4): 842 – 852; 56 (3): 564 – 576; 57 (4): 752 – 761; 58 (4): 782 – 798.

Villers, D. C. 1789. *Caroli Linnaei Entomologica.* Volumes. 1 – 4. Lyon.

Vojnits, A. & De Laever, E. 1973. Revision of the *Eupithecia suboxydata-subbrunneata* group (Lep.: Geometridae). *Acta Zoologica Hungarica*, 19: 427 – 444, 10 figs.

Vojnits, A. M. 1976. New species of the *Eupithecia bohatschi* group from China (Lep.: Geometridae). *Acta Zoologica Hungarica*, 22 (1 – 2): 197 – 211, 3 figs.

Wagner, F. 1923. Beitrage zur Lepidopteren-Fauna der Provinz Udine (Ital. sept, or.) nebst kritisohen

Bemerkungen und Beschreibung einiger neuen Formen. *Zeitschrift desösterreichischen Entomologen Vereins*, 8 (5/6): 14 – 26, 34 – 44, 51 – 54.

Walker, F. 1854 – 1866, *List of Specimens of Lepidopterous Insects in the Collection of the British Museum.* The order of the Trustees of the British Museum. Volumes 1 – 35.

Walker, F. 1864. Catalogue of the Lepidopterous Insects collected at Sarawak, in Borneo, by Mr. A. R. Wallace, with descriptions of new species (continued). *Proceedings of the Linnean Society (Zoology)*, 7: 160 – 198.

Warren, W. 1893. On new genera and species of moths of the family Geometridae from India, in the collection of H. J. Elwes. *Proceedings of the Zoological Society of London*, 1893: 341 – 434, pls. 30 – 32.

Warren, W. 1894a. New genera and species of Geometridae. *Novitates Zoologicae*, 1: 366 – 466.

Warren, W. 1894b. New species and genera of Indian Geometridae. *Novitates Zoologicae*, 1: 678 – 682.

Warren, W. 1895. New species and genera of Geometridae in the Tring Museum. *Novitates Zoologicae*, 2: 82 – 159.

Warren, W. 1896a. New Geometridae in the Tring Museum. *Novitates Zoologicae*, 3: 99 – 148

Warren, W. 1896b. New species of Drepanulidae, Uraniidae, Epiplemidae, and Geometridae from the Papuan region, collected by Mr. Altert S. Meek. *Novitates Zoologicae*, 3: 272 – 306

Warren, W. 1896c. New Indian Epiplemidae and Geometridae. *Novitates Zoologicae*, 3: 307 – 321

Warren, W. 1896d. New species of Drepanulidae, Thyrididae, Uraniidae, Epiplemidae, and Geometridae in the Tring Museum. *Novitates Zoologicae*, 3: 335 – 419

Warren, W. 1897a. New genera and species of Moths from the Old-World Regions in the Tring Museum. *Novitates Zoologicae*, 4: 12 – 130.

Warren, W. 1897b. New genera and species of Drepanulidae, Thyrididae, Epiplemidae, Uraniidae and Geometridae in the Tring Museum. *Novitates Zoologicae*, 4: 195 – 262, pl. 5.

Warren, W. 1897c. New genera and species of moths from the Old-World Region in the Tring Museum. *Novitates Zoologicae*, 4: 378 – 402.

Warren, W. 1898. New species and genera of the families Thyrididae, Uraniidae, Epiplemidae, and Geometridae from the Old-World Regions. *Novitates Zoologicae*, 5: 5 – 41.

Warren, W. 1899a. New species and genera of the family Drepanulidae, Thyrididae, Uraniidae, Epiplemidae and Geometridae from the Old World regions. *Novitates Zoologicae*, 6: 1 – 66.

Warren, W. 1899b. New Drepanulidae, Epiplemidae, Uraniidae, and Geometridae from the Oriental and Palaearctic Regions. *Novitates Zoologicae*, 6: 313 – 359.

Warren, W. 1900a. New genera and species of Drepanulidae, Thyrididae, Epiplemidae and Geometridae from the Indo-Australian and Palaearctic Regions. *Novitates Zoologicae*, 7: 98 – 116.

Warren, W. 1900b. New genera and species of American Drepanulidae, Thyrididae, Epiplemidae and Geometridae. *Novitates Zoologicae*, 7: 117 – 225.

Warren, W. 1901. New Uraniidae, Epiplemidae and Geometridae fron the Oriental and Palaearctic

Regions. *Novitates Zoologicae*, 8: 21 – 37.

Warren, W. 1902a. Drepanulidae, Thyrididae, Uraniidae, Epiplemidae and Geometridae from the Oriental region. *Novitates Zoologicae*, 9: 340 – 372.

Warren, W. 1902b. New African Drepanulidae, Thyrididae, Epiplemidae, and Geometridae in the Tring Museum. *Novitates Zoologicae*, 9: 487 – 536.

Warren, W. 1903. New Drepanulidae, Thyrididae, Uraniidae and Geometridae from Oriental region. *Novitates Zoologicae*, 10: 255 – 270.

Warren, W. 1904a. New Drepanulidae, Thyrididae, Uraniidae and Geometridae from the Aethiopian region. *Novitates Zoologicae*, 11: 461 – 482.

Warren, W. 1904b. New Thyrididae and Geometridae from the Oriental regions. *Novitates Zoologicae*, 11: 483 – 492.

Warren, W. 1905a. New species of Thyrididae, Uraniidae and Geometridae from the Oriental region. *Novitates Zoologicae*, 12: 6 – 15.

Warren, W. 1905b. New American Thyrididae, Uraniidae and Geometridae. *Novitates Zoologicae*, 12: 307 – 379.

Warren, W. 1905c. New species of Thyrididae, Uraniidae, and Geometridae, from the Oriental Region. *Novitates Zoologicae*, 12: 410 – 491.

Warren, W. 1907. New Drepanulidae, Thyrididae Uraniidae and Geometridae from British New Guinea. *Novitates Zoologicae*, 14: 97 – 186.

Warren, W. 1908. Descriptions of new species of South American geometrid moths. *Washington DC Smithsonian Institution U S National Museum Proceedings*, 34: 91 – 110.

Warren, W. 1912. Family: Cymatophoridae. *In* Seitz, A., *The Macrolepidoptera of the World. Vol.* 2. Alfred Kernen, Publisher, Stuttgart, pp. 321 – 333.

Warren, W. 1914. Descriptions of new species of Lepidoptera Heterocera in the South African Museum. *Cape Town Annals S. African Museum*, 10: 467 – 510.

Warren, W. 1922 – 1928. Family: Drepanidae. *In* Seitz, A., *The Macrolepidoptera of the World.* Vol. 10. Alfred Kernen, Publisher, Stuttgart, pp. 443 – 490. pls. 48 – 50.

Watson, A. 1957a. A revision of the genus *Tridrepana* Swinhoe (Lepidoptera: Drepanidae). *Bulletin of the British Museum (Natural History)* (Entomology), 4: 407 – 500, pls 2 – 3.

Watson, A. 1957b. A Revision of the genus *Deroca* Walker (Lepidoptera, Drepanidae). *Annals and Magazine of Natural History*, (12) 10: 129 – 148, 1 pl., 32 figs.

Watson, A. 1959. A Revision of the genus *Auzata* Walker (Lepidoptera, Drepanidae). *Bonner Zoologische Beiträge*, 9: 232 – 257, 1 pl., 47 figs.

Watson, A. 1961. A taxonomic study of some Indo-Australian Drepanidae (Lepidoptera). *Bulletin of the British Museum (Natural History)* (Entomology), 10: 317 – 347.

Watson, A. 1967. A Survey of the extra-Ethiopian Oretinae (Lepidoptera: Drepanidae). *Bulletin of the British Museum (Natural History)* (Entomology), 19 (3): 149 – 221.

Watson, A. 1968. The Taxonomy of the Drepaninae represented in China, with an account of their world Distribution (Lepidoptera: Drepanidae). *Bulletin of the British Museum (Natural History) (Entomology)*, 12 (Supplement): 1 – 151, pl. 14.

Wehrli, E. 1923. Neue palaearktische Geometriden-Arten und Formen aus Ostchina. (Sammlung Hone.). *Deutsche Entomologische Zeitschrift Iris*, 37: 61 – 75, 1 pl.

Wehrli, E. 1924. Neue und wenig bekannte palaarktische und Sudchinesische Geometriden-Arten und Formen. (Sammlung Hone.) ii. *Mitteilungen der Münchner Entomologischen Gesellschaft*, 14 (6 – 12): 130 – 142, 1 fig.

Wehrli, E. 1925. Neue und wenig bokannte palaarktische und sudchinesische Geometriden-Arten and Formen. iii. *Mitteilungen der Münchner Entomologischen Gesellschaft*, 15: 48 – 60.

Wehrli, E. 1931. Neue Geometriden-Arten und Rassen aus China und Tibet (Lepidoptera, Heterocera). *Neue Beitr. syst. Insectenk*, 5: 17 – 31.

Wehrli, E. 1932a. Ein neues Genus, ein neues Subgenns und 4 neue Arten von Geometriden aus meiner Sammlung. *Entomologische Rundschau*, 49: 220 – 222, 225 – 227, 5 figs.

Wehrli, E. 1932b. Neue ostasiatische Geometriden-Arten und -Rassen aus meiner Sammlung. (Lepid. Heteroc.). *Internationale Entomologische Zeitschrift*, 26: 334 – 336, 339 – 342, 371 – 373.

Wehrli, E. 1933. Neue Terpna-, Calleulype- und Obeidia- Arten und -Rassen aus meiner Sammlung (Lepid. Heteroc.). *Internationale Entomologische Zeitschrift*, 27 (4): 37 – 44.

Wehrli, E. 1934. Ueber neue palaarktische Geometrinae und ein neues Subgenus (Lepid. Heteroc). *Internationale Entomologische Zeitschrift*, 27: 509 – 513, 533 – 536.

Wehrli, E. 1935a. Revision einiger subgenerischen Gruppen der Gattung *Abraxas* (die picaria-, die sinopicaria-, die celidota- und z. Teil auch die grossulariata-Gruppe). *Entomologische Zeitschrift*, 48: 148 – 151, 154 – 156, 162 – 164.

Wehrli, E. 1935b. Ueber die *Metamorpha*-Gruppe, ein neues Sub-genus der Gattung *Abraxas*, Mesohypoleuca und ihre Arten (Goome-trinae, Lep.). *Internationale Entomologische Zeitschrift*, 29: 1 – 3, 15 – 18, 25 – 33, 37 – 39, 49 – 51.

Wehrli, E. 1935c. Zur Revision der *Abraxas sylvata* Scop. Gruppe, Sub-genus *Calospilos* Hbn., auf Grund anatomischer Untersuchungen. Neue Untergattungen und neue Arten der Gruppe. *Entomologische Rundschau*, 52: 100 – 103, 115 – 119, 121 – 124.

Wehrli, E. 1936a. Neue Gattungen, Subgenera, Arten und Rassen (Lep. Geom.). *Entomologische Rundschau*, 53: 513 – 516, 562 – 568.

Wehrli, E. 1936b. Neue Gattungen, Subgenera, Arten und Rassen (Lep. Geom.). *Entomologische Rundschau*, 54: 1 – 7, 126 – 130, 144 – 146.

Wehrli, E. 1937a. Einige neue Untergattungen, Arten und Unterarten. *Entomologische Zeitschrift*, 51: 117 – 120.

Wehrli, E. 1937b. Sur d'anciens et de nouveaux genres, especes et sous-especes de Geometridae. *Amateur de Papillons*, 8: 244 – 250.

Wehrli, E. 1937c. Neue Gattungen, Subgenera, Arten und Rassen (Lep. Geom.). *Entomologische Rundschau*, 54: 160 - 163, 260

Wehrli, E. 1937d. Uber alte und neue Genera, Subgenera, Species und Subspecies. *Entomologische Rundschau*, 54: 502 - 503, 515 - 518, 562 - 563.

Wehrli, E. 1938. Neue Untergattungen, Arten und Unterarten von ostasiatischen Geometriden (Lepid.) aus dem Sammlungen Oberthur und Dr. Hone und eine Boarmia der Ausbeute H, u. E. Kotzsch. *Mitteilungen der Münchner Entomologischen Gesellschaft*, 28: 81 - 89.

Wehrli, E. 1938 - 1954, Subfamilie: Geometrinae. *In* Seitz, A., *Die Grossschmetterlinge der Erde*. Vol. 4 (Supplement), Verlag A. Kernen, Stuttgart, pp. 254 - 766, taf. 19 - 53.

Wehrli, E. 1951. Une nouvelle classification du genre Gnophos Tr. *Lambillionea*, 51: 6 - 11, 22 - 30, 34 - 37.

Werny, K. 1966. *Untersuchungen über die Systematik der Tribus Thyatirini, Macrothyatirini, Habrosynini und Tetheini (Lepidoptera: Thyatiridae)*. Saarbrücken, 463 pp.

Wileman, A. E. 1910. Some new Lepidoptera-Heterocera from Formosa. *Entomologist*, 43: 136 - 139, 176 - 179, 189 - 193, 200 - 223, 244 - 248, 285 - 291, 309 - 313, 344 - 349.

Wileman, A. E. 1911a. New Lepidoptera-Heterocera from Formosa. *Entomologist*, 44: 148 - 152, 271 - 272, 295 - 297.

Wileman, A. E. 1911b. New species of Boarmiinae from Formosa. *Entomologist*, 44: 314 - 316, 343 - 345.

Wileman, A. E. 1911c. New and unrecorded species of Lepidoptera Heterocera from Japan. *Transactions of the Royal Entomological Society of London*, 1911: 189 - 407, pls 30 - 31.

Wileman, A. E. 1912. New species of Boarmiinae from Formosa. *Entomologist*, 45: 69 - 73, 90 - 92.

Wileman, A. E. 1914a. New species of Geometridae from Formosa. *Entomologist*, 47: 201 - 203, 290 - 293, 319 - 323.

Wileman, A. E. 1914b. Some new species of Lepidoptera from Formosa. *Entomologist*, 47: 266 - 268.

Wileman, A. E. 1915. New species of Heterocera from Formosa. *Entomologist*, 48: 12 - 19, 34 - 40, 58 - 61, 80 - 82.

Wilkinson, C. 1968. A taxonomic revision of the genus *Ditrigona* (Lep.: Drepanidae: Drepaninae). *Transactions of the Royal Entomological Society of London*, 31: 407 - 517.

Wilkinson, C. 1970. On the taxonomy of *Dipriodonta sericea* Warren (Lepidoptera: Drepanidae). *Proceedings of the Entomological Society of London* (B), 39: 89 - 98.

Wu, C-G., Han, H-X. & Xue, D-Y. 2010. A pilot study on the molecular phylogeny of Drepanoidea (Insecta: Lepidoptera) inferred from the nuclear gene EF-1a and the mitochondrial gene COI. *Bulletin of Entomological Research*, 100: 207 - 216.

Wu, Chenfu F. 1938. *Catalogus Insectorum Sinensium*. Volume IV. The Fan Memorial Institute of Biology, Peiping [Beijing], 1007 pp.

Xue, D-Y, Cui, L. & Jiang N. 2018. A review of *Problepsis* Lederer, 1853 (Lepidoptera: Geometridae) from China, with description of two new species. *Zootaxa*, 4392 (1): 101 – 127.

Yazaki, K. 1989. Two new species of *Parabapta* (Geometridae, Ennominae) from Japan and Taiwan. *Japan Heterocerists' Journal*, 154: 49 – 51, 6 figs.

Yazaki, K. 1990. Notes on *Hydatocapnia* (Geometridae, Ennominae), with description of a new species from Taiwan. *Tinea*, 12 (27): 239 – 244, 10 figs.

Yazaki, K. 1992. Geometridae. *In* Haruta, T., *Moths of Nepal*. Part 1. *Tinea*, 13 (Supplement 2): 5 – 46, figs 1 – 33, pls 2 – 12.

Yazaki, K. 1994a. Geometridae. *In* Haruta, T., *Moths of Nepal*. Part 3. *Tinea*, 14 (Supplement 1): 5 – 40, figs 331 – 383, pls 66 – 72.

Yazaki, K. 1994b. The genus *Lomographa* Hübner (Lepidoptera, Geometridae) from Taiwan, with descriptins of three new species. *Tyô to Ga*, 44 (4): 233 – 248, 55 figs.

Yoshimoto, H. 1983. A Revision of the Genus *Demopsestis* and Its Three Related Genera, with Description of a New Species from Taiwan (Lepidoptera, Thyatiridae). *Tyô To Ga*, 34 (1): 1 – 20.

Yoshimoto, H. 1984. Taxonomic notes on the genus *Horipsestis* Matsumura, 1933, (Lepidoptera, Thayatiridae). *TyôTo Ga*, 35 (1): 10 – 19.

Yoshimoto, H. 1987. Notes on *Mimopsestis* Matsumura, 1921, and its Allied New Genus, with Descriptions of Three New Species from Southeast Asia (Lepidoptera, Thyatiridae). *Tyô To Ga*, 38 (1): 39 – 53.

Yoshimoto, H. 1993. Thyatiridae. *In* Haruta, T., *Moths of Nepal*. Part 1. *Tinea*, 13 (Supplement 3): 122 – 123, pl. 61.

中名索引

（按首字音序排列，右边的号码为该条目在正文的页码）

A

埃尺蛾 36，324，325
埃尺蛾属 32，220，323
安褶尺蛾 236，239，
暗绿苔尺蛾 335，336
暗色璃尺蛾 278，279
奥都尺蛾 378

B

八角尺蛾 272，273
八角尺蛾属 31，215，271，273
八重山沙尺蛾 105，106
白尺蛾属 29，131，160，162
白钩蛾属 28，61，90
白华波纹蛾 49，50
白尖尺蛾属 33，219，375
白鹿尺蛾 295
白蛮尺蛾 344
白蛮尺蛾属 32，221，344
白拟尖尺蛾 376
白麝钩蛾 85
白眼尺蛾 108，109
白珠鲁尺蛾 36，337
白珠绥尺蛾 332，333
斑点尺蛾属 31，215，265，268
斑弓莹尺蛾 386
斑尾尺蛾属 30，214，231
斑阢尺蛾 334
斑星尺蛾属 31，215，269
半豆斑钩蛾 74，75
半环统尺蛾 350
半焦艳青尺蛾 211
半明涂尺蛾 408
豹斑蜡尺蛾 347，348，476
豹长翅尺蛾 260，263
卑钩蛾属 27，61，77
边尺蛾属 33，216，373
边弥尺蛾 274，276
滨石涡尺蛾 178
波纹蛾属 27，44
玻璃尺蛾 278，280
伯黑缘黄钩蛾 68，70

C

彩尺蛾属 34，218，398
彩青尺蛾属 30，174，208

叉线青尺蛾属 33，215，365
叉线霞尺蛾 240，241
查冥尺蛾 291，292
茶担皮鹿尺蛾 299，300
碴尺蛾属 33，214，361
岔绿尺蛾属 30，174，190
长翅尺蛾属 31，215，259，263
长突芽尺蛾 371
长纹绿尺蛾 197，198，199
长尾尺蛾 413，414
长须光尺蛾 143
常春藤洄纹尺蛾 144，145
超暗始青尺蛾 179，181
尘尺蛾 307，308
尘尺蛾属 32，221，306
魑尺蛾属 34，220，391
池尺蛾属 29，131，166
齿带毛腹尺蛾 326
齿纹涤尺蛾 156
穿孔尺蛾属 34，216，403
窗山钩蛾 96
窗山钩蛾属 28，95
垂耳尺蛾属 29，174，186
刺弥尺蛾 275

D

达尺蛾 282，284
达尺蛾属 31，217，281
大波纹蛾 46
大波纹蛾属 27，44，46
大窗钩蛾属 28，61，87
大杜尺蛾 340，341
大灰尖尺蛾 245
大历尺蛾属 29，131，160
大造桥虫 36，320
歹尺蛾属 31，221，286
带钩蛾属 28，61，93
带铃钩蛾属 27，60，76
带丸尺蛾 364，365
单叉白钩蛾 90，91
单网尺蛾 158，159
单眼豆斑钩蛾 74，75
淡灰皮鹿尺蛾 299，300
淡灰褶尺蛾 236，238
淡色始青尺蛾 179，180
淡色隐尺蛾 401，402
涤尺蛾属 19，29，132，155，156
滇沙弥尺蛾 275，276
点波纹蛾 56
点波纹蛾属 27，44，55
点尾尺蛾 413，414
点阢尺蛾 334
丁铃钩蛾 76
顶绿尺蛾 197，198
东亚半酉尺蛾 372
洞魑尺蛾 392，393
都尺蛾属 33，217，378
豆斑钩蛾属 27，60，73
豆纹尺蛾 182，183
豆纹尺蛾属 29，174，182
妒尺蛾属 19，28，130，137
杜尺蛾属 16，32，221，340
短瓣二叉黄钩蛾 68
对白尺蛾 161
多线洄纹尺蛾 145

E

二点斑尾尺蛾 232

F

方尺蛾属 32，219，345
方点丽钩蛾 83，84
分紫线尺蛾 125，126，468
粉尺蛾属 30，174，188
粉红腹尺蛾 369，370
粉红丽姬尺蛾 118
粉红普尺蛾 377
粉太波纹蛾 52，53
粉无缰青尺蛾 204
丰翅尺蛾属 31，215，263
封尺蛾属 30，216，233
峰尺蛾属 19，29，174
辐射尺蛾属 30，173，212
腹尺蛾属 33，216，369

G

盖小花尺蛾 167，169
橄榄斜灰尺蛾 390，391
橄璃尺蛾 278，279
革鹿尺蛾 295，296
格奇尺蛾 250，251
贡尺蛾 389
贡尺蛾属 34，216，388
钩翅尺蛾 285
钩翅尺蛾属 31，220，284
钩蛾属 27，61，81
古钩蛾属 28，61，86
冠尺蛾属 29，174，184
光边锦尺蛾 228
光尺蛾属 28，132，142
光连庶尺蛾 248
光泽小花尺蛾 167，168
广东豆点丽钩蛾 83，84
广东晶钩蛾 64
龟尺蛾属 34，215，397

H

海绿尺蛾 207
海绿尺蛾属 30，174，207
蒿杆三角尺蛾 278，281
合欢奇尺蛾 250
何歹尺蛾 286，287
核桃四星尺蛾 315，316，319
褐斑点尺蛾 265，266
褐斑岩尺蛾 116，117
褐带穿孔尺蛾 403，404
褐姬尺蛾 120，122
褐尖缘尺蛾 232
褐堂尺蛾 373
黑斑褥尺蛾 148
黑斑宙尺蛾 310，311
黑尘尺蛾 307，308
黑岛尺蛾属 29，132，172
黑红蚀尺蛾 395
黑尖褶尺蛾 235，237
黑角绿尺蛾 197，199
黑条眼尺蛾 109，112

黑玉臂尺蛾 339
衡山云庶尺蛾 249
红波纹蛾 45
红带大历尺蛾 160
红带粉尺蛾 188，190
红褐斜灰尺蛾 390，391
红双线免尺蛾 363
宏方尺蛾 345，346
洪达尺蛾 282，283
虹尺蛾 163
虹尺蛾属 29，130，162
后窗枯叶钩蛾 82
后星尺蛾属 31，215，270
胡桃尺蛾 381，382
湖北一点钩蛾 81
虎尺蛾属 31，214，257
花距钩蛾 66
花鹰尺蛾 351，355
华波纹蛾属 27，35，44，48
华金星尺蛾 223
华南玫彩尺蛾 399
华扭尾尺蛾 412
华夏孔雀山钩蛾 97，102
华异波纹蛾 57
华展尺蛾 359
桦尺蛾 351，352
黄斑豆纹尺蛾 182，183
黄斑方尺蛾 345
黄尺蛾属 34，217，405
黄带姬尺蛾 120，122
黄点丽姬尺蛾 118，119
黄蝶尺蛾 410，411
黄蝶尺蛾属 34，214，410
黄钩蛾属 27，61，68
黄玫隐尺蛾 401，402
黄蟠尺蛾 383
黄图尺蛾 253，254
黄星尺蛾 275，276
黄缘霞尺蛾 240
潢尺蛾属 28，131，139
灰白驼波纹蛾 59
灰褐卑钩蛾 78，80
灰褐异翅尺蛾 136
灰尖尺蛾属 30，221，245
灰锦尺蛾 228
灰绿拟毛腹尺蛾 321
灰绿片尺蛾 396，397
灰沙黄蝶尺蛾 410
灰佐尺蛾 304，305
辉尺蛾 255，256
辉尺蛾属 31，220，254
洄纹尺蛾属 29，130，144
汇纹尺蛾 152
汇纹尺蛾属 29，132，152
慧尺蛾属 34，217，406
惑尺蛾属 33，217，381

J

矶尺蛾属 31，218，287
姬尺蛾属 28，107，119
吉米小花尺蛾 167
极紫线尺蛾 125，127
夹尺蛾属 33，218，384
佳眼尺蛾 108，109，110，467
英逑山钩蛾 97，98

假尘尺蛾 307，308
假考尺蛾 172，470
假考尺蛾属 29，132，171
尖翅古钩蛾 86
尖尾尺蛾属 30，174，204
尖尾瑕边尺蛾 123
尖缘尺蛾属 30，214，232
间弥尺蛾 275，277
俭尺蛾属 33，216，380
江西长晶尺蛾 226
江浙冠尺蛾 184
交让木山钩蛾 97，99
焦斑叉线青尺蛾 366
焦斑魑尺蛾 392，394
焦边尺蛾 361
焦边尺蛾属 33，217，360
角顶尺蛾 359，360
角顶尺蛾属 33，221，359
角山钩蛾 97，99
角叶尺蛾属 28，130，134
接眼尺蛾 109，111
洁尺蛾属 28，130，136
金叉俭尺蛾 380
金带霓虹尺蛾 163
金丰翅尺蛾 264
金沙尺蛾 105，106
金鲨尺蛾 245
金头紫沙尺蛾 244
金星尺蛾属 30，215，222，355
金星垂耳尺蛾 186
金星皮鹿尺蛾 298，301
金星汝尺蛾 141
金银彩青尺蛾 209，210
金盅尺蛾 314
津尺蛾属 34，35，220，387
襟霜尺蛾 293
锦尺蛾属 30，219，227
晶尺蛾属 30，219，225
晶钩蛾属 27，60，63
净赭钩蛾 63
桔斑矶尺蛾 288，289
橘红银线尺蛾 364
橘黄惑尺蛾 381
巨青尺蛾属 29，174，185
距钩蛾属 27，61，65
锯纹尺蛾 406
锯纹尺蛾属 34，217，406
锯线钩蛾 89
锯线钩蛾属 28，61，88
锯线烟尺蛾 323
聚线琼尺蛾 229

K

卡尺蛾属 33，217，383
卡岩尺蛾 116，117
考尺蛾属 29，131，170，171
烤焦尺蛾 129
烤焦尺蛾属 28，107，129
克拉褶尺蛾 236，239
枯斑翠尺蛾 209
枯斑周尺蛾 165
枯叶尺蛾属 29，131，146
枯叶钩蛾属 27，61，82
宽带峰尺蛾 175，176

宽带银瞳尺蛾 234
宽四星尺蛾 316，318
阔掷尺蛾 133

绿花尺蛾 139
绿花尺蛾属 28，130，138
绿星藓尺蛾 331

L

拉克尺蛾 36，329
拉克尺蛾属 32，218，328
拉维尺蛾 162
蜡尺蛾属 32，219，347
榄绿鑫尺蛾 328
蕾宙尺蛾 310，311
离褶尺蛾 236，238
璃尺蛾属 31，214，277
丽翅尺蛾属 29，131，154
丽钩蛾属 27，61，83
丽姬尺蛾属 28，107，117
栎卑钩蛾 78，79
栎距钩蛾 66
连斑双角尺蛾 134
联尺蛾属 34，222，408
镰翅绿尺蛾 192
镰翅绿尺蛾属 30，174，190，191
链黑岛尺蛾 173
邻眼尺蛾 108，111
林山钩蛾 97，103
玲隐尺蛾 401，402
铃钩蛾属 27，60，75
鲁尺蛾属 16，32，221，336
鹿尺蛾属 31，221，294
绿尺蛾属 30，174，196
绿带小波尺蛾 170
绿龟尺蛾 398

M

马来绿始青尺蛾 179，181
马鹿尺蛾 295，296
玛边尺蛾 242
玛边尺蛾属 30，218，242
玛莉姬尺蛾 120，123
蛮尺蛾属 32，221，342，344
满月穿孔尺蛾 36，403
满洲里歹尺蛾 286
猫儿山图尺蛾 254
猫眼尺蛾 109，113
毛腹尺蛾属 32，216，325
玫尖紫线尺蛾 125，126
美丽山钩蛾 97，100
美鹿尺蛾属 32，220，303
猛拟长翅尺蛾 261，262
弥尺蛾属 31，222，274
弥皮鹿尺蛾 299，302
免尺蛾属 33，216，362
缅甸洁尺蛾 137
皿尺蛾属 32，221，330
明金星尺蛾 223
冥尺蛾属 31，219，291
默方尺蛾 345，346
墨丸尺蛾 364，365
木尺蛾属 33，214，379
木檫尺蛾 351，355
木纹尺蛾属 34，218，400

N

南方波缘妖尺蛾 368
泥岩尺蛾属 28，107，114
拟长翅尺蛾属 31，215，261
拟大斑掌尺蛾 357，358
拟固线蛮尺蛾 343
拟尖尺蛾属 33，218，376
拟金盅尺蛾 314，315
拟锯纹四星尺蛾 316，319
拟毛腹尺蛾属 32，220，321
拟柿星尺蛾 268，269
拟星矶尺蛾 288
宁波阿里山夕尺蛾 151
宁波猗尺蛾 330
扭尾尺蛾属 34，214，411
怒尘尺蛾 307，309

O

藕太波纹蛾 52

P

蟠尺蛾属 33，219，382
袍皮鹿尺蛾 299，302
皮鹿尺蛾 299，301
皮鹿尺蛾属 32，219，298
片尺蛾属 34，214，395
平魑尺蛾 392，394
平沙尺蛾属 30，219，241
平纹绿尺蛾 197，201
坡奇尺蛾 250，253
泼墨尺蛾 227
泼墨尺蛾属 30，219，226
普尺蛾属 33，218，377

Q

奇尺蛾属 31，218，250
奇带尺蛾 156，157
奇带尺蛾属 29，132，156
骐黄尺蛾 405
绮钩蛾属 28，61，94
铅灰金星尺蛾 223，225
钳钩蛾 88
钳钩蛾属 28，61，88
棂星尺蛾 275
青辐射尺蛾 213
青灰尘尺蛾 307，308，309，310
青尖尾尺蛾 205，206
青蜡尺蛾 347，348
清波琼尺蛾 229，230
蜻蜓尺蛾 258，259
蜻蜓尺蛾属 31，214，258
琼尺蛾属 30，221，229
曲线波纹蛾 58
曲缘线钩蛾 72，73
曲紫线尺蛾 125
缺口青尺蛾 194，195
缺口青尺蛾属 30，174，193
雀斑墟尺蛾 231

R

忍冬尺蛾 116

日本粉尺蛾 188，189
汝尺蛾属 28，131，132，141
褥尺蛾属 29，130，147
瑞大波纹蛾 46，47

S

三岔绿尺蛾 191
三刺山钩蛾 97，103
三角白钩蛾 90
三角璃尺蛾 278，279
三排尺蛾 272，273
三色蜡尺蛾 347，348，349
三线钩蛾 65
三线钩蛾属 27，61，64
三线姬尺蛾 120，121
伞点波纹蛾 56
散斑点尺蛾 265
散长翅尺蛾 261，262
沙尺蛾属 28，105
沙弥绶尺蛾 332
沙山钩蛾 98，100
鲨尺蛾属 30，217，244
山钩蛾属 28，35，95，96
扇尺蛾属 29，131，143
麝钩蛾属 27，60，85
深黄山钩蛾 97，101
肾斑黄钩蛾 68，69
肾点丽钩蛾 83，84
肾纹绿尺蛾 198，200，201
石冥尺蛾 291，292
蚀尺蛾属 34，221，394
始青尺蛾属 29，174，178
柿星尺蛾 267
柿星尺蛾属 31，215，266
绶尺蛾属 32，218，332
束白尖尺蛾 375，376
树尺蛾属 32，214，341
庶尺蛾属 31，218，247
双波夹尺蛾 385
双封尺蛾 233
双冠尺蛾 273
双冠尺蛾属 31，215，273
双角尺蛾属 28，130，133，135
双角木尺蛾 379
双联尺蛾 408
双线边尺蛾 374
双线尺蛾属 31，220，256
双线钩蛾 72
双斜线黄钩蛾 68，70
双云尺蛾 351，352，354
双珠严尺蛾 124
霜尺蛾属 31，216，293
丝棉木金星尺蛾 223，224，225
斯氏眼尺蛾 108，110
四川杜尺蛾 340
四点白钩蛾 92
四点白钩蛾属 28，61，92
四点蚀尺蛾 394，395
四点褶尺蛾 235，237
四星尺蛾 316，317，318，319
四星尺蛾属 32，216，315
四眼绿尺蛾 196
四眼绿尺蛾属 30，174，195
素金星尺蛾 223，224
碎纹蜡尺蛾 348，349

T

台湾带钩蛾 93，94
台湾腹尺蛾 369，370
台湾华丽妒尺蛾 138
台湾奇带尺蛾 156，157
台湾双带褶尺蛾 235，238
台湾用克尺蛾 290，291
苔尺蛾属 32，220，335
太波纹蛾属 27，44，52
堂尺蛾属 33，216，372
天目峰尺蛾 175，177
天目接骨木山钩蛾 98，101
天目皮鹿尺蛾 300
天目书苔尺蛾 335
同慧尺蛾 407
同尾尺蛾 413，414
统尺蛾属 33，214，349
凸翅小盅尺蛾 312
秃贡尺蛾 389，390
图尺蛾属 31，217，253
涂尺蛾属 34，217，407
驼波纹蛾属 27，44，59

W

弯彩青尺蛾 209，210
弯池尺蛾 166
丸尺蛾属 33，214，364
万木窗带钩蛾 93，94
网尺蛾 158，159
网尺蛾属 29，131，157
微刺泥岩尺蛾 114
维尺蛾属 29，131，161
尾尺蛾属 16，20，34，214，410，412
紊长翅尺蛾 263
紊长翅尺蛾属 31，215，262
涡尺蛾属 29，174，177
乌苏里绣纹折线尺蛾 150
污带奇尺蛾 250，252
巫尺蛾属 33，216，366
无常魑尺蛾 392，393
无缰青尺蛾属 30，173，203
兀尺蛾 337，338
阢尺蛾属 32，221，333

X

夕尺蛾属 29，132，151
犀丽翅尺蛾 154
细斑星尺蛾 269
细枝树尺蛾 342
瑕边尺蛾属 28，107，123
狭长翅尺蛾 260，261
狭长翅尺蛾属 31，215，260，261
霞尺蛾属 30，217，239
纤木纹尺蛾 400
鲜鹿尺蛾 295，298
娴尺蛾 387
娴尺蛾属 33，216，386
显角叶尺蛾 135
藓尺蛾属 32，220，331
线波纹蛾属 27，44，58
线钩蛾属 27，61，71
线尖尾尺蛾 205

线角印尺蛾 243
魈尺蛾 33，216，368，369
小斑碴尺蛾 362
小波尺蛾属 29，131，169
小茶尺蛾 324，325
小红姬尺蛾 120
小后星尺蛾 270，271
小花尺蛾属 29，130，166
小灰粉尺蛾 188，189
小蜻蜓尺蛾 258
小缺口青尺蛾 194
小用克尺蛾 290，291
小盅尺蛾属 32，220，312
斜灰尺蛾属 34，217，390
斜尖尾尺蛾 205，207
斜卡尺蛾 384
斜平沙尺蛾 241
斜双线尺蛾 256
新粉垂耳尺蛾 186，187
鑫尺蛾属 32，219，327
星线钩蛾 72
星缘考尺蛾 171，470
星缘扇尺蛾 144
绣球祉尺蛾 149
锈小盅尺蛾 312，313
须姬尺蛾属 28，107，127
虚褶尺蛾 235，236
墟尺蛾属 30，219，230
薛鹿尺蛾 295，297

Y

芽尺蛾属 33，219，371
亚长纹绿尺蛾 197，199
亚肾纹绿尺蛾 197，201
亚四目绿尺蛾 202
亚四目绿尺蛾属 30，173，202
烟尺蛾属 32，220，322
颜氏沙尺蛾 105，106
严尺蛾属 28，107，124
岩尺蛾属 19，28，107，115
岩华波纹蛾 49
眼尺蛾属 28，107
艳青尺蛾属 30，174，211
焰尺蛾属 29，132，153
洋麻圆钩蛾 42
妖尺蛾属 33，216，367
猗尺蛾属 32，220，329
异波纹蛾属 27，44，57
异翅尺蛾属 28，130，135
异色巫尺蛾 367
易达尺蛾 282，283
银丰翅尺蛾 264
银华波纹蛾 49，51
银绮钩蛾 95
银条白钩蛾 90，91
银瞳尺蛾属 30，216，234
银线尺蛾属 33，215，363
隐尺蛾属 34，220，401
隐折线尺蛾 150
印尺蛾属 30，217，242
鹰尺蛾属 33，221，350
盈潢尺蛾 140
莹尺蛾属 33，214，385
影波纹蛾 55
影波纹蛾属 27，44，54

影镰翅绿尺蛾 192，193
用克尺蛾属 31，220，289
油茶尺蛾 351，355
油桐尺蛾 351，352
酉尺蛾属 33，219，371
愚周尺蛾 164，165
榆津尺蛾 388
雨尺蛾 250，252，253
玉臂尺蛾属 16，32，217，338
阈尺蛾属 32，220，326
原雕尺蛾 322
原雕尺蛾属 32，219，322
圆翅达尺蛾 282
圆带铃钩蛾 77
圆钩蛾属 16，27，42
圆突鹰尺蛾 351，353
云尺蛾 351，356
云辉尺蛾 255
云庶尺蛾 249
云庶尺蛾属 31，218，248
云褶尺蛾 235，237
匀点尺蛾 268，269，270
匀点尺蛾属 31，215，267
匀网尺蛾 158

Z

造桥虫属 32，216，319
窄小花尺蛾 167，168
展尺蛾属 33，221，358
掌尺蛾 357，358
掌尺蛾属 33，214，356
折线卑钩蛾 78，79，80
折线尺蛾属 29，132，149，152
折玉臂尺蛾 339
赭点峰尺蛾 175
赭点始青尺蛾 179
赭钩蛾属 27，61，62
赭尾尺蛾 409
赭尾尺蛾属 34，218，409
赭圆钩蛾 42，43
褶尺蛾属 30，219，235
浙江宏山钩蛾 97，104
浙江矶尺蛾 288
浙江中华豆斑钩蛾 74，75
直缘卑钩蛾 78
祉尺蛾属 29，131，148
指眼尺蛾 109，112
掷尺蛾属 28，131，132
中齿焰尺蛾 153
中国后星尺蛾 270
中国虎尺蛾 257
中国巨青尺蛾 185
中国枯叶尺蛾 147
中国美鹿尺蛾 303
中国紫线钩蛾 62
中国佐尺蛾 304，305
中华大窗钩蛾 87
中阈尺蛾 327
盅尺蛾属 327
仲黑缘黄钩蛾 68，69
周尺蛾属 29，132，164
宙尺蛾属 32，218，310
朱姬尺蛾 120，121
啄鹿尺蛾 295，296，298
紫白尖尺蛾 375

紫斑绿尺蛾 197，200
紫边尺蛾 374
紫带霞尺蛾 240
紫带佐尺蛾 304，305
紫片尺蛾 396
紫沙尺蛾属 30，217，243
紫山钩蛾 97，98
紫线尺蛾属 28，107，125
紫线钩蛾属 27，61，62
紫云尺蛾 246
紫云尺蛾属 31，218，246
棕带皿尺蛾 331
棕褐距钩蛾 66，67
印华波纹蛾 49
钻四星尺蛾 316，318
佐尺蛾属 32，221，303

拉丁名索引

（按首字母顺序排列，右边的号码为该条目在正文的页码）

A

Abaciscus 31, 218, 287
Abraxas 30, 215, 222
abraxides, Monocerotesa 348
abraxidia, Psilalcis 301
abraxidia, Rheumaptera 141
Achrosis 34, 218, 398
Acolutha 29, 130, 162
acutaria, Craspediopsis 123
adjuncta, Abaciscus
admirabilis, Iotaphora 213
aenea minor, Horipsestis 56
aerosa, Eustroma 148
Aethalura 32, 220, 303
aexaria, Bizia 361
Agaraeus 33, 216, 366
Agathia 30, 174, 211
agitata angustaria, Duliophyle 340
Agnidra 27, 61, 65
alba brunnescens, Pingasa 188, 189
Albara 27, 61, 62
albibasis guankaiyuni, Euparyphasma 55
albidaria, Lassaba 344
albidentata, Uliura 334
albidescens, Thymistadopsis 85
albidior, Problepsis 108, 109
albinigrata, Antipercnia 268
albipuncta angulifera, Habrosyne 49, 50
albogrisea, Toelgyfaloca 59
albosignaria albosignaria, Ophthalmitis 315
Alcis 31, 221, 294
amabilis, Protoboarmia 322
amasa, Luxiaria 255
Amblychia 16, 32, 221, 336
amethystina, Prionodonta 368, 369
amplificata, Pachyodes 186
Amraica 33, 214, 356
Anectropis 32, 220, 329
angeronaria, Amblychia 36, 337
angularis, Oreta 97
anomala, Scionomia 371
anoxys, Lomographa 236, 239
Antipercnia 31, 215, 267
antiquadraria, Pelagodes 207
Apeira 33, 216, 367
apicata eoa, Dalima 284

apicata, *Garaeus* 392
apicipicta, *Comibaena* 197, 198
apicirosea, *Timandra* 125, 126
appositaria, *Polymixinia* 408
Aquilargilla 28, 107, 114
aquilaria, *Hyposidra* 285
arenaria, *Metallolophia* 182, 183
arenosa, *Epholca* 381, 382
argenta, *Cilix* 95
argentataria, *Comibaena* 197, 198
argentilinea, *Pseudomiza* 375, 376
Arichanna 31, 222, 274
aristidaria, *Exurapteryx* 409
aristonaria, *Heterolocha* 401, 402
arizana placata, *Sibatania* 151
Ascotis 32, 216, 319
Astegania 34, 220, 387
Asthena 29, 131, 160, 162
Astygisa 30, 221, 245
atrisparsaria, *Organopoda* 128
Auaxa 33, 216, 386
augustaria, *Eucyclodes* 209, 210
aurantiacaria, *Scardamia* 364
auratilis, *Epholca* 381
Auzata 27, 60, 73
avellanea, *Zythos* 129

B

baenzigeri, *Hypochrosis* 395
batis rubrescens, *Thyatira* 45
bella diecena, *Tyloptera* 137
belluaria, *Antipercnia* 268
Betalbara 27, 61, 77
betularia parva, *Biston* 351, 352
biangularia, *Xyloscia* 379
bidens, *Didymana* 88
bifurca, *Monocerotesa* 347, 348
bilinearia, *Leptomiza* 374
bilinearia, *Odontopera* 389
Biston 33, 221, 350
Bizia 33, 217, 360
boarmiaria, *Racotis* 36, 329
brunnea, *Agnidra* 66, 67

C

calcearia, *Leptomiza* 374
Calicha 327
Calichodes 32, 221, 330
Calletaera 31, 220, 256
Callidrepana 27, 61, 83
Canucha 27, 61, 82
Carige 28, 130, 133
catenaria mesozona, *Melanthia* 173
catharma, *Hypomecis* 307, 308
Celenna 34, 215, 397
ceratophora, *Aquilargilla* 114
cesadaria, *Auaxa* 387
Chaetolopha 29, 131, 166
chalybearia, *Lampropteryx* 154
charon eucosma, *Heterarmia* 291, 292
Chartographa 29, 130, 144
chekiangensis, *Lomographa* 235, 237
Chiasmia 31, 218, 250
chinensis prolixa, *Auzata* 74, 75

chinensis, Aethalura 303
chloauges chloauges, Paradarisa 321
Chlorodontopera 30, 174, 195
chlororphnodes, Astygisa 245
Chorodna 32, 219, 345
chromataria, Fascellina 396
Chrysoblephara 32, 219, 327
Chrysocraspeda 28, 107, 117
Cilix 28, 61, 94
cineracea, Hypomecis 307, 309
circumflexa, Hyalinetta 386
clara, Ourapteryx 413, 414
claripennis, Lomographa 236, 239
Cleora 31, 216, 293
clivicola, Chiasmia 250, 253
coccinea, Heterolocha 401, 402
Collix 29, 131, 170
Comibaena 30, 174, 196
Comostola 30, 173, 202
compositata compositata, Chartographa 144, 145
comptaria, Timandra 125
conjunctaria, Heterarmia 291, 292
conjunctiva, Problepsis 108, 109, 111
consimilis consimilis, Tethea 52, 53
conspicua, Macrothyatira 46, 47
conspicuaria, Lobogonia 135
contiguaria, Xerodes 332, 333
continuaria mesembrina, Macaria 248
Controbeidia 31, 215, 262
Coremecis 32, 218, 310
corticaria, Chorodna 345, 346
Corymica 34, 216, 403
costiguttata, Idaea 120, 121
couaggaria, Cystidia 258
Craspediopsis 28, 107, 123
crassinotata, Problepsis 109, 112
creataria, Chorodna 345, 346
crenularia meridionalis, Apeira 368
crenularia, Ocoelophora 369, 370
crepuscularia, Ectropis 36, 324, 325
crocea, Tridrepana 68, 69
crocina, Dindicodes 178
crocoptera, Thinopteryx 410, 411
cruciplaga debrunneata, Carige 134
cruentaria, Mimomiza 376, 377
cumulata sinobia, Euchristophia 245
Cyclidia 16, 27, 42
cyrtoma, Wernya 58
Cystidia 31, 214, 258

D

Dalima 31, 217, 281
Danala 30, 214, 232
Darisa 32, 221, 342
decurrens decurrens, Evecliptopera 152
decussata moltrechti, Phthonoloba 138
deducta, Corymica 403, 404
defixaria, Chiasmia 250
Deileptenia 31, 221, 286
delectans, Thinopteryx 410
deletaria, Peratostega 231
dentifera, Dysstroma 156
Deroca 27, 60, 63
dholaria, Xandrames 339

diazoma, Problepsis 109, 112
dichela, Timandra 125, 126
Didymana 28, 61, 88
dierli, Psilalcis 299, 300
difficta, Eucyclodes 209
dijuncta, Hemistola 204
Dilophodes 31, 215, 273
diluta, Strepsigonia 89
Dindica 19, 29, 174
Dindicodes 29, 174, 177
diorthogonia, Psilalcis 299
Dipriodonta 28, 61, 92
diprosopa, Alcis 295
discolor, Agaraeus 367
discolor, Timandromorpha 194, 195
discospilata, Chlorodontopera 196
Dissoplaga 33, 218, 377
distans, Lomographa 236, 238
Ditrigona 28, 61, 90
divaricata, Trotocraspeda 380
Drepana 27, 61, 81
Duliophyle 16, 32, 221, 340
dysgenes, Maxates 205, 207
Dysstroma 19, 29, 132, 155, 156

E

eburnivena, Rhynchobapta 243
Ecliptopera 29, 132, 149
Ecodonia 32, 220, 331
Ectephrina 33, 219, 371
Ectropis 32, 220, 323
Eilicrinia 33, 219, 382
elaiodes, Loxotephria 390, 391
Electrophaes 29, 132, 153
elegans, Dilophodes 273
emaria, Phthonandria 360
eminens, Oreta 97, 98
enervata, Timandromorpha 194
Entomopteryx 33, 217, 383
epargyra, Tasta 234
Epholca 33, 217, 381
ephyrinaria, Ecodonia 331
epicharis, Chiasmia 250, 252
Epobeidia 31, 215, 261
Euchristophia 30, 217, 244
eucircota, Problepsis 108, 467
Eucosmabraxas 29, 131, 148
Eucyclodes 30, 174, 208
Euparyphasma 27, 44, 54
Eupithecia 29, 130, 166
Euryobeidia 31, 215, 263
eurypeda, Scotopteryx 133
Eustroma 29, 130, 147
evanescens, Eucosmabraxas 149
Evecliptopera 29, 132, 152
eximiaria, Lomographa 235
exquisita, Plutodes 364, 365
extremaria, Timandra 125, 127
Exurapteryx 34, 218, 409

F

faganaria, Chrysocraspeda 118
falcipennis, Psyra 362
Fascellina 34, 214, 395

fatuaria, Perizoma 164, 165
fenestraria wanmu, Leucoblepsis 93
ferruginaria, Microcalicha 312, 313
ferruginis, Abaciscus 288
festivaria, Celenna 398
flava, Eilicrinia 383
flava, Tridrepana 68, 70
flava, Dissoplag 377
flaviceps, Plesiomorpha 244
flavicosta, Nothomiza 240
flavida tapaischana, Macrothyatira 46
flavidior, Orthobrachia 253, 254
flavipuncta, Chrysocraspeda 118, 119
flavisinuata, Abraxas 223
flavobrunnea, Oreta 97, 101
flavomaculata, Metallolophia 182, 183
foraria foraria, Xenoplia 269
forcipulata, Callidrepana 83, 84
francki, Seleniopsis 373
fraterna, Cleora 293
fulguraria, Mesastrape 342
fulvata brevis, Tridrepana 68
fulvimacula promiscuaria, Perizoma 165
fumidaria, Percnia 265, 266
furcifera epiphanes, Arichanna 275, 276
fuscaria fuscaria, Jankowskia 290
fuscopurpurea, Oreta 97, 98

G

Gandaritis 29, 131, 146
Garaeus 34, 220, 391
Gasterocome 32, 216, 325
gemina curta, Callidrepana 83, 84
gemina, Hydatocapnia 233
gemmifera, Macrohastina 160
gigantearia, Parobeidia 260, 261
giraffata, Parapercnia 267
grata totifasciata, Peratophyga 226
grisea, Rikiosatoa 304, 305
grisearia, Nordstromia 72

H

Habrosyne 27, 35, 44, 48
haliaria, Tanaoctenia 366
haplocrossa, Ecliptopera 150
harpagula emarginata, Sabra 86
hebesata, Chiasmia 250, 251
hemionata, Xanthabraxas 257
Hemistola 30, 173, 203
hemithearia, Agathia 211
Herochroma 29, 174, 178
Heterarmia 31, 219, 291
Heterolocha 34, 220, 401
Heterophleps 28, 130, 135
Heterostegane 30, 219, 227
Heterostegania 34, 217, 406
Heterothera 29, 132, 156
Hirasa 32, 220, 335
hoenei tienia, Oreta 97, 104
hoenei, Deileptenia 286, 287
hoenei, Heterostegane 228
homoema, Platycerota 407
honei, Dalima
honesta, Astegania 388

Horipsestis 27, 44, 55
hyalina latizona, *Deroca* 64
Hyalinetta 33, 214, 385
hyalodisca, *Spectroreta* 96
Hydatocapnia 30, 216, 233
Hypephyra 31, 218, 246
Hyperythra 33, 216, 362
hyperythra, *Pseudocollix* 172
Hypochrosis 34, 221, 394
Hypomecis 32, 221, 306
Hyposidra 31, 220, 284
hyriaria, *Heterostegane* 228

I

Idaea 28, 107, 119
illiturata, *Maxates* 205, 206
impexa, *Idaea* 120, 122
inaccepta, *Xerodes* 332
inamata, *Lomographa* 235, 236
inceptaria, *Psilalcis* 299, 301
inconfusa, *Metabraxas* 270
incurvata, *Chaetolopha* 166
indica indica, *Habrosyne* 49
indicataria, *Scopula* 116
indistincta, *Psilalcis* 299, 302
infausta, *Uliura* 334
infracta, *Eucyclodes* 209, 210
insignis, *Oreta* 97, 99
insueta, *Amblychia* 337, 338
insulata, *Odontopera* 389, 390
intermedia, *Micronidia* 232
interruptaria, *Arichanna* 275, 277
Iotaphora 30, 173, 212
irregularis, *Controbeidia* 263
irrorataria, *Ophthalmitis* 316, 317
iterans iterans, *Lophophelma* 184

J

jaguararia jaguararia, *Arichanna* 275
Jankowskia 31, 220, 289
jermyi, *Eupithecia* 167

K

kafebera, *Pseudeuchlora* 139
kagiata, *Scopula* 116, 117
karykina, *Garaeus* 392, 394
Krananda 31, 214, 277

L

Laciniodes 29, 131, 157
Lampropteryx 29, 131, 154
languidata, *Euryobeidia* 264
largeteaui, *Euryobeidia* 264
laria, *Venusia* 162
Lassaba 32, 221, 344
latiferaria, *Xandrames* 339
latimarginaria, *Krananda* 277, 278
lentiginosaria festa, *Ocoelophora* 369, 370
Leptomiza 33, 216, 373
Leucoblepsis 28, 61, 93
leukohyperythra, *Coremecis* 310, 311
lichenea tsinlinga, *Parapsestis* 57

liensis, Oreta 97, 103
lilacina, Danala 232
Limbatochlamys 29, 174, 185
Lobogonia 28, 130, 134
Lomographa 30, 219, 235
loochooana timutia, Oreta 98, 101
Lophophelma 29, 174, 184
Loxotephria 34, 217, 390
lucifera conspurcata, Epobeidia 261, 262
luctuosa, Eupithecia 167, 168
lunulosa, Heterostegania 406
luridaria, Percnia 265
Luxiaria 31, 220, 254

M

Macaria 31, 218, 247
Macrauzata 28, 61, 87
Macrocilix 27, 60, 75
Macrohastina 29, 131, 160
Macrothyatira 27, 44, 46
majuscularia, Duliophyle 340, 341
mandshuriaria, Deileptenia 286
maoershanensis, Orthobrachia 254
margarita, Lomographa 236
marginata, Arichanna 274, 276
marginata, Biston 351, 355
marmarea, Swannia 242
mavi, Rikiosatoa 304
Maxates 30, 174, 204
maxima chinensis, Macrauzata 87
mediolata, Biston 351, 353
melacron, Biston 351
melanaria, Arichanna 275, 276
melanosticta, Microcalicha 312
Melanthia 29, 132, 172
mendicaria, Scopula
menoides, Psilalcis 300
Menophra 33, 221, 358
Mesastrape 32, 214, 341
Metabraxas 31, 215, 270
Metallolophia 29, 174, 182
Microcalicha 32, 220, 312
Micronidia 30, 214, 231
Mimomiza 33, 218, 376
missionaria, Darisa 343
mitorrhaphes, Luxiaria 255, 256
Mixochlora 30, 174, 190
moelleri, Opisthograptis 405
mongaku, Sarcinodes 105, 106
Monocerotesa 32, 219, 347
muricata minor, Idaea 120
muscosaria, Hirasa 335, 336
mushana mushana, Horipsestis 56
mysticata, Macrocilix 76

N

nigralbata, Pogonopygia 272
nigrociliaris, Ourapteryx 413, 414
nigromacularia, Comibaena 197, 200
nigrovittata, Coremecis 310, 311
ningpoaria, Anectropis 330
Ninodes 30, 219, 226
nooraria, Calicha 314
Nordstromia 27, 61, 71

normata hoengshanica, *Oxymacaria* 249
Nothomiza 30, 217, 239
novata, *Pachyodes* 186, 187

O

Obeidia 31, 215, 259, 263
oberthueri oberthueri, *Tethea* 52
obliqua, *Ectropis* 324, 325
obliqua, *Hyperythra* 363
obliquaria, *Pseudomiza* 375
obliquata, *Calletaera* 256
obliqua, *Parabapta* 241
obliquilinea, *Entomopteryx* 384
ocellata, *Auzata* 74, 75
ochreimacula, *Chorodna* 345
ochreipicta, *Herochroma* 179
ochrifasciata, *Calichodes* 331
ochrilinea, *Polyscia* 378
Ocoelophora 33, 216, 369
Odontopera 34, 216, 388
olivacea, *Chrysoblephara* 328
oliveomarginata, *Krananda* 278, 279
Ophthalmitis 32, 216, 315
Opisthograptis 34, 217, 405
orbiferata, *Sewa* 77
orciferaria, *Cyclidia* 42, 43
Oreta 28, 35, 95, 96
Organopoda 28, 107, 127
Orthobrachia 31, 217, 253
Orthocabera 30, 221, 229
Ourapteryx 16, 20, 34, 214
oxygoniodes, *Nothomiza* 240
Oxymacaria 31, 218, 248

P

Pachyodes 29, 174, 186
pallensia, *Herochroma* 179, 180
pallida flexuosa, *Drepana* 81
palpata, *Pasiphila* 170
pannosaria, *Gasterocome* 326
panterinaria, *Biston* 351, 355
para para, *Dindica* 175
Parabapta 30, 219, 241
Paradarisa 32, 220, 321
Paralbara 27, 61, 62
Parapercnia 31, 215, 266
Parapsestis 27, 44, 57
Pareclipsis 33, 218, 384
paredra, *Problepsis* 108, 111
Parobeidia 31, 215, 260
parvula, *Metabraxas* 270, 271
parvula, *Pseudalbara* 65
Pasiphila 29, 131, 169
patrana, *Callidrepana* 83
patularia, *Dalima* 282
pavaca sinensis, *Oreta* 97, 102
pavida, *Pogonopygia* 272
Pelagodes 30, 174, 207
Peratophyga 30, 219, 225
Peratostega 30, 219, 230
Percnia 31, 215, 265, 268
percnosticta, *Lomographa* 235, 237
perfurcana, *Alcis* 295
perichora, *Nothomiza* 240, 241

olivacea, Loxotephria 390, 391
Perizoma 29, 132, 164
perspicuata, Alcis 295, 298
pertusaria, Ophthalmitis 316, 318
Phanerothyris 32, 220, 326
phantomaria, Hypomecis 307, 309
Phthonandria 33, 221, 359
Phthonoloba 19, 28, 130, 137
Phthonosema 32, 220, 322
picaria, Arichanna 275, 473
pictaria imbecilla, Acolutha 163
Pingasa 30, 174, 188
plagiata, Fascellina 396, 397
Plagodis 34, 218, 400
Platycerota 34, 217, 406
platyleucata marginata, Lomographa 235, 238
Plesiomorpha 30, 217, 243
plumbeata, Abraxas 223, 225
plurilinearia, Laciniodes 158, 159
plurilineata, Chartographa 145
Plutodes 33, 214, 364
pluviata, Chiasmia 250
Pogonopygia 31, 215, 271
polioleuca, Psilalcis 299, 302
Polymixinia 34, 222, 408
polyphaenaria, Dindica 175, 176
Polyscia 33, 217, 378
pomenaria, Ditrigona 90, 91
postalbida, Heterothera 156, 157
postcandida, Alcis 295, 296
postexcisa, Krananda 278, 279
Prionodonta 33, 216, 368, 369
Problepsis 28, 107
procumbaria, Comibaena 198
prolata, Amraica 357
propinquaria, Scopula 116, 117
Protoboarmia 32, 219, 322
protrusa, Maxates 205
proximaria, Idaea 120, 123
prunicolor, Betalbara 78, 79
pryeri pryeri, Corymica 36, 403
Pseudalbara 27, 61, 64
Pseudeuchlora 28, 130, 138
Pseudocollix 29, 132, 171
Pseudomiza 33, 219, 375
pseudopunctinalis, Hypomecis 307, 308
pseudoterpnaria pseudoterpnaria, Pingasa 188, 189
Psilalcis 32, 219, 298
Psyra 33, 214, 361
pterographa, Habrosyne 49
pulchella semifulva, Acolutha 163
punctimarginaria, Telenomeuta 144
punctinalis, Hypomecis 307
Pylargosceles 28, 107, 124

R

Racotis 32, 218, 328
recava, Nordstromia 72, 73
reciprocata confuciaria, Tanaorhinus 192
rectifascia opisthommata, Tristrophis 412
rectilinea, Betalbara 78, 80
regalis, Biston 351, 354
reticulata, Plagodis 399

reversaria opalescens, *Albara* 62
Rheumaptera 28, 131, 132, 141
Rhynchobapta 30, 217, 242
Rikiosatoa 32, 221, 303
robusta, *Betalbara* 78, 79
rosearia compsa, *Achrosis* 399
rosthorni, *Limbatochlamys* 185
rubromarginata, *Tridrepana* 68, 69
rufescens, *Hypochrosis* 394, 395
rufofasciata, *Pingasa* 188, 190

S

Sabra 28, 61, 86
salutaria, *Idaea* 120, 122
Sarcinodes 28, 105
saturata, *Xanthorhoe* 140
scabiosa fixseni, *Agnidra* 66
Scardamia 33, 215, 363
Scionomia 33, 219, 371
Scopula 19, 28, 107, 115
scortea, *Alcis* 295, 296
Scotopteryx 28, 131, 132
scripturaria eugrapha, *Hirasa* 335
selenaria, *Ascotis* 36, 320
Seleniopsis 33, 216, 372
semicirculata, *Sysstema* 350
semifusca, *Xenographia* 408
semihyalina, *Krananda* 277, 278, 280
salutaria, *Idaea* 120, 122
semilutata pruinosaria, *Ectephrina* 372
semipavonaria, *Auzata* 73, 74
sericea sericea, *Orthocabera* 229
sericea, *Dipriodonta* 92
serratilinearia, *Phthonosema* 323
serrulata, *Pareclipsis* 385
Sewa 27, 60, 76
shania, *Oreta* 98, 100
Sibatania 29, 132, 151
signifera subargentaria, *Comibaena* 197, 199
similaria, *Ourapteryx* 413
sinearia, *Phanerothyris* 327
sinicaria sinicaria, *Gandaritis* 147
sinicaria, *Abraxas* 223
sinicata, *Idaea* 120, 121
siniherbida, *Ophthalmitis* 316, 319
sinoplagiata, *Menophra* 359
sinuosaria, *Heterophleps* 136
sororcula, *Heterothera* 156, 157
speciosa, *Oreta* 97, 100
Spectroreta 28, 95
specularia, *Agnidra* 66
specularis, *Garaeus* 391, 392, 393
specularis, *Canucha* 82
spicula, *Paralbara* 63
splendens, *Ninodes* 227
steganioides, *Pylargosceles* 124
stellata, *Collix* 171
stenorhabda, *Laciniodes* 158
straminearia, *Krananda* 281
stratonice, *Cystidia* 258, 259
Strepsigonia 28, 61, 88
stueningi, *Problepsis* 108, 110
subdelicata, *Comibaena* 197, 199
subnooraria, *Calicha* 314, 315

subprocumbaria, Comibaena 197, 201
subroseata, Heterolocha 401
subsparsus, Garaeus 392, 393
substigmaria substigmaria, Cyclidia 42
subtiliaria, Comostola 202
superans superans, Amraica 357, 358
superans, Problepsis 109, 113
suppressaria, Biston 351, 352
supraviridaria, Herochroma 179, 181
suspecta, Abraxas 223, 224
Swannia 30, 218, 242
Sysstema 33, 214, 349
taiwanensis, Jankowskia 290, 291
taiwanensis, Leucoblepsis 93, 94

T

Tanaoctenia 33, 215, 365
Tanaorhinus 30, 174, 190, 191
Tasta 30, 216, 234
tectaria, Eupithecia 167, 169
Telenomeuta 29, 131, 143
temeraria, Oxymacaria 249
tenuisaria, Comibaena 197, 201
tenuisquama, Eupithecia 167, 168
terrosa, Hypephyra 246
Tethea 27, 44, 52
thibetaria, Biston 351, 356
Thinopteryx 34, 214, 410
Thyatira 27, 44
Thymistadopsis 27, 60, 85
tienmuensis, Dindica 175, 177
tigrata leopardaria, Epobeidia 261, 262
Timandra 28, 107, 125
Timandromorpha 30, 174, 193
tinagmaria, Orthocabera 229, 230
Toelgyfaloca 27, 44, 59
tortuosaria, Abraxas 223, 224
triangularia, Ditrigona 90
trichroma, Monocerotesa 347, 348
Tridrepana 27, 61, 68
Triphosa 28, 132, 142
trispinuligera, Oreta 97
tristis tschekianga, Abaciscus 288
Tristrophis 34, 214, 411
Trotocraspeda 33, 216, 380
tumefacta, Ophthalmitis 316, 318
Tyloptera 28, 130, 136

U

Uliura 32, 221, 333
umbraria, Triphosa 143
umbrosaria phaedropa, Ecliptopera 150
undulata, Asthena 161
unispina, Tridrepana 68, 70
unistirpis, Laciniodes 158, 159
uniuncusa, Ditrigona 90, 91

V

vagipardata vagipardata, Obeidia 260
vandervoordeni, Rikiosatoa 304, 305
variaria, Dalima 282, 283
Venusia 29, 131, 161
violacea, Betalbara 78, 466

violacea, Habrosyne 49, 51
vira, Nordstromia 72
virgata, Monocerotesa 348, 349
viridaria peperata, Herochroma 179, 181
viridiluteata, Tanaorhinus 192, 193
vittata, Mixochlora 191

W

warreni, Plutodes 364, 365
Wernya 27, 44, 58

X

Xandrames 16, 32, 217, 338
Xanthabraxas 31, 214, 257
Xanthorhoe 28, 131, 139
Xenographia 34, 217, 407
Xenoplia 31, 215, 269
Xerodes 32, 218, 332
xuei, Alcis 295, 297
Xyloscia 33, 214, 379

Y

yaeyamana, Sarcinodes 105, 106
yeni, Sarcinodes 105

Z

zaphenges, Electrophaes 153
Zythos 28, 107, 129

图版目录

（标尺为 1 cm）

图版 1

1. 洋麻圆钩蛾 *Cyclidia substigmaria substigmaria* (Hübner)
2. 赭圆钩蛾 *Cyclidia orciferaria* Walker
3. 红波纹蛾 *Thyatira batis rubrescens* Werny
4. 大波纹蛾 *Macrothyatira flavida tapaischana* (Sick)
5. 瑞大波纹蛾 *Macrothyatira conspicua* (Leech)
6. 岩华波纹蛾 *Habrosyne pterographa* (Poujade)
7. 印华波纹蛾 *Habrosyne indica indica* (Moore)

8*. 白华波纹蛾 *Habrosyne albipuncta angulifera* (Gaede)

9. 银华波纹蛾 *Habrosyne violacea* (Fixsen)
10. 藕太波纹蛾 *Tethea oberthueri oberthueri* (Houlbert)
11. 粉太波纹蛾 *Tethea consimilis consimilis* (Warren)
12. 影波纹蛾 *Euparyphasma albibasis guankaiyuni* Laszlo, Ronkay, Ronkay & Witt
13. 点波纹蛾 *Horipsestis aenea minor* (Sick)

14*. 伞点波纹蛾 *Horipsestis mushana mushana* (Matsumura)

15. 华异波纹蛾 *Parapsestis lichenea tsinlinga* Laszlo, Ronkay, Ronkay & Witt
16. 曲线波纹蛾 *Wernya cyrtoma* Xue, Yang & Han

(* 源自 Laszlo *et al.*, 2007)

图版 2

1. 灰白驼波纹蛾 *Toelgyfaloca albogrisea* (Mell)
2. 中国紫线钩蛾 *Albara reversaria opalescens* Warren
3. 净赭钩蛾 *Paralbara spicula* Watson
4. 广东晶钩蛾 *Deroca hyalina latizona* Watson
5. 三线钩蛾 *Pseudalbara parvula* (Leech)
6. 栎距钩蛾 *Agnidra scabiosa fixseni* (Bryk)

7. 花距钩蛾 *Agnidra specularia* (Walker)
8. 棕褐距钩蛾 *Agnidra brunnea* Chou & Xiang
9. 短瓣二叉黄钩蛾 *Tridrepana fulvata brevis* Watson
10. 肾斑黄钩蛾 *Tridrepana rubromarginata* (Leech)
11. 仲黑缘黄钩蛾 *Tridrepana crocea* (Leech)
12. 伯黑缘黄钩蛾 *Tridrepana unispina* Watson
13. 双斜线黄钩蛾 *Tridrepana flava* (Moore)
14. 双线钩蛾 *Nordstromia grisearia* (Staudinger)
15. 星线钩蛾 *Nordstromia vira* (Moore)，雄性
16. 星线钩蛾 *Nordstromia vira* (Moore)，雌性
17. 曲缘线钩蛾 *Nordstromia recava* Watson
18. 半豆斑钩蛾 *Auzata semipavonaria* Walker
19. 浙江中华豆斑钩蛾 *Auzata chinensis prolixa* Watson
20. 单眼豆斑钩蛾 *Auzata ocellata* (Warren)
21. 丁铃钩蛾 *Macrocilix mysticata* (Walker)
22. 圆带铃钩蛾 *Sewa orbiferata* (Walker)

图版 3

1. 直缘卑钩蛾 *Betalbara violacea* (Butler)
2. 栎卑钩蛾 *Betalbara robusta* (Oberthür)
3. 折线卑钩蛾 *Betalbara prunicolor* (Moore)
4. 灰褐卑钩蛾 *Betalbara rectilinea* Watson
5. 湖北一点钩蛾 *Drepana pallida flexuosa* Watson
6. 后窗枯叶钩蛾 *Canucha specularis* (Moore)
7. 肾点丽钩蛾 *Callidrepana patrana* (Moore)
8. 广东豆点丽钩蛾 *Callidrepana gemina curta* Watson
9. 方点丽钩蛾 *Callidrepana forcipulata* Watson
10. 白麝钩蛾 *Thymistadopsis albidescens* (Hampson)
11. 尖翅古钩蛾 *Sabra harpagula emarginata* (Watson)
12. 中华大窗钩蛾 *Macrauzata maxima chinensis* Inoue
13. 钳钩蛾 *Didymana bidens* (Leech)
14. 锯线钩蛾 *Strepsigonia diluta* (Warren)
15. 三角白钩蛾 *Ditrigona triangularia* (Moore)
16. 单叉白钩蛾 *Ditrigona uniuncusa* Chu & Wang

17. 银条白钩蛾 *Ditrigona pomenaria* (Oberthür)
18. 四点白钩蛾 *Dipriodonta sericea* Warren
19. 万木窗带钩蛾 *Leucoblepsis fenestraria wanmu* (Shen & Chen)
20. 台湾带钩蛾 *Leucoblepsis taiwanensis* Buchsbaum & Miller
21. 银绮钩蛾 *Cilix argenta* Chu & Wang
22. 窗山钩蛾 *Spectroreta hyalodisca* (Hampson)

图版 4

1. 荚蒾山钩蛾 *Oreta eminens* Bryk
2. 紫山钩蛾 *Oreta fuscopurpurea* Inoue，雄性
3. 紫山钩蛾 *Oreta fuscopurpurea* Inoue，雌性
4. 交让木山钩蛾 *Oreta insignis* (Butlur)
5. 角山钩蛾 *Oreta angularis* Watson，雄性
6. 角山钩蛾 *Oreta angularis* Watson，雌性
7. 美丽山钩蛾 *Oreta speciosa* (Bryk)，雄性
8. 美丽山钩蛾 *Oreta speciosa* (Bryk)，雌性
9. 沙山钩蛾 *Oreta shania* Watson
10. 天目接骨木山钩蛾 *Oreta loochooana timutia* Watson
11. 深黄山钩蛾 *Oreta flavobrunnea* Watson，雄性
12. 深黄山钩蛾 *Oreta flavobrunnea* Watson，雌性
13. 华夏孔雀山钩蛾 *Oreta pavaca sinensis* Watson，雄性
14. 华夏孔雀山钩蛾 *Oreta pavaca sinensis* Watson，雌性
15. 三刺山钩蛾 *Oreta trispinuligera* Chen
16. 林山钩蛾 *Oreta liensis* Watson，雄性
17. 林山钩蛾 *Oreta liensis* Watson，雌性
18. 浙江宏山钩蛾 *Oreta hoenei tienia* Watson

图版 5

1. 颜氏沙尺蛾 *Sarcinodes yeni* Sommerer
2. 八重山沙尺蛾 *Sarcinodes yaeyamana* Inoue
3. 佳眼尺蛾 *Problepsis eucircota* Prout
4. 金沙尺蛾 *Sarcinodes mongaku* Marumo
5. 白眼尺蛾 *Problepsis albidior* Warren
6. 斯氏眼尺蛾 *Problepsis stueningi* Xue，Cui & Jiang

7. 邻眼尺蛾 *Problepsis paredra* Prout
8. 黑条眼尺蛾 *Problepsis diazoma* Prout
9. 猫眼尺蛾 *Problepsis superans* (Butler)
10. 接眼尺蛾 *Problepsis conjunctiva* Warren
11. 指眼尺蛾 *Problepsis crassinotata* Prout
12. 微刺泥岩尺蛾 *Aquilargilla ceratophora* Cui, Xue & Jiang
13. 忍冬尺蛾 *Scopula indicataria* (Walker)
14. 褐斑岩尺蛾 *Scopula propinquaria* (Leech)
15. 卡岩尺蛾 *Scopula kagiata* (Bastelberger)
16. 粉红丽姬尺蛾 *Chrysocraspeda faganaria* (Guenée)
17. 黄点丽姬尺蛾 *Chrysocraspeda flavipuncta* (Warren)
18. 小红姬尺蛾 *Idaea muricata minor* (Sterneck)
19. 朱姬尺蛾 *Idaea sinicata* (Walker)
20. 三线姬尺蛾 *Idaea costiguttata* (Warren)
21. 黄带姬尺蛾 *Idaea impexa* (Butler) (ZFMK)
22. 褐姬尺蛾 *Idaea salutaria* (Christoph) (ZFMK)
23. 玛莉姬尺蛾 *Idaea proximaria* (Leech)
24. 尖尾瑕边尺蛾 *Craspediopsis acutaria* (Leech)
25. 双珠严尺蛾 *Pylargosceles steganioides* (Butler)
26. 曲紫线尺蛾 *Timandra comptaria* Walker
27. 玫尖紫线尺蛾 *Timandra apicirosea* (Prout)
28. 分紫线尺蛾 *Timandra dichela* (Prout)
29. 极紫线尺蛾 *Timandra extremaria* Walker
30. 深须姬尺蛾 *Organopoda atrisparsaria* Wehrli
31. 烤焦尺蛾 *Zythos avellanea* (Prout)

图版 6

1. 阔掷尺蛾 *Scotopteryx eurypeda* (Prout)
2. 连斑双角尺蛾 *Carige cruciplaga debrunneata* Prout
3. 显角叶尺蛾 *Lobogonia conspicuaria* Leech
4. 灰褐异翅尺蛾 *Heterophleps sinuosaria* (Leech)
5. 缅甸洁尺蛾 *Tyloptera bella diecena* (Prout)
6. 台湾华丽妒尺蛾 *Phthonoloba decussata moltrechti* Prout
7. 绿花尺蛾 *Pseudeuchlora kafebera* (Swinhoe)

8. 盈潢尺蛾 *Xanthorhoe saturata* (Guenée)
9. 金星汝尺蛾 *Rheumaptera abraxidia* (Hampson)
10. 长须光尺蛾 *Triphosa umbraria* (Leech)
11. 星缘扇尺蛾 *Telenomeuta punctimarginaria* (Leech)
12. 常春藤洄纹尺蛾 *Chartographa compositata compositata* (Guenée)
13. 多线洄纹尺蛾 *Chartographa plurilineata* (Walker)
14. 中国枯叶尺蛾 *Gandaritis sinicaria sinicaria* Leech
15. 黑斑褥尺蛾 *Eustroma aerosa* (Butler)
16. 绣球祉尺蛾 *Eucosmabraxas evanescens* (Butler)
17. 乌苏里绣纹折线尺蛾 *Ecliptopera umbrosaria phaedropa* (Prout)
18. 隐折线尺蛾 *Ecliptopera haplocrossa* (Prout)
19. 宁波阿里山夕尺蛾 *Sibatania arizana placata* (Prout)
20. 汇纹尺蛾 *Evecliptopera decurrens decurrens* (Moore)
21. 中齿焰尺蛾 *Electrophaes zaphenges* Prout
22. 犀丽翅尺蛾 *Lampropteryx chalybearia* (Moore)
23. 齿纹涤尺蛾 *Dysstroma dentifera* (Warren)
24. 奇带尺蛾 *Heterothera postalbida* (Wileman)
25. 台湾奇带尺蛾 *Heterothera sororcula* (Bastelberger)
26. 匀网尺蛾 *Laciniodes stenorhabda* Wehrli

图版 7

1. 网尺蛾 *Laciniodes plurilinearia* (Moore)
2. 单网尺蛾 *Laciniodes unistirpis* (Butler)
3. 红带大历尺蛾 *Macrohastina gemmifera* (Moore)
4. 对白尺蛾 *Asthena undulata* (Wileman)
5. 拉维尺蛾 *Venusia laria* Oberthür
6. 虹尺蛾 *Acolutha pictaria imbecilla* Warren
7. 金带霓虹尺蛾 *Acolutha pulchella semifulva* Warren
8. 愚周尺蛾 *Perizoma fatuaria* (Leech)
9. 枯斑周尺蛾 *Perizoma fulvimacula promiscuaria* (Leech)
10. 弯池尺蛾 *Chaetolopha incurvata* (Moore)
11. 吉米小花尺蛾 *Eupithecia jermyi* Vojnits
12. 窄小花尺蛾 *Eupithecia tenuisquama* (Warren)
13. 光泽小花尺蛾 *Eupithecia luctuosa* Mironov & Galsworthy

14. 盖小花尺蛾 *Eupithecia tectaria* Mironov & Galsworthy
15. 绿带小波尺蛾 *Pasiphila palpata* (Walker)
16. 星缘考尺蛾 *Collix stellata* Warren
17. 假考尺蛾 *Pseudocollix hyperythra* (Hampson)
18. 链黑岛尺蛾 *Melanthia catenaria mesozona* Prout
19. 赭点峰尺蛾 *Dindica para para* Swinhoe
20. 宽带峰尺蛾 *Dindica polyphaenaria* (Guenée)
21. 天目峰尺蛾 *Dindica tienmuensis* Chu
22. 滨石涡尺蛾 *Dindicodes crocina* (Butler)
23. 赭点始青尺蛾 *Herochroma ochreipicta* (Swinhoe)
24. 淡色始青尺蛾 *Herochroma pallensia* Han & Xue
25. 超暗始青尺蛾 *Herochroma supraviridaria* Inoue
26. 马来绿始青尺蛾 *Herochroma viridaria peperata* (Herbulot)

图版 8

1. 豆纹尺蛾 *Metallolophia arenaria* (Leech)
2. 黄斑豆纹尺蛾 *Metallolophia flavomaculata* Han & Xue
3. 江浙冠尺蛾 *Lophophelma iterans iterans* (Prout)
4. 中国巨青尺蛾 *Limbatochlamys rosthorni* Rothschild
5. 金星垂耳尺蛾 *Pachyodes amplificata* (Walker)
6. 新粉垂耳尺蛾 *Pachyodes novata* Han & Xue
7. 小灰粉尺蛾 *Pingasa pseudoterpnaria pseudoterpnaria* (Guenée)
8. 日本粉尺蛾 *Pingasa alba brunnescens* Prout
9. 红带粉尺蛾 *Pingasa rufofasciata* Moore
10. 三岔绿尺蛾 *Mixochlora vittata* (Moore)
11. 镰翅绿尺蛾 *Tanaorhinus reciprocata confuciaria* (Walker)
12. 镰翅绿尺蛾 *Tanaorhinus reciprocata confuciaria* (Walker), 反面

图版 9

1. 影镰翅绿尺蛾 *Tanaorhinus viridiluteata* (Walker)
2. 影镰翅绿尺蛾 *Tanaorhinus viridiluteata* (Walker), 反面
3. 缺口青尺蛾 *Timandromorpha discolor* (Warren) (BMNH)
4. 小缺口青尺蛾 *Timandromorpha enervata* Inoue
5. 四眼绿尺蛾 *Chlorodontopera discospilata* (Moore)

6. 顶绿尺蛾 *Comibaena apicipicta* Prout
7. 长纹绿尺蛾 *Comibaena argentataria* (Leech)
8. 亚长纹绿尺蛾 *Comibaena signifera subargentaria* (Oberthür)
9. 黑角绿尺蛾 *Comibaena subdelicata* Inoue
10. 紫斑绿尺蛾 *Comibaena nigromacularia* (Leech)
11. 肾纹绿尺蛾 *Comibaena procumbaria* (Pryer)
12. 亚肾纹绿尺蛾 *Comibaena subprocumbaria* (Oberthür)
13. 平纹绿尺蛾 *Comibaena tenuisaria* (Graeser)
14. 亚四目绿尺蛾 *Comostola subtiliaria* (Bremer)
15. 粉无缰青尺蛾 *Hemistola dijuncta* (Walker)
16. 线尖尾尺蛾 *Maxates protrusa* (Butler)
17. 青尖尾尺蛾 *Maxates illiturata* (Walker)
18. 斜尖尾尺蛾 *Maxates dysgenes* (Prout)
19. 海绿尺蛾 *Pelagodes antiquadraria* (Inoue)
20. 枯斑翠尺蛾 *Eucyclodes difficta* (Walker)
21. 金银彩青尺蛾 *Eucyclodes augustaria* (Oberthür)

图版 10

1. 弯彩青尺蛾 *Eucyclodes infracta* (Wileman)
2. 半焦艳青尺蛾 *Agathia hemithearia* Guenée
3. 青辐射尺蛾 *Iotaphora admirabilis* (Oberthür)
4. 华金星尺蛾 *Abraxas sinicaria* Leech
5. 明金星尺蛾 *Abraxas flavisinuata* Warren
6. 素金星尺蛾 *Abraxas tortuosaria* Leech
7. 丝棉木金星尺蛾 *Abraxas suspecta* Warren
8. 铅灰金星尺蛾 *Abraxas plumbeata* Cockerell
9. 江西长晶尺蛾 *Peratophyga grata totifasciata* Wehrli
10. 泼墨尺蛾 *Ninodes splendens* (Butler)
11. 光边锦尺蛾 *Heterostegane hyriaria* Warren
12. 灰锦尺蛾 *Heterostegane hoenei* (Wehrli)
13. 聚线琼尺蛾 *Orthocabera sericea sericea* (Butler)
14. 清波琼尺蛾 *Orthocabera tinagmaria* (Guenée)
15. 雀斑墟尺蛾 *Peratostega deletaria* (Moore)
16. 二点斑尾尺蛾 *Micronidia intermedia* Yazaki

17. 褐尖缘尺蛾 *Danala lilacina* (Wileman)
18. 双封尺蛾 *Hydatocapnia gemina* Yazaki
19. 宽带银瞳尺蛾 *Tasta epargyra* Wehrli
20. 虚褶尺蛾 *Lomographa inamata* (Walker)
21. 淡灰褶尺蛾 *Lomographa margarita* (Moore)
22. 四点褶尺蛾 *Lomographa chekiangensis* (Wehrli)
23. 黑尖褶尺蛾 *Lomographa percnosticta* Yazaki
24. 云褶尺蛾 *Lomographa eximiaria* (Oberthür)
25. 台湾双带褶尺蛾 *Lomographa platyleucata marginata* (Wileman) (ZFMK)
26. 离褶尺蛾 *Lomographa distans* (Warren) (ZFMK)

图版 11

1. 克拉褶尺蛾 *Lomographa claripennis* Inoue (ZFMK)
2. 安褶尺蛾 *Lomographa anoxys* (Wehrli) (ZFMK)
3. 黄缘霞尺蛾 *Nothomiza flavicosta* Prout
4. 紫带霞尺蛾 *Nothomiza oxygoniodes* Wehrli
5. 叉线霞尺蛾 *Nothomiza perichora* Wehrli (ZFMK)
6. 斜平沙尺蛾 *Parabapta obliqua* Yazaki (ZFMK)
7. 玛边尺蛾 *Swannia marmarea* Prout (ZFMK)
8. 线角印尺蛾 *Rhynchobapta eburnivena* Warren (ZFMK)
9. 金头紫沙尺蛾 *Plesiomorpha flaviceps* (Butler)
10. 金鲨尺蛾 *Euchristophia cumulata sinobia* (Wehrli)
11. 大灰尖尺蛾 *Astygisa chlororphnodes* (Wehrli)
12. 紫云尺蛾 *Hypephyra terrosa* Butler
13. 光连庶尺蛾 *Macaria continuaria mesembrina* (Wehrli) (ZFMK)
14. 云庶尺蛾 *Oxymacaria temeraria* (Swinhoe)
15. 衡山云庶尺蛾 *Oxymacaria normata hoengshanica* (Wehrli) (ZFMK)
16. 合欢奇尺蛾 *Chiasmia defixaria* (Walker)
17. 格奇尺蛾 *Chiasmia hebesata* (Walker)
18. 雨尺蛾 *Chiasmia pluviata* (Fabricius)
19. 污带奇尺蛾 *Chiasmia epicharis* (Wehrli)
20. 坡奇尺蛾 *Chiasmia clivicola* (Prout)
21. 黄图尺蛾 *Orthobrachia flavidior* (Hampson)
22. 猫儿山图尺蛾 *Orthobrachia maoershanensis* Huang, Wang & Xin

23. 云辉尺蛾 *Luxiaria amasa* (Butler)
24. 辉尺蛾 *Luxiaria mitorrhaphes* Prout
25. 斜双线尺蛾 *Calletaera obliquata* (Moore)

图版 12

1. 中国虎尺蛾 *Xanthabraxas hemionata* (Guenée)
2. 小蜻蜓尺蛾 *Cystidia couaggaria* (Guenée)
3. 蜻蜓尺蛾 *Cystidia stratonice* (Stoll)
4. 豹长翅尺蛾 *Obeidia vagipardata vagipardata* Walker
5. 狭长翅尺蛾 *Parobeidia gigantearia* (Leech)
6. 猛拟长翅尺蛾 *Epobeidia tigrata leopardaria* (Oberthür)
7. 散长翅尺蛾 *Epobeidia lucifera conspurcata* (Leech)
8. 紊长翅尺蛾 *Controbeidia irregularis* (Wehrli)
9. 金丰翅尺蛾 *Euryobeidia largeteaui* (Oberthür)
10. 银丰翅尺蛾 *Euryobeidia languidata* (Walker)
11. 散斑点尺蛾 *Percnia luridaria* (Leech)

图版 13

1. 褐斑点尺蛾 *Percnia fumidaria* Leech
2. 柿星尺蛾 *Parapercnia giraffata* (Guenée)
3. 拟柿星尺蛾 *Antipercnia albinigrata* (Warren)
4. 匀点尺蛾 *Antipercnia belluaria* (Guenée)
5. 细斑星尺蛾 *Xenoplia foraria foraria* (Guenée)
6. 中国后星尺蛾 *Metabraxas inconfusa* Warren
7. 小后星尺蛾 *Metabraxas parvula* Wehrli (ZFMK)
8. 八角尺蛾 *Pogonopygia nigralbata* Warren
9. 三排尺蛾 *Pogonopygia pavida* (Bastelberger)
10. 双冠尺蛾 *Dilophodes elegans* (Butler)
11. 刺弥尺蛾 *Arichanna picaria* Wileman

图版 14

1. 梫星尺蛾 *Arichanna jaguararia jaguararia* (Guenée)
2. 黄星尺蛾 *Arichanna melanaria* (Linnaeus)
3. 边弥尺蛾 *Arichanna marginata* Warren

4. 滇沙弥尺蛾 *Arichanna furcifera epiphanes* (Wehrli) (ZFMK)
5. 间弥尺蛾 *Arichanna interruptaria* Leech
6. 三角璃尺蛾 *Krananda latimarginaria* Leech
7. 暗色璃尺蛾 *Krananda postexcisa* (Wehrli) (ZFMK)
8. 橄璃尺蛾 *Krananda oliveomarginata* Swinhoe
9. 玻璃尺蛾 *Krananda semihyalina* Moore
10. 蒿杆三角尺蛾 *Krananda straminearia* (Leech)
11. 圆翅达尺蛾 *Dalima patularia* (Walker)
12. 洪达尺蛾 *Dalima hoenei* Wehrli
13. 易达尺蛾 *Dalima variaria* Leech
14. 达尺蛾 *Dalima apicata eoa* Wehrli
15. 钩翅尺蛾 *Hyposidra aquilaria* (Walker)
16. 满洲里歹尺蛾 *Deileptenia mandshuriaria* (Bremer)
17. 何歹尺蛾 *Deileptenia hoenei* Sato & Wang (ZFMK)

图版 15

1. 浙江矶尺蛾 *Abaciscus tristis tschekianga* (Wehrli)
2. 拟星矶尺蛾 *Abaciscus ferruginis* Sato & Wang
3. 桔斑矶尺蛾 *Abaciscus costimacula* (Wileman)
4. 小用克尺蛾 *Jankowskia fuscaria fuscaria* (Leech)
5. 台湾用克尺蛾 *Jankowskia taiwanensis* Sato
6. 查冥尺蛾 *Heterarmia charon eucosma* (Wehrli) (ZFMK)
7. 石冥尺蛾 *Heterarmia conjunctaria* (Leech)
8. 襟霜尺蛾 *Cleora fraterna* (Moore)
9. 白鹿尺蛾 *Alcis diprosopa* (Wehrli)
10. 鲜鹿尺蛾 *Alcis perfurcana* (Wehrli)
11. 马鹿尺蛾 *Alcis postcandida* (Wehrli)
12. 革鹿尺蛾 *Alcis scortea* (Bastelberger)
13. 薛鹿尺蛾 *Alcis xuei* Sato & Wang (SCAU)
14. 啄鹿尺蛾 *Alcis perspicuata* (Moore) (ZFMK)
15. 茶担皮鹿尺蛾 *Psilalcis diorthogonia* (Wehrli)
16. 淡灰皮鹿尺蛾 *Psilalcis dierli* Sato
17. 天目皮鹿尺蛾 *Psilalcis menoides* (Wehrli)
18. 金星皮鹿尺蛾 *Psilalcis abraxidia* Sato & Wang (SCAU)

19. 皮鹿尺蛾 *Psilalcis inceptaria* (Walker)

图版 16

1. 袍皮鹿尺蛾 *Psilalcis polioleuca* Wehrli (ZFMK)
2. 弥皮鹿尺蛾 *Psilalcis indistincta* Hampson (ZFMK)
3. 中国美鹿尺蛾 *Aethalura chinensis* Sato & Wang (ZFMK)
4. 紫带佐尺蛾 *Rikiosatoa mavi* (Prout)
5. 灰佐尺蛾 *Rikiosatoa grisea* Butler
6. 中国佐尺蛾 *Rikiosatoa vandervoordeni* (Prout)
7. 尘尺蛾 *Hypomecis punctinalis* (Scopoli)
8. 假尘尺蛾 *Hypomecis pseudopunctinalis* (Wehrli)
9. 黑尘尺蛾 *Hypomecis catharma* (Wehrli)
10. 青灰尘尺蛾 *Hypomecis cineracea* (Moore)
11. 怒尘尺蛾 *Hypomecis phantomaria* (Graeser)
12. 黑斑宙尺蛾 *Coremecis nigrovittata* (Moore)
13. 蕾宙尺蛾 *Coremecis leukohyperythra* (Wehrli) (ZFMK)
14. 凸翅小盅尺蛾 *Microcalicha melanosticta* (Hampson)
15. 锈小盅尺蛾 *Microcalicha ferruginaria* Sato & Wang (SCAU)
16. 金盅尺蛾 *Calicha nooraria* (Bremer)
17. 拟金盅尺蛾 *Calicha subnooraria* Sato & Wang
18. 核桃四星尺蛾 *Ophthalmitis albosignaria albosignaria* (Bremer & Grey)

图版 17

1. 四星尺蛾 *Ophthalmitis irrorataria* (Bremer & Grey)
2. 宽四星尺蛾 *Ophthalmitis tumefacta* Jiang, Xue & Han
3. 钻四星尺蛾 *Ophthalmitis pertusaria* (Felder & Rogenhofer)
4. 拟锯纹四星尺蛾 *Ophthalmitis siniherbida* (Wehrli)
5. 大造桥虫 *Ascotis selenaria* (Denis & Schiffermüller)
6. 灰绿拟毛腹尺蛾 *Paradarisa chloauges chloauges* Prout
7. 原雕尺蛾 *Protoboarmia amabilis* Inoue (ZFMK)
8. 锯线烟尺蛾 *Phthonosema serratilinearia* (Leech)
9. 埃尺蛾 *Ectropis crepuscularia* (Denis & Schiffermüller)
10. 小茶尺蛾 *Ectropis obliqua* (Prout)
11. 齿带毛腹尺蛾 *Gasterocome pannosaria* (Moore)

12. 中阈尺蛾 *Phanerothyris sinearia* (Guenée)
13. 榄绿鑫尺蛾 *Chrysoblephara olivacea* Sato & Wang (SCAU)
14. 拉克尺蛾 *Racotis boarmiaria* (Guenée)
15. 宁波猗尺蛾 *Anectropis ningpoaria* (Leech) (ZFMK)
16. 棕带皿尺蛾 *Calichodes ochrifasciata* (Moore) (ZFMK)
17. 绿星藓尺蛾 *Ecodonia ephyrinaria* (Oberthür) (ZFMK)
18. 沙弥绶尺蛾 *Xerodes inaccepta* (Prout) (ZFMK)
19. 白珠绶尺蛾 *Xerodes contiguaria* (Leech) (ZFMK)
20. 斑阢尺蛾 *Uliura albidentata* (Moore) (ZFMK)

图版 18

1. 点阢尺蛾 *Uliura infausta* (Prout)
2. 天目书苔尺蛾 *Hirasa scripturaria eugrapha* Wehrli
3. 暗绿苔尺蛾 *Hirasa muscosaria* (Walker)
4. 白珠鲁尺蛾 *Amblychia angeronaria* Guenée
5. 兀尺蛾 *Amblychia insueta* (Butler)，雄性
6. 兀尺蛾 *Amblychia insueta* (Butler)，雌性
7. 黑玉臂尺蛾 *Xandrames dholaria* Moore
8. 折玉臂尺蛾 *Xandrames latiferaria* (Walker)
9. 四川杜尺蛾 *Duliophyle agitata angustaria* (Leech)

图版 19

1. 大杜尺蛾 *Duliophyle majuscularia* (Leech)
2. 细枝树尺蛾 *Mesastrape fulguraria* (Walker)
3. 拟固线蛮尺蛾 *Darisa missionaria* (Wehrli)
4. 白蛮尺蛾 *Lassaba albidaria* (Walker)
5. 黄斑方尺蛾 *Chorodna ochreimacula* Prout
6. 默方尺蛾 *Chorodna corticaria* (Leech)
7. 宏方尺蛾 *Chorodna creataria* (Guenée)
8. 豹斑蜡尺蛾 *Monocerotesa abraxides* (Prout)
9. 三色蜡尺蛾 *Monocerotesa bifurca* Sato & Wang
10. 青蜡尺蛾 *Monocerotesa trichroma* Wehrli
11. 碎纹蜡尺蛾 *Monocerotesa virgata* (Wileman)
12. 半环统尺蛾 *Sysstema semicirculata* (Moore)

13. 花鹰尺蛾 *Biston melacron* Wehrli
14. 桦尺蛾 *Biston betularia parva* Leech

图版 20

1. 油桐尺蛾 *Biston suppressaria* (Guenée)
2. 圆突鹰尺蛾 *Biston mediolata* Jiang, Xue & Han
3. 双云尺蛾 *Biston regalis* (Moore)
4. 油茶尺蛾 *Biston marginata* Shiraki
5. 木檫尺蛾 *Biston panterinaria* (Bremer & Grey)
6. 云尺蛾 *Biston thibetaria* (Oberthür)
7. 拟大斑掌尺蛾 *Amraica prolata* Jiang, Sato & Han
8. 掌尺蛾 *Amraica superans superans* (Butler)
9. 华展尺蛾 *Menophra sinoplagiata* Sato & Wang (SCAU)
10. 角顶尺蛾 *Phthonandria emaria* (Bremer) (ZFMK)
11. 焦边尺蛾 *Bizia aexaria* Walker
12. 小斑碴尺蛾 *Psyra falcipennis* Yazaki
13. 红双线免尺蛾 *Hyperythra obliqua* (Warren)
14. 橘红银线尺蛾 *Scardamia aurantiacaria* Bremer

图版 21

1. 墨丸尺蛾 *Plutodes warreni* Prout
2. 带丸尺蛾 *Plutodes exquisita* Butler
3. 焦斑叉线青尺蛾 *Tanaoctenia haliaria* (Walker)
4. 异色巫尺蛾 *Agaraeus discolor* (Warren)
5. 南方波缘妖尺蛾 *Apeira crenularia meridionalis* (Wehrli)
6. 魈尺蛾 *Prionodonta amethystina* Warren
7. 粉红腹尺蛾 *Ocoelophora crenularia* (Leech)
8. 台湾腹尺蛾 *Ocoelophora lentiginosaria festa* (Bastelberger) (ZFMK)
9. 长突芽尺蛾 *Scionomia anomala* (Butler) (ZFMK)
10. 东亚半西尺蛾 *Ectephrina semilutata pruinosaria* Bremer (ZFMK)
11. 褐堂尺蛾 *Seleniopsis francki* Prout
12. 紫边尺蛾 *Leptomiza calcearia* (Walker)
13. 双线边尺蛾 *Leptomiza bilinearia* (Leech)
14. 紫白尖尺蛾 *Pseudomiza obliquaria* (Leech)

15. 束白尖尺蛾 *Pseudomiza argentilinea* (Moore)
16. 白拟尖尺蛾 *Mimomiza cruentaria* (Moore)
17. 粉红普尺蛾 *Dissoplag flava* (Moore)
18. 奥都尺蛾 *Polyscia ochrilinea* Warren (ZFMK)
19. 双角木尺蛾 *Xyloscia biangularia* Leech
20. 金叉俭尺蛾 *Trotocraspeda divaricata* (Moore)
21. 橘黄惑尺蛾 *Epholca auratilis* Prout
22. 胡桃尺蛾 *Epholca arenosa* (Butler) (ZFMK)

图版 22

1. 黄蟠尺蛾 *Eilicrinia flava* (Moore)
2. 斜卡尺蛾 *Entomopteryx obliquilinea* (Moore) (ZFMK)
3. 双波夹尺蛾 *Pareclipsis serrulata* (Wehrli)
4. 斑弓莹尺蛾 *Hyalinetta circumflexa* (Kollar)
5. 娴尺蛾 *Auaxa cesadaria* Walker
6. 榆津尺蛾 *Astegania honesta* (Prout)
7. 贡尺蛾 *Odontopera bilinearia* (Swinhoe)
8. 秃贡尺蛾 *Odontopera insulata* Bastelberger
9. 橄榄斜灰尺蛾 *Loxotephria olivacea* Warren
10. 红褐斜灰尺蛾 *Loxotephria elaiodes* Wehrli (ZFMK)
11. 焦斑魑尺蛾 *Garaeus apicata* (Moore)
12. 无常魑尺蛾 *Garaeus subsparsus* Wehrli
13. 洞魑尺蛾 *Garaeus specularis* Moore
14. 平魑尺蛾 *Garaeus karykina* (Wehrli) (ZFMK)
15. 四点蚀尺蛾 *Hypochrosis rufescens* (Butler)
16. 黑红蚀尺蛾 *Hypochrosis baenzigeri* Inoue
17. 紫片尺蛾 *Fascellina chromataria* Walker
18. 灰绿片尺蛾 *Fascellina plagiata* (Walker)
19. 绿龟尺蛾 *Celenna festivaria* (Fabricius)
20. 华南玫彩尺蛾 *Achrosis rosearia compsa* (Wehrli)
21. 纤木纹尺蛾 *Plagodis reticulata* Warren
22. 黄玫隐尺蛾 *Heterolocha subroseata* Warren
23. 淡色隐尺蛾 *Heterolocha coccinea* Inoue
24. 玲隐尺蛾 *Heterolocha aristonaria* (Walker)

图版 23

1. 满月穿孔尺蛾 *Corymica pryeri pryeri* (Butler)
2. 褐带穿孔尺蛾 *Corymica deducta* (Walker)
3. 骐黄尺蛾 *Opisthograptis moelleri* Warren
4. 锯纹尺蛾 *Heterostegania lunulosa* (Moore)
5. 同慧尺蛾 *Platycerota homoema* (Prout)
6. 半明涂尺蛾 *Xenographia semifusca* Hampson (ZFMK)
7. 双联尺蛾 *Polymixinia appositaria* (Leech)
8. 赭尾尺蛾 *Exurapteryx aristidaria* (Oberthür)
9. 灰沙黄蝶尺蛾 *Thinopteryx delectans* (Butler)
10. 黄蝶尺蛾 *Thinopteryx crocoptera* (Kollar)
11. 华扭尾尺蛾 *Tristrophis rectifascia opisthommata* Wehrli
12. 同尾尺蛾 *Ourapteryx similaria* (Leech)
13. 长尾尺蛾 *Ourapteryx clara* Butler
14. 点尾尺蛾 *Ourapteryx nigrociliaris* (Leech)

雄性外生殖器

图版 24

1. 洋麻圆钩蛾 *Cyclidia substigmaria substigmaria* (Hübner)
2. 赭圆钩蛾 *Cyclidia orciferaria* Walker
3. 红波纹蛾 *Thyatira batis rubrescens* Werny
4. 大波纹蛾 *Macrothyatira flavida tapaischana* (Sick)
5. 瑞大波纹蛾 *Macrothyatira conspicua* (Leech)
6. 岩华波纹蛾 *Habrosyne pterographa* (Poujade)
7. 印华波纹蛾 *Habrosyne indica indica* (Moore)
8*. 白华波纹蛾 *Habrosyne albipuncta angulifera* (Gaede)
9. 银华波纹蛾 *Habrosyne violacea* (Fixsen)
10. 藕太波纹蛾 *Tethea oberthueri oberthueri* (Houlbert)

(*源自 Laszlo *et al.*, 2007)

图版 25

1. 粉太波纹蛾 *Tethea consimilis consimilis* (Warren)
2. 影波纹蛾 *Euparyphasma albibasis guankaiyuni* Laszlo, Ronkay, Ronkay & Witt
3. 点波纹蛾 *Horipsestis aenea minor* (Sick)

4*. 伞点波纹蛾 *Horipsestis mushana mushana* (Matsumura)
5. 华异波纹蛾 *Parapsestis lichenea tsinlinga* Laszlo, Ronkay, Ronkay & Witt
6. 曲线波纹蛾 *Wernya cyrtoma* Xue, Yang & Han
7*. 灰白驼波纹蛾 *Toelgyfaloca albogrisea* (Mell)
8. 中国紫线钩蛾 *Albara reversaria opalescens* Warren
9. 净赭钩蛾 *Paralbara spicula* Watson
10. 广东晶钩蛾 *Deroca hyalina latizona* Watson
11. 三线钩蛾 *Pseudalbara parvula* (Leech)
(*源自 Laszlo *et al.*, 2007)

图版 26

1. 栎距钩蛾 *Agnidra scabiosa fixseni* (Bryk)
2. 花距钩蛾 *Agnidra specularia* (Walker)
3. 棕褐距钩蛾 *Agnidra brunnea* Chou & Xiang
4. 短瓣二叉黄钩蛾 *Tridrepana fulvata brevis* Watson
5. 肾斑黄钩蛾 *Tridrepana rubromarginata* (Leech)
6. 仲黑缘黄钩蛾 *Tridrepana crocea* (Leech)
7. 伯黑缘黄钩蛾 *Tridrepana unispina* Watson
8. 双斜线黄钩蛾 *Tridrepana flava* (Moore)
9. 双线钩蛾 *Nordstromia grisearia* (Staudinger)
10. 星线钩蛾 *Nordstromia vira* (Moore)
11. 曲缘线钩蛾 *Nordstromia recava* Watson
12. 半豆斑钩蛾 *Auzata semipavonaria* Walker
13. 浙江中华豆斑钩蛾 *Auzata chinensis prolixa* Watson
14. 单眼豆斑钩蛾 *Auzata ocellata* (Warren)

图版 27

1. 丁铃钩蛾 *Macrocilix mysticata* (Walker)
2. 圆带铃钩蛾 *Sewa orbiferata* (Walker)
3. 直缘卑钩蛾 *Betalbara violacea* (Butler)
4. 栎卑钩蛾 *Betalbara robusta* (Oberthür)
5. 折线卑钩蛾 *Betalbara prunicolor* (Moore)
6. 灰褐卑钩蛾 *Betalbara rectilinea* Watson
7. 湖北一点钩蛾 *Drepana pallida flexuosa* Watson

8. 后窗枯叶钩蛾 *Canucha specularis* (Moore)
9. 肾点丽钩蛾 *Callidrepana patrana* (Moore)
10. 广东豆点丽钩蛾 *Callidrepana gemina curta* Watson
11. 方点丽钩蛾 *Callidrepana forcipulata* Watson
12. 尖翅古钩蛾 *Sabra harpagula emarginata* (Watson)
13. 中华大窗钩蛾 *Macrauzata maxima chinensis* Inoue
14. 钳钩蛾 *Didymana bidens* (Leech)
15. 锯线钩蛾 *Strepsigonia diluta* (Warren)
16. 三角白钩蛾 *Ditrigona triangularia* (Moore)

图版 28

1. 单叉白钩蛾 *Ditrigona uniuncusa* Chu & Wang
2. 万木窗带钩蛾 *Leucoblepsis fenestraria wanmu* (Shen & Chen)
3. 台湾带钩蛾 *Leucoblepsis taiwanensis* Buchsbaum & Miller
4. 窗山钩蛾 *Spectroreta hyalodisca* (Hampson)
5. 荚蒾山钩蛾 *Oreta eminens* Bryk
6. 紫山钩蛾 *Oreta fuscopurpurea* Inoue
7. 交让木山钩蛾 *Oreta insignis* (Butlur)
8. 角山钩蛾 *Oreta angularis* Watson
9. 美丽山钩蛾 *Oreta speciosa* (Bryk)
10. 沙山钩蛾 *Oreta shania* Watson
11. 天目接骨木山钩蛾 *Oreta loochooana timutia* Watson
12. 深黄山钩蛾 *Oreta flavobrunnea* Watson
13. 华夏孔雀山钩蛾 *Oreta pavaca sinensis* Watson
14. 三刺山钩蛾 *Oreta trispinuligera* Chen
15. 林山钩蛾 *Oreta liensis* Watson

图版 29

1. 浙江宏山钩蛾 *Oreta hoenei tienia* Watson
2. 八重山沙尺蛾 *Sarcinodes yaeyamana* Inoue
3. 指眼尺蛾 *Problepsis crassinotata* Prout
4. 忍冬尺蛾 *Scopula indicataria* (Walker)
5. 褐斑岩尺蛾 *Scopula propinquaria* (Leech)
6. 粉红丽姬尺蛾 *Chrysocraspeda faganaria* (Guenée)

7. 三线姬尺蛾 *Idaea costiguttata* (Warren)
8. 尖尾瑕边尺蛾 *Craspediopsis acutaria* (Leech)
9. 极紫线尺蛾 *Timandra extremaria* Walker
10. 深须姬尺蛾 *Organopoda atrisparsaria* Wehrli
11. 烤焦尺蛾 *Zythos avellanea* (Prout)
12. 阔掷尺蛾 *Scotopteryx eurypeda* (Prout)
13. 连斑双角尺蛾 *Carige cruciplaga debrunneata* Prout
14. 灰褐异翅尺蛾 *Heterophleps sinuosaria* (Leech)

图版 30

1. 缅甸洁尺蛾 *Tyloptera bella diecena* (Prout)
2. 台湾华丽妒尺蛾 *Phthonoloba decussata moltrechti* Prout
3. 绿花尺蛾 *Pseudeuchlora kafebera* (Swinhoe)
4. 盈潢尺蛾 *Xanthorhoe saturata* (Guenée)
5. 星缘扇尺蛾 *Telenomeuta punctimarginaria* (Leech)
6. 常春藤洄纹尺蛾 *Chartographa compositata compositata* (Guenée)
7. 中国枯叶尺蛾 *Gandaritis sinicaria sinicaria* Leech
8. 黑斑褥尺蛾 *Eustroma aerosa* (Butler)
9. 绣球祉尺蛾 *Eucosmabraxas evanescens* (Butler)
10. 乌苏里绣纹折线尺蛾 *Ecliptopera umbrosaria phaedropa* (Prout)
11. 隐折线尺蛾 *Ecliptopera haplocrossa* (Prout)

图版 31

1. 宁波阿里山夕尺蛾 *Sibatania arizana placata* (Prout)
2. 汇纹尺蛾 *Evecliptopera decurrens decurrens* (Moore)
3. 中齿焰尺蛾 *Electrophaes zaphenges* Prout
4. 犀丽翅尺蛾 *Lampropteryx chalybearia* (Moore)
5. 齿纹涤尺蛾 *Dysstroma dentifera* (Warren)
6. 奇带尺蛾 *Heterothera postalbida* (Wileman)
7. 匀网尺蛾 *Laciniodes stenorhabda* Wehrli
8. 网尺蛾 *Laciniodes plurilinearia* (Moore)
9. 单网尺蛾 *Laciniodes unistirpis* (Butler)
10. 红带大历尺蛾 *Macrohastina gemmifera* (Moore)
11. 对白尺蛾 *Asthena undulata* (Wileman)

图版 32

1. 拉维尺蛾 *Venusia laria* Oberthür
2. 虹尺蛾 *Acolutha pictaria imbecilla* Warren
3. 金带霓虹尺蛾 *Acolutha pulchella semifulva* Warren
4. 愚周尺蛾 *Perizoma fatuaria* (Leech)
5. 枯斑周尺蛾 *Perizoma fulvimacula promiscuaria* (Leech)
6. 吉米小花尺蛾 *Eupithecia jermyi Vojnits* (Mironov 绘)
7. 窄小花尺蛾 *Eupithecia tenuisquama* (Warren) (Mironov 绘)
8. 光泽小花尺蛾 *Eupithecia luctuosa* Mironov & Galsworthy (Mironov 绘)
9. 盖小花尺蛾 *Eupithecia tectaria* Mironov & Galsworthy (Mironov 绘)
10. 绿带小波尺蛾 *Pasiphila palpata* (Walker)
11. 假考尺蛾 *Pseudocollix hyperythra* (Hampson)
12. 链黑岛尺蛾 *Melanthia catenaria mesozona* Prout
13. 赭点峰尺蛾 *Dindica para para* Swinhoe

图版 33

1. 宽带峰尺蛾 *Dindica polyphaenaria* (Guenée)
2. 天目峰尺蛾 *Dindica tienmuensis* Chu
3. 滨石涡尺蛾 *Dindicodes crocina* (Butler)
4. 赭点始青尺蛾 *Herochroma ochreipicta* (Swinhoe)
5. 淡色始青尺蛾 *Herochroma pallensia* Han & Xue
6. 超暗始青尺蛾 *Herochroma supraviridaria* Inoue
7. 马来绿始青尺蛾 *Herochroma viridaria peperata* (Herbulot)
8. 豆纹尺蛾 *Metallolophia arenaria* (Leech)
9. 黄斑豆纹尺蛾 *Metallolophia flavomaculata* Han & Xue
10. 江浙冠尺蛾 *Lophophelma iterans iterans* (Prout)
11. 中国巨青尺蛾 *Limbatochlamys rosthorni* Rothschild
12. 金星垂耳尺蛾 *Pachyodes amplificata* (Walker)
13. 新粉垂耳尺蛾 *Pachyodes novata* Han & Xue
14. 小灰粉尺蛾 *Pingasa pseudoterpnaria pseudoterpnaria* (Guenée)
15. 日本粉尺蛾 *Pingasa alba brunnescens* Prout

图版 34

1. 红带粉尺蛾 *Pingasa rufofasciata* Moore

2. 三岔绿尺蛾 *Mixochlora vittata* (Moore)
3. 镰翅绿尺蛾 *Tanaorhinus reciprocata confuciaria* (Walker)
4. 影镰翅绿尺蛾 *Tanaorhinus viridiluteata* (Walker)
5. 缺口青尺蛾 *Timandromorpha discolor* (Warren)
6. 小缺口青尺蛾 *Timandromorpha enervata* Inoue
7. 四眼绿尺蛾 *Chlorodontopera discospilata* (Moore)
8. 顶绿尺蛾 *Comibaena apicipicta* Prout
9. 长纹绿尺蛾 *Comibaena argentataria* (Leech)
10. 亚长纹绿尺蛾 *Comibaena signifera subargentaria* (Oberthür)
11. 黑角绿尺蛾 *Comibaena subdelicata* Inoue (BMNH)
12. 紫斑绿尺蛾 *Comibaena nigromacularia* (Leech)
13. 肾纹绿尺蛾 *Comibaena procumbaria* (Pryer)
14. 亚肾纹绿尺蛾 *Comibaena subprocumbaria* (Oberthür)
15. 平纹绿尺蛾 *Comibaena tenuisaria* (Graeser) (BMNH)

图版 35

1. 亚四目绿尺蛾 *Comostola subtiliaria* (Bremer)
2. 粉无缰青尺蛾 *Hemistola dijuncta* (Walker)
3. 线尖尾尺蛾 *Maxates protrusa* (Butler)
4. 青尖尾尺蛾 *Maxates illiturata* (Walker)
5. 斜尖尾尺蛾 *Maxates dysgenes* (Prout) (BMNH)
6. 海绿尺蛾 *Pelagodes antiquadraria* (Inoue)
7. 枯斑翠尺蛾 *Eucyclodes difficta* (Walker)
8. 金银彩青尺蛾 *Eucyclodes augustaria* (Oberthür)
9. 弯彩青尺蛾 *Eucyclodes infracta* (Wileman)
10. 半焦艳青尺蛾 *Agathia hemithearia* Guenée
11. 青辐射尺蛾 *Iotaphora admirabilis* (Oberthür)
12. 丝棉木金星尺蛾 *Abraxas suspecta* Warren
13. 江西长晶尺蛾 *Peratophyga grata totifasciata* Wehrli
14. 泼墨尺蛾 *Ninodes splendens* (Butler)
15. 光边锦尺蛾 *Heterostegane hyriaria* Warren

图版 36

1. 聚线琼尺蛾 *Orthocabera sericea sericea* (Butler)

2. 雀斑墟尺蛾 *Peratostega deletaria* (Moore)
3. 二点斑尾尺蛾 *Micronidia intermedia* Yazaki
4. 褐尖缘尺蛾 *Danala lilacina* (Wileman)
5. 双封尺蛾 *Hydatocapnia gemina* Yazaki
6. 黑尖褶尺蛾 *Lomographa percnosticta* Yazaki
7. 紫带霞尺蛾 *Nothomiza oxygoniodes* Wehrli
8. 金头紫沙尺蛾 *Plesiomorpha flaviceps* (Butler)
9. 金鲨尺蛾 *Euchristophia cumulata sinobia* (Wehrli)
10. 大灰尖尺蛾 *Astygisa chlororphnodes* (Wehrli)
11. 紫云尺蛾 *Hypephyra terrosa* Butler
12. 云庶尺蛾 *Oxymacaria temeraria* (Swinhoe)
13. 合欢奇尺蛾 *Chiasmia defixaria* (Walker)
14. 黄图尺蛾 *Orthobrachia flavidior* (Hampson)

图版 37

1. 云辉尺蛾 *Luxiaria amasa* (Butler)
2. 辉尺蛾 *Luxiaria mitorrhaphes* Prout
3. 中国虎尺蛾 *Xanthabraxas hemionata* (Guenée)
4. 蜻蜓尺蛾 *Cystidia stratonice* (Stoll)
5. 豹长翅尺蛾 *Obeidia vagipardata vagipardata* Walker
6. 猛拟长翅尺蛾 *Epobeidia tigrata leopardaria* (Oberthür)
7. 紊长翅尺蛾 *Controbeidia irregularis* (Wehrli)
8. 金丰翅尺蛾 *Euryobeidia largeteaui* (Oberthür)
9. 散斑点尺蛾 *Percnia luridaria* (Leech)
10. 褐斑点尺蛾 *Percnia fumidaria* Leech
11. 柿星尺蛾 *Parapercnia giraffata* (Guenée)
12. 拟柿星尺蛾 *Antipercnia albinigrata* (Warren)
13. 细斑星尺蛾 *Xenoplia foraria foraria* (Guenée)

图版 38

1. 中国后星尺蛾 *Metabraxas inconfusa* Warren
2. 八角尺蛾 *Pogonopygia nigralbata* Warren
3. 三排尺蛾 *Pogonopygia pavida* (Bastelberger)
4. 双冠尺蛾 *Dilophodes elegans* (Butler)

5. 桱星尺蛾 *Arichanna jaguararia jaguararia* (Guenée)
6. 三角璃尺蛾 *Krananda latimarginaria* Leech
7. 橄璃尺蛾 *Krananda oliveomarginata* Swinhoe
8. 玻璃尺蛾 *Krananda semihyalina* Moore
9. 蒿杆三角尺蛾 *Krananda straminearia* (Leech)
10. 洪达尺蛾 *Dalima hoenei* Wehrli
11. 钩翅尺蛾 *Hyposidra aquilaria* (Walker)
12. 满洲里歹尺蛾 *Deileptenia mandshuriaria* (Bremer)
13. 拟星矶尺蛾 *Abaciscus ferruginis* Sato & Wang
14. 小用克尺蛾 *Jankowskia fuscaria fuscaria* (Leech)

图版 39

1. 台湾用克尺蛾 *Jankowskia taiwanensis* Sato
2. 石冥尺蛾 *Heterarmia conjunctaria* (Leech)
3. 襟霜尺蛾 *Cleora fraterna* (Moore)
4. 白鹿尺蛾 *Alcis diprosopa* (Wehrli)
5. 鲜鹿尺蛾 *Alcis perfurcana* (Wehrli) (BMNH)
6. 革鹿尺蛾 *Alcis scortea* (Bastelberger)
7. 薛鹿尺蛾 *Alcis xuei* Sato & Wang
8. 啄鹿尺蛾 *Alcis perspicuata* (Moore) (ZFMK)
9. 茶担皮鹿尺蛾 *Psilalcis diorthogonia* (Wehrli)
10. 天目皮鹿尺蛾 *Psilalcis menoides* (Wehrli)
11. 金星皮鹿尺蛾 *Psilalcis abraxidia* Sato & Wang (SCAU)
12. 紫带佐尺蛾 *Rikiosatoa mavi* (Prout)
13. 灰佐尺蛾 *Rikiosatoa grisea* Butler

图版 40

1. 中国佐尺蛾 *Rikiosatoa vandervoordeni* (Prout)
2. 青灰尘尺蛾 *Hypomecis cineracea* (Moore)
3. 怒尘尺蛾 *Hypomecis phantomaria* (Graeser)
4. 黑斑宙尺蛾 *Coremecis nigrovittata* (Moore)
5. 凸翅小盅尺蛾 *Microcalicha melanosticta* (Hampson)
6. 锈小盅尺蛾 *Microcalicha ferruginaria* Sato & Wang (SCAU)
7. 金盅尺蛾 *Calicha nooraria* (Bremer)

8. 拟金蛊尺蛾 *Calicha subnooraria* Sato & Wang
9. 核桃四星尺蛾 *Ophthalmitis albosignaria albosignaria* (Bremer & Grey)
10. 四星尺蛾 *Ophthalmitis irrorataria* (Bremer & Grey)
11. 宽四星尺蛾 *Ophthalmitis tumefacta* Jiang, Xue & Han

图版 41

1. 钻四星尺蛾 *Ophthalmitis pertusaria* (Felder & Rogenhofer)
2. 拟锯纹四星尺蛾 *Ophthalmitis siniherbida* (Wehrli)
3. 大造桥虫 *Ascotis selenaria* (Denis & Schiffermüller)
4. 灰绿拟毛腹尺蛾 *Paradarisa chloauges chloauges* Prout
5. 锯线烟尺蛾 *Phthonosema serratilinearia* (Leech)
6. 小茶尺蛾 *Ectropis obliqua* (Prout)
7. 齿带毛腹尺蛾 *Gasterocome pannosaria* (Moore)
8. 中國尺蛾 *Phanerothyris sinearia* (Guenée)
9. 榄绿鑫尺蛾 *Chrysoblephara olivacea* Sato & Wang (SCAU)
10. 拉克尺蛾 *Racotis boarmiaria* (Guenée)

图版 42

1. 天目书苔尺蛾 *Hirasa scripturaria eugrapha* Wehrli
2. 暗绿苔尺蛾 *Hirasa muscosaria* (Walker)
3. 兀尺蛾 *Amblychia insueta* (Butler)
4. 黑玉臂尺蛾 *Xandrames dholaria* Moore
5. 四川杜尺蛾 *Duliophyle agitata angustaria* (Leech)
6. 细枝树尺蛾 *Mesastrape fulguraria* (Walker)
7. 拟固线蛮尺蛾 *Darisa missionaria* (Wehrli)
8. 白蛮尺蛾 *Lassaba albidaria* (Walker)
9. 宏方尺蛾 *Chorodna creataria* (Guenée)
10. 三色蜡尺蛾 *Monocerotesa bifurca* Sato & Wang

图版 43

1. 半环统尺蛾 *Sysstema semicirculata* (Moore)
2. 花鹰尺蛾 *Biston melacron* Wehrli
3. 桦尺蛾 *Biston betularia parva* Leech
4. 油桐尺蛾 *Biston suppressaria* (Guenée)

5. 圆突鹰尺蛾 *Biston mediolata* Jiang, Xue & Han
6. 双云尺蛾 *Biston regalis* (Moore)
7. 油茶尺蛾 *Biston marginata* Shiraki
8. 木橑尺蛾 *Biston panterinaria* (Bremer & Grey)
9. 云尺蛾 *Biston thibetaria* (Oberthür)
10. 拟大斑掌尺蛾 *Amraica prolata* Jiang, Sato & Han
11. 掌尺蛾 *Amraica superans superans* (Butler)
12. 华展尺蛾 *Menophra sinoplagiata* Sato & Wang (SCAU)

图版 44

1. 焦边尺蛾 *Bizia aexaria* Walker
2. 小斑碴尺蛾 *Psyra falcipennis* Yazaki
3. 红双线免尺蛾 *Hyperythra obliqua* (Warren)
4. 橘红银线尺蛾 *Scardamia aurantiacaria* Bremer
5. 墨丸尺蛾 *Plutodes warreni* Prout
6. 带丸尺蛾 *Plutodes exquisita* Butler
7. 焦斑叉线青尺蛾 *Tanaoctenia haliaria* (Walker)
8. 异色巫尺蛾 *Agaraeus discolor* (Warren)
9. 南方波缘妖尺蛾 *Apeira crenularia meridionalis* (Wehrli)
10. 魈尺蛾 *Prionodonta amethystina* Warren
11. 粉红腹尺蛾 *Ocoelophora crenularia* (Leech)
12. 褐堂尺蛾 *Seleniopsis francki* Prout

图版 45

1. 紫白尖尺蛾 *Pseudomiza obliquaria* (Leech)
2. 白拟尖尺蛾 *Mimomiza cruentaria* (Moore)
3. 粉红普尺蛾 *Dissoplag flava* (Moore)
4. 双角木尺蛾 *Xyloscia biangularia* Leech
5. 金叉俭尺蛾 *Trotocraspeda divaricata* (Moore)
6. 橘黄惑尺蛾 *Epholca auratilis* Prout
7. 黄蟠尺蛾 *Eilicrinia flava* (Moore)
8. 双波夹尺蛾 *Pareclipsis serrulata* (Wehrli)
9. 斑弓莹尺蛾 *Hyalinetta circumflexa* (Kollar)
10. 娴尺蛾 *Auaxa cesadaria* Walker

11. 榆津尺蛾 *Astegania honesta* (Prout)
12. 贡尺蛾 *Odontopera bilinearia* (Swinhoe)
13. 橄榄斜灰尺蛾 *Loxotephria olivacea* Warren
14. 洞魑尺蛾 *Garaeus specularis* Moore
15. 黑红蚀尺蛾 *Hypochrosis baenzigeri* Inoue

图版 46

1. 灰绿片尺蛾 *Fascellina plagiata* (Walker)
2. 绿龟尺蛾 *Celenna festivaria* (Fabricius)
3. 华南玫彩尺蛾 *Achrosis rosearia compsa* (Wehrli)
4. 纤木纹尺蛾 *Plagodis reticulata* Warren
5. 玲隐尺蛾 *Heterolocha aristonaria* (Walker)
6. 满月穿孔尺蛾 *Corymica pryeri pryeri* (Butler)
7. 褐带穿孔尺蛾 *Corymica deducta* (Walker)
8. 骐黄尺蛾 *Opisthograptis moelleri* Warren
9. 锯纹尺蛾 *Heterostegania lunulosa* (Moore)
10. 赭尾尺蛾 *Exurapteryx aristidaria* (Oberthür)
11. 黄蝶尺蛾 *Thinopteryx crocoptera* (Kollar)
12. 华扭尾尺蛾 *Tristrophis rectifascia opisthommata* Wehrli
13. 同尾尺蛾 *Ourapteryx similaria* (Leech)
14. 点尾尺蛾 *Ourapteryx nigrociliaris* (Leech)

雌性外生殖器

图版 47

1. 洋麻圆钩蛾 *Cyclidia substigmaria substigmaria* (Hübner)
2. 赭圆钩蛾 *Cyclidia orciferaria* Walker
3*. 大波纹蛾 *Macrothyatira flavida tapaischana* (Sick)
4*. 瑞大波纹蛾 *Macrothyatira conspicua* (Leech)
5*. 岩华波纹蛾 *Habrosyne pterographa* (Poujade)
6. 印华波纹蛾 *Habrosyne indica indica* (Moore)
7*. 白华波纹蛾 *Habrosyne albipuncta angulifera* (Gaede)
8. 银华波纹蛾 *Habrosyne violacea* (Fixsen)
9*. 藕太波纹蛾 *Tethea oberthueri oberthueri* (Houlbert)

10*. 粉太波纹蛾 *Tethea consimilis consimilis* (Warren)
11. 影波纹蛾 *Euparyphasma albibasis guankaiyuni* Laszlo, Ronkay, Ronkay & Witt
12*. 点波纹蛾 *Horipsestis aenea minor* (Sick)
13*. 伞点波纹蛾 *Horipsestis mushana mushana* (Matsumura)
14. 华异波纹蛾 *Parapsestis lichenea tsinlinga* Laszlo, Ronkay, Ronkay & Witt
15. 曲线波纹蛾 *Wernya cyrtoma* Xue, Yang & Han
(*源自 *Laszlo* et al., 2007)

图版 48

1. 灰白驼波纹蛾 *Toelgyfaloca albogrisea* (Mell)
2. 中国紫线钩蛾 *Albara reversaria opalescens* Warren
3. 净赭钩蛾 *Paralbara spicula* Watson
4. 广东晶钩蛾 *Deroca hyalina latizona* Watson
5. 三线钩蛾 *Pseudalbara parvula* (Leech)
6. 栎距钩蛾 *Agnidra scabiosa fixseni* (Bryk)
7. 花距钩蛾 *Agnidra specularia* (Walker)
8. 棕褐距钩蛾 *Agnidra brunnea* Chou & Xiang
9. 短瓣二叉黄钩蛾 *Tridrepana fulvata brevis* Watson
10. 肾斑黄钩蛾 *Tridrepana rubromarginata* (Leech)
11. 仲黑缘黄钩蛾 *Tridrepana crocea* (Leech)
12. 伯黑缘黄钩蛾 *Tridrepana unispina* Watson

图版 49

1. 双斜线黄钩蛾 *Tridrepana flava* (Moore)
2. 双线钩蛾 *Nordstromia grisearia* (Staudinger)
3. 星线钩蛾 *Nordstromia vira* (Moore)
4. 曲缘线钩蛾 *Nordstromia recava* Watson
5. 半豆斑钩蛾 *Auzata semipavonaria* Walker
6. 浙江中华豆斑钩蛾 *Auzata chinensis prolixa* Watson
7. 单眼豆斑钩蛾 *Auzata ocellata* (Warren)
8. 丁铃钩蛾 *Macrocilix mysticata* (Walker)
9. 圆带铃钩蛾 *Sewa orbiferata* (Walker)
10. 直缘卑钩蛾 *Betalbara violacea* (Butler)
11. 栎卑钩蛾 *Betalbara robusta* (Oberthür)

12. 折线卑钩蛾 *Betalbara prunicolor* (Moore)
13. 灰褐卑钩蛾 *Betalbara rectilinea* Watson
14. 湖北一点钩蛾 *Drepana pallida flexuosa* Watson

图版 50

1. 后窗枯叶钩蛾 *Canucha specularis* (Moore)
2. 肾点丽钩蛾 *Callidrepana patrana* (Moore)
3. 广东豆点丽钩蛾 *Callidrepana gemina curta* Watson
4. 方点丽钩蛾 *Callidrepana forcipulata* Watson
5. 白麝钩蛾 *Thymistadopsis albidescens* (Hampson)
6. 尖翅古钩蛾 *Sabra harpagula emarginata* (Watson)
7. 中华大窗钩蛾 *Macrauzata maxima chinensis* Inoue
8. 钳钩蛾 *Didymana bidens* (Leech)
9. 锯线钩蛾 *Strepsigonia diluta* (Warren)
10. 单叉白钩蛾 *Ditrigona uniuncusa* Chu & Wang
11. 银条白钩蛾 *Ditrigona pomenaria* (Oberthür)
12. 四点白钩蛾 *Dipriodonta sericea* Warren
13. 万木窗带钩蛾 *Leucoblepsis fenestraria wanmu* (Shen & Chen)
14. 台湾带钩蛾 *Leucoblepsis taiwanensis* Buchsbaum & Miller

图版 51

1. 银绮钩蛾 *Cilix argenta* Chu & Wang
2. 荚蒾山钩蛾 *Oreta eminens* Bryk
3. 紫山钩蛾 *Oreta fuscopurpurea* Inoue
4. 交让木山钩蛾 *Oreta insignis* (Butlur)
5. 角山钩蛾 *Oreta angularis* Watson
6. 美丽山钩蛾 *Oreta speciosa* (Bryk)
7. 天目接骨木山钩蛾 *Oreta loochooana timutia* Watson
8. 华夏孔雀山钩蛾 *Oreta pavaca sinensis* Watson
9. 三刺山钩蛾 *Oreta trispinuligera* Chen

图版 52

1. 林山钩蛾 *Oreta liensis* Watson
2. 浙江宏山钩蛾 *Oreta hoenei tienia* Watson

3. 阔掷尺蛾 *Scotopteryx eurypeda* (Prout)
4. 连斑双角尺蛾 *Carige cruciplaga debrunneata* Prout
5. 灰褐异翅尺蛾 *Heterophleps sinuosaria* (Leech)
6. 缅甸洁尺蛾 *Tyloptera bella diecena* (Prout)
7. 台湾华丽妒尺蛾 *Phthonoloba decussata moltrechti* Prout
8. 绿花尺蛾 *Pseudeuchlora kafebera* (Swinhoe)
9. 盈潢尺蛾 *Xanthorhoe saturata* (Guenée)
10. 金星汝尺蛾 *Rheumaptera abraxidia* (Hampson)
11. 长须光尺蛾 *Triphosa umbraria* (Leech)

图版 53

1. 星缘扇尺蛾 *Telenomeuta punctimarginaria* (Leech)
2. 常春藤洄纹尺蛾 *Chartographa compositata compositata* (Guenée)
3. 多线洄纹尺蛾 *Chartographa plurilineata* (Walker)
4. 中国枯叶尺蛾 *Gandaritis sinicaria sinicaria* Leech
5. 黑斑褥尺蛾 *Eustroma aerosa* (Butler)
6. 绣球祉尺蛾 *Eucosmabraxas evanescens* (Butler)
7. 乌苏里绣纹折线尺蛾 *Ecliptopera umbrosaria phaedropa* (Prout)
8. 隐折线尺蛾 *Ecliptopera haplocrossa* (Prout)
9. 宁波阿里山夕尺蛾 *Sibatania arizana placata* (Prout)
10. 汇纹尺蛾 *Evecliptopera decurrens decurrens* (Moore)
11. 中齿焰尺蛾 *Electrophaes zaphenges* Prout
12. 齿纹涤尺蛾 *Dysstroma dentifera* (Warren)
13. 奇带尺蛾 *Heterothera postalbida* (Wileman)
14. 匀网尺蛾 *Laciniodes stenorhabda* Wehrli
15. 网尺蛾 *Laciniodes plurilinearia* (Moore)

图版 54

1. 单网尺蛾 *Laciniodes unistirpis* (Butler)
2. 红带大历尺蛾 *Macrohastina gemmifera* (Moore)
3. 对白尺蛾 *Asthena undulata* (Wileman)
4. 拉维尺蛾 *Venusia laria* Oberthür
5. 虹尺蛾 *Acolutha pictaria imbecilla* Warren
6. 枯斑周尺蛾 *Perizoma fulvimacula promiscuaria* (Leech)

7. 吉米小花尺蛾 *Eupithecia jermyi* Vojnits (Mironov 绘)
8. 窄小花尺蛾 *Eupithecia tenuisquama* (Warren) (Mironov 绘)
9. 光泽小花尺蛾 *Eupithecia luctuosa* Mironov & Galsworthy (Mironov 绘)
10. 盖小花尺蛾 *Eupithecia tectaria* Mironov & Galsworthy (Mironov 绘)
11. 假考尺蛾 *Pseudocollix hyperythra* (Hampson)
12. 链黑岛尺蛾 *Melanthia catenaria mesozona* Prout
13. 赭点峰尺蛾 *Dindica para para* Swinhoe
14. 宽带峰尺蛾 *Dindica polyphaenaria* (Guenée)
15. 天目峰尺蛾 *Dindica tienmuensis* Chu

图版 55

1. 滨石涡尺蛾 *Dindicodes crocina* (Butler)
2. 马来绿始青尺蛾 *Herochroma viridaria peperata* (Herbulot)
3. 豆纹尺蛾 *Metallolophia arenaria* (Leech) (BMNH)
4. 江浙冠尺蛾 *Lophophelma iterans iterans* (Prout)
5. 中国巨青尺蛾 *Limbatochlamys rosthorni* Rothschild
6. 金星垂耳尺蛾 *Pachyodes amplificata* (Walker)
7. 新粉垂耳尺蛾 *Pachyodes novata* Han & Xue
8. 小灰粉尺蛾 *Pingasa pseudoterpnaria pseudoterpnaria* (Guenée)
9. 红带粉尺蛾 *Pingasa rufofasciata* Moore
10. 三岔绿尺蛾 *Mixochlora vittata* (Moore)
11. 镰翅绿尺蛾 *Tanaorhinus reciprocata confuciaria* (Walker) (BMNH)
12. 影镰翅绿尺蛾 *Tanaorhinus viridiluteata* (Walker)
13. 缺口青尺蛾 *Timandromorpha discolor* (Warren)
14. 小缺口青尺蛾 *Timandromorpha enervata* Inoue
15. 四眼绿尺蛾 *Chlorodontopera discospilata* (Moore)

图版 56

1. 亚长纹绿尺蛾 *Comibaena signifera subargentaria* (Oberthür)
2. 紫斑绿尺蛾 *Comibaena nigromacularia* (Leech)
3. 肾纹绿尺蛾 *Comibaena procumbaria* (Pryer)
4. 亚肾纹绿尺蛾 *Comibaena subprocumbaria* (Oberthür)
5. 亚四目绿尺蛾 *Comostola subtiliaria* (Bremer)
6. 线尖尾尺蛾 *Maxates protrusa* (Butler)

7. 海绿尺蛾 *Pelagodes antiquadraria* (Inoue) (BMNH)
8. 枯斑翠尺蛾 *Eucyclodes difficta* (Walker)
9. 金银彩青尺蛾 *Eucyclodes augustaria* (Oberthür)
10. 弯彩青尺蛾 *Eucyclodes infracta* (Wileman)
11. 半焦艳青尺蛾 *Agathia hemithearia* Guenée (BMNH)
12. 青辐射尺蛾 *Iotaphora admirabilis* (Oberthür)
13. 江西长晶尺蛾 *Peratophyga grata totifasciata* Wehrli
14. 泼墨尺蛾 *Ninodes splendens* (Butler)

图版 57

1. 中国虎尺蛾 *Xanthabraxas hemionata* (Guenée)
2. 褐斑点尺蛾 *Percnia fumidaria* Leech
3. 柿星尺蛾 *Parapercnia giraffata* (Guenée)
4. 八角尺蛾 *Pogonopygia nigralbata* Warren
5. 三排尺蛾 *Pogonopygia pavida* (Bastelberger)
6. 双冠尺蛾 *Dilophodes elegans* (Butler)
7. 梫星尺蛾 *Arichanna jaguararia jaguararia* (Guenée)
8. 三角璃尺蛾 *Krananda latimarginaria* Leech
9. 橄璃尺蛾 *Krananda oliveomarginata* Swinhoe
10. 玻璃尺蛾 *Krananda semihyalina* Moore
11. 蒿杆三角尺蛾 *Krananda straminearia* (Leech)
12. 洪达尺蛾 *Dalima hoenei* Wehrli
13. 钩翅尺蛾 *Hyposidra aquilaria* (Walker)
14. 满洲里歹尺蛾 *Deileptenia mandshuriaria* (Bremer)
15. 拟星矶尺蛾 *Abaciscus ferruginis* Sato & Wang

图版 58

1. 小用克尺蛾 *Jankowskia fuscaria fuscaria* (Leech)
2. 襟霜尺蛾 *Cleora fraterna* (Moore)
3. 白鹿尺蛾 *Alcis diprosopa* (Wehrli)
4. 革鹿尺蛾 *Alcis scortea* (Bastelberger) (BMNH)
5. 薛鹿尺蛾 *Alcis xuei* Sato & Wang (SCAU)
6. 茶担皮鹿尺蛾 *Psilalcis diorthogonia* (Wehrli)
7. 天目皮鹿尺蛾 *Psilalcis menoides* (Wehrli)

8. 金星皮鹿尺蛾 *Psilalcis abraxidia* Sato & Wang (SCAU)
9. 紫带佐尺蛾 *Rikiosatoa mavi* (Prout)
10. 中国佐尺蛾 *Rikiosatoa vandervoordeni* (Prout)
11. 黑斑宙尺蛾 *Coremecis nigrovittata* (Moore)
12. 凸翅小盅尺蛾 *Microcalicha melanosticta* (Hampson)
13. 金盅尺蛾 *Calicha nooraria* (Bremer)
14. 核桃四星尺蛾 *Ophthalmitis albosignaria albosignaria* (Bremer & Grey)
15. 四星尺蛾 *Ophthalmitis irrorataria* (Bremer & Grey)
16. 宽四星尺蛾 *Ophthalmitis tumefacta* Jiang, Xue & Han

图版 59

1. 钻四星尺蛾 *Ophthalmitis pertusaria* (Felder & Rogenhofer)
2. 拟锯纹四星尺蛾 *Ophthalmitis siniherbida* (Wehrli)
3. 大造桥虫 *Ascotis selenaria* (Denis & Schiffermüller)
4. 灰绿拟毛腹尺蛾 *Paradarisa chloauges chloauges* Prout
5. 锯线烟尺蛾 *Phthonosema serratilinearia* (Leech)
6. 小茶尺蛾 *Ectropis obliqua* (Prout)
7. 齿带毛腹尺蛾 *Gasterocome pannosaria* (Moore)
8. 榄绿鑫尺蛾 *Chrysoblephara olivacea* Sato & Wang (SCAU)
9. 拉克尺蛾 *Racotis boarmiaria* (Guenée)
10. 天目书苔尺蛾 *Hirasa scripturaria eugrapha* Wehrli
11. 兀尺蛾 *Amblychia insueta* (Butler)
12. 黑玉臂尺蛾 *Xandrames dholaria* Moore
13. 拟固线蛮尺蛾 *Darisa missionaria* (Wehrli)
14. 白蛮尺蛾 *Lassaba albidaria* (Walker)
15. 宏方尺蛾 *Chorodna creataria* (Guenée)
16. 桦尺蛾 *Biston betularia parva* Leech
17. 油桐尺蛾 *Biston suppressaria* (Guenée)

图版 60

1. 圆突鹰尺蛾 *Biston mediolata* Jiang, Xue & Han
2. 双云尺蛾 *Biston regalis* (Moore)
3. 油茶尺蛾 *Biston marginata* Shiraki
4. 木橑尺蛾 *Biston panterinaria* (Bremer & Grey)

5. 云尺蛾 *Biston thibetaria* (Oberthür)
6. 拟大斑掌尺蛾 *Amraica prolata* Jiang, Sato & Han
7. 掌尺蛾 *Amraica superans superans* (Butler)
8. 华展尺蛾 *Menophra sinoplagiata* Sato & Wang (SCAU)
9. 焦边尺蛾 *Bizia aexaria* Walker
10. 橘黄惑尺蛾 *Epholca auratilis* Prout
11. 双波夹尺蛾 *Pareclipsis serrulata* (Wehrli)
12. 娴尺蛾 *Auaxa cesadaria* Walker
13. 华南玫彩尺蛾 *Achrosis rosearia compsa* (Wehrli)
14. 满月穿孔尺蛾 *Corymica pryeri pryeri* (Butler)
15. 褐带穿孔尺蛾 *Corymica deducta* (Walker)
16. 同慧尺蛾 *Platycerota homoema* (Prout)

1
2
3
4
5
6
7
8
9
10
11
12
13
14
15
16

1
2
3
4
5
6
7
8
9
10
11
12
13
14
15
16
17
18
19
20
21
22

1
2
3
4
5
6
7
8
9
10
11
12
13
14
15
16
17
18
19
20
21
22

1
2
3
4
5
6
7
8
9
10
11
12
13
14
15
16
17
18

1
2
3
4
5
6
7
8
9
10
11
12
13
14
15
16
17
18
19
20
21
22
23
24
25
26
27
28
29
30
31

1
2
3
4
5
6
7
8
9
10
11
12
13
14
15
16
17
18
19
20
21
22
23
24
25
26

1
2
3
4
5
6
7
8
9
10
11
12

1
2
3
4
5
6
7
8
9
10
11
12
13
14
15
16
17
18
19
20
21

1
2
3
4
5
6
7
8
9
10
11
12
13
14
15
16
17
18
19
20
21
22
23
24
25
26

图版 11

1
2
3
4
5
6
7
8
9
10
11

图版 13

1
2
3
4
5
6
7
8
9
10
11
12
13
14
15
16
17

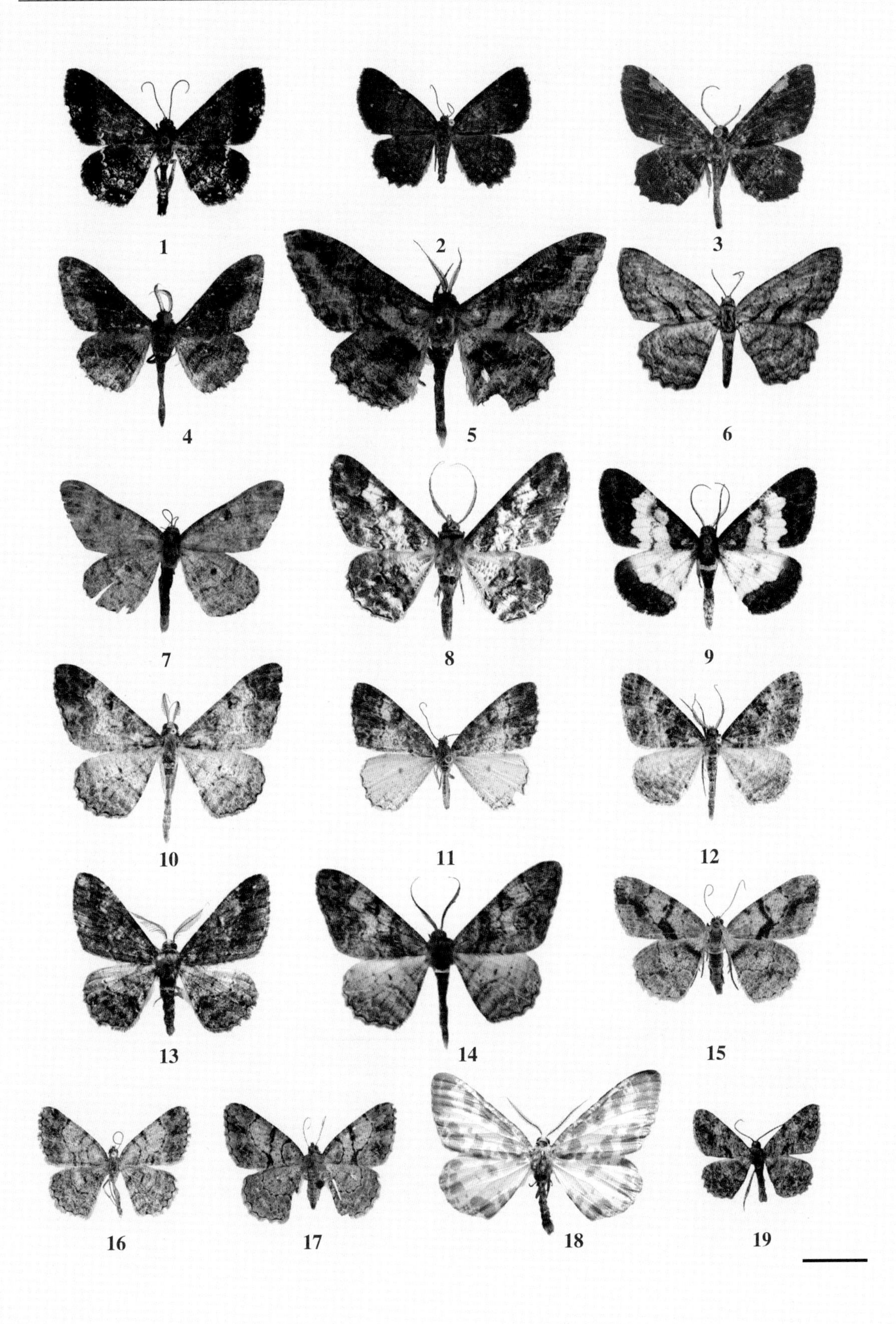
1
2
3
4
5
6
7
8
9
10
11
12
13
14
15
16
17
18
19

1
2
3
4
5
6
7
8
9
10
11
12
13
14
15
16
17
18

1
2
3
4
5
6
7
8
9
10
11
12
13
14
15
16
17
18
19
20

1
2
3
4
5
6
7
8
9

1
2
3
4
5
6
7
8
9
10
11
12
13
14

1
2
3
4
5
6
7
8
9
10
11
12
13
14

1
2
3
4
5
6
7
8
9
10
11
12
13
14
15
16
17
18
19
20
21
22

1
2
3
4
5
6
7
8
9
10
11
12
13
14
15
16
17
18
19
20
21
22
23
24

1
2
3
4
5
6
7
8
9
10
11
12
13
14

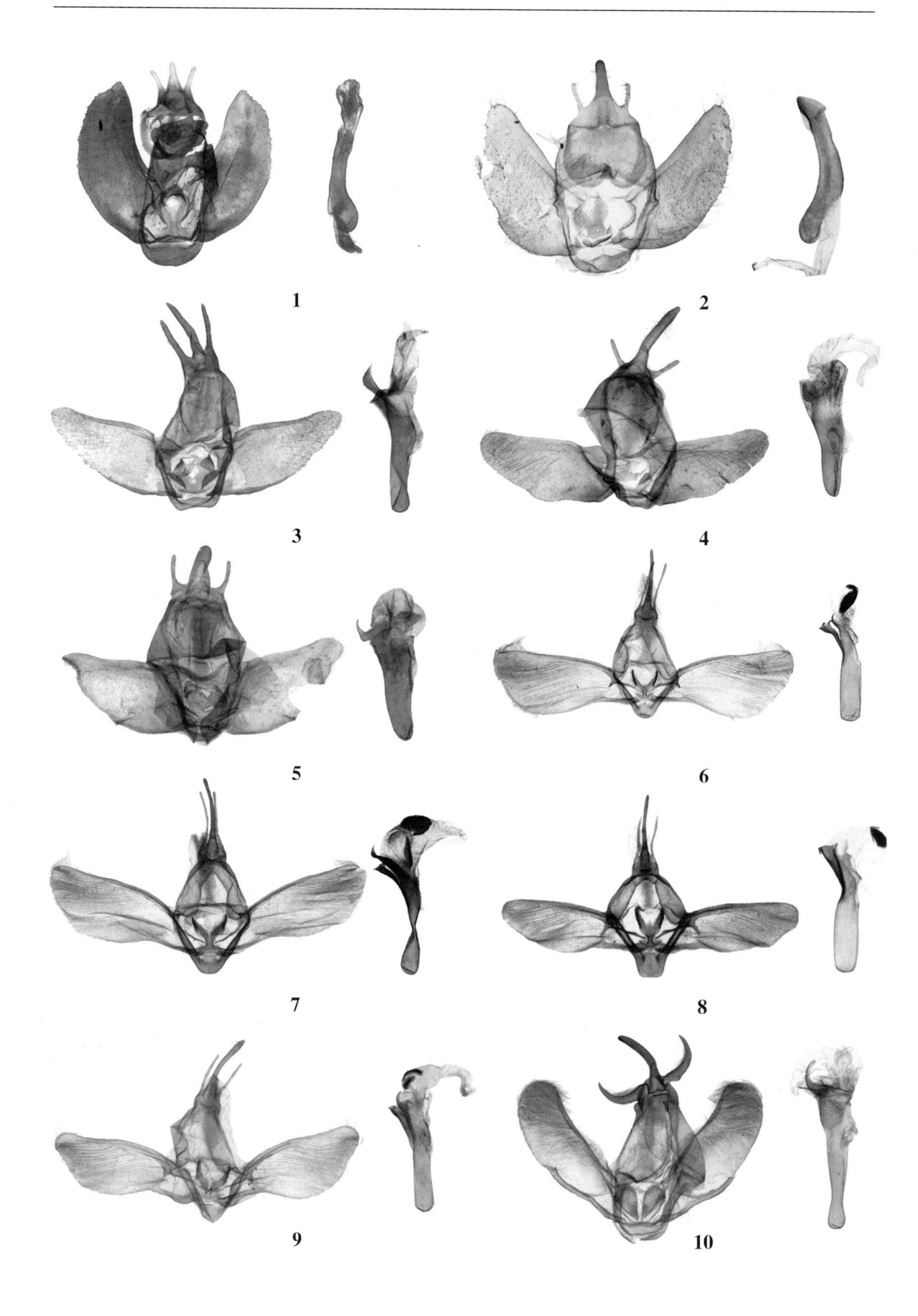
1
2
3
4
5
6
7
8
9
10

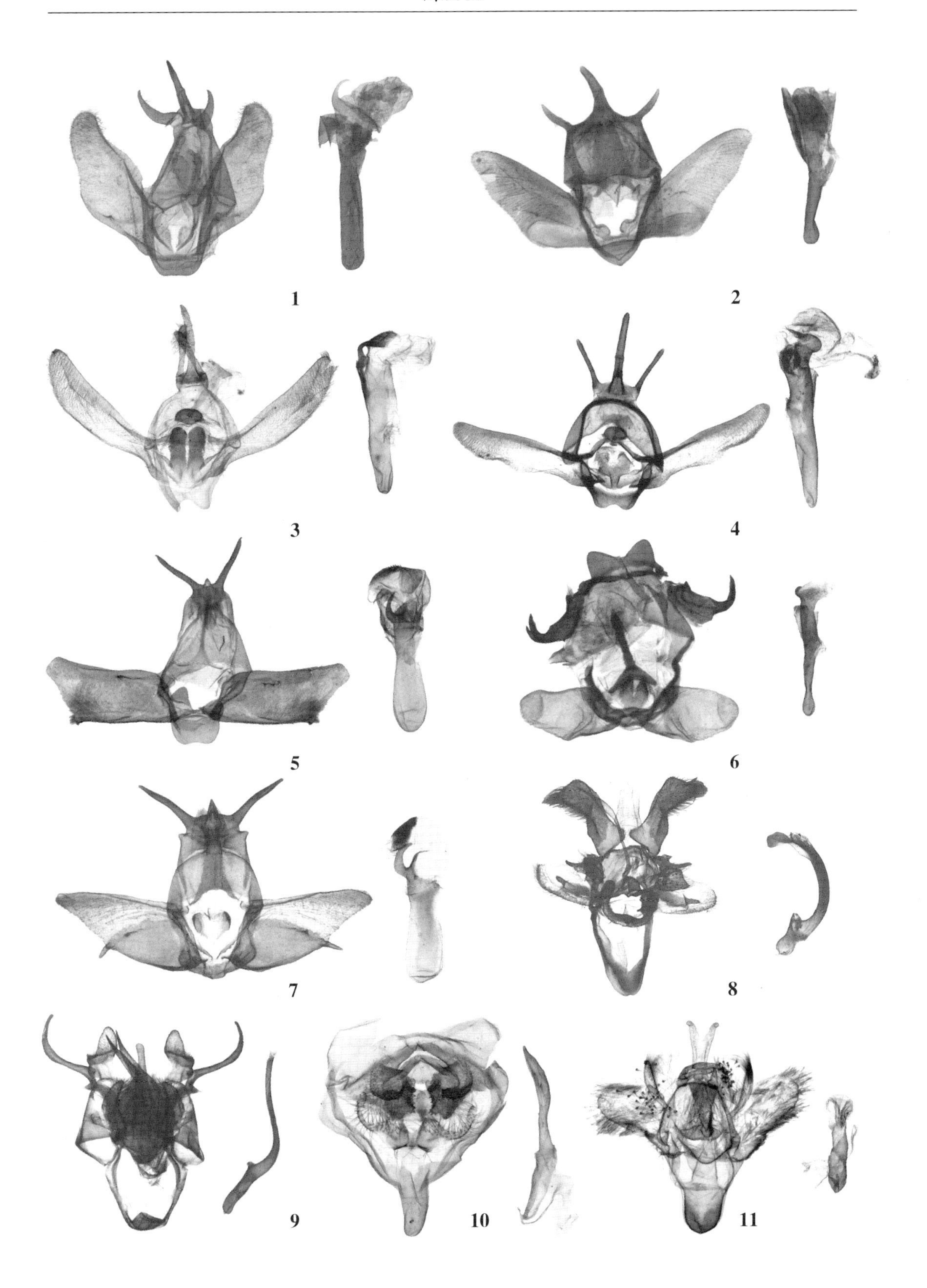
1
2
3
4
5
6
7
8
9
10
11

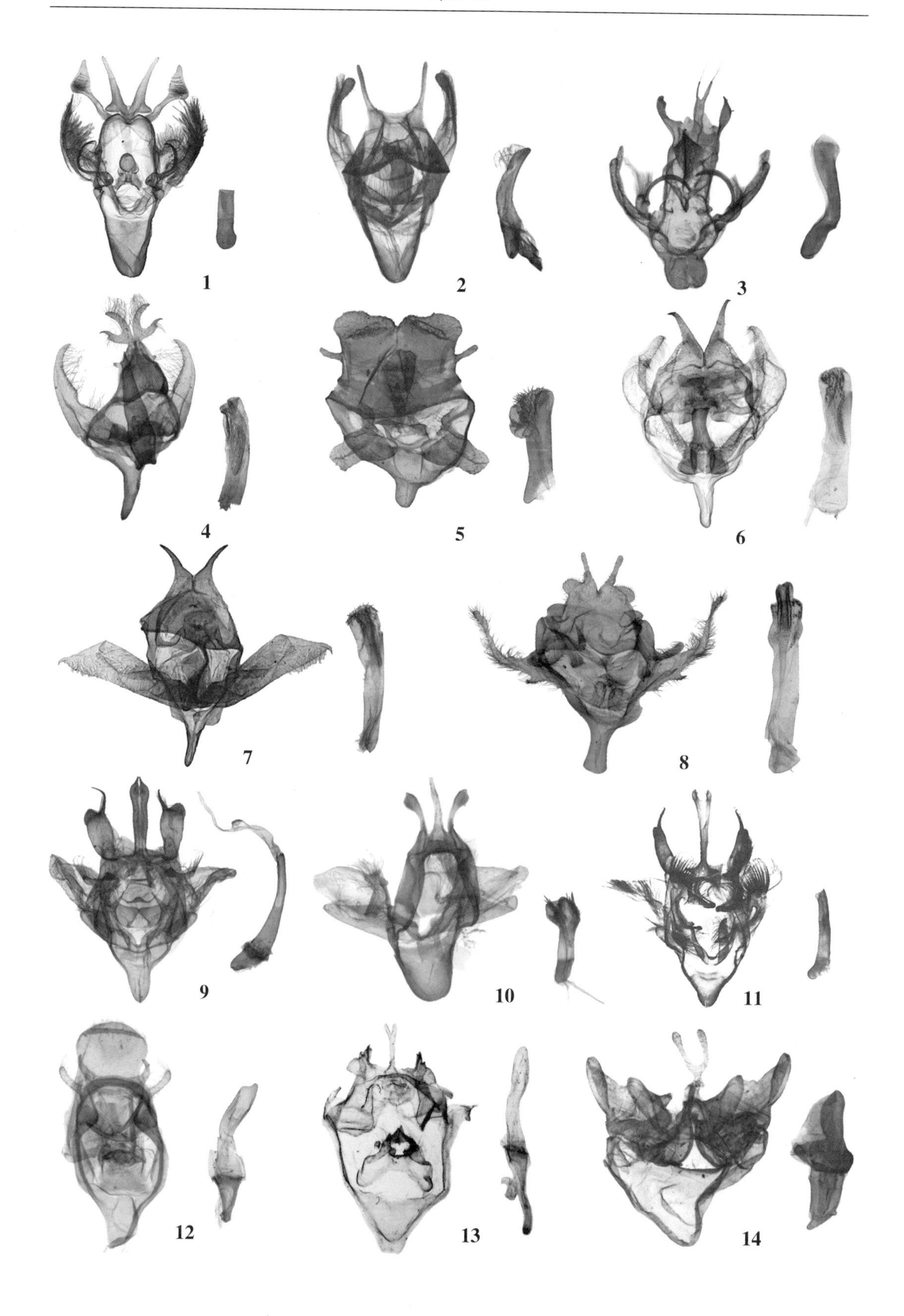
1
2
3
4
5
6
7
8
9
10
11
12
13
14

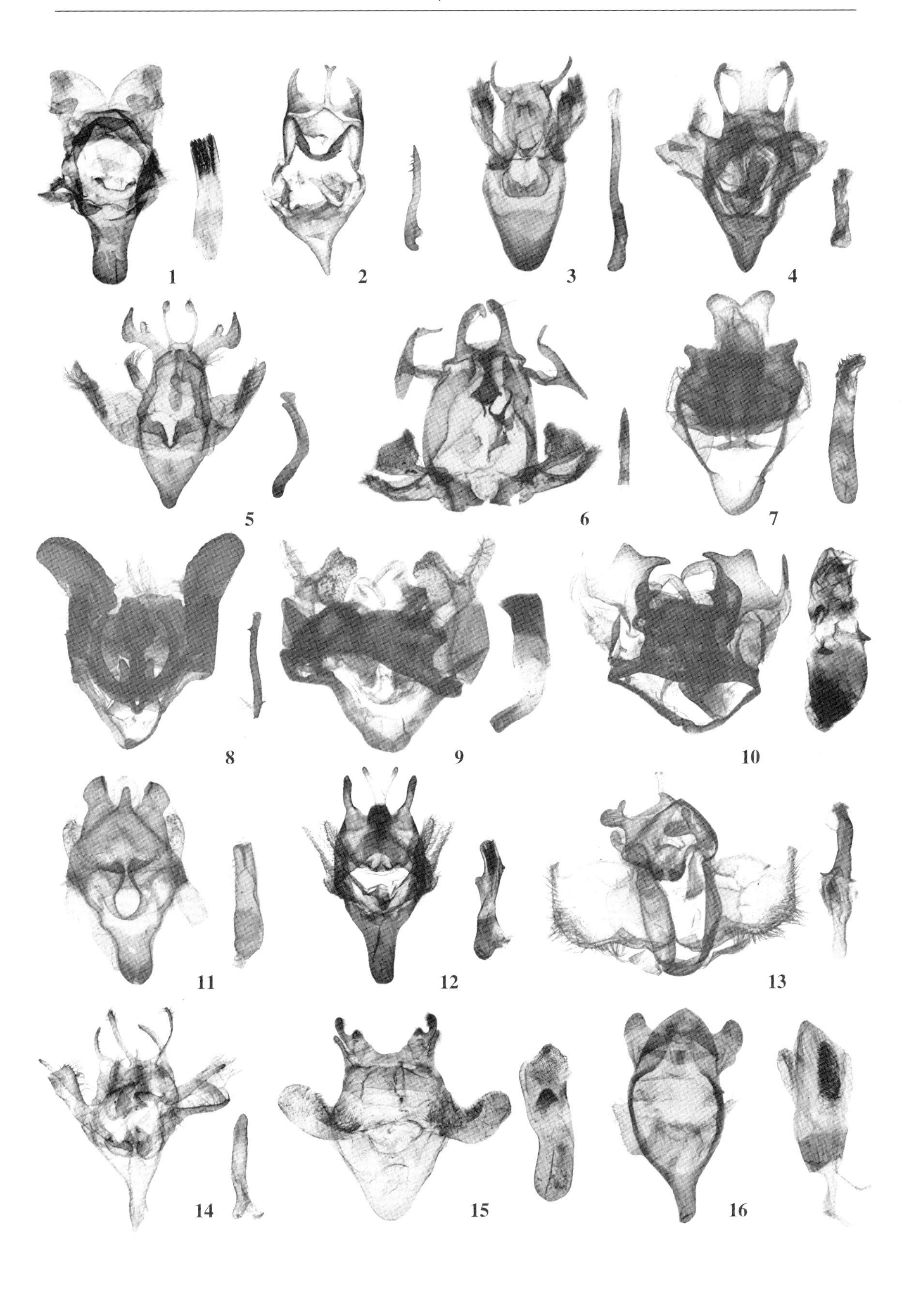
1
2
3
4
5
6
7
8
9
10
11
12
13
14
15
16

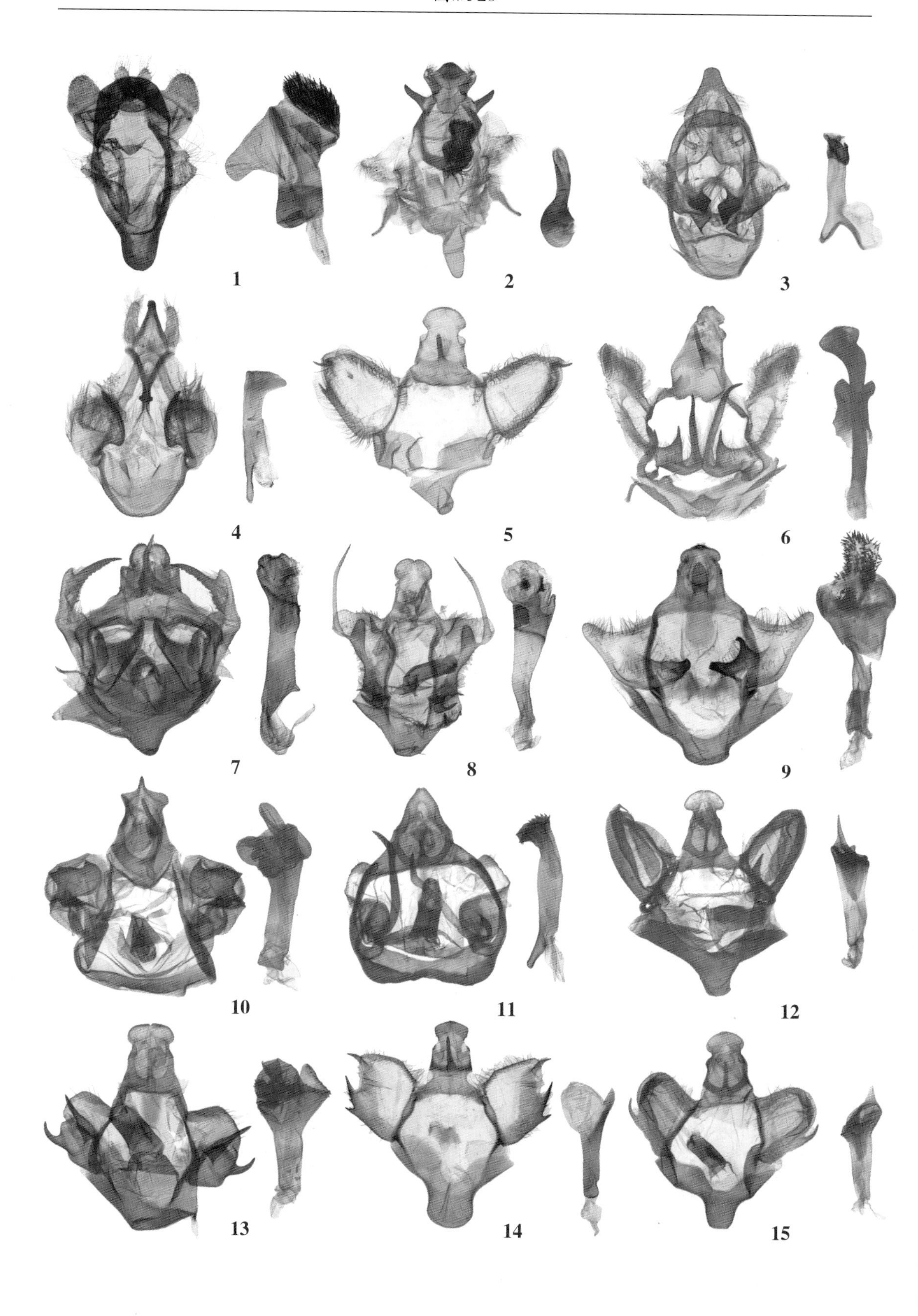
1
2
3
4
5
6
7
8
9
10
11
12
13
14
15

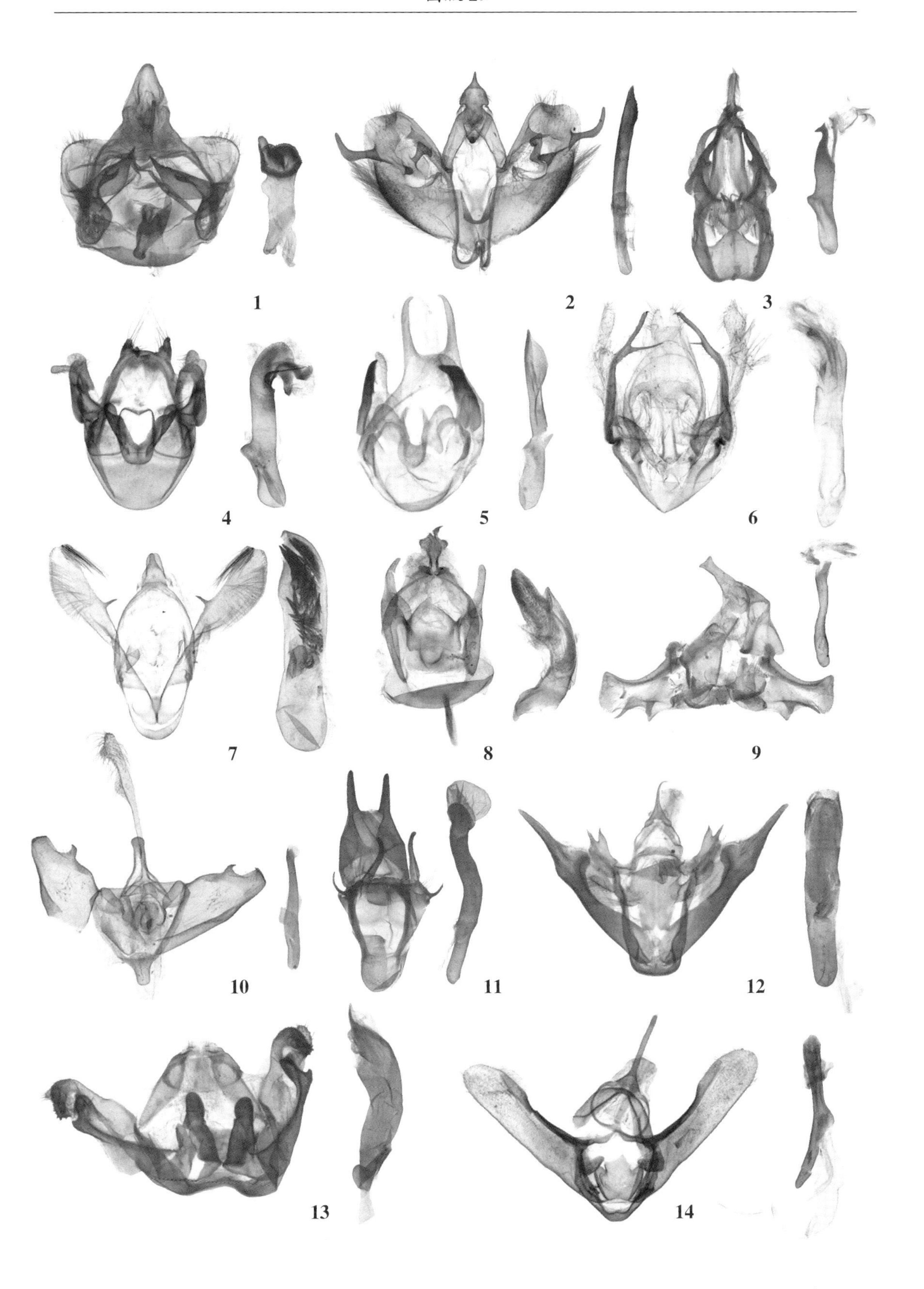
1
2
3
4
5
6
7
8
9
10
11
12
13
14

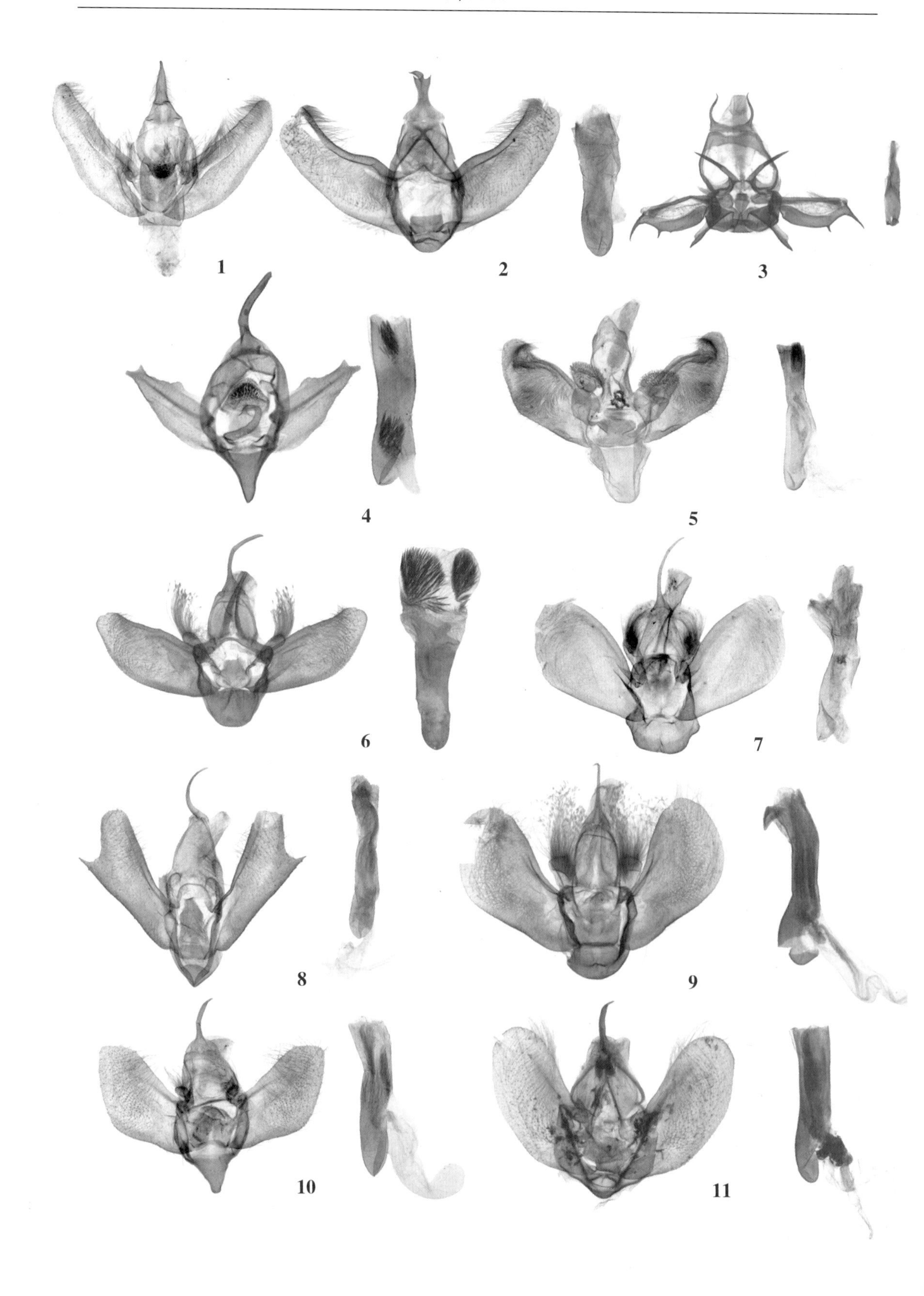
1
2
3
4
5
6
7
8
9
10
11

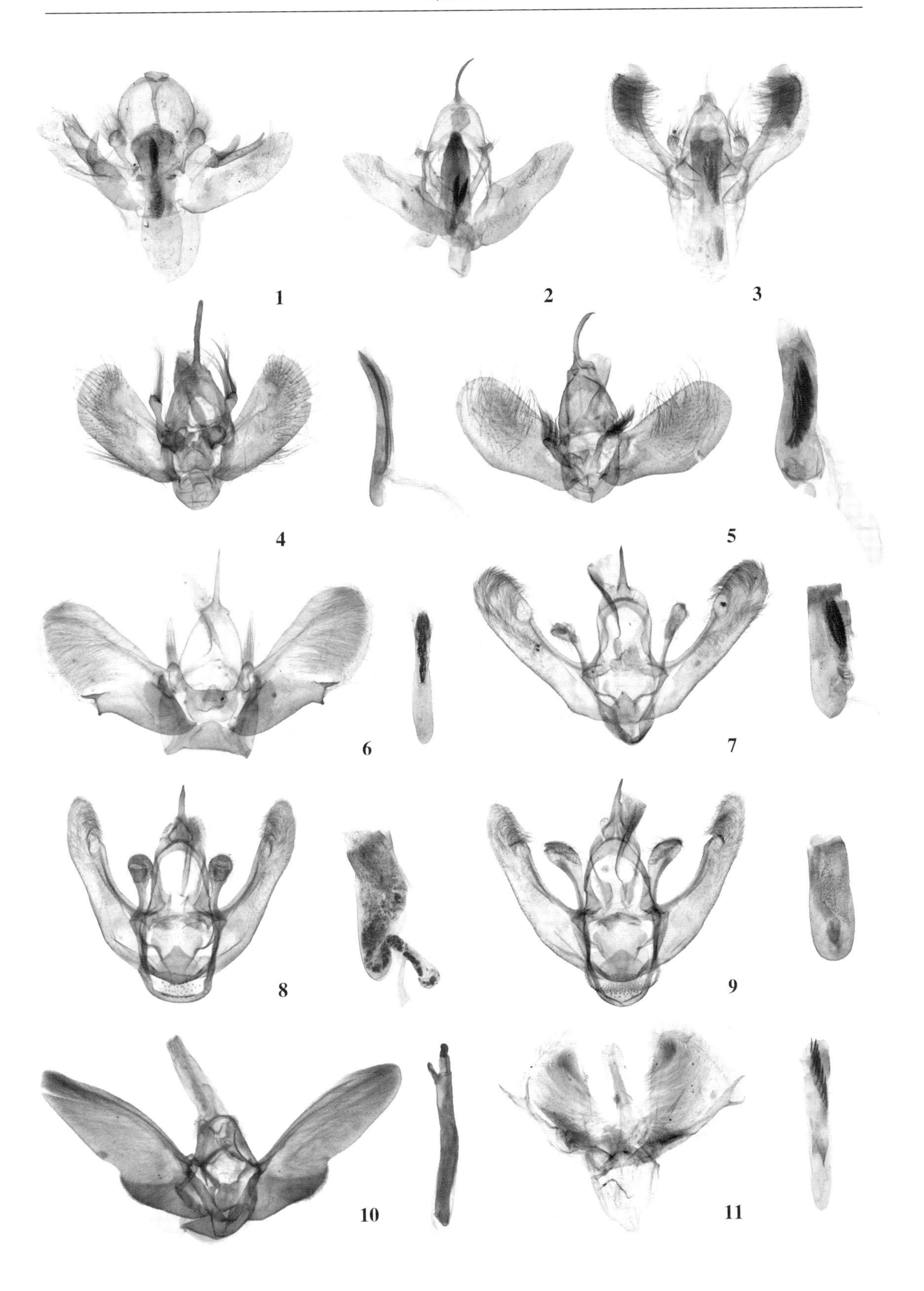
1
2
3
4
5
6
7
8
9
10
11

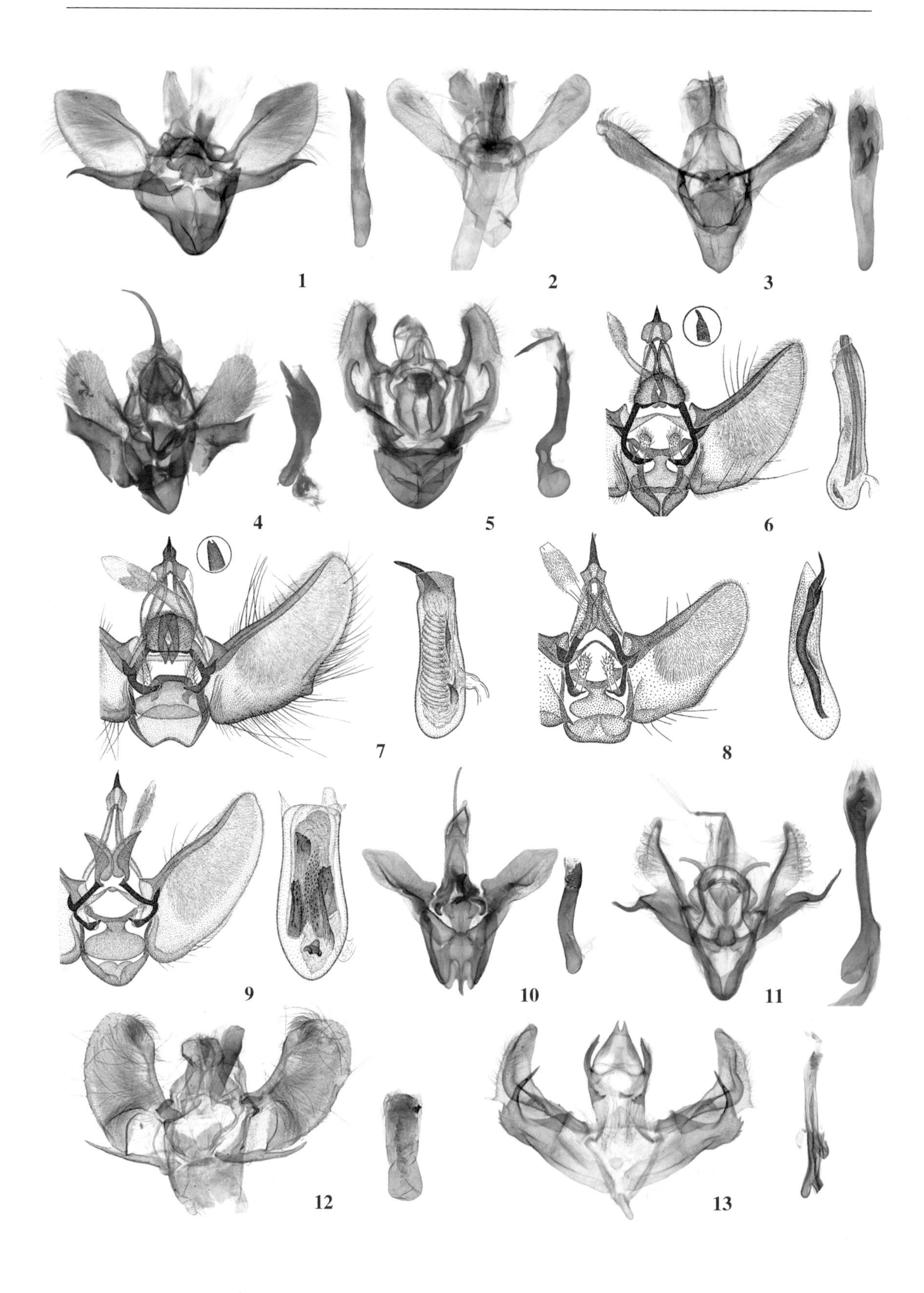
1
2
3
4
5
6
7
8
9
10
11
12
13

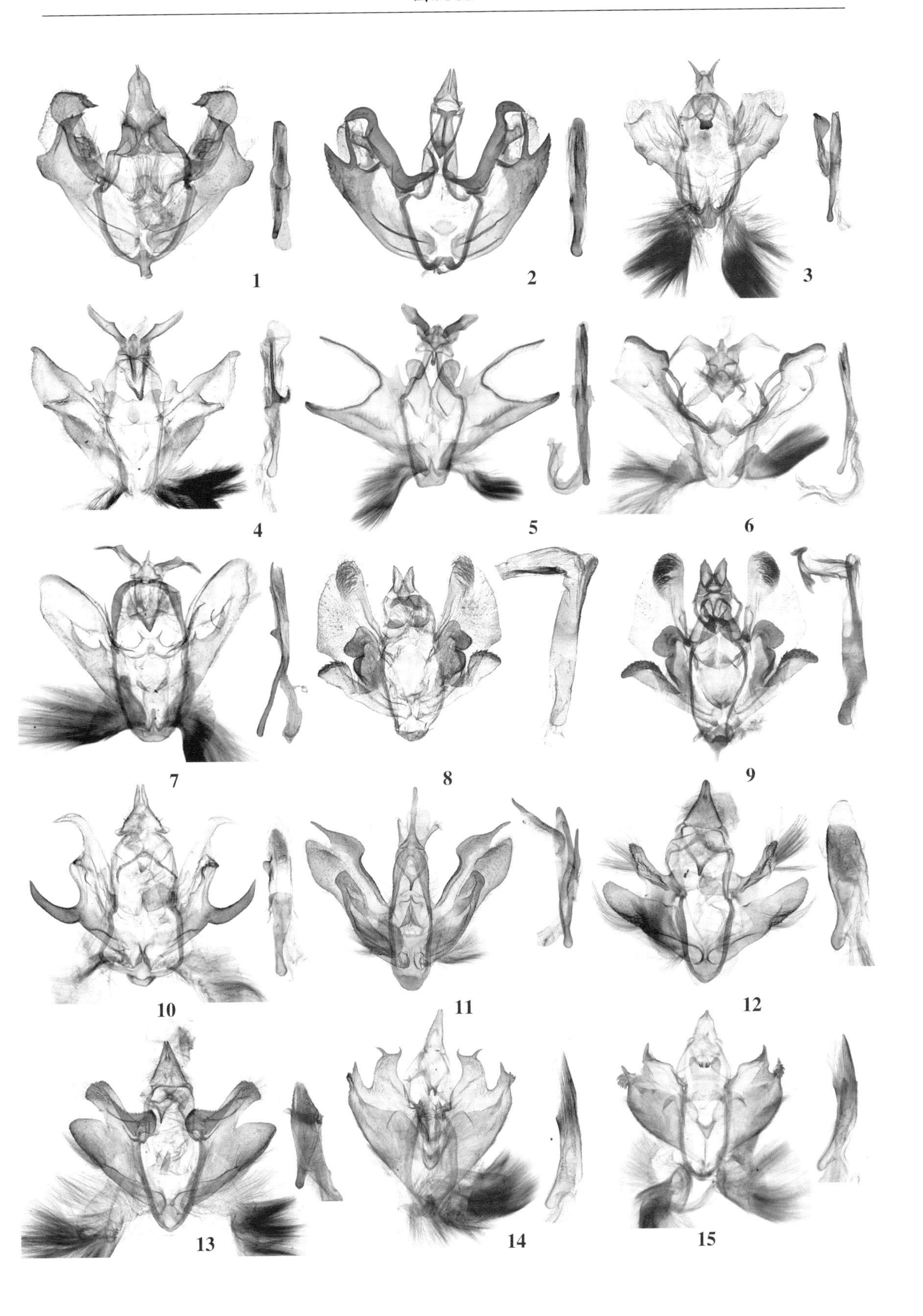
1
2
3
4
5
6
7
8
9
10
11
12
13
14
15

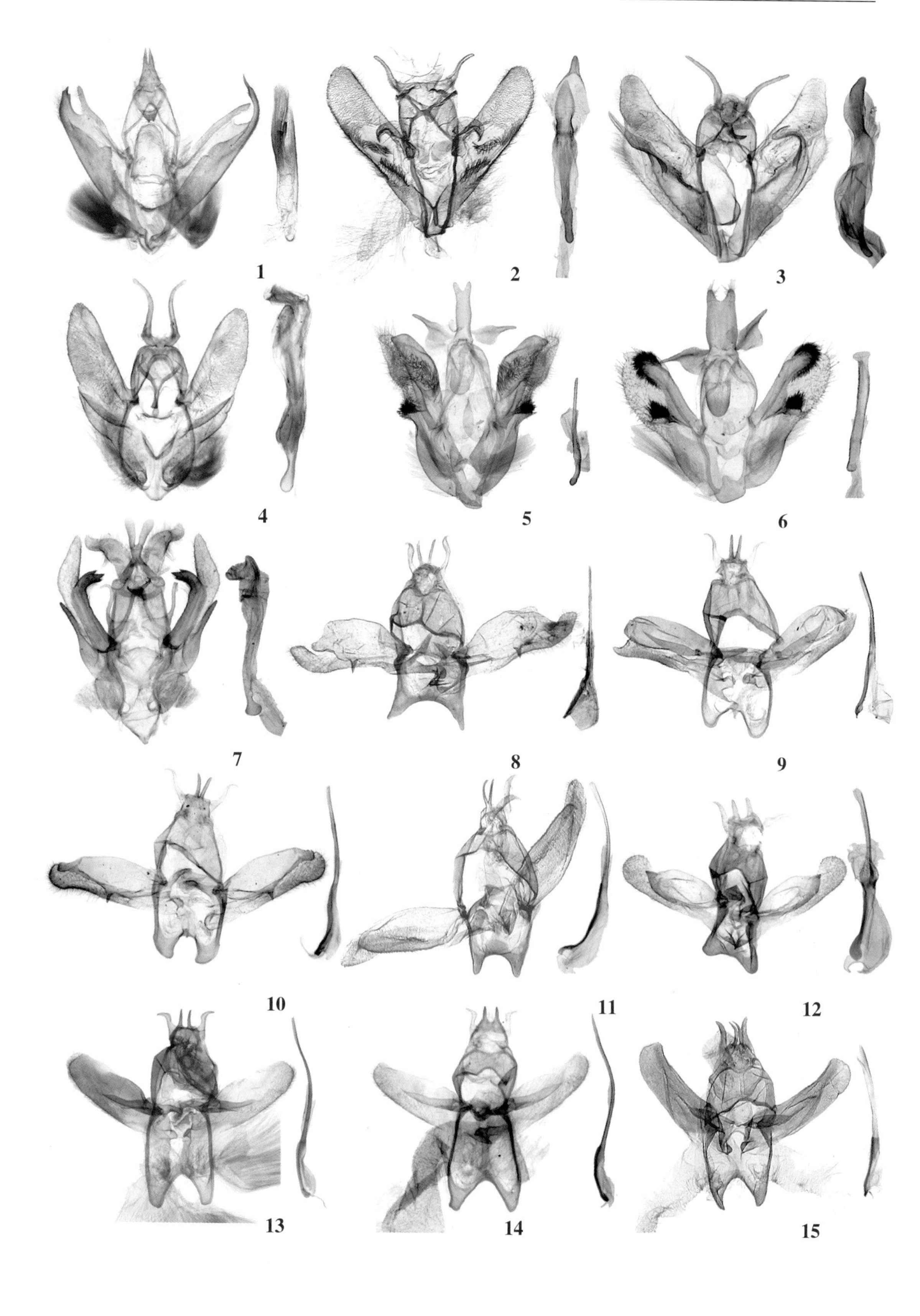
1
2
3
4
5
6
7
8
9
10
11
12
13
14
15

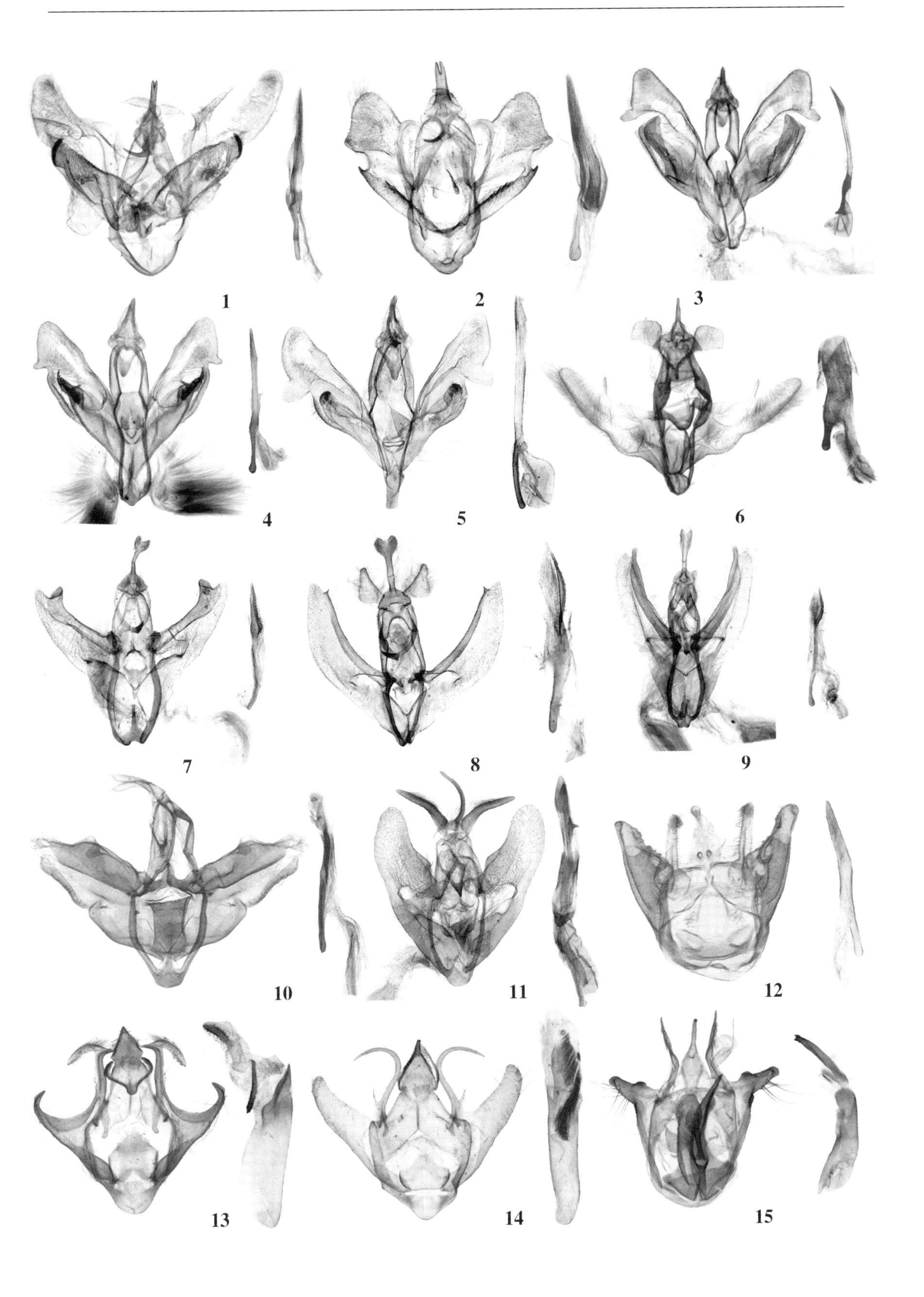
1
2
3
4
5
6
7
8
9
10
11
12
13
14
15

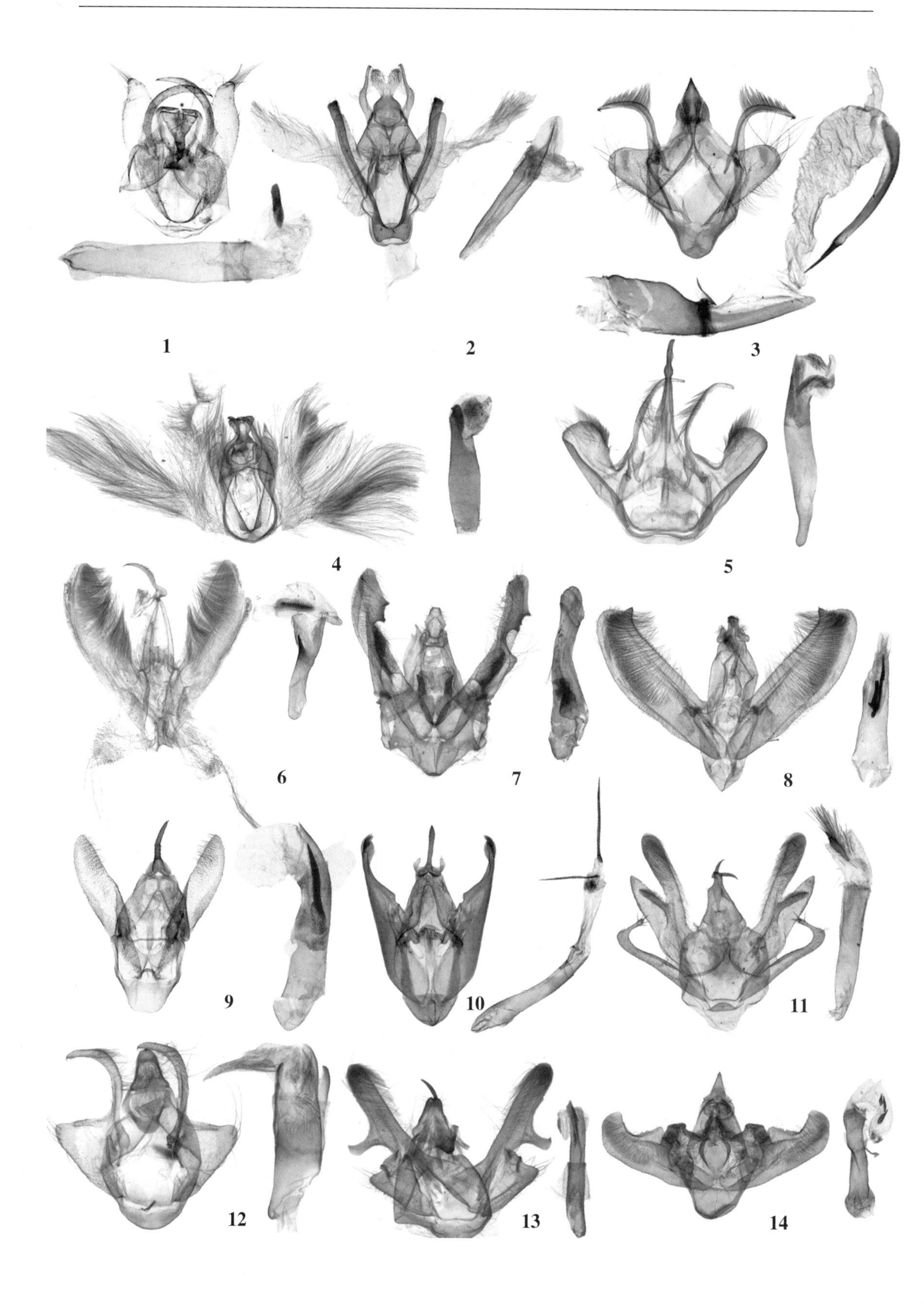
1
2
3
4
5
6
7
8
9
10
11
12
13
14

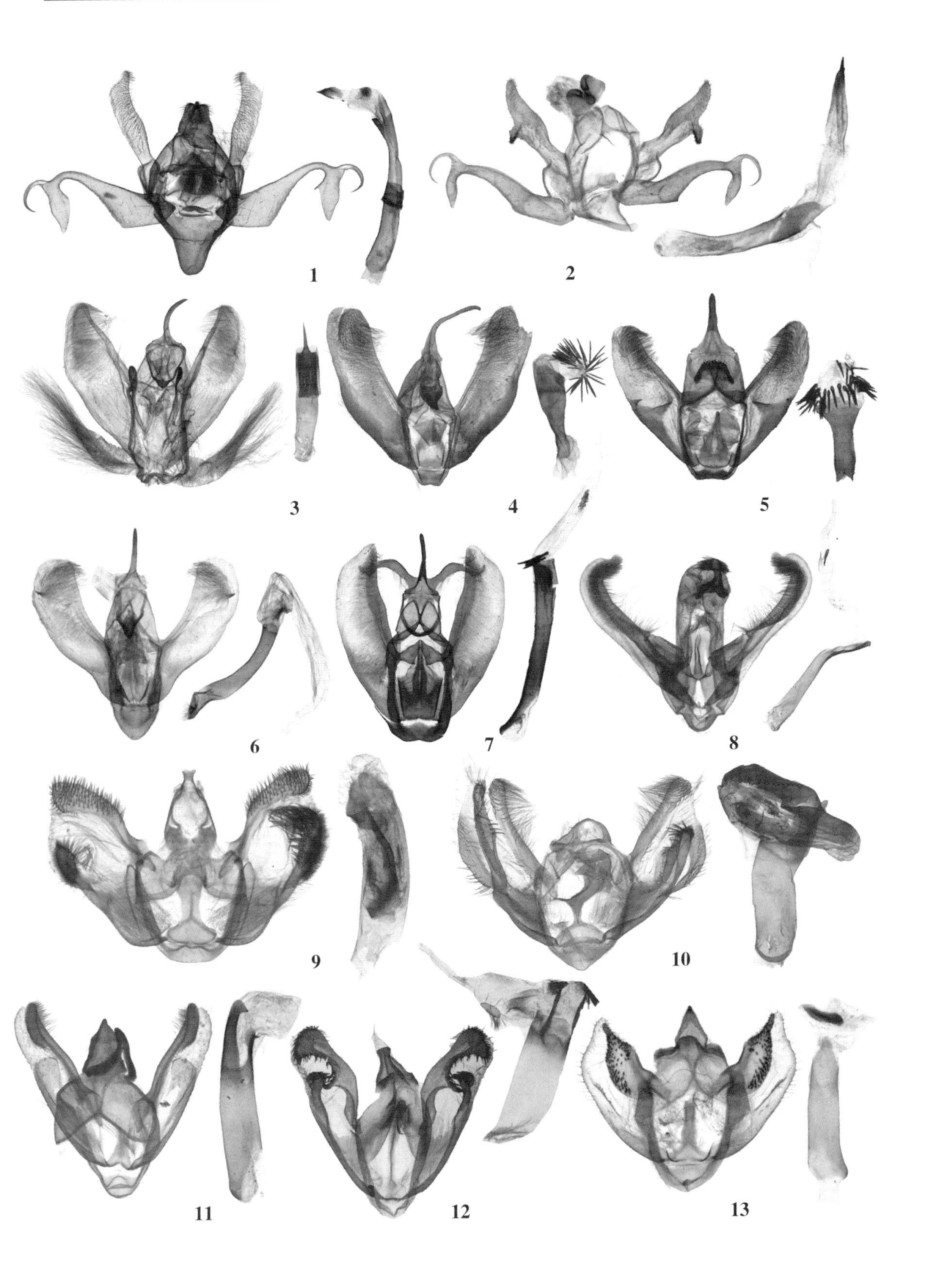
1
2
3
4
5
6
7
8
9
10
11
12
13

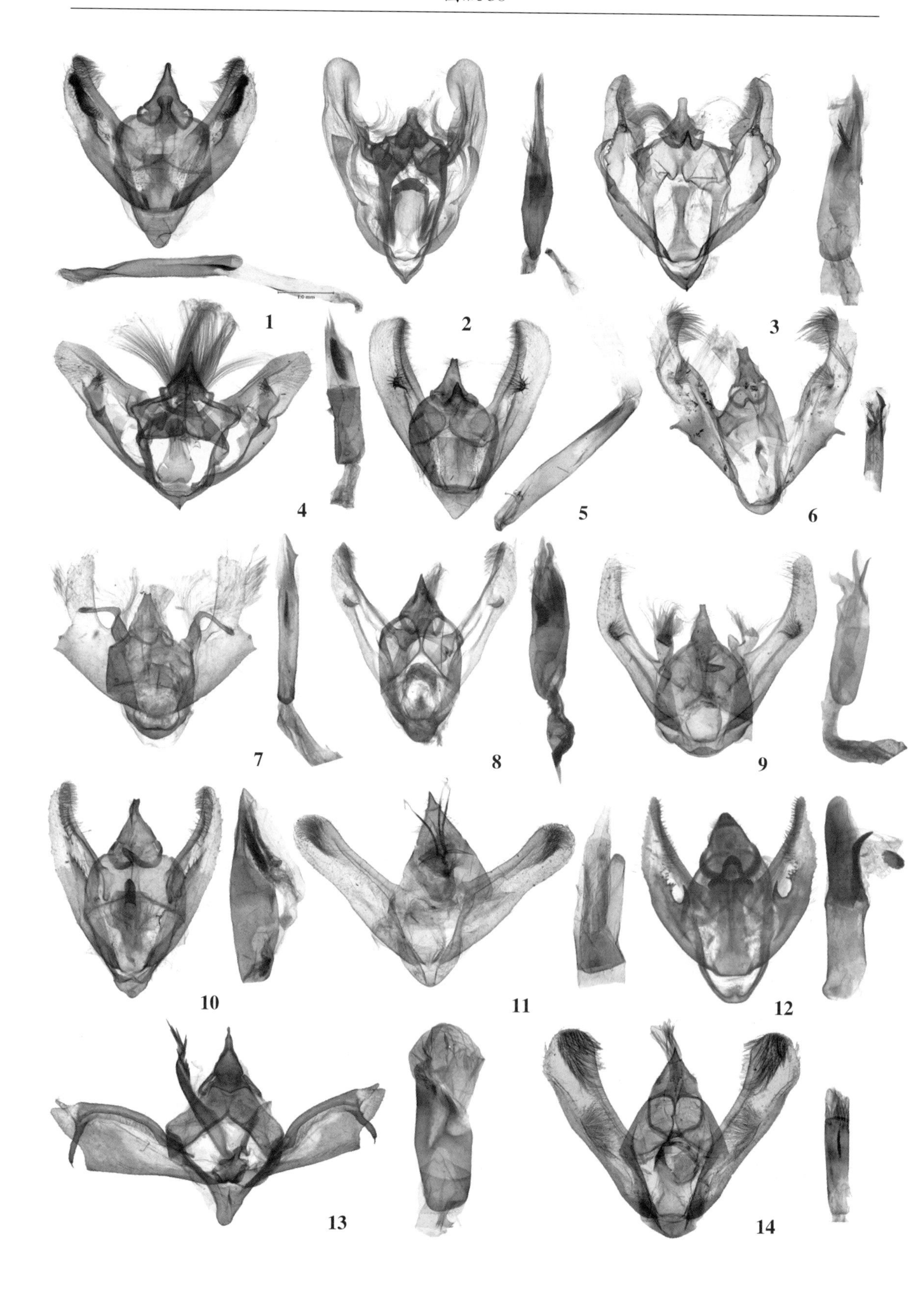
1.0 mm
1
2
3
4
5
6
7
8
9
10
11
12
13
14

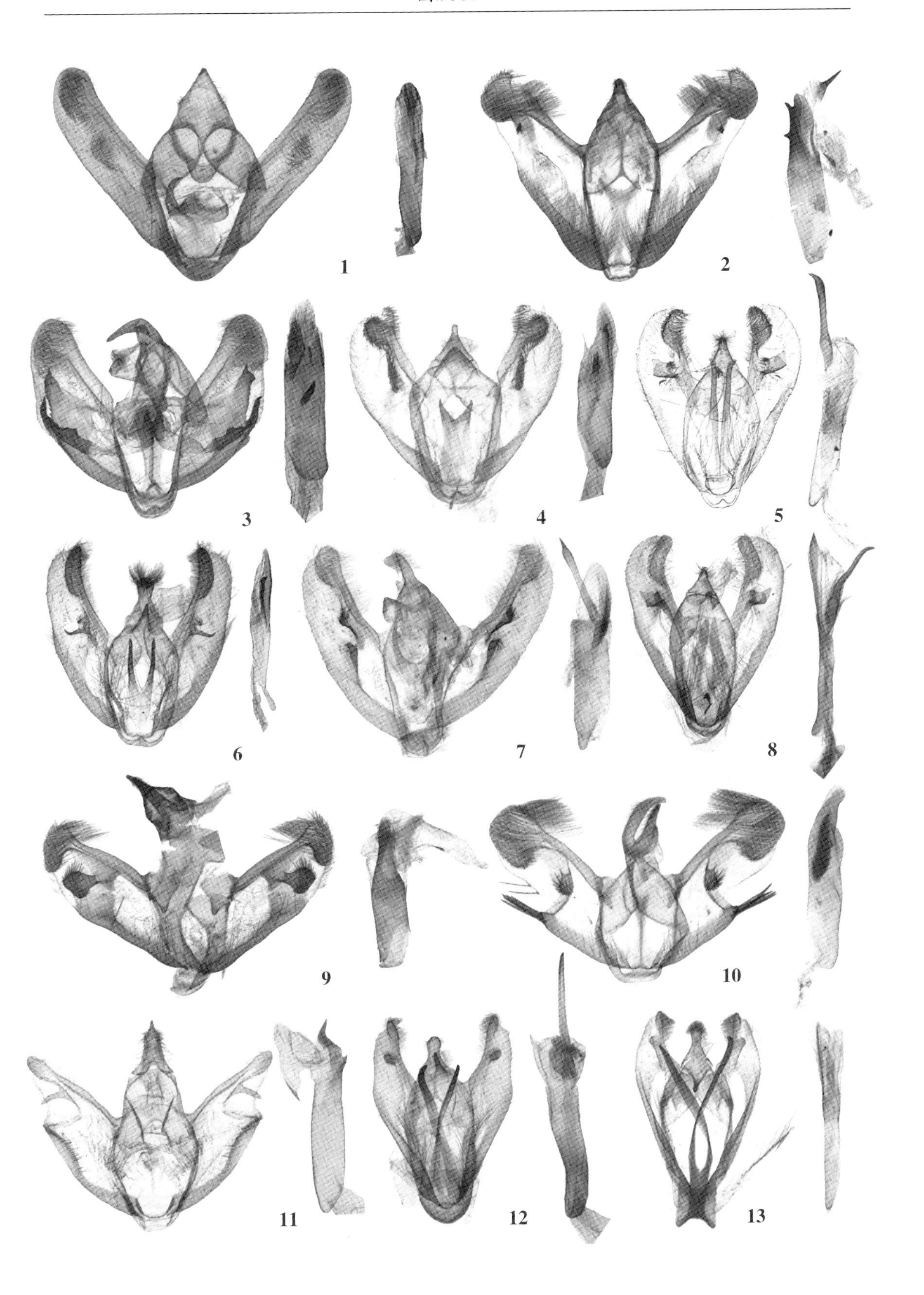
1
2
3
4
5
6
7
8
9
10
11
12
13

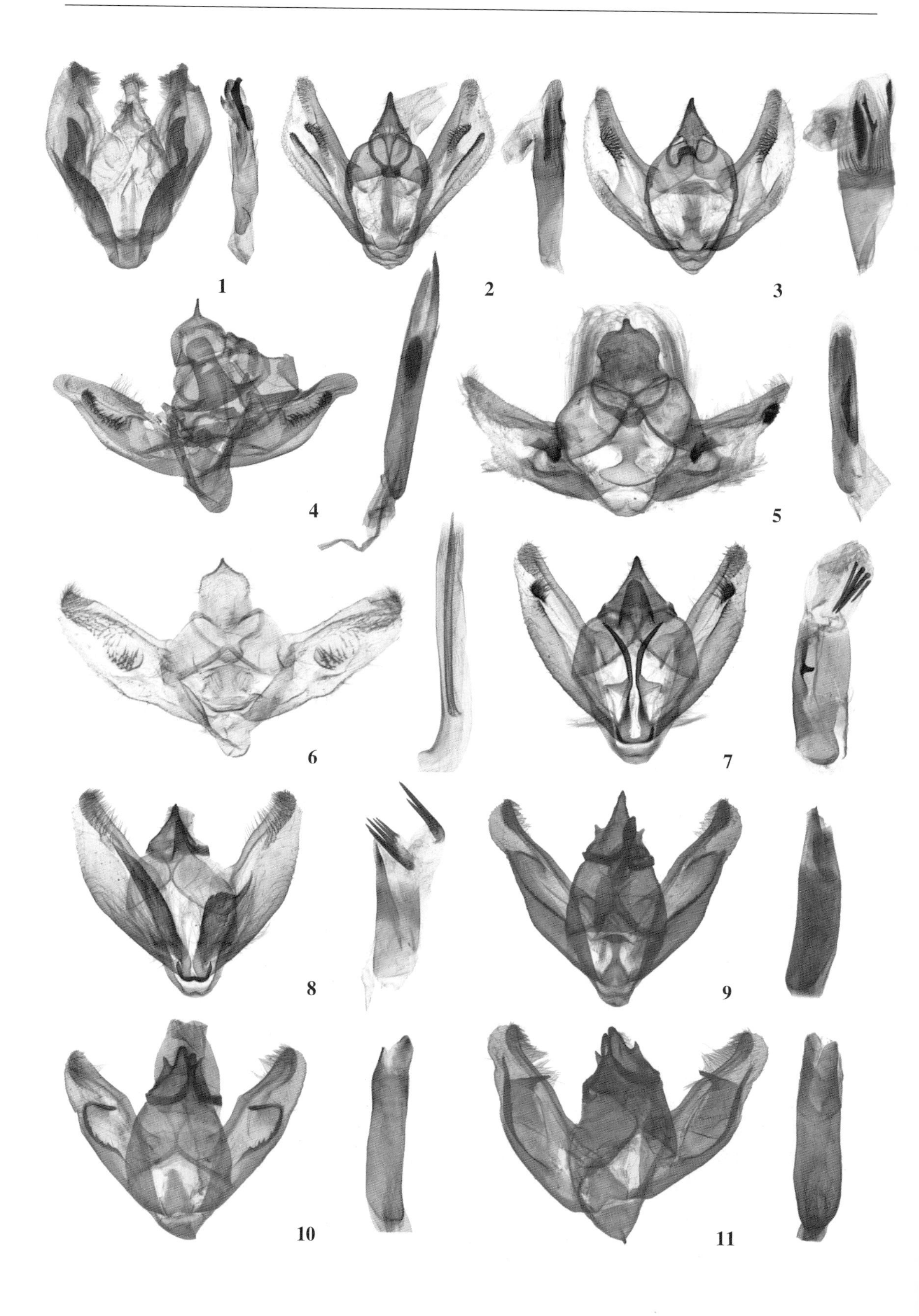
1
2
3
4
5
6
7
8
9
10
11

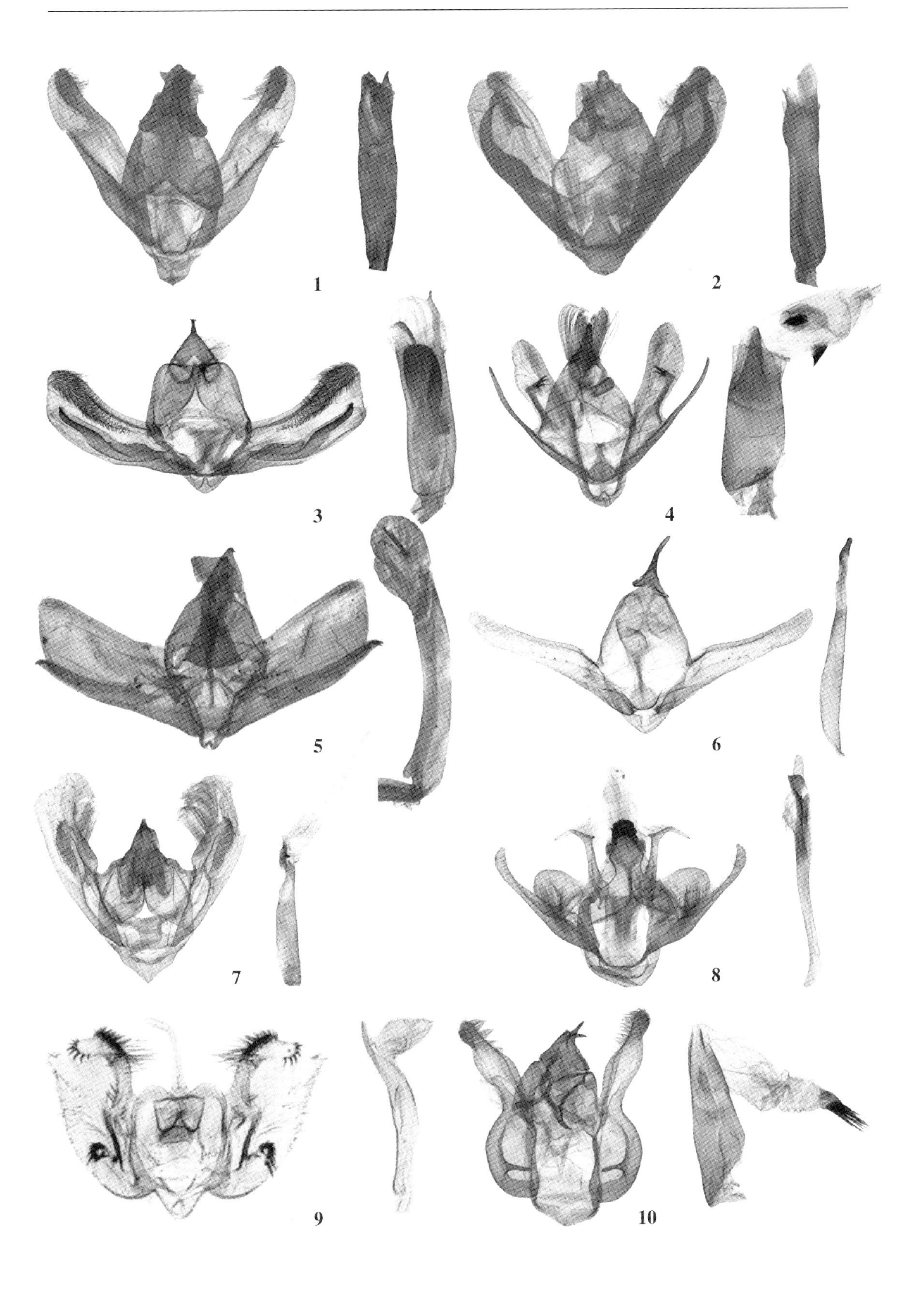
1
2
3
4
5
6
7
8
9
10

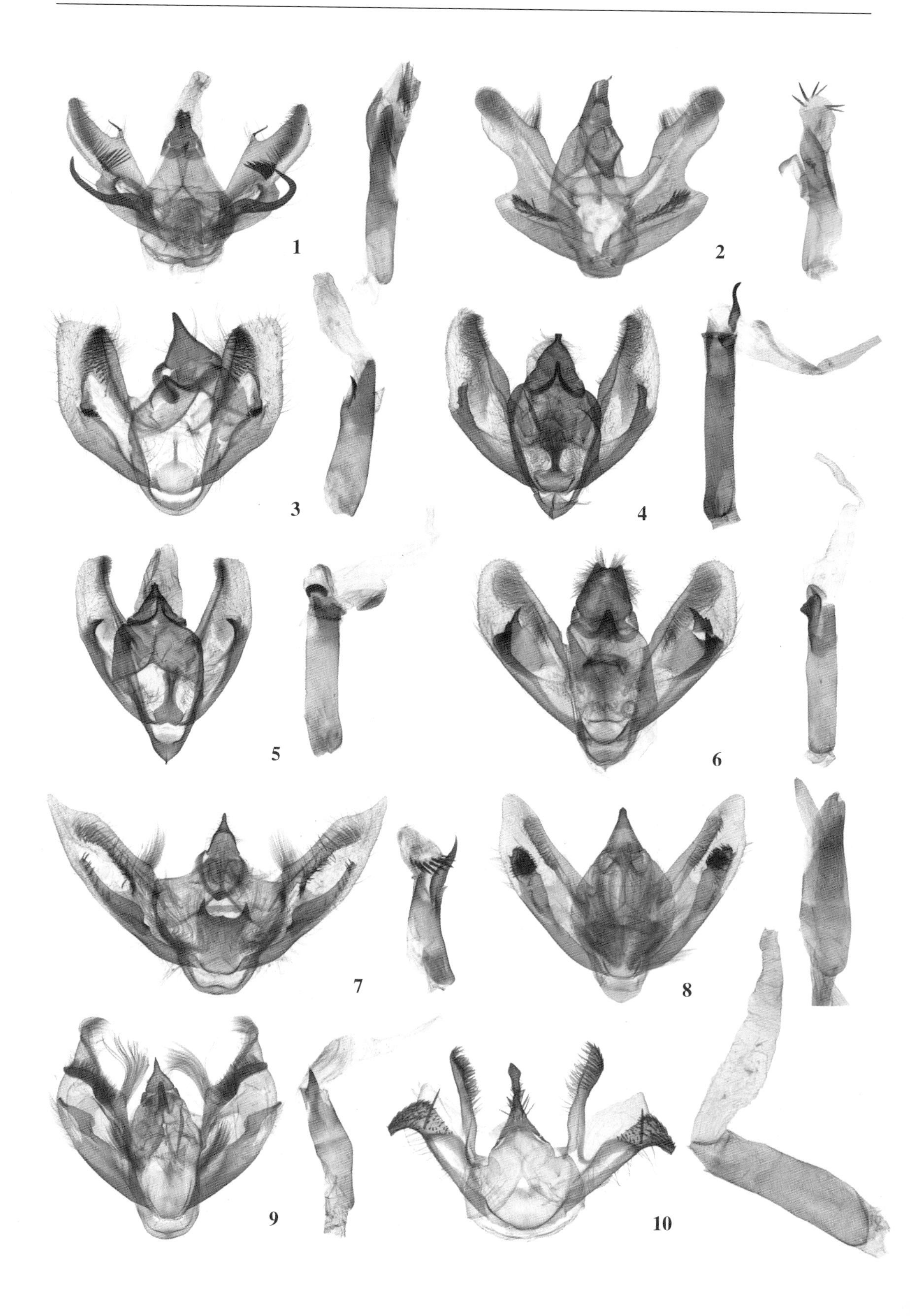
1
2
3
4
5
6
7
8
9
10

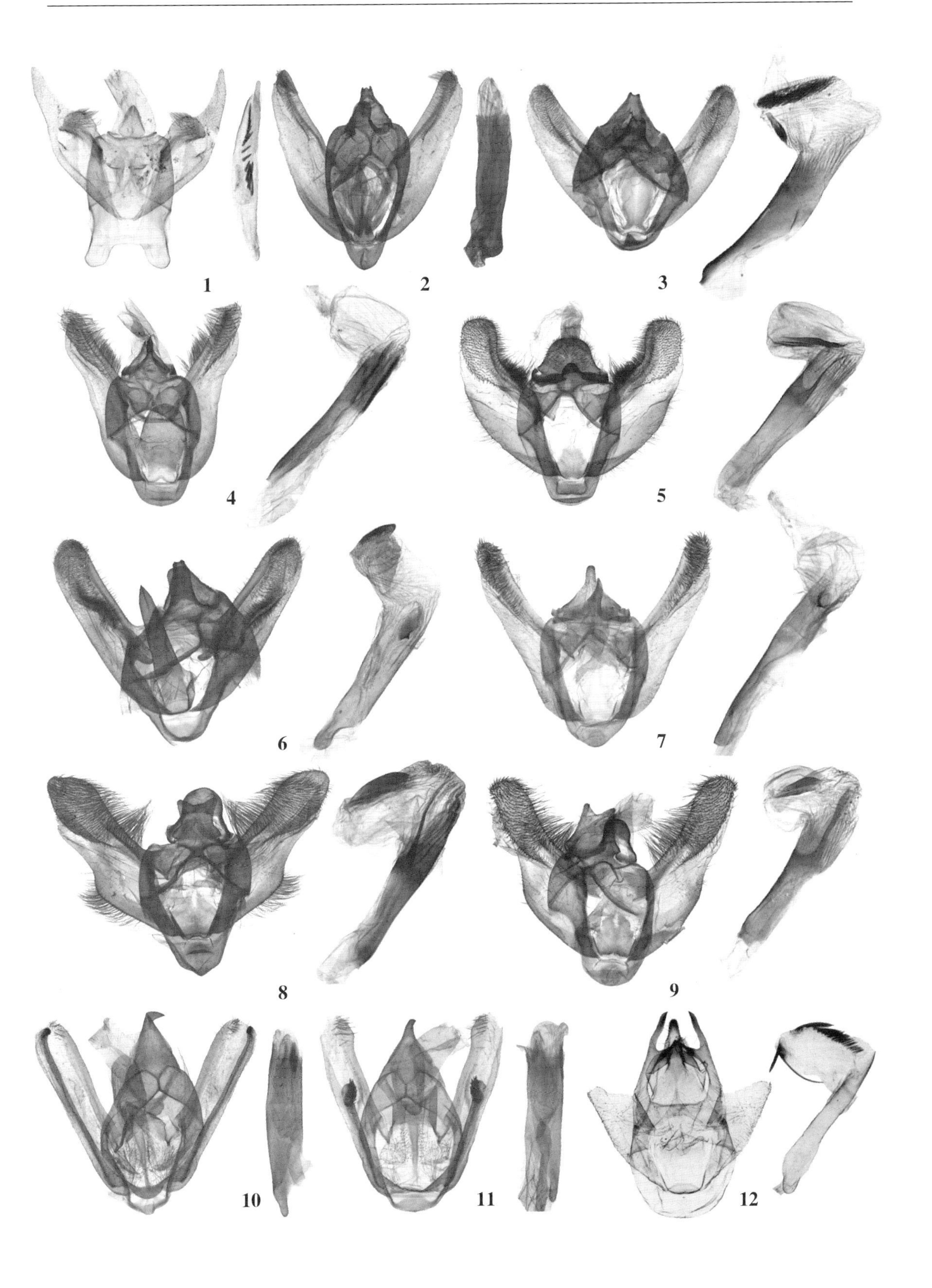
1
2
3
4
5
6
7
8
9
10
11
12

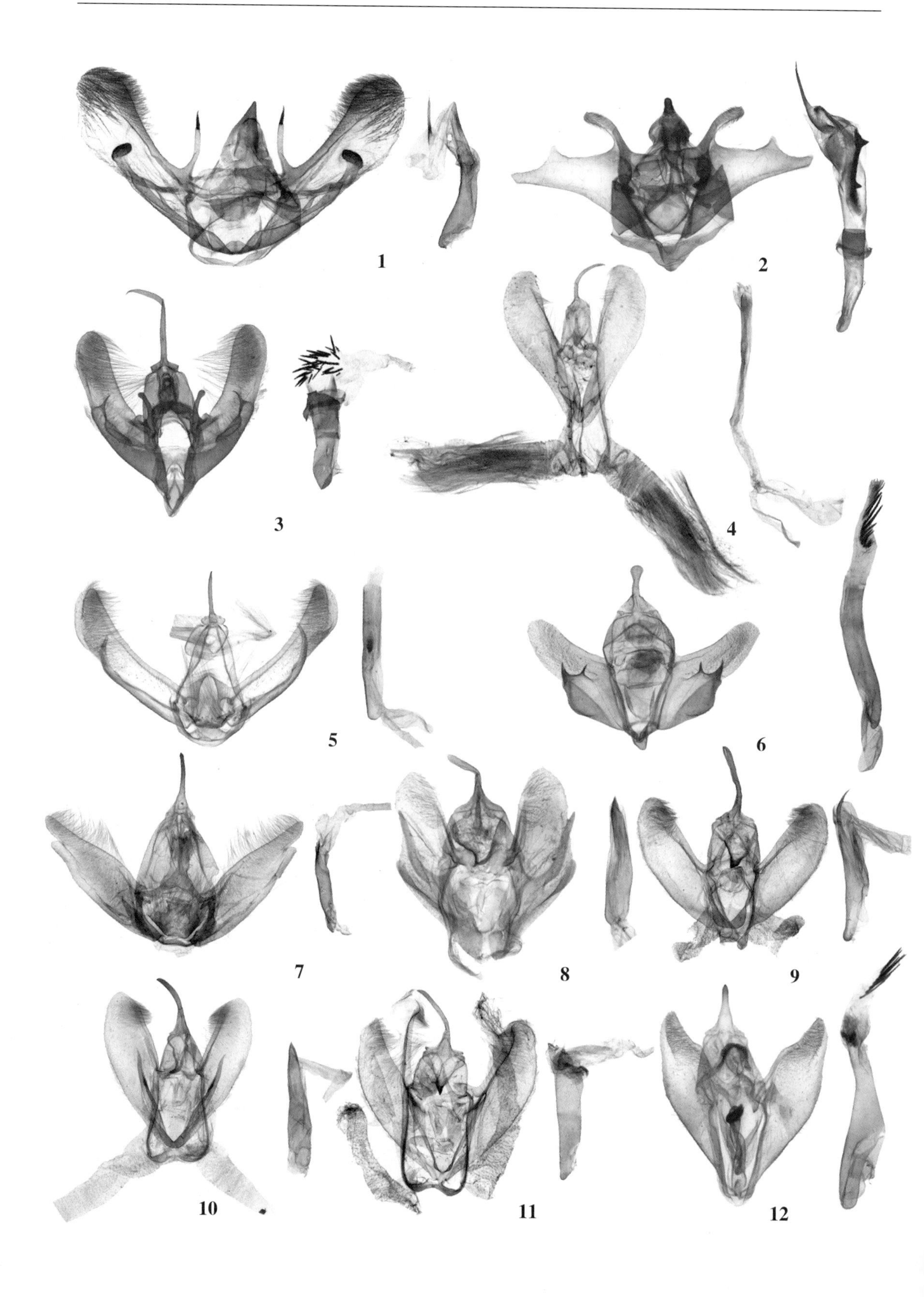
1
2
3
4
5
6
7
8
9
10
11
12

1
2
3
4
5
6
7
8
9
10
11
12
13
14
15

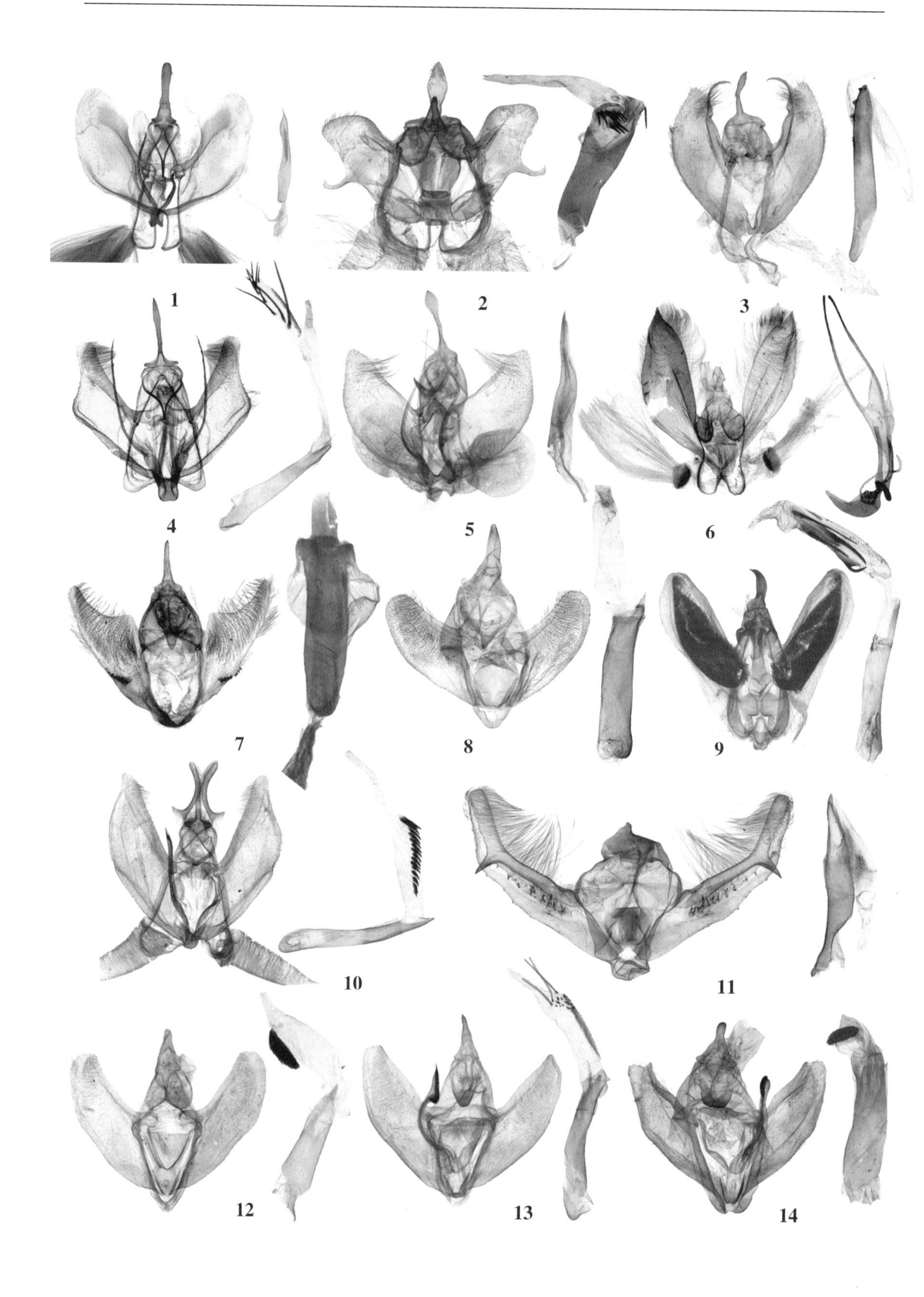
1
2
3
4
5
6
7
8
9
10
11
12
13
14

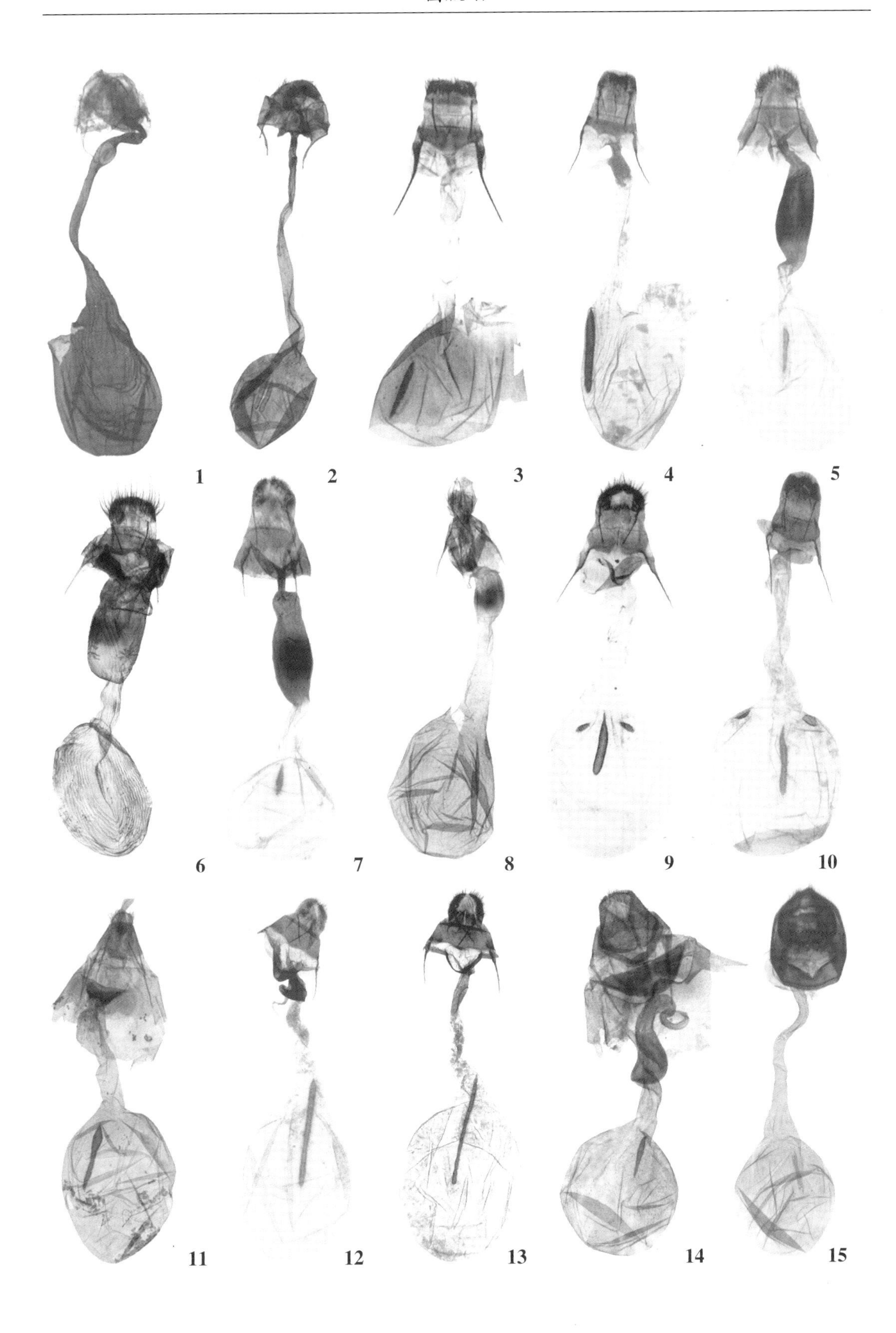
1
2
3
4
5
6
7
8
9
10
11
12
13
14
15

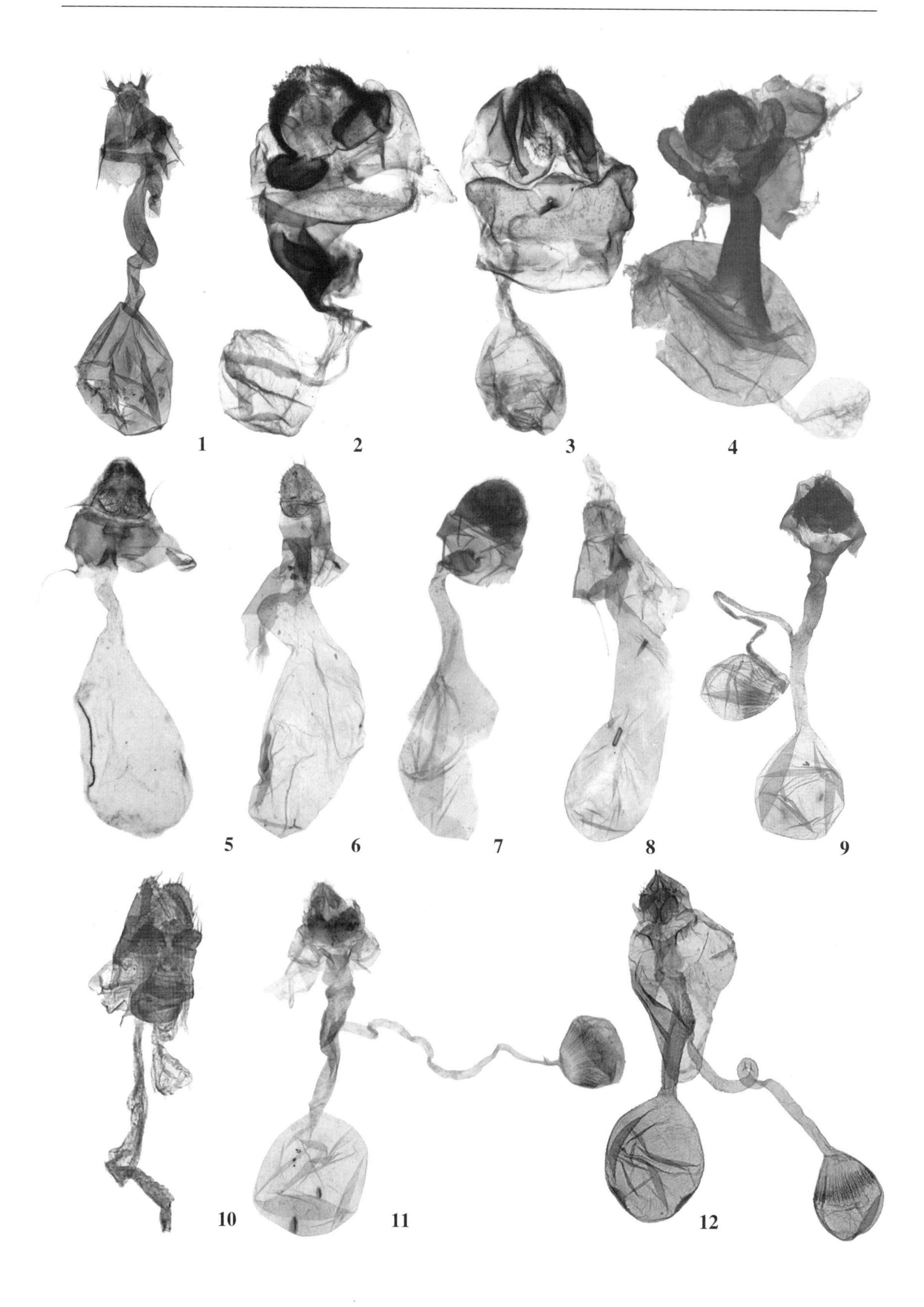
1
2
3
4
5
6
7
8
9
10
11
12

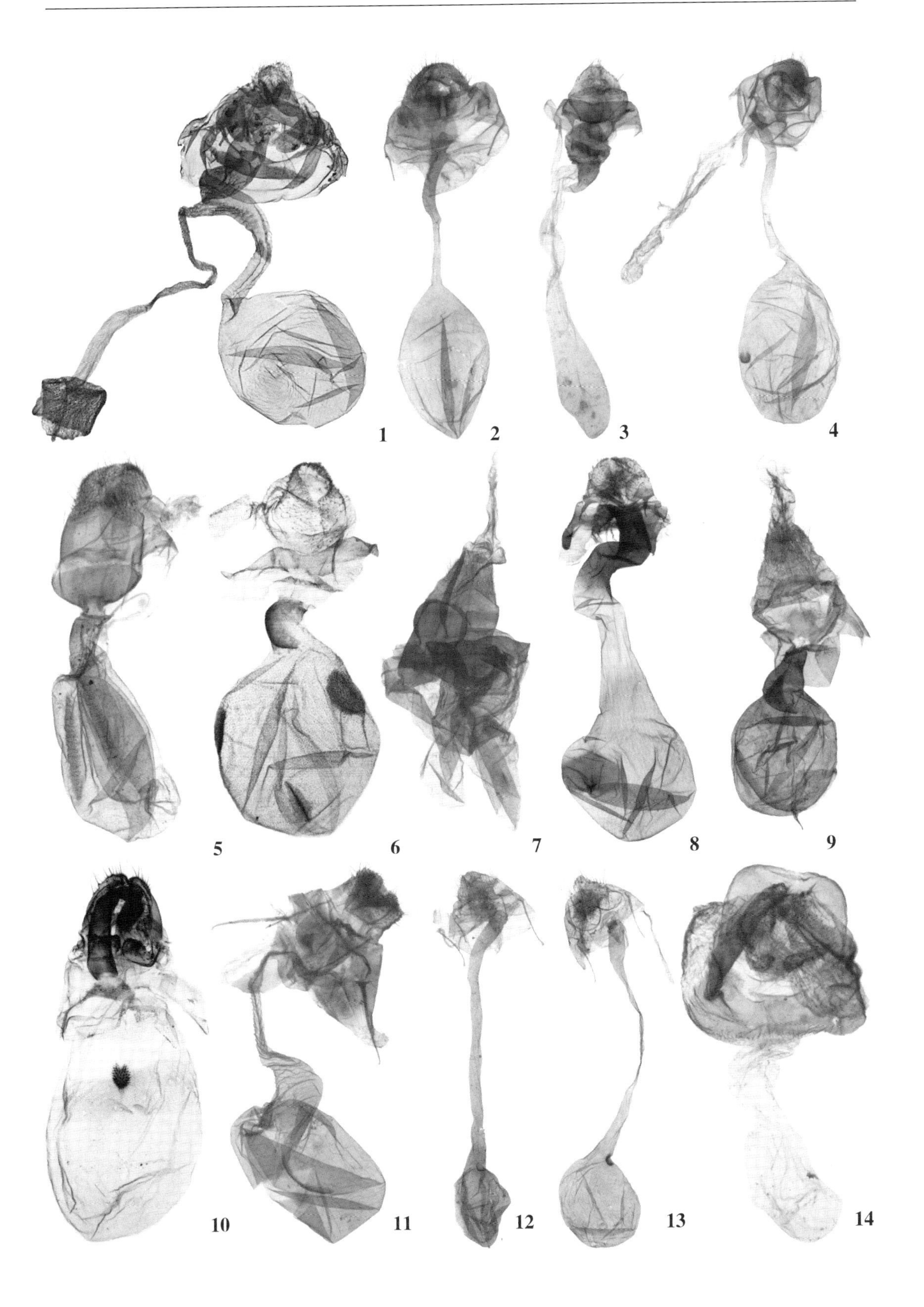
1
2
3
4
5
6
7
8
9
10
11
12
13
14

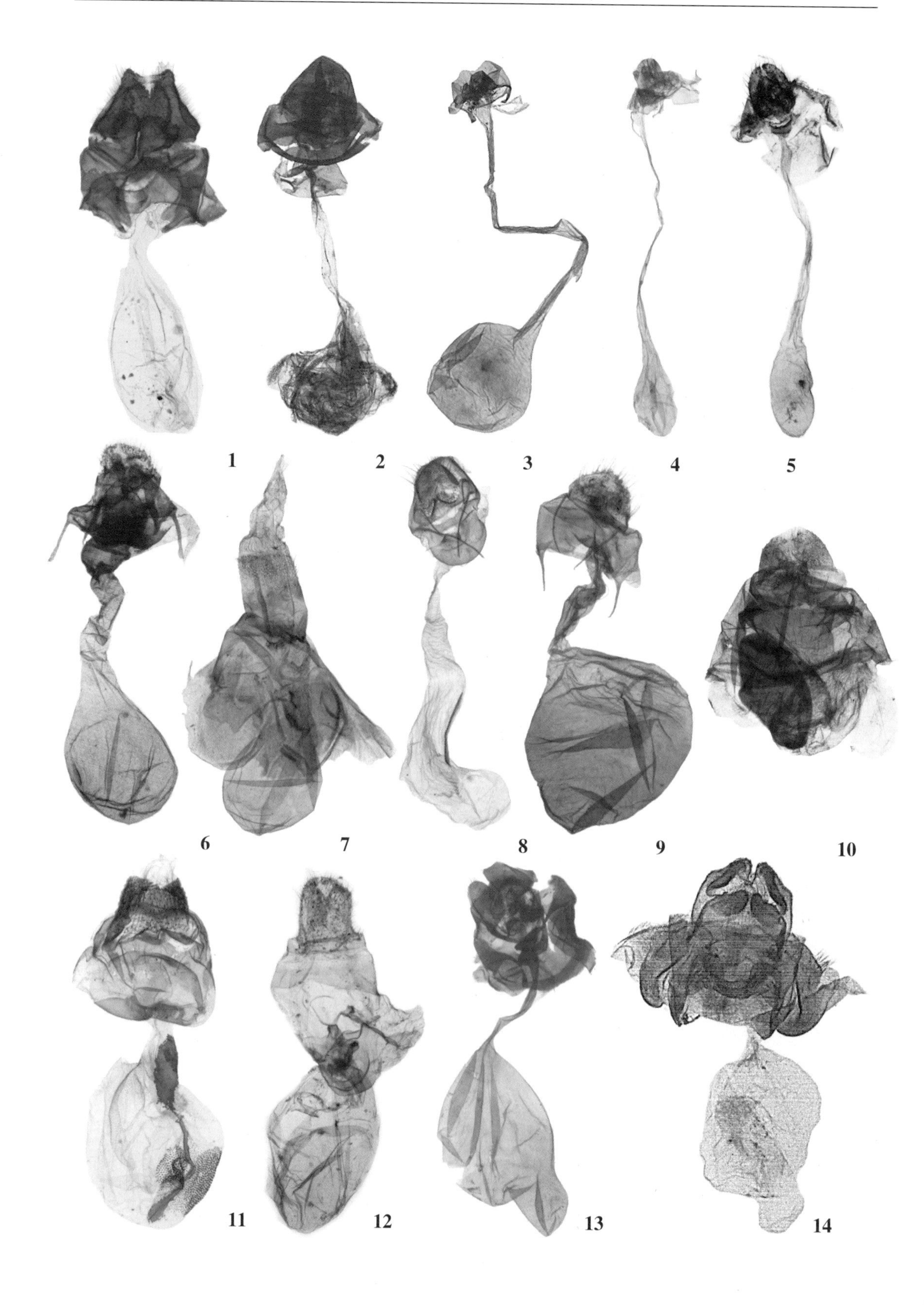
1
2
3
4
5
6
7
8
9
10
11
12
13
14

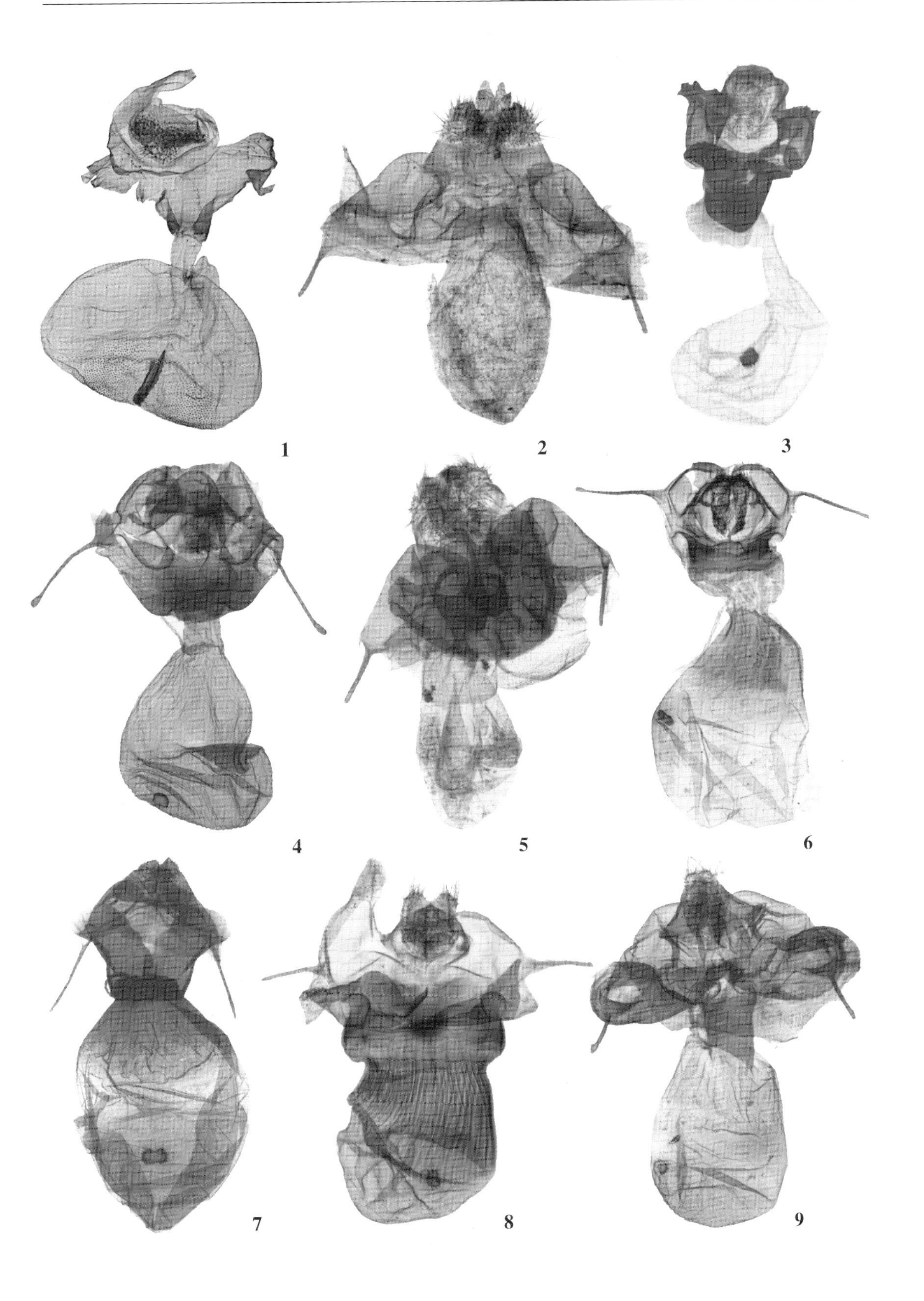
1
2
3
4
5
6
7
8
9

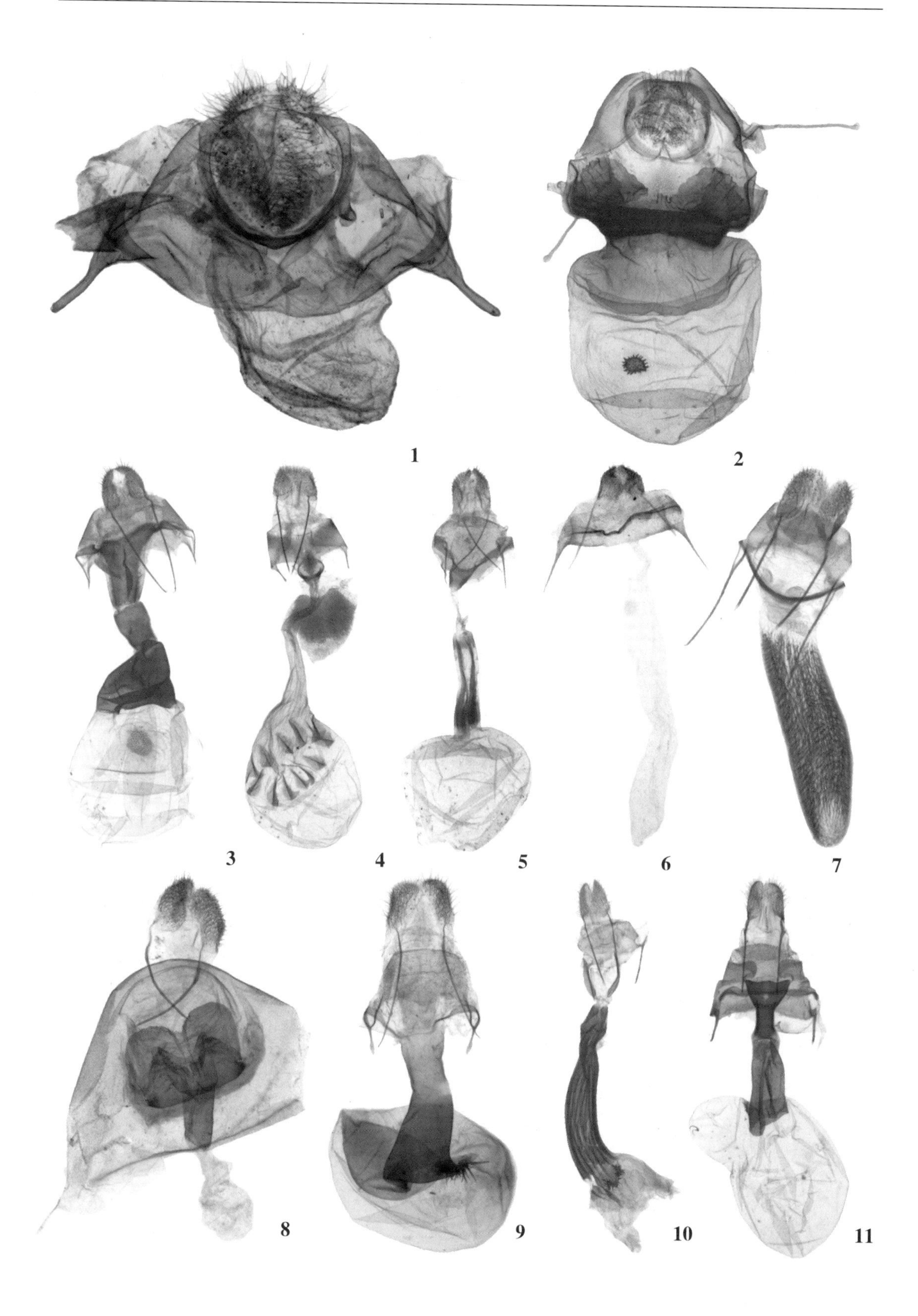
1
2
3
4
5
6
7
8
9
10
11

图版 53

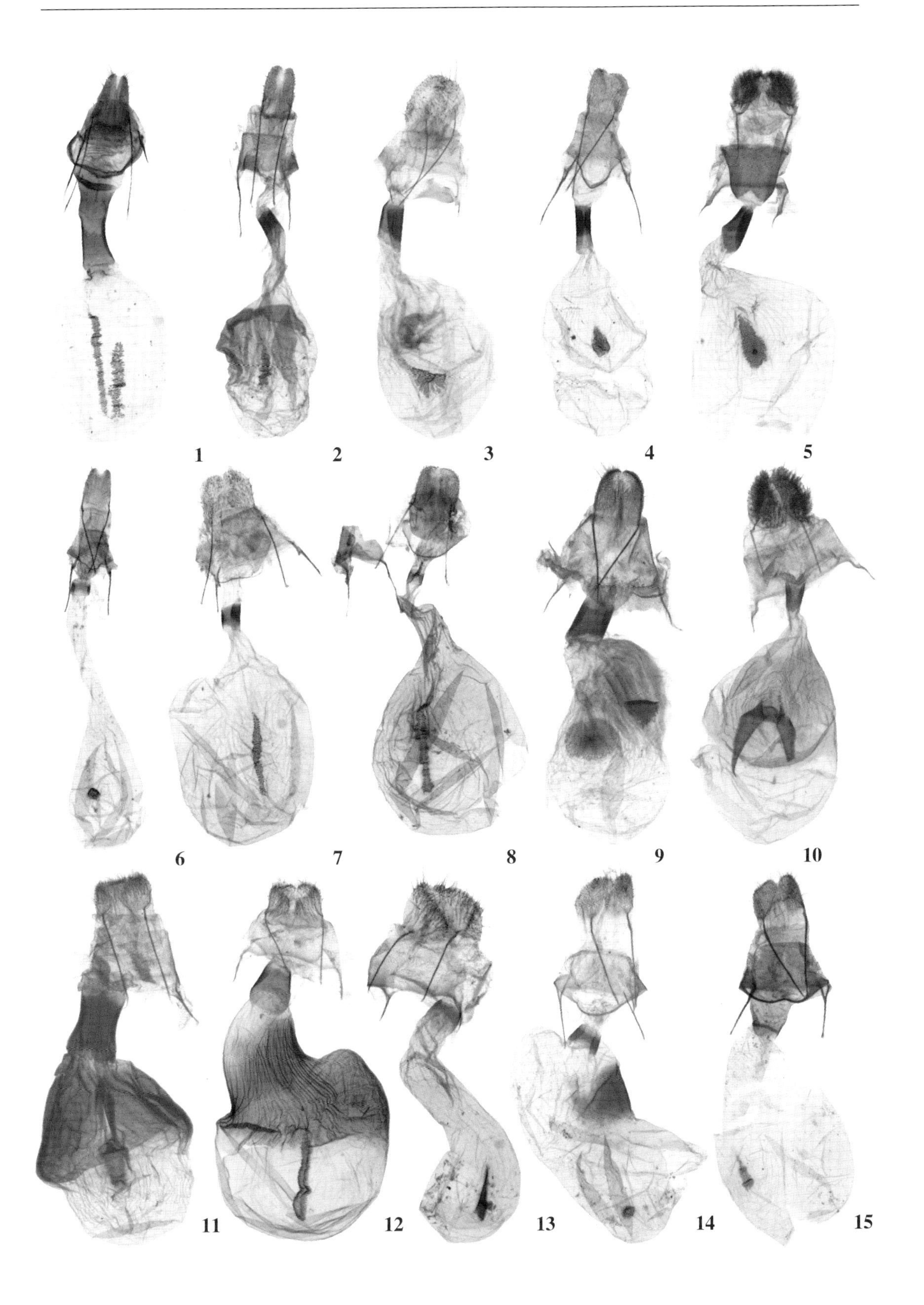

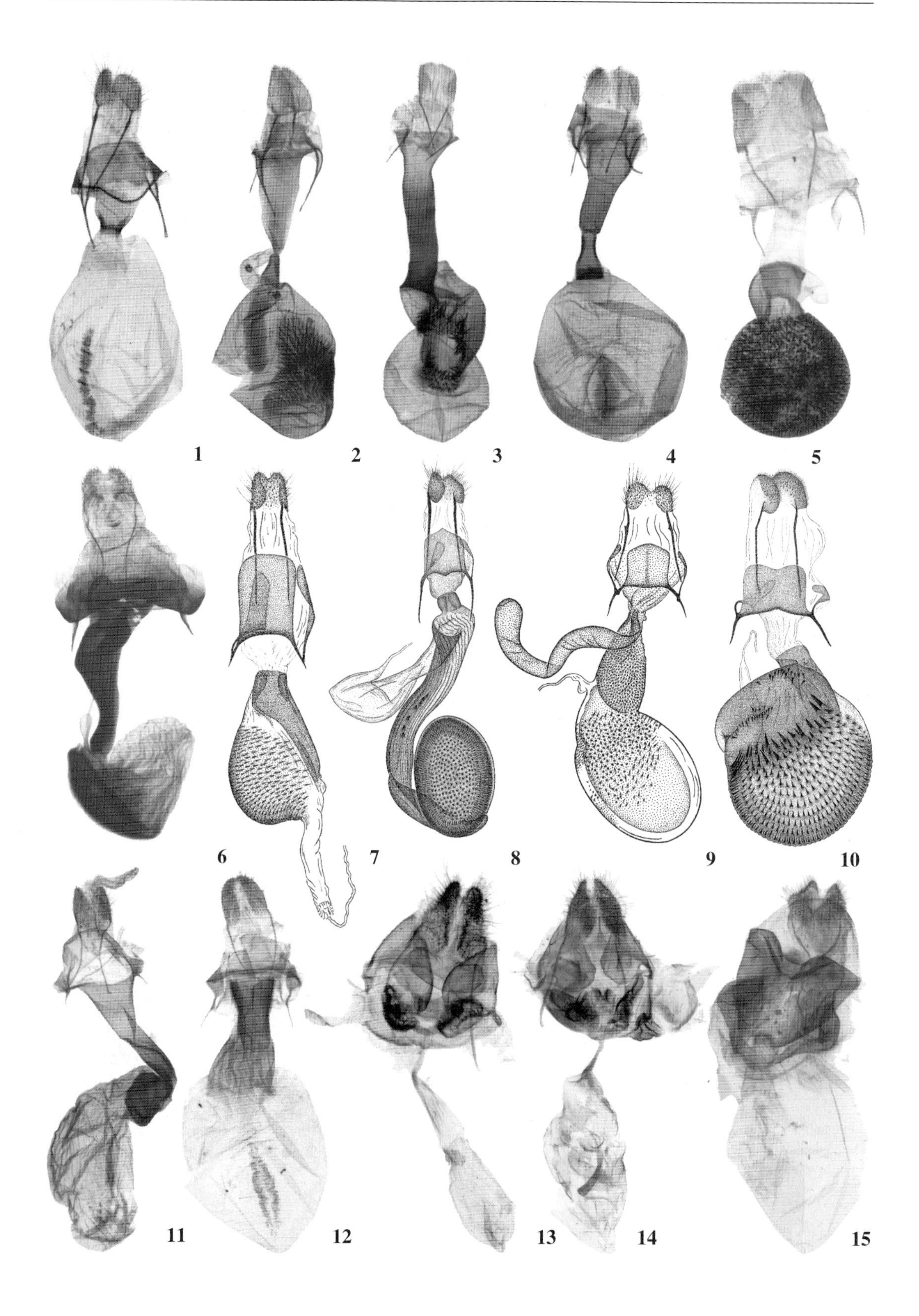
1
2
3
4
5
6
7
8
9
10
11
12
13
14
15

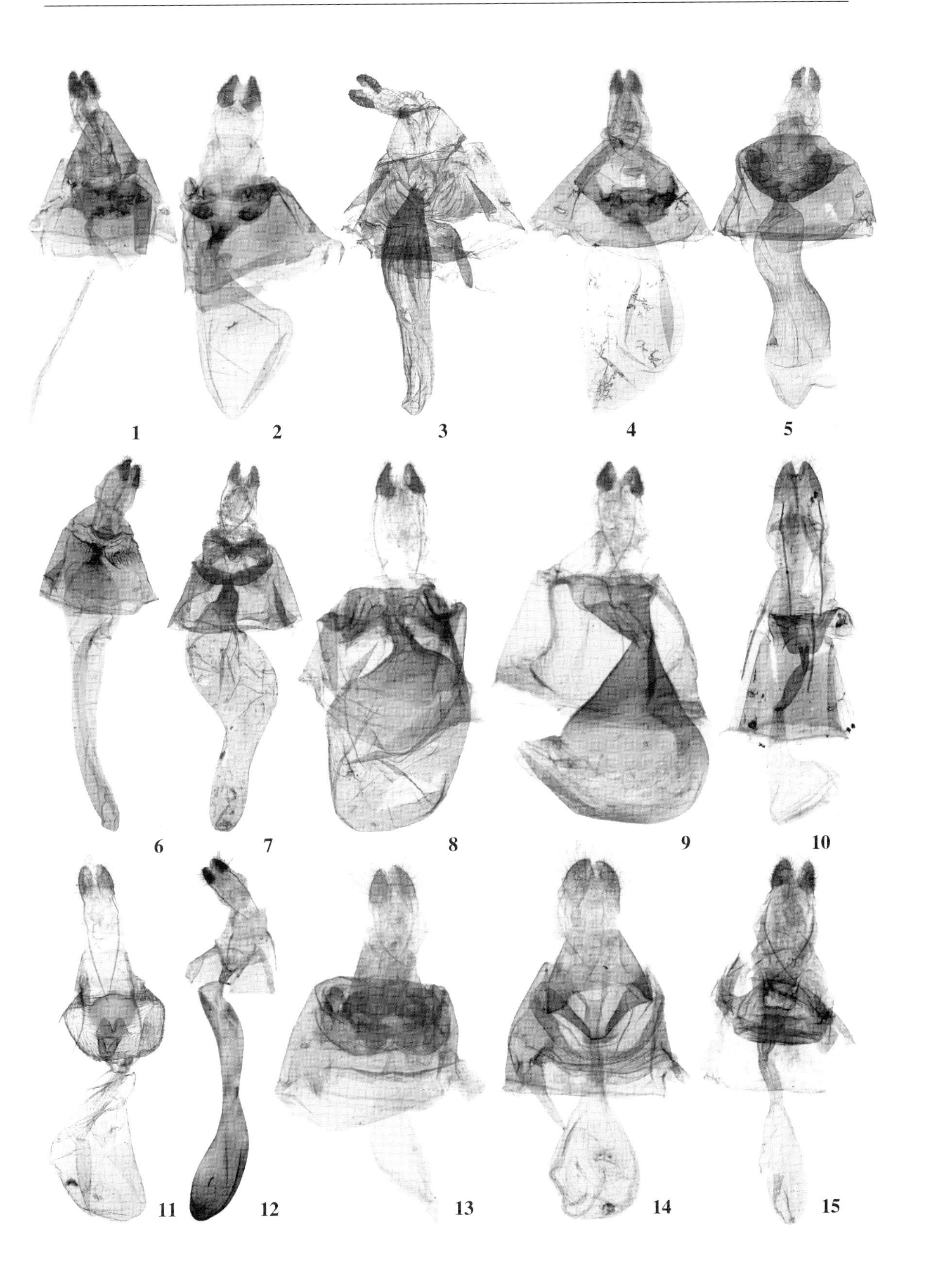
1
2
3
4
5
6
7
8
9
10
11
12
13
14
15

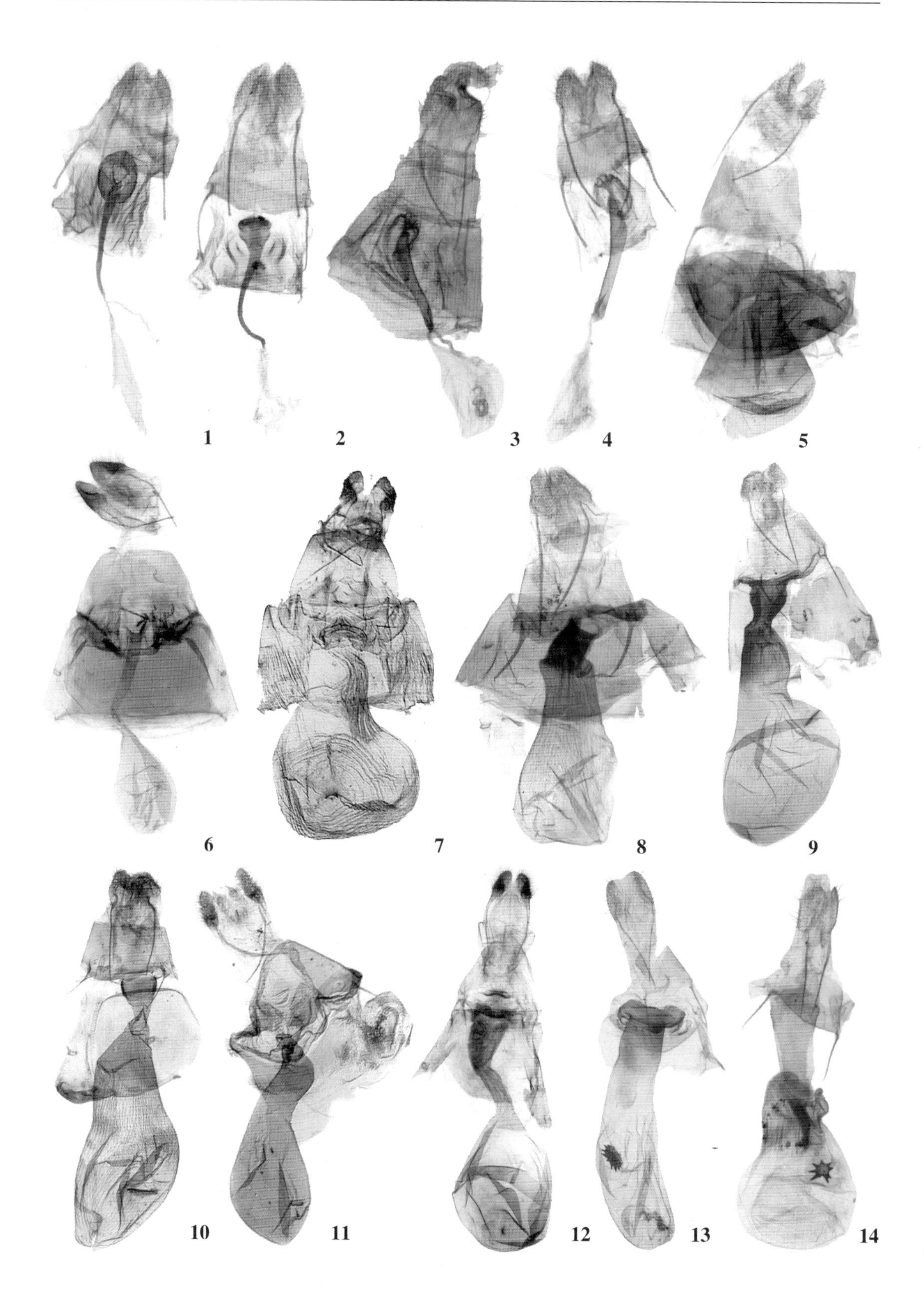
1
2
3
4
5
6
7
8
9
10
11
12
13
14

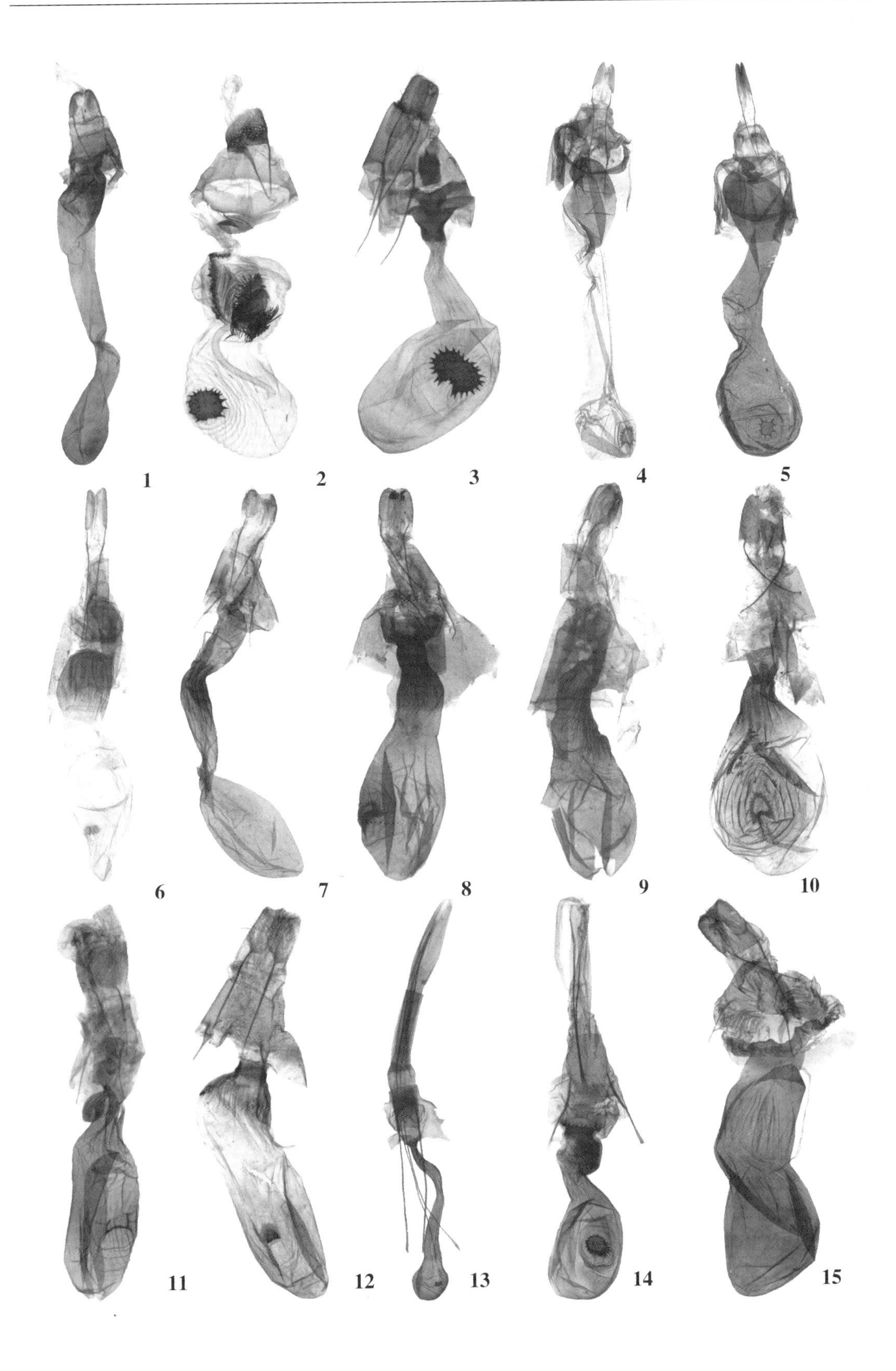
1
2
3
4
5
6
7
8
9
10
11
12
13
14
15

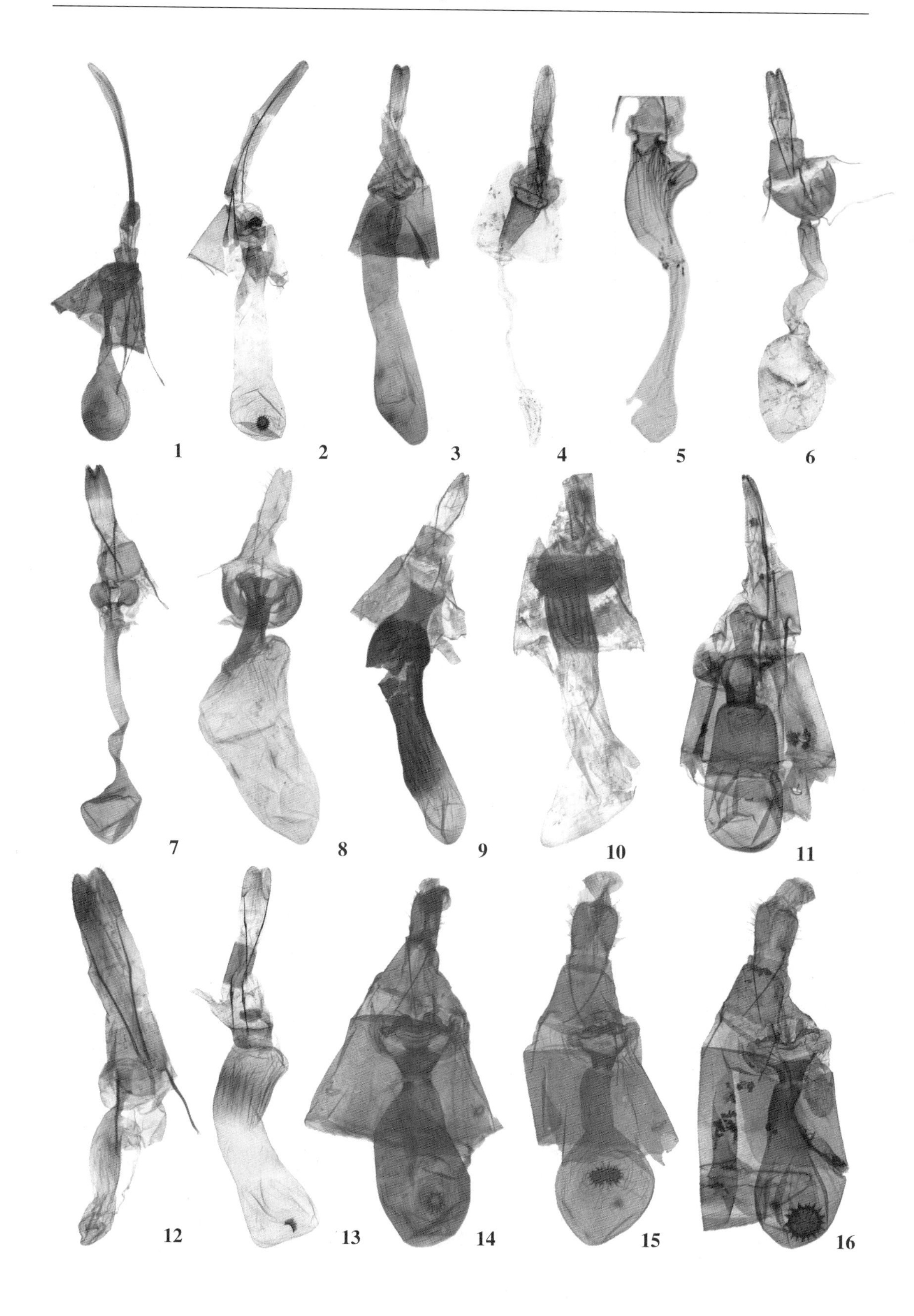
1
2
3
4
5
6
7
8
9
10
11
12
13
14
15
16

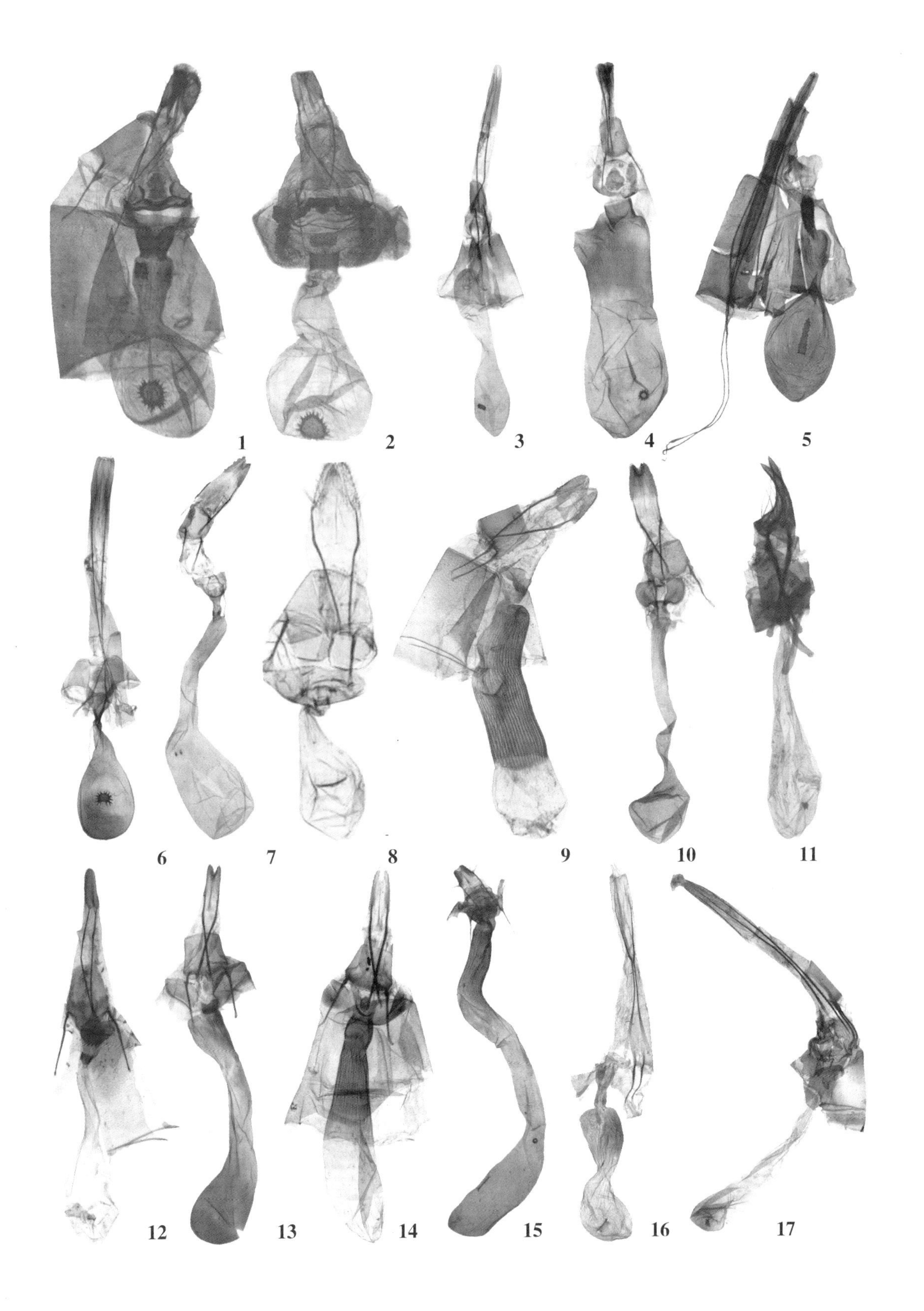
1
2
3
4
5
6
7
8
9
10
11
12
13
14
15
16
17

1
2
3
4
5
6
7
8
9
10
11
12
13
14
15
16